生物科学
生物技术
系 列

U0288776

普通高等教育"十二五"规划教材

精品课程教材

植 物 学

李春奇 罗丽娟 主编

王 伟 杨好伟 胡秀丽 陈惠萍 副主编

化学工业出版社

·北京·

图书在版编目（CIP）数据

植物学/李春奇，罗丽娟主编. —北京：化学工
业出版社，2011.10（2023.6重印）
普通高等教育"十二五"规划教材. 精品课程教材
ISBN 978-7-122-12559-0

Ⅰ. 植… Ⅱ.①李… ②罗… Ⅲ. 植物学-高等
学校-教材 Ⅳ. Q94

中国版本图书馆 CIP 数据核字（2011）第 209086 号

责任编辑：赵玉清 刘 畅　　　　　　　　文字编辑：周 倜
责任校对：宋 夏　　　　　　　　　　　装帧设计：尹琳琳

出版发行：化学工业出版社（北京市东城区青年湖南街 13 号　邮政编码 100011）
印　　装：北京捷迅佳彩印刷有限公司
787mm×1092mm　1/16　印张 22¾　字数 609 千字　2023 年 6 月北京第 1 版第 9 次印刷

购书咨询：010-64518888　　　　　　　　售后服务：010-64518899
网　　址：http://www.cip.com.cn
凡购买本书，如有缺损质量问题，本社销售中心负责调换。

定　　价：49.00 元

《植物学》编写人员名单

主　　　编：李春奇（河南农业大学）

　　　　　　罗丽娟（海南大学）

副　主　编：王　伟（河南农业大学）

　　　　　　杨好伟（海南大学）

　　　　　　胡秀丽（河南农业大学）

　　　　　　陈惠萍（海南大学）

其他参编人员（按参编章节先后排序）：

　　　　　　王业华（海南大学）

　　　　　　邰付菊（河南农业大学）

　　　　　　尤丽莉（海南大学）

　　　　　　黄　瑾（海南大学）

　　　　　　魏东伟（河南农业大学）

　　　　　　袁志良（河南农业大学）

　　　　　　罗丽华（海南大学）

　　　　　　单家林（海南大学）

　　　　　　李家美（河南农业大学）

　　　　　　杨慧玲（河南农业大学）

前　言

植物学以植物的形态、器官结构与发育和植物的系统分类为主要研究内容，是人们在认识自然界中积累起来，并随着认识水平的不断提高而得到深化、丰富的一门学科，也是高校农、林、生命科学类专业的基础课程。近年来，随着教学改革的深化，植物学理论授课学时已经大幅缩减，对与之相适应教材的需求迫在眉睫。植物学课程是河南和海南省的省级精品课程，并且海南大学的植物学教学团队也获得了国家级教学团队荣誉称号。编者们在尽可能吸收现代植物科学的新发现、新理论和国内外优秀教材的精华成分的基础上，编写了本教材。本书既对植物学的基本理论作了全面的阐述，又对部分章节的内容进行了简化；既有基础的知识，又增加了植物科学的新发现、新进展，力求适应农业生产类和生命科学类专业的教师、学生的使用需求。

全书按照植物细胞、组织、被子植物营养器官、被子植物生殖器官、植物界各大类群的顺序编著，章节的编排与国内多数高等院校教学大纲的内容体系相吻合。植物细胞、组织、器官部分的内容全面而简洁，系统分类部分的内容简明扼要、系统性强。介绍被子植物41科，对代表植物的介绍兼顾了我国南、北地区的物种，便于读者全面了解、认识不同区域的植物种类。为了方便自学和复习，每个章节后均附有复习思考题。全书配备配套的电子课件，可登录www.cipedu.com.cn免费浏览下载。

本教材由河南农业大学和海南大学一直从事植物学教学和科研的教师撰写。既有40余年教学经验的老专家，又有年富力强的省级特聘教授；既有10余年国外阅历的学者，又有思维活跃的年轻博士。全书由李春奇、罗丽娟、王伟完成统稿。

最后，感谢河南省植物学会理事长、河南农业大学博士生导师叶永忠教授对全书的审校。感谢化学工业出版社刘畅编辑对本书出版给予的支持和指导及图文编辑方面的大力帮助。

由于编者水平有限，书中难免出现错误和纰漏，敬请读者多提宝贵意见，以便今后进一步修订和提高。

目　　录

绪　　论

植物学（Botany）是研究植物的形态、结构、功能、生长发育、多样性及其与环境之间关系的学科。通过学习植物学，可以理解植物的结构、功能和多样性，了解植物的起源和进化。

一、植物界

植物界的含义、范围以及它在生物界的位置，是随着生物界的划分而定的。

1753 年，瑞典博物学家林奈（Carolus Linnaeus）把生物分成植物界和动物界两界，即营固着生活、具细胞壁的自养生物为植物；能运动、具吞食功能的异养生物为动物。

随着显微镜的广泛使用，人们发现有些生物兼有植物和动物的特征，这样在植物与动物之间就失去了截然的界线。为了解决这一矛盾，德国生物学家海克尔（E. Haeckel）于 1866 年提出建立原生生物界，主要包括一些原始的单细胞生物，从而形成了"三界系统"。杜德逊（Dodson）在 1971 年也提出了一个由原核生物界、植物界和动物界的三界系统。

1983 年，美国人科帕兰（Copeland）根据有机体的组织水平，把生物划分为原核生物界、原始有核界、后生植物界和后生动物界四界系统。1959 年美国人魏泰克（R. H. Whittaker）在海克尔三界系统的基础上，将不含叶绿体的真核菌类从植物界中分出，建立了真菌界，形成了他的四界系统。

1969 年，魏泰克在其四界系统的基础上，又提出了五界系统（原核生物界、原生生物界、真菌界、植物界、动物界），将细菌和蓝藻从原生生物界中分出，建立了一个原核生物界。魏泰克五界系统的优点是在纵向显示了进化的三大阶段，即原核生物、单细胞真核生物（原生生物界）和真核多细胞生物（真菌界、植物界和动物界）；从横向显示了生物演化的三大方向，即光合自养的植物、吸收方式的真菌和摄食方式的动物。所以此五界系统影响较大、流传较广，目前在国内外许多教科书中被采用。

1949 年，贾翰（Jahn）提出了一个六界系统，即后生动物界、后生植物界、真菌界、原生生物界、原核生物界和病毒界；1990 年，布鲁斯卡（R. C. Brusca）提出另一个六界系统，即原核生物界、古细菌界、原生生物界、真菌界、植物界和动物界。中国学者胡先骕 1965 年提出的六界是：病毒界、细菌界、黏菌界、真菌界、植物界和动物界；1977 年，王大耜等提出在魏泰克五界系统的基础上增加病毒界的六界系统；1979 年，陈世骧的六界是：病毒界、细菌界、蓝藻界、真菌界、植物界和动物界。1989 年卡瓦里尔-史密斯（Cavalier-Smith）提出八界系统，即：古细菌界、真细菌界、古真核生物界、原生动物界、藻界、植物界、真菌界、动物界。

1978 年，魏泰克和玛古里斯（Margulis）根据分子生物学研究的资料，提出一个三原界学说，即古细菌原界、真细菌原界和真核生物原界。三原界系统目前正受到人们的重视。

综上可见，有关生物的分界还是一个悬而未决的问题。随着生物科学的进一步发展及研究水平和研究层次的深入，还可能提出一些新的看法。

考虑到植物学的基础性及大多植物学书籍的划界范围，本书仍采用两界系统。

二、植物的多样性及我国的植物资源

1. 植物的多样性

（1）种类繁多　从地球上的生命诞生至今，经历了 35 亿年进化和发展过程，形成了约

200 万种现存生物，其中属于植物界的有 50 余万种。

（2）分布极广　高山、平原、荒漠、海洋、空中、地下、赤道、极地等都有不同种类的植物生长繁衍。

（3）形态、结构多种多样　有的植物体是单细胞，有的是群体（即由一定数量的、相互之间有着代谢上的联系、形态上无明显差异、功能上没有明显分工的细胞群聚而成的植物体），多数是细胞间联系紧密、功能上有明显分工的多细胞植物体。多细胞植物体有叶状体、茎叶体及具根茎叶分化的植物体；最进化的种子植物还能产生种子繁殖后代。

（4）营养方式既有自养也有异养　绝大多数植物体内都含叶绿素，能进行光合作用，自制养料，它们被称为绿色植物或自养植物；但也有一些植物，不含叶绿素，不能自制养料，而是寄生在其他植物体上靠吸取寄主的有机营养物质生活，如菟丝子、列当等，被称为寄生植物；还有些植物和许多菌类，它们生长在死亡的机体上，通过对有机体的分解而摄取所需的养料，称之为腐生植物。寄生植物和腐生植物也称异养植物。

（5）体形大小悬殊，寿命长短不一　最小的支原体直径仅 $0.1\mu m$，而北美的巨杉高可达 142 m。种子植物中寿命长的可生活 4 000 多年（如美国加利福尼亚州有棵刺果松已 4 900 岁），而短命菊只需一周就可完成整个生活史。

2. 我国的植物资源

我国植物资源十分丰富，仅种子植物就有 3 万多种，占世界的 1/8，仅次于马来西亚和巴西，位居世界第三位。许多有较大经济意义的植物是我国原产或特产，如桃、梅、柑橘、枇杷、白菜、茶、桑、油桐、水稻、大豆、苎麻、玫瑰、月季、牡丹、菊花、兰花、珙桐、水仙、山茶、杜鹃花等。被誉为活化石的银杏、水杉、水松、银杉，更是稀世珍宝。我国的中药材资源尤为丰富，杜仲、人参、当归、柴胡、雪莲、天麻、石斛、虫草等均为名贵药用植物。我国南部热带地区气候温暖、雨水充沛，有利于多种植物的生长繁殖，典型植物有橡胶、油棕、胡椒、椰子、槟榔、荔枝、龙眼、香蕉、菠萝、芒果、橄榄；我国台湾地区是世界盛产香樟的宝岛；广阔的亚热带地区是全国水稻商品粮重要基地，柑橘类果品的主要产地；川南、桂北是川药、桂药的主产地，山上有 100 万年前残存的银杉；西南高山是举世闻名的天然高山花园；华北地区和辽东半岛是全国小麦、棉花和杂粮的重要产区，同时还盛产苹果、梨、核桃、枣等大量经济作物；东北平原、内蒙古高原地区，除有一望无际的大草原外，还有高粱、荞麦等；西北地区，尤其是新疆，不仅是我国优质长绒棉生产基地，还是葡萄、香梨、西瓜和哈密瓜等优质果品生产基地。在我国几乎可以看到北半球地面上覆盖的各种类型的植物群。

三、植物学发展简史及分支学科

植物学是随着人类利用植物的生产实践活动而逐渐建立和发展起来的。人类从食用植物到试百草医疗疾病，逐渐积累了有关植物的知识。随着生产的发展，引起人们对植物的形态特征、生活习性及其与环境的关系等进行多方面的观察研究，积累了大量资料，总结发展形成了植物学科。

我国是研究植物最早的国家，殷代（公元前 1324—1066 年）已开始种植麦、稻、黍、粟。春秋时期（公元前 722—481 年）的《诗经》中记载描述了 200 多种植物。汉代（公元前 206—公元 220 年）的《神农本草经》（草书于西汉，成书于东汉）是世界上最早的本草著作，记述植物 252 种。西晋（公元 265—316 年）嵇含的《南方草木状》（304 年成书），是我国最早的植物志书。东晋（317—420 年）戴凯之的《竹谱》是我国最早的植物学专著。北魏（386—534 年）贾思勰的《齐民要术》是世界上最古老而又保存得最完整的农学巨著。明代徐光启（1562—1633 年）的《农政全书》（1639 年成书）是农业科学方面集大成的著作。明代李时珍的《本草纲目》（1578 年）应为本草类之中最著名的，详细描述了 1195 种植物，为多国学者推崇。清朝吴其濬（1789—1847 年）的《植物名实图考》（1848 年由山西巡抚陆应谷校刊，全书 38 卷，记载植物 1714 种，分为谷、蔬、山草、隰草、石草（包括苔藓）、水草（包括藻）、蔓草、芳草、毒草、群芳（包括一些担子菌）、果、木 12 类，是一部记载植物，又集中反映其生物学特性的植物学专著。书中附图 1800 多幅，比历代本草中的都精确。该书的出现，标志着植物学的发展已从本草的附庸，逐步走向独立的阶段，因而它在中国植物学史上占有重要地位，美国、西欧、日本等地区和国家的学者均对该书给予了高度的评价，并在他们的著作中选用了不少《植物名实图考》中的绘图。《植物名实图考》的问世，已显示出了我国学者对植物进行纯理论性研究的思路和萌芽，可惜后来逐渐被西学东渐的潮流给淹没了。近代中国的植物科学可由 1858 年李善兰和英国人韦廉臣合编出版的《植物学》为起点。1923 年邹秉文、胡先骕、钱崇澍编著了《高等植物学》，1937 年陈嵘出版了《中国树木分类学》等。

中华人民共和国成立之后，植物科学发展迅速。目前我国已形成分支学科齐全的科研和教学体系，包括植物形态解剖学、植物分类学、植物生态学、植物生理学、植物资源学、植物胚胎学、植物细胞学、植物组织培养、古植物学、孢粉学等。编著了《中国植物志》（80 卷 125 册）、《中国高等植物图鉴》（共 7 册）等。还有省市的植物志和各类植物属志多种。出版了 1400 万字的《中华人民共和国植被图》、《新华本草纲要》（3 册）、《中国本草图录》（10 卷）、《中国植物红皮书，稀有濒危植物》等。我国在植物细胞工程、植物资源保护、植物开发利用、植物生理、某些资源植物的解剖和胚胎研究及超微结构、我国特有植物的系统发育等方面都取得了不少成绩，有些还属国际领先的成果。

国外学者对植物学的发展作出了很多贡献。希腊哲学家亚里士多德（Aristotle，公元前 384—323 年）的学生西奥弗芮斯特斯（Theophrastus，约公元前 371—286 年），被公认为植物学的奠基者，所著的《植物的历史》和《植物本原》记载了 500 多种植物。意大利的塞萨平诺（Caesalpino，1519—1603 年）所著《植物》一书，记述了 1 500 种植物。瑞士的鲍欣（G. Bauhin，1560—1624 年）出版的《植物界纵览》，已用属和种进行分类，并在属名后接"种加词"来命名植物。英国人格鲁（Grew，1641—1712 年）出版了《植物解剖学》一书（1672 年）。1677 年，荷兰的列文虎克（Leeuwen Hock，1632—1723 年）用自制的显微镜进行了广泛的生物观察。1690 年，英国人雷（Ray，1627—1705 年）首次给物种下定义。1735 年，瑞典博物学家林奈（Linnaeus，1707—1778 年）出版了《自然系统》一书，把自然界分成植物界、动物界和矿物界，并将动、植物按纲、目、属、种、变种 5 个等级归类。1753 年，林奈在他的《植物种志》中对 7 300 种植物正式使用了双名法进行命名。1804 年，瑞士的索绪尔（Saussure，1767—1845 年）指出绿色植物可以阳光为能量、以 CO_2 和水为原料，形成有机物并放出氧气。1831 年，英国人布郎（Brown，1773—1858 年）在兰科植物细胞中发现了细胞核。1838 年，德国人施莱登（Schleiden，1804—1881 年）发表了《植物发生论》，指出细胞是植物的结构单位，于 1839 年与施旺（Schwann，1821—1882 年）共同建立了细胞学说。1859 年，英国伟大的自然科学家达尔文（Darwin，1809—1882 年）发表了《物种起源》一书，把整个生物界看作是一个自然进化的谱系，直接推动了 19 世纪植物分类学的发展，使植物分类学开始建立在科学的、反映植物界进化的、真实情况的系统发育的基础上，进一步完善了植物界大类群的划分，并独立形成了真菌学、藻类学、地衣学、苔藓植物学、种子植物分类学等分支学科。1866 年，孟德尔（Mendel，1822—1884 年）的《植物杂交的发现试验》揭示了植物遗传的基本规律。1926 年，摩尔根（Morgan，1866—1945 年）在《基因论》中总结了当时的遗传学成就，完成了遗传理论体系。

近 30 多年来，分子生物学和近代技术科学，以及数学、物理学、化学及新概念和新技术被引入到植物学领域，植物学科在微观和宏观的研究上均取得了突出成就。在微观的研究上，由于对拟南芥 [*Arabidopsis thaliana* (L.) Heynh.] 和金鱼草 (*Antirrhinum majus* L.) 的分子生物学的研究，已使植物发育生物学的研究面貌一新，特别是一系列调控基因的发现与克隆，为了解植物发育过程及调控机理增加了大量新知识；在宏观的研究上，如生态学、植物多样性的研究等领域也取得了重大进展，甚至采用遥感技术研究植物群落在地球表面的空间分布和演化规律，进行植物资源调查。

随着生产和科学的发展，植物学的研究逐渐形成了若干比较专门的分支学科，现简介如下。

植物形态学 (Plant Morphology) 研究植物外部形态，其中包括个体发育和系统发育中形态建成的规律，以及形态与环境条件关系的科学。

植物解剖学 (Plant Anatomy) 研究植物体的内部结构，其中包括个体发育和系统发育中结构建成的规律，以及结构与功能和生活条件关系的科学。

植物分类学 (Plant Taxonomy) 按照植物进化的程序对植物进行分类，确定它们的演化系统、亲缘关系，研究植物界的起源和发展的一门科学。着重研究植物系统演化的称植物系统学 (Systematic Botany)。

植物胚胎学 (Plant Embryology) 研究植物胚胎的结构、发生和分化的科学。

植物细胞学 (plant Cytogy) 研究植物细胞结构和功能的科学。

植物生理学 (Plant Physiology) 研究植物生命活动规律及机理的科学。包括植物体内的物质和能量代谢、植物的生长发育、植物对环境条件的反应等内容。

植物生态学 (Plant Ecology) 研究植物个体与环境条件间相互关系的科学。

植物群落学 (Plant Sociology) 或地植物学 (Geobotany) 研究植物群体和环境条件之间及群体中植物相互关系的科学。

植物资源学 (Plant Resources) 研究自然界所有植物的分布、数量、用途及开发的科学，与药用植物学、植物分类学和保护生物学有密切关系。

植物遗传学 (Piant Genetics) 研究植物遗传变异规律以及人工选择的理论与实践的科学。

随着新技术的大量涌现，以及计算机的应用，尤其是有关分子生物学的新概念和新技术的引入，近些年来出现了大量的边缘学科和新的综合性研究领域，如生物物理学、生物化学、生物数学、植物细胞分类学、植物化学分类学、植物生态解剖学、植物细胞生物学、植物生殖生物学、空间植物学、生物信息学等。现代植物科学的各个分支相互渗透，常围绕一个中心，从多个方面进行研究。如新近建立起来的系统和进化植物学，就是建立在植物分类学、形态学、解剖学、胚胎学、细胞学、孢粉学、遗传学、生态学、植物化学、古植物学等学科基础上的一门综合性的学科。第十三届国际植物学会议将植物科学研究内容分为十二类：分子植物学、代谢植物学、细胞及结构植物学、发育植物学、环境植物学、群落植物学、遗传植物学、系统及进化植物学、菌类学、海水淡水植物学、历史植物学和应用植物学，这同样反映了植物学研究的方向和发展趋势。

四、学习植物学的目的和方法

植物学是理、工、农、林、医各类高等综合院校、师范院校及一些高等专科学校，与生命科学有关的各专业的必修课、基础课。学习植物学的目的：一是使学习者掌握植物个体的形态、生长发育与生殖的规律，了解物种形成和系统发育的规律，研究植物与环境之间的辩证关系，从而达到了解和认识植物、开发和改造植物、利用和保护植物，使之更好地服务于人类；二是使学生掌握植物学的基本知识、技能和技巧，为学好后续课程，如植物生理学、植物生态学、遗传学、植物资源学、植物病理学、作物栽培学、树木学、花卉学等课程打下基础；另外，也为师范院校的学生今后能胜任中学生物学的教学工作，特别是有关植物学内容的教学工作做好准备。

学习植物学时，应以辩证的观点去分析、理解和掌握有关内容。植物的结构基础——细胞与细胞之间、细胞与组织之间、组织与组织之间、组织与器官之间、器官与器官之间，形态结构与生理功能之间、营养生长与生殖生长之间，植物与环境之间都是相互联系、相互制约的关系，同时又各具特点。植物体及其细胞、组织和器官的形态结构与它们所担负的生理功能是相互适应、相互统一的。植物个体生活周期的完成，需要经历一系列的生长发育过程，在认识植物的形态结构建成和功能变化的规律时，要特别注意建立动态发展的观点。植物种类繁多，类群复杂，它们是在自然界中经过长期演化而来的，应贯穿由低级到高级的系统进化观念去理解植物的多样性。在学习植物学过程中，要善于运用观察比较和实验的研究方法，尤其要重视理论联系实际，加强实验观察和操作技能的训练，以增强感性认识，加深理解。在学习过程中，要特别注重在课堂教学的基础上主动增强自学意识，充分挖掘自学能力，使植物学的知识能达到较高的广度和深度。著名科学家钱伟长曾经说过："大学生应以自学为主，课堂教学为辅，逐渐培养学生无师自通、更新知识的能力。"这句话给现代大学生的学习指引了方向，也为学习植物学指出了方法。

第一章　种子和幼苗

在植物界中，种子植物是一个大的类群，它们的共同特征是具有种子。种子植物根据其胚珠是否有包被，又可分为裸子植物和被子植物两类，而被子植物是进化程度最高的、结构最复杂的植物类群。

被子植物的植物体在构造上通常具有根、茎、叶、花、果实和种子这六种器官。根、茎、叶的主要功能与植物的营养有关，称之为营养器官（vegetative organ），它们是产生花、果实和种子的基础。花、果实和种子与植物的生殖有密切关系，称之为生殖器官（reproductive organ）。营养器官是构成植物体的主要部分，始终存在于植物个体的整个生活史中；而生殖器官的存在时间短暂，只出现在植物个体的生殖阶段。

（1）种子（seed）　是由胚珠发育形成的。种子中的胚是新植物的雏体，在适宜条件下，种子萌发，胚经过一系列的生长、发育过程形成幼苗。仅由胚珠发育形成的种子，是真正的种子，如大豆、棉花、油菜、柑橘、蓖麻、茶、紫云英的种子。有些植物的种子在发育成熟后，果皮与种皮相愈合不易分离，如水稻、小麦、玉米、高粱、向日葵的籽粒，一般也叫做"种子"，实际上都是果实。

（2）幼苗（seedling）　是由种子萌发后发育形成的，其形态结构和生活方式相对于种子的胚和成年植株之间，既有密切关系，又有一定的区别。胚是新植物的雏体，在母体的营养和保护下发育。幼苗一方面利用原贮存于子叶或胚乳中的养料而生活，另一方面又已形成根、茎和叶，能开始自制养料。不过幼苗只有初期发育的营养器官，并暂时有子叶存在，因而又不同于成年植株。幼苗期是被子植物个体发育的一个阶段。

由于被子植物的器官是由种子发育而来的，农作物的生长一般也是从播种开始，所以，为了深入了解被子植物的个体发生和形态结构的形成，先从学习种子的基本结构及了解其各部分的功能开始。

本章仅介绍被子植物的种子，裸子植物的种子暂不做介绍。

第一节　种子的结构

不同种类的植物种子，在形状、大小、色泽和硬度等方面，都有很大的差别，常作为识别各类种子和鉴定种子质量的根据。椰子树产生的种子很大，直径可达 $15 \sim 20 cm$；芝麻、油菜的种子很小，只有几毫米；烟草的种子更小，犹如细微的沙粒。大豆、菜豆的种子为肾形，而油菜、豌豆、龙眼的种子为圆球形，蚕豆的种子为扁形，花生的种子为椭圆形。种子的颜色也是各种各样，如大豆的种子为黄色、青色或黑色，荔枝的种子为红褐色，小麦、粟的种子（颖果）为黄褐色，橡胶、蓖麻的种子还具褐色的彩纹。

种子虽然在形态上有不同差异，但其基本结构是一致的，一般由胚、胚乳和种皮三部分组成。

一、胚

胚（embryo）是构成种子的最重要部分，是包在种子内的幼小植物体，其组成包括胚根（radicle）、胚芽（plumule）、胚轴（embryonal）和子叶（cotyledon）四个部分（图 1-1）。

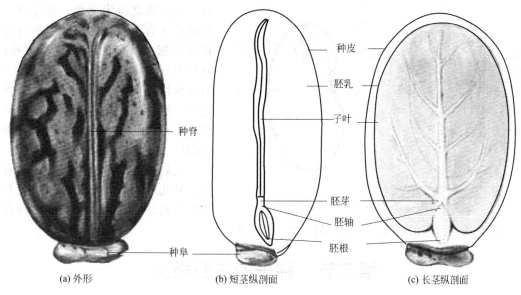

(a) 外形　　　　　　(b) 短茎纵剖面　　　　　(c) 长茎纵剖面

图 1-1　蓖麻种子

胚轴上端连着胚芽，下端连着胚根，子叶着生在胚轴上。胚芽将来发育成地上主茎和叶，胚根发育为初生根。子叶的功能是贮藏养料或吸收养料，供给幼苗生长，有些植物的子叶在种子萌发后展开变绿，能暂时进行光合作用。

子叶在不同种类植物的种子里变化较大，种子中子叶的数目各种植物是不同的。具有两片子叶的植物，称为双子叶植物（dicotyledons），如瓜类、豆类、番茄、油菜、棉花等。具有一片子叶的植物，称为单子叶植物（monocotyledons），如小麦、水稻、玉米、甘蔗等。

二、胚乳

胚乳（endosperm）位于种皮和胚之间，是种子内贮藏营养物质的组织，在种子萌发时供胚生长用。有些植物的胚乳在种子形成过程中，胚乳的养料被胚吸收，转入子叶中贮存，所以种子成熟后无胚乳存在，这些种子的营养物质则贮藏在肥大的子叶中。少数植物虽无胚乳，但在成熟种子中，还残留一层类似胚乳的营养组织，称外胚乳（perispem）。外胚乳与胚乳来源不同，功能相同。

种子中的胚乳或子叶含有丰富的营养物质，主要是淀粉、脂肪和蛋白质，亦有少量的无机盐和维生素。不同植物种子包含这些化合物的相对数量差别很大，以干重作为指标，水稻的淀粉含量较高，可占干重的75%，蛋白质只占干重的8%；在大豆的种子中约含有25%的淀粉、39%的蛋白质和17%的脂肪；在花生的种子中约含有22%的淀粉、26%的蛋白质和39%的脂肪。有些种子因成熟时贮藏了较多的可溶性糖而有甜味。根据贮藏物质的主要成分，作物种子可分为淀粉类种子，如水稻、小麦、玉米、高粱和板栗等；脂肪类种子，如花生、油菜、芝麻、核桃和油茶等；蛋白质类种子，如大豆。

三、种皮

种皮（seed coat）是种子外面的保护层，具有保护种子不受外力机械损伤和防止病虫害入侵的作用。不同植物的种子，其种皮的厚薄、色泽和层数均有差异。桃、花生等植物的种子，成熟后一直包被在果实内受坚韧的果皮保护，种皮较薄，呈薄膜状或纸状。蓖麻、蚕豆、大豆等植物的种子，果实成熟后自行开裂，种子散出，这类种子一般具坚厚的种皮。玉米、水稻等植物的种子，种皮与外面的果皮结合紧密，成为共同的保护层，因此水稻等禾谷类作物的种子实质上是果实。有些植物具内外两层种皮，内种皮薄软，外种皮厚硬，且常具光

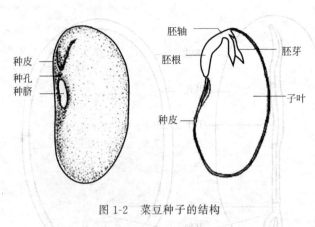

图 1-2 菜豆种子的结构

泽、花纹或其他附属物，如蓖麻、橡胶的种皮有花纹，泡桐种子的外种皮扩展成翅，乌桕的种皮附着有蜡层。有些种子的种皮附生长毛，如棉花。有些植物种皮外面还包有一层肉质的被套，将种子养分或全部包围，但它与一般种皮的来源不同，称为假种皮（aril），如荔枝、龙眼等。

成熟的种子，种皮上一般还有种脐、种孔等部分。种脐是种子发育成熟后脱离果实时留下的痕迹。种孔是原来胚珠的珠孔留下的痕迹，在种脐的旁边（图 1-2）。

第二节　种子的主要类型

根据成熟种子内是否具有胚乳，将种子分为有胚乳种子和无胚乳种子两类。

一、有胚乳种子

有胚乳种子（albuminous seed）由种皮、胚和胚乳三部分组成，胚乳占种子大部分，胚较小。双子叶植物中的辣椒、桑、番木瓜、茄子、烟草、蓖麻、柿等植物的种子和单子叶植物中的水稻、高粱、小麦、洋葱等植物的种子，都属于有胚乳种子。

（一）双子叶植物有胚乳种子

1. 蓖麻种子的结构

蓖麻的外种皮光滑并具有花纹，在种子一端的海绵状突起称为种阜（caruncle），它是由外种皮延伸而形成的突起，有吸收作用，利于种子萌发；种孔被种阜遮盖；种脐不甚明显。在种子的腹面中央可见长条状突起，称为种脊（rhaphe），其长度与种子几乎相等，种脊是倒生或横生胚珠的珠柄和珠被愈合处，在种子形成后，留于种皮上的痕迹。种皮以内是含有大量脂肪的白色胚乳。胚藏于胚乳之中，其两片子叶大而薄，上有显著脉纹；在两片子叶之间的基部，有甚短的胚轴，连接子叶、胚芽和胚根，上方小突起是胚芽，向下突出的部分是胚根（图 1-1）。

2. 番茄种子的结构

番茄的种子扁平、卵形，种皮淡黄色而被以灰色或银色的毛，种脐位于较小一端的凹陷处。胚弯曲，包藏于富含脂类的胚乳中；胚有两片细长而弯曲的子叶；胚芽小，仅为介于两子叶间的一个小突起；胚根长，外观上和胚轴无明显界限（图 1-3）。

（二）单子叶植物有胚乳种子

1. 水稻、小麦"种子"的结构

大多数的单子叶植物，如常见的水稻、小麦、玉米、竹类等的种子都是有胚乳种子，它们的种皮与果皮愈合，种子不能分离出来。现以水稻、小麦为例，说明禾本科植物"种子"（颖果）的结构（图 1-4、图 1-5）。

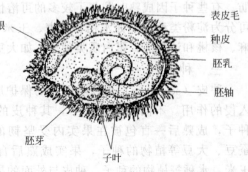

图 1-3　番茄种子的结构（引自李扬汉）

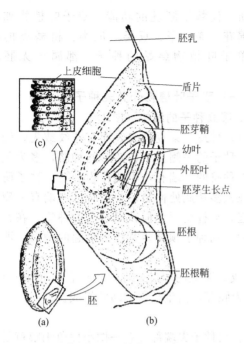

图 1-4　水稻颖果的结构（引自李扬汉）
(a) 水稻颖果的外形，示胚的部分；
(b) 胚的纵切面；(c) 上皮细胞

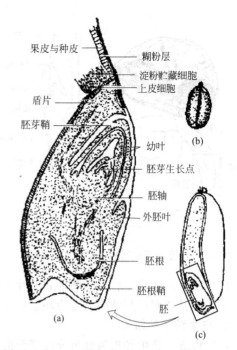

图 1-5　小麦颖果的结构（引自李扬汉）
(a) 胚的纵切面；(b) 颖果外形；
(c) 颖果纵切面

（1）种皮　一粒小麦或一粒稻谷俗称为种子，但一粒小麦或剥去谷壳的糙米，除种皮外，尚有果皮与之合生，小麦、水稻的果皮较厚，而种皮较薄，二者一般不易分离，故糙米或麦粒在植物学上称为颖果。

（2）胚乳　从水稻和小麦颖果的纵切面来看，胚和胚乳的界限很明显。果皮和种皮以内绝大部分是胚乳，而胚甚小，仅位于其一侧的基部。水稻和小麦的胚乳可分为两部分，紧贴种皮的是糊粉层，其余大部分是含淀粉的胚乳细胞。糊粉层细胞的层数，因部位而不同。

（3）胚　胚是由胚芽、胚根、胚轴和子叶四部分构成。胚芽位于胚轴的上方，由生长点和包被在生长点之外的数片幼叶所组成；包围在胚芽外面的鞘称为胚芽鞘（coleoptile）；胚根位于胚轴的下端，由生长点和根冠所组成，外面包被的为胚根鞘（coleorhiza）；胚轴较短，上接胚芽，下连胚根，侧面与子叶相连接；子叶只有一片，着生于胚轴的一侧，形如盾状，称为盾片（scutellum）。沿着盾片的背面，中间有一条大维管束，其两侧各有数条小维管束。盾片与胚乳交界处有一层排列整齐的细胞，称为上皮细胞（或称柱形细胞）。当种子萌发时，上皮细胞分泌酶类到胚乳中，把胚乳中贮藏的营养物质消化、吸收，并转移到胚的生长部位供利用。胚轴在与盾片相对的一侧有一小突起，称为外胚叶（外子叶），是另一片子叶退化的部分，是胚器官的部分裂片，是胚根鞘的延伸部分。

2. 洋葱种子的结构

洋葱种子近于半球形，种皮深棕色。胚乳角质，主要含有蛋白质、类脂和半纤维素等营养物质。胚弯曲，包藏于胚乳之中。胚有一片长柱形的子叶，其基部圆筒形，着生于胚轴上而包被着胚芽，在其一侧有一裂缝，称子叶缝；胚芽具一生长点，种子萌发前可能已形成一初生叶；胚根在胚轴之下（图 1-6）。

二、无胚乳种子

无胚乳种子（exalbuminous seed）由种皮和胚两部分组成，子叶一般肥厚，贮藏大量的营

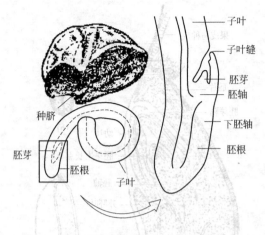

图 1-6　洋葱种子的结构（引自 Hayward）

养物质，代替了胚乳的功能。双子叶植物如花生、棉花、茶、梨、豆类、瓜类、柑橘类的种子，单子叶植物慈姑的种子，都属于无胚乳种子。

（一）双子叶植物无胚乳种子

1. 菜豆种子的结构（图 1-2）

（1）种皮　菜豆种皮表面有花纹或无，颜色多种；种子的一侧具一长圆形的种脐，多为灰白色；在种脐的一端有一小圆孔为种孔，种子萌发时，胚根多从此处伸出；在种脐另一端有一瘤状小突起，与种皮同色但较深，称为种瘤；在种瘤下边大约到种子顶端，具较长隆起的棱脊，即为种脊。

（2）胚　由胚芽、胚根、胚轴和两片子叶所组成。菜豆的子叶肥厚，乳白色；胚轴较短，子叶着生于其两侧；胚轴的下方为胚根；胚轴上方为胚芽，由生长点和幼叶组成。

2. 花生种子的结构

（1）种皮　花生种皮为红色或红紫色的膜质状。在种子尖端部分有一微小白色细痕就是种脐；种孔不明显。

（2）胚　由胚芽、胚根、胚轴和两片子叶所组成。子叶肥厚、乳白色而有光泽，其细胞内含有丰富的营养物质，特别是脂肪。胚轴短粗，子叶着生于其两侧，胚轴分为两段：子叶着生点以上的一段叫做上胚轴，子叶着生点以下的一段叫做下胚轴。胚轴的下端为胚根，上方为胚芽。胚芽由生长点与幼叶组成（图 1-7）。

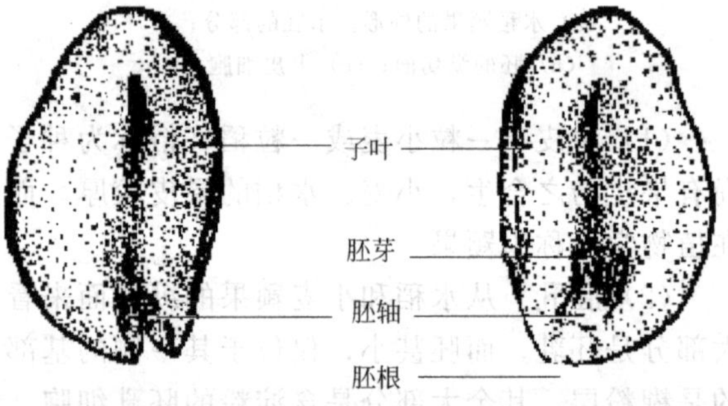

3. 棉花种子的结构

（1）种皮　棉花种皮黑褐色且坚硬，其上着生的纤维和短绒均是表皮毛；种子尖端的突起处有不明显的种脐。

（2）胚　棉花种皮内有一层乳白色的薄膜，这是胚乳的遗迹（因此，也有人认为棉花属于有胚乳种子），其内部为胚。子叶在种子内皱褶，胚根圆锥状，胚轴较短，胚芽较小，包在两片子叶之间（图 1-8）。

图 1-7　花生种子（剥去种皮）的结构（引自李扬汉）

（二）单子叶植物无胚乳种子

单子叶植物的无胚乳种子除慈姑（图 1-9）外，在农作物中较少见，此处不再作介绍。

总结以上所述内容，种子的基本结构概括见表 1-1。

表 1-1　种子的基本结构

种皮——一般是坚韧的，为种子的保护层。禾本科植物的种皮与果皮不易分开

胚——
　胚芽——一般由生长点与幼叶构成（有些植物无幼叶）。禾本科植物的胚芽外面有胚芽鞘包围
　胚轴——是连接胚芽、胚根和子叶的轴（包括上胚轴和下胚轴）
　胚根——由生长点与根冠组成。禾本科植物的胚根外包有胚根鞘
　子叶——双子叶植物的胚有子叶两片，单子叶植物的胚只有一片子叶

胚乳——是贮藏营养物质的组织。禾本科植物的胚乳分为糊粉层和淀粉贮藏组织（有些植物的胚乳在种子发育过程中为胚所吸收，形成无胚乳种子）

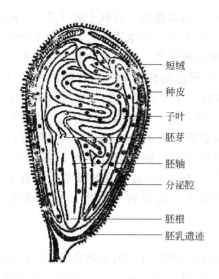

图 1-8　棉花种子（去掉长表皮毛）的
结构（引自李扬汉）

短绒
种皮
子叶
胚芽
胚轴
分泌腔
胚根
胚乳遗迹

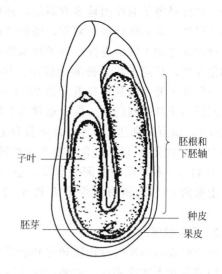

图 1-9　慈姑属胚的结构
（引自胡宝忠）

子叶
胚芽
胚根和
下胚轴
种皮
果皮

第三节　种子的萌发

　　种子是有生命活动的，因此存在着寿命问题。种子的寿命是指种子在一定条件下保持生活力的最长期限，超过这个期限，种子就丧失它的生活力，不再萌发。种子寿命的长短，因植物不同差异很大。一般植物种子寿命是几年到十几年，寿命长的种子可达百年以上。莲的种子可以活到 150 年以上，而三叶橡胶种子的寿命只有 1 周，柳树种子的寿命也只有 3 周。作物种子寿命的长短决定于植物的遗传性，同时也与采种和贮藏的情况有关。在贮藏良好的情况下，蚕豆、绿豆、豇豆、南瓜、白菜等的种子，一般能活 4～6 年；水稻、小麦、玉米、油菜等的种子，一般能活 2～3 年。

　　大多数植物的种子成熟后，即使环境适宜，仍不能进入萌发阶段，而必须经过一定时间的休眠才能萌发，种子的这种现象称为休眠（dormancy）。休眠期中种子内部一切生理活动都很微弱，在缓慢的代谢活动中逐渐转化，解除休眠，达到具有萌发的能力，这种转化过程称为后熟作用。种子休眠的原因有多种，有的由于在开花结实后，种子脱离母体时，胚在形态上（如人参、银杏）或生理上（如苹果、桃）尚未完全成熟，还需经过一段继续发育的后熟过程；有的植物种子由于种皮太坚厚，不易使水分透过，通气性差；而豆科植物中某些属，种子内部产生有机酸、植物碱、植物激素等抑制物质，使种子萌发受到阻碍。这类种子，分别需要通过休眠、后熟，或使种皮透性增大，呼吸作用和酶的活性增强，内源激素水平发生变化，抑制萌发的物质含量减少，才能使种子萌发。

一、种子萌发的条件

　　成熟的植物种子风干后，其内部的生理活动极其微弱，胚的生长几乎完全停止，处于休眠状态。当它们在外界条件中获得充足的水分、适宜的温度和足够的氧气时，种子的胚便由休眠状态转变为活动的状态，开始生长，形成幼苗，这个过程称为种子萌发（seed germinatiom）。农业生产上，选择适当的播种期，采用各种播种、浸种、催芽的方法就是为种子萌芽创造良好的条件。

1. 充足的水分

　　种子萌发的首要条件是需要充足的水分，种子只有吸收足够的水分后，其生命活动才活跃起来。水分对种子的作用是多方面的，种皮吸收水分后，结构松软，有利于氧气进入，呼吸作用得以增强，从而促进种子萌发，胚根突破种皮；种子细胞内的原生质含有足够的水分后，各种生理活动才能正常地进行；种子吸水饱和后，细胞中酶被活化，将贮藏的营养物质水解成简单的化合物，运向正在生长的幼胚中，供吸收利用。不同植物种子萌发需要的吸水量是不同的，一般种子要吸收其本身重量的25%～50%或更多的水分才开始萌发。含蛋白质较多的种子，因蛋白质具强烈的亲水性，通常需要吸收较多的水分，如大豆要吸收水分达到本身风干重的120%，豌豆则高达186%；含脂肪为主的种子，因脂肪是疏水性物质，吸水量较少，如花生为50%，油菜为48%；含淀粉为主的种子，吸水量也较少，如水稻为40%，小麦为60%，玉米为44%。种子萌发所需吸水量，还与植物长期对某种环境的适应性及其遗传性有关。另外，土壤的含水量和物理性质对种子的萌发也影响很大，适宜种子萌发的土壤含水量为20%～35%。

2. 适宜的温度

种子萌发时内部进行物质转化和能量转化，整个过程是极其复杂的生物化学反应，需要在多种酶的催化下才能完成。而酶的催化活动必须在一定的温度范围内进行，所以种子萌发也必须在适宜的温度条件下才能进行。种子萌发所要求的温度有最低、最适和最高温度（温度三基点）。因为温度低时，生化反应就慢或停止，随着温度的增高，反应就加快。但是酶本身是蛋白质，所以在过高的温度下，常因受热而被破坏，失去催化性能。

种子萌发的温度三基点因植物种类不同而有差异。多数植物种子萌发所需的最低温度为0～5℃，低于此温度则不能萌发；最高温度为35～40℃；最适温度为25～30℃。一般越冬作物种子萌发的温度三基点较低。原产地不同，种子萌发的温度三基点也会有差异。原产北方地区的作物、果树，种子萌发的温度范围较低；起源于南方低纬度地区的作物、果树，种子萌发的温度范围较高。这是因为植物长期适应环境，产生酶系统有所不同的缘故。了解作物种子萌发温度三基点，对农业生产上适时播种很有参考价值。

3. 足够的氧气

种子萌发时，一切生理活动都需要能量的供应，而能量来源于呼吸作用。在充足的水分和适宜的温度条件下，种子得到足够的氧气时，呼吸作用加强，种子中的有机物被氧化分解，并释放能量，供各种生理活动之用，从而保证了种子的正常萌发。如果氧气不足，则导致种子无氧呼吸；贮藏物消耗过快，还可引起酒精中毒，使种子萌发受到严重影响。种子萌发时需氧量因作物不同而异，大多数作物种子需要空气含氧量在10%以上才能正常萌发，尤其是脂肪含量较多的种子（如大豆、花生）则要求更多的氧气。若浸水过深、土壤板结、播种太深、镇压太紧等都会因氧气不足而影响种子萌发。

充足的水分、适宜的温度和足够的氧气对于种子的萌发和出苗非常重要，三者缺一不可，它们相互联系，相互制约，综合起作用。农业生产上采取的栽培措施都是为了满足种子萌发，如浸种处理，播种前进行整地和松土，播种时选择适当播期和播种深度，播后镇压、保墒等各项技术措施，目的就是为了合理调节各种萌发条件之间的关系，创造良好的种子萌发条件。

此外，少数植物种子萌发还受光照有无的调节。莴苣、烟草的种子萌发需光，而番茄、洋葱、瓜类的种子只有在黑暗条件下才能萌发。

二、种子萌发的过程

发育正常的种子，在适宜的条件下开始萌发。种子萌发时，通常是胚根首先突破种皮向下生长形成主根，伸入土壤，然后胚芽突出种皮向上生长，伸出土面形成茎和叶，逐渐形成幼苗。种子萌发过程中先形成根，后形成茎和叶，在生物学上具有重要意义，因为根首先发育，能够使早期幼苗固定于土壤中，及时从土壤中吸取水分和养料，使幼小的植物能很快地独立成长。有些植物主根形成后，在上面生长出各级侧根，这种根系称为直根系，如大豆、棉花、蚕豆等；有些植物主根伸长后不久，在胚轴基部两侧生出数条不定根，参与根系的形成，这种根系称为须根系，如水稻、小麦、竹子、棕榈等。

水稻种子萌发时，胚芽首先膨大伸展，然后胚芽鞘突破谷壳而伸出；胚根比胚芽生长稍迟，随即，胚根也突破胚根鞘和谷壳而形成主根（图1-10）。在主根伸长后，不久其胚轴上又生出数条与主根同样粗细的不定根，在栽培学上把它们统称为种子根。同时，胚芽鞘与胚芽伸出土面后，胚芽鞘纵向裂开，真叶露出胚芽鞘外，而形成幼苗（图1-11）。第一叶的叶片很小，叶鞘发达（图1-12）。

小麦种子萌发时，首先是胚根鞘生长，以后胚根突破胚根鞘形成一条主根。然后在胚轴处长出1～3对不定根。同时胚芽鞘露出，随后从胚芽鞘中陆续长出真叶，以后又出现第二叶、第三叶……形成幼苗（图1-13）。

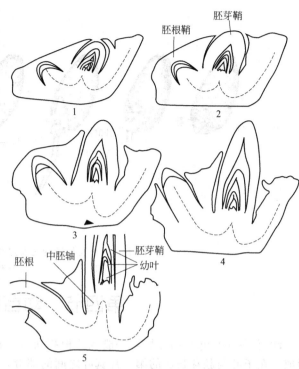

图1-10 水稻胚的萌发（胚的纵切面）（引自李扬汉）
1—萌发前；2—胚芽鞘露出；3—胚芽鞘再伸长，突破谷壳；
4—胚根伸出；5—胚芽鞘向上，胚根向下伸长

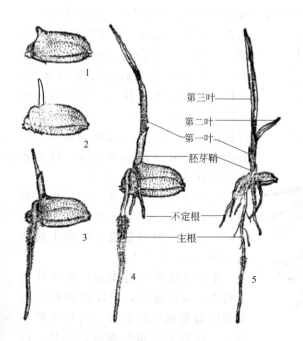

图1-11 水稻籽实的萌发过程（引自李扬汉）
1、2、3、4、5代表萌发顺序

图1-12 水稻第一叶（不完全叶）的
形态（引自星川清亲）

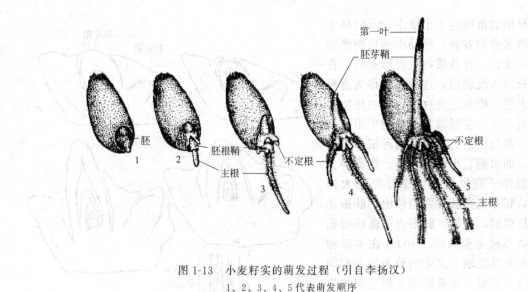

图 1-13　小麦籽实的萌发过程（引自李扬汉）

1、2、3、4、5 代表萌发顺序

第四节　幼苗的类型

幼苗（seedling）出土后，一般成长植物所具有的三种主要营养器官——根、茎、叶都已形成。在子叶与胚芽长出的第一片真叶之间的部分，称上胚轴（epicotyl）；子叶与初生根之间的部分，称胚轴或下胚轴（hypocotyl）。不同的植物种类其胚轴的生长情况也不同，因而形成不同的幼苗出土情况，常见的有子叶出土的幼苗（epigaeous seedling）和子叶留土的幼苗（hypogaeous seedling）。

一、子叶出土幼苗

种子萌发时胚根突出种皮，同时下胚轴迅速伸长，将子叶和胚芽推出土面，成为子叶出土幼苗。子叶出土后，有些肥厚的子叶，能继续将贮存养分运往根、茎、叶部分；子叶出土见光后通常变为绿色，可以暂时进行光合作用。有些植物的子叶可以保持一年之久，个别甚至可以保留 3～4 年；大多数植物则在真叶长出后，子叶逐渐萎缩脱落。以后胚芽发育形成植物的茎叶系统。

双子叶植物如大豆、棉花和瓜类等无胚乳种子，以及蓖麻等有胚乳种子，它们萌发时均形成子叶出土的幼苗（图 1-14、图 1-15）。

单子叶植物只有少数形成子叶出土幼苗，如洋葱等，但洋葱的种子萌发和幼苗形成比较特殊。当种子萌发时，子叶的下部和中部首先伸长，将胚根和胚轴推出种皮之外；子叶除了先端仍包被在胚乳内以吸收营养物质

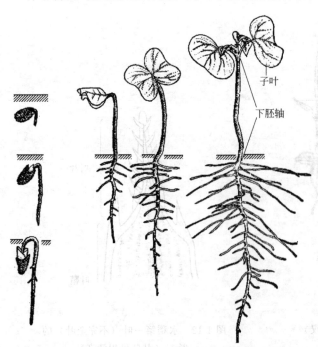

图 1-14　棉花种子子叶出土萌发情况（引自李扬汉）

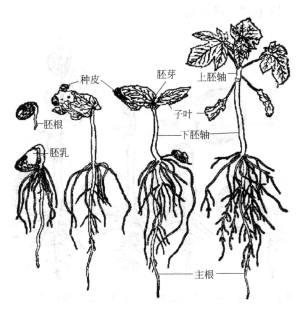

图 1-15　蓖麻种子萌发过程，示子叶出土（引自李扬汉）

外，其余部分很快伸出种皮。子叶的外露部分最初弯曲呈弓形，进一步生长时逐渐伸直，并将子叶先端带离种皮而全部露出土面，此时胚乳营养物质已被吸收用尽。子叶出土后逐渐转为绿色，进行光合作用。不久，第一片真叶从子叶缝中长出，并在主根周围长出不定根，最终形成子叶出土类型的幼苗（图 1-16）。

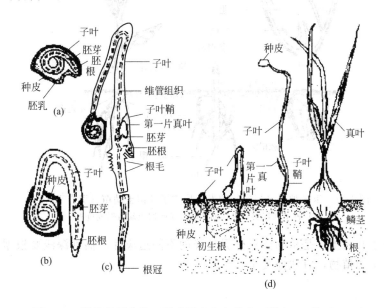

图 1-16　洋葱种子萌发，形成子叶出土幼苗（引自 Troll，Raven）

（a）种的纵切面；（b）萌发种子的纵切面；（c）早期幼苗的纵切面；（d）子叶出土幼苗的形成过程

二、子叶留土幼苗

种子萌发时，仅上胚轴或中胚轴伸长生长，它们连同胚芽向上伸出地面，形成植物的茎叶系统，下胚轴并不伸长或伸长极其有限，而使子叶和种皮藏于土壤中，成为子叶留土幼苗。一部分双子叶植物如橡胶、油茶、豌豆等及大部分的单子叶植物如水稻、小麦、玉米、毛竹、棕桐等的幼苗都属此类型（图 1-17、图 1-18）。

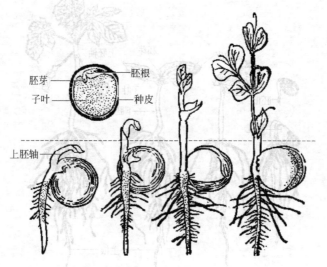

图 1-17　豌豆种子萌发过程，示子叶留土（引自李扬汉）

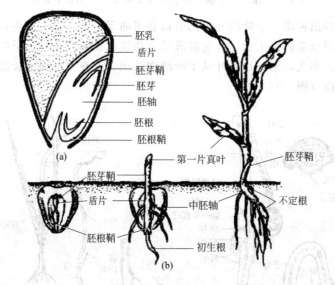

图 1-18　玉米种子（籽实）萌发，形成子叶留土幼苗（引自 Raven）
（a）种子（籽实）纵切面；（b）子叶留土幼苗形成过程

　　子叶出土与子叶留土，是植物体对外界环境的不同适应性。播种深浅要根据这一特性来决定，一般子叶出土的植物，宜浅播覆土。

复习思考题

　　1. 阐述子叶出土幼苗和子叶留土幼苗在农业生产上的应用。

　　2. 总结种子的基本结构有哪些？比较有胚乳种子中双子叶植物种子与单子叶禾本科植物的种子有何异同。

　　3. 种子里有哪些主要的贮藏物质？

　　4. 种子萌发的内外条件是什么？萌发的主要过程如何？从胚发育为幼苗可以见到哪些形态方面的变化？

第二章 植物细胞和组织

细胞（cell）是生命有机体进化发展到一定阶段的产物，是所有生物体结构与执行功能的基本单位。它不仅是一个独立有序的、能够进行自我调控的代谢与功能体系，而且还是生物有机体生长发育的基础和遗传繁衍的基本单位。因此，植物的所有生命活动也都是以细胞为单位进行的。

组织是在单细胞生物体、多细胞群体型生物体基础上进化发展而来的，是组成多细胞有机体的结构层次。在植物的进化发展较高级类群中，植物体都具有多种器官，每一种器官是由各种不同形态、结构和功能的组织构成的，而每一类组织又是由若干形态结构和功能特定的细胞所组成。因此，学习植物细胞和组织的有关知识，不仅有助于学习和掌握植物体各器官的形态、结构和功能等内容，而且有助于理解植物的种类和作用的多样性。

第一节 植 物 细 胞

人类对植物细胞的认识及了解与显微镜发明及显微技术等的不断改进密切相关。1665 年英国科学家胡克用自制的显微镜观察软木的结构，发现并命名了细胞。虽然他当时看到的只是植物死细胞的细胞壁，但这却是人类有史以来第一次看到细胞轮廓，引起人们对植物和动物细胞进行研究的兴趣，开启了人类对细胞研究的历史。以后，列文虎克（Anton van Leeuwenhoek，荷兰）、马尔比基（Marcello Malpighi，意大利）等人先后用显微镜观察和研究了其他多种动物、植物材料，更丰富了人们对动物、植物细胞的认识。1831 年，英国布朗（R. Brown）发现植物材料活细胞中有 1 个细胞核。1838 年德国植物学家施莱登（Mathias Schleiden）和动物学家施旺（Theodor Schwann）提出了细胞学说（cell theory），其主要内容包括：植物和动物的组织都是由细胞构成的；所有的细胞都是细胞分裂或融合而来；卵子和精子都是细胞；一个细胞可以分裂而形成组织。

到 20 世纪初，人们利用光学显微镜已发现了植物细胞的主要显微结构，但对于各种显微结构与功能之间的关系还研究不多。到 20 世纪三四十年代以后，随着各种各样的光学显微镜（如荧光显微镜、偏光显微镜、相差显微镜、微分干涉显微镜）和电子显微镜（如透射电子显微镜、扫描电子显微镜、环境扫描电子显微镜、高压电子显微镜）的发明和应用，人们对细胞的超微结构（图 2-1），以及其结构与功能间的相互关系等逐步有了更为深刻的理解。特别是新近出现的细胞电子影像技术、细胞数字图像处理技术、视频反差增强显微术、激光扫描共聚焦显微术等，使人们不仅能观察、记录细胞静止和活动的情况，还可通过计算机软件对图像进行处理和分析，例如进行图像的三维重建等。遗传学、生理学、生物化学和分子生物学的发展及其与细胞生物学的相互渗透，使人们对细胞的研究从超微结构转向物理化学变化在细胞生命活动中的作用，并逐步深入到分子水平，以揭示其结构与功能的关系。细胞化学、放射性示踪技术、细胞分级离心、细胞内注射、细胞培养、X 射线衍射与核磁共振等技术的应用，使人们能够充分研究细胞的代谢活动，从分子水平上阐明细胞内各种生命活动。

一、植物细胞概述

（一）细胞的基本概念

细胞是生物有机体最基本的形态结构单位。生物有机体除病毒和噬菌体外，都是由细胞构

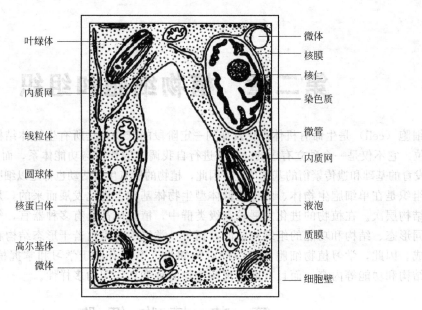

叶绿体 ——
内质网 ——
线粒体 ——
圆球体 ——
核蛋白体 ——
高尔基体 ——
微体 ——

—— 微体
—— 核膜
—— 核仁
—— 染色质
—— 微管
—— 内质网
—— 液泡
—— 质膜
—— 细胞壁

图 2-1 细胞结构示意图

成的。在植物界，最简单的植物，仅具有一个细胞，又称单细胞植物，如衣藻、小球藻等。多细胞植物的个体，如紫菜、海带、蘑菇等与所有高等植物一样由几个到亿万个细胞构成，这些细胞彼此分工协作，共同完成个体的生长、发育和生殖等各种生命活动。

细胞是植物体生长发育的基本单位。生物有机体的生长发育主要通过细胞分裂、细胞体积增大和细胞分化来实现。这些细胞虽然形态和功能上表现不同，但它们都是由同一个受精卵经过细胞分裂和分化而来的。

细胞是代谢和功能的基本单位。它是一个高度有序的、能够进行自我调控的代谢功能体系，虽然细胞形态各有不同，但每一个生活细胞都具有一套完整的代谢机构以满足自身生命活动的需要，至少是部分地自给自足。除此之外，生活细胞还能对环境变化作出反应，从而使其代谢活动有条不紊地协调进行。在多细胞生物体中，各种组织分别执行特定功能，但都是以细胞为基本单位而完成的。

细胞是遗传的基本单位，每个植物细胞都含有个体全套的遗传信息，具有遗传上的全能性。无论是低等生物或高等生物的细胞、单细胞生物或多细胞生物的细胞、结构简单或结构复杂的细胞、分化或未分化的细胞，它们都包含全套的遗传信息，即具有一套完整的基因组。植物的性细胞或体细胞在合适外界条件下培养可诱导发育成完整的植物体，这说明从复杂有机体中分离出来的单个细胞，是一个独立的单位，具有遗传上的全能性。

（二）细胞的类型

根据细胞在结构、代谢和遗传活动上的差异，常把细胞分为两大类，即原核细胞（procaryotic cell）和真核细胞（eucaryotic cell）。

原核细胞的特征：①没有典型的细胞核，其遗传物质分散在细胞质中，且通常集中在某一区域，但两者之间没有核膜分隔；②原核细胞遗传信息的载体仅为一环状 DNA，DNA 不与或很少与蛋白质结合；③原核细胞没有分化出以膜为基础的具有特定结构和功能的细胞器；④原核细胞通常体积很小，直径为 $0.2 \sim 10 \mu m$ 不等。由原核细胞构成的生物称原核生物，原核生物主要包括支原体（Mycoplasma）、衣原体（Chlamydia）、立克次体（Rickettsia）、细菌、放线菌（Actinomycetes）和蓝藻等，几乎所有的原核生物都是由单个原核细胞构成。

相比之下，真核细胞结构较复杂。①真核细胞具有典型的细胞核结构；②DNA 为线状，主要集中在由核膜包被的细胞核中；③真核细胞同时还分化出以膜为基础的多种细胞器，真核细胞的代谢活动如光合作用、呼吸作用、蛋白质合成等分别在不同细胞器中进行，或由几种细胞器协同完成，细胞中各个部分的分工有利于各种代谢活动的进行。由真核细胞构成的生物称真核生物，高等植物和绝大多数低等植物均由真核细胞构成。

（三）植物细胞特征

不同植物的细胞以及植物不同组织的细胞间有很大差异。高等植物体是由多细胞组成的，植物体的细胞高度分化。典型的高等植物细胞如图 2-2 所示。

与动物细胞相比，植物细胞具有许多显著的特征。①绝大多数的植物细胞都具有细胞壁。植物的许多基本生理过程，如生长、发育、形态建成、物质运输、信号传递等都与细胞壁有关。②植物的绿色细胞中含有叶绿体，能进行光合作用，又具有细胞壁，可能是植物祖先最早产生的有别于其他生物的重要特征。③许多植物细胞都有一个相当大的中央大液泡，这也是植物细胞的重要特征之一。中央大液泡在细胞的水分运输、细胞生长、细胞代谢等许多方面都具有至关重要的作用。④在多细胞的高等植物组织中，

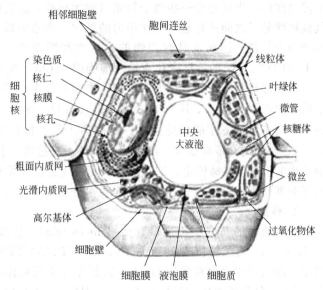

图 2-2　高等植物细胞结构图解

相邻细胞之间还有胞间连丝相连，是细胞间独特的通信连接结构，有利于细胞间的物质和信息传递。⑤植物分生组织的细胞通常具有无限生长的能力，可以永久保持分裂能力。但对于动物细胞而言，细胞通常有一定的"寿命"，细胞在若干代后会失去分裂能力。⑥此外，植物细胞在有丝分裂后，普遍有一个体积增大与成熟的过程，这一点比动物细胞表现更明显。如细胞壁的初生壁与次生壁形成，液泡的形成与增大，质体发育等。

二、细胞生命活动的物质基础——原生质

（一）原生质的概念及化学组成

原生质（protoplasma）是指细胞除细胞壁以外，具有新陈代谢作用机能的物质的总称。虽然生活细胞的原生质有着极其复杂而不断变化的化学组成，但其基本化学组成是相似的，主要包括无机物及有机物两大类，前者包括水和无机盐，后者包括核酸、蛋白质、糖类和脂类等。

1. 无机物

（1）水　水是细胞中最主要的成分，一般占细胞物质总含量的 75%～80%，植物体中生命活动旺盛的细胞含水量高达 85% 以上，胚胎细胞中含水量甚至可达 95%。水在植物的生命活动中有着重要的作用：它是原生质组成中胶粒的分散介质，是各种无机盐的溶剂；它还是各种新陈代谢的介质，而且自身也参与一些代谢（如光合反应）；水含量的变化会影响原生质的性质；水还可保持植物体温度相对稳定等。

细胞中的水分有两种存在方式：一种是被原生质胶体表面吸附不易流动的水分，称为结合水或束缚水，它不参与代谢，其作用在于维持原生质胶体的稳定，与植物抗性有关，含量变化不大；另一种水以游离状态存在，称为游离水或自由水，这部分水远离原生质胶粒，能够自由移动，它直接参与各种代谢，在代谢过程中作为溶剂，含量变化较大。细胞内所含的这两种水

可以互相转化，而且它们含量的比例影响原生质的胶体状态和代谢活性：束缚水向自由水转化较多时，机体代谢活跃，生长迅速；当束缚水比例上升时，机体代谢活动缓慢，抗寒、抗热、抗旱的性能提高。

水的功能与水的特有属性密不可分。化学结构上，水（H_2O）分子由 2 个氢原子和 1 个氧原子构成，一侧显正电性，另一侧显负电性，是一个典型的极性分子。正是由于水分子具有这一特性，它既可以与蛋白质中的正电荷结合，也可以与负电荷结合。由于水分子具有极性，产生静电作用，因而它是一些离子物质（如无机盐）的良好溶剂。另外，水分子之间及水分子与其他极性分子之间还可建立弱作用力的氢键。在水中每一个氧原子可与另两个水分子的氢原子形成两个氢键，因而水具有较强的内聚力和吸附力。水分子另一个重要特性就是可解离为 OH^- 和 H^+。H^+ 的浓度变化直接对细胞的 pH 值产生影响。

（2）无机盐　无机盐在大多数细胞中含量很少，不到细胞物质总量的 1%。无机盐常以离子状态存在（如 Na^+、K^+、Mg^{2+}、Cl^-、PO_3^- 等），是生命活动的调节因子。如某些酶需要在某种离子浓度下才能保持活性。有些离子与有机物结合，如 PO_4^{3-} 与戊糖和碱基组成核苷酸，Mg^{2+} 参与合成叶绿素。细胞中的各种无机盐离子有一定的缓冲能力，可在一定程度上使细胞内的 pH 值保持恒定，这对于维持正常生命活动非常重要。植物细胞液泡中的各种无机盐离子对维持细胞的渗透平衡以及细胞对水分的吸收也有重要作用。

2. 核酸

组成核酸的基本单位是核苷酸（nucleotide）。核酸分为脱氧核糖核酸（deoxyribonucleic acid，DNA）与核糖核酸（ribonucleic acid，RNA）两大类。DNA 主要存在于各种细胞的细胞核中，细胞质中也含有少量 DNA，主要存在于线粒体与叶绿体中。RNA 主要存在于细胞质中。RNA 分为核糖体 RNA（ribosome RNA，rRNA）、转运 RNA（transfer RNA，tRNA）和信使 RNA（messenger RNA，mRNA）。不同植物具有不同的 DNA 与 RNA。

核酸与遗传信息的复制和转录有关。DNA 分子是遗传物质——基因的载体。它可以通过复制将遗传信息传递给下一代，也可将所携带的基因转录为 RNA，然后翻译成蛋白质，使遗传基因得以表达，使生物体表现出一定的性状。mRNA 可"转录"DNA 分子中所携带的遗传信息。带有遗传信息的 mRNA，进入细胞质后在核糖体（含有 rRNA）和 tRNA 参与下指导合成蛋白质。这就是 DNA 分子将遗传信息"转录"为 mRNA，再把遗传信息"翻译"为蛋白质的过程。

3. 蛋白质

蛋白质是体现生命活动的重要物质，约占细胞干重的 50% 以上。构成蛋白质的基本单位是氨基酸，组成蛋白质的氨基酸有 20 种，它们的种类、数目及排列组合的不同，决定了植物蛋白质的种类与功能的多样性。例如酶、多种蛋白质激素、各种抗体以及细胞质和细胞膜中的蛋白质都是球蛋白，它们各自具有一定的生物学活性。

蛋白质在植物生命活动中有着重要的作用，它们参与植物体新陈代谢的各种生物化学反应和生命活动过程，如呼吸作用、光合作用、物质运输、生长发育、遗传与变异等。蛋白质是细胞的主要结构成分，生物体内各种生物化学反应中起催化作用的酶也是蛋白质，同时，蛋白质还参与基因表达的调控，起着调节生命活动的作用。

4. 糖类

糖类由 C、H、O 三种元素以 1∶2∶1 的比例组成，所以又称为碳水化合物。也是绿色植物光合作用的产物。糖类是原生质进行代谢的产物与原料，在细胞中，糖能被分解氧化释放出能量，是生命活动的主要能源；遗传物质核酸中也含有糖；糖与蛋白质、脂类等结合形成糖蛋白、糖脂等复合物；糖是组成植物细胞壁的主要成分，是构成细胞的结构物质，是植物主要后含物之一。

细胞中的糖类既有单糖，也有多糖。最简单的糖是单糖。单糖在细胞中是作为能源以及与糖有关的化合物的原料存在。重要的单糖为五碳糖和六碳糖，其中最主要的五碳糖为核糖，六碳糖为葡萄糖。葡萄糖不仅是能量代谢的关键单糖，而且是构成多糖的主要单体。由少数单糖（2～6 个）缩合成的糖称为寡糖（如麦芽糖、蔗糖），其中蔗糖是高等植物体内有机物运输的主要形式。多糖是由很多单糖分子脱水缩合而成的分支或不分支的长链分子，常见的有淀粉、纤维素、果胶、半纤维素等。多糖在细胞结构成分中占有主要地位。

5. 脂类

脂类是不溶于水、易溶于非极性溶剂的一类化合物，包括中性脂肪、磷脂、类固醇和萜等。脂类的主要组成元素是 C、H、O，其中 C、H 含量很高，有的脂类还含有 P 和 N。脂类种类很多，包括不饱和脂肪酸、中性脂肪、磷脂、糖脂、类胡萝卜素、类固醇和萜类等。

脂类最重要的功能是构成生物膜的主要成分，这与脂类是非极性物质有关。脂类分子中贮藏大量的化学能，脂肪氧化时产生的能量是糖氧化时产生能量的 2 倍多。在很多植物种子中含有大量脂类物质，为贮藏物质。同时脂类物质也可构成植物体表面的保护层，防止水分散失。

（二）原生质的理化性质和生理特性

在原生质中，有机物大分子形成直径 1～500nm 的小颗粒，均匀分散在以水为主且溶有简单的糖、氨基酸、无机盐的液体中，成分相当复杂。且不同的细胞类型和细胞不同代谢阶段，其物质组成有很大差异。原生质具有重要的理化性质和生理特性，主要表现在如下几点。

① 原生质的胶体性质。原生质具有一定弹性与黏滞性，在光学显微镜下呈不均匀的半透明亲水胶体状。当水分充足时原生质中的大分子胶粒分散在水溶液介质中，此时原生质近于液态，称溶胶。条件改变，如水分很少时，胶粒联结成网状，而水溶液分散在胶粒网中，此时近于固态，称为凝胶。有时原生质则呈介于溶胶与凝胶之间的状态。

② 原生质的黏性和弹性，又称黏滞性、黏度和内摩擦。黏性指流体物质抵抗流动的性质。原生质黏性与生命活动强弱有关。当组织处于生长旺盛或代谢活跃状态时，原生质黏性相当低，休眠时则很高。黏性可能影响代谢活动，而代谢结果反过来也可改变原生质的黏性。弹性是指物体受到外力作用时形态改变，除去外力后能恢复原来形状的性质。细胞壁、原生质、细胞核均具有弹性。弹性和植物抗旱性有关，弹性大时抗旱性强，弹性大小可作为抗旱性的一项生理指标。

③ 原生质的液晶性质。液晶态是物质介于固态与液态之间的一种状态，它既有固性结构的规则性，又有液体的流动性；在光学性质上像晶体，在力学性质上像液体。从微观来看，液晶态是某些特定分子在溶剂中有序排列而成的聚集态。在植物细胞中，有不少分子如磷脂、蛋白质、核酸、叶绿素、类胡萝卜素与多糖等在一定温度范围内都可形成液晶态。一些较大的颗粒像核仁、染色体和核糖体也具有液晶结构。液晶态与生命活动密切相关，如膜的流动性是生物膜具有液晶特性的缘故。温度高时，膜会从液晶态转变为液态，其流动性增大，膜透性加大，导致细胞内葡萄糖和无机离子等大量流失。温度过低时生物膜内液晶态转变为凝胶态，膜收缩，出现裂缝或通道，而使膜透性增大。

④ 原生质最重要的生理特性是具有生命现象，即具有新陈代谢的能力，也就是生活的原生质能够通过分解大于物质，释放所贮藏的能量（异化），又利用此能量将从环境中吸收的水、氧气等小分子物质合成生命所需的各种大分子（同化）。所以说，原生质是一个动态平衡的生物化学反应系统，也是重要的生命特征之一。

⑤ 原生质分化出的各种结构统称为原生质体（protoplast），主要包括细胞膜、细胞质（基质与细胞器）、细胞核等结构，它们在细胞各项活动中发挥不同的功能。

三、植物细胞形态与大小

通常植物细胞都比较小，形状多种多样。细胞的形状和大小，取决于细胞的遗传性、所担负的生理功能以及对环境的适应性，且伴随着细胞的生长和分化，常相应地发生改变。然而，植物细胞虽然大小不一、形状多样，但所有生活植物细胞的基本结构是相似的，均由细胞壁、原生质体组成。与动物细胞相比，为了适应生存，植物细胞的细胞膜外具有细胞壁；原生质体中有质体和大液泡，这些特有的结构是植物与动物具有不同生命活动方式的结构基础。

多数植物细胞直径一般介于 10～100μm 之间，要借助显微镜才能看到。但也有少数特殊细胞超出这个范围，甚至用肉眼就可以看到。如棉花种子的表皮毛细胞有的长达 70mm；成熟的西瓜果实和番茄果实的果肉细胞，其直径约 1mm；苎麻属（Boehmeria）植物茎中的纤维细胞长达 550mm。因此，不同种类、不同部位的细胞大小差别悬殊。细胞体积越小，相对表面积越大。细胞与外界的物质交换通过表面进行，小体积大面积，有利于细胞与外界进行物质交换。另外，细胞核对细胞质的代谢起着重要调控作用，而一个细胞核所能控制的细胞质的量有限，所以细胞大小也受细胞核所能控制范围的制约。

植物细胞的形状多种多样，有球状体、多面体、纺锤形和柱状体等（图 2-3）。单细胞藻类植物或离散的单个细胞，如小球藻、衣藻，因细胞处于游离状态，受不到其他约束，形状常为球形或近于球形。在多细胞植物体中，细胞紧密排列在一起，由于相互挤压，往往形成不规则的多面体。根据力学计算和实验观察，在均匀的组织中，一个典型的、未经特殊分化的薄壁细胞是十四面体。然而这种典型的十四面体细胞，只有在根和茎的顶端分生组织中和某些植物茎的髓部薄壁细胞中，才能看到类似的形状，这是因为细胞在系统演化中适应功能的变化而分

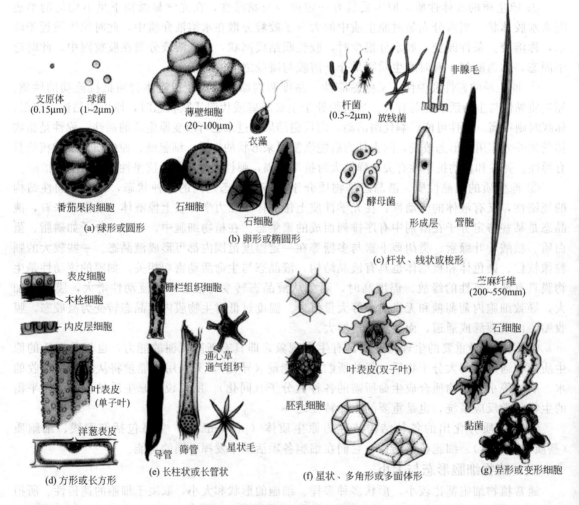

图 2-3　各种植物细胞的大小和形状

化成不同的形状。高等植物体内的细胞，具有精细的分工，因此，它们的形状极具多样性。例如输送水分和养料的细胞（导管分子和筛管分子）呈长管状，并连接成相通的"管道"，以利于物质运输；起支持作用的细胞（纤维），一般呈长梭形，并聚集成束，加强机械支持功能；幼根表面吸收水分的根毛细胞，向外伸出一条细管状突起（根毛），以扩大细胞与土壤的接触面积。这些细胞形状的多样性，都是细胞形态与其功能相适应的结果。除与功能及遗传有关外，外界条件的变化也会引起它们形状的改变。

四、真核植物细胞的基本结构与功能

植物细胞虽然形态、大小有所不同，但是它们的基本结构相同。植物细胞由原生质体（protoplast）和细胞壁（cell wall）两部分组成。原生质体一词来源于原生质。原生质是指组成细胞的有生命物质的总称，是物质的概念。而原生质体是由生命物质——原生质（protoplasm）分化而成的结构，是组成细胞的一个形态结构单位，是指活细胞中细胞壁以内各种结构的总称，是细胞内各种代谢活动进行的场所。真核植物细胞的原生质体包括细胞膜（cell membrane）、细胞核（nucleus）和细胞质（cytoplasm）等；原核植物细胞的原生质体中，没有明显的细胞质和细胞核的分化。细胞壁是包被在原生质体外侧的保护结构。植物细胞中的一些贮藏物质和代谢产物统称为后含物。

在光学显微镜下，可以观察到植物细胞的细胞壁、细胞质、细胞核、液泡等基本结构。此外，绿色细胞中的质体也能观察到。用特殊染色方法还能观察到高尔基体、线粒体等细胞器。这些可在光学显微镜下观察到的细胞结构称为显微结构（microscopic structure）。而只有在电子显微镜下才能观察到的细胞内的微细结构称为超微结构（ultrastructure），也称亚显微结构（图 2-4～图 2-6）。

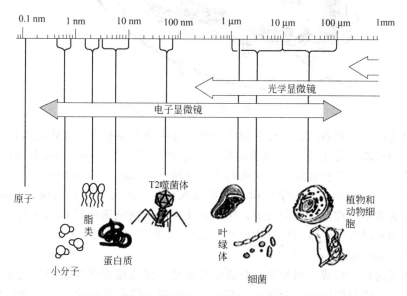

图 2-4　光学显微镜及电子显微镜下观察的结构

（一）原生质体

原生质体是细胞壁以内各种结构的总称，是细胞内各种代谢活动进行的场所。在高等植物细胞内，原生质体包括细胞膜（cell membrane）、细胞核（nucleus）、细胞质（cytoplasm）以及细胞骨架。

1. 细胞膜

细胞膜又称质膜（plasmalemma），包围在原生质体表面、紧贴细胞壁的膜结构。此外，

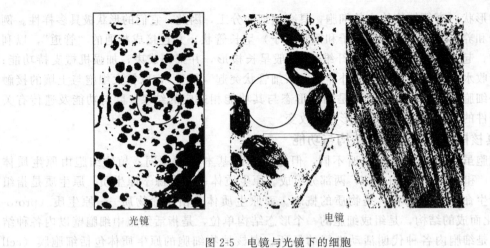

光镜　　　　　　　　电镜

图 2-5　电镜与光镜下的细胞

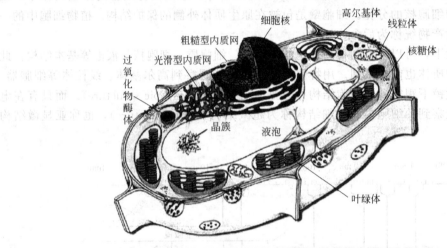

图 2-6　电子显微镜下的细胞结构模式图

细胞内还有构成各种细胞器的膜，称为细胞内膜。这些膜在细胞中不是彼此孤立的，而是相互通连，构成一个功能上有连续性的细胞内膜，称之为内膜系统（endomembrane system）。相对地将质膜称为外膜。外膜和细胞内膜统称为生物膜（biological membrane）。

膜的厚度为 6～10nm，在光学显微镜下难以观察到，通常所看到的膜，实际上还包括膜附近的一薄层细胞质。在电子显微镜下，用四氧化锇固定的细胞膜具有明显的"暗-明-暗"三个层次。内层和外层为电子致密层（均厚约 2nm），中间为透明层（厚 2.5～3.5nm），这样的膜称为单位膜（unit membrane）。

（1）细胞膜的化学组成　微量化学分析结果表明，组成质膜的主要物质是蛋白质和脂类，以及少量的多糖，微量的核酸，金属离子和水。其中脂类约占总量的 50%、蛋白质约占 40%、糖类占 2%～10%。

各种膜所含蛋白质与脂类的比例大小同膜功能有关，因为膜的功能主要由蛋白质承担，因而功能活动较旺盛的膜，蛋白质含量就较高。根据膜蛋白与膜脂的相互作用方式及存在部位，膜蛋白可分为外在蛋白或外周蛋白（extrinsic 或 peripheral protein）和内在蛋白或整合蛋白（intrinsic 或 integral protein）两类。如按其功能，膜蛋白也可分为受体蛋白、载体蛋白和酶蛋白三类。膜的许多重要功能是由蛋白质分子来执行的。有些膜蛋白可作为"载体"，与物质交换有关；有的本身就是酶；还有的作为受体发挥作用。

　　质膜所包含的脂类有 100 多种。其中以脂肪、糖脂和胆固醇为主。这三种脂类均由双极性的脂类分子组成。其亲水端分布在脂双层的表面，疏水的脂肪酸链分布在脂双层的内部，使膜两侧的水溶性物质一般不能自由通过。这对于维持细胞正常结构和细胞内环境的稳定是很重要的。

　　除了脂类和蛋白质外，质膜表面还有糖类分子，称膜糖。膜糖是由葡萄糖、半乳糖等数种单糖连成的寡糖链。膜糖大多能与膜蛋白、膜脂以共价键形成糖蛋白或糖脂，分布在膜的表面。糖蛋白与细胞识别有关。

　　(2) 细胞膜的分子结构　根据膜内所含的蛋白质和磷脂分子排列分布的可能情况以及电镜所看到的膜的结构，学术界曾提出几种有关膜结构的模型，具有代表性的是单位膜模型，以及目前得到广泛支持的流动镶嵌模型。

　　单位膜模型 (unit-membrane model) 是由 Robertson 于 1959 年提出的。该模型认为，膜的中央为脂双分子层，在电镜下显示为明线，厚度为 2.5～3.5nm；膜两侧为展开的蛋白质分子层，在电镜下显示为暗线，厚度约为 2nm。

　　流动镶嵌模型 (fluid-mosaic model) 是由 Jon Singer 和 Garth Nicolson 于 1972 年提出的 (图 2-7)。该模型认为，①液态的脂双分子层镶嵌可移动的球形蛋白质组成了细胞膜结构。即脂类分子呈双分子层排列，构成膜的网架，一些蛋白质分子镶嵌在网孔之中。②脂类分子为具有亲水头端和疏水尾端的双极性分子，亲水的头部朝向水相，疏水尾部埋藏在膜内部。疏水的脂肪酸链有屏障作用，使膜两侧的水溶性物质（包括离子与亲水的小分子）一般不能自由通过，这对维持

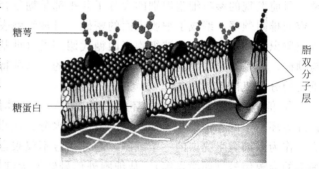

图 2-7　质膜结构模型图

细胞正常结构和细胞内环境的稳定非常重要。③膜的不对称性。膜的另一种主要成分是蛋白质，蛋白质分子有的嵌插在脂双层网架中，有的则黏附在脂双层的表面上。根据在膜上存在部位不同，膜蛋白可分为两类。以不同深度嵌插在脂双层中的，称为内在蛋白或整合蛋白。内在蛋白分子均为双性分子，非极性区插在脂双层分子之间，极性区则朝向膜表面，它们通过很强的疏水或亲水作用力同膜脂牢固结合，一般不易分离开来。另一类蛋白质附着于膜表层，称为外在蛋白 (extrinsic protein) 或外周蛋白 (peripheral protein)。外在蛋白与膜的结合比较疏松，易于将其分离下来。无论是内在蛋白还是外在蛋白，至少有一端露出膜表面，没有完全埋在膜内部的蛋白质分子。④膜的流动性。流动镶嵌模型除了强调脂类分子与蛋白质分子的镶嵌关系外，还强调了膜的流动性。认为膜总是处于流动变化之中，脂类分子和蛋白质分子均可做侧向、旋转及伸缩振荡运动等。

　　(3) 细胞膜的功能　质膜具有重要的生理作用。它位于细胞原生质体表面，是细胞的内外边界，为细胞的生命活动提供了相对稳定的内环境。它具有选择透性，通过胞饮作用 (pinocytosis)、吞噬作用 (phagocytosis) 或胞吐作用 (exocytosis) 吸收、消化和外排细胞膜外、内物质。从而调节和控制细胞与外界环境之间的物质交换以维持细胞内环境的相对稳定。此外，许多质膜上还接受各种信号的受体、抗原结合点以及其他有关细胞识别的位点，因此，质膜在细胞识别、细胞间信号传导、新陈代谢的调控及纤维素合成和微纤丝的组装等方面发挥重要作用。质膜的主要功能简述如下。

　　① 物质的跨膜运输　生活的植物细胞要进行各种生命活动，就必然要同外界环境发生物质交换。物质出入细胞时必须通过质膜。而质膜具有高度的选择性，以保证细胞内各种生物化

学反应有序进行。物质透过质膜的途径有以下几种形式：简单扩散（simple diffusion）、促进扩散（facilitated diffusion）、主动运输（active transport）、内吞作用（endocytosis）和外排作用（exocytosis）等。

② 细胞识别　细胞具有区分自己和异己的识别能力，具有高度选择性。同种或异种生物有机体细胞之间可以通过释放信号而相互影响，也可通过细胞与细胞直接接触而相互作用。细胞通过表面的一些特殊受体与其他细胞的信号分子选择性的相互作用，导致细胞内一系列生理生化变化，最终产生整体的生物学效应。植物细胞与动物细胞不同，它的质膜外面有细胞壁，两个细胞的质膜不能直接接触。一些起识别作用的物质，可从细胞内分泌到细胞壁，因而植物细胞之间的识别，除质膜外，细胞壁也起重要作用。

生物体许多重要的生命活动都与细胞识别有关。如单细胞的衣藻有性生殖过程中配子的结合；雌蕊柱头与花粉之间的相互识别，决定能否成功进行受精作用；豆科植物根与根瘤菌相互识别，决定能否形成根瘤等。

细胞识别的分子机制是非常复杂的。近年来虽然取得了很大进展，但仍有很多问题还不清楚。目前发现的参与细胞识别的大分子几乎都是糖复合物，主要是糖蛋白。糖复合物的糖链具一定的排列顺序，编成了细胞表面的密码，可被细胞表面的专一性受体，如凝集素或其他某些蛋白质识别和结合，也可被细胞表面糖代谢酶类（糖基转移酶及糖苷酶）识别。无论是凝集素与糖链，还是酶与底物间的识别都是特异性的，这种特异性识别与结合可能是细胞识别的一种重要的分子机制。

③ 信号转换　植物生活的环境不断变化，植物体的每一个细胞也在不断地感受、接收来自外界环境中的各种信号（如光照、温度、水分、病虫害、机械刺激等），并作出一系列的响应。作为多细胞生物内的一个细胞，胞外信号不仅来自外界环境的信号，还包括来自体内其他细胞的内源信号（如激素等）。从细胞外信号转换为细胞内信号并与相应的生理生化反应偶联的过程称为细胞信号转导（signal transduction）。

质膜位于细胞表面，在细胞信号转导过程中起着重要作用。质膜上有接受各种信号的受体蛋白，如感受光的光敏素和激素受体等。当受体与外来信号结合后，受体的构象就发生改变，引发细胞内一系列反应。许多研究证实，植物细胞内游离钙离子是植物细胞信号转导过程中一类重要的第二信使。钙离子与钙结合蛋白，如钙调素（calmodulin，CaM）结合后，激活一些基因的表达或酶活性，进而促进各种生理生化反应，调节生命活动。

2. 细胞质（cytoplasm）

真核细胞质膜以内、细胞核以外的原生质称为细胞质。细胞质可进一步分为细胞质基质（简称胞基质）和细胞器。在光学显微镜下，细胞质透明、黏稠并能流动，其中分散着许多细胞器。在电子显微镜下，细胞器具有一定的形态结构，细胞器外是无一定形态结构的细胞质基质。

（1）胞基质（cytoplasmic matrix）　细胞质中除细胞器以外均匀半透明的液态胶状物质称为细胞质基质；是细胞器代谢的外环境，细胞骨架及各种细胞器分布于其中。胞基质的主要成分是小分子物质，如水、无机离子、糖类、氨基酸、核苷酸及其衍生物和溶解其中的气体等，还有蛋白质、RNA 等大分子。细胞质基质中的蛋白质含量占 $20\%\sim30\%$，其中多是酶类。

胞基质的主要功能：①细胞各种复杂的代谢活动是在细胞质基质中进行的；②它为各个细胞器执行功能提供必需的物质和介质环境；③细胞的代谢活动常导致酸碱度变化，它作为一个缓冲系统可调节 pH 值，维持细胞正常的生命活动；④胞基质运动对于细胞内物质的转运具有重要作用，促进了细胞器之间生理上的相互联系。

(2) 细胞器（organelle） 细胞器是存在于细胞质中具有特定的形态、结构和生理功能的亚细胞结构。活细胞的细胞质内有多种细胞器，包括具有双层膜结构的质体、线粒体，具有单层膜结构的内质网、高尔基体、液泡、溶酶体、圆球体和微体，以及无膜结构的核糖体等。

① 质体（plastid） 质体是真核植物细胞特有的细胞器，根据质体所含的色素及结构不同，可将其分为叶绿体、白色体和有色体。

a. 叶绿体（chloroplast） 是植物细胞进行光合作用的细胞器。叶绿体含有叶绿素（chlorophyll）、叶黄素（xanthophylls）和胡萝卜素（carotene）三种色素，是主要进行光合作用的质体，主要存在于叶肉细胞内，在茎的皮层细胞、保卫细胞、花萼和未成熟的果实中也有分布，其中叶绿素是主要的光合色素，它能吸收和利用光能，直接参与光合作用，合成有机物。其他两类色素不能直接参与光合作用，只能将吸收的光能传递给叶绿素，辅助光合作用。植物叶片颜色与细胞叶绿体中这三种色素的比例有关。一般情况下，叶绿素占绝对优势，叶片呈绿色，但当营养条件不良、气温降低或叶片衰老时，叶绿素含量降低，叶片便出现黄色或橙黄色。某些植物叶秋天变成黄色或红色，就是因叶片细胞中的叶绿素分解，叶黄素、胡萝卜素和花青素占优势的缘故。在农业上，常可根据叶色变化，判断农作物的生长状况，及时采取相应的施肥、灌水等栽培措施。

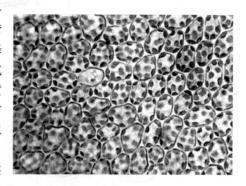

图 2-8 光学显微镜下细胞中
叶绿体的形态与分布

叶绿体的形状、数目和大小因植物种类和细胞类型不同而有很大差异。如衣藻中有 1 个杯状的叶绿体；丝藻细胞中仅有 1 个呈环状的叶绿体；而水绵细胞中有 1～4 条带状的叶绿体，螺旋环绕；高等植物细胞中叶绿体通常呈椭圆形或透镜形，数目较多，少的有 20 个、几十个，多的甚至达几百个叶绿体，如菠菜的叶肉细胞内，有 200～400 个叶绿体。典型叶绿体其长轴 4～10μm，短轴 2～4μm。它们在细胞中的分布与光照有关，光照强时，叶绿体常分布在细胞外周；黑暗时，叶绿体常流向细胞内部（图 2-8）。

高等植物的叶绿体为透镜状的膜层结构，表面有两层光滑的单位膜包被，内部是电子密度较低的基质（stroma），其间悬浮着沿纵轴平行排列的复杂的膜系统，称为片层系统（lamella system）。片层系统中有扁圆状或片层状的囊，称为类囊体（thytakotd）。一些类囊体有规律地垛叠在一起好像一摞硬币，称为基粒（granum）。形成基粒的类囊体也称基粒类囊体。因植物种类和细胞所处部位不同，基粒中的基粒类囊体数量差异很大。一般一个叶绿体中含有 40～80 个基粒，而一个基粒由 5～50 个基粒类囊体组成，最多可达上百个。基粒类囊体的直径为 0.25～0.8μm，厚约 0.01μm。光合作用色素和电子传递系统都位于类囊体膜上。而连接于基粒之间，由基粒类囊体延伸出的非成摞存在的呈分支网管状或片层状的类囊体称为基质类囊体（stroma thylakoid）或基质片层（stroma lamellae），其内腔与相邻基粒的类囊体腔相通（图 2-9、图 2-10）。

叶绿体为半自主性细胞器，基质中有环状的双链 DNA 及 RNA，能编码自身的部分蛋白质，其余的蛋白质为核基因编码；具有核糖体，能合成自身的蛋白质。叶绿体中的核糖体为 70S 型，比细胞质中的核糖体小，与原核细胞的核糖体相同。

b. 白色体（leucoplast） 是不含任何色素、普遍存在于植物贮藏组织细胞中的一类质体。常见于甘薯、马铃薯等植物的地下贮藏器官、胚以及少数植物叶的表皮细胞中。白色体近于球形，2～5μm 大小，其内部结构简单，在基质中仅有少数不发达的片层。根据白色体的功能及

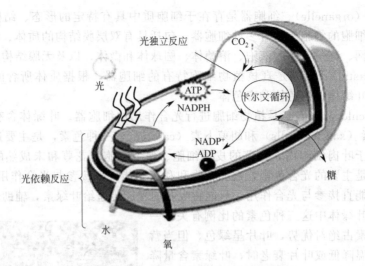

图 2-9 叶绿体的结构及光合作用图解

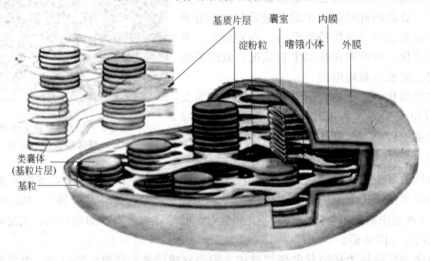

图 2-10 叶绿体的超微结构

所贮藏的物质不同可将其分为三类：贮存淀粉的称为造粉体（amyloplast），主要分布于子叶、胚乳、块茎和块根等贮藏组织中；贮藏蛋白质的称为造蛋白体（proteinoplast），常见于分生组织、表皮和根冠等细胞中；贮存脂类物质的称为造油体（elaioplast），存在于胞基质中。

c. 有色体（chromoplast） 是含有类胡萝卜素，包括叶黄素（xanthophyll）和胡萝卜素（carotene）的质体。在不同细胞或同一细胞的不同时期，由于二者含量的比例不同，有色体呈红、黄色之间的种种色彩。成熟的红、黄色水果如番茄、辣椒以及秋天叶色变黄主要是因为细胞中含有这种质体。有色体可见于部分植物的花瓣、成熟的果实、胡萝卜的贮藏根以及衰老的叶片中。有色体的形状以及内部结构多种多样。有色体因其所含有的叶绿体的退化和类质体结构的消失而丧失了光合作用能力，仅能够积累脂类和淀粉。大多数植物的花瓣以及柑橘、黄辣椒的果实中的有色体呈球状；黄水仙花瓣、番茄果实中的有色体呈同心圆排列的膜结构；红辣椒果实中呈管状等。有色体使得花果等具有鲜艳的红、橙色，吸引昆虫传粉，或吸引动物协助散布果实或种子。

质体是从前质体发育形成的。前质体一般无色，存在于茎顶端分生组织的细胞中，具双层膜，内部有少量的小泡。当叶原基分化出来时，前质体内膜也向内折叠伸出膜的片层系统。在光下，这些片层系统继续发育，并合成了叶绿素，发育成为叶绿体。如果把植株放入暗处，质体内部会形成一些管状的膜结构，不能合成叶绿素，成为黄化的质体，即黄化体（etio-plast）。如将这些黄化的植株置于光照条件下，叶绿素又能够合成，叶色转绿，片层系统也充分发育，黄化体就会转变成为叶绿体（图 2-11）。前质体也可发育成白色体，成熟的白色体不产生色素，如根中的白色体；花芽原基中的白色体可以发育为有色体。

在某些情况下，一种质体可从另一种质体转化而来。例如，马铃薯块茎中的造粉体在光照条件下可以转变为叶绿体而呈现绿色。叶绿体可以在一定条件下转变为有色体。例如，果实由绿变红（或黄）时，叶绿体就向有色体转变，这时其基质片层与基粒片层被破坏，叶绿素被分解，质体内

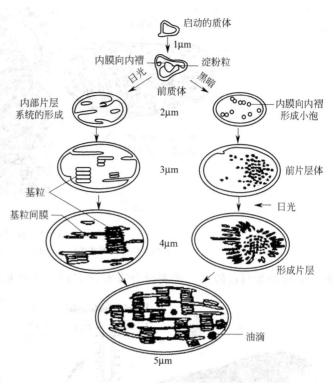

图 2-11 叶绿体的发育过程

积累类胡萝卜素的比例上升，果色便由绿变红。有色体还可从造粉体通过淀粉消失、色素沉积而形成，如德国鸢尾（*Iris germanica*）的花瓣；而卷丹（*Lilium tigrinum*）花瓣内的有色体是直接从前质体发育而来的。

质体的分化有时是可以逆转的。叶绿体可以形成有色体，有色体也可转变为叶绿体，如胡萝卜根经光照可由黄色转变为绿色。当组织脱分化而成为分生组织状态时，叶绿体和造粉体都可转变为前质体。细胞内质体的分化和转化与环境条件有关，但这不是绝对的。比如，光照影响叶绿体的形成，而花瓣一直处于光照下，并不形成叶绿体。同样，根细胞内不形成叶绿体也并非是由于它生长在黑暗环境的缘故。质体的发育受它们所在细胞的控制，不同基因的表达决定着该细胞中质体的类型。

② 线粒体（mitochondrion） 线粒体普遍存在于真核细胞内，是细胞内化学能转变成生物能的主要场所，是细胞的"动力工厂"。线粒体通过氧化磷酸化作用，进行能量交换，提供细胞进行各种生命活动所需要的直接能量，是糖、脂肪和氨基酸最终氧化释放能量的场所。

线粒体的形态与细胞类型和生理状况密切相关，常呈球状、杆状、分支等。线粒体与细菌大小相似，是较大的细胞器，一般直径为 $0.5\sim1.0\mu m$，长 $2\sim3\mu m$（图 2-12）。细胞的种类或细胞的生理活性不同，线粒体的数目亦有差异。一般代谢旺盛的细胞中线粒体数目多，如玉米的一个根冠细胞中，估计有 $100\sim3000$ 个线粒体。而单细胞的鞭毛藻（*Chromuline pusilla*）只有一个线粒体。

电子显微镜下观察，线粒体是由内外两层膜套叠而成的封闭的囊状结构，由外膜（outer membrane）、内膜（inner membrane）、膜间隙（intermembrane space）和基质（matrix）组成（图 2-13）。

外膜厚约 6nm，平整、光滑。内膜厚 $6\sim8$nm，向腔内突出形成嵴（cristae），使内膜面积增加。嵴的数目与细胞功能状态密切相关。一般而言，需要能量较多的细胞，不仅线粒体数目

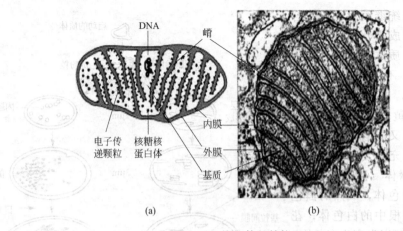

图 2-12　线粒体的结构

(a) 线粒体结构模式图；(b) 透射电镜下的线粒体结构

较多，嵴的数目也较多。嵴表面分布有许多圆球形颗粒，称为基粒。基粒由面向基质的头部

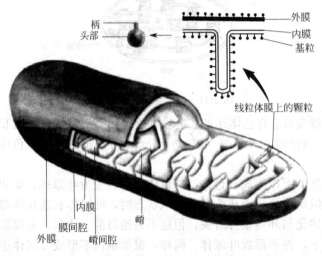

图 2-13　线粒体的超微结构模式图

（F_1）、附着在内膜上的柄部和嵌入内膜的基部（F_0）三部分组成，研究证明，它是 ATP 合成酶（ATP synthase，又称 F_0-F_1 ATP 酶）复合体，是利用电子传递过程中释放的能量合成 ATP（氧化磷酸化）的关键装置。外膜与内膜之间存在着宽 6～8nm 的封闭的腔隙，称为膜间隙，其中充满无定形液体，内含许多可溶性酶类、底物和辅助因子。内膜内侧，即嵴之间的胶状物质称为基质（matrix）或内室（inner chamber），内含许多脂类、蛋白质、核糖体、RNA、氨基酸及环状 DNA 分子等。这些环状 DNA 能指导自身部分蛋白质的合成，所合成的

蛋白质约占线粒体蛋白质的 10%。因此，同叶绿素类似，线粒体也是半自主性细胞器。

③ 内质网（endoplasmic reticulum，ER）　内质网是由单层膜围成的扁平的囊、槽、池或管状的、相互沟通的网状系统（图 2-14）。内质网的膜厚度 5～6nm，比质膜要薄得多，两层膜之间的距离只有 40～70nm。内质网的膜与细胞核的外膜相连接，内质网腔与核周隙相通，反映了核质间的物质交换关系及内质网与核膜在发生上的同源性。相邻细胞的内质网则通过胞间连丝连为一体。

根据结构与功能，可将内质网分为光面和粗面两种类型。①粗面内质网（rough endoplasmic reticulum，rER），其膜的外表面附着有核糖体。主要与蛋白质的合成、修饰、加工和运输有关。因蛋白质合成要用大量的能量，在合成旺盛的细胞中，粗面内质网总是与线粒体紧密相连的。②光面内质网（smooth endoplasmic reticulum，sER），其膜上无核糖体。它与脂类和糖类的合成关系密切，在脂类代谢活跃的细胞中，如松树的松脂道细胞，常有较多的光面内质网。另外，在细胞壁进行次生增厚的部位内方，也可见到内质网紧靠质膜，说明内质网可能与加到细胞壁上去的多糖类物质的合成有关。

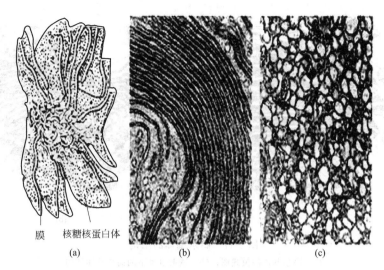

膜　核糖核蛋白体
(a)　　　　　　　　　(b)　　　　　　　　(c)

图 2-14　内质网的结构

(a) 内质网的立体图解；(b) 透射电镜下的 rER；(c) 透射电镜下的 sER

内质网具有制造、包装和运输代谢产物的作用。粗面内质网能合成蛋白质及一些脂类，并将其运到光面内质网，再由光面内质网形成小泡，运到高尔基体，然后分泌到细胞外（图 2-15）。内质网特化或分离出的小泡可形成液泡、高尔基体、圆球体及微体等细胞器。有人认为质体、线粒体和细胞核等的外层膜也与 ER 有关。内质网与细胞内其他膜结构的关系见图 2-16。

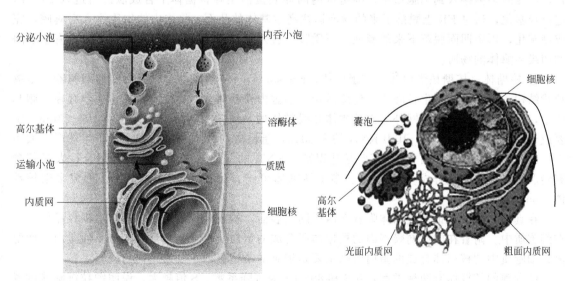

图 2-15　内质网、高尔基体及分泌小泡功能的衔接　　　图 2-16　内质网与细胞内其他膜结构的关系

④ 高尔基体（golgi body，dictyosome）　高尔基体是与植物细胞分泌作用有关的细胞器，又称高尔基复合体，是真核细胞内一种平行排列的扁平囊泡状或球形小泡状的双膜结构。植物细胞中的高尔基体常分散于整个细胞中，在生长和分泌旺盛的细胞内特别多（图 2-17）。

每个高尔基体一般由 4～8 个扁囊（或称潴泡）平行排列在一起成摞存在，某些藻类高尔基体的扁囊可达 20～30 个，扁囊的直径约为 1μm。每个扁囊由一层膜围成，中间是腔，边缘分支成许多小管，周围有很多由扁囊边缘"出芽"脱落的囊泡，它们可转移到胞基质中，与其他来源的某些小泡融合，也可与质膜结合。高尔基体是一种有极性的细胞器，常略呈弯曲状，

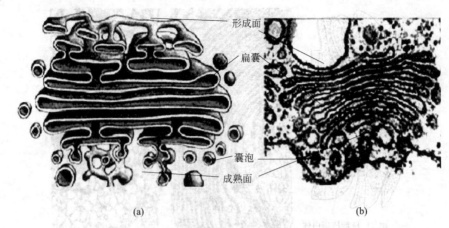

图 2-17 高尔基体的结构

(a) 高尔基体的模式图；(b) 透射电镜下的高尔基体结构

一面凹，一面凸，这两个面与中间的扁囊在形态、化学组成和功能上都不相同，凸面称为形成面（forming face），凹面称为成熟面（matureing face），其发生与光面内质网密切相关。扁囊膜的形态与化学组成很像质膜；中间的扁囊与凹凸两面的扁囊在所含的酶和功能上也有区别。

高尔基体的主要功能：①参与植物细胞中多糖的合成和分泌；②糖蛋白的合成、加工和分泌，如细胞壁内非纤维素多糖在高尔基体内合成，包装在囊泡内运往质膜，小泡膜与质膜融合，内含的多糖掺入到细胞壁中，细胞壁内的伸展蛋白是在核糖体上合成肽链后进入 ER 腔，进行羟基化，通过 ER 上脱落下来的囊泡运往高尔基体的凸面，将泡内的物质注入扁囊腔，完成糖基化，再由凹面脱落下来的囊泡运至质膜，进入细胞壁；③高尔基体还是形成含有水解酶的初级溶酶体的场所。

⑤ 核糖体（核糖核蛋白体，核蛋白体，ribosome） 核糖体是合成蛋白质的细胞器，呈颗粒状结构，无膜包围。生长旺盛、代谢活跃的细胞内核糖体大量存在。核糖体主要存在于胞基质中，但在细胞核、内质网外表面及质体和线粒体的基质中也有分布。直径为 17～23nm。主要成分是 RNA 和蛋白质，其中 RNA 约占 60%，蛋白质约占 40%。由两个近于半球形、大小不等的两个亚基组成（图 2-18）。小亚基识别 mRNA 的起始密码子，并与之结合；大亚基含有转肽酶，催化肽链合成（图 2-19）。多个核糖体可结合到一个 mRNA 链上，形成多聚核糖体（polyribosome）。

在真核细胞内，很多核糖体附着在内质网膜表面，构成粗面内质网；还有不少核糖体游离在细胞质中。附着在内质网膜表面的核糖体所合成的蛋白质主要是膜蛋白、分泌性蛋白，而游离在细胞质中的核糖体合成的蛋白质则主要是细胞的结构蛋白、基质蛋白与酶等。

已发现的核糖体有两种类型：70S 和 80S（S 为沉降系数，S 值越大，说明颗粒沉降速度越快）。70S 核糖体广泛存在于各类原核细胞中及真核细胞的线粒体和叶绿体内。真核细胞的细胞质内均为 80S 核糖体。

⑥ 液泡（vacuole） 液泡是由一层具选择通透性的液泡膜（tonoplast）和细胞液组成的细胞器。成熟的植物细胞具有一个大的中央液泡，是植物细胞区别于动物细胞的一个显著特征。不同类型或发育时期不同的细胞，所具有的液泡数量、大小、形态及成分均有差异。如顶端分生组织细胞，具有多个小而分散的液泡，随着细胞的长大和分化，小液泡增大，并逐渐合并为少数几个甚至一个位于细胞中央的大液泡，而将其他的原生质都挤成一薄层，包在液泡的外围而紧贴着细胞壁，从而使细胞质与环境间有了较大的接触面积，有利于新陈代谢和细胞的生长（图 2-20）。

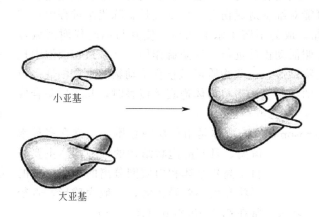

小亚基

大亚基

图 2-18　核糖体结构图解

图 2-19　核糖体功能图解

　　液泡中的细胞液常呈酸性，其主要成分是水，其内溶有多种无机盐、氨基酸、有机酸、糖类、脂类、生物碱、酶、鞣酸、色素等。其中，无机盐、糖类及有机酸这三类物质的浓度可以达到很高，使液泡具有较高的渗透压。细胞液成分和浓度因植物种类、发育时期而异。如甜菜根的液泡中含有大量蔗糖，许多果实的液泡中含有大量有机酸，烟草的液泡中含有烟碱，咖啡液泡中含有咖啡碱。有些细胞液泡中还含有多种色素，例如花青素等，可使花或植物茎叶等具有红、蓝、紫等色。

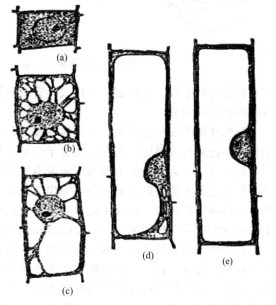

图 2-20　植物细胞的液泡及其发育

(a)～(e) 幼期细胞到成熟细胞，随细胞的生长，细胞中的
小液泡变大，合并，最终形成一个大的中央液泡

　　液泡的发生途径有很多，可以来自高尔基体囊泡、内质网的小泡或细胞质中的前液泡。茎尖和根尖分生组织细胞有许多小型的前液泡（provacuole），随着细胞生长和分化，前液泡通过相互融合、自体吞噬和水合作用，不断扩大形成液泡乃至中央大液泡。

　　液泡的主要生理功能如下。①调节细胞水势和维持细胞的膨压。液泡吸水膨胀，维持细胞膨压是植物体保持挺立状态的根本因素；若液泡失水，植株就萎蔫，影响植物生长。而保卫细胞膨压的升高与降低直接影响到气孔的开闭。②参与细胞内物质的转移与贮藏。控制液泡内的 K^+、Na^+、Ca^{2+}、Cl^- 以及磷酸盐、柠檬酸、苹果酸和多种氨基酸等物质的输入和输出，对细胞代谢起着调节和稳定的作用。例如三羧酸循环中的中间产物柠檬酸和苹果酸等常是过量的，这些过剩的中间产物如积累在细胞质中，就会使细胞质酸化，引起细胞质中的酶失活。液泡吸收和贮藏了这些过剩的中间产物，使细胞质的 pH 值保持稳定。液泡还贮藏糖、脂肪、蛋白质等。③参与细胞内物质的生化循环。研究证明液泡中含有酸性磷酸酶等多种水解酶，在电子显微镜下，可看到液泡中有残破的线粒体、质体和内质网等细胞器片段，可能是被吞噬进去，经过水解酶分解，作为组建新细胞器的原料。这表明液泡具有溶酶体的性质，参与细胞器的更新。④与植物的抗旱、抗寒性有关。高浓度的细胞液，在低温时不易结冰，干旱时不易失水，提高了植物的抗寒、抗旱能力。⑤隔离有害物质，避免细胞受害。细胞代谢过程中产生的废弃物及植物吸收的有害物质，都可能对细胞造成伤害，如草酸是新陈代谢过程中对细胞有害的副产品，在液泡中形成草酸钙结晶，成为不溶于水的物质，使其与细胞代谢区域隔离，减轻了对植物的毒害作用，从而保证代谢活动正常进行。⑥防御作用。许多植物液泡中积累有大量苦味的酚类化合物、生氰糖苷、生物碱等，这些物质可阻止食草动物的吃食。许多植物液泡中还有几丁质酶，它能分解破坏真菌的细胞壁，当植物体遭真菌侵害时，几丁质酶合成增加，对病原体有杀伤作用。

⑦ 溶酶体（lysosome）和圆球体（spherosome） 溶酶体是由单层膜包围的、富含多种水解酶、具有囊泡状结构的细胞器。主要来自于高尔基体和内质网分离的小泡。它的形状和大小差异较大，一般为球形，直径常在 0.2～0.8μm（图 2-21）。

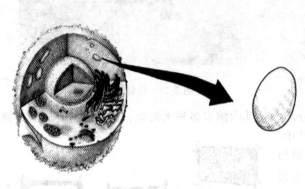

溶酶体除含有特有的酸性磷酸酶外，还含有核糖核酸酶、蛋白酶、脂酶等（已知的有 60 多种）许多其他的水解酶。它们可以分解蛋白质、核酸、多糖等生物大分子。在平时由于溶酶体膜的限制，这些水解酶和细胞质的其他组分隔开。当溶酶体外膜破裂后，其中的水解酶释放出来，造

图 2-21 囊泡状的溶酶体

成各种化合物水解。植物细胞分化成导管、筛管、纤维细胞的过程，都要有溶酶体的参与，分解细胞的相应部分。

溶酶体的主要功能如下。①异体吞噬（heterophagy），即正常的分解与消化。溶酶体可将细胞内吞进来的或细胞内贮存的大分子分解消化，供细胞利用。②自体吞噬。某些溶酶体能吞噬细胞自身一些衰老的细胞器或需要废弃的物质，进行消化、降解。③自溶作用（autolysis），即溶解衰老与不需要的细胞。在植物发育进程中，有一些细胞会逐步正常死亡，这是在基因控制下，溶酶体膜破裂，将其中的水解酶释放到细胞内，引起细胞自身溶解死亡。自溶作用实际上是一种细胞的程序性死亡（programmed cell death），以利于个体发育。

圆球体是由单层膜围成的球状细胞器，直径为 0.1～1μm。圆球体含有水解酶，具有溶酶体的性质，此外，还含有脂肪酶，能积累脂肪。在一定条件下，也可将脂肪水解成甘油和脂肪酸。因此，圆球体普遍存在于植物细胞中，与脂肪的代谢有关。与圆球体相似的另一类贮存细胞器是糊粉粒（aleurone grain），多存在于植物种子的子叶和胚乳中，具贮存蛋白质的功能，同时也具溶酶体性质（图 2-22）。

⑧ 微体（microbody） 微体是单层膜包围的呈球状或哑铃形的细胞器，直径 0.5～1.5μm，普遍存在于植物细胞中。植物体内的微体有两种类型：一类是含过氧化氢酶的过氧化物酶体（peroxisome），另一类是含乙醇酸氧化酶的乙醛酸循环体（glyoxysome）。过氧化物酶体含有多种氧化酶，存在于绿色细胞中，常和叶绿体、线粒体聚集在一起，它们共同合作完成光呼吸作用（photorespiration）（图 2-23）。乙醛酸循环体含有乙醛酸循环酶系，除存在于油料植物种子的胚乳或子叶细胞中外，在大麦、小麦种子的糊粉层以及玉米的盾片细胞内也有存在。在种子萌发过程中，与圆球体和线粒体配合，通过乙醛酸循环（glyoxylate cycle）的一系列反应，将贮存在子叶和胚乳中的脂类物质转化成糖类以满足种子萌发的需要。一般认为，微体是由内质网分离的小泡形成的。

3. 细胞骨架（cytoskeleton）

在真核植物的细胞基质中还分布着一个复杂的、由蛋白质纤维组成的网架系统，即细胞骨

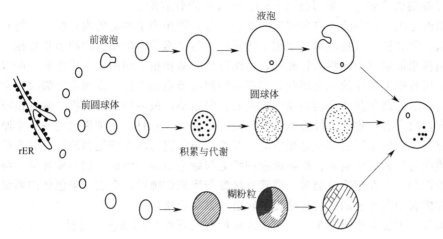

图 2-22 溶酶体状细胞器的个体发生与功能

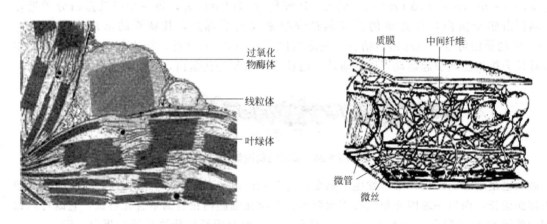

图 2-23 叶肉细胞内的过氧化物酶体   图 2-24 细胞骨架的立体观

架。它包括微管（microtubule，MT）系统、微丝（microfilament，MF）系统和中间纤维（intermediate filament，IF）系统。这三类骨架系统分别由不同蛋白质分子以不同方式装配成直径不同的纤维，相互连接形成既有柔韧性又有刚性的三维网架，把分散在细胞质中的细胞器及各种膜结构组织起来，固定在一定的位置，使细胞内的各种代谢活动有条不紊地进行（图 2-24）。细胞骨架系统还是细胞内能量转换的主要场所，在细胞及细胞内组分的运动、细胞分裂、细胞壁的形成、信号转导以及细胞核对整个细胞生命活动的调节中具有重要作用。

（1）微管　微管为中空的管状结构，直径为 24～26 nm，中间空腔直径15nm。由微管蛋白（tubulin）和微管结合蛋白组成（图 2-25）。微管蛋白是构成微管的主要蛋白，约占微管总蛋白质含量的80%～95%。有两种微管蛋白，即 α-微管蛋白和 β-微管蛋白，二者连接在一起形成二聚体，二聚体再组成线性聚合体，称为原纤维（protofilament），13 条原纤维螺旋盘绕装配成中空的管状结构。细胞内微管可以不断地装配和解聚，受细胞内多种因素的影响，如低温、化学药剂等。秋水仙素（colchicine）和磺草硝（oryza-

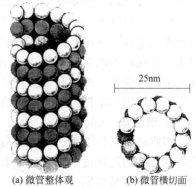

（a）微管整体观　（b）微管横切面

图 2-25 微管结构图解
◖α-微管蛋白；●β-微管蛋白

lin）能明显抑制微管聚合，紫杉醇（taxol）可促进微管装配。

在植物细胞内，微管的主要生理功能如下。①微管相当于细胞的内骨骼，支持和维持细胞的一定形状，例如被子植物的精子细胞呈纺锤形，与细胞质中的微管和细胞长轴相一致地排列有关。当用秋水仙素等药剂将微管破坏，呈纺锤形的植物精子细胞就变成球形。所以说微管起骨架作用，保持原生质体的一定形状。②调节细胞壁形成和生长。在细胞分裂时，由微管组成的成膜体，指示着高尔基体小泡向新细胞壁的方向运动，最后形成细胞板；微管在原生质膜下的排列方向，决定着细胞壁上纤维素微纤丝的沉积方向。并且，在细胞壁进一步增厚时，微管集中的部位与细胞壁增厚的部位是相应的。③微管与细胞运动及细胞器的运动有直接关系，影响胞内物质的运输和胞质运动。植物细胞的纤毛与鞭毛由微管组成，细胞质环流、细胞器运动等都受微管控制。④在细胞分裂时，微管直接参与形成纺锤丝，牵引着染色体向两级移动。⑤微管为细胞内长距离物质的定向运输提供轨道并参与物质运动。

（2）微丝　主要是由肌动蛋白亚单位组成的螺旋纤维状的细丝，直径 $6\sim7nm$（图 2-26）。肌动蛋白分子近球形，分子质量为 43kDa。由肌动蛋白（actin）、肌球蛋白（myosin）和肌动结合蛋白（actin associated protein）组成。比较传统的模型认为，每一个肌动蛋白分子近球形，两根由肌动蛋白单体连成的链互相盘绕起来成右手螺旋，其螺旋的形成直径大约为36nm。肌动蛋白可以和肌球蛋白结合。肌球蛋白具有 ATP 酶活性，能水解 ATP，将化学能直接转换为机械能，引起运动，因此肌球蛋白被称为微丝马达蛋白，与肌动蛋白相互作用。

肌动蛋白单体

图 2-26　微丝结构图解

微丝也是动态的结构，常常发生"踏车行为"（tread milling），即表现为它的一端因亚单位添加而延长，而另一端因亚单位脱落而缩短。微丝在细胞内很容易聚合和解聚，它既可以以溶解的单体 G-肌动蛋白（globular actin）存在，又可聚合成纤维状的 F-肌动蛋白（fibrous actin）。它们的聚合和解聚与细胞生理状态、细胞内阳离子（Ca^{2+}、Mg^{2+}、Na^+、K^+ 等）及ATP 等条件有关。一些特异性药物，如细胞松弛素 B（cytochalasin B）和细胞松弛素 D（cytochalasin D）是微丝特异性抑制剂，能特异性破坏微丝。鬼笔环肽（phalloidin）可稳定微丝和促进微丝聚合。

微丝的主要作用包括参与维持细胞形状、细胞质流动、染色体运动、胞质分裂、物质运输以及与膜有关的一些重要生命活动（如内吞作用和外排作用）等。

（3）中间纤维　一类直径介于微管与微丝之间的中空管状纤维，直径约为 10nm，又称中等纤维或中间丝（图 2-27）。不同细胞的中间纤维的生化组成变化很大，有角状蛋白、波状蛋白等。中间纤维的聚合是不可逆的，在细胞质中形成精细发达的纤维网络，外与细胞质膜相连，中间与微管、微丝和细胞器相连，内与细胞核内的核纤层相连。一般认为，中间纤维在细胞形态的形成和维持、细胞内颗粒运动、细胞连接及细胞器和细胞核定位等方面有重要作用。

4. 细胞核（nucleus）

细胞核是真核细胞遗传与代谢的控制中心。真核细胞由于出现核被膜将细胞质和细胞核分开，这是生物进化过程中的一个重要标志。细胞核近于球形，因其折射率与细胞质不同，在光学显微镜下容易辨别（图 2-28）。

（1）细胞核的形态及其在细胞中的分布　细胞核的大小、形状以及在胞内所处的位置，与植物的种类、细胞的年龄、功能以及生理状况有关，而且也受某些外界因素的影响。典型的细

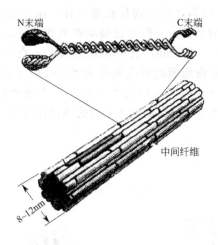

图 2-27　中间纤维的结构图解

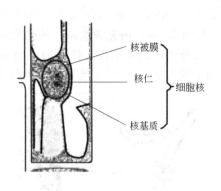

图 2-28　洋葱表皮细胞核

胞核为球形、椭圆形、长圆形或形状不规则。在胚、根端和茎端的分生组织细胞中，细胞核所占的体积通常较大，占整个细胞体积的 $1/3 \sim 1/2$，直径为 $7 \sim 10 \mu m$。在薄壁组织和其他许多分化成熟的细胞内，细胞核的直径一般为 $35 \sim 50 \mu m$，但其相对体积却比年幼细胞小。细胞核的大小在不同植物中也有差别。高等植物细胞核的直径多在 $10 \sim 20 \mu m$。低等菌类细胞核的直径只有 $1 \sim 4 \mu m$。但苏铁卵细胞的核可达 1.5mm 以上，肉眼可以看见。细胞核的形状，一般是近于球形的，也有许多不同形状，如禾本科植物的保卫细胞，细胞核呈哑铃形；在一些花粉的营养细胞中，细胞核形成许多不规则的裂瓣。细胞核的形状与细胞形状有一定关系，球形细胞中的核呈球形；在伸长细胞中，细胞核也是伸长的。细胞核在细胞内所处的位置，因细胞的生长和分化状况而改变。在幼期细胞中，细胞核常位于细胞中央；细胞生长时，由于液泡的增大并合并成中央大液泡，细胞核常被挤至靠近细胞壁的一侧。真核细胞一般都具有细胞核。维管植物的成熟筛管细胞无细胞核，但在其早期发育过程中是有核的，发育成熟后核消失。大多数细胞仅一个细胞核，但花药绒毡层细胞、乳汁管以及许多真菌和藻类植物的细胞中常含有两个或更多的细胞核。部分种子植物胚乳发育的早期阶段也有多个细胞核。

（2）细胞核的超微结构　细胞核的结构，随着细胞周期的改变而相应地变化。间期的细胞核由核被膜、染色质、核仁和核基质组成（图 2-29）。

① 核被膜（nuclear envelope）　由内外两层膜组成，包括核膜和核膜以内的核纤层（nuclear lamina）两部分。外膜面向细胞质，表面附着有大量核糖体，内质网常与外膜相通连（图 2-30）。内膜表面光滑，与染色质紧密相连。内膜内侧有一层蛋白质网络结构，称为核纤层。核纤层与内膜紧密结合，其厚薄随细胞不同而异。核纤层由中间纤维网络组成，构成核纤层的中间纤维蛋白是核纤层蛋白。核纤层为核膜和染色质提供了结构支架，并介导核膜与染色质之间的相互作用。核纤层还参与细胞有丝分裂过程中核膜的解体和重组。

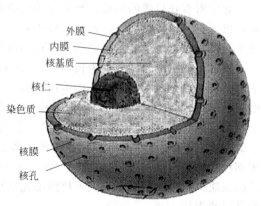

图 2-29　细胞核超微结构模式图

两层膜之间有 20～40nm 的间隙，称为核周隙，与内质网腔连通。核被膜并非完全连续，其内、外膜在一定部位相互融合形成一些环形开口，称为核孔（nuclear pore），其直径为 50～

100nm。核孔在核膜上有规则地分布，它具有复杂的结构，常称为核孔复合体（nuclear pore complex）（图 2-31），是细胞核与细胞质间物质运输的通道。一般通过被动扩散和主动运输两种方式完成核的物质输入和输出。核孔复合体直径 80～120nm，其中间通道较小，直径仅为 9nm，长约 15nm，内充满液体。核孔的数量不等，植物细胞的核孔密度为 40～140 个/μm^2。核膜对大分子的出入是有选择性的，例如，mRNA 分子前期在核内产生后，并不能通过核，只有加工成为 mRNA 后才能通过。大分子出入细胞核也与核孔复合体上的受体蛋白有关。

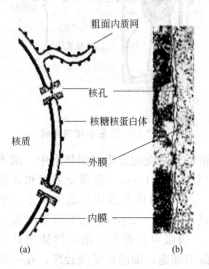

图 2-30　核被膜结构

(a) 结构示意图；(b) 投射电镜下核膜结构

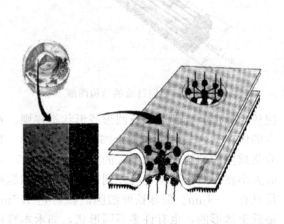

图 2-31　核孔复合体的结构图解

② 染色质（chromatin）　是真核细胞间期核内 DNA、组蛋白、非组蛋白和少量 RNA 组成的线性复合物，是间期细胞核遗传物质的存在形式，可被碱性染料染色后强烈着色。按形态表现与染色性能，染色质可分为常染色质（euchromatin）和异染色质（heterochromatin）两种类型。常染色质是指间期核内染色质丝折叠压缩程度低，处于伸展状态，用碱性染料染色时着色浅的染色质。构成常染色质的 DNA 主要是单一序列 DNA 和中度重复序列 DNA。异染色质是指间期核内染色质丝折叠压缩程度高，处于卷曲凝缩状态，碱性染料染色时着色深的染色质，它常附着在核膜的内面。异染色质丝折叠、压缩程度高，在电子显微镜下表现为电子密度高，色深，是遗传惰性区，只含有极少数不表达的基因。常染色质是伸展开的、未凝缩的、呈电子透亮状态的区段，是基因活跃表达的区域。

染色质的基本结构单位为核小体（nucleosome），呈串珠状（图 2-32），其直径约为 10nm，主要结构特点是：①每个核小体单位包括 200bp 左右的 DNA 和一个组蛋白八聚体以及一分子的组蛋白 H1；②组蛋白八聚体构成核小体的核心结构，由 H2A、H2B、H3 和 H4 各两个分子所组成；③DNA 分子以左手方向盘绕组蛋白八聚体两圈，每圈 83bp，共 166bp；④一个分子的组蛋白 H1 与 DNA 结合，锁住核小体 DNA 的进出口，从而稳定了核小体的结构；⑤两相邻核小体之间是一段连接 DNA（linker DNA），长度为 0～80bp 不等。在染色质上某些特异性位点缺少核小体结构，构成了核酸酶超敏感位点，可被序列 DNA 结合蛋白所识别，从而调控基因的表达。

（3）核仁（nucleolus）　是细胞核中椭圆形或圆形的颗粒状结构，没有膜包围（图 2-33）。在光学显微镜下核仁是折光性强、发亮的小球体。电镜下核仁可区分为三个区域：一个或几个染色浅的低电子密度区域，称为核仁染色质（nucleolur-associated chromatin），即浅染色区，含有转录 rRNA 基因；包围核仁染色质的电子密度最高的部分是纤维区（fibrillar compo-

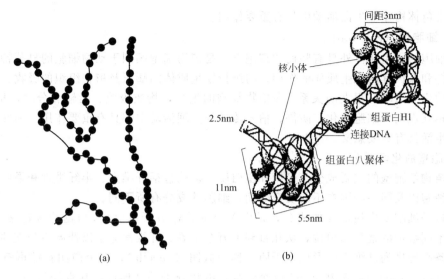

图 2-32　核小体结构

（a）电镜下核小体示意图；（b）核小体的结构图解

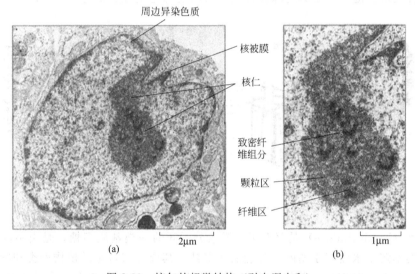

图 2-33　核仁的超微结构（引自翟中和）

nent），是活跃进行 rRNA 合成的区域，主要成分为核糖核蛋白；颗粒区（granular area）位于核仁边缘，是由电子密度较高的核糖核蛋白组成的颗粒，这些颗粒代表着不同成熟阶段核糖体亚单位的前体。

　　细胞有丝分裂时，核仁消失，分裂完成后，两个子细胞核中分别产生新的核仁。核仁富含蛋白质和 RNA，是 rRNA 合成加工和装配核糖体亚单位的重要场所。蛋白质合成旺盛的细胞，常有较大的或较多的核仁。一般细胞核有核仁 1～2 个，也有多个的。

　　（4）核基质（nuclear matrix）　核内充满着一个主要由纤维蛋白组成的网络状结构，称之为核基质。因为它的基本形态与细胞骨架相似又与其有一定的联系，所以也称为核骨架（nuclear skeleton）。核基质在形态结构上为一种精细的三维网络结构。对于核骨架有两种概念。广义的概念认为，核骨架应包括核基质、核纤层、核孔复合体和残存的核仁。狭义的概念是指细胞核内除了核被膜、核纤层、染色质和核仁以外的网架结构体系。核基质为细胞核内组分提供了结构支架，使核内的各项活动得以有序进行，可能在真核细胞的 DNA 复制、RNA 转录与加工、染色体构建等生命活动中具有重要作用。

(二) 细胞壁 (cell wall)

植物细胞的原生质体外具有坚韧的细胞壁，是植物细胞区别于动物细胞的显著特征。细胞壁具有支持和保护其内原生质体的作用，与维持原生质体的膨压及植物组织的吸收、蒸腾和分泌等方面的生理活动有很大的关系。在植物细胞的生长，物质吸收、运输和分泌，机械支持，细胞间的相互识别，细胞分化、防御、信号传递等生理活动中都具有重要作用。因此细胞壁对于植物的生活具有重要意义。

1. 细胞壁的化学成分

高等植物细胞壁的主要成分是多糖和蛋白质，多糖包括纤维素、半纤维素和果胶质。植物体不同的细胞以及同一细胞在不同发育时期，细胞壁成分有所不同。

纤维素是细胞壁中最重要的成分，是由多个葡萄糖分子以 β-(1,4)糖苷键连接的 D-葡聚糖，含有不同数量的葡萄糖单位，从几百到上万个不等。纤维素分子以伸展不分支的长链形式存在。数条平行排列纤维素链形成分子团，称为微团 (micella)，多个微团长链再有序排列形成微纤丝 (microfibril)，它由 30～100 个纤维素链状分子并列形成，其直径为 10～25nm （图2-34），在初生壁中相互交叉呈网状，构成了细胞壁的基本构架。平行排列的纤维素分子链之间和链内均有大量氢键，使之具有晶体性质，有高度的稳定性和抗化学降解的能力。

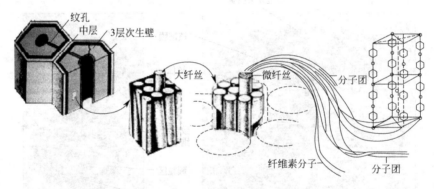

图 2-34　细胞壁结构图解

半纤维素 (hemicellulose) 是存在于纤维素分子间的一类基质多糖，是由不同种类的糖聚合而成的一类不溶于水而溶于弱碱性环境的多聚糖，其成分与含量随植物种类和细胞类型不同而异。主要成分有木葡聚糖、阿拉伯木聚糖、半乳糖等。木葡聚糖是一种主要的半纤维素成分。木葡聚糖的主链是 β-(1,4)糖苷键连接的葡萄糖，侧链主要是木糖残基，有的木糖残基又可与半乳糖、阿拉伯糖相连。

果胶是胞间层和双子叶植物初生壁的主要成分，单子叶植物细胞壁中果胶含量较少。它是一类重要的基质多糖，也是一种可溶性多糖，包括果胶酸钙和果胶酸钙镁，由 D-半乳糖醛酸、鼠李糖、阿拉伯糖和半乳糖等通过 α-(1,4)键连接组成线状长链。除了作为基质多糖，在维持细胞壁结构中有重要作用外，果胶多糖降解形成的片段可作为信号调控基因表达，使细胞内合成某些物质，抵抗真菌和昆虫的危害。果胶多糖保水力较强，在调节细胞水势方面有重要作用。

胼胝质 (callose) 即 β-(1,3)葡聚糖，它是一些细胞壁中的正常成分，广泛存在于植物的花粉管、筛板、柱头、胞间连丝等位置。胼胝质也是一种伤害反应的产物，如植物韧皮部受伤后，筛板上即形成胼胝质堵塞筛孔。花粉管中形成胼胝质常常是不亲和反应的产物。

细胞壁内的蛋白质约占细胞壁干重的 10%。它们主要是结构蛋白和酶类。细胞壁内含有富含羟脯氨酸的糖蛋白——伸展蛋白 (extensin)。现已证明伸展蛋白是一种结构蛋白。伸展蛋白的结构特征是富含羟脯氨酸，其含量占氨基酸摩尔分数30%～40%。所含的糖主要是阿拉伯糖和半乳糖。伸展蛋白的前体由细胞质以垂直于细胞壁平面的方向分泌到细胞壁中，进入细胞壁的伸展蛋白前体之间以异二酪氨酸为连接键形成伸展蛋白网，径向的纤维素网和纬向的伸展蛋白网相互交织（图2-35）。

伸展蛋白有助于增强植物抗病和抗逆性。真菌感染、机械损伤等能引起伸展蛋白含量增加。这些蛋白的存在说明了细胞壁亦能参与细胞的代谢，并非完全是非生命的结构。

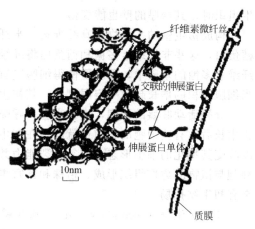

图2-35 伸展蛋白在细胞壁中的网络式结构

2. 细胞壁的层次结构

在细胞的生长发育过程的不同阶段中，因其所形成的壁物质在种类、数量、比例以及物理组成上的时空差异，细胞壁结构表现出分层现象（lamellation），对大多数植物细胞壁来说，在显微镜下可区分为胞间层、初生壁和次生壁（图2-36）。一般认为，分化完成后仍保持有生活的原生质体的细胞，不具次生壁。

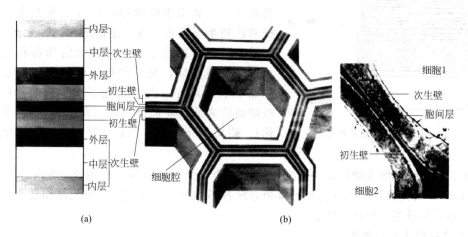

(a) (b)

图2-36 植物细胞壁结构图

（a）植物细胞壁层次结构模式图；（b）透射电镜下的细胞壁

（1）胞间层（intercellular layer） 又叫中层（middle lamella）。胞间层是细胞分裂末期，新的子细胞形成时产生的以果胶为主的细胞壁结构。果胶是一类多糖物质，胶黏而柔软，能使相邻细胞粘连在一起，果胶物质的可塑性和延伸性能缓冲细胞间的挤压又不致阻碍细胞体积的扩大。胞间层在一些酶（如果胶酶）或酸、碱的作用下会发生分解，使相邻细胞间出现一定的空隙（胞间隙），失去连接，而彼此分离。西瓜、番茄等果实成熟时变软，部分果肉细胞彼此分离就是这个原因。

（2）初生壁（primary wall） 初生壁是细胞生长过程中和停止生长前由原生质体分泌所形成的壁层，分别位于胞间层两侧，是由相邻细胞分别在胞间层两面沉积壁物质添加到细胞膜外而成的。初生壁一般都很薄，厚度1～3μm，但也有均匀或局部增厚的情况，前者如柿胚乳细胞，后者如厚角组织细胞。然而，增厚的初生壁是可逆的，即在一定情况下厚的初生壁又可以变薄，例如柿胚乳细胞的壁物质在种子萌发时，分解转化，厚壁又变薄；厚角组织在转变成分生组织时，其增厚的壁也能变薄。

构成初生壁的主要物质有纤维素、半纤维素和果胶物质等。此外初生壁中还有多种酶类和糖蛋白，这些非纤维素多糖和糖蛋白将纤维素的微纤丝交联在一起。微纤丝呈网状，分布在非纤维素多糖的基质中，果胶质使得细胞壁有延展性和韧性，使细胞壁能随细胞生长而扩大。而当细胞体积的增长超过一定限度后，其初生壁则以填充生长的方式进行面积的增加。

分裂活动旺盛的细胞，进行光合、呼吸作用的细胞和分泌细胞等都仅有初生壁。当细胞停止生长后，有些细胞的细胞壁就停留在初生壁阶段不再加厚。这些不具有次生壁的生活细胞可以改变其特化的细胞形态，恢复分裂能力并分化成不同类型的细胞。因此，这些只有初生壁的细胞与植物的愈伤组织形成、植株和器官再生有关。通常初生壁生长时并不是均匀增厚，其上常有初生纹孔场。

(3) 次生壁（secondary wall） 次生壁是在细胞停止生长、初生壁不再增加表面积后，由原生质体代谢产生的壁物质沉积在初生壁内侧而形成的壁层，与质膜相邻。次生壁较厚，厚5~10μm。植物体内一些具有支持作用的细胞和起输导作用的细胞会形成次生壁，以增强机械强度，例如，各种纤维细胞、导管、管胞、石细胞等。这些细胞的原生质体往往死去，留下厚的细胞壁执行支持植物体的功能。构成次生壁的物质以纤维素为主，微纤丝排列比初生壁致密，有一定的方向性。果胶质极少，基质主要是半纤维素，不含糖蛋白和各种酶，因此比初生壁更坚韧，几乎没有延伸性。次生壁中还常添加了木质素等，大大增强了次生壁的硬度。也有些细胞的表面还会添加角质（角质化）、栓质（栓质化）、蜡质、硅质、孢粉素等复饰物，加强壁的保护功能。

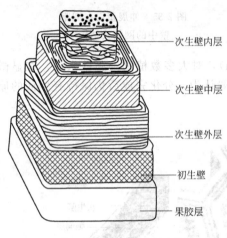

图 2-37 细胞壁次生壁层次结构

次生壁内层
次生壁中层
次生壁外层
初生壁
果胶层

根据次生壁中纤维素微纤丝的排列方向，次生壁通常分三层，即内层（S3）、中层（S2）和外层（S1）。纤维素微纤丝在各层的排列方向各不相同，这种成层叠加的结构使细胞壁的强度大大增加，但缺乏延伸性（图 2-37）。

3. 细胞壁的生长和特化

纤维素的微纤丝形成细胞壁的骨架，组成细胞壁的其他物质如果胶、半纤维素、胼胝质、蛋白质、水、栓质、木质等填充入各级微纤丝的网架中。细胞壁的生长包括壁面积增长和厚度增长。初生壁形成阶段，不断沉积增加微纤丝和其他壁物质使细胞壁面积扩大。壁的增厚生长常以内填和附着方式进行。内填方式是新的壁物质插入原有结构中，附着生长则是新的壁物质成层附着在内表面。

由于细胞在植物体内担负的功能不同，在形成次生壁时，原生质体常分泌不同性质的化学物质填充在细胞壁内，与纤维素密切结合而使细胞壁的性质发生各种变化。常见的变化如下。

(1) 木质化（lignifacation） 木质素（lignin）填充到细胞壁中的变化称木质化。木质素是一种亲水性物质，与纤维素结合在一起。细胞壁木质化后硬度增加，加强了机械支持作用，同时木质化细胞仍可透过水分，木本植物体内即由大量细胞壁木质化的细胞（如导管分子、管胞、木纤维等）组成。

(2) 角质化（cutinication） 是细胞壁上增加角质（cutin）的变化。角质是一种脂类化合物。角质化细胞壁不易透水。这种变化大都发生在植物体表面的表皮细胞，角质常在表皮细壁外形成角质膜，增强外壁的不透水性与不透气性，以防止水分过分蒸腾、机械损伤和某些微生物的侵袭。

（3）栓质化（suberization）　细胞壁中增加栓质（suberin）的变化叫栓质化。栓质也是一种脂类化合物，栓质化后的细胞壁失去透水和透气能力。因此，栓质化细胞的原生质体大都解体而成为死细胞。栓质化的细胞壁富于弹性，日用的软木塞就是栓质化细胞形成的。栓质化细胞一般分布在植物老茎、枝及老根外层的木栓层细胞中，使壁的透水透气性降低，以防止水分蒸腾，保护植物免受恶劣条件侵害。根凯氏带中的栓质是质外体运输的屏障。

（4）矿质化　细胞壁中增加矿质的变化叫矿质化。最普通的有钙或二氧化硅（SiO_2），多见于茎叶的表层细胞。矿化的细胞壁硬度增大，从而增加植物的支持力，并保护植物不易受到动物的侵害。禾本科植物如玉米、稻、麦、竹子等的茎叶非常坚利，就是由于细胞壁内含有 SiO_2 的缘故。

（5）孢粉素（sporopollenin）　常见于花粉、孢子的外壁，其理化性质极为稳定，有利于花粉、孢子的长期保存。

4. 细胞壁在细胞生命活动中的作用

细胞壁是植物细胞所特有的结构，它包围在原生质体外侧，几乎与植物细胞的所有生理活动有关。

（1）维持细胞的形状　细胞壁的首要作用就是维持细胞的形状。植物细胞的形状主要由细胞壁决定，植物细胞通过控制细胞壁的组织，例如微纤丝的合成部位和排列方向，从而控制细胞形状。

（2）调控细胞的生长　在植物细胞伸长生长中，细胞壁的弹性大小对细胞的生长速率起重要调节作用，同时细胞壁微纤丝的排列方向也控制着细胞的伸长方向。

（3）机械支持　细胞壁具有很高的硬度和机械强度，使细胞对外界机械伤害有较高的抵抗能力。细胞壁不仅提高了植物细胞的机械强度，而且为整个植物体提供了重要的机械支持力，高大的树木之所以能挺拔直立、枝叶伸展，实际上也是由每个细胞的细胞壁支撑的。

（4）维持细胞的水分平衡　细胞外坚硬细胞壁的存在，是细胞产生膨压的必要条件，因此，与植物细胞水分平衡有关的生理活动也与细胞壁相关。

（5）参与细胞的识别　细胞壁中普遍存在的蛋白质参与细胞间的识别反应，如花粉与柱头间的识别反应是由花粉壁内的糖蛋白和柱头表面的糖蛋白参与下进行的。

（6）植物细胞的天然屏障　细胞壁在抵御病原菌的入侵上有积极作用。当病原菌侵染时，寄主植物细胞壁内产生一系列抗性反应，如引起植物细胞壁中伸展蛋白的积累和木质化、栓质化程度的提高，从而抵御病原微生物的侵入和扩散。

此外，细胞壁形成了植物体的质外体空间，植物体中的许多运输过程都是在其中进行的。特别是由特化的细胞壁所形成的导管在水分和矿质运输中起着不可替代的作用。某些特殊的细胞运动也和细胞壁有关，例如植物气孔保卫细胞的变形运动就和保卫细胞细胞壁的不均匀加厚有关。

5. 纹孔和胞间连丝

（1）初生纹孔场（primary pit field）　细胞壁在生长时并不是均匀增厚的。在细胞的初生壁上常有一些明显凹陷的较薄区域，称为初生纹孔场。初生纹孔场中集中分布有一些小孔，其上有胞间连丝穿过（图 2-38）。

（2）纹孔（pit）　次生壁形成时，往往在初生纹孔场处不形成次生壁，这种无次生壁的较薄区域称为纹孔 [图 2-38(b)]。相邻细胞壁上的纹孔常成对形成，两个成对的纹孔合称纹孔对（pit-pair）。若只有一侧的壁具有纹孔，这种纹孔就称为盲纹孔。纹孔也可在没有初生纹孔

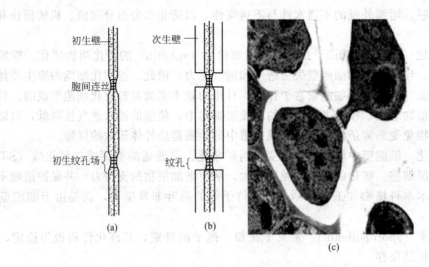

图 2-38 初生纹孔场和纹孔

(a) 初生纹孔场模式图；(b) 纹孔模式图；(c) 透射电镜下的纹孔及胞间连丝

场的初生壁上出现，有些初生纹孔场可完全被次生壁覆盖。纹孔是细胞壁较薄的区域，有利于细胞间的沟通和水分运输，胞间连丝较多地出现在纹孔内，有利于细胞间物质交换。

纹孔如在初生纹孔场上形成，一个初生纹孔场上可有几个纹孔。一个纹孔是由纹孔腔和纹孔膜组成，纹孔腔是由次生壁围成的腔，它的开口朝向细胞腔，腔底的初生壁和胞间层部分就是纹孔膜。根据次生壁增厚情况不同，纹孔分成单纹孔（simple pit）和具缘纹孔（bordered pit）（图 2-39）两种类型。它们的区别是具缘纹孔周围的次生壁突出于纹孔腔上，形成一个穹形的边缘，从而使纹孔口明显变小；而单纹孔的次生壁没有这种突出的边缘。单纹孔通常见于细胞壁加厚的组织和韧皮部纤维细胞，其次生壁在纹孔腔边缘终止而不延伸，整个纹孔腔直径大小几乎是一致的。具缘纹孔常见于导管、管胞、纤维管胞等细胞的壁上，其次生壁在纹孔腔边缘向细胞内延伸，称为穹形的延伸物，拱起在纹

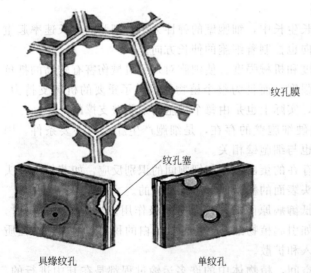

图 2-39 纹孔膜、单纹孔和具缘纹孔

孔腔上，使纹孔口显著小于纹孔腔的直径。裸子植物管胞上的具缘纹孔，在其纹孔膜中央，有一圆形增厚部分，称为纹孔塞，其周围部分的纹孔膜，称为塞缘，质地较柔韧，水分通过塞缘空隙在管胞间流动，若水流过速，就会将纹孔塞推向一侧，使纹孔口部分或完全堵塞，以调节水流速度。

（3）胞间连丝（plasmodesma） 胞间连丝是穿过细胞壁上小孔细胞质丝，将相邻细胞的原生质体连接起来。胞间连丝多分布在初生纹孔场上，细胞壁的其他部位也有胞间连丝。一般细胞的胞间连丝在光学显微镜下不易观察到，但柿胚乳细胞的壁很厚，胞间连丝集中分布，经特殊染色，在光学显微镜下能看到柿胚乳细胞的胞间连丝（图 2-40）。在电子显微镜下，胞间连丝是直径 40～50nm 的小管状结构 [图 2-41(a)]。目前人们普遍接受的胞间连丝超微结构模

型见图 2-41(b)。这个模型认为，胞间连丝是贯穿细胞壁的管状结构，周围衬有质膜，与两侧细胞的质膜相连；中央有压缩内质网（appressed ER）通过，压缩内质网中间颜色深，称为中心柱（central rod），它是由内质网膜内侧磷脂分子的亲水头部合并形成的柱状结构；压缩内质网与质膜之间为细胞质通道（cytoplasmic sleeve），也称为中央腔（central cavity）。一般认为压缩内质网中间没有腔，物质通过胞间连丝主要经由细胞质通道。胞间连丝两端变窄，形成颈区（neck region）。

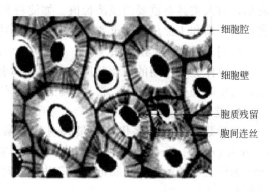

图 2-40　光镜下的柿胚乳细胞胞间连丝

　　高等植物的生活细胞之间，一般都有胞间连丝相连，其数量、分布位置不一。一个分生组织细胞，可能有 1000～10000 条胞间连丝。细胞的不同侧面，胞间连丝的数量不一，筛管分子和某些传递细胞之间，胞间连丝特别多。胞间连丝沟通了相邻细胞，一些物质和信息可以经胞间连丝传递。所以植物细胞虽有细胞壁，实际上它们是彼此连成一个统一的整体，水分和小分子物质都可从这里穿行。一些植物病毒也是通过胞间连丝而扩大感染的。某些相邻细胞之间的胞间连丝，可发育成直径较大的胞质通道（cytoplasmic channel），它的形成有利于细胞间大分子物质，甚至是某些细胞器的交流。因此，胞间连丝是细胞间物质、信息和能量交流的直接通道，担负水分、营养物质、小的信号分子以及大分子的胞间运输功能。

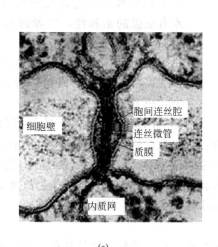

(a)

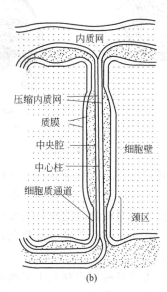

(b)

图 2-41　胞间连丝的结构（引自 Olesen & Robards，1990）
（a）透射电镜下的胞间连丝；（b）胞间连丝结构模型

五、植物细胞的后含物

　　后含物（ergastic substance）是植物细胞原生质体代谢活动中的产物，包括贮藏的营养物质、代谢废弃物和植物次生物质。它们在结构上是非原生质的物质，可以在细胞生活的不同时期产生和消失。后含物种类很多，有糖类（碳水化合物）、蛋白质、脂肪及其有关的物质（角质、栓质、蜡质、磷脂等），还有成结晶的无机盐和其他有机物，如单宁、树脂、树胶、橡胶和植物碱等。这些物质有的存在于原生质体中，有的存在于细胞壁上。许多后含物与人类关系密切，对人类具有重要的经济价值。如淀粉和蛋白质是植物性食物的主要营养成分；脂类则是食用、医用和工业用油的重要来源；次生代谢物则是植物适应环境及药用的主要活性成分等。

（一）贮藏的营养物质

叶绿体光合作用的同化物除运往植物体各部位供新陈代谢消耗外，一部分可暂时贮存起来，需要时经分解再利用。常见的贮藏物质有淀粉、脂类（油和脂肪）和蛋白质。

1. 淀粉（starch）

淀粉是细胞中碳水化合物最普遍的贮藏形式，在细胞中以颗粒状态存在，称为淀粉粒（starch grain）。所有的薄壁细胞中都有淀粉粒存在，尤其在各类贮藏组织中含量更丰富，如种子的胚乳和子叶中，植物的块根、块茎、球茎和根状茎的贮藏薄壁组织细胞中都含有大量的淀粉粒。

淀粉是由质体合成的，光合作用过程中产生的葡萄糖，可以在叶绿体中聚合成淀粉，以后又可分解成葡萄糖，转运到贮藏细胞中，由造粉体重新合成淀粉粒。造粉体在形成淀粉粒时，由一个中心开始，从内向外层沉积充满整个造粉体。这一中心便形成了淀粉粒的脐点（hilum）。一个造粉体可含一个或多个淀粉粒。许多植物的淀粉粒，在显微镜下可以看到围绕脐点有亮暗相间的轮纹，这是由于淀粉沉积时，直链淀粉和支链淀粉相互交替、分层沉积的缘故，直链淀粉较支链淀粉对水有更强的亲和性，二者遇水膨胀不一，因而表现出折光上的差异。

根据淀粉粒所含脐点的多寡和轮纹围绕脐点的方式，淀粉粒可分为三种类型：单粒淀粉粒，只有一个脐点，无数轮纹围绕这个脐点；复粒淀粉粒，具有

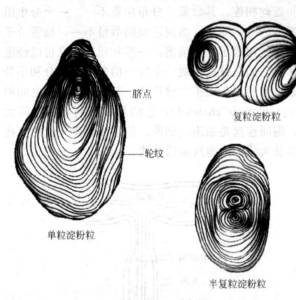

图 2-42　植物的淀粉粒

两个以上的脐点，各脐点分别有各自的轮纹环绕；半复粒淀粉粒，具有两个以上的脐点，各脐点除有本身的轮纹环绕外，外面还包围着共同的轮纹（图 2-42）。在一个细胞中可能兼有几种类型的淀粉粒。不同植物的淀粉粒的大小、形状和脐点位置存在差异，可作为商品检验、生药鉴定的依据。此外，淀粉遇碘呈蓝紫色，可根据这种特性反应，检验其存在与否。

2. 蛋白质

贮藏蛋白质以多种形式存在于细胞质中。常见的一种贮藏形式是结晶状，结晶的蛋白质因具有晶体和胶体的两重性，因此称拟晶体。蛋白质拟晶体有不同形状，但常呈方形，如在马铃薯块茎上近外围的薄壁细胞中，就有这种方形结晶的存在。贮藏蛋白质的另一种常见形式是糊粉粒，可在液泡中形成，是一团无定形的蛋白质，常被一层膜包裹成圆球状的颗粒。糊粉粒较多地分布于植物种子的胚乳或子叶中，有时它们集中分布在某些特殊的细胞层中。例如禾谷类作物种子胚乳最外面的一层或几层细胞中，含有大量糊粉粒，特称为糊粉层（aleurone layer）。在许多豆类种子（如大豆等）子叶的薄壁细胞中，普遍具有糊粉粒，这种糊粉粒以无定形蛋白质为基础，另外包含一个或几个拟晶体。蓖麻种子胚乳细胞中的糊粉粒，除拟晶体外还含有磷酸盐球形体（图 2-43）。在马铃薯块茎外围的贮藏薄壁组织细胞中，蛋白质的拟晶体和淀粉粒共存于同一细胞内。

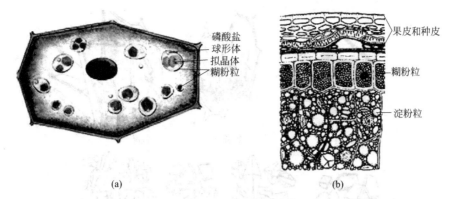

图 2-43　贮藏糊粉粒的细胞
（a）蓖麻种子胚乳细胞的后含物；（b）小麦籽粒的横切面

细胞内贮藏的蛋白质与构成细胞原生质的蛋白质不同，贮藏蛋白质是没有生命的，呈比较稳定的固体状态。蛋白质遇碘呈黄色。

3. 脂肪和油类（oil）

是含能量最高而体积小的贮藏物质，呈小油滴或固体状。在常温下为固体的称为脂肪，液体的称为油类。大量地存在于一些油料植物种子或果实内，子叶、花粉等细胞内也可见到（图 2-44），以固体或油滴形式存于细胞质中，有时在叶绿体内也可看到。脂肪和油类在细胞中的形成有多种途径，例如质体和圆球体都能积聚脂类物质，发育成油滴。油和脂肪遇苏丹Ⅲ或苏丹Ⅳ呈橙红色。

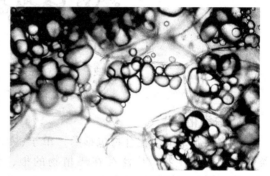

图 2-44　植物细胞中的油滴

（二）晶体（crystal）**和硅质小体**（silica body）

在一些植物细胞中，常可见到各种各样的晶体。这些结晶大多是由对植物有害的过量的成分（如草酸钙等）在液泡中被沉积形成的，最常见的是草酸钙晶体，少数植物中也有碳酸钙晶体、二氧化硅晶体。它们一般被认为是新陈代谢的废弃物，形成晶体后便避免了对细胞的毒害。其形状有针状、菱状、柱状等（图 2-45）。如印度橡皮树叶的上表皮细胞中的结晶呈钟乳体等。禾本科、莎草科、棕榈科植物茎、叶的表皮细胞内所含的二氧化硅晶体，称为硅质小体。根据晶体的形状可以分为单晶、针晶和簇晶三种。单晶呈棱柱状或角锥状。针晶是两端尖锐的针状，并常集聚成束。簇晶是由许多单晶联合成的复式结构，呈球状，每个单晶的尖端都突出于球表面。

晶体在植物体内分布很普遍，在各类器官中都能看到。各种植物以及一个植物体不同部分的细胞中含有的晶体，在大小和形状上，有时有很大区别。

（三）次生代谢物质

植物次生代谢物质（secondary metabolite）是植物体内合成的，在植物细胞的基础代谢活动中没有明显或直接作用的一类化合物。但这类物质对植物适应不良环境或抵御病原物侵害、化感作用、吸引传粉媒介以及植物的代谢调控等方面具有重要意义。次生代谢种类繁多，有酚类（黄酮类、木质素、醌类等）、萜类（挥发油、香料、植保素、青蒿素、紫杉醇等）、含氮化合物（生物碱等）、其他（菊科植物含的炔类、信号传递物茉莉酸等）。丰富的中草药药用成分主要来源于次生代谢产物。

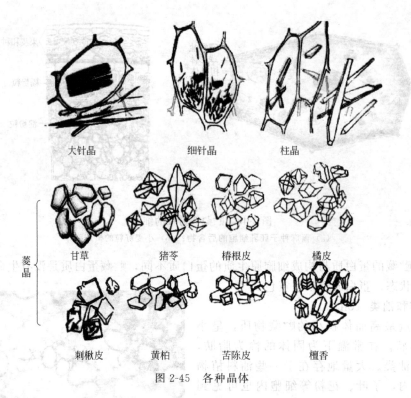

大针晶　　　　　细针晶　　　　　柱晶

菱晶

甘草　　　　猪苓　　　　椿根皮　　　　橘皮

刺楸皮　　　黄柏　　　苦陈皮　　　檀香

图 2-45　各种晶体

1. 酚类化合物

植物细胞中酚类化合物包括酚、单宁、木质素等。单宁又叫鞣质，是一种无毒的水溶性酚类化合物的衍生物，广泛存在于植物的根、茎、叶、树皮和果实中，如柿、石榴的果实中，柳、桉、栎、胡桃等的树皮中。常存在于一些植物细胞的细胞质、液泡或细胞壁中，在光镜下是一些黄、红或棕色颗粒团。具涩味，遇铁盐呈蓝色以至黑色。单宁在植物生活中有防腐、保护作用，能使蛋白质变性，当动物摄食含单宁的植物时，可将动物唾液中蛋白质沉淀，使动物感觉这种植物味道不好而拒食。单宁还可抑制细菌和真菌的侵染。在许多旱生植物的叶、茎表皮下，常可见含单宁的异细胞，此外，树皮及果实（具涩味的原因）中也易见到。单宁在工业上用于制革，在药用上有抑菌和收敛止血的作用。

酚类化合物还能强烈吸收紫外线，可使植物免受紫外线伤害。

2. 类黄酮

类黄酮（flavonoid）是植物体内常存在于液泡内的一类水溶性色素，目前已经鉴定的类黄酮超过 2000 种。常见的类黄酮有花色苷（anthocyannin）、黄酮醇（flavonol）和黄酮（flavone）。花色素是花色苷与葡萄糖基解离后剩余的部分，为无氮的酚类化合物。常见的花色素与植物颜色有密切关系，主要分布于花瓣和果实细胞的液泡内，有时与有色体、叶绿体并存于同一细胞内。花色素在不同 pH 值条件下颜色不同，当细胞液酸性时呈橙红，中性时呈紫色，碱性时则呈蓝色。

类黄酮除了在植物颜色方面有作用外，还有吸引动物以利传粉和受精、保护植物免受紫外线灼伤、防止病原微生物侵袭等功能。

3. 生物碱

生物碱（alkaloid）是植物体中广泛存在的一类含氮的碱性有机化合物，多为白色晶体，具有水溶性。目前已发现的生物碱超过 3000 种，有人认为生物碱是代谢作用的最终产物，也有人认为是一种贮藏物质，它们可使植物免受其他生物的侵害，有重要的生态学功能。生物碱在植物界中分布很广，含生物碱较多的科有罂粟科、茄科、防己科、茜草科、毛茛科、小檗科、豆科、夹竹桃科和石蒜科等。亲缘关系相近的植物，常含化学结构相同或类似的生物碱，一种植物中所含的生物碱常不止一种。

生物碱有多方面的用途，金鸡纳（*Cinchona succirubra*）树皮中所含的奎宁（quinine）是治疗疟疾的特效药；烟草中的尼古丁（nicotine）有驱虫作用，因而几乎没有昆虫光顾含烟碱的植物。吗啡、小檗碱、莨菪碱和阿托平等都有驱虫作用。作为外源试剂，烟碱可抗生长素，抑制叶绿素合成；秋水仙素处理正在进行有丝分裂的细胞，它与微管结合，使纺锤体不能形成，结果形成多倍体，育种工作者常用它作为产生多倍体的试剂。

4. 非蛋白氨基酸

非蛋白氨基酸（nonprotein amino acid）是植物体内含有的一些不被结合到蛋白质内的氨基酸。非蛋白氨基酸以游离形式存在，起防御作用，它们在结构上与蛋白氨基酸非常相似，例如刀豆氨酸（canavanine）的结构就与精氨酸非常相近。

非蛋白氨基酸可以抑制动物体内蛋白质氨基酸的吸收或合成，或者被结合进正常的蛋白质中，从而导致动物体内某些蛋白质功能的丧失。例如刀豆氨酸被草食动物摄入后，可以被精氨酸 tRNA 识别，在蛋白质合成过程中取代精氨酸被结合进蛋白质的肽链内，导致酶丧失与底物结合的能力或丧失催化生化反应的能力。但是合成刀豆氨酸的植物体内有完善的辨别机制，可以区别刀豆氨酸和精氨酸，从而避免刀豆氨酸被错误地结合进正常蛋白质。

六、植物细胞的分裂

细胞增殖是细胞生命活动的一个最基本特征，也是生命有机体的主要特征。植物细胞通过分裂产生新的细胞，其个体的生长及个体繁衍都是以细胞分裂为基础的。单细胞植物生长到一定阶段，细胞分裂成两个，以此增加个体数量，进行繁殖。在多细胞植物生长发育中，细胞分裂使细胞数目增多。细胞分裂与细胞体积的扩大构成了有机体生长的主要方式。植物的生长发育、生殖繁衍与细胞分裂密切相关。

细胞分裂的方式分为三种，包括有丝分裂、减数分裂和无丝分裂。前二者是属同一类型的，可以说减数分裂是有丝分裂的一种独特形式。在有丝分裂和减数分裂过程中，细胞核内发生极其复杂的变化，形成染色体等一系列结构。而无丝分裂则是一种简单的分裂形式。

（一）细胞周期（cell cycle）

细胞周期是指持续分裂的细胞，从一次细胞分裂结束开始到下一次细胞分裂结束之间细胞所经历的全部过程（图 2-46）。细胞周期又可分为分裂间期和分裂期。分裂间期是细胞进行生长的时期，合成代谢最为活跃，包括合成 DNA、蛋白质和积累能量等。分裂间期可进一步分 G_1 期、S 期和 G_2 期。分裂期是细胞分裂产生新的子细胞的时期。

细胞周期时间的长短因植物种或变种的核内所含 DNA 的数量而定，凡 DNA 含量多的，细胞周期就长。环境条件如温度等明显会影响细胞周期持续的时间。向日葵根尖的分生组织细胞在 25℃ 时，总时间只需7.8h；在 20℃ 时需 12.5h；15℃ 时需 23.2h；10℃ 时则长达 46h。一般植物细胞的一个细胞周期所需时间在十几小时到几十小时之间。

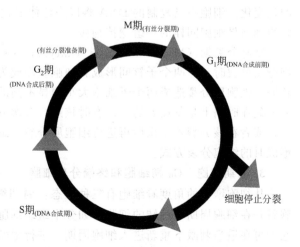

图 2-46　植物细胞周期示意图

1. 分裂间期

分裂间期（interphase）是从前一次分裂结束到下一次分裂开始的一段时间。细胞在分裂间期进行着一系列复杂的生理代谢活动，特别是DNA的复制、组蛋白合成、能量准备等，为细胞分裂做准备。分裂间期细胞形态结果没有明显变化，细胞核结构完整。根据在不同时期合成的物质不同，可以把分裂间期进一步分成复制前期（gap1，G_1）、复制期（synthesis，S）和复制后期（gap2，G_2）三个时期（图2-46）。

（1）G_1期 G_1期是从细胞分裂结束到复制期之前的时期。在G_1期，细胞发生一系列生物化学变化，为进入S期创造基本条件。各种与DNA复制有关的酶在G_1期明显增加，其中mRNA、rRNA、tRNA开始转录，并合成大量的结构蛋白、酶蛋白和一些专一性的蛋白质（如组蛋白、非组蛋白及一些酶类），这种蛋白质称为细胞周期蛋白（cyclin），它的积累有助于细胞通过G_1期的限制点进入S期。处于G_1期的细胞中缺乏这种蛋白和其他一些因子，故暂时不能通过限制点。当细胞周期蛋白积累到一定程度，即可通过G_1期的限制点进入S期。此外，还合成了微管蛋白等。G_1期细胞体积增大，各种细胞器、内膜结构和其他细胞成分的数量迅速增加，以利于细胞过渡到S期。

（2）S期 S期是细胞核DNA复制开始到DNA复制结束的时期。细胞周期蛋白积累到一定程度，即可通过G_1期的限制点进入S期。此期主要特征是遗传物质的复制，包括DNA复制和组蛋白等染色体蛋白的合成。与此同时，微管蛋白也开始合成。细胞核中DNA的复制以半保留方式进行；组蛋白是在细胞质中合成，然后转运进入细胞核，与DNA链结合形成染色质。DNA的复制过程受细胞质信号控制，只有当S期激活因子出现后，DNA合成开关才会打开。S期除合成DNA和各种组蛋白外，还合成其他一些蛋白，如专一的细胞周期蛋白等。

（3）G_2期 G_2期指从S期结束到有丝分裂开始前的时期。因此，DNA复制完成后，细胞就进入G_2期。在G_2期，1个细胞核的DNA含量为4C，较G_1期的含量（2C）增加了1倍。细胞主要合成某些蛋白质RNA，为进入M期进行结构和功能上的准备，如合成纺锤体微管蛋白等。在G_2期末还合成了一种可溶性蛋白质，能引起细胞进入有丝分裂期。这种可溶性蛋白质为一种蛋白质激酶，在G_2期末被激活，从而使细胞由G_2期进入有丝分裂期。此种激酶可使核质蛋白质磷酸化，导致核膜在前期末破裂。在G_2期末，到进入M期前也存在着细胞周期监控点。

2. 分裂期

细胞经过分裂间期后进入分裂期（M期），在此过程中，细胞核和细胞质都发生形态上的明显变化。细胞中已复制的DNA将以染色体形式平均分配到2个子细胞中去，每一个子细胞将得到与母细胞同样的一组遗传物质。

细胞分裂期（M期）由核分裂（karyokinesis）和胞质分裂（cytokinesis）两个阶段构成。细胞质分裂时，在两个子核间形成新细胞壁而成为两个子细胞。两个子细胞的细胞质并不完全相同。细胞质分裂造成两个子细胞大小明显不同的称为不均等分裂。在多数情况下，核分裂和质分裂在时间上是紧接着的。但有时核进行多次分裂，而不发生细胞质分裂，结果形成多核细胞；或者在核分裂若干次后再进行细胞质分裂，最终形成若干个单核细胞，如一些植物的胚乳形成时的细胞分裂方式。

3. 周期细胞、G_0期细胞和终端分化细胞

从细胞增殖的角度看细胞有三种状态：周期细胞、G_0期细胞和终端分化细胞。①周期细胞就是在细胞周期中运转的细胞，如分生组织细胞。②G_0期细胞为暂时脱离细胞周期的细胞，它们可在适当刺激下重新进入细胞周期，进行增殖。例如，茎的皮层细胞通常不再进行细胞分裂，视为G_0期，但在发育到一定阶段，其中一些细胞恢复分裂活动，转变为形成层细胞，重新进入细胞周期。③终端分化细胞是指那些不可逆地脱离细胞周期、丧失分裂能力保持生理机能的细胞，如韧皮部中的筛管分子。细胞处于何种状态受有关基因及外界环境条件的调控。

（二）植物细胞的分裂方式与特点

分裂是植物细胞繁殖的方式，是细胞形成新个体或新细胞的过程。对单细胞植物，每经一次分裂就增多了一个新个体；对于多细胞植物，细胞分裂为植物体的组建提供了所需的细胞。所以细胞分裂对植物的生活和繁衍后代有重大意义。植物细胞的分裂包括有丝分裂、无丝分裂和减数分裂。

1. 有丝分裂

有丝分裂（mitosis）是一种最普遍的细胞分裂方式。在有丝分裂过程中，因细胞核中出现染色体（chromosome）与纺锤丝（spindle fiber），故称为有丝分裂。主要发生在植物根尖、茎尖及生长快的幼嫩部位的细胞中。植物生长主要靠有丝分裂增加细胞的数量，植物体的生长一般都以这种方式进行。有丝分裂过程包括核分裂（karyokinesis）和胞质分裂（cytokinensis）。核分裂是细胞核周期性变化与再生的过程，根据其形态学特征可将其划分为前期、中期、后期和末期4个时期（图 2-47）。胞质分裂出现在细胞分裂的末期，是细胞质一分为二的过程，分裂结果形成两个新的子细胞。

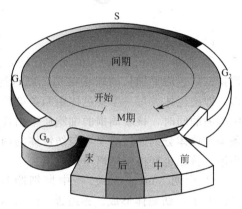

图 2-47　有丝分裂各个时期

在有丝分裂过程中，每次核分裂前期必须进行一次染色体的复制，分裂时，每条染色体的两条染色单体分开，形成两条子染色体，平均地分配给两个子细胞，保证了每个子细胞具有与母细胞相同的遗传物质，保证了细胞遗传的稳定性。

染色体是真核细胞有丝分裂或减数分裂过程中，由染色质聚缩而成的棒状结构，是细胞有丝分裂时遗传物质存在的特定形式，由染色质经多级盘绕、折叠、压缩、包装形成的。在细胞周期不同时期，染色体的凝集程度不同，其形态结构有很大差异。染色体和染色质是在细胞周期不同阶段可以互相转变的形态结构。

在 S 期，由于每个 DNA 分子复制成为两条，每个染色体实际上含有两条并列的染色单体（chromatid），每一染色单体含 1 条 DNA 双链分子。两条染色单体在着丝粒（centromere）部位结合。着丝粒位于染色体的一个缢缩部位，即主缢痕（primary constriction）中。着丝粒是异染色质（主要为重复序列），不含遗传信息。在每一着丝粒的外侧还有一蛋白质复合体结构，称为动粒（kinetochore），也称着丝点，与纺锤丝相连。着丝粒和主缢痕在各染色体上的位置对于每种生物的每一条染色体来说是确定的，或是位于染色体中央而将染色体分成称为臂的两部分，或是偏于染色体一侧，甚至近于染色体的一端。

染色质中的 DNA 长链经四级螺旋、盘绕最终形成染色体，这有利于细胞分裂中染色体的平均分配。

在有丝分裂时，细胞中出现的由大量微管组成的、形态为纺锤状的结构，称为纺锤体（图 2-48）（spindle）。这些微管呈细丝状，称纺锤丝。组成纺锤体中的纺锤丝有些是从纺锤体一极伸向另一极的，称连续纺锤丝（continuous fiber）或极间微管（polar microtubule），它们不与着丝点相连；还有一些纺锤丝一端与纺锤体的极（pole）连接，另一端与染色体着丝点相连，称为染色体牵丝（chromosomal fiber），也称动粒微管（kinetochore microtubule）。

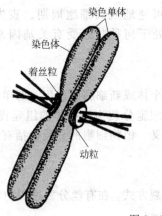

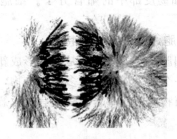

纺锤体形态

图 2-48　纺锤体

（1）核分裂

① 前期（prophase）　前期是有丝分裂开始时期，其主要特征是细胞核中出现了染色体。最初，染色质呈细长的丝状结构，以后逐渐缩短、变粗，成为一个个形态上可辨认的棒状结构，即染色体。每一个染色体由两条染色单体组成，它们通过着丝粒连接在一起。染色体在核中凝缩的同时，核膜周围的细胞质中出现大量微管，最初的纺锤体开始形成。每条染色体的两条染色单体分别通过着丝点与纺锤体的两极相连。到前期的最后阶段，核膜开始破碎成零散的小泡，核仁也变得模糊以至最终消失。

② 中期（metaphase）　中期细胞特征是染色体排列到细胞中央的赤道板（equatorial plate）上，纺锤体形成。赤道板（metaphase plate），是指细胞有丝分裂或减数分裂时期，中期染色体排列所处的平面，即纺锤体中部垂直于两极连线的平面。当核膜破裂后，由纺锤丝构成的纺锤体结构清晰可见。染色体继续浓缩变短，并在微管的牵引下，向着细胞中央移动，最后都以各染色体的着丝点排列在处于两极当中的垂直于纺锤体纵轴的平面即赤道板上，而染色体的其余部分在两侧任意浮动。中期的染色体缩短到最粗短的程度，显示出该物种所特有的数目和形态，是观察研究染色体的最佳时期，适于核型分析。

③ 后期（anaphase）　后期的细胞特征是染色体分裂成两组子染色体，并分别移向两极。当所有染色体排列在赤道板上后，构成每条染色体的两个染色单体从着丝点处裂开，分成两条独立的子染色体（daughter chromosome）；紧接着子染色体分成两组，分别在纺锤体的牵引下，向相反的两极运动。这种染色体运动是动粒微管末端解聚和极间微管延长的结果。子染色体在向两极运动时，一般是着丝点在前，两臂在后，同一细胞内的各条染色体都差不多以同样的速度同步地移向两极。

④ 末期（telophase）　从子染色体到达两极标志着末期的开始。末期的主要特征是到达两极的染色体弥散成染色质，核膜、核仁重新出现。染色体到达两极后，纺锤体开始解体，染色体首先疏松扩展、解螺旋，然后逐渐变成细长分散的染色质丝；与此同时，由粗面内质网分化出核膜，包围染色质，核仁重新出现，形成子细胞核。至此，细胞核的有丝分裂结束（图 2-49）。

（2）胞质分裂　一般情况下，胞质分裂通常在核分裂后期之末、染色体接近两极时开始，这时在分裂面两侧，由密集的、短的微管相对呈圆盘状排列，构成一桶状结构，称为成膜体（phragmoplast）。此后一些高尔基体小泡和内质网小泡在成膜体上聚集破裂释放果胶类物质，小泡膜融合于成膜体两侧形成细胞板（cell plate），细胞板在成膜体引导下向外生长直至与母细胞的侧壁相连。小泡的膜用来形成子细胞的质膜；小泡融合时，其间往往有一些管状内质网穿过，这样便形成了贯穿两个子细胞之间的胞间连丝；胞间层形成后，子细胞原生质体开始沉积初生壁物质到胞间层内侧，同时也沿各个方向沉积新的细胞壁物质，使整个外部的细胞壁连成一体。

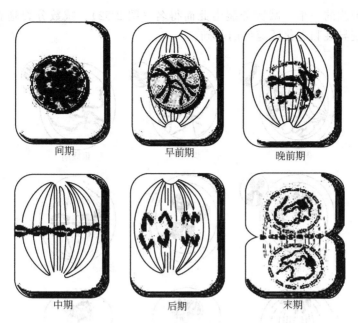

图 2-49 植物细胞有丝分裂过程图解

2. 无丝分裂 （amitosis）

无丝分裂，又称直接分裂，是不出现染色体和纺锤体的细胞分裂形式。它是发现最早的一种细胞分裂方式。无丝分裂可见于根、茎、叶、花、果实和种子生长发育的某个时期或某些部位，如块根、块茎的发育，居间分生组织的活动等。在离体培养的愈伤组织中，更常见到细胞无丝分裂（图 2-50）。

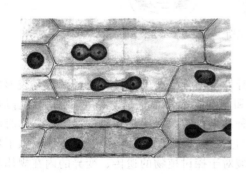

图 2-50 棉花胚乳游离时期细胞核的无丝分裂

图 2-51 出芽生殖

无丝分裂依其核的形态变化，可分为横缢、出芽等类型。横缢是指核仁分裂为二，接着细胞核伸长，中部横缢，断裂成为两个细胞核，在子核间产生新的细胞壁，最后形成两个子细胞。出芽也是一种无丝分裂，如酵母等细胞的分裂，在细胞的一端，细胞核与细胞质可同时缢缩，形成一至多个子细胞（图 2-51）。

无丝分裂过程比有丝分裂过程简单，不出现染色体、纺锤体等一系列变化，消耗能量少，分裂速度快，但其遗传物质一般不能平均分配到子细胞，所以其遗传不稳定。

3. 减数分裂 （meiosis）

减数分裂是与性细胞或雌雄配子形成有关的一种特殊的细胞有丝分裂方式。在减数分裂过程中，细胞连续分裂两次，但染色体只复制一次，因此，同一母细胞分裂成的 4 个子细胞的染色体数目只有母细胞的一半,减数分裂由此而得名(图 2-52)。减数分裂是有性生殖的前提,是物种稳定性、变异性和进化适应性的基础。

图 2-52　减数分裂过程(引自翟中和)

　　减数分裂对保持遗传的稳定性和丰富遗传的变异性有十分重要的意义。通过减数分裂形成单核花粉粒和单核胚囊,由它们分别产生的精细胞和卵细胞都是单倍体,精、卵细胞结合后,形成的合子再发育成胚,恢复了二倍体,从而使物种的染色体数目保持相对的稳定性;同时由于同源染色体的联会与交叉,使遗传物质发生交换与重组,提供了新的变异,使后代增强了生活力和对环境的适应性。因此,研究植物的减数分裂对于探讨植物的遗传、变异的内在规律和进行有性杂交育种等都有着非常重要的意义。

七、植物细胞的生长与分化

　　种子植物的生活史,始于雌、雄性细胞融合形成的单个细胞——合子(zygote),即受精卵。合子经过分裂形成多细胞的胚。种子萌发时,胚形成幼苗。随后,幼苗进一步成长为成年植株。由单细胞的合子到亿万个细胞构成的成年植株,经过了一系列复杂而有规律的细胞分裂、生长、分化和死亡的生理过程,这对保证有机体的整体性,维持有机体协调统一的生理功能和对内外环境变化的适应能力,顺利完成全部生命过程有着重要的意义。

1. 细胞的生长

　　细胞通过分裂所产生的子细胞,有的进入下一个细胞周期,再行分裂;有的不再分裂,而朝着生长和分化的方向发展。

　　细胞进行生长时,活跃地合成大量的新原生质,同时在细胞内也出现许多中间产物和一些废物，从而使细胞的体积不断地增大，重量也相应地增加。在植物体的细胞分裂部位，可以明显地看到，有丝分裂刚产生的子细胞都很小，其体积仅约为母细胞体积的一半。但细胞成熟后，其体积可增加几倍、几十倍，甚至更多。如在器官内纵向伸长的纤维细胞，可增大几百倍、几千倍。因此，细胞的生长是细胞体积和重量增加的过程。

不同类型的细胞，其生长和体积的大小，都有一定限度，这主要是受细胞本身遗传因子的控制。但在一定程度上，也受到胞外环境的许多因素的影响。例如，离体培养种子植物的单个细胞，由于脱离了多细胞整体的细胞间的影响，其生长情况和在体内条件下差别甚大。

2. 植物细胞分化和脱分化

多细胞有机体由多种多样的细胞构成，这些细胞都是由受精卵分裂产生的细胞后代增殖而来，不同的细胞具有不同的结构和功能。个体发育过程中，细胞在形态、结构和功能上发生改变的过程称为细胞分化（cell differentiation）。通过细胞分裂和分化，形成形态、结构和功能各异的细胞类型。

植物体内细胞的分化过程的实质是基因按一定程序选择性地表达的结果。不同类型的细胞专门活化细胞内某种特定的基因，使其转录形成特定的信使核糖核酸，从而合成特定的酶和蛋白质，使细胞之间出现生理生化的差异，进一步出现形态、结构的分化。

已分化的细胞在一定因素作用下可恢复分裂机能，重新具有分生组织细胞的特性，这个过程称为脱分化（dedifferentiation）。脱分化后产生的新细胞可以再分化（redifferentiation）成不同的组织。在植物形态建成过程中，不定根、不定芽和周皮等都是通过脱分化后再分化形成的。植物体内的表皮、皮层、韧皮部和厚角组织等都可在一定条件下发生脱分化。可见，植物细胞具有很大的可塑性（plasticity）。

3. 植物细胞的极性和细胞不均等分裂

极性（polarity）是植物细胞生长和分化中的一个基本现象，是指器官、组织、细胞在某个轴向上，存在着结构和生理上的差异。例如胚轴的上端是胚芽，下端是胚根，二者分别形成地上枝系和地下根系，这是器官分化的极性现象。一个细胞也有极性，如合子的细胞质和细胞器的分布就是不均匀的。

细胞不均等分裂是一个普遍现象，不均等分裂与细胞的极性有关。在被子植物体内，各种特异细胞分化时，往往通过细胞分裂形成两个大小不等、原生质多少不一、代谢和命运不同的子细胞。如单细胞花粉粒核的不均等分裂，形成一个大的营养细胞和一个小的生殖细胞，前者不再分裂，产生花粉管；而后者再分裂一次，形成两个精细胞。

八、植物细胞的死亡

多细胞生物的个体发育过程中，在细胞分裂、生长和分化的同时，也不断地发生着细胞有选择性的死亡。细胞死亡有两种不同的形式：一种是坏死性死亡（necrosis），它是由于某些外界因素，如物理、化学损伤和生物侵袭造成的非正常死亡；另一种是细胞编程性死亡（programmed cell death），或称细胞凋亡（apoptosis），它是细胞在一定生理或病理条件下，植物有机体自我调节的主动的自然死亡过程，是一种主动调节细胞群体相对平衡的方式，是正常的生理性死亡，是基因程序性活动的结果。

植物生长发育过程中，自始至终存在着细胞编程性死亡的现象，如根系生长发育过程中表皮和根毛细胞的生理性枯萎、死亡，根冠边缘细胞的死亡和脱落，管状分子分化的结果导致细胞的死亡，花药发育过程中绒毡层细胞的降解，大孢子形成过程中多余大孢子细胞的退化死亡，胚胎发育过程中胚柄的消失，种子萌发时糊粉层和淀粉胚乳细胞的退化消失，叶片、花瓣细胞的衰老死亡等。

细胞编程性死亡是有机体自我调节的主动的自然死亡过程，它以一种与有丝分裂相反的方式去调节细胞群体的相对平衡，并可主动地清除有机体不相适应的、已经完成功能而又不再需要的以及有潜在危险的或分化产生特殊结构的细胞，它与细胞分裂、生长和分化一样是各具特征的细胞学事件，对有机体的正常发育有同等重要的意义，是植物在长期演化过程中进化的结果。

第二节　植 物 组 织

植物在长期的进化过程中，由低等的单细胞植物体逐渐演化为高等的多细胞植物体。单细胞植物在一个细胞中进行各种生理功能。多细胞植物，特别是种子植物对环境有高度的适应，其体内已经分化成许多生理功能不同、形态结构相应发生变化的细胞群，这些细胞群之间有机配合，紧密联系，有效地完成有机体的整个生命活动。人们一般把在个体发育中，具有相同来源的（既由同一个或同一群分生细胞生长、分化而来的）同一类型，或不同类型的细胞群组成的结构和功能单位，称为组织（tissue）。由一种类型细胞构成的组织，称为简单组织（simple tissue）。由多种类型细胞构成的组织，称复合组织（compound tissue）。

组织是植物体内细胞生长、分化的结果，也是植物体复杂化和完善化的产物。如果在显微镜下，从根或茎的顶端开始，依次向下观察，可以看到许多不同类型的细胞群以及它们分化的过程。位于最顶端的根尖或茎尖细胞，是一群形态基本相似的细胞。由这些细胞 分裂产生的细胞，通过伸长、分化，最后形成了形态结构和生理机能均有明显差异的细胞群，从而构成了各种组织。植物每一类器官都包含一定种类的组织，其中每一种组织具有一定的分布规律和行使一种主要的生理功能，但是这些组织的功能又必须相互依赖和相互配合。例如叶是植物进行光合作用的器官，其中主要分化为大量的同化组织进行光合作用，但是在它的周围覆盖着保护组织，以防止同化组织丢失水分和机械损伤，此外，输导组织贯穿于同化组织中，保证水分的供应和把同化产物运输出去，这样，三种组织相互配合，保证了叶的光合作用正常进行。由此可见，组成器官的不同组织，在生理有一定的分工，表现出相对的独立性，但各组织之间互相联系，互相影响，表现为整体条件下的分工协作，共同保证器官功能的完成，并在一定条件下可以相互转化。

一、植物组织的类型

植物组织的分类是根据它们在植物体中的位置、组成细胞的类型、担负的生理功能、起源及发育程度来划分的，可以分为分生组织和成熟组织两大类，其分类之间关系见表 2-1。

表 2-1　植物组织分类

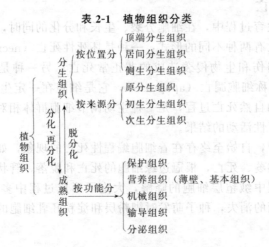

（一）分生组织

1. 分生组织的概念

种子植物中具分裂能力的细胞限制在植物体的某些部位，这些部位的细胞在植物体的一生中持续地保持强烈的分裂能力，一方面不断增加新细胞到植物体中，另一方面自己继续存在下去，这种在植物体内的特定部位具有持续性或周期性分裂能力的细胞群，称为分生组织。由分生组织产生的细胞，生长、分化形成各种成熟组织（图 2-53）。

2. 分生组织的分类

（1）按在植物体内的分布位置不同分为

① 顶端分生组织（apical meristem）　位于根和茎的顶端，具有长期的分裂能力，它们的分裂活动使茎和根不断伸长，并在茎上形成侧枝和叶，使植物体扩大营养面积。茎的顶端分生组织最后还可以产生生殖器官。

顶端分生细胞保持着胚性特点：细胞小而等径，细胞壁薄，细胞核大并位于细胞中央，液泡小而分散，原生质浓厚，细胞内通常缺少后含物。

② 侧生分生组织（lateral meristem）　位于根和茎的中轴的侧面，靠近器官的边缘。包括维管形成层（vascular cambium）和木栓形成层（cork cambium）。形成层细胞不断进行平周分裂，使根和茎增粗。木栓形成层的活动是使长粗的根、茎表面或受伤的器官表面形成新的保护组织。侧生分生组织主要存在于裸子植物和木本双子叶植物中，草本双子叶植物中的侧生分生组织只有微弱的活动或根本不存在，单子叶植物中侧生分生组织一般不存在，因此，草本双子叶植物和单子叶植物的根和茎没有明显的增粗生长。侧生分生组织的细胞与顶端分生组织的细胞有明显的区别，例如形成层细胞大部分呈长梭形，原生质体高度液泡化，细胞质不浓厚。其分裂活动往往随季节的变化具有明显的周期性。

③ 居间分生组织（intercalary meristem）　分布于成熟组织之间，它是顶端分生组织在某些器官中局部区域的保留，能进行一段时间的分裂活动，以后失去分裂能力，完全分化为成熟组织。

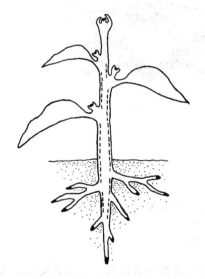

图 2-53　顶端分生组织（黑色部分）和　　　　图 2-54　居间分生组织（黑色部分）
　　　　侧生分生组织（虚线部分）

典型的居间分生组织存在于许多单子叶植物的茎和叶中，例如水稻、小麦等禾本科植物，在茎的节间基部有典型的居间分生组织，当顶端分化成幼穗后，仍能借助居间分生组织的活动，进行拔节和抽穗，使茎急剧长高（图 2-54）。葱、蒜、韭菜的叶子剪去上部还能够继续伸长，也是因为叶基部的居间分生组织活动的结果。落花生由于雌蕊柄基部居间分生组织的活动，而能把开花后的子房推入土中。

(2) 按照来源分为

① 原分生组织 (promeristem) 位于根尖和茎尖的最先端，是直接由胚细胞保留下来的原始细胞群，能强烈而持久地进行细胞分裂，是形成其他组织的来源。

② 初生分生组织 (primary meristem) 位于原分生组织后端，由原分生组织分裂、衍生的细胞组成，具有较强的分裂能力，能边分裂、边分化，逐渐向成熟组织过渡。

③ 次生分生组织 (secondary meristem) 由已经分化成熟的薄壁组织细胞，经过脱分化，重新恢复分裂性能的分生组织。如木栓形成层和束间形成层。

(二) 成熟组织 (mature tissure)

1. 成熟组织的概念

分生组织分裂产生的大部分细胞，经过生长、分化，逐渐丧失分生的性能，形成各种具有特定形态结构和生理功能的组织，这些组织称为成熟组织。

成熟组织可以具有不同的分化程度。一些分化程度较浅的组织，有时能随着植物的发育，进一步特化为另一类组织；有时在一定条件下，又可以反分化成分生组织。

2. 成熟组织的类型

根据生理功能的不同，成熟组织分为保护组织、薄壁组织、机械组织、输导组织和分泌组织。

(1) 保护组织 (protective tissue) 覆盖植物体的外表，由一层至数层细胞所组成，它的作用是减少体内水分的蒸腾，控制植物与环境的气体交换，防止病虫害侵袭和机械损伤等。保护组织包括表皮 (图 2-55) 和周皮 (图 2-56)。

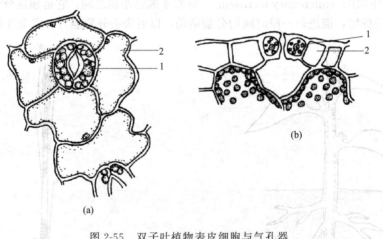

图 2-55 双子叶植物表皮细胞与气孔器
(a) 表面观；(b) 纵切面
1—保卫细胞；2—表皮细胞

① 表皮 (epidermis) 是初生保护组织，常由一层生活细胞所组成，又称表皮层，是幼嫩的根和茎、叶、花、果实的表面层细胞，为植物体与外界环境的直接接触层。表皮的组成，除了大多数表皮细胞之外，有特化为气孔器的保卫细胞，以及毛状体等附属物。

表皮细胞多呈扁平不规则形状，排列紧密，除气孔外，不存在另外的细胞间隙。表皮细胞是生活细胞，细胞中有大液泡，缺少叶绿体但常含白色体和有色体。茎和叶气生部分的表皮细胞，细胞外壁角质化形成角质层，使表皮具有高度的不透水性，有效地减少了体内水分蒸腾，坚硬的角质层对防止病菌的侵入和增加机械支持也有一定的作用。有些植物如甘蔗的茎，在角质层外还具有一层蜡质的"霜"，它的作用是使表面不易浸湿，具有防止病菌孢子在体表萌发的作用。在生产实践中，植物体表面层的结构情况，是选育抗病品种、使用农药或除草剂必须考虑的因素。

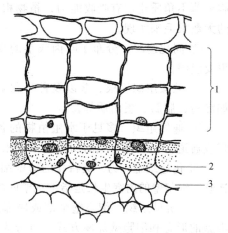

图 2-56　棉茎的部分横切示周皮结构
1—木栓层；2—木栓形成层；3—栓内层

"角质层"亦称为角质膜，在电镜下观察包括两层，位于外面的一层由角质和蜡质组成，称为角质层；位于里面的一层由角质和纤维素组成，称为角化层。角化层和初生壁之间有明显的果胶层分界。

在气生表皮上具有许多气孔（stoma），它们是气体进入植物体的门户。围绕气孔的是两个特殊细胞，称为保卫细胞（guard cell）。保卫细胞呈肾形或者哑铃形，细胞内含有叶绿体，特殊的不均匀增厚的细胞壁，使保卫细胞形状改变时，能导致气孔的开放或关闭，从而调节气体的出入和水分蒸腾。

②周皮　为木栓层、木栓形成层和栓内层的总称，是取代表皮的次生保护组织。其中的木栓层细胞之间无间隙，细胞壁高度栓化，细胞内的原生质解体；栓内层为薄壁的生活细胞，常只有一层。在周皮上常常出现一些小的皮孔，这是由于木栓形成层局部分裂活跃，产生一些具有胞间隙的补充组织，突破周皮形成的通气结构。

（2）薄壁组织　存在植物体内的各个部位，行使有关营养机能。这类组织的细胞较大，细胞壁薄，有各种形状，排列疏松，常有细胞间隙。它是一群分化程度较低的组织，在一定条件下，能恢复分生能力，产生愈伤组织。薄壁组织又可分为以下几类（图 2-57）。

①吸收组织　存在于根尖的根毛区，它是由根部表皮细胞的外壁突出形成的根毛，其细

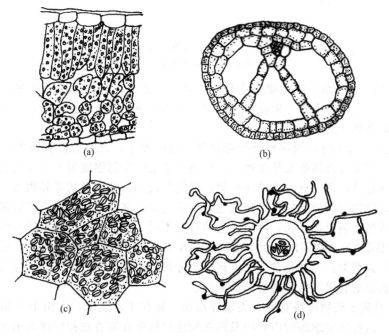

图 2-57　几种薄壁组织
(a) 同化组织；(b) 通气组织；(c) 贮藏组织；(d) 吸收组织（幼根表皮）

胞壁薄不角质化,有吸收能力。植物根部能从土壤中吸收水分及无机盐类,主要就靠根毛区上的无数根毛来实现。

②同化组织 分布于叶肉或茎的皮层等绿色部分,其细胞有叶绿体,是进行光合作用的重要组织。

③贮藏组织 根、茎以及种子和果皮中都有这类组织存在,其细胞内含有多种贮藏养料,如淀粉、脂肪、蛋白质等。

④通气组织 多见于水生植物的各种营养器官中,其特点是细胞间隙特别发达,形成空隙或通道,有贮藏空气的功能。水稻根部及茎基部都有发达的气腔存在。

⑤传递细胞 为一类特化的薄壁细胞,其显著特征是具有内突生长的细胞壁和发达的胞间连丝。细胞壁的内突生长是指细胞壁向内突入细胞腔内,形成许多指状或鹿角状的不规则突起。

(3)机械组织 细胞壁全部或局部加厚,在各种器官中主要起巩固支持作用的组织。根据细胞的形态和细胞壁加厚方式,可分为如下两类(图2-58)。

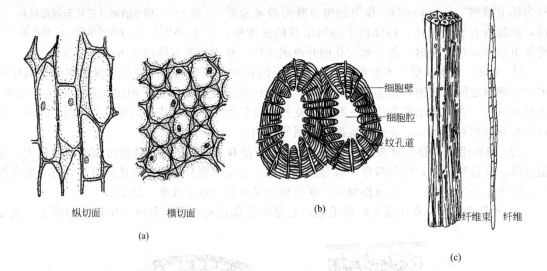

纵切面　横切面
(a)
(b)
细胞壁
细胞腔
纹孔道
(c)
纤维束　纤维

图 2-58　机械组织
(a)厚角组织;(b)石细胞;(c)纤维

①厚角组织 这类组织的细胞多为长形,有生活能力,有的还含有叶绿体,其细胞壁一般只在角隅增厚,仍由纤维素及果胶质所组成,并不木质化,所以支持力较小,多出现在草木茎、木本植物幼茎和叶柄等表皮之下。

②厚壁组织 这类组织的细胞壁全部加厚,细胞腔小,成熟后没有原生质体,全是死细胞。依其形态不同又分石细胞及纤维两种。石细胞细胞壁全部强度增厚并木质化,增厚部分常呈现同心圈状即轮纹,壁上有分支的纹孔道,细胞腔极小。细胞形状差异很大,但大多为等径形。纤维为两端削尖的纺锤状的长形死细胞,在横切面上多呈多角形。成熟后细胞腔很小,细胞壁厚,其上可见有裂隙状纹孔,由于发生的部位不同,分韧皮纤维和木纤维两种。

(4)输导组织 为植物体内长距离运输水溶液或同化产物的特化组织。根据运输物质的不同,输导组织分为两类:一类是自下而上运输水分及溶解在水中的无机盐的导管和管胞;另一类是运输溶解状态的有机同化产物的筛管和筛胞。

①导管 是被子植物所特有的一类输导组织,存在于木质部。它由上下相连的呈管状的死细胞所组成。这些导管细胞的内含物及两端相连接的壁在发育过程中逐渐消失,构成中空的管状导管的纵壁常厚而木质化,由于其次生壁增厚的方式不同,可分为环纹、螺纹、梯纹、网纹、孔纹5种类型导管(图2-59)。

② 管胞 为两端斜尖狭长的单个细胞，细胞腔较小，末端没有穿孔，相互之间穿插连接，成熟时丧失生活力，仅剩下木质化增厚的细胞壁，也出现环纹、螺纹和孔纹等类型。水溶液主要通过相邻侧壁上的纹孔对而传输，输导能力不及导管。

③ 筛管 是被子植物中同化产物的专化结构，存在于韧皮部。它也是由许多细胞连接而成的管道，细胞壁由纤维素组成，上下细胞之间的横壁稍厚，称为筛板，其上有许多筛孔。筛管旁边有些口径较小的薄壁细胞，叫伴胞（图 2-60）。细胞成熟后有细胞质，无细胞核，为生活细胞。筛管中的原生质成细丝状通过筛孔彼此相连，形成运输同化产物的通道。

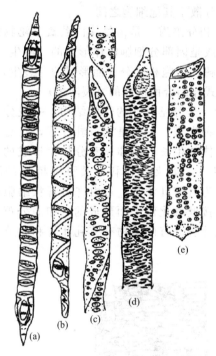

图 2-59 导管类型
（a）环纹导管；（b）螺纹导管；（c）梯纹导管；
（d）网纹导管；（e）孔纹导管

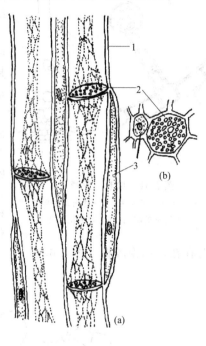

图 2-60 筛管与伴胞
（a）纵切面；（b）横切面
1—筛管；2—筛板；3—伴胞

④ 筛胞 仅存在于蕨类植物和裸子植物之中，是一种比较细长、末端尖斜的细胞，且端壁很斜，细胞壁上只有筛域，联络索很细，与胞间连丝相似。

（5）分泌组织 是一类能产生分泌物质的细胞或细胞组合。它有两种类型，分泌物排到植物体外的外分泌结构，如蜜腺和腺毛；分泌物贮积在植物体的细胞内或胞间隙里的内分泌结构，如香茅的含挥发油细胞以及松树的树脂道和柑橘果皮、叶片中的分泌囊（油囊）。

① 外分泌结构 常见的类型有腺表皮、腺毛、排水器、蜜腺、盐腺等。

a. 腺表皮 一般较表皮细胞小，细胞壁薄，细胞核大，细胞质浓，线粒体和高尔基体较多，内质网发达。如矮牵牛、漆树等植物花的柱头表皮，能分泌出含有糖、氨基酸、酚类化合物等组成的柱头液，有利于黏着花粉和控制花粉萌发。

b. 腺毛 一般具有头部和柄部两部分。头部由单个或多个产生分泌物的细胞组成；柄部由不具分泌功能的薄壁细胞组成，着生于表皮上（图 2-61）。如食虫植物的变态叶上，有多种腺毛分别分泌蜜汁、黏液和消化酶等，有引诱、黏着和消化昆虫的作用。

c. 排水器 大多存在于叶尖或叶缘，由水孔、通水组织组成，是植物将体内过剩的水分排出体表的结构，它的排水过程称为吐水。吐水现象可作为根系正常活动的一种标志。

d. 蜜腺 存在于许多虫媒传粉植物和鸟媒传粉植物中，大多包括表皮及表皮下几层薄壁细

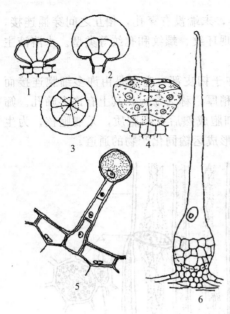

图 2-61 腺毛与腺鳞
1～3—薰衣草的腺毛；4—薄荷的腺鳞；
5—天竺葵的腺毛；6—荨麻的腺毛

胞（图 2-62），是一种分泌糖液的外分泌结构。细胞体积较小，细胞质浓，核较大，常具有发达的内质网和高尔基体。有时发育成传递细胞。

② 内分泌结构 包括分泌细胞、分泌腔、分泌道以及乳汁管。

a. 分泌细胞 可以是生活细胞或非生活细胞，但在细胞腔内部积聚有特殊的分泌物。它们一般为薄壁细胞，单个地分散于其他细胞之间。

b. 分泌腔和分泌道 是植物体内贮藏分泌物的腔或管道。它们或是因部分细胞解体形成的（溶生）；或是细胞中层溶解，细胞相互分开而形成的（裂生）；或是上述两种方式相结合而形成的（裂溶生）。

c. 乳汁管 是分泌乳汁的管状结构，一般分布在韧皮部。有两种类型：一种是无节乳汁管，它是一个细胞随着植物体的生长不断伸长和分枝而形成的，长度可达几米以上，如夹竹桃科、桑科等植物的乳汁管；另一种称为有节乳汁管，是由许多管状细胞彼此相连，以后连接壁融化消失而形成的，如蒲公英、大蒜等植物的乳汁管。有的植物有节乳汁管和无节乳汁

管同时存在，如橡胶树（图 2-63）。

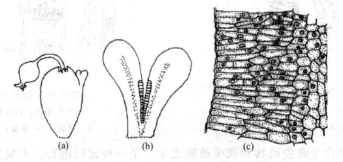

图 2-62 一品红的蜜腺
(a) 杯花；(b) 腺体；(c) 产蜜组织（放大）

二、复合组织和组织系统

在植物的系统发育过程中，植物组织出现了分化。只由一种类型细胞构成的组织称为简单组织，如分生组织、薄壁组织和机械组织；由多种类型细胞构成的组织称为复合组织，如表皮、周皮、木质部、韧皮部和维管束等。

1. 维管组织

高等植物体内的导管、管胞、木薄壁细胞和木纤维等经常有机组合在一起形成木质部（xylem）；筛管、伴胞、韧皮薄壁细胞和韧皮纤维等组合成韧皮部（phloem）。由于木质部和韧皮部的主要组成成分是管状结构，因此又将它们称为维管组织（vascular tissue）。木质部和韧皮部是典型的复合组织，在植物体内主要起输导作用，它们的形成对于植物适应陆生生活有重要作用。从蕨类植物开始有维管组织的分化，种子植物体内的维管组织更加发达。通常将蕨类植物和种子植物总称为维管植物（vascular plant）。

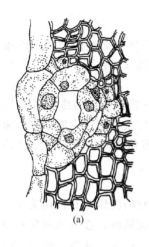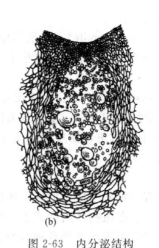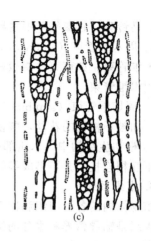

图 2-63　内分泌结构

(a) 松属的树脂道；(b) 柑橘属的分泌腔；(c) 橡胶树的乳汁管（切向面）

2. 维管束

由原形成层分化而来的，由木质部和韧皮部紧密结合形成的束状结构称为维管束（vascular bundle）。在不同种类植物或不同器官内，原形成层分化成木质部和韧皮部的情况不同，也就形成了不同类型的维管束。根据维管束中有无形成层和维管束能否继续发展扩大，可将维管束分为有限维管束和无限维管束两大类。

① 有限维管束（closed vascular bundle）。有些植物的原形成层完全分化为木质部和韧皮部，没有留存能继续分裂出新细胞的形成层，这类维管束不能再进行发展扩大，称为有限维管束。大多数单子叶植物中的维管束属有限维管束。

② 无限维管束（open vascular bundle）。有些植物的原形成层除大部分分化成木质部和韧皮部外，在两者之间还保留一层分生组织——束中形成层；这类维管束以后通过束中形成层的分裂活动，能产生次生韧皮部和次生木质部，维管束可以继续发展扩大，称为无限维管束。很多双子叶植物和裸子植物的维管束即为无限维管束。

也可根据木质部和韧皮部的位置和排列情况，将维管束分为下列几种（图 2-64）。

① 外韧维管束（collateral vascular bundle）。木质部排列在内，韧皮部排列在外，两者内外并生成束。一般种子植物具有这种维管束。如果联系形成层的有无一并考虑，则可分为无限外韧维管束和有限外韧维管束。前者束内有形成层，如双子叶植物的维管束；后者束内无形成层，如单子叶植物的维管束。

② 双韧维管束（bicollateral vascular bundle）。木质部内外都有韧皮部的维管束。如瓜类、

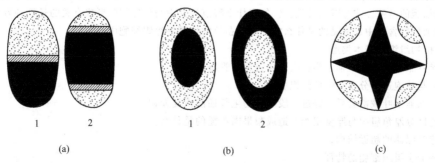

图 2-64　维管组织排列类型图解（缀点部分表示韧皮部；黑色部分表示木质部；斜线部分表示形成层）

(a) 并生排列（1—外韧维管束；2—双韧维管束）；(b) 同心排列（1—周韧维管束；

2—周木维管束）；(c) 辐射排列

茄类、马铃薯、甘薯等茎中的维管束。

③ 周木维管束（amphivasal vascular bundle）。木质部围绕着韧皮部呈同心排列的维管束称周木维管束。如芹菜、胡椒科的一些植物茎中和少数单子叶植物（如香蒲、鸢尾）的根状茎中有周木维管束。

④ 周韧维管束（amphicribral vascular bundle）。韧皮部围绕着木质部的维管束称周韧维管束。如被子植物的花丝，酸模、秋海棠的茎中，以及蕨类植物的根状茎中为周韧维管束。

⑤ 根初生结构中，木质部有若干辐射角，韧皮部间生于辐射角之间，两者交互呈辐射排列，不互相连接，并不形成维管束。

3. 组织系统

植物体内的各种组织和器官都有一定的结构和形式，而且与它们的作用有密切关系。例如维管组织是输导营养和水分的组织，它在植物体内形成了一种连接系统，连续地贯穿在整个植物的所有器官中。植物体内不属于维管组织的其他各种组织也是连续的，从而构成一个结构和功能上的单位，称为组织系统。

Sachs（1875）根据植物体中的主要组织在植物体内的"部位的连续性"归纳为皮系统、维管组织系统和基本组织系统三种组织系统。

① 皮系统（dermal system） 包括表皮和周皮。表皮成为覆盖植物体的初生保护层；周皮是代替表皮的一种次生保护组织。

② 维管组织系统（vascular system） 主要包括两类输导组织，即输导养料的韧皮部和输导水分的木质部。

③ 基本组织系统（ground tissue system） 植物体的基本组织，表现出不同程度的特化，并形成各种组织。包括各种各样的薄壁组织、厚角组织和厚壁组织等。它们分布于皮系统和维管组织系统之间，是植物体各部分的基本组成。

植物的整体结构为：维管组织包埋于基本组织之中，而外面又覆盖着皮系统。各个器官结构上的变化，除表皮或周皮始终包被在外面，主要表现在维管组织和基本组织相对分布上的差异。

复习思考题

1. 细胞核的主要功能是什么？它由哪几部分组成？
2. 被称为"动力工厂"的线粒体具有什么功能？它具有怎样的独特结构？
3. 植物细胞与动物细胞最大的区别是什么？
4. 简述内质网、高尔基体的结构与功能。
5. 细胞中碳水化合物的合成、贮藏与什么细胞器相关？它有几种类型？
6. 细胞壁可分为哪几层？是不是所有细胞的细胞壁结构都一样？请举例说明。
7. 植物细胞的增殖方式有哪几种类型？各有什么特点？其中与生殖细胞形成有关的是哪种方式？
8. 植物细胞后含物中最常见的是什么？常出现在植物体哪些组织细胞中？
9. 简述植物组织的基本类型。
10. 谈谈管胞和导管的区别。为什么说导管远比管胞进化？
11. 筛管与伴胞通常分布在哪些组织中？
12. 为什么韭菜叶被割去后，经过一段时期的生长还能恢复如初？
13. 如何区分厚角组织与厚壁组织？造成梨果肉粗糙的是什么？
14. 简述叶绿体的超微结构。
15. 简述分生组织细胞的特征。
16. 试述有丝分裂的过程与特点。
17. 从输导组织的结构和组成来分析，为什么说被子植物比裸子植物更高级？

第三章　被子植物营养器官的形态、结构和功能

细胞是构成植物体的基本单位，经过分裂、生长、分化形成组织。由多种不同的组织构成、具有一定形态、担负特定生理功能的结构单位称为器官（organ）。一般情况下种子植物的种子完全成熟后，有的经过一个休眠期，有的不经过休眠期，在适宜的环境下，就能萌发成幼苗，继续生长发育后就能成为具有枝系和根系的成年植物。大多数成年植物，在营养生长时期，整个植株可以显著地分为根、茎、叶三种器官，这三种器官共同担负着植物体的营养生长活动，统称为营养器官（vegetative organ）。

植物各营养器官之间在生理功能和形态结构上有明显的差异，但彼此又密切联系，相互协调，体现了植物体的整体性；同时，植物器官形态结构的建成又是与其所担负的生理功能相适应，就是"形态结构与功能相关"，形态结构与生理功能具有统一性。这些特性都是在环境的影响下形成的。

第一节　根

根（root）是植物在长期适应陆上生活过程中逐渐形成的器官，除少数气生根外，大部分生长在植物体的地下部分。

一、根的发生、类型和生理功能

1. 定根（主根、侧根）和不定根

根据发生位置的不同，根可以分为定根（主根和侧根）和不定根两大类。

（1）主根（main root）　种子萌发时，最先是胚根突破种皮向下生长，这种由种子的胚根直接发育形成、向下垂直生长的根就称为主根，是植物体上最早出现的根（又称初生根）。

（2）侧根（lateral root）　侧根是当主根生长到一定长度后，在一定部位上侧向生长出的许多支根。侧根又可进一步分一级侧根、二级侧根等。其中一级侧根是从主根上长出，而二级侧根是从一级侧根上长出，以此类推，便形成了许多级侧根，并依级数的升高，根愈分愈细（又称次生根）。

以上两种根都是从植物体固定的部位长出，故属定根。但有些植物除定根外，还有由茎、叶、老根及胚轴上发育出的根，由于这些根的发生位置不固定，故称不定根。

2. 直根系与须根系

一株植物地下部分所有根的总称即为根系（root system）。根系是由主根、侧根及不定根所构成。根系分为直根系和须根系。

（1）直根系（tap root system）　有明显而发达的主根，主根上有各级侧根，其主根与侧根有明显区别的根系。如棉花、橡胶、大豆、向日葵等，该特征为绝大多数双子叶植物所具有（图3-1）。

（2）须根系（fibrous root system）　主要由不定根组成的根系，其主根与侧根无明显区别。须根系中各条根的粗细差不多，呈丛生状态；该根系为大多数单子叶植物所具有，如水稻、玉米、椰子、油棕等（图3-2）。

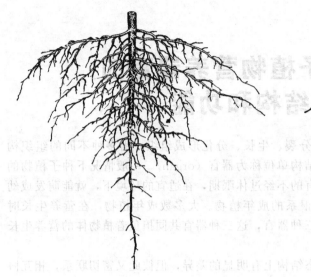

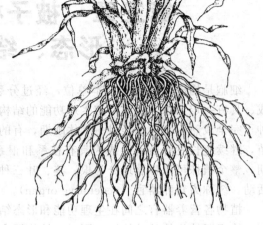

图 3-1 黄麻直根系　　　　　　　　　　图 3-2 玉米须根系

根系在土壤中的分布受遗传因素、土壤条件（如土壤水分、温度、通气、肥料、物理性质等）和光照条件等多种因素的影响。

根系在土壤中的分布极为广泛。它在土壤中一方面向深处发展，另一方面向四周扩展，深入与扩展的情况依种而异，如小麦、大麦的根深达 1～2.2m，苜蓿达 3～5m。生于新疆等地的骆驼刺，根系深达 20m 以上。而从根分布的广度来看，一些葱属植物的根系直径为 30～60cm；玉米根系直径为 1.5～1.8m；成龄油棕的根系在直径 7～9m 内是最主要的吸收范围，但最远可扩展到离茎 19m 远的地方。

一般来讲，直根系的植物，其根系常分布在较深的土层，属深根性。而须根系的植物，其根系常分布在较浅的土层，属浅根性。当然，这种根系的深与浅是相对的，往往易随环境条件的改变而发生变化，如在雨水较少、地下水位较低、土壤排水和通气条件良好、土壤肥沃和光照充足等情况下，植物的根系就较为发达，可伸入较深的土层中；反之，根系就不发达。

在生产中可以利用根系的深浅性不同，采用两种不同作物的间作或套作，以充分利用土壤空间及水肥资源。例如，采用须根系植物（禾本科植物玉米）与直根系植物（豆科植物大豆）套种，可以充分利用土壤的水肥条件，也可以改变土壤结构，提高土壤肥力，增加产量。

3. 根的主要生理功能

根主要具有吸收、固着与支持、疏导、合成与分泌、贮藏和繁殖等功能。

（1）吸收作用　根最主要的功能之一是从土壤中吸收水分及溶于水中的矿物质和氮素（如 CO_2、硫酸盐、硝酸盐、磷酸盐及 K^+、Ca^{2+}、Mg^{2+} 等）。植物体所需要的物质，除一部分由叶和幼嫩的茎从空气中吸收外，大部分是由根自土壤中吸取的，特别是水分，植物生长生活所需要的水分主要都是靠根从土壤中吸收而获得的。

（2）固着与支持作用　根深深扎于土壤之中，以其反复分枝形式的庞大根系，与根内部的机械组织共同构成了植物体的固着、支持部分，使植物体固着在土壤中，并使其能够直立，而成为适应陆地生活的优势种群。

（3）输导作用　根不仅可以从土壤中吸收水分、无机盐等，还要将这些物质输送到茎，以至整个植物体。而叶所制造的有机养料，通过茎输送到根，再经根的维管组织输送到根的各个部分，以维持根生长和生存的需要。

（4）合成与分泌作用　根可以合成某些重要的有机物，如十几种氨基酸、生物碱、有机氮、激素等都是在根中合成的，其中的氨基酸再输送到生长部位进一步合成蛋白质；同时根能分泌很多物质，包括糖类、氨基酸、有机酸、维生素、核苷酸和各种酶类等，这些分泌的物质中有的可以在生长过程中减少根与土壤的摩擦力，有的可以在根表形成促进吸收的表面，有的还可以分泌一些毒素，抑制周围作物的生长，以及抵御病虫害。

（5）贮藏与繁殖　根由于其薄壁组织较发达，常具贮藏功能，是贮藏有机养料的贮藏器官。贮藏物有糖类、淀粉、维生素、胡萝卜素等，如甜菜的根中糖的成分含量较高，番薯块根中含大量淀粉，胡萝卜的肉质直根中含有大量的胡萝卜素等。这些贮藏物质使得根具有食用、药用和做工业原料等方面的经济用途，如萝卜、胡萝卜等可食用，人参、首乌、当归等可药用，甜菜可做制糖的原料，木薯可制淀粉和酒精等。此外，某些植物的根还有繁殖作用，具有繁殖作用的植物的根上往往可以形成不定芽（如白杨、刺槐）和不定根，特别是在伤口处，更易形成。利用根的这种性质可对植物进行营养繁殖。

二、根尖分区及其生长动态

根尖（root tip）是指从根的最顶端到着生根毛的这一段。其长度范围随着植物种类不同而异，通常 0.5～1cm，也有些比较长，可达 5cm。它是根中生命活动最旺盛、最活跃、最重要的部分。根的生长、组织的形成以及根对土壤水分、矿物质的吸收和一些合成、分泌等作用都主要由根尖来完成。

根尖从其顶端起，可依次分为根冠、分生区、伸长区及根毛区（成熟区）四部分（图 3-3），其中除根冠与分生区之间界限非常清楚外，其他各区之间界限均不明显，为逐渐过渡。这四个区的生理功能不同，其细胞的形态结构也各不相同。

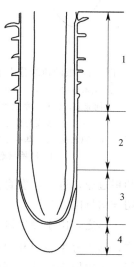

图 3-3　根尖纵切面
1—根毛区；2—伸长区；
3—分生区；4—根冠

1. 根冠（root cap）

根冠位于根的最先端，呈圆锥形，似帽子状覆盖于生长点之前。根冠由许多不规则的薄壁细胞组成。其中，外层细胞排列疏松，外壁上分泌有黏液，原生质体内含有淀粉和胶黏性物质。多数植物的根生长在土壤中，幼嫩的根尖不断地向下生长，遇到沙砾，容易遭受伤害，特别是像分生区这样幼嫩的部分。根冠在前，当根尖因生长而与土壤颗粒相互摩擦时，可湿润土壤，起到润滑作用，以减少机械摩擦力，使幼嫩的生长点免受损伤。根冠和土壤中的沙砾不断发生摩擦，遭受伤害，死亡脱落，分生区细胞会不断地分裂产生新细胞，使得根冠可以陆续地得到补充，保持一定的形状和厚度。同时，根冠细胞外壁上覆盖黏液，形成一种吸收表面，对于促进离子交换和物质的溶解有一定的作用。

根冠细胞是活的薄壁细胞，一般无太大的分化，只是近分生区部分的细胞较小，近外方的细胞比较大。根冠细胞的原生质体内含有淀粉体（造粉体），并以根冠的中央柱范围内的细胞中含量为多，且多集中分布于细胞的下侧。在一些对重力不敏感的植物，如常春藤（*Hedera helix*）等攀附植物以及某些水生植物，它们的根冠里看不到这种现象，其中往往缺乏淀粉体。因此研究认为，这种淀粉体的分布与根的向地性生长有一定的关系，是根感受重力的地方，可能控制分生组织中有关向地性的生长调节物质的产生或移动。

2. 分生区（meristematic zone）

分生区位于根冠内方，全长 1～2mm，大部分被根冠所包围，是分裂、产生新细胞的主要部位，分裂活动活跃，所以又称为生长点（growing point）。分生区的细胞为多面体形，排列紧凑，细胞间隙不明显，细胞壁很薄，细胞核大，约占整个细胞体积的2/3，细胞质浓密，液泡很小、外观不透明。

根尖分生区为典型的顶端分生组织，其先端是由胚根遗留的原分生组织细胞构成，其分裂活动极为旺盛，分裂产生的新细胞进一步分化为根冠、伸长区、根毛区，乃至根的其他各种初生结构。

组成分生组织中的某些细胞，通过分裂，不断地产生一些新细胞，加入到植物体中成为新的体细胞，同时又不断地产生另一些细胞，仍保留在分生组织中具有分生能力的细胞，就称为原始细胞。种子植物根尖分生区的最前端为原分生组织的原始细胞，其分裂活动具有分层特性，在分生区内的后方，分别形成了原形成层、基本分生组织和原表皮三种初生分生组织，以后会进一步分化为初生的成熟组织，所以根的其他所有细胞都是原始细胞产生的（图3-4）。

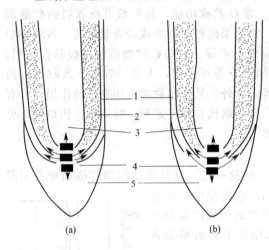

图3-4　根的顶端分生组织分区及其衍生区域
(a) 玉米根尖纵切，示三层原始细胞，表皮与皮层有
共同起源；(b) 烟草根尖纵切，示三层原始细胞，
表皮与根冠有共同起源
1—原表皮；2—基本分生组织；3—原形成层；
4—原始细胞；5—根冠

原始细胞的分层现象依植物种类而异，常见的主要有两种类型。一种是第一层原始细胞发育为原形成层，进一步发育后形成中柱（维管柱）；第二层原始细胞发育为基本分生组织和原表皮，之后发育为皮层和表皮；第三层原始细胞发育为根冠原，之后发育形成根冠。在大麦等单子叶植物的根尖中常见此类型。另一种是第一层原始细胞发育为原形成层，也会进一步发育成中柱（维管柱）；第二层原始细胞发育为基本分生组织，进而形成皮层；第三层原始细胞发育形成原表皮和根冠原，进一步发育为表皮和根冠。在烟草等双子叶植物的根尖中常见此类型。玉米根尖纵切详图见图3-5。

总之，由于分生区原始细胞的这种分层活动，使得在分生区的后方，分别形成了原形成层、基本分生组织和原表皮三种初生分生组织。其中原表皮的一层细胞，其细胞为扁平的长方形，以后发育为表皮；原形成层位于中央，其细胞为长梭形，直径较小，密集成束，以后发育成中柱，也就是分化出根的维管组织的部分；基本分生组织为分生区中除原表皮和原形成层以外的部分，其细胞较大，呈短圆柱形，以后发育成皮层。以上三种初生分生组织与根尖先端的原分生组织相比较，其细胞稍显伸长，液泡有所分化并趋于明显，初生壁上出现了初生纹孔场，故初生分生组织可视为分生组织分化为成熟组织的过渡形式。

在20世纪50年代以后，许多关于根的原分生组织的研究指出，在根尖分生区最前

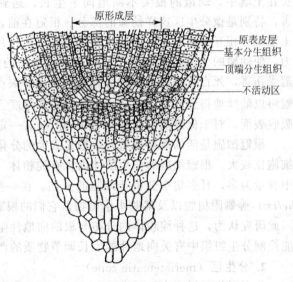

图3-5　玉米根尖纵切详图（示不活动区）

端的中心部分，有一些分裂活动很弱甚至不分裂的细胞，形成一个近半圆形的区域，称为不活动中心（静止中心）。其细胞特点表现为：细胞分裂活动弱，细胞合成能力弱，基本不合成核酸、生活蛋白质，线粒体较少，内质网、高尔基体等细胞器也较少。不活动中心一般在胚根和幼小的侧根原基中还未出现，随着根的长大才慢慢形成。不活动中心的体积变化常常和根的大小有一定的相关性。在细小的根中，这部分体积较小，甚至不存在。

不活动中心的细胞并非永远没有作用，当用电离辐射或手术切割使之损伤，或用冷冻处理引起休眠之后，这部分细胞均可重新进行细胞分裂。如果除去根冠，不活动中心也可再行分裂而形成根冠。

不活动中心的功能现在还不十分清楚，它对于根的生长虽然没有什么直接作用，但一般认为它可能具有以下四种作用：①它可能是合成某种植物激素的场所，因此它对于根的生长发育可能是很重要的；②它可能具有保护根顶端组织结构模式的功能，这种顶端组织结构模式为成熟根的组织结构模式的建成提供了依据；③如果与不活动中心相邻的、处于活动状态的顶端分生组织细胞失去了活动能力或受到了损伤，不活动中心的细胞能够恢复细胞分裂予以补充，所以不活动中心可能是处于活动状态的顶端分生组织细胞的补充源泉；④由于不活动中心处于不活动状态，因此它能抵抗不利的环境条件，所以不活动中心也可能是贮存原始细胞渡过不利环境条件的场所。

3. 伸长区（elongation zone）

伸长区位于分生区稍后的部位，长度 2～5mm，外观上较为透明，可与生长点相区别。伸长区是由分生区细胞分裂产生的新细胞，在离生长点稍远的部位，分裂活动逐渐减弱，细胞开始伸长、生长和分化，逐渐形成。伸长区的细胞表现为：仍具有一定的分裂能力，但分裂强度已逐渐减弱；细胞体积扩大，尤其是沿根的纵轴进行显著的伸长生长，故名伸长区；细胞已有所分化，出现了原生木质部的导管（环纹导管）和原生韧皮部的筛管；细胞中已形成明显的液泡，细胞质呈薄层贴近细胞壁。

由于伸长区细胞的迅速伸长，使根尖的生长极为显著，因而在土壤中继续向前推进，有利于根不断转移到新的环境，吸取更多的矿质营养。伸长区较分生区，其细胞已有了一定的变化，但二者之间细胞形态和分裂活动的强弱都是渐次递变的，不会有很明显的界限。

4. 根毛区（root hair zone）

根毛区位于伸长区之后，其长度依植物种类和环境不同而异，从几毫米到几厘米不等。根毛区的主要特征表现在两方面：一是该区域的细胞已停止分裂和生长，并均已分化成熟，形成了各类成熟组织，因此又称成熟区（maturaton）；二是该区是根部吸收水分的主要部位，表面密被根毛，扩大了根的吸收面积，故而得名根毛区（图 3-6）。

根毛是由表皮细胞外壁向外突出而形成的顶端封闭的管状结构，细胞核位于先端，并具有丰富的内质网、线粒体及核蛋白体等；细胞壁薄、软而黏着，有可塑性，易与土粒黏合在一起，有较强的吸收和巩固工作；可分泌有机酸，可使土壤中难溶性的盐类溶解，大大增加了根的吸收效率；是根特有的结构。

根毛一般长 0.5～10m，直径 5～17μm。根毛的数量很大，每平方毫米约几百条，但它对土壤湿度的变化很敏感。在湿润的环境中，根毛的数量很多，如玉米 420 条/mm²，豌豆约有 230 条/mm²；但在水淹及干旱的环境中，根毛的数量很少。水生植物常缺乏根毛或

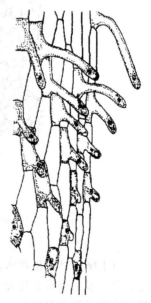

图 3-6　根毛发生过程

虽有但十分稀少，少数陆生植物如花生、洋葱等亦无根毛。

根毛（图 3-7）的发生情况一般有两种情形：有的植物具有同型的根表皮层；即表皮细胞的形态相似，均有产生根毛的潜能；有的植物具异型的根表皮层，即表皮层中有两种形态特征不同的细胞，其中长形细胞为一般的表皮细胞，短细胞是形成根毛的原始细胞，称生毛细胞，其细胞质浓，核大、核仁大。在禾本科植物上可见生毛细胞。根毛形成时，首先，表皮细胞的外壁向外形成半球形的突起，随着突起逐渐伸长，形成管状的根毛。在根毛形成过程中，其细胞的细胞核及一部分细胞质移向根毛的顶端，细胞质沿表皮细胞的内壁分布为一薄层，中央为一个大液泡。根毛的生长速度较快，但是寿命比较短，多为 10～20 天，即行死亡。根毛区上部的根毛逐渐死亡，而下部又产生新的根毛，不断更新。随着根的生长，根毛区不断地向前推移，不断更替着根在土壤中的吸收位置。由此可见，正是由于根的不断生长，才能顺利地吸收土壤中的水肥。在农业生产上要想充分发挥根的吸收作用，必须充分发挥根的吸收能力，必须运用各种措施来保证根的旺盛生长，使之不断产生新的吸收部位，使植物健康生长。

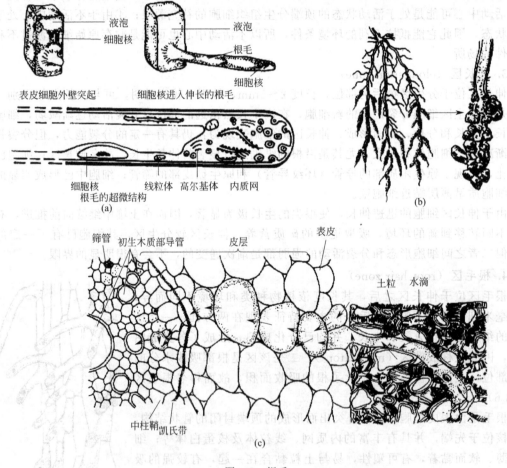

图 3-7　根毛

(a) 示根毛的分化；(b) 小麦根系，示根毛与土粒黏合成"土壤鞘"；
(c) 土壤溶液经根毛进入根的维管柱的途径（箭头所示）

当土壤干旱或植物体内缺水时，首先会引起根毛萎蔫而枯死，从而影响吸收，之后就算获得水分，根毛也需要几天才能重新产生，这是干旱构成减产的主要原因之一。根毛的生长和更新对植物吸收水肥都非常重要。如在水稻拔秧或其他植物移植时，纤细的幼根和根毛很容易被折断损伤，很大程度上降低了吸收功能。所以，移植后的幼苗都会出现短期萎蔫，要等到新根和根毛重新发生之后，才逐渐返青。小苗的带土移植，幼根和根毛受损比较少，返青较快，有利于作物生长成活。在进行果树、蔬菜带土移植时，要考虑到部分幼根和根毛还会受到一定程度的损害，剪去一些次要的枝叶，有利于保持植物体内的水分平衡，可达到移植成活的效果。由于根毛的多少关系到吸收面积的大小，故而直接影响到植物产量的高低，这在农业生产上是必须注意的。

在根中吸收能力最强的部位是根毛区，其次为伸长区，在根毛区以上的部分因各种组织已基本分化完全，一般失去吸收能力，而主要起输导和固着的作用。

三、根的结构

由根尖顶端分生组织经过分裂、生长、分化而形成成熟的根，这种植物体的生长，是直接来至顶端分生组织的衍生细胞的增生和成熟，整个生长过程就称为初生生长。初生生长过程产生的各种成熟组织属于初生组织，它们共同组成根的结构，也就是根的初生结构。根的初生结构始于根毛区，所以在根毛区作一横切，就可以看到根的全部初生结构，由外至内为表皮、皮层和中柱（维管柱）三个部分（图 3-8）。

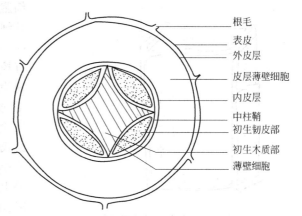

图 3-8　双子叶植物幼根横切面简图

（一）双子叶植物根的初生结构

双子叶植物根的初生结构，从其根毛区横切面上来看，从外向内可分为：表皮、皮层、中柱三个明显的部分。

1. 表皮（epidermis）

表皮位于成熟区的最外层，是由原表皮发育而来，细胞特点表现为：一层生活细胞，细胞壁薄，具大液泡，渗透压高，角质层薄或无角质层；细胞为近长方体，长轴与根的纵轴平行，排列比较紧密；表皮上无气孔分化，但有许多表皮细胞向外突出形成的根毛，扩大了根的吸收面积。也因植物种类而异，如洋葱的根就不生根毛。幼根根毛区的表皮主要起吸收作用，而不是保护作用。

大部分植物根的表皮细胞是由一层活细胞构成的，但是也有一些例外，热带的兰科植物和一些附生的天南星科植物的气生根中，表皮是多层的，形成所谓的根被（velamen）。根被是由紧密排列的死细胞组成的鞘，这些死细胞的壁是通过带状或者网状的增厚来加固的，壁上有许多初生纹孔场。根被的主要作用是机械保护和防止皮层中水分过多地丧失。空气干燥时，这些细胞中充满着空气，降雨时，就充满水，水气饱和时，根被也有气体交换的功能。

2. 皮层（cortex）

皮层是由基本分生组织分化而来，位于表皮和中柱之间，由许多层的薄壁组织细胞构成的，占幼根横切面相当大的比例，是水分和溶质从根毛（表皮）到中柱的输导途径，也是幼根贮藏营养物质的场所，并有一定的通气作用。细胞大，排列疏松，有互相贯通的细胞间隙。细胞中常贮藏有各种后含物，后含物以淀粉粒为最常见。

皮层一般可分为外皮层（exodermis）、皮层薄壁组织和内皮层（endodermis）三部分。皮层最外的一层细胞，往往排列紧密，细胞间隙不显著，成为连续的一层，称为外皮层。当表皮遭到损坏，根毛枯死后，外皮层细胞的壁就会增厚并且栓化，代替表皮起保护作用。皮层薄壁

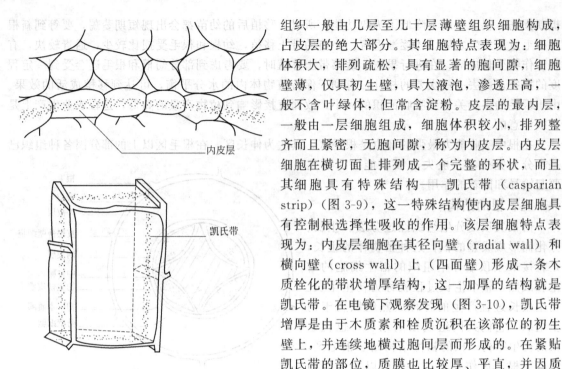

内皮层

凯氏带

图 3-9　根内皮层的凯氏带

组织一般由几层至几十层薄壁组织细胞构成，占皮层的绝大部分。其细胞特点表现为：细胞体积大，排列疏松，具有显著的胞间隙，细胞壁薄，仅具初生壁，具大液泡，渗透压高，一般不含叶绿体，但常含淀粉。皮层的最内层，一般由一层细胞组成，细胞体积较小，排列整齐而且紧密，无胞间隙，称为内皮层。内皮层细胞在横切面上排列成一个完整的环状，而且其细胞具有特殊结构——凯氏带（casparian strip）（图 3-9），这一特殊结构使内皮层细胞具有控制根选择性吸收的作用。该层细胞特点表现为：内皮层细胞在其径向壁（radial wall）和横向壁（cross wall）上（四面壁）形成一条木质栓化的带状增厚结构，这一加厚的结构就是凯氏带。在电镜下观察发现（图 3-10），凯氏带增厚是由于木质素和栓质沉积在该部位的初生壁上，并连续地横过胞间层而形成的。在紧贴凯氏带的部位，质膜也比较厚、平直，并因质膜上的疏水基与凯氏带中的栓质结合，而使靠

近凯氏带部位的质膜紧贴于凯氏带上，甚至在失水的情况下也不发生质壁分离，从而使整个原生质体比较牢固地附着在凯氏带部位。

　　人们通常将植物体分为共质体和质外体两大系统。共质体是指充满细胞质的通道，即由胞间连丝连接起来的原生质体系统构成。质外体是质膜外的部分，其中包括彼此相连的细胞壁及细胞间隙。根毛吸收的水分和无机盐在植物体内的运输途径也主要是两类：共质体运输和质外体运输。凯氏带与内皮层细胞质膜紧密相连，从而使在内皮层这个位置，质外体运输途径受到阻碍。质外体运输途径是不具有选择性的，这种途径被阻断之后，根吸收的水分和各种溶质就只能穿过原生质体进行运输，也就是只通过共质体途径运输，这样，土壤、水分及矿质由皮层进入中柱，须全部通过内皮层细胞的选择透性的细胞质膜，从而减少吸收物质的散失，控制根的物质运输和吸收。

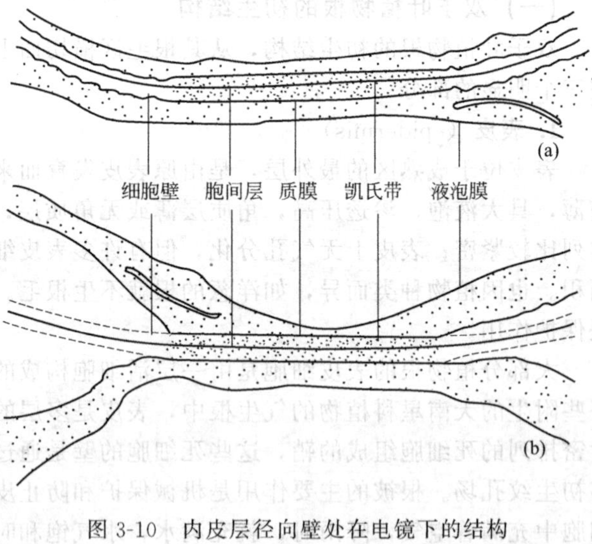

图 3-10　内皮层径向壁处在电镜下的结构
（a）正常细胞中，在凯氏带部位，质膜平滑，而在其他处则呈波纹形；（b）质壁分离的细胞中，质膜附着在凯氏带上，而在其他处则质膜与壁分离

细胞壁　胞间层　质膜　凯氏带　液泡膜

(a)

(b)

　　少数双子叶植物和单子叶植物的根，没有次生生长，其内皮层细胞的细胞壁常在原有的凯氏带基础上再行增厚，不仅径向壁和横向壁显著增厚，而且在内切向壁，也就是向着维管柱一面的切向壁上也有木质栓化的增厚，仅有外切向壁保持薄壁状态，少数植物也为全部壁增厚，但有少数对着原生木质部的细胞仍保持发育初期的状态，即具有凯氏带，而切向壁不增厚，这

些细胞成为皮层与中柱之间物质转移的途径，故将这些细胞称为通道细胞（passage cell）。

3. 中柱（stele）

中柱又称维管柱（vascular cylinder），是指根的内皮层以内的中轴部分，包括所有起源于原形成层的维管组织和非维管组织。中柱的细胞一般较小而密集，易与皮层区别，结构相对比较复杂，包括中柱鞘、初生木质部（primary xylem）和初生韧皮部（primary phloem）。有些植物在中央还具有由大量薄壁组织或厚壁组织构成的髓。

中柱鞘（pericycle）是中柱的外围组织，紧接着内皮层之内，常由一层或几层薄壁细胞组成。中柱鞘细胞具有潜在的分生能力，当根进行增粗生长时，可参与形成维管形成层和木栓形成层；侧根也是起源于中柱鞘细胞的；中柱鞘细胞还能分裂产生不定根、不定芽、乳汁管等。

根的维管柱中的初生维管组织（图 3-11），包括初生木质部和初生韧皮部，相间排列，并列成束。初生木质部一般位于根的中心位置，由导管、管胞、木纤维及木薄壁细胞组成，其主要功能是输导水分和溶质。由根的表皮细胞（根毛）吸收的水分及溶质，通过皮层进入中柱，然后通过中柱的初生木质部的导管和管胞运输到地上部分的各个器官。初生木质部是由原形成层细胞分化而来的。按分化、成熟的先后顺序，一般初生木质部又可分为原生木质部（protoxylem）和后生木质部（metaxylem）。其中，原生木质部位于辐射角的先端，靠近中柱鞘的部位，是植物发育早期分化成熟的，由管腔较小的环纹导管和螺纹导管组成；后生木质部靠近中部，是较晚分化的，多由管腔较大的梯纹、网纹和孔纹导管组成。根初生木质部的这种由外向内的发育方式，称为外始式（exarch），是根初生木质部的重要特性。这对于缩短由根毛吸收的物质经过皮层而运输进入导管的途径，及时保证物质的运输，有其适应的意义。在木质部的分化成熟过程中，如果后生木质部分化达到中柱的中央，便没有髓的存在；但有些双子叶植物，如花生、蚕豆等的主根，直径较大，后生木质部没有分化到中柱的中央，中央就形成了髓（pith）。

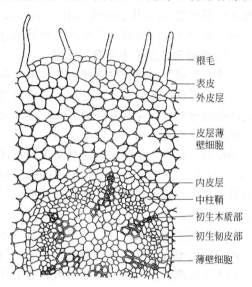

根毛
表皮
外皮层
皮层薄壁细胞
内皮层
中柱鞘
初生木质部
初生韧皮部
薄壁细胞

图 3-11　橡胶侧根横切面的一部分，示初生结构

初生木质部具数目不同的辐射状棱角，称木质部脊（xylem ridge），亦称木质部束。辐射角的尖端为原生木质部，在横切面上，整个木质部的形状似星芒状，其棱角的数目依植物种类不同而各不相同，但是每种植物中木质部脊数是相对稳定的，可以分为二原型（diarch）、三原型（triarch）、四原型（tetrarch）、五原型（pentarch）、六原型（hexarch）及多原型（polyarch）。在同种植物的不同品种中，可能会出现不同的束数，例如茶有 5 束、6 束、8 束，甚至 12 束等。同一株植物的不同根上，可能出现不同束数，如落花生的主根为 4 束，而侧根有时为 2 束。

初生韧皮部也位于维管柱内，一般分为若干束分布在初生木质部各辐射角之间，即与原生木质部束相间排列，所以在同一根内初生韧皮部束的数目与初生木质部脊的数目是相同的。初生韧皮部一般由筛管、伴胞、韧皮纤维及韧皮薄壁细胞组成，其主要功能是输导同化产物。

初生韧皮部同样也分化为原生韧皮部（protophloem）和后生韧皮部（metaphloem）。原生韧皮部在外侧，后生韧皮部在内方，分化方式也为外始式。其中原生韧皮部主要由筛管及伴胞组成，而后生韧皮部则缺少伴胞。

在初生木质部与初生韧皮部之间常存在几层薄壁细胞，在有次生生长的植物中，一部分薄壁细胞可恢复分裂能力，参与维管形成层的形成。少数植物根的中央有髓，也是由薄壁细胞组成。

(二) 双子叶植物根的次生生长及次生结构

大多数双子叶植物的主根和较大的侧根在完成了初生生长之后，即初生结构形成后，由于形成层的发生和活动，不断产生次生维管组织和周皮，使根的直径增加，这种使根增粗的过程，就是次生生长（secondary growth），经次生生长产生的结构部分，为次生结构（secondary structure）。根的次生结构的产生主要是形成层活动的结果，要了解次生生长和次生结构的情况，首先要了解形成层的活动情况。形成层一般有两种：维管形成层（vascular cambium）和木栓形成层（phellogen 或 cork cambium）。维管形成层和木栓形成层都属侧生分生组织。下面分别阐述这两种形成层的发生和活动过程。

1. 维管形成层的发生及其活动

维管形成层形成于根中柱内初生木质部与初生韧皮部之间。在根毛区内，当次生生长开始时，维管形成层的形成首先是从初生韧皮部内侧开始的。位于初生韧皮部和两个初生木质部脊之间的薄壁细胞最先恢复分裂能力，逐渐向左右两侧扩展，形成条状的形成层 [图 3-12(a)]，并向外推移至中柱鞘，最后中柱鞘的一部分细胞，即与原生木质部束尖端相对的细胞也恢复了分裂能力，结果在初生木质部与初生韧皮部之间形成一个波浪式的形成层环（cambium ring）[图 3-12(b)、(c)]。这种早期形成的形成层环的形状在横切面上因根内初生木质部类型而有所差异，二原型根中，形成层环呈卵圆形，三原型中呈三角形，四原型中呈四角形，五原型中呈五角形，依此类推。

形成层环刚形成以后，各部分进行着不等速的分裂，越早形成的分裂越快。于是，初生韧皮部内侧的形成层细胞分裂最快，初生木质部与初生韧皮部之间的形成层细胞分裂速度次之，而初生木质部棱角所对的形成层细胞分裂速度最慢，因而很快就把原来呈波浪状的维管形成

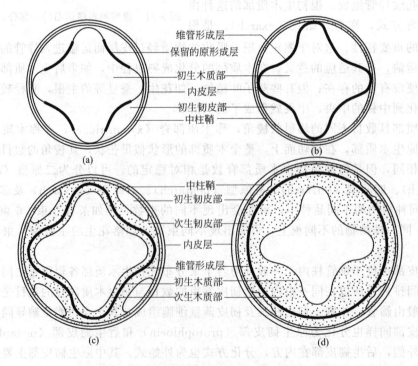

图 3-12　维管形成层的发生及其活动

环逐渐变成一正圆形的环［图 3-12(d)］。正圆形的维管形成层形成以后，便以等速进行分裂活动。其分裂活动的结果是，向外分裂的细胞形成次生韧皮部，而向内产生的细胞形成次生木质部（图 3-13），中间始终保持着一层具有分裂能力的维管形成层细胞。根的直径逐渐加粗，并随内方组织的增多，维管形成层的位置不断向外推移。

维管形成层一经产生，随即进行平周分裂（切向分裂，tangential division），以增加内外细胞层数。与此同时，维管形成层细胞还进行一定的垂周分裂（径向分裂，radial division），以扩大其周径，适应次生木质部增粗的变化。

维管形成层向外产生次生韧皮部，向内产生次生木质部，次生木质部和次生韧皮部的结构与初生木质部和初生韧皮部基本相同，次生韧皮部主要由筛管、伴胞、韧皮纤维、韧皮薄壁细胞组成，次生木质部主要由导管、管胞、木纤维、木薄壁细胞组成。只是在次生维管组织中产生出一种新的

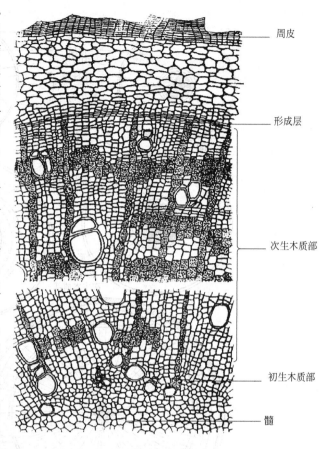

图 3-13　橡胶根横切面的一部分，示次生结构

组织，即维管射线（ray）。维管射线是正对初生木质部的辐射角处的形成层产生的，由一些沿径向方向伸长的薄壁细胞构成，它们呈径向排列，一般由一至三列细胞构成，细胞排列紧密，贯穿于次生木质部和次生韧皮部的内部，主要功能是横向运输水分和养料，同时还可贮藏水分和养料，它的产生使维管组织内部有了轴向和径向系统之分。

维管射线细胞的产生是由形成层中的一些特殊细胞分裂形成的。在有些根中，是由中柱鞘起源的形成层分裂产生的。据射线所存在的部位，分别称为木射线（xylem ray）和韧皮射线（phloem ray）。棉花根次生生长过程示意图见图 3-14。

根的维管形成层所形成的次生结构有以下特点。

① 次生维管组织内，次生木质部居内，次生韧皮部居外，相对排列，与初生维管组织中初生木质部与初生韧皮部二者的相间排列完全不同。维管射线是新产生的组织，它的形成，使维管组织内有轴向和径向系统之分。

② 形成层每年向内、外增生新的维管组织，特别是次生木质部的增生，使根的直径不断地增大。因此，形成层也就随着增大，位置不断外移，这是必然的结果。所以形成层细胞的分裂，除主要进行切向分裂外，还有径向分裂，以及其他方向的分裂，使形成层周径扩大，这样才能适应内部的增长。

③ 次生结构中以次生木质部为主，而次生韧皮部所占比例较小，这是因为新的次生维管组织总是增加在旧韧皮部的内方，老的韧皮部因受内方的生长而遭受压力最大。越是在外方的韧皮部，受到的压力越大，到相当时候，老韧皮部就遭受破坏，丧失作用。尤其是初生韧皮

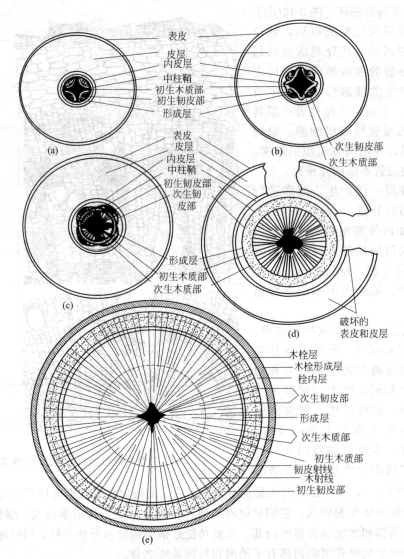

图 3-14 棉花根次生生长过程示意图（引自张宪省）
(a) 形成层片段出现；(b) 形成层呈波浪状环形；(c)，(d) 形成层呈圆环状，
(d) 示皮层的破坏；(e) 棉花根的次生结构

部，很早就被破坏，以后就依次轮到外层的次生韧皮部。木质部的情况就完全不同，形成层向内产生的次生木质部数量较多，新的木质部总是加在老木质部的外方，因此老木质部受到新组织的影响小。所以，初生木质部也能在根的中央被保存下来，其他的次生木质部是有增无减。因此，在粗大的树根中，几乎大部分是次生木质部，而次生韧皮部仅占极小的比例。

双子叶植物根组织分化过程见表 3-1。

2. 木栓形成层的发生及其活动

有次生生长的根，由于维管形成层的分裂活动，每年增生新的次生维管组织，使得根不断加粗。中柱外围的表皮、皮层等组织，在根加粗的过程中被拉、挤，最终被撑破。当这些组织被破坏之前，大多数有次生生长的根，其中柱鞘细胞恢复分裂能力，形成木栓形成层。

木栓形成层的主要活动是平周分裂，向外分裂的细胞构成木栓层（phellem 或 cork）。木栓层由多层木栓细胞构成，细胞排列紧密整齐，呈径向排列。细胞成熟时，细胞壁栓质化，细

表 3-1　双子叶植物根组织分化过程

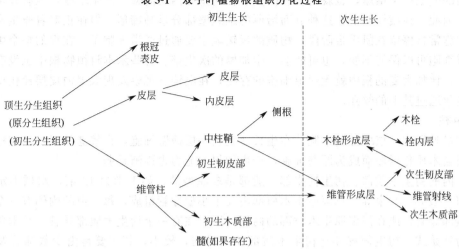

初生生长　　　　　　　　　次生生长

胞内原生质体解体。这种死亡的细胞内充满空气。由于木栓细胞具有不透气、不透水的特性，使得木栓层形成后，木栓层外围的表皮、皮层等组织由于给养断绝而死亡，木栓层则代替表皮起保护作用，并导致表皮、皮层等组织脱落，又称根脱皮现象。木栓形成层向内分裂，产生少数的生活细胞，称为栓内层（phelloderm）。木栓形成层、木栓层及栓内层共同组成周皮（periderm）。周皮是根加粗后形成的次生保护组织，增强了防止水分散失、抵抗病虫害侵袭的作用。

此外，有些树木和多年生草本植物的木栓形成层还可在皮层内发生。在多年生植物的根中，维管形成层的活动可持续多年，木栓形成层也随之每年重新发生，以配合维管形成层的活动。木栓形成的发生位置，逐年向根内推移，从中柱鞘开始，最后可深入到次生韧皮部。多年生植物的根部，由于周皮的逐年产生和死后的积累，以致可以形成较厚的树皮。

（三）禾本科植物根的结构

禾本科植物属于单子叶植物，根的基本结构与双子叶植物根的初生结构相似，但没有维管形成层和木栓形成层，在其横切面上从外向内也可分为：表皮、皮层及中柱三个部分。

1. 表皮

禾本科植物的根的表皮与双子叶植物的根没有明显的不同。由根最外的一层细胞组成的，寿命比较短，当根毛枯死后，往往解体而脱落。

2. 皮层

在禾本科植物根的皮层中，多数植物在靠近表皮处发育有一层至数层细胞的外皮层，并在根的发育后期，这些层次的细胞往往转变为厚壁细胞，起机械支持及保护作用。外皮层之内是皮层薄壁组织，禾本科植物的皮层薄壁组织比较发达，由多层细胞构成。水稻老根的皮层薄壁组织细胞中有较大的细胞间隙，形成明显的气腔，以利于通气，认为是适应淹水条件下的一种有利结构（图 3-15）。

禾本科植物的内皮层细胞在发育后期会在

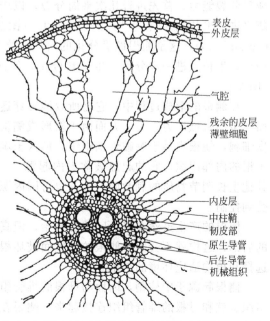

图 3-15　水稻老根横切面的一部分

五个切面的壁上产生增厚，也就是在横向壁、径向壁和内切向壁上产生增厚，唯有外切向壁仍是薄的，因此，在横切面上，这种五面增厚的细胞壁部分呈马蹄形。但在正对着原生木质部的内皮层细胞常常停留在凯氏带阶段，物质的运输就主要通过通道细胞了。在根的整个生活时期内，通道细胞可以保持不变，也可能会产生加厚的次生壁。有些禾本科植物根中也没有通道细胞的存在，比如大麦的根中就无通道细胞的存在，在电镜下观察发现大麦内皮层栓化壁上有许多胞间连丝通过其上的纹孔。

3. 中柱

中柱最外层为一层中柱鞘细胞。在生长初期是一层薄壁细胞，在较老的根中，中柱鞘细胞的细胞壁会木质化增厚而成为厚壁细胞，产生侧根的能力也逐渐减弱。

中柱内的初生木质部、初生韧皮部一般都是多原型的，如玉米为 12 束，水稻不定根的原生木质部一般 6~10 束等。每束原生木质部由几个小型导管组成，每一束的内侧有一个大型的后生木质部导管，或在两束原生木质部的内侧共同存在有一个后生木质部导管，其木质部的发育方式为外始式。初生韧皮部与初生木质部相间排列，较小，其主要是由少数筛管及伴胞组成。其中，原生韧皮部一般只有一个筛管和两个伴胞，在其内方有 1~2 个大型的后生筛管组成的后生韧皮部。在整个生育期，它们不丧失疏导功能。单子叶植物根中，初生木质部和初生韧皮部间的薄壁细胞不能转变为维管形成层，所以不能形成次生结构，这些薄壁细胞后期壁通常增厚木质化，变成厚壁组织，增强根的支持能力。在水稻老根的中柱内，除韧皮部外，所有的组织都木质化增厚，整个中柱既保持疏导的功能，又有坚强的支持作用。

四、侧根发生

植物的根，不论是主根、侧根还是不定根，都可以反复地产生分枝，这些分枝就称为侧根。侧根重复的分枝连同原来的母根，共同组成根系。这种分枝是在初生生长后不久开始产生的。

种子植物的侧根，无论是发生在主根、侧根或是不定根上的，通常都是起源于根毛区附近的中柱鞘，细胞内皮层也可以不同程度参加到新的侧根原基形成的过程中。

当侧根发生开始时，中柱鞘相应部位的几个细胞发生变化，细胞质增加，液泡变小，重新恢复分裂能力。首先进行几次平周分裂，以增加细胞层数，使得这部分新生的组织向外突起；随之进行平周分裂和垂周分裂，产生一团新细胞，形成了侧根的侧根原基（lateral root primordium），这是侧根最早分化的阶段，之后，侧根原基的顶端逐渐分化为生长点和根冠；最后，生长点进一步分裂、生长和分化，使侧根不断伸长，结果穿透表皮和皮层而伸入土中（图 3-16）。

在侧根的形成过程中，它之所以能够穿透表皮和皮层，一方面由于侧根生长点分裂、生长而产生的机械压力；另一方面由于新形成侧根的根冠细胞可以分泌一些物质，以溶解皮层和表皮细胞，使根尖易于突破外围组织，伸入土壤中。由于侧根起源于母根的中柱鞘，也就是发生于根的内部组织，它的起源被称为内起源（endogenous origin）。侧根可以因生长调节激素或其他生长调节物质的刺激而形成，也可因内源的抑制物质的抑制而使母根内侧根的分布和数量受到控制。

侧根的产生虽然在根毛区就已开始，但真正突破皮层和表皮伸入到土壤中，确是在根毛区的后部，这样就不会由于侧根的产生而破坏根毛和影响根吸收功能的发挥，这是长期以来自然选择和植物适应环境的结果。

侧根起源于中柱鞘，因而与母根的维管组织紧密地靠在一起，这样，新产生的侧根的维管组织也就和母根的维管组织连接起来。侧根在母根上发生的位置，在同一种植物中常常是较稳定的，这是因为侧根的发生与母根的初生木质部的类型有着一定的关系。初生木质部为二原型

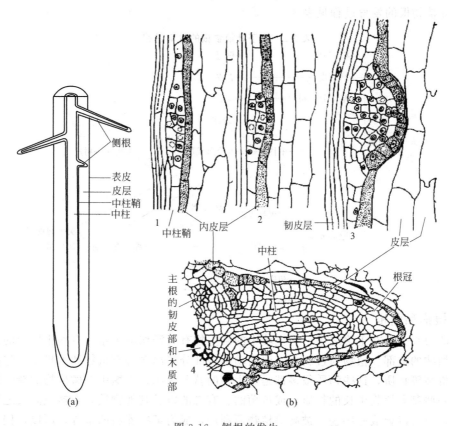

图 3-16　侧根的发生

（a）侧根发生的图解；（b）胡萝卜侧根发生的顺序

的根上，侧根发生在对着初生韧皮部或初生韧皮部与初生木质部之间的部位。在三原型、四原型的根上，侧根是在正对着初生木质部的位置发生的。在多原型的根上，侧根是对着初生韧皮部的位置发生的（图 3-17）。由于侧根的发生位置一定，因而在母根的表面上，侧根常较规则地纵列成行。

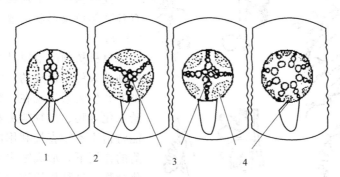

图 3-17　不同原型的根中，侧根发生位置的图解

1—侧根；2—原生木质部；3—后生木质部；4—韧皮部

　　主根和侧根有着密切的联系，当主根切断时，能促进侧根的产生和生长。在农业生产上，移苗时常常利用这个特性，切断主根，以引起更多侧根的发生，保证植株的根系旺盛发育，从而使整个植株能更好地生长，也便于以后的移植。中耕、施肥、假植等措施，也能促进侧根的发生。

双子叶植物根的发育过程见表 3-2。

表 3-2　双子叶植物根的发育过程

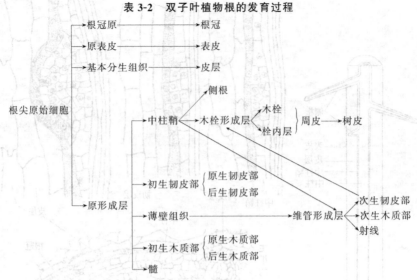

五、根瘤和菌根

植物的根系分布在土壤之中，与土壤中的微生物有着密切的关系。有些土壤中的微生物能进入某些植物的根部。植物通过新陈代谢活动由根部分泌出多种有机物和无机物，包括糖、氨基酸、有机酸等物质，这些物质很多都是微生物的营养来源；土壤中的微生物的新陈代谢物质也能产生一些刺激植物生长的物质，或抗菌的、有毒的以及其他物质，直接或间接地影响植物根的生长，也可以合成一些物质被高等植物所利用，成为某些养料的来源，所以，侵入植物中的微生物与被侵染的植物之间建立起互助互利的共存关系，这种关系称为共生（symbiosis）关系。

根瘤（root nodule）和菌根（mycorrhiza）是高等植物的根系和土壤微生物之间密切结合所形成的共生结构。

1. 根瘤

豆科植物及个别其他科植物的根上常有各种颜色及形状的瘤状物，叫根瘤（图3-18）。

豆科植物的根瘤是由一种称为根瘤菌的细菌入侵后形成的，它与宿主的互利互助的共生关系表现在：宿主供应其所需的碳水化合物、矿物盐类和水；而根瘤菌则能将宿主不能直接利用的分子氮在其固氮酶的作用下，形成宿主可直接利用的含氮化合物，这种作用称为固氮作用。固氮酶一般由铁蛋白和钼-铁蛋白组成，因此在栽培豆类作物时，如增加钼肥（用 $1\%\sim2\%$ 钼酸铵喷雾拌种），有增产效果。

蛋白质是植物细胞结构的重要组分，又是生命活动的基础。而氮为蛋白质的主要组成元素，占其 $16\%\sim18\%$，对生命活

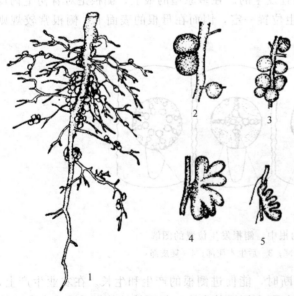

图 3-18　几种豆科植物的根瘤外形
1—具有根瘤的大豆根系；2—大豆的根瘤；3—蚕豆的根瘤；
4—豌豆的根瘤；5—紫云英的根瘤

动起很大的限制作用，因而也是世界粮食产量的主要限制因子之一，被称为"生命元素"。空气中含氮量虽达 78% 左右，但植物能直接利用的氮主要依靠人工合成的氮肥或生物固氮（包括根瘤菌在内的固氮细菌、放线菌、蓝藻等需进行共生的固氮作用和土壤中一些自生固氮微生物的固氮作用）。近年来有人估计，全世界年产氮肥 0.5 亿吨左右，而通过生物固氮的氮素可达 1.5 亿吨，而且生物固氮不仅量大，又不产生污染，并可节能，因此可见其重要程度。

豆科植物在幼苗期，土壤中的根瘤菌便被其根毛分泌的有机物吸引而聚集在根毛的周围，并大量繁殖（如图 3-19），同时产生一定的分泌物，这些分泌物刺激根毛，使其先端卷曲和膨胀，同时，在根菌瘤分泌的纤维素酶的作用下，根毛细胞壁发生内陷溶解，随即根瘤菌由此侵入根毛，之后进入幼根的皮层中。

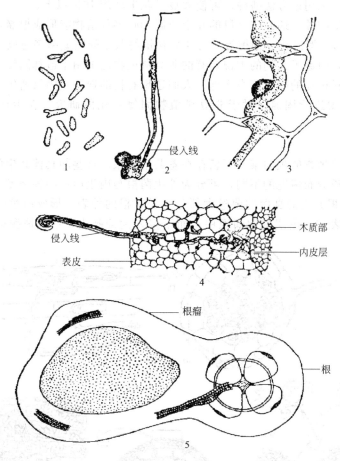

图 3-19　根瘤菌与根瘤
1—根瘤菌；2—根瘤菌侵入根毛；3—根瘤菌穿过皮层细胞；
4—根横切面的一部分，示根瘤菌进入根内；5—蚕豆根通过根瘤的切面

在皮层内，根瘤菌迅速分裂繁殖，皮层细胞受到根瘤菌侵入的刺激，也迅速分裂，产生大量的新细胞，致使皮层出现局部的膨大。这种膨大的部分，包围着聚生根瘤菌的薄壁组织，从而形成了向外突出生长的根瘤。之后，含有根瘤菌的薄壁细胞的细胞核和细胞质逐渐被根瘤菌所破坏而消失，根瘤菌相应地转为拟菌体（bacterioid）。根瘤菌刚刚进入豆科植物根部的时候，并不能固氮，只有发展到拟菌体阶段，才能进行固氮作用。

在根瘤内，根瘤菌从豆科植物根的皮层细胞中吸取碳水化合物、矿质盐类及水分，以进行生长和繁殖；同时它们又把空气中游离的氮通过固氮作用固定下来，转变为植物所能利用的含

氮化合物，供植物生活所需。这样，根瘤菌与根便构成了互相依赖的共生关系。

根菌瘤在生活过程中会分泌一些有机氮到土壤中，据计算，大豆在整个生长期中由于根瘤菌的活动，每公顷可固定202.5kg的氮，相当于1012.5kg硫酸铵，同时，根瘤在植物的生长末期会自行脱落，残留在土壤中，从而大大提高了土壤的肥力。生产上用豆科植物与其他作物间作、轮作，就是利用根瘤菌的固氮作用。但如果植物体内缺糖，根瘤菌就只吸取营养而减少或停止固氮，转变这种互利的共生关系为寄生关系，因此对豆类植物施基肥和早期追施适量氮肥是必要的。

有些土壤中没有与豆科植物共生的根瘤菌，而且不同豆科植物需要与不同类型的根瘤菌共生，因此在农业上采取在播种豆科植物时，将其与根瘤菌制剂搅拌，以便给豆科作物形成根瘤创造条件。据调查，采用该方法播种，可使大豆、花生增产10%以上。

自然界除豆科植物外，还有非豆科的几十个属100多种植物能形成根瘤，并能固氮，如大麻黄属（Casuarina）、罗汉松和杨梅等，与非豆科植物共生的固氮菌多为放线菌。目前对非豆科植物固氮的研究，引起了人们的重视，有的非豆科植物已被用于造林固沙、改良土壤。除了不断强化这些非豆科植物的固氮能力之外，人们还想有目的地通过固氮遗传特性的转移，使某些作物也能长出根瘤进行固氮。对于非豆科植物固氮作用的研究，在生产实践中具有很大潜力。

2. 菌根

许多种类的高等植物的根与某些真菌存在着共生关系。这些同真菌共生的根叫菌根。菌根根据菌丝在根中生长分布情况的不同，可分为外生菌根与内生菌根两种类型（图3-20）。

外生菌根是与根共生的真菌的菌丝大部分生长在根的外表，形成白色丝状的覆盖层，只有少数菌丝侵入到表皮、皮层的胞间隙中，而不侵入到细胞内。这种情况的根，其根毛不发

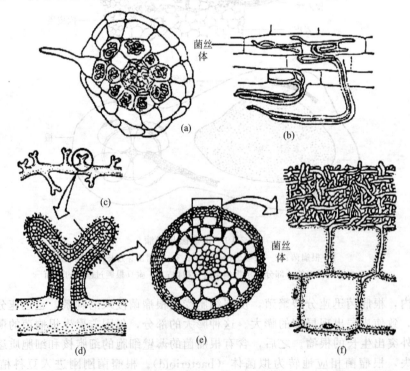

图 3-20 菌根
(a) 小麦的内生菌根的横切面；(b) 芳香豌豆的内生菌根的纵切面；(c) 松的外生菌根的分枝；(d)~(f) 松的外生菌根的不同放大倍数的图像

达，而由菌根代替了根毛的作用。具有菌丝的根较一般的根略粗。外生菌根多见于木本植物的根中，如马尾松、白毛杨、冷杉等。

内生菌根是真菌的菌丝穿过细胞壁而进入幼根的生活细胞内，主要是侵入根的皮层细胞，同原生质混合在一起。很多草本植物和部分木本植物可以形成这种菌根。如草本植物中的禾本科、兰科、葱属、橡胶草等，木本植物中的银杏、侧柏、柑橘属、桑属等。

除上述两种类型的菌根外，自然界中还有内、外兼生的菌根，它们是两种菌根的混合型，可认为是高等植物与真菌共生的高度适应类型。柳属、苹果、银白杨等植物具有这种类型的菌根。

与植物共生的真菌能加强植物根部的吸收能力。外生菌根的菌丝代替了根毛作用，扩大了根的吸收面积，对于提高根部吸收水分和无机盐类的效率尤为显著。菌丝能分泌水解酶类，促进根际有机物质的分解。同时，菌丝呼吸释放大量的二氧化碳，溶解后成碳酸，能提高土壤酸性，促进难溶性盐类的溶解，使其易于吸收。真菌还可产生一些生长活跃的物质，如维生素 B_1（硫胺素）、维生素 B_6（吡醇类）等，能促进根系的发育。此外，有些真菌还有固氮作用，可以将不能利用的有机氮变为可吸收的状态，以增加植物氮素的来源。

80％的植物能形成菌根，无严格的专一性。

第二节　茎

种子植物的茎起源于种子内幼胚的胚芽，有时还加上部分胚轴，茎的侧枝起源于叶腋的芽。种子萌发后，随着根系的发育，上胚轴和胚芽向上发展成地上部分的茎和叶。茎是联系根、叶，输送水分、无机盐和有机养料的营养器官，呈轴状结构。茎，除少数生于地下外，一般是植物体生长在地上的营养器官。多数茎的顶端能无限地向上生长。茎端和叶腋处着生的芽活动生长，形成分枝，继而新芽又不断地出现与开放。最后，形成了繁茂的地上枝系。

一、茎的生理功能和经济用途

1. 茎的生理功能

（1）支持作用　茎的支持作用与茎的结构有着密切关系。茎内的机械组织，特别是分布在基本组织和维管组织中的纤维和石细胞，以及木质部中的导管、管胞，像建筑物中的钢筋混凝土，构成了植物体坚固有力的结构，起着巨大的支持作用。另外，茎还使枝、叶、花在空间形成合理布局，有利于植物的光合作用，也有利于开花、传粉、果实和种子的生长及传播，有利于繁殖后代。

（2）输导作用　茎的输导作用也和它的结构紧密联系。茎的维管组织中的木质部和韧皮部就担负着这种输导作用。被子植物茎的木质部中的导管和管胞，把根尖上由幼嫩的表皮和根毛从土壤中吸收的水分和无机盐，通过根的木质部，特别是茎的木质部，运送到植物体的各部分。而大多数的裸子植物中，管胞却是唯一输导水分和无机盐的结构。茎的韧皮部的筛管或筛胞（裸子植物），将叶的光合作用产物也运送到植物体的各个部分。

（3）贮藏作用　茎的基本组织中的薄壁组织细胞较发达，常常贮存大量营养物质，而变态茎中，如地下茎中的根状茎（藕）、球茎（慈姑）、块茎（马铃薯）等的贮藏物质尤为丰富，既可作为其自身进一步发育的植物来源，又可作为食品和工业原料。

（4）繁殖作用　不少植物茎有形成不定根和不定芽的习性，可作营养繁殖材料。农、林和园艺工作中用扦插、压条来繁殖苗木，便是利用茎的这种习性。扦插枝、压条枝在合适的土壤中，生出不定根后可形成新的植物个体；用某种植物的枝条或芽（接穗）嫁接到另一种植物（砧木）上，可改良植物的性状。

（5）光合作用　绿色的幼茎可进行光合作用，而叶片退化、变态的植物，如仙人掌科植物，其光合作用主要在茎中进行。

2. 茎的经济用途

茎的经济用途包括食用、药用、工业原料、木材、竹材等，为工农业以及其他方面提供了极为丰富的原材料。甘蔗、马铃薯、芋、莴苣、茭白、藕、慈姑以及姜、桂皮等都是常用的食品。杜仲、合欢皮、桂枝、半夏、天麻、黄精等，都是著名的药材。奎宁是金鸡纳树（*Cinchona sucirubra*）树皮中含的生物碱，为著名的抗疟药。其他如纤维、橡胶、生漆、软木、木材、竹材以及木材干馏制成的化工原料等，更是用途极广的工业原料。

二、茎的形态特征和分枝方式

（一）茎的形态特征

由于茎担负的主要生理功能和所处的环境与根不同，在长期的进化过程中，茎在形态结构上也相应形成了许多与根不同的特点。

茎的形态多种多样，大多数植物的茎是辐射对称的圆柱形，这种形状最适宜于担负支持、输导功能。有些植物的茎呈三棱形（如莎草）、方柱形（如蚕豆、薄荷）或扁平柱形（如昙花、仙人掌），茎的这些形态变化对加强机械支持、行使特殊功能有适应意义。

茎上着生叶的部位，称为节（node）。两个节之间的部分，称为节间（internode）。一般植物的节不明显，只是在叶柄着生处略有突起；而还有一些植物的节非常显著，如禾本科植物（如玉米、水稻、毛竹、甘蔗等）和蓼科植物（如红蓼等）的茎，由于节部膨大，节特别显著；少数植物（如莲），它的粗壮的根状茎（藕）上的节也很显著，但节间膨大，节部缩小。

着生叶和芽的茎，称为枝或枝条（shoot）。由于枝条伸长情况的不同，影响到节间的长短。节间的长短往往随植物体的不同部位，植物的种类、生育期和生长条件而有差异。例如，玉米、甘蔗等植株中部的节间较长，茎端的节间较短。水稻、小麦、萝卜、甜菜、油菜等在幼苗期，各节密集于基部，节间很短；抽穗或抽薹后，节间较长。苹果、梨、银杏等果树，它们植株上有节间长枝（long shoot）和短枝（short shoot）之分，长枝的节与节之间的距离较远，短枝的节与节之间相距很近，甚至难于分辨的枝条（图 3-21）。短枝上的叶也就因节间短缩而呈簇生状态。例如银杏，长枝上生有许多短枝，叶簇生在短枝上。马尾松的短枝更为短小，基部着生许多鳞片，先端丛生两片叶，落叶时，短枝与叶同时脱落。果树中，例如梨和苹果，在长枝上生许多短枝，花多着生在短枝上，在这种情况下，短枝就是果枝，并常形成短果枝群。有些草本植物节间短缩，叶排列成基生的莲座状，如车前、蒲公英的茎。

木本植物的枝条其叶片脱落后留下的痕迹，称为叶痕（leaf scar）。叶痕内的点状突起，是枝条与叶柄间的维管束断离后留下的痕迹，称维管束痕（bundle scar，简称束痕）或叶迹（leaf trace）。

枝条外表往往可以看到一些小的皮孔（lenticel），这是枝条与外界进行气体交换的通道。皮孔的形状、颜色和分布的疏密情况，也因植物而不同。有的枝条上还可以看到芽鳞痕（bud scale scar），这是顶芽（鳞芽）开放时，其芽鳞片脱落后，在枝条上留下的密集痕迹（图3-22）。顶芽开放后所抽出的新枝段，其顶端又生有顶芽。在一般情况下，顶芽每年春季开放一次，这样，便在枝条上又留下新的芽鳞痕。因此，根据芽鳞痕的数目和相邻芽鳞痕的距离，可以判断枝条的生长年龄和生长速度。在生产上，需要采取一定生长年龄的枝或茎，作为扦插、嫁接或制作切片等的材料时，芽鳞痕就可作为一种识别的依据。

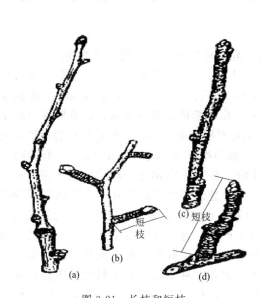

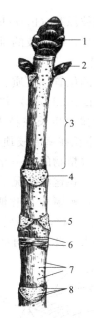

图 3-21　长枝和短枝
（a）银杏的长枝；（b）银杏的短枝；
（c）苹果的长枝；（d）苹果的短枝

图 3-22　山毛榉枝条外形（引自贺学礼）
1—顶芽；2—腋芽；3—节间；4—节；
5—叶痕；6—芽鳞痕；7—皮孔；8—维管束痕

（二）芽的结构和类型

1. 芽的基本结构

芽（bud）是处于幼态而未伸展的枝、花或花序，也就是枝、花或花序尚未发育的雏体。以后发展成枝的芽称为枝芽（branch bud）。发展成花或花序的芽称为花芽（floral bud）。一般植株上都有芽，枝芽的结构决定着主干和侧枝的关系与数量，也就是决定植株的长势和外貌。许多高大乔木树冠的大小和形状，正是各级分枝上的枝芽逐年不断地开展，形成长短不一、疏密不同的分枝所决定的。花芽决定着花或花序的结构和数量，并决定开花的迟早和结果的多少，都会直接或间接影响到农、林和园艺上的收成。所以，研究芽的结构有重大的经济意义。例如花芽的结构和分化，就影响到开花、结果的迟早、数量和质量。它们既受遗传性的支配，也要受到地方性气候条件的影响。在生产上，如果了解花芽的结构和分化情况，就可以及时采取措施，克服不利气候因素的影响。还可以因地制宜，选择适宜于当地气候条件、花芽分化较早或较迟的作物种类和品种进行栽培，以避免或减少不利气候条件的影响。

以枝芽为例，说明芽的一般结构（图 3-23）。把任何一种植物的枝芽纵切开，用解剖镜或放大镜观察，可以看到生长锥（growing tip，growth cone）、叶原基（leaf primordium）、幼叶和腋芽原基（axillary bud primordium）。生长锥是枝芽中央顶端的分生组织，位于枝芽顶端。叶原基是

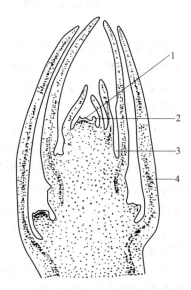

图 3-23　枝芽的纵切面（引自贺学礼）
1—生长锥；2—叶原基；
3—枝原基；4—幼叶

近生长锥下面的一些突起，是叶的原始体，即幼叶发育的早期。腋芽原基是在幼叶叶腋内的突起，将来形成腋芽，腋芽以后会发展成侧枝。因此，腋芽原基也称侧枝原基（lateral branch primordium）或枝原基（branch primordium），它相当于一个更小的枝芽，从枝芽的纵切面上可以很清楚地看出，它是枝的雏体。

2. 芽的类型

按照芽生长的位置、性质、结构和生理状态的差异，可将芽分为下列几种类型。

（1）定芽（normal bud）和不定芽（adventitious bud）　这是按芽在枝上的生长位置来划分的。定芽有规律地生长在枝上的一定位置上。定芽又可分为顶芽（terminap bud）和侧芽（lateral bud）。生长在茎或枝顶端的，称为顶芽。生长在叶腋的，称为侧芽，也称腋芽（axillary bud）。大多数植物的每一叶腋只有一个腋芽。但是有些植物（如桃、枫杨等）的叶腋可发生两个或几个芽，在这种情况下，除一个腋芽外，其余的都称为副芽（accessory）。有的腋芽生长的位置较低，被覆盖在叶柄基部内，直到落叶后，芽才显露出来，称为叶柄下芽（subpetiolar bud，图3-24），如悬铃木（法国梧桐）、八角金盘、刺槐等的腋芽。有叶柄下芽的叶柄，基部往往膨大。此外，有些芽不是生于枝顶或叶腋，而是在老茎、根或叶上，尤其是创伤等部位上产生。这种芽的发生部位比较广泛，通常称为不定芽，如甘薯块根上的芽、秋海棠叶上的芽等。农业、林业生产上常利用植物能形成不定芽的特性，进行营养繁殖，以增加植物个体。

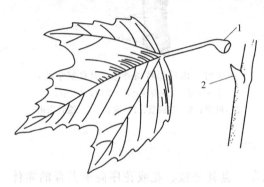

图 3-24　悬铃木的叶柄下芽（引自胡宝忠）
1—叶柄基部；2—芽

（2）鳞芽（bud scale）和裸芽（naked bud）　这是按芽鳞的有无来分的。有芽鳞片包被的芽，称为鳞芽或被芽（protected bud）。温带木本植物大多为鳞芽，如榆、梅、苹果和杨树等的芽，其芽被芽鳞片紧紧地包被。芽鳞片是叶的变态，其外层细胞角化或栓化，呈棕褐色，坚硬，有时还覆被着茸毛，或分泌黏液或树脂，因而有效地降低蒸腾和防止干旱、冻害，保护幼嫩的芽。它对生长在温带地区的多年生木本植物，如悬铃木、杨、桑、玉兰、琵琶等的越冬，起到很大的保护作用。无芽鳞片包被、芽的幼叶暴露在外的，称为裸芽，如常见的黄瓜、棉、蓖麻、油菜、枫杨等的芽。草本植物和生长在热带潮湿环境中的木本植物，如水稻、棉和枫杨等的芽都为裸芽。

（3）枝芽（branch bud）、花芽（flower bud）和混合芽（mixed bud）　这是按发育后所形成的器官性质来划分的。枝芽是发育为营养枝的芽，包括顶端分生组织和外围的附属物，如叶原基、腋芽原基和幼叶［图3-25(b)］。花芽是发育为花或花序的芽，由花的各部分原基组成，没有叶原基和腋芽原基［图3-25(a)］。花芽的顶端分生组织不能无限生长，当花或花序的各部分形成后，顶端就停止生长。花芽的结构比叶芽复杂，变化也较大。混合芽是同时发育为枝、花或花序的芽，如梨、苹果、海棠、荞麦等的芽［图3-25(c)］。花芽和混合芽通常比较肥大，易与叶芽相区别。

（4）活动芽（active bud）和休眠芽（dormant bud）　这是按生理状态来划分的。通常认为能在当年生长季节中萌发的芽，称为活动芽。一般一年生草本植物，当年由种子萌发生出的幼苗，逐渐成长至开花结果，植株上多数芽都是活动芽。温带的多年生木本植物，许多枝上往往只有顶芽和近上端的一些腋芽活动，大部分的腋芽在生长季节保持休眠状态，称为休眠芽。休眠芽仍具有生长活动的潜势。当植物受到某种条件（如创伤或伤害）的刺激，改变了体内的生理代谢状况时，往往可以打破芽的休眠状态，芽便萌发。相反，当高温干旱突然降临，也会促使一些植物的活动芽转为休眠芽。这些都说明在不同的条件下，活动芽和休眠芽可以相互转

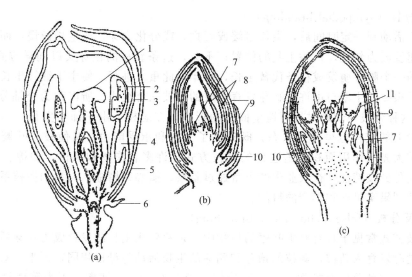

图 3-25　芽的类型

（a）小檗的花芽；（b）榆树的枝芽；（c）苹果的混合芽

1—雄蕊；2—雌蕊；3—花瓣；4—蜜腺；5—萼片；6—苞片；7—叶原基；
8—幼叶；9—芽磷；10—枝原基；11—花原基

变，是植物长期适应外界环境的结果。

一个具体的芽，由于分类根据的不同，可以给予不同的名称。例如水稻、小麦的顶芽，是活跃的生长着的，可称为活动芽；它将来能发育成穗，可称花芽；它没有芽鳞包被，又可称为裸芽。同样，梨的鳞芽可以是顶芽或侧芽，也可以是休眠芽，也可以是混合芽。

（三）茎的分枝

植物的顶芽和侧芽存在着一定的生长相关性。当顶芽活跃地生长时，侧芽的生长则受到一定的抑制。如果顶芽因某些原因而停止生长时，一些侧芽就会迅速生长。由于上述关系，以及植物的遗传特性，每种植物常常具有一定的分枝方式，主要有以下几种类型。

1. 单轴分枝（monopodial branching）

单轴分枝也称为总状分枝。从幼苗开始，主茎的顶芽活动始终占优势，形成一直立的主干，而侧枝的发育程度远不如主茎，以后，侧枝又以同样方式形成次级侧枝，这种分枝方式，被称为单轴分枝［图 3-26（a）］。一部分被子植物如杨、山毛榉等，多数裸子植物如落叶松、水杉等，都属于单轴分枝。单轴分枝的树木高大挺直，适于建筑、造船等用。一些草本植物如黄麻等亦为单轴分枝。

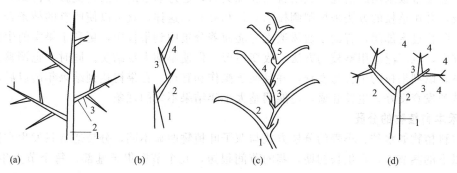

图 3-26　分枝类型（同级分枝条以相同数字表示）

（a）单轴分枝；（b），（c）合轴分枝；（d）假二叉分枝

2. 合轴分枝（sympodial branding）

顶芽生长活动到一定时间后，生长迟缓或死亡，或分化为芽，或生长极慢，而靠近顶芽的一个腋芽迅速发展为新枝，代替主茎的位置；不久，这条新枝的顶芽又以同样方式停止生长，再由其侧边的一个腋芽萌发成枝条代替生长，每年如此重复进行，使主干继续生长，这样形成的主轴是一段很短的主茎与由许多腋芽发育而成的侧枝联合组成，所以称为合轴分枝［图3-26 (b)、(c)］。这种分枝在幼嫩时显著地呈曲折的形状，在老枝上由于加粗生长，不易分辨。合轴分枝植株的上部或树冠呈开展状态，既提高了支持和承受能力，又使枝、叶繁茂，通风透光，有效地扩大光合作用面积，是进化的分枝方式。许多农作物和果树，如棉、柑橘和苹果等，都具有这种分枝特性。在农业生产上常通过整枝、摘心等措施，人为调控枝系的空间分布和配比，以达到果实早熟和丰产的目的。

3. 假二叉分枝（false dichotomous branching）

这种分枝方式常见于具有对生叶序的植物中。顶芽停止生长或发育成为花芽后，由它下面对生的侧芽同时发育为新枝，新枝的顶芽和侧芽的生长活动与母枝相同，再生一对新枝，如此继续发育下去，这种分枝方式称为假二叉分枝［图 3-26(d)］。辣椒、丁香等植物的分枝方式属于此种类型。

真正的二叉分枝（dichotomous branching）是由顶端分生组织一分为二所致，多见于低等植物，如苔类和卷柏的分枝。

各种植物的分枝有一定的规律，反映植物在漫长进化过程中的适应。二叉分枝是比较原始的分枝方式，因此，在进化过程中被其他分枝方式所代替。单轴分枝在蕨类植物和裸子植物中占优势，而合轴分枝和假二叉分枝是被子植物主要的分枝方式，它们是较为进化的分枝方式。由于顶芽的停止活动（死亡、开花、形成花序、变成茎卷须等），促进了大量侧芽的生长，从而使地上部有更大的开展性，为枝繁叶茂、扩大光合作用面积，创造了有利条件。同时，合轴分枝有多生花芽的特征，能产生更多的花和果实，因此，也是丰产的分枝方式。有些植物可同时具有合轴分枝和单轴分枝，例如棉花的植株，单轴分枝的枝条为不结实的营养枝，而合轴分枝的枝条为结果枝。所以在棉花的栽培管理中，及早抹去下部的腋芽，使它不发展成营养枝，养分得以集中，促进花果的发育。有些植物苗期为单轴分枝，生长到一定时期变为合轴分枝。在林业方面，为获得粗大而挺直的木材，单轴分枝有它特殊的意义。而对于果树和作物的丰产，合轴分枝是最有意义的。

分枝现象的普遍存在，反映了植物体对外界环境条件的一种适应。而分枝的形式，又决定于顶芽和腋芽生长的相互关系。掌握了它们的活动规律，便能采取种种措施，利用它们天然的分枝方式，并适当地加以控制，使它朝着人类所需要的方向发展。例如摘心和整枝，就是农业生产和园艺上常被采用的措施。栽培番茄和瓜类时，通过摘心的方法，使腋芽得到充分的发展而成侧枝，并用整枝的方法来控制侧枝的数目和分布，这样，就可以使所有的枝条合理地展布在空间，防止过度郁闭，有助于通风透光并能使养分集中到果枝中，更利于果实的生长。在果树栽培方面，也广泛应用整枝的方法，改变树形，促使早期大量结实。同时，也调整主干与分枝的关系，以利果枝的生长与发育，并且便于操作和管理。在果树达到结果年龄以后，逐年修剪，使枝条发育良好，生长旺盛，还能调整大小年结果不匀的现象。

4. 禾本科植物的分蘖

禾本科植物如水稻、小麦的分枝方式与双子叶植物明显不同，分枝通常只发生在接近地面或地面以下的茎节上。在生长初期，茎的节间很短，几个节密集于基部，每个节上生有一叶，每个叶腋中都有一个腋芽。在四五叶期的幼苗，基部的有些腋芽开始活动，迅速抽生出新枝，同时在节位上形成不定根，这种分枝方式称为分蘖（tiller）。产生分枝的节称为分蘖节（栽培

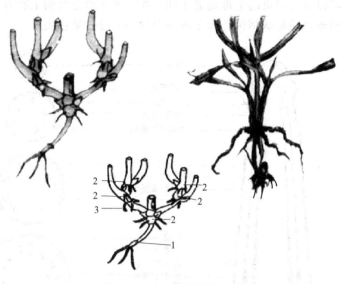

图 3-27　禾本科植物的分蘖
1—种子；2—分蘖节；3—不定根

学上常将发生分蘖的节段称为分蘖节）。随后，新枝的基部又各自形成分蘖节，进行分蘖活动，
顺序地产生各级分蘖和不定根。从主茎发生的分蘖叫第一次分蘖，由第一次分蘖苗发生的分蘖叫做第二次分蘖，依次类推（图 3-27，图 3-28）。分蘖的能力因植物种类而异，如水稻和小麦的分蘖力强，在一定条件下，可大量地持续分蘖。但玉米和高粱的分蘖力则很弱，一般没有分蘖。此外，分蘖情况还受温度、养分、光照和水分等多种因素的影响。因此，在生产上加强管理可控制和促进分蘖，提高作物产量。

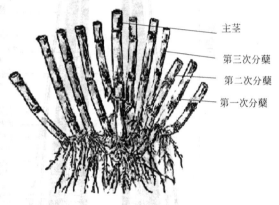

图 3-28　水稻植株基部，示分蘖顺序

　　发生分蘖的节位，叫做蘖位。分蘖的出现顺序和蘖位有密切关系。例如分蘖是由第三片叶的叶腋内长出的，它的蘖位就是三；从第四片叶的叶腋内长出的，蘖位就是四。当第一个分蘖发生之后，第二个分蘖的蘖位总是在第一个蘖位之上，依次向上推移，这是小麦、水稻分蘖发生的共同规律。因此，蘖位三的分蘖位置一定比蘖位四的低；相反，蘖位四的一定比蘖位三的高。蘖位越低，分蘖发生越早，生长期也就较长，抽穗结实的可能性就较大。这是因为，早的分蘖，进行光合作用的时间长，有机物质的积累较快、积累多，对体内吸收的无机营养的利用也较充分，在结实器官的形成进度上就表现出显著的优势。能抽穗结实的分蘖，称为有效分蘖；不能抽穗结实的分蘖，称为无效分蘖。在这里可以看出，蘖位的高低，就是分蘖的早晚，与以后的有效分蘖和无效分蘖有着密切的关系。农业生产上常采用合理密植、巧施肥料、控制水肥、调整播种期、选取适合的作物种类和品种等措施，促进有效分蘖的生长发育，控制无效分蘖的发生。

三、茎的发育与结构

（一）茎尖的分生区及其生长动态

茎尖和根尖相似，由顶端向基部可分为分生区、伸长区和成熟区三部分（图 3-29）。但是由于茎尖所处的环境以及所担负的生理功能不同，相应地在形态结构上有着不同的表现。茎尖的最前端外面无类似根冠的帽状结构，而是被许多幼小叶片紧紧包裹。

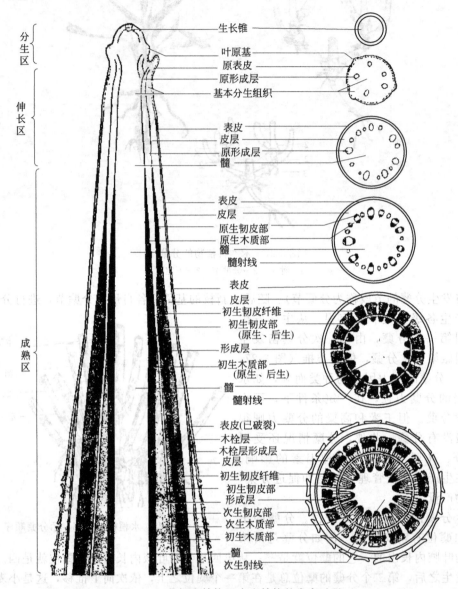

图 3-29 茎初生结构至次生结构的发育过程

1. 分生区

茎尖的顶端一般为半球形的结构，由一团原分生组织所构成，即分生区。在茎尖顶端以下的四周，有叶原基和腋芽原基。茎尖顶端有原套（tunica）、原体（corpus）的分层结构。原套一般由表面的1～2层细胞组成，它们进行垂周分裂扩大表面积而不增加细胞的层数。原体是包围于原套内的一团不规则排列的细胞，它们进行垂周分裂，扩大表面积而不增加细胞层数。（图 3-30，图 3-31）。在营养生长过程中，原套和原体的细胞分裂活动互相配合，故茎尖顶端始终保持原套、原体的结构。大多数的双子叶植物，原套通常是2层，而单子叶植物则有1～2层。原套的层数和原体的相对体积，也可在植物个体发育的不同阶段，在营养生长向生殖生长过渡时发生变化。

原套和原体各有其原始细胞。原套的原始细胞位于中央轴的位置，这些细胞较大，并有较大的核和液泡，染色较浅。分裂衍生的细胞围绕于四周，成为由原始细胞至叶原基之间的周缘分生组织区（peripheral meristem zone）。周缘分生组织区的细胞较小，有浓密的细胞质和活跃的有丝分裂。在一定位置上，其强烈的活动引起了叶原基突起的形成。周缘分生组织区也与枝条的伸长和增粗有关。原体的原始细胞［中央母细胞（central mother cell zone）］位于原套原始细胞的内侧，经过多方向的细胞分裂，中央形成髓分生组织区（pith meristem zine），或称为肋状分生组织区（rib meristem zone），也向外周分裂新细胞加入到周缘分生组织区。髓分生组织（peripheral meristem）有规则地进行横向分裂，因此，各细胞的衍生细胞即形成纵列的细胞，因而也称为肋状分生组织（rib meristem）。髓分生组织也能进行一些纵向的分裂，引起行数的增加。

　　周缘分生组织区和髓分生组织区都属于原分生组织。在茎尖顶端后部，周缘分生组织和髓分生组织逐渐分化为三种初生分生组织。髓分生组织然后再向下分化形成基本分生组织；周缘分生组织将来分化形成原表皮、基本分生组织和原形成层三种初生分生组织。

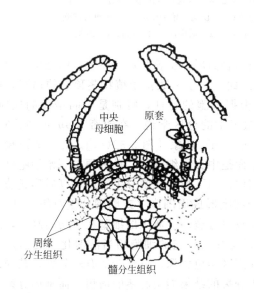

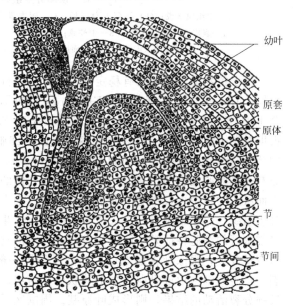

图 3-30　被子植物茎尖顶端分生组织分生区图解　　图 3-31　水稻茎尖中间纵切面，示原套、原体结构

　　茎顶端分生组织由许多细胞组成，有着多种方式的排列，在 18 世纪中叶，就开始引起植物学家的重视，以后陆续提出了不少理论，下面介绍其中的三种理论，说明茎尖的生长锥的结构和分化动态。

　　1868 年，Hastein J. 提出了组织原学说（histogen theory），他认为被子植物的茎端是由三个组织原区（表皮、皮层、维管束）的前身，即组织原组成的，每一组织原由一个原始细胞或一群原始细胞发生。这三个组织原分别称为表皮原（dermatoen）、皮层原（periblem）和中柱原（plerome）［图 3-32(a)］，它们以后的活动能分别形成表皮、皮层和维管柱，包括髓（它如果存在）。由于以后发现茎端不能显著地划分出这三层组织原，而且它们在以后的分化也不能预先确定，所以在茎中是不适用的；但此学说在描述根端组织时比较方便，因而组织原概念在根中基本上沿用到现在。组织原学说的提出，使人们对顶端分生组织的认识有了提高，这样，也对顶端分生组织的研究起了积极的推进作用。

　　1924 年，Schmidt A. 根据细胞分裂面（垂周、平周）的不同，针对被子的茎尖结构，提出了茎顶端原始细胞分层的概念，通常称为原套-原体学说（tunica-corpus theory）［图 3-32 (b)］。该学说认为茎顶端分生组织的原始区域包括原套（tunica）和原体（coupus）两个部分。否定了组织原学说的由分层原始细胞预先决定细胞未来分化命运的设想。以后此学说虽有各种修正，但基本概念与内容至今仍为大多数研究者所接受。

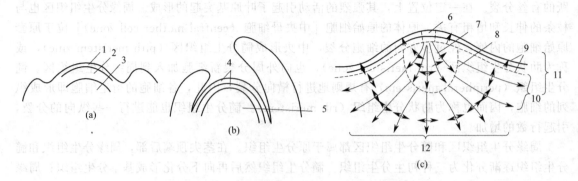

图 3-32　顶端分生组织组成的三种理论图解

(a) 组织原学说；(b) 原套-原体学说；(c) 银杏茎顶端的细胞学分区现象 (图中箭头示主要生长方向)

1—表皮原；2—皮层原；3—中柱原；4—原套；5—原体；6—顶端原始细胞群；7—中央母细胞区；
8—过渡区 (虚线)；9—表面层；10—周边表面下层；11—周围区；12—肋状分生组织

裸子植物的茎顶端没有稳定地只进行垂周分裂的表面层，也就是没有原套状的结构 [南洋杉属 (*Araucaria*) 和麻黄属 (*Ephedra*) 除外]，因此，对于多数裸子植物茎顶端的描述，原套-原体学说是不适合的。1938 年，Foster A. S. 根据细胞的特征，特别是不同染色的反应，根据对裸子植物和被子植物的观察，提出了细胞组织学的分区学说。在银杏 (*Gnkgo biloba*) 的茎顶端观察到有显著的细胞学分区 (cytologc zonation) 现象 [图 3-32(c)]。银杏茎顶端表面有一群原始细胞即顶端原始细胞群，在它们的下面是中央母细胞区，是由顶端原始细胞群衍生而组成的。中央母细胞区向下有过渡区。中央部位再向下衍生成髓分生组织，以后形成肋状分生组织。原始细胞群和中央母细胞向侧方衍生的细胞形成周围区 (或周围分生组织)。中央母细胞区的细胞特征是一般染色较淡，较液泡化和较少分裂。过渡区的细胞在活动高潮时，进行有丝分裂，很像维管形成层。髓分生组织一般只有几层，它的细胞相当液泡化，能横向分裂，衍生的细胞形成纵向行列的肋状分生组织。周围区染色较深，有活跃的有丝分裂，其局部较强分裂活动的结果，则形成叶原基。周围区平周分裂的结果能引起茎的增粗，而垂周分裂则能引起茎的伸长。这种细胞分区现象后来在其他裸子植物和不少被子植物的苗端也观察到，但分区的情况有着较大的变化。

2. 伸长区

茎的伸长区的细胞学特征基本与根相同，但该区常包括几个节和节间。伸长区的特点是细胞的迅速伸长，这也是茎伸长的主要原因。伸长区的内部，已有原表皮、基本分生组织、原形成层三种初生分生组织逐渐分化出一些初生分生组织。伸长区细胞的有丝分裂活动逐渐减弱。伸长区内可视为顶端分生组织发展为成熟组织的过渡区域。

3. 成熟区

成熟区内部的解剖特点是细胞的有丝分裂和伸长生长都趋于停止，各种成熟组织的分化基本完成，已具备幼茎的初生结构。

综合各家学说，将被子植物茎尖顶端分区、组织分化成熟的过程归纳见表 3-3。

(二) 双子叶植物茎的初生生长和初生结构

茎的顶端分生组织中的初生分生组织所衍生的细胞，经过分裂、生长、分化而形成的组织，称为初生组织 (primary tissue)，由这种组织所组成的茎的结构称为初生结构 (primary structure)。双子叶植物的种类很多，但其茎的结构都有共同规律。在横切面上，可以看到表皮、皮层和维管柱三个部分（图 3-33，图 3-34）。

表 3-3 被子植物茎尖顶端分区、组织分化成熟的过程

原分生组织	初生分生组织	成熟组织
原套——→周缘分生组织 ——→ 原表皮 ——————————→ 表皮		
基本分生组织（部分） ——→ 皮层、髓射线		
原体——→髓分生组织 ——→ 原形成层 ——————————→ 维管束		
基本分生组织（部分） ——→ 髓		

（1）表皮 表皮是幼茎最外的一层细胞，由原表皮发育而成，为典型的初生保护组织。表皮细胞在横切面上呈长方形或方形，纵切面上呈长方形，排列紧密，一般不具叶绿体，具有发达的液泡。暴露在空气中的切向壁，比其他部分厚，有比根厚的角质层，有时还具有蜡质。但沉水植物的表皮上，角质层一般较薄或甚至不存在，一般无蜡质。表皮除表皮细胞外，往往有气孔，它是水汽和气体出入的通道。此外，表皮上有时还具有表皮毛、腺毛等结构。这种结构上的特点，既能起到防止茎内水分过度散失和病虫侵入的作用，又不影响透光和通气，使幼茎内的绿色组织正常地进行光合作用。

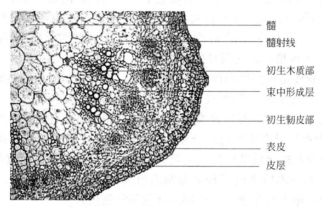

图 3-33 大豆茎横切

（2）皮层 皮层位于表皮和维管柱之间，绝大部分是由薄壁组织组成的。幼嫩茎中近表皮部分的薄壁组织，细胞具叶绿体，能进行光合作用，通常细胞内还贮藏有营养物质。紧贴表皮内方一至数层的皮层细胞，常分化成厚角组织，连续成束或相连成片，如在方形（薄荷、蚕豆）或多棱形（芹菜）的茎中，厚角组织常分布在四角或棱角部分（图 3-35），厚角组织细胞小，常含有叶绿体。有些植物茎的皮层还存在纤维或石细胞，如南瓜的皮层中纤维与厚角组织同时存在。幼茎皮层中具有厚角组织和绿色组织的这种特点，在幼根中是不存在的。这是因为幼茎生长于地面，所受到的光照、重力等条件的作用与生长在土壤中的幼根完全不同。水生植物茎皮层的薄壁组织，具发达的胞间隙，构成通气组

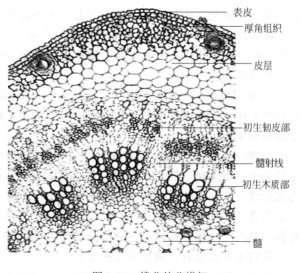

图 3-34 棉花幼茎横切

织（aerenchyma），一般缺乏机械组织。有的木本植物茎的皮层内，往往有石细胞群的分布。

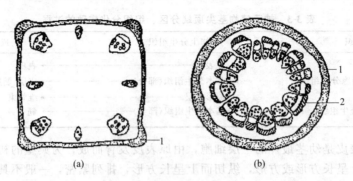

图 3-35 茎的机械组织

(a) 方形茎内的机械组织；(b) 圆形茎内的机械组织

1—厚角组织；2—厚壁组织

在多数植物的茎中很难确定皮层与中柱之间的界限，茎内通常无内皮层发生，因为其细胞不像根中具有特殊的增厚结构，但在水生植物茎中或一些植物的地下茎中却普遍存在。千里光属（*Senecio*）、益母草属（*Leonurus*）植物在开花阶段内皮层凯氏带才出现。有些植物（如南瓜、旱金莲、蚕豆等）幼茎皮层的最内层细胞常富含淀粉粒，而被称为淀粉鞘（starch sheath）。然而，也有不少植物缺乏明显的淀粉鞘。

(3) 维管柱 维管柱是皮层以内的中央柱状部分，多数双子叶植物茎的维管柱包括维管束（vascular bundle）、髓（pith）和髓射线（pith ray）等部分。大多数植物茎和根不同，无显著的内皮层，也不存在中柱鞘，因而称为维管柱，而不像根中维管柱常被称为中柱。

① 维管束 维管束是指由原形成层分化而来的初生木质部和初生韧皮部共同组成的束状结构。维管束在多数植物的茎的节间排成一轮，由束间薄壁组织隔离而彼此分开。

a. 初生木质部 初生木质部由多种类型细胞组成，包括导管、管胞、木薄壁组织和木纤维。水和矿质营养的运输主要是通过木质部内导管和管胞进行。

茎内初生木质部的发育顺序是内始式（endarch）的，也就是说，初生木质部中的分子是从内部开始逐渐向外顺序发育成熟的，这与根不同。因此，茎内的原生木质部居内方，由管径较小的环纹或螺纹导管组成；后生木质部居外方，由管径较大的梯纹、网纹或孔纹导管组成，它们是初生木质部中起主要作用的部分，其中以孔纹导管较为普遍。

b. 初生韧皮部 初生韧皮部由筛管、伴胞、韧皮薄壁组织和韧皮纤维共同组成，主要作用是运输有机养料。初生韧皮部的发育顺序与根的相同，也是外始式，即原生韧皮部在外方，后生韧皮部在内方。

c. 束中形成层 束中形成层（fascicular cambium）出现在初生韧皮部和初生木质部之间，是原形成层在初生维管束的分化过程中留下的潜在的分生组织，在以后茎的生长，特别是木质茎的增粗中起主要作用。

② 髓和髓射线 髓和髓射线是维管柱内的薄壁组织，是由基本分生组织产生的。茎的初生结构中，由薄壁组织构成的中心部分称为髓（pith）。位于两个维管束之间的薄壁组织，称为髓射线（pith ray），也称初生射线（primary ray）。髓细胞体积较大，常含淀粉粒，有时髓中也有含晶体和含单宁的异细胞，故髓具有贮藏作用。髓射线的生理功能，除贮藏作用外，还可作为茎内径向输导的途径。一部分的髓射线细胞可变为束间形成层。木本茎的初生结构中，由于维管束互相靠近，髓射线很狭窄。

有些植物如樟的茎，髓部有石细胞。有些植物如椴的髓，它的外方有小型壁厚的细胞，围绕着内部大型的细胞，二者界线分明，这个外围区，称为环髓带（pcrimedullary zone）。伞形科、葫芦科的植物，茎内髓部成熟较早，当茎继续生长时，节间部分的髓被拉破形成空腔即髓腔（pith cavity）。有些植物（如胡桃、枫杨）的茎，在节间还可看到存留着一些片状的髓组织。

（三）裸子植物茎的初生结构

裸子植物茎的初生结构，也与双子叶植物茎一样，包括表皮、皮层和维管柱。以松为例，表皮由一层排列紧密的等径细胞所组成。皮层由多层薄壁组织细胞组成，细胞一般呈圆形，高度液泡化，并含叶绿体，细胞间具胞间隙。松茎的皮层中有树脂道（resin canal）。皮层和维管柱间无显著的分界。维管柱由维管束、髓和髓射线组成。维管束由初生韧皮部及初生木质部组成，在木质部与韧皮部之间也存在形成层，以后能产生次生结构，使茎增粗。维管束间有髓射线。维管柱的中央为髓，由薄壁的和形状不规则的细胞组成。总体而言，多数裸子植物茎的初生结构和木本双子叶植物没有很大的区别，而主要区别是大多数裸子植物茎在木质部和韧皮部的组成成分上有其特点，它的木质部由管胞组成，其中初生木质部中的原生木质部由环纹或单螺纹的管胞组成，而后生木质部由复螺纹或梯纹管胞组成；韧皮部由筛胞组成。裸子植物中没有草质茎，而只有木质茎，因此，裸子植物茎经过短暂的初生结构阶段以后，都进入次生结构，与双子叶植物中有草质茎和木质茎两种类型的情况不同。也就是说，裸子植物茎中没有双子叶植物茎中的那种一生只停留在初生结构中的草质茎类型。

（四）单子叶植物茎的初生结构

单子叶植物的茎和双子叶植物的茎在结构上有许多不同。大多数单子叶植物的茎，只有初生结构。所以，结构比较简单。少数的虽有次生结构，但也和双子叶植物的茎不同。现以禾本科植物的茎作为代表，说明单子叶植物茎初生结构的最显著特点。

小麦、水稻、玉米茎结构的比较：小麦、水稻和玉米三种植物的茎均有明显、略膨大的节。小麦、水稻的节间中央萎缩，形成中空的髓腔；玉米的茎为实心结构。它们共同特点是没有皮层和中柱的界限，成熟茎的节间部分，在横切面上只能划分为表皮、基本组织和维管束三个基本的组织系统。维管束散生分布于基本组织中。

① 表皮　表皮在茎的最外方。从横切面着，细胞排列比较整齐。如果纵向地撕取一小块表皮加以观察，就会看到表皮由长细胞（long cell）、短细胞（short cell）和气孔器（stomatal apparatus）组成（图3-36）。长细胞的细胞壁厚而

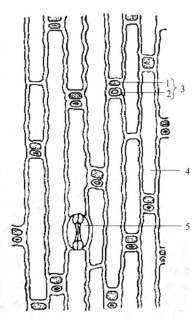

图 3-36　玉米茎的表皮（表面观）
1—栓细胞；2—硅细胞；3—短细胞；
4—长细胞；5—气孔器

角质化，其纵向壁常呈波状，构成表皮的大部分。短细胞位于两个长细胞之间，分为两种：一种是细胞壁木栓化，称为栓细胞（cork cell）；另一种是细胞壁含有大量的二氧化硅，称为硅细胞（silica cell）。硅酸盐沉积于细胞壁上的多少与茎秆强度和对病虫害的抗性有关。禾本科植物表皮的气孔，数量不多，排列稀疏，由一对哑铃形的保卫细胞构成，保卫细胞的两侧还各有一个副卫细胞。

② 基本组织　整个基本组织除与表皮相接的部分外，都由薄壁细胞组成。玉米的茎内为基本组织所充满，形成实心茎结构。小麦、水稻的茎中央薄壁细胞解体，形成中空的髓腔。水稻茎的维管束之间的薄壁组织中还有大型的裂生气道，形成良好的通气组织；离地面越远的节间，这种通气道越不发达。紧连着表皮内侧的基本组织中，常有几层厚壁细胞存在。水稻、玉

米茎中的厚壁细胞连成一环，形成坚强的机械组织（图 3-37、图 3-38）。小麦茎内也有机械组织环，但被绿色薄壁组织带隔开（图 3-39）；这些绿色组织细胞中含有叶绿体，因而用肉眼观察小麦茎秆时，可以看到相间排列的无色条纹和绿色条纹，这是因为细胞内含有花色苷的缘故。位于机械组织以内的基本组织细胞，则不含叶绿体。

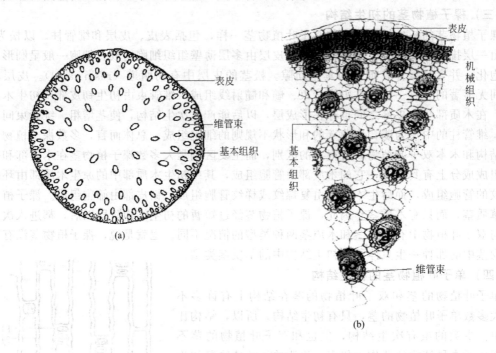

图 3-37　玉米茎节横切面
(a) 玉米茎节间部分轮廓图；(b) 横切面的部分放大

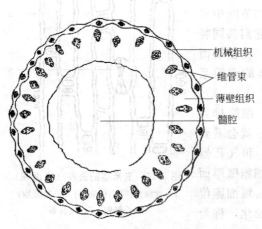

图 3-38　水稻茎秆横切面的轮廓图

③ 维管束　玉米茎内的维管束，以分散的排列方式分布于基本组织中。近边缘的维管束较小，互相间的距离较近；靠中央的维管束较大，相距也较远（图 3-37）。小麦、水稻的茎内的维管束排列成内、外两个环。外环的维管束较小，位于茎的边缘，大部分埋藏于机械组织中；内环的维管束较大，周围为基本组织所包围（图 3-38 和图 3-39）。节尖中空，形成髓腔。小麦、水稻、玉米的每个成熟的维管束在结构上比较相似，其维管束的外周均有厚壁组织组成的维管束鞘（bundle sheath）所包围。初生木质部位于维管束的近轴部分，整个横切面的轮廓呈 v 形。v 形基部为原生木质部，包括 1 至几个环纹和螺纹导管及少数薄壁组织。在分化成熟过程中，这些导管常遭到破坏，其周围的薄壁细胞相互分离，形成了一个气腔（air space）或称原生木质部腔隙（protoxylem lacuna）。在 v 形两臂上，各有一个后生的大型孔纹导管。两导管之间充满薄壁细胞，有时也有小型的管胞。在初生木质部和初生韧皮部之间没有束中形成层，因此，禾本科植物不能进行次生生长，这是禾本科植物的主要特征之一（图 3-40）。

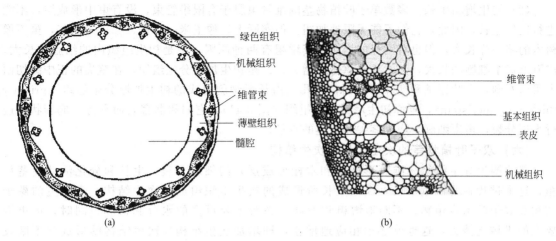

图 3-39　小麦茎秆横切面

（a）小麦茎秆横切面的轮廓图；（b）横切面的部分放大

（五）单子叶植物茎的居间生长和初生增粗生长

（1）居间生长（intercalary growth）　植物的节间伸长的幅度，对于一个种的形态特征的建立非常重要。一个节间伸长的分生组织活动，在整个节间是相当均匀的，或者从节间基部向上成波浪式地推进，或者大部分只限于节间的基部。

在单子叶植物中，节间的伸长活动只限于节间的基部，而且此部分能够较长期地保持活动。这种伸长节间的局部分生组织区域，称为居间分生组织，这好像是插入在比较成熟的组织之间的一种分生组织。个别节间完成伸长生长以后，居间分生组织区域仍可长时期保持生长的能力。例如，禾本科植物小麦、玉米、水稻等拔节生长，以及小麦、水稻等草质茎秆倒伏后又重新生长，割完的韭菜叶又重新长出，都是由于居间分生组织活动的结果。

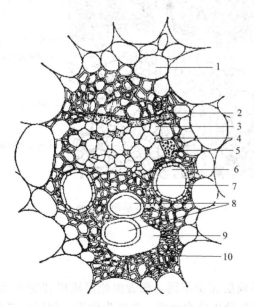

图 3-40　玉米茎内一个维管束的放大

1—基本组织；2—被压毁的原生韧皮部；3—筛管；
4—伴胞；5—筛板；6—孔纹导管；7—管胞；8—环纹或螺
纹导管；9—气腔；10—机械组织（维管束鞘）

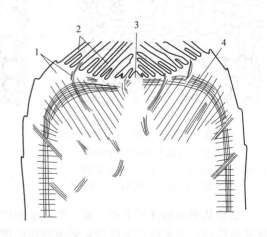

图 3-41　玉米茎端纵切图（示初生加厚分生组织）

1—原形成层；2—叶的基部；3—茎端；
4—初生加厚分生组织

（2）初生增粗生长　多数单子叶植物茎的维管束属于有限维管束，没有束中形成层，不能进行次生生长，因此，它们不能无限地加粗。但实际上，像玉米、甘蔗、棕榈等的茎，虽不像树木的茎一样长大，但也有明显的增粗。其增粗有两种原因：一是初生组织内的细胞在长大，成万上亿个细胞的长大，必然导致总体的增大；二是初生加厚分生组织，在茎尖的正中纵切面上可以看到，在叶原基和幼叶的下面，有几层由长形细胞组成的初生加厚分生组织（primary thickening meristem），也称初生增粗分生组织（图 3-41），它们和器官表面平行，成套状，进行平周分裂，增生细胞，增大茎尖和幼茎的直径。

（六）双子叶植物茎的次生生长和次生结构

茎的侧生分生组织（维管形成层和木栓形成层）的细胞分裂、生长和分化活动使茎加粗，这个过程称为次生生长，次生生长所形成的次生组织组成了次生结构。多年生的裸子植物和双子叶木本植物，不断地增粗和增高，必然需要更多的水分和营养，同时，也更需要大的机械支持力，这也就必须相应地增粗，即增加次生结构。次生结构的形成和不断发展，就能满足多年生木本植物在生长和发育上的这些要求，这些也正是植物长期生活过程中产生的一种适应。少数单子叶植物的茎也有次生结构，但性质不同，加粗也是有限的，如龙血树等。

（1）维管形成层的发生和活动　维管形成层开始发育时，常常先形成束中形成层（fascicular cambium，图 3-42，图 3-43），它位于维管束的初生木质部和初生韧皮部之间，由薄壁组织恢复分裂能力后形成的。这部分薄壁组织是初生分生组织中的原形成层，在形成成熟组织时，并没有全部分化成维管组织，而留下一层具有潜在分生能力的组织。随后，髓射线中连接束中形成层那部分髓射线细胞，恢复分裂能力形成束间形成层（interfascicular cambium，图 3-42，图 3-43）。最后，束中形成层和束间形成层连成一环，它们共同构成维管形成层。

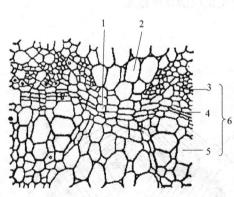

图 3-42　花生幼茎横切面（示束间形成层的	图 3-43　棉花老茎早期横切面
发生，与束中形成层的衔接）	
1—束间形成层；2—髓射线；3—初生韧皮部；4—束中	
形成层；5—初生木质部；6—维管束	

（右侧图注：初生韧皮部；束中形成层；束间形成层；髓射线；初生木质部）

虽然从来源的性质上看，束中形成层和束间形成层完全不同，前者由原形成层转变而成，属初生性质；后者由部分维管束间薄壁组织细胞恢复分裂能力而成，为次生性质；但以后二者不论在分裂活动和分裂产生的细胞性质以及数量上，都是协调一致的，共同组成了次生分生组织。

不论束中形成层还是束间形成层，它们开始活动时，细胞都是进行切向分裂，增加细胞层数，向外形成次生韧皮部，添加在初生韧皮部的内方；向内形成次生木质部，添加在初生木质部的外方。同时，髓射线部分也由细胞分裂不断地产生新细胞，也就在径向上延长了原有的髓射线。茎的次生结构不断地增加，达到一定宽度时，在次生韧皮部和次生木质部内，又能分别地产生新的维管射线（图 3-44）。

（2）维管形成层的细胞组成、分裂方式和衍生细胞的发育　维管形成层细胞由纺锤状原始细胞（fusiform initial）和射线原始细胞（ray initial）两种类型的细胞构成（图 3-45）。纺锤状原始细胞切向面宽、径向面窄、两端尖斜呈长梭形，其长轴与茎的长轴相平行。射线原始细胞较小、近于等径或稍长。这两类细胞的液泡化程度都较高。纺锤状原始细胞是形成层的主要部分，沿茎的长轴平行排列，连成一片，组成纵向系统（轴向系统）；射线原始细胞同茎轴相垂直排列，横贯于纺锤状原始细胞之间，组成横向系统（径向系统）。在横切面上，这两种原始细胞皆呈平周的长方形，整齐地排列成一环。

维管形成层开始活动时，主要是纺锤状原始细胞进行平周分裂，向外逐渐分化为次生韧皮部，向内形成次生木质部，构成轴向的次生维管组织系统。纺锤状原始细胞也可进行垂周分裂，增加自身细胞的数目以及衍生出新的射线原始细胞。同时射线原始细胞也进行平周分裂，产生维管射线（vascular ray），构成径向的次生组织系统。其中，位于木质部的部分称为木射线，位于次生韧皮部的部分称为韧皮射线，它们构成茎内横向运输系统。形成层活动过程中，往往形成数个次生木质部分子之后，才形成一个次生韧皮部分子，随着次生木质部的较快增加，形成层的位置也逐渐向外推移。

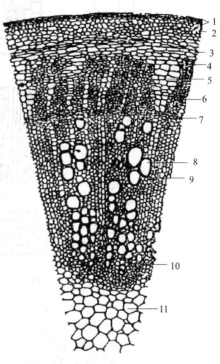

图 3-44　棉花老茎横切面
（示次生结构）（引自李杨汉）
1—周皮；2—厚角组织；3—皮层薄壁组织；
4—初生韧皮部；5,9—射线；6—次生韧皮部；
7—形成层；8—次生木质部；
10—初生木质部；11—髓

纺锤状原始细胞的增殖分裂有以下三种形式：①径向垂周分裂，一个纺锤状原始细胞垂直地或近乎垂直地分裂成两个子细胞，子细胞的切向生长就使切向面增宽；③侧向垂周分裂，纺锤状原始细胞的一侧分裂出一个新细胞，它的生长也同样地使切向面增宽；③拟横向分裂（或假横向分裂，pseudo-transverse division），纺锤状原始细胞斜向地垂周分裂，几乎近似横向分裂，两个子细胞通过斜向滑动，各以尖端相互错位，上面的一个向下伸展，下面的一个向上延伸，产生纵向的侵入生长，也就是正在生长的子细胞插入相邻细胞间，在向前延伸中，尖端把另一细胞沿着胞间层处加以分离，这种生长类型称为侵入生长（intrusive growth 或 interpositional growth）。结果两个子细胞成为并列状态，通过生长使形成层原始细胞的长度和切向宽度都能增加。基于上述的三种增殖分裂方式，就可不断地增加形成层的周径，以适应茎的周径的增大。

维管形成层的活动与其衍生组织的关系见表 3-4。

（3）维管形成层的季节性活动和年轮　形成层形成的次生木质部细胞，就数量而言，远比次生韧皮部细胞多，生长 2～3 年的木本植物的茎，绝大部分是次生木质部。树木生长的年数越多，次生木质部所占的比例越大，10 年以上的木质茎中，几乎都是次生木质部，而初生木

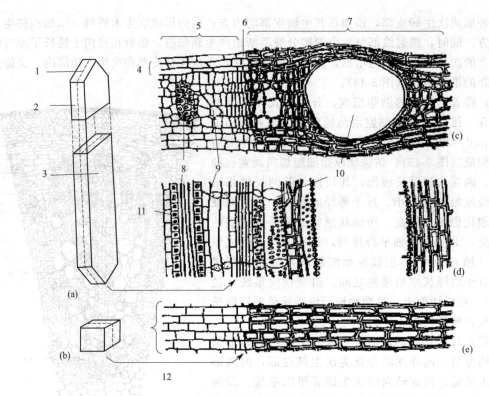

图 3-45　维管形成层及其衍生组织（引自 Esau K.）

（a）纺锤状原始细胞图解；（b）射线原始细胞图解；（c）刺槐茎横切面的一部分；
（d）刺槐茎径切面的一部分，示轴向系统；（e）刺槐茎径切面的一部分，示射线部分
1—平周分裂；2—径向面；3—弦向面；4—射线；5—韧皮部；6—形成层；7—木质部；
8—纤维；9—筛管；10—导管；11—含晶细胞；12—射线原始细胞

表 3-4　维管形成层的活动与其衍生组织的关系

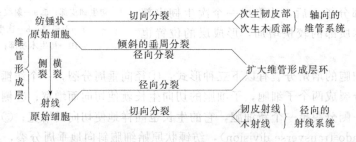

质部和髓已被挤压得不易识别。次生木质部担负着输导水分、无机盐和支持功能。双子叶植物茎内的次生木质部在组成上与初生木质部基本相似，包括导管、管胞、木薄壁组织和木纤维。次生木质部是木材的来源，因此，次生木质部有时也称为木材。

①早材和晚材　维管形成层的活动受季节影响很大，特别是在有显著寒暖季节的温带和亚热带，或有干湿季节的热带，形成层的活动随着季节的更替而表现出有节奏的变化，有盛有衰，因而产生细胞的数量有多有少，形状有大有小，细胞壁有厚有薄。温带的春季或热带的湿季，由于温度高、水分足，形成层活动旺盛，所形成的次生木质部中的细胞，径大而壁薄，木材质地比较疏松，色泽稍淡，称为早材（early wood），也称春材（图 3-46）；温带的夏末秋初或热带的旱季，形成层活动逐渐减弱，形成的细胞径小而壁厚，往往管胞数量增多，木材质地致密，色泽较深，称为晚材（late wood）。从早材到晚材，随着季节的更替而逐渐变化，且可

以看到色泽和质地的不同，却不存在截然的界限线；但在上年晚材和当年早材间，却有着非常明显的分界，这是由于二者的细胞在形状、大小、壁的厚薄上，有较大的差异。温带地区因经过干寒的冬季，形成层的活动可暂时休眠，春季湿暖，形成层又开始活动，这种气候变化大，形成层的活动差异大，早材和晚材的色泽与质地也就有着显著的区别。

②　年轮　年轮也称为生长轮（growth ring）或生长层（growth layer）。在一个生长季节内，早材和晚材共同组成一轮显著的同心环层，代表着一年中形成的次生木质部。在有显著季节性气候的地区，不少植物的次生木质部在正常情况下，每年形成一轮。因此，习惯上称为年轮（annual ring，图 3-47）。但也有不少植物在一年内

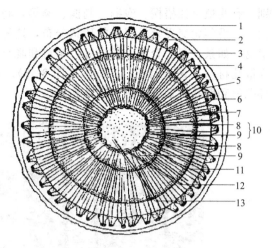

图 3-46　三年生木质茎横切面

1—周皮；2—皮层；3—初生韧皮部；4—次生韧皮部；5—韧皮射线；6—形成层；7—第三年早材；8—晚材；9—早材；10—年轮；11—木射线；12—初生木质部；13—髓

的正常生长中，不止形成一个年轮，例如，柑橘属植物的茎，一年中可产生 3 个年轮，也就是 3 个年轮才能代表一年的生长，因此，又称为假年轮。此外，气候的异常，虫害的发生，出现多次寒暖或叶落的交替，造成树木内形成层活动盛衰的起伏，使树木的生长时而受阻，时而复苏，都可形成假年轮。没有干湿季节变化的热带地区，树木的茎内一般不形成年轮。因此，年轮这一名词，严格地讲，并不完全正确，但已为人们所习用，本书也采用。

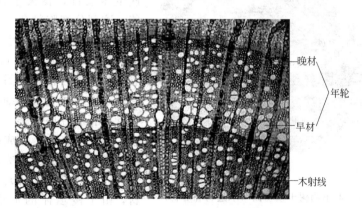

图 3-47　椴树茎横切面（示年轮）

在对木本植物茎内年轮形成情况了解的基础上，往往可根据树干基部年轮，测定树木的本年龄。年轮还可反映出树木历年生长的情况，以及抚育管理措施和气候变化。对年轮反映的树木历年生长情况，结合当地当时气候条件和抚育管理措施的实际，进行比较和分析研究，可以从中总结出树木快速生长的规律，用于指导林业生产。更可以从树木年轮的变化中，了解到某一地区历年及远期气候变化的情况和规律。有的树龄已达百年、千年之久，以及地下深埋的具有年轮的树木茎段化石，都是研究早期气候、古气候、古植被变迁的可贵依据。

木本双子叶植物茎的木质中，所含导管直径的大小及分布情况，常因植物种类的不同而有

差别。有些植物如梧桐、泡桐、刺槐、桑等，晚材中的导管直径较小，早材中的导管直径显著较大，并沿年轮交界处呈明显的环状分布，这种木材称为环孔材（ring-porous wood）。另外一些植物，如茶、梨、合欢、椴树等，早材和晚材中的导管直径相差较小，并且分布比较均匀，称为散孔材（diffuse-porous wood）（图 3-48）。也有些植物，如樟、乌桕、李等，木材特征介于环孔材和散孔材之间，称为半环孔材。

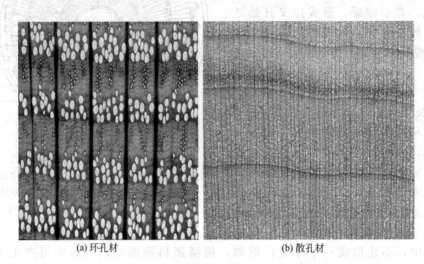

(a) 环孔材   (b) 散孔材

图 3-48　木本双子叶植物茎的环孔材和散孔材

③ **心材和边材**　多年生木本植物随着年轮的增多，在树干的横切面上，可以看到木材的边缘部分和中央部分有所不同（图 3-49）。靠近中央部分的木材，是较老的次生木质部，丧失了输导和贮藏的功能，这部分细胞颜色一般较深，养料和氧气进入都较困难，引起生活细胞的衰老和死亡，称为心材（heart wood）。导管和管胞失去作用的另一原因，是由于它们附近的薄壁组织细胞从纹孔处侵入导管或管胞腔内，膨大和沉积树脂、单宁、油类等物质，形成部分地或完全地阻塞导管或管胞腔的突起结构，即侵填体（tylosis，图 3-50）。有些植物的心材，由于侵填体的形成，木材坚硬耐

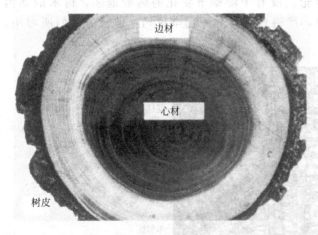

图 3-49　木本双子叶植物树干横切面（示边材和心材）

磨，并有特殊的色泽，如桃花心木的心材呈红色，胡桃木的心材呈褐色，乌木的心材呈黑色，使心材具有工艺上的价值。

靠近树皮部分的木材是近几年形成的次生木质部，色泽较淡，具有活的木薄壁细胞，有效地担负输导和贮藏的功能，称为边材（sap wood）。因此，边材的存在，直接关系到树木的营养。形成层每年产生新的次生木质部，形成新的边材，而内层的边材部分，逐渐因消失输导作用和细胞死亡，转变成心材。因此，心材逐年增加，而边材的厚度却较为稳定。心材和边材的比例，以及心材的颜色和明显程度，各种植物有着较大的差异。

坚实的心材，虽丧失了输导作用，但坚硬的中轴，却增加了高大树木的负载量和支持力。有些木本植物形成心材或心材不坚，易为真菌侵害，腐烂中空，但边材存在，树木仍

然能生活，不过易为暴风雨等外力所摧折；因此，这样中空的高大行道树或观赏树木，就需用加固物质填充已经腐烂中空的部分，以免外力侵袭造成倾倒、坍塌或遭受其他生物的进一步为害。

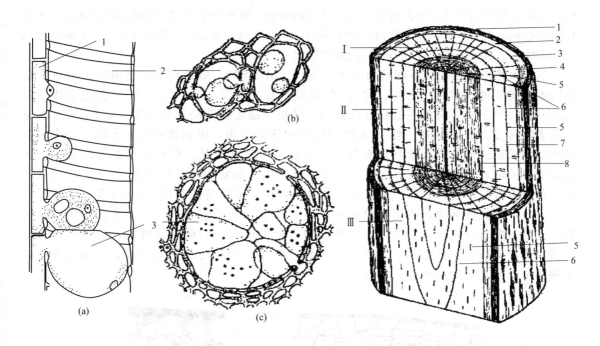

图 3-50　导管内侵填体形成过程
(a) 纵切面（示侵填体形成的过程）；(b) 横切面（示导管内的侵填体）；
(c) 横切面（示一个导管内的侵填体由相邻细胞发生）
1—木质部的薄壁组织细胞；2—导管；3—侵填体

图 3-51　木材的三种切面
Ⅰ—横切面；Ⅱ—径向切面；Ⅲ—切向切面
1—外树皮；2—内树皮；3—形成层；4—次生木质部；
5—射线；6—年轮；7—边材；8—心材

④ 木材解剖的三种切面　为了更好地理解茎的次生木质部的结构，就必须从横切面（scross section）、径向切面（trangential section）和切向切面（radial section）三种切面上进行比较观察（图 3-51）。这样，才能从立体的形象全面地理解其结构。横切面是与茎的纵轴垂直所作的切面，可见到同心圆似的年轮，所见的导管、管胞、木薄壁组织细胞和木纤维等，都是它们的横切面观，可以看出它们细胞直径的大小和横切面的形状；所见的射线做辐射状条形，这是射线的纵切面，显示了它们的长度和宽度。切向切面，也称弦向切面，是垂直于茎的半径所做的纵切面，也就是离开茎的中心所做的任何纵切面，可见到年轮呈U字形。在切向切面上所见的导管、管胞、木薄壁组织细胞和木纤维都是它们的纵切面，可以看到它们的长度、宽度和细胞两端的形状；所见的射线是它的横切面，轮廓是纺锤状，显示了射线的高度、宽度、细胞的列数和两端细胞的形状。径向切面是通过茎的直径所做的纵切面，在径向切面上，所见的导管、管胞、木薄壁组织细胞、木纤维和射线都是纵切面，细胞较整齐；尤其是射线的细胞与纵轴垂直，长方形的细胞排成多行，井然有序，像一段砖墙，显示了射线的高度和长度。在这三种切面中，射线的形状最为突出，可以作为判别切面类型的指标。

专门研究次生木质部的解剖，也就是研究木材解剖的科学，称为木材解剖学（xylotomy）。木材解剖学是一门有很大理论和实践意义的科学，只有对木材的解剖结构有充分了解，才能很好地判断和比较木材的性质、优劣和用途，从而为林木种类的选择、合理利用，以及为植物的系统发育和亲缘关系等的研究，提供科学依据。

（七）木栓形成层的来源和活动

随着维管形成层不断分裂活动，茎的直径不断增粗，原有初生保护组织——表皮，不适应增粗，不久便为内部生长所产生的压力挤破，以致最终死亡、脱落，失去其保护作用。与此同时，在次生生长的初期，茎内近外方某一部位的细胞，恢复分生能力，形成木栓形成层。木栓形成层也和形成层一样，是一种侧生分生组织，它以平周分裂为主，向内和向外分别形成栓内层和木栓层，组成周皮，代替了表皮的保护作用。

茎中木栓形成层，在不同植物中来源不同（图 3-52）。最常见的，是由紧接表皮的皮层细胞所转变的（如杨、胡桃、榆）；有些是由皮层的第二细胞层、第三细胞层转变的（如刺槐、马兜铃）；有的是近韧皮部内的薄壁组织细胞转变的（如葡萄、石榴）；有些也可由表皮转变而成（如柳、梨）。木栓形成层的活动期限，因植物种类而不同，但大多数植物的木栓形成层的活动期都是有限的，一般只不过几个月。但有些植物中的第一个木栓形成层的活动期却比较长，有些甚至可保持终生。如梨和苹果可保持 6～8 年，以后再产生新的木栓形成层；石榴、杨属和梅属的少数种，可保持活动达 20～30 年；栓皮栎和其他一些种可保持活动到终生，而不再产生新的木栓形成层。当第一个木栓形成层的活动停止后，接着在它的内方又可再产生新的木栓形成层，形成新的周皮以后不断地推陈出新，依次向内产生新的木栓形成层，这样，发生的位置也就逐渐内移，愈来愈深，在老的树干内往往可深达次生韧皮部。

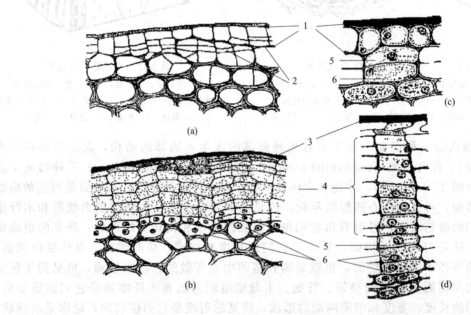

图 3-52 梨 [（a）、（b）] 和梅 [（c）、（d）] 茎的木栓形成层的发生和活动产物
1—具角质层的表皮层；2—开始发生周皮时的分裂；3—被挤碎的具角质层的表皮细胞；
4—木栓；5—木栓形成层；6—栓内层

周皮形成过程中，枝条的外表还会产生一些浅褐色的小突起，这些突起称为皮孔（lenticel），它是茎与外界进行气体交换的结构。皮孔一般产生于原来气孔的位置。气孔内方的木栓形成层，不形成木栓细胞，而是产生一些排列疏松、具有发达的胞间隙、近似球形的薄壁组织细胞，称为填充组织（complementary tissue），以后由于补充组织的逐步增多，撑破表皮或木栓，形成皮孔（图 3-53）。皮孔的形成，使植物老茎的内部组织与外界进行气体交换得到了保证。皮孔的形状、色泽、大小，在不同植物中是多种多样的。落叶树的冬枝上的皮孔，可作为鉴别树种的根据之一。皮孔的色泽一般有褐、黄、赤锈等，形状有圆、椭圆、线形等，大小从1mm左右到2cm以上。

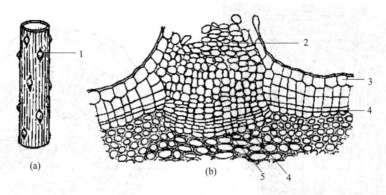

图 3-53 接骨木属皮孔的结构
(a) 接骨木茎外形（示皮孔）；(b) 皮孔的解剖结构
1—皮孔；2—补充组织；3—表皮；4—木栓形成层；5—栓内层

新周皮的每次形成，其外方的所有的活组织，内于水分和营养供应的终止，而相继全部死亡，结果在茎的外方产生较硬的层次，并逐渐增厚，人们常把这些外层称为树皮。在林业或木材加工上，又常把树干上剥下的皮，称为树皮。事实上，前者只含死的部分，后者除死的部分外，还包括活的部分。所以，"树皮"这一名词，上述二者的含义是不同的，往往容易引起混乱。尽管"树皮"并非专业名词，但已为人们所习用，特别是在林业和木材加工方面。因此，对"树皮"这一名词，如能从解剖结构上给予正确的定义，将成为极有用的名词。就植物解剖学而言，维管形成层或木质部外方的全部组织，皆可称为"树皮"（bark）。在较老的木质茎上，树皮可包括死的外树皮（硬树皮或落皮层）和活的内树皮（软树皮）。前者包含新的木栓和其外方的死组织；后者包括木栓形成层、栓内层（如果存在）和次生韧皮部部分。所以在次生状态中的树皮，包括次生韧皮部和可能存留在其外方的初生组织、周皮以及周皮外的一切死组织。有时在初生状态中的所谓树皮，就只包括初生韧皮部、皮层和表皮。

（八）裸子植物茎的次生结构

裸子植物茎都是木本的，其结构基本上与双子叶植物木本茎大致相同，长期存在的形成层产生次生结构，可以使茎逐年加粗，并有显著的年轮。裸子植物茎不同于双子叶植物茎之处，是维管组织的组成成分中有以下特点。

① 多数裸子植物茎的次生木质部主要由管胞、木薄壁组织和射线组成，无导管（少数如买麻藤门的裸子植物，木质部具有导管），无典型的木纤维。管胞兼具输送水分和支持的双重作用，与双子叶植物茎中的次生木质部比较，它显得较简单和原始。在横切面上，结构显得均匀整齐（图3-54）。裸子植物的次生木质部中，也存在着早材、晚材、边材和心材的区分，与双子叶植物茎的次生木质部相同。

② 裸子植物次生韧皮部的结构也较简单，由筛胞、韧皮薄壁组织和射线组成。一般没有伴胞和韧皮纤维，有些松柏类植物茎的次生韧皮部中也可能产生韧皮纤维和石细胞。

③ 有些裸子植物（特别是松柏类植物）茎的皮层、维管柱（韧皮部、木质部、髓射线）中常分布着许多管状的分泌组织，即树脂道。松脂由松树的树脂道产生，这在双子叶植物木本茎中是没有的（图3-55）。

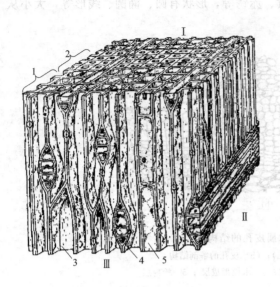

图 3-54　裸子植物茎木质部的立体图

Ⅰ—横切面；Ⅱ—径向切面；Ⅲ—切向切面

1—早材；2—晚材；3—管胞；4—射线；5—薄壁细胞

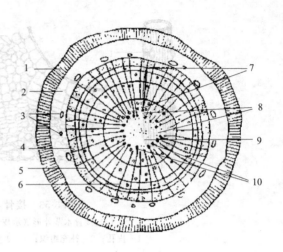

图 3-55　油松幼茎的次生结构

1—周皮；2—皮层；3—树脂道；4—韧皮部；

5—微管形成层；6—髓射线；7—次生木质部；

8—叶隙；9—髓；10—初生木质部

（九）双子叶植物茎节部结构的特点

以上叙述的是关于茎的节间的初生结构与次生结构的发生过程。由于叶和侧枝都是从节部发生的，其中的维管组织与茎相连，故茎部的解剖结构与节间不同，主要是维管束的排列不同（图 3-56）。

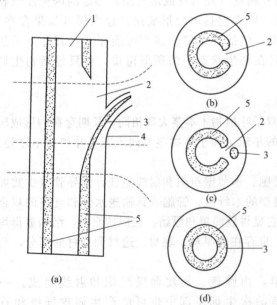

图 3-56　叶与枝条中的叶迹与叶隙图解

（图内黑点部分代表维管组织，其余部分是基本组织）

(a) 节部通过叶迹、叶隙的纵切面；(b)、(c)、

(d) 分别通过 (a) 图中的虚线部分的横切面

1—维管柱；2—叶隙；3—叶迹；4—叶柄；5—主轴维管束

在茎的节部有些维管束从茎内的维管柱斜出到茎的边缘，然后伸入叶柄进入叶片，组成反复分支的叶脉。进入叶的维管束，从茎中维管束分支起，穿过皮层斜向深入到叶柄基部为止，这一段称为叶迹（leaf trace）。也就是说叶迹就是进入叶的维管束在茎里的一段。同样，有些枝的维管束，是从主干的维管束分支出来的。主茎上维管束的分支通过皮层斜向进入枝的部分，称为枝迹（branch trace）。叶迹和枝迹的斜向伸出，它们的位置逐渐转移到茎的皮层和边缘部分。结果，节部的皮层和中柱之间就没有截然划分的界限，各个维管束的排列也不成为一环。在茎的维管系统内，位于叶迹或枝迹的近轴处，由薄壁组织所充满，这些薄壁组织填充的区域，分别称为叶隙（leaf gap）和枝隙（branch gap）。叶隙和枝隙并不破坏茎维管系统的连续性，因为在叶隙和枝隙的地方，存在着维管组织的侧面联系。

可见，植物体营养器官的维管组织，从

根通过过渡区与茎相连，再通过枝迹和叶迹与枝、叶相连，构成完整的维管系统。这种结构，保证了植物生活中所需的水分、矿质元素和有机物的输导和转移，并得到良好的机械支持作用。

第三节　叶

叶（leaf）是由叶片、叶柄和托叶三部分组成的植物营养器官，具有叶片、叶柄和托叶三部分的叶称为完全叶，缺少任一部分或两部分的称为不完全叶。叶的形态多种多样，可以作为鉴别植物种类的重要依据之一。绿色植物叶片的最基本功能是进行光合作用，为地球生态系统提供了大部分的有机物质与能量。除此之外，叶片还有其他的一些对植物个体乃至整个生物圈都至关重要的生理功能。在长期的自然选择过程中，植物叶形成了与其功能相适应的复杂的形态和解剖学特征，来完成这些生理功能。

一、叶的主要生理功能

叶的主要生理功能是进行光合作用合成有机物，并通过蒸腾作用提供根系从外界吸收水分和无机盐的动力。此外，叶还具有气体交换、吸收作用和繁殖作用等。

1. 光合作用（photosynthesis）

光合作用是植物在可见光照射条件下，利用光合色素和有关酶类的活动，将二氧化碳和水转化为有机物（主要是碳水化合物），并释放出氧气，同时把光能转化为化学能贮存起来的过程。植物的光合作用是地球上进行的最大规模有机物合成和光能转化的过程，对于整个生物界和人类的生存发展，以及维持自然界的生态平衡有着极其重要的作用。光合作用每年同化 $2×10^{11}$ t 碳素，合成 $5×10^{11}$ t 有机物，不仅满足植物自身生长发育的需要，还为人类和其他动物提供了食物的来源。人类生活所需要的粮、棉、油、菜、果、茶等都是光合作用的产物。光合作用转化的能量是巨大的，每年转化的太阳能约为 $3.2×10^{21}$ J，为人类生产生活提供主要的能源如煤、石油、天然气和木材等。此外，光合作用释放氧气、吸收二氧化碳，有效地维持了大气成分的平衡，为地球生物创造了良好的生存环境。农业生产的主要目的是获得更多的光合产物，因此，光合作用成为农业生产的核心。通过采取各种栽培措施以及选育高光合强度的品种来提高光合作用，以获得高产。

2. 蒸腾作用（transpiration）

蒸腾作用是植物体内的水分以气体的形式从植物体表面散失到大气中的过程。植物一生所吸收的水分中约99%通过蒸腾作用散失到了大气中，只有1%作为植物体的构成部分。蒸腾作用对于植物生命活动有很重要的作用，如蒸腾作用产生的蒸腾拉力是植物吸收和运输水分的主要动力，特别是高大植物，如果没有蒸腾作用，较高的部分很难得到水分；蒸腾作用引起的上升液流，有助于根吸收的矿质元素以及根中合成的有机物转运到植物体的其他部分；同时蒸腾作用能够降低叶片温度，避免叶温过高，对叶片造成灼伤。

叶片是蒸腾作用的重要器官，此外，叶还有吸收的功能，如向叶面喷洒一定浓度的肥料（根外施肥）或农药等，均可被叶表面吸收。有些植物的叶还能进行繁殖，如柑橘属、秋海棠属（*Begonia*）植物，在叶片边缘的叶脉处可以形成不定根和不定芽，当它们自母体叶片上脱离后，即可独立形成新的植株。

除了上述普遍存在的功能外，有些植物的叶还有特殊的功能，并与之形成特殊的形态。如猪笼草属（*Nepenthes*）的叶形成囊状，可以捕食昆虫；洋葱的鳞叶肥厚具有贮藏作用；豌豆复叶顶端的叶变成卷须，有攀援作用；小檗属（*Berberis*）的叶变态形成针刺状，起保护作用等。

叶有多种经济价值，食用的如白菜、菠菜，药用的如颠茄（*Atropa belladonna*）、薄荷

（*Mentha haplocalyx*），香料植物如留兰香（*Mentha spicata*），造纸的剑麻（*Agave rigida*）等，都取材于植物的叶。

二、叶的基本形态

叶一般由叶片（leaf blade）、叶柄（petiole）和托叶（stipule）三部分组成，如棉花、桃、豌豆等，这三部分都具有的称为完全叶（complete leaf）（图 3-57）。而缺少其中任何一部分或两部分的叶称为不完全叶（incomplete leaf），如甘薯、油菜、向日葵等的叶缺少托叶；烟草、莴苣等的叶缺少叶柄和托叶；还有些植物的叶甚至没有叶片，只有一扁化的叶柄着生在茎上，称为叶状柄（phyllode），如台湾相思树（*Acacia confusa*）等。

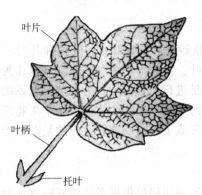

图 3-57　完全叶的组成

1. 叶片

叶片是叶最重要的组成部分，通常扁平、宽大而呈绿色，这种薄而扁平的形态，具有较大的表面积，能缩短叶肉细胞和叶表面的距离，起支持和输导作用的叶脉也处于网络状态。这些特征，有利于气体交换和光能的吸收，有利于水分、养料的输入以及光合产物的输出，是对光合作用和蒸腾作用的完善适应。

叶片可分为叶尖、叶基和叶缘等部分。叶的光合作用和蒸腾作用，主要是通过叶片进行的。叶片内分布着大小不同的叶脉，沿着叶片中央纵轴有一条最明显的也是最大的叶脉称为主脉，主脉的分支为侧脉，其余较小的称细脉，细脉末端称脉梢。叶脉的分布方式称为脉序，双子叶植物由主脉向两侧发出许多侧脉，侧脉再分出细脉，侧脉和细脉彼此交叉形成网状，称为网状脉序；单子叶植物的主脉明显，侧脉由基部发出直达叶尖，各叶脉平行，称为平行脉序。一些低等被子植物、蕨类植物和裸子植物的叶脉作二叉分支，形成叉状脉，是比较原始的叶脉（图 3-58）。

网状脉　　　　　　　　　羽状脉　　　　　　　　掌状脉

掌状五出脉　　　　平行脉　　　　　侧出脉

射出脉　　　　　弧形脉　　　　　叉状脉

图 3-58　各种类型的叶脉

2. 叶柄

　　叶柄位于叶片基部，是连接叶片和茎的结构。内有维管束，是茎、叶之间水分和营养物质运输的通道，还具有支持叶片的功能。叶柄通过自身长短变化和扭曲使叶片在空间中伸展，使叶片排列互相不遮阳，以接受较多的阳光，有利于光合作用，这种现象称叶镶嵌（leaf mosaic）。叶柄通常为细长、上面略有凹槽的结构。有的植物叶柄基部微膨大，称为叶枕（pulvinus）（图 3-59），大部分豆科植物具有叶枕。也有的植物叶柄扩展为扁平状，如白菜；而菱属（*Trapa*）和凤眼莲属（*Eichhornia*）（图 3-60）的叶柄中部膨大成气囊。叶柄的长短在不同植物中也不相同，即使在同一植物上也有差异。有的植物没有叶柄，叶片直接着生在茎上，这种叶为无柄叶（sessile leaf）。有的植物叶片基部或叶柄基部包围茎，形成一种鞘状结构，称为叶鞘（leaf sheath）。多数单子叶植物的叶具有叶鞘。禾本科植物的叶鞘具有保护茎的居间分生组织、增强茎的支持作用和保护腋芽的功能（图 3-61）。禾本科植物的叶鞘与叶片连接处有一膜状结构，叫叶舌（ligulate），可以防止水分、病虫害等进入叶鞘。有些禾本科植物的叶鞘与叶片连接处的边缘部分形成突起，称为叶耳（auricle）。叶舌、叶耳的有无、大小及形状，常作为识别禾本科植物的依据。如水稻叶舌呈膜质，叶耳膜质披针形，有毛；而稗草没有叶舌和叶耳。小麦的叶耳较小，边缘和尖端生有毛；大麦的叶耳大而明显；燕麦不具有叶耳。

图 3-59　刺槐的叶枕

图 3-60　凤眼莲膨大的叶柄

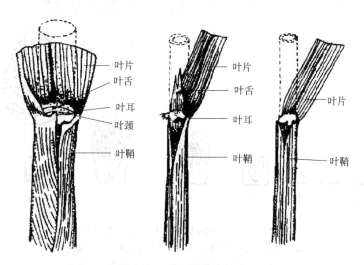

图 3-61　禾本科植物的叶

3. 托叶

托叶位于叶柄和茎的连接处，是叶柄基部的附属物，通常成对而生。一般着生在叶柄基部的两侧，也有的着生在叶腋处，如蓼科植物腋生的托叶合生如鞘状，包绕茎节间基部，称为托叶鞘（ocrea）。托叶具有不同的形状（图 3-62），如梨有线形的托叶，刺槐有刺状的托叶，菝葜属（Smilax）有卷须状的托叶，但通常都是小叶形的。也有的植物托叶很大，如豌豆的托叶。托叶的功能因植物而异，一般植物的托叶都有保护幼叶的功能，也有保护幼芽的功能，如木兰属（Magnolia）植物；有些具有攀援功能，如菝葜的托叶；刺槐的托叶可以保护植物体；豌豆的托叶可进行光合作用。大多数植物的托叶寿命较短，在叶成熟后不久就脱落了，木兰科植物的托叶脱落后在节上留下的环状结构叫托叶环。在观察植物的时候，要注意托叶的早落性，避免把托叶脱落的植物误认为无托叶植物。

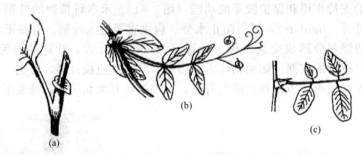

图 3-62　各种形状的托叶

（a）一种蓼科植物的托叶鞘；（b）豌豆的大托叶；（c）刺槐的针刺形托叶

根据叶柄上着生的叶片数目可将叶分为单叶（simple leaf）和复叶（complete leaf）两类。如果一个叶柄上只着生一个叶片，不论是完整的或是分裂的，都叫做单叶，如棉花、梨、甘薯的叶。如果叶柄上着生两个或两个以上完全独立的小叶，则叫做复叶，如花生、毛苕子（Vicia villosa）、蔷薇等的叶。复叶在单子叶植物中很少，在双子叶植物中相当普遍。

三、叶的发生与发展

叶由叶原基发育形成（图 3-63）。叶原基发生时，茎尖周缘分生组织区一定部位的表层下面一到两层细胞进行平周分裂，平周分裂产生的细胞和表层细胞又进行垂周分裂，形成一个向外的突出物，即叶原基。叶原基首先进行顶端生长，顶端部分的细胞继续分裂，使整个叶原基

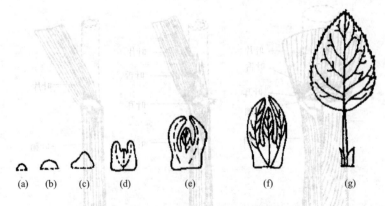

图 3-63　完全叶的形成过程（引自贺学礼）

（a），（b）叶原基形成；（c）叶原基分化成上下两部分；

（d）～（f）托叶原基与幼叶形成；（g）成熟的完全叶

长长，成为一个锥体，叫做叶轴，是没有分化的叶片和叶柄。具有托叶的植物，叶原基基部的细胞迅速分裂、生长、分化为托叶，包围着叶轴。

在叶轴伸长的早期，叶轴边缘的两侧出现两条边缘分生组织（marginal meristem），边缘分生组织进行分裂，使叶原基向两侧生长（边缘生长），同时叶原基还进行一些平周分裂，使叶原基的细胞层数有所增加，这样，叶原基成为具有一定细胞层数的扁平形状，形成幼叶。叶轴基部没有边缘生长的部位，分化形成叶柄。由于各个部位边缘分生组织分裂速度不一致，可形成不同程度的分裂叶；如果有的部位有边缘分生组织，有的部位无，就形成复叶。

当叶片各个部分形成后，细胞仍继续分裂和长大，增加幼叶的面积（居间生长），直到叶片成熟。由于不同部位居间生长的速度不同，结果形成不同形状的叶。

当叶轴发育形成幼叶后，幼叶内已经没有边缘分生组织存在，这时期幼叶的最外表为原表皮层，原表皮层以内是几层细胞构成的基本分生组织（叶内的基本分生组织只进行垂周分裂），基本分生组织中分布着原形成层束。在居间生长过程中，原表皮发育成表皮，基本分生组织发育成叶肉，原形成层发育成叶脉，共同构成一片成熟的叶。

叶的生长期有一定期限，在达到一定大小后，生长就停止。但有的植物在叶基部保留有居间分生组织，可以有较长的生长期，如禾本科植物的叶鞘能随节间生长而伸长；葱、韭菜等剪去上部叶片，叶仍然能够继续生长，就是由于居间分生组织活动的结果。

四、叶的结构

（一）双子叶植物叶的结构

1. 叶柄的结构

叶柄的内部结构与茎相似，通过叶迹与茎的维管组织相联系，基本结构比茎简单，由表皮、基本组织和维管束三个部分组成。一般情况下，叶柄在横切面上常成半月形、三角形或近于圆形（图 3-64，图 3-65）。叶柄的最外层为表皮层，表皮上有气孔器，常有表皮毛，表皮内大部分是薄壁组织，紧贴表皮之下为数层厚角组织，内含叶绿体，有时也有一些厚壁组织。这些机械组织（图 3-65）既能增强支持作用，又不妨碍叶柄的延伸、扭曲和摆动。叶柄的维管束成多种方式分布在薄壁组织中，维管束可以是外韧的，如冬青属（*Ilex*）；双韧的，如夹竹桃属（*Nerium*）、南瓜属；或是同心的，如某些蕨类植物和许多双子叶植物。叶柄维管束的排列因植物种类而不同。在叶柄横切面上，表现为连续的或间断的新月形，如烟草属、夹竹桃属；或为完整的或间断的环，如蓖麻属；或具有额外的内外束环，如葡萄属、悬铃木属（*Platanus*）、刺槐属等。在许多单子叶植物和酸模属（*Rumex*）中，可看到散生的维管束。如果是单个外韧维管束，则韧皮部存在于远轴面；如果维管束排列成一圈，则韧皮部在环周围木质部的外部。

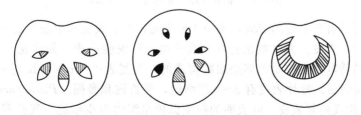

图 3-64　三种类型的叶柄横切面（黑色斜线部分为木质部）

在双子叶植物中，木质部与韧皮部之间往往有一层形成层细胞，可以进行短期的次生生长。有些植物叶柄和复叶小叶柄基部有膨大的叶枕，与叶的感性运动有关。

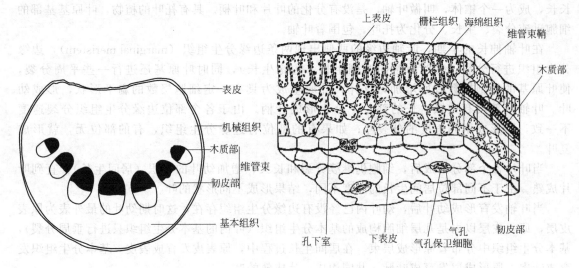

图 3-65 叶柄的结构

图 3-66 植物叶片结构立体示意图

2. 叶片的结构

被子植物的叶片通常为绿色的扁平结构,由于上下两面受光不同,因此内部结构也有所不同。一般把向光的一面称为上表面或近轴面或腹面,相反的一面称为下表面或远轴面或背面。

通常,叶片的内部结构分为表皮、叶肉(mesophyll)和叶脉(vein)三部分(图 3-66,图 3-67)。

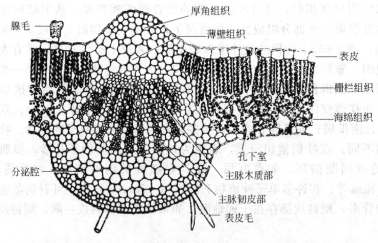

图 3-67 棉花叶经主脉部分的横剖面图

(1)表皮 覆盖着整个叶的表面,来源于原表皮,有上表皮和下表皮之分,近轴面的是上表皮,远轴面的为下表皮。大多数植物叶的表皮由一层细胞构成,如棉花、女贞(*Liguserus lucidum*);少数植物叶的表皮是由多层细胞构成的,为复表皮(multiple epidermis),如印度橡胶树(*Ficus elastica*)叶片表皮有 3~4 层细胞,夹竹桃和海桐(*Pittosporum robira*)的表皮为 2~3 层细胞组成的复表皮。叶表面的初生保护组织由表皮细胞、气孔器、排水器和表皮毛等附属物组成。

① 表皮细胞 是表皮的主要组成成分。表皮细胞多为有波纹边缘的不规则的扁平体,细胞彼此紧密嵌合,没有胞间隙(图 3-66)。在横切面上,表皮细胞的形状十分规则,呈扁长方

形，外切向壁比较厚，并覆盖有角质膜（图 3-67）。上表皮的角质膜一般比下表皮的发达，叶面角质膜的发达情况常随植物的特性、生长环境和发育年龄而变化。通常幼嫩叶子的角质膜不及成熟叶子的发达，旱生植物的角质膜较厚，而水生植物的较薄甚至没有。角质膜有减少蒸腾并在一定程度上防御病菌和异物侵入的作用，它较强的折光性能够防止强光对叶片造成灼伤，在热带植物中这种保护作用更为明显。角质膜也不是完全不通透的，植物体内的水分可通过叶片表皮角质膜蒸腾散失一部分。生产上采用叶面施肥，便是应用溶液喷洒于叶面后，一部分通过气孔进入叶内，一部分透过表皮角质膜进入细胞的原理。表皮细胞中通常不含叶绿体，在一些阴生或水生植物中可能具有，如眼子菜（*Potamogeton tolygoni folius*）。有的植物表皮细胞含有花青素，使叶片呈现红、蓝、紫色。表皮细胞还是一个有效的紫外线过滤器，照射到叶片上的紫外线大部分被表皮截留，只有 2%～5% 进入叶内部，避免了紫外线对内部结构的伤害。

② 气孔器　叶表皮上分布有许多气孔器（stomatal apparatus），这与叶片光合作用和蒸腾作用密切相关。双子叶植物的气孔器通常呈散乱的状态分布，没有一定规律（图 3-66）。气孔器由两个肾形的保卫细胞（guard cell）围合而成。两个保卫细胞之间的裂生胞间隙称为气孔（stoma），它们是叶片与外界环境之间气体交换的孔道。有些单子叶植物如甘薯等，在保卫细胞之外，还有较整齐的副卫细胞（subsidiary cell）。

保卫细胞的细胞壁，在靠近气孔的部分增厚，上下方都有棱形突起，而邻接表皮细胞一侧的细胞壁较薄。叶片保卫细胞的原生质体与一般表皮细胞不同，细胞质丰富，有较多叶绿体和淀粉粒，这些特点与气孔开闭的自动调节密切相关。当光合作用累积的淀粉转变为简单的糖分时，保卫细胞中细胞液的浓度增加，保卫细胞向周围的表皮细胞吸入水分而膨胀，其间的气孔裂缝得以张开。当保卫细胞失去水分，细胞收缩，其间的气孔裂缝就关闭起来。

据观察，保卫细胞壁上的纤维素的微纤丝呈辐射状排列，通过实验认为，微纤丝的这种排列方式，对于气孔的开闭，比壁的厚薄状况更为重要（图 3-68）。

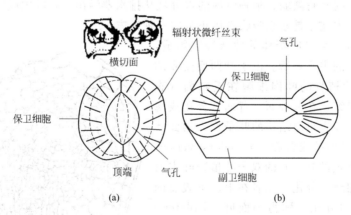

图 3-68　两种类型气孔结构（示辐射状微纤丝束）
(a) 双子叶植物气孔器；(b) 单子叶植物气孔器

一般植物在正常气候条件下，昼夜之间气孔的开闭具有周期性，通常晨间开启，利于光合作用；午前张开到最高峰，气孔蒸腾也迅速增加，保卫细胞失水渐多；中午前后，气孔渐渐关闭；下午当叶内水分增加之后，气孔再度张开；到傍晚后，因光合作用停止，气孔则完全闭合。气孔开闭的周期性随气候和水分条件、生理状态和植物种类而有差异。了解气孔开闭的昼夜周期变化和环境的关系，对于选择根外施肥的时间有实际意义。

气孔在表皮的数目、位置和分布随植物种类而异，且与生态条件有关。大多数植物每平方厘米的下表皮平均有气孔 10000～30000 个。一般来说，草本双子叶植物如棉花、马铃薯、豌豆的气孔，下表皮多而上表皮少；木本双子叶植物如茶、桑等的气孔，都集中在下表皮；睡莲（*Nymphaea totragona*）叶的气孔器仅在上表皮分布；沉水植物的叶一般没有气孔器。在同一植株上，着生位置愈高的叶，其单位面积的气孔数目愈多；同一叶片上，单位面积气孔器的数目近叶尖、叶缘部分较多，这是因为叶尖和叶缘的表皮细胞较小，而气孔与表皮细胞的数目常有一定比例的缘故。

多数植物叶的气孔与其周围的表皮细胞处在同一平面上。但旱生植物的气孔位置常稍下陷，形成下陷气孔，甚至多个气孔同时下陷，形成气孔窝；而生长于湿地的植物其气孔位置常稍升高。气孔的这些特点，都是对光照、水分等不同环境条件的适应。

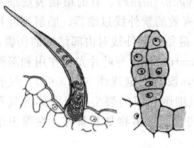

图 3-69　表皮毛的结构

③ 表皮附属物　表皮细胞常向外突出分裂形成表皮毛（图 3-69），其类型、功能和结构因植物而异。如棉花叶，有单细胞簇生的毛和乳头状的腺毛，在中脉背面，还有呈棒状突起的蜜腺。茶幼叶下表皮密生单细胞的表皮毛，在表皮毛周围，分布有许多腺细胞，能分泌芳香油，加强表皮的保护作用。甘薯叶表皮上有腺鳞，它包括短柄和由较多分泌细胞构成的顶部两个部分，顶部能分泌黏液。荨麻叶上的螫毛能分泌蚁酸，可防止动物的侵害。环境条件会影响表皮毛的疏密，如高山植物叶片上多有浓密的绒毛，能够反射紫外线；在低温和高温气候条件下生活的植物密生绒毛，可以避免体温的剧烈变化，减少水分蒸腾。

④ 排水器　有些植物的叶尖和叶缘有水孔和通水组织构成的排水器，可以排出水分（图 3-70）。水孔与气孔相似，但它的保卫细胞分化不完全，没有自动调节开闭的作用。排水器内部有一群排列疏松的小细胞，与脉梢的管胞相连，称为通水组织。在温暖的夜晚或清晨，空气湿度较大时，叶片的蒸腾微弱，植物体内的水分就从排水器溢出，在叶尖或叶缘集成水滴，这种现象叫吐水。吐水现象是根系吸收作用正常的一种标志。

（2）叶肉　由含大量叶绿体的薄壁细胞组成，是叶进行光合作用的主要场所。由于叶两面受光的影响不同，双子叶植物的叶肉细胞在近轴面（腹面）分化成栅栏组织，在远轴面（背面）分化成海绵组织，具有这种叶肉组织结构的叶子称为两面叶（bifacial leaf）或异面叶或背腹型叶（dorsi-ventral leaf），如棉花、女贞的叶。有的双子叶植物叶肉没有栅栏组织和海绵组织分化，或者在上、下表皮内侧都有栅栏组织的分化，称为等面叶（isolateral leaf），如柠檬（*Citrus limonia*）、夹竹桃（*Nerium indicum*）的叶。

① 栅栏组织（palisade tissue）　栅栏组织是一列或几列长柱形的薄壁细胞，其长轴与上表皮垂直相交，呈栅栏状排列。在叶片横切面上，栅栏组织排列紧凑，而在与表皮平行的切面上观察，可发现栅栏组织细胞之间互相不接触或接触很少，形成发

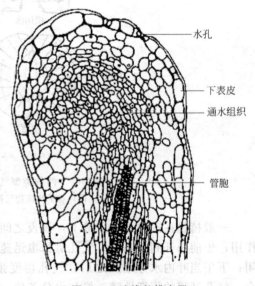

图 3-70　叶缘的排水器

水孔

下表皮

通水组织

管胞

育良好的胞间隙系统，保证了每个细胞与气体充分接触，有利于光合作用时大量的气体交换。

栅栏组织细胞内含有较多、较大的叶绿体，叶绿体的分布常决定于外界条件，特别是光照

强度。强光下，叶绿体移动而贴近细胞的侧壁，减少受光面积，避免过度发热；弱光下，它们分散在细胞质内，充分利用散射光能。在生长季节里，叶绿素含量高，类胡萝卜素的颜色被叶绿素的颜色所遮蔽，故叶色浓绿；秋天，叶绿素减少，类胡萝卜素的黄橙色便显现出来，于是叶色变黄。有些植物叶显红、紫等颜色，这是花色素苷对细胞液 pH 值改变的颜色反应。

栅栏组织的细胞层数和特点随植物种类而不同。棉花的栅栏组织只有 1 层；甘薯叶的栅栏组织有 1～2 层细胞；茶叶随品种而不同，其栅栏组织有 1～4 层细胞；香蕉的腹背叶较厚，有几层细胞组成的栅栏组织。光照强度的强弱对栅栏组织的发育程度和细胞层数有重要影响。如同一棵树上，由于树冠外部和内部光照强度不同，树冠外部的叶具有发育良好的栅栏组织，而树冠内部叶的栅栏组织发育不良。生长在强光下和阳坡植物的栅栏组织层数比生长在弱光和阴坡植物的多，生长在森林下层的植物和沉水植物常没有栅栏组织。

② 海绵组织（spongy tissue）　海绵组织位于栅栏组织与下表皮之间，是形状不规则、含少量叶绿体的薄壁组织。细胞排列疏松，胞间隙很大，特别是在气孔内方，形成较大的气孔下室（substomatic chamber）。由于海绵组织细胞内含叶绿体较少，故叶片背面的颜色较浅。海绵组织的光合强度低于栅栏组织，气体交换和蒸腾作用是其主要功能。

（3）叶脉　叶脉是由原形成层发育而来，由分布在叶片中的维管束及周围的有关组织组成，起支持和输导作用。在主脉和较大侧脉的维管束周围还有薄壁组织和机械组织，是由基本分生组织发育成的。叶脉的主要功能是输导水分、无机盐和养料，并对叶肉组织起机械支持作用。双子叶植物的叶脉多为网状脉，在叶的中央纵轴有一条最粗的叶脉，称为主脉（或中脉），从主脉上分出的较小分支为侧脉，侧脉再分支出更小的细脉，细脉末端称脉梢，因此，双子叶植物叶片内的维管束在叶片中央平面上与叶表面平行地形成互相连接的网状系统（图 3-71）。

主脉或大的侧脉由维管束和机械组织组成。主脉中有多个维管束，小型叶脉只有一个。主脉和较大叶脉维管束的组成与茎中维管束的组成成分基本相同，只是各成分的体积小一些。木质部位于近轴面，韧皮部位于远轴面。双子叶植物在木质部与韧皮部之间还有形成层，不过形成层的分裂活动微弱，只产生少量的次生结构。

随着叶脉分支，叶脉的结构越来越简单（图 3-71）。首先是形成层和机械组织消失，其次是木质部和韧皮部的组成分子逐渐减少。细脉末端，韧皮部中有的只有数个狭短筛管分子和增大的伴胞，有的只有 1～2 个薄壁细胞；木质部中最后也仅有 1～2 个螺纹管胞。韧皮部和木质部可以一同到达脉端，但在大多数情况下木质部分子比韧皮部分子延伸得更远。近代电镜观察证明，在细脉中发现与筛管分子和管状分子毗接的一些薄壁细

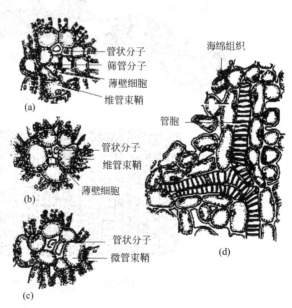

图 3-71　细脉与脉梢

(a)～(c) 示梨属（*Pyrus*）叶细脉；(d) 脉梢的纵剖面

胞，它们的细胞壁具有向内生长的突起物，这是典型传递细胞的特点。传递细胞在细脉韧皮部附近特别明显，能够有效地从叶肉组织运输光合产物到筛管分子中。脉梢是木质部泄放蒸腾流的终点，又是收集、输送叶肉光合作用产物的起点，它这种特化结构对于短途运输非常有利。

叶片中较大的叶脉包埋在基本组织中，这些基本组织不分化为叶肉组织，只是在细胞中含

有少量叶绿体。较小的叶脉包埋在叶肉组织中。末端细小叶脉外围往往具有一层或几层薄壁细胞组成的维管束鞘（vascular bundle shealth）。维管束鞘由小叶脉一直延伸到叶脉末梢，使末梢的维管组织很少暴露在叶肉细胞间隙中。维管束鞘增加了叶肉组织和叶脉的接触面积，有利于叶肉组织与维管组织之间进行物质交换。维管束鞘还可以扩展到表皮下方，构成维管束鞘延伸区，除了支持功能以外，还有从维管束鞘至表皮的短途运输功能。

维管束的周围除了薄壁组织之外，在脉肋的表皮层下面还常有厚角组织（如甘薯）和厚壁组织（如棉花、柑橘）的分布，加强了机械支持作用。机械组织在叶背面尤为发达，因此，主脉和较大的叶脉在背面形成显著突起。有些植物叶的边缘还分布一些排列成束状的机械组织，大大增加了叶片抵抗风力机械伤害的能力。

3. 托叶的结构

托叶形状各异，常为两侧对称，但亦具背腹面、扁平，内部结构基本如叶片，但各部分组成简单，分化程度低，也可进行光合作用。

（二）禾本科植物叶的结构

禾本科植物的叶片也是由表皮、叶肉和叶脉三部分组成，各部分的结构与双子叶植物有所不同（图 3-72～图 3-74）。

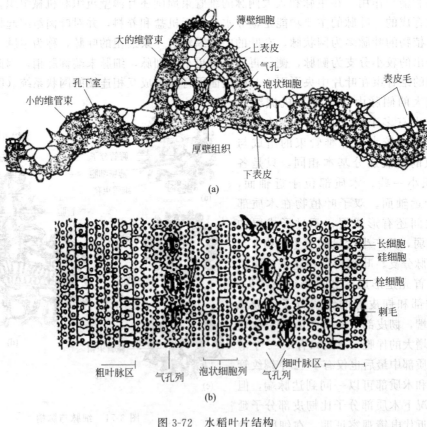

图 3-72　水稻叶片结构
(a) 横切面结构；(b) 叶上表皮顶面观

1. 叶片的结构

（1）表皮　禾本科植物叶片表皮的结构比较复杂，除表皮细胞、气孔器和表皮毛之外，在上表皮中还分布有泡状细胞。

① 表皮细胞　禾本科植物的表皮细胞有近矩形的长细胞和方形的短细胞两类。长细胞是

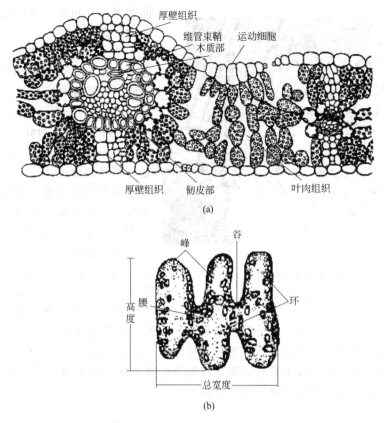

图 3-73 小麦叶片结构

(a) 叶片部分横切面；(b) 1 个叶肉细胞

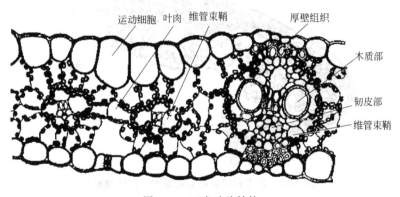

图 3-74 玉米叶片结构

表皮的主要组成成分，其长轴与叶片纵轴平行，呈纵行排列（图 3-75），细胞的外侧壁不仅角化，而且高度硅化，形成一些硅质和栓质的乳突（papilla）。禾本科植物的叶比较坚硬，主要是因为长细胞含有硅质。长细胞和气孔器交互组成纵列，分布于叶脉相间处。短细胞为正方形或稍扁，插在长细胞之间，短细胞可分为硅细胞（silica cell）和栓细胞（cork cell），两者成对或单独分布在长细胞列中，并和长细胞交互排列。硅细胞除细胞壁硅质化外，细胞内充满一个硅质块，是死细胞；栓细胞壁栓质化，它们分布于叶脉上方。水稻叶的硅细胞中充满硅质胶体物，易于辨别。许多禾本科植物表皮中的硅细胞常向外突出如齿状或成为刚毛，使表皮坚硬而粗糙，加强了抵抗病虫害侵袭的能力。农业生产上施用硅酸盐或采用稻草还田的措施和注意株

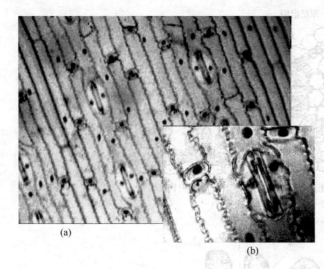

图 3-75 小麦叶表皮细胞正面观
(a), (b) 为 (a) 部分放大图

间通风，以利细胞壁的硅化和抗病虫性能的提高。

② 泡状细胞 在两个叶脉之间的上表皮分布一些具有薄垂周壁的大型薄壁细胞，其长轴与叶脉平行，称为泡状细胞（bulliform cell）或运动细胞（motor cell）（图 3-76）。泡状细胞常 3~7 个为一组，中间的细胞最大，两旁的较小。在叶片横切面上，每组泡状细胞的排列常似展开的折扇形，它们的细胞中都有大液泡，不含或含有少量叶绿体。通常认为当气候干燥、叶片蒸腾失水过多时，泡状细胞发生萎蔫，于是叶片内卷成筒状，以减少蒸腾；当天气湿润、蒸腾减少时，它们又吸水膨胀，于是叶片又平展。但是植物叶片失水内卷，也与叶片中的其他组织的差别收缩、厚壁组织的分布、组织之间的内聚力等有关。在小麦、玉米、甘蔗的栽培或水稻的晒田过程中，如果发现叶片内卷，傍晚仍能复原，说明叶的蒸腾量大于根系吸收量，这是炎热干旱条件下常有的现象；如果叶片到晚上仍不展开（晚上蒸腾很少），这是根系不能吸水的标志，说明植物受到干旱伤害。

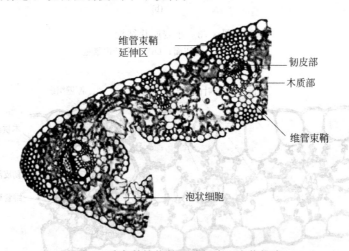

图 3-76 禾本科植物的运动细胞（泡状细胞）

③ 气孔器 禾本科植物的气孔器由两个长哑铃形的保卫细胞和其外侧的一对近似菱形的副卫细胞组成（图 3-77）。气孔器在表皮上与长细胞相间排列成纵行，叫做气孔列。成熟的保卫细胞形状狭长，两端膨大，壁薄，中部细胞壁特别增厚。当保卫细胞吸水膨胀时，薄壁的两端膨大，互相撑开，于是气孔开放；缺水时，两端收缩，气孔关闭。禾本科植物叶片上、下表皮的气孔数目几乎相等，这个特点是与叶片生长比较直立、没有腹背结构之分有关。但是，气孔在近叶尖和叶缘的部分却分布较多。气孔多的地方，有利于光合作用，也增强了蒸腾失水。水稻插秧后，往往发生叶尖枯黄，这是因为根系暂受损伤，吸水量少，而叶尖蒸腾失水多的缘故。

（2）叶肉 禾本科植物的叶肉，没有栅栏组织和海绵组织的分化，称为等面型叶（或称等

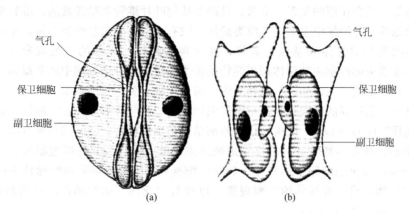

图 3-77　禾本科植物气孔器的模式结构图
(a) 表面观；(b) 切面观

面叶)。各种禾本科作物的叶肉细胞在形态上有不同的特点，甚至不同品种或植株上不同部位的叶片中，叶肉细胞的形态稍有差异。如水稻的叶肉细胞，细胞壁向内皱褶。但整体为扁圆形，成叠沿叶纵轴排列，叶绿体沿细胞壁内褶分布。小麦、大麦的叶肉细胞，细胞壁向内皱褶，形成具有"峰、谷、腰、环"的结构（如图 3-73），这有利于更多叶绿体排列在细胞边缘，易于接受 CO_2 和光照，进行光合作用。当相邻叶肉细胞的"峰、谷"相对时，可使细胞间隙加大，便于气体交换；同时，多环细胞与相同体积的圆柱形细胞比较，相对减少了细胞的个数，细胞壁减少了，对于物质的运输更为有利。

在小麦叶片细胞的研究中，观察到叶肉细胞的环数有随叶位上升而增加的趋势，旗叶的叶肉细胞比低位叶的细胞矮而宽，环数增多，高度降低。这样，在单位空间内细胞层数加多，细胞的光合表面积与胞间空隙增大，使旗叶的功能效率大为提高。此外，高、低叶位的叶肉中，还表现在叶绿体的差异，旗叶叶肉细胞叶绿体的外膜常有向体外延伸的小泡，而在冬前的低位叶片中则少见。叶绿体的多型现象也可能是光合作用加强的一种表现。

叶肉细胞含有大量的叶绿体，而叶绿素是不断合成和分解的。当营养生长旺盛、氮肥充足时，叶绿素的合成多于分解，含量增加，因而叶色浓绿；反之，在不利于叶绿素形成的条件下，它的含量便减少，类胡萝卜素的黄橙色就显露出来，因而叶色变为黄绿。所以，水稻和其他作物叶色在不同生育期的变化，是叶绿素含量的增减过程，它反映了植株新陈代谢的特点。实践证明，掌握作物叶色变化的规律，可作为看苗管理的依据，从而采取适当措施，获得稳产高产的植物。

(3) 叶脉　禾本科植物的叶脉为平行脉，中脉明显粗大，与茎内的维管束结构相似，侧脉大小均匀，彼此平行。维管束均为有限外韧维管束，没有形成层，其结构由木质部、韧皮部和维管束鞘组成，木质部和韧皮部的排列类似于双子叶植物。维管束外有一至两层细胞包围，形成维管束鞘（vascular bundle sheath），在不同光合途径的植物中，维管束鞘细胞的结构有明显区别。

玉米、甘蔗、高粱等 C_4 植物的维管束鞘是由单层薄壁细胞所组成。细胞较大，排列整齐，细胞内的叶绿体比叶肉细胞所含的叶绿体大，数量多。小麦、大麦等 C_3 植物的维管束鞘有 2 层细胞。水稻的维管束鞘可因品种不同而为 1 层或 2 层，但在细脉中则一般只有 1 层维管束鞘。具有 2 层维管束鞘的，其外层细胞壁薄、较大，所含叶绿体较叶肉细胞中的少；内层细胞较小，细胞壁较厚，几乎不含或含少量叶绿体。

随着科学研究的深入，人们进一步注意到维管束鞘的超微结构，维管束鞘和周围叶肉细胞的组合排列状态等与光合作用的关系。玉米、甘蔗等植物叶片维管束鞘较发达，维管束鞘细胞内含许多较大的叶绿体，叶绿体中主要是基质类囊体，没有或仅有少量基粒类囊体，而叶肉细胞中的叶绿体有明显的基粒类囊体和基质类囊体，这种现象称作叶绿体的二型现象（dimorphism of chloroplase）。维管束鞘细胞内叶绿体积累淀粉的能力超过一般叶肉细胞中的叶绿体。此外，维管束鞘细胞中含有丰富的线粒体和过氧化物酶体（与光呼吸有关）等细胞器。同时，其外侧密接一层成环状或近于环状排列的叶肉细胞，与维管束鞘细胞包被叶脉形成同心的圈层，这种同心圈层结构叫做"花环"（Kranz-type）结构，这些解剖结构是四碳植物（C_4）的特征（图3-74）。

小麦、水稻、燕麦等植物叶片的维管束鞘细胞中的叶绿体和其他细胞器很少，过氧化物酶体在叶肉细胞和维管束鞘细胞中都有分布。叶肉细胞和维管束鞘细胞的叶绿体中都含有基粒类囊体和基质类囊体，没有叶绿体的二型现象，也没有"花环"结构出现。这些都是 C_3 植物在叶片结构上的反映［图3-73（a）］。

C_4 植物叶片中的"花环"结构，以及维管束鞘细胞的解剖特点，在进行光合作用时，更有利于将叶肉细胞中由四碳化合物所释放出的 CO_2 再行固定还原，提高了光合效能。实验证明 C_4 植物玉米能够从一个密闭的容器中用去所有的二氧化碳，而 C_3 植物则必须在二氧化碳浓度达到 $0.04 \mu L/L$ 以上才能利用，C_4 植物可以利用极低浓度的二氧化碳，其甚至于气孔关闭后维管束鞘细胞呼吸时产生的二氧化碳都可以利用，同时，C_4 植物的光呼吸又比 C_3 植物的低。因此，一般把 C_4 植物称为高光效植物，而 C_3 植物为低光效植物。C_4 和 C_3 植物不仅存在于禾本科中，其他一些单子叶植物和双子叶植物中也有发现，如莎草科、苋科、藜科等有 C_4 植物，其叶的维管束鞘细胞也具有上述特点。大豆、烟草则属 C_3 植物。

禾本科植物叶脉的上、下方，往往分布有成片的厚壁组织，它们可以一直延伸到与表皮相接。水稻的中脉向叶片背面突出，结构比较复杂，它是由多个维管束与一些薄壁组织组成。维管束大小相间而生，中央部分有大而分隔的空腔，与茎、根的通气组织相通。光合作用所释放的氧气，可以由这些通气组织输送到根部，供给根部细胞呼吸需要。

2. 叶鞘、叶舌和叶耳

叶鞘表皮中无泡状细胞，气孔较少，含叶绿体的同化组织，其细胞壁不形成内褶。大小维管束相间排列，分布部位近背面。叶舌、叶耳的结构简化，常常只有几层细胞的厚度。

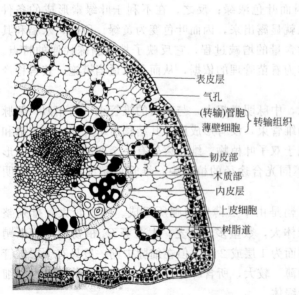

图3-78 马尾松叶的横切面（引自贺学礼）

表皮层
气孔
（转输）管胞
薄壁细胞 ｝转输组织
韧皮部
木质部
内皮层
上皮细胞
树脂道

（三）裸子植物叶的结构

裸子植物的叶多是常绿的，如松柏类；少数植物如银杏是落叶的。叶的形状常呈针形、短披针形或鳞片状。现以松属植物的针形叶为例来说明最常见的松柏类植物叶的结构。

松属植物的针叶生长在短枝上，大多是两针一束，如油松（*Pinus tabulaeformis*）、马尾松（*Pinus massoniana*）；也有三针一束，如白皮松（*Pinus bungeana*）和云南松（*Pinus yunnanensis*）；五针一束的，如华山松（*Pinus armandii*）。两针一束的横切面呈半圆形，三针一束和五针一束的呈三角形。

松属的针叶分为表皮、下皮层（hypodermis）、叶肉和维管组织四个部分（图

3-78)。

（1）表皮　表皮由一层细胞构成，细胞壁显著加厚并强烈木质化，外面有厚的角质膜，细胞腔很小。气孔在表皮上成纵行排列，保卫细胞下陷到下皮层（凡是位于器官表皮层以内并与其内方的细胞在形态结构和生理机能上有区别的细胞层都可以称为下皮层。该词在叶内普遍应用，在其他器官中使用较少。下皮层可起源于原表皮，也可起源于基本分生组织。起源于原表皮的下皮层与表皮是同源的，二者合成复表皮。复表皮只有表面一层细胞具有表皮组织的特征）中，副卫细胞拱盖在保卫细胞上方（图3-79）。保卫细胞和副卫细胞的壁均有不均匀加厚并木质化。冬季气孔被树脂性质的物质所闭塞，可减少水分蒸发。

（2）下皮层　下皮层在表皮内方，为1至数层木质化的厚壁细胞。发育初期为薄壁细胞，后逐渐木质化，形成硬化的厚壁细胞。下皮层除了防止水分蒸发外，还能使松叶具有坚挺的性质。

（3）叶肉　下皮层以内是叶肉，叶肉没有栅栏组织和海绵组织的分化。细胞壁向内凹陷，形成许多突入细胞内部的皱褶。叶绿体沿皱褶边缘排列，这样的皱褶可以扩大叶绿体的分布面积，并增加光合作用面积，弥补了针形叶光合面积小的不足。在叶肉组织中含有两个或多个树脂道，树脂道的腔由一层上皮细胞围绕，上皮细胞外还有一层纤维构成的鞘包围。树脂道的数目和分布位置可作为分种的依据之一。

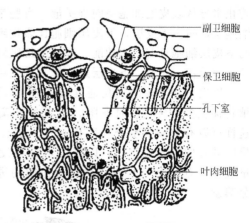

图 3-79　马尾松气孔器结构（引自贺学礼）

（4）维管组织　叶肉细胞以内有明显的内皮层，细胞内含有淀粉粒，其细胞壁上有带状增厚并木质化和栓质化的凯氏带。内皮层的里面是维管组织，有一到两个维管束，木质部在近轴面，韧皮部在远轴面。初生木质部由管胞和薄壁组织组成，两者间隔径向排列。初生韧皮部由筛胞和薄壁组织组成，在韧皮部外方常分布一些厚壁组织。包围在维管束外方的是一种特殊的维管组织——转输组织（transfusion tissue）。该组织包括三种细胞：一种是死细胞，细胞壁稍加厚并轻微木质化，细胞壁上有具缘纹孔，这种细胞叫管胞状细胞（tracheidal cell）；一种细胞是生活的薄壁组织细胞，细胞中含有鞣质、树脂，有时还有淀粉，管胞状细胞零散分布在这种细胞之间；还有一种细胞也是生活的薄壁组织细胞，细胞中含有浓厚的细胞质，这种细胞成群分布在韧皮部一侧，叫做蛋白质细胞（albuminous cell）。转输组织的功能目前还未完全清楚，可能与叶肉组织和维管束之间的物质交换有关。具有转输组织，是裸子植物叶的共同特征。

五、叶的生态类型

叶是植物暴露在空气中表面积最大的器官，与外界环境的接触面积也是最大的，因此，外界环境条件对叶片的形态结构有明显的影响。植物在进化过程中适应不同的生态环境，形成多种生态类型的叶。有效水分和光照条件与叶片结构密切相关。此外，盐碱地上生长的植物，也形成了与此相适应的结构特征。

1. 旱生植物的叶

按照植物与水分的关系，把植物分为旱生植物（xerophytes）、中生植物（mesophtes）和水生植物（hydrophytes）三种类型。旱生植物是指在气候干燥、土壤水分缺乏的干旱环境中生长，能够忍受较长时间干旱仍能维持体内水分平衡和正常发育的植物。水生植物是指生活在水中的植物。中生植物生长在水分条件适中、气候温和的环境中，是介于上述两种极端类型之间的一种中间类型。前面所谈到的叶片结构主要是中生植物叶的形态结构。

适应干旱的环境，旱生植物叶片的结构特点主要是朝着降低蒸腾和贮藏水分两个方面发展。

旱生植物的叶通常矮小，根系发达，叶小而厚，可以减少叶的蒸腾。叶的表皮细胞较小，细胞壁增厚，外壁高度角化，有很厚的角质层，角质层外还有厚的蜡层。表皮上常有浓密表皮毛，有的旱生植物的表皮毛是死亡的，表皮毛的空腔内充满空气，呈现白色，可以反射光线，防止叶温增高。有的旱生植物死亡的表皮毛的柄部细胞或基部细胞的细胞壁完全角质化，可以防止水分从表皮毛细胞壁向外扩散。有些旱生植物在上下表皮之间含有1至数层没有叶绿体的细胞层，叫做下皮层，下皮层细胞比表皮细胞大，一般是薄壁细胞，也有的是厚壁细胞。薄壁的下皮层细胞具有贮水功能，厚壁的细胞则具有支持叶片和防止水分蒸发的功能，如前面讲过的松属植物。此外，下皮层还有遮光的作用。

旱生植物叶片的气孔通常分布在叶下表皮，多数陷于表皮之下，形成下陷气孔，有的植物甚至多个气孔同时下陷，形成气孔窝（如夹竹桃），气孔窝内丛生表皮毛（图 3-80），这样可以有效减少水分从气孔蒸发。也有的旱生植物叶的气孔器只分布在叶上表皮，在干旱时叶片向内卷成管状，以减少水分蒸发，如某些禾本科植物。旱生植物叶片气孔器的数量较多，有利于 CO_2 吸入和光合作用的进行，在干旱季节，通过落叶或关闭气孔，减少水分蒸发。

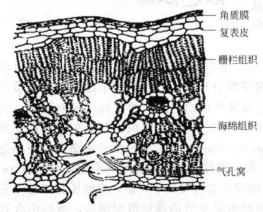

角质膜
复表皮
栅栏组织
海绵组织
气孔窝

图 3-80　夹竹桃叶片横切（示旱生植物叶结构）

有的旱生植物叶片强烈缩小形成刺形，如仙人掌类植物；针形如松属植物；鳞片形，如柏属植物，这样可以减少蒸腾面积，也就减少了水分的蒸腾量。

叶面积缩小，可以减少蒸腾，却对光合作用不利，因此，旱生植物的叶片还向着提高光合效能方面发展。一般旱生植物的叶肉组织排列紧密，细胞间隙小，这样在有限空间内可以增加光合组织的比例。栅栏组织特别发达，常常是两层甚至多层，有的植物在靠近下表皮的一面也有栅栏组织（图 3-80）。海绵组织不发达，仅有一层，甚至没有海绵组织，整个叶肉完全由栅栏组织构成。有些植物叶肉细胞具有皱褶的边缘（如松叶），增加与外界的接触面，使其中的叶绿体更有效地利用阳光。

由于旱生植物叶片中栅栏组织特别发达，使得叶肉细胞之间的侧向接触面减少，因而影响叶片内物质在水平方向的运输，所以，叶片内的叶脉比较稠密，解决物质的水平方向运输问题，同时，可以在干旱的大气中得到较充足水分，维持光合作用的进行。

旱生植物叶片中机械组织非常发达，成片分布在表皮和叶肉之间，或分布在叶肉细胞内，或包围着叶脉形成鞘状。发达的机械组织可以支持叶片，使其在缺水情况下不会萎缩变形，从而保证叶肉组织不会因为叶的失水萎蔫变形而受到伤害。

旱生植物叶片结构的另一特点是叶片肉质化，形成肉质叶。肉质叶中含有大量能贮藏水分的贮水组织，细胞体积大而壁薄，中央有一个大液泡，细胞液中含有黏质，具有保持水分的作用，如凤梨属（*Ananas*）、芦荟属（*Aloe*）等。生长于盐碱土壤上的猪毛菜属（*Salsoleae*），适应生理干旱的生境，也形成旱生结构，叶片肉质，线状圆柱形，表皮内侧环生一层栅栏同化组织，再内侧为一圈贮藏黏液细胞，中央则为具有贮水能力的薄壁组织，大、小维管束贯穿于薄壁组织之中（图 3-81）。

　　肉质叶是减少水分蒸发面积的一种形态，因为肉质叶比一般叶厚，肉质叶和相同体积的一般叶相比，具有较小的表面积。

　　综上所述，旱生植物叶在形态结构上有多种适应性特征，其共同的特征是：叶表面积与体积的比值比较低，即相同体积的叶，旱生植物有较小的蒸发面。上面所提到的旱生叶的特征，如叶形小、肉质叶、叶肉排列紧密、栅栏组织和输导组织发达、气孔器多而且下陷等，都是与减小叶的蒸发面积有关。

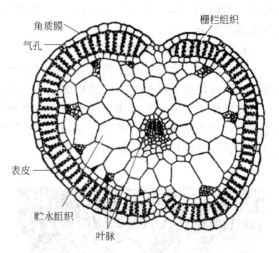

图 3-81　一种猪毛菜（*Salsota pestifer*）
叶横切（示旱生植物肉质叶结构）

2. 水生植物的叶

　　整个植物体或植物体的一部分浸没在水中的植物称为水生植物。按照生长环境中水的深浅不同，水生植物分为整个植株都沉在水中的沉水植物；叶片飘浮在水面上的浮水植物；茎叶大部分挺伸在水面以上，根生长在水中的挺水植物三种类型。水生植物可以直接从周围环境获得水分和溶解于水中的物质，但却不易得到充分的光照和良好的通气。在长期适应水生环境的过程中，水生植物的体内形成了特殊结构，其叶片结构的变化尤为显著。

　　对于挺水植物而言，除胞间隙发达或海绵组织所占比例较大外，与一般中生植物叶结构相差不多。

　　沉水植物是典型的水生植物，叶片通常较薄，表皮细胞壁薄，无角质层或角质层很薄，无气孔，叶片常为带形，有的沉水叶呈丝状细裂（如狐尾藻），有助于增加叶的吸收表面。由于水中光照弱，叶肉组织不发达，没有栅栏组织和海绵组织分化，叶肉全部由海绵组织构成，叶肉细胞中的叶绿体大而多。叶肉组织的细胞间隙很发达，有较大的气腔和气室，形成发达的通气系统（如眼子菜科植物）（图 3-82），既有利于通气，又增加了叶片浮力。叶片中的叶脉很少，木质部不发达甚至退化，韧皮部发育正常。机械组织和保护组织退化，表皮上没有角质膜或很薄，没有气孔器，气体交换是通过表皮细胞的细胞壁进行的。表皮细胞具叶绿体，能够进行光合作用。

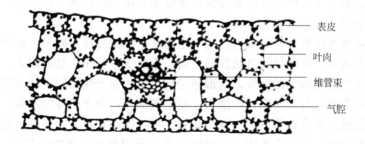

图 3-82　眼子菜属（菹草）叶横切（示沉水植物叶结构）

浮水植物的叶上表面可以受到光照，而下表面浮在水中。因此，叶的上、下两面朝适应旱生和水生两个方向发展（图 3-83）：上表皮细胞具有厚的角质层和蜡质层，气孔器全部分布在上表皮，靠近上表皮有数层排列紧密的栅栏组织，叶肉中含有机械组织；靠近下表皮的叶肉细胞之间有大的细胞间隙，形成发达的通气组织，下表皮细胞角质层薄或没有。有的浮水植物，如王莲（*Nelu lutea*），叶片很大，因此叶脉中有发达的机械组织，保证叶片在水面上展开。

3. 阳地植物和阴地植物的叶

光照强度是影响叶片结构的另一重要因素。许多植物的光合作用适合在强光下进行，而不能忍受荫蔽，这类植物称为阳地植物（sun plant）。大多数农作物，包括水稻在内，都属此类。另一类植物，它们的光合作用适合在较弱光照下进行，在全日照条件下，光合效率反而降低，这类植物称为阴地植物（shade plant）。许多林下植物属于此类。叶是直接接受光照的器官，因此，其形态结构受光的影响也很大。

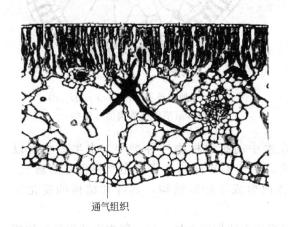

图 3-83　睡莲叶的横切（示浮水植物叶结构）

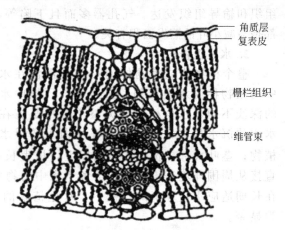

角质层
复表皮

栅栏组织

维管束

图 3-84　栎树叶片（阳叶）横切
（示阳地植物叶结构）（引自贺学礼）

阳地植物的叶称为阳叶（sun-leaf）（图 3-84），由于受光受热较强，常倾向于旱性叶的结构。叶片一般较小，质地较厚。表皮上覆盖厚的角质层；有的叶片表面密生绒毛或银白色鳞片，可以反射强光；气孔器小而密集，常下陷；叶肉细胞小，排列紧密，叶色较浅，海绵组织不发达而栅栏组织发达，常有 2～3 层，有时在叶上下表皮都有栅栏组织；机械组织也很发达，叶脉长而细密。

阴地植物的叶称为阴叶（shade-leaf），因为植物体长期处于荫蔽条件下，其结构常倾向于水生植物叶的结构。阴叶的叶片大而薄，栅栏组织发育不良；细胞间隙发达，叶绿体较大，叶色浓绿，表皮细胞常有叶绿体，气孔器较少，表皮细胞角质层较薄。这些特点，适应于荫蔽条件下吸收和利用散射光来进行光合作用。

阳性植物的叶片在排列上常与直射光成一定角度，叶镶嵌性不明显。而阴性植物的叶柄或长或短，叶形或大或小，使叶成镶嵌状排列在同一平面上以利用不足的阳光。

同一植物上不同受光部位的叶片，其形态结构也会明显表现出阳性叶和阴性叶的性质。近顶部的叶和向阳面的叶，趋向于阳性叶结构，而荫蔽的叶趋向于阴性叶结构。水稻的旗叶，一般有较高的光合强度，其内在原因之一就是具备了阳叶的结构特点。所以，栽培水稻时要防止叶片早衰，使更有效地进行光合作用，使幼穗源源不断得到光合产物的供应，达到籽粒饱满，保证旗叶和上部二叶、三叶的继续生长是十分重要的。

4. 盐生植物的叶

一般植物都不能生长在含盐量高的盐碱化土壤中，但也有一类特殊的植物经过长期进化和生境选择能在这种环境中生长，并形成一系列适应盐碱生境的形态结构特征。盐生植物在外形上趋于旱生植物结构特征。有的盐生植物叶片肉质化，叶肉中有特殊的贮水细胞，液泡中含有高浓度的细胞液，栅栏组织发达，海绵组织不发达，如滨藜属（*Atriplex*）植物；有的植物叶不发达，极度缩小，表皮具有厚的外壁，常具有灰白色绒毛。

5. 叶的衰老和脱落

叶有一定寿命，多数植物的叶生活到一定时期便会从枝上脱离下来，这种现象称为落叶。有的多年生木本植物的叶可以生活一个生长季，冬天来临时叶全部脱落，称为落叶树（deciduous tree），如杨、柳、银杏等。而松树、女贞等植物的叶寿命较长，可以活一年或几年，在植株上次第脱落，互相交替，称为常绿树（evergreen tree）。草本植物的叶随植株死亡。落叶是植物渡过不良环境（如低温、干旱）的一种适应形式。冬季寒冷干旱，根系吸水困难，叶脱落可以减少蒸腾，渡过不良环境，植物得以生存。

叶在脱落之前，要经历衰老变化，因此，衰老和脱落是两个连续的过程。有时这两个过程可以独立发生，如突然的霜害和机械损伤会导致叶脱落；一些二年生植物的叶，植株死亡后也不脱落。叶衰老时，代谢活动降低，叶肉细胞间隙扩大，水分不足，气孔关闭早，光合效率下降，叶内同化产物和可溶性蛋白质向叶外运输量降低，叶绿素分解，只剩下叶黄素和胡萝卜素两类色素。

靠近叶柄基部的几层细胞发生细胞学和化学上的变化，形成离区（abscission zone）。从外表看，有的植物叶柄基部有一个浅的凹槽，有的没有凹槽但是此处的表皮具有不同颜色，这个部位就是离区。离区细胞与邻近细胞相比，体积小，缺乏扩张能力，离区内的维管组织通常集中在叶柄中心，机械组织不发达或没有，组织分化程度低。落叶前在离区范围内进一步分化产生离层（abscission layer）和保护层（protective layer）（图 3-85）。离区中的几层细胞形成离层，叶柄从离层处与枝条断离。有的是胞间层的果胶酸钙转化为可溶性的果胶和果胶酸而导致胞间层溶解；有的除胞间层外，还

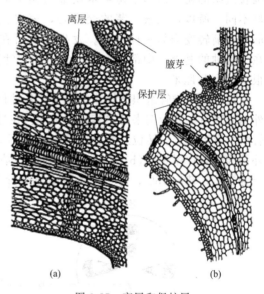

图 3-85　离层和保护层

（a）樱桃叶基纵切，示离层的形成；（b）鞘蕊花属（*Coleus*）落叶后的茎-叶基纵切，示保护层

有部分或全部初生壁溶解；也有的是整个细胞，包括原生质体和细胞壁全部发生解体，结果使得离层细胞彼此分离。另外，叶柄维管束的导管失去作用，叶子干枯，在叶子重力作用以及风吹雨打的机械作用下，叶从离层处断裂而脱落。落叶前，紧接离层下面的细胞其细胞壁木栓化，有时还有胶质、木质等物质沉积于细胞壁和胞间隙内，形成了保护层，保护叶脱落后所暴露的表面不受干旱和寄生物的侵袭。有的植物在落叶后的疤痕下继续产生周皮，增强保护作用。离层部位的周皮和幼茎的周皮最后相连成一整体。

叶脱落后，在茎上遗留的痕迹称为叶痕（leaf scar）。叶痕内有凸起的小斑点，是茎与叶柄间维管束断离后的遗迹，叫做束痕（bundle scar）。不同植物叶痕的形状、束痕的数目及排

列方式等各不相同，根据这些性状可以鉴定冬季落叶的树种。

离层不仅与落叶有关，而且在受精后花被的脱落、未能坐果的花的脱落、成熟果实的脱落等多与离层的形成有关。所以，研究离层形成的生理解剖、化学变化过程及其与外界条件的关系，对于解决器官脱落问题有重要意义。

第四节　营养器官之间的相互联系及其变态

一、营养器官的相互联系

前面各节分别阐述了根、茎、叶三种营养器官形态、结构与生理功能的一般规律。一株植物的各种营养器官在形态结构和生理上并不是孤立的，而是相互联系和互相影响的，体现着植株生活的整体性和生长的相关性。

（一）根、茎、叶之间维管组织的联系

1. 根-茎的过渡区

种子萌发时，胚轴的一端发育为主根，另一端发育为主茎，二者之间通过下胚轴相连。根维管组织的初生结构中初生木质部与初生韧皮部相间排列，初生木质部是外始式；而茎维管组织的初生结构中初生木质部与初生韧皮部相对排列，初生木质部是内始式，二者明显不同。所以，在根、茎的交界处，表皮、皮层等是直接连续的，但维管组织必须从一种形式逐渐转变为另一种形式。发生转变所在的部位称为过渡区（transition region），一般是在下胚轴的基部、中部或上部，终止于子叶节上。过渡区一般很短，小于1mm到2～3mm，很少达到几厘米。

过渡区的维管组织结构非常复杂，各种植物又有不同的类型。以四原型根转变为具有四个外韧维管束的茎为例来简述其转变过程：在过渡区发生转变时，中柱往往有所增粗，其中的维管组织发生分叉、转位及汇合等情况，如图3-86所示，图3-86（a）为幼茎的横切面，有四个外韧维管束；图3-86（b）～（d）分别是下胚轴上、中、下部的横切面，示每个维管束的木质部分为二叉，转向180°，每一分叉与相邻维管束的一分叉汇合成束，同时逐渐移位到两个韧皮

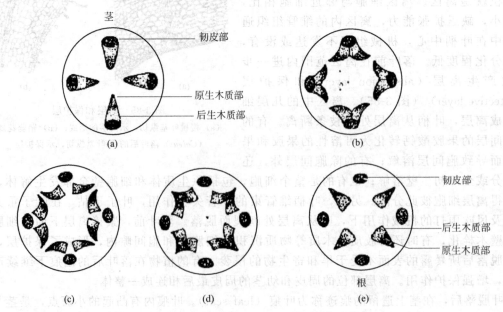

图 3-86　根-茎过渡区横切面的图解（引自李扬汉）

部之间；韧皮部的位置始终不变，从而形成了间隔排列，即图 3-86（e）是四原型根的初生结构。

2. 枝与叶之间维管束的联系

茎与叶的维管组织也是密切联系的。叶着生在茎的节部，茎的节部维管组织的结构比节间部分复杂得多。因为有些维管束从茎内的维管柱斜出到茎的边缘，然后伸入叶柄进入叶片，组成反复分支的叶脉。进入叶的维管束，从茎中维管束分支起，穿过皮层到叶柄基部为止，这一段称为叶迹（leaf trace）（图 3-87）。也就是说叶迹就是进入叶的维管束在茎里的一段。每一个叶的叶迹数目随植物的种类而异，有一至多个，但对每一种植物来说是一定的。如双子叶植物中，常有 3 个叶迹。叶脱落后，在叶痕上可以看到的小突起就是叶迹断离后的痕迹。因为植物种类不同，叶迹由茎伸入到叶柄部的方式也不相同，有的从茎中的维管束伸出后，到达节部就直接进入叶柄基部；也有的从茎中维管束伸出后，先与其他叶迹汇合，再沿着皮层向上穿越一节或多节，才进入叶柄基部。叶迹进入叶柄基部后，与叶的维管束相连并通

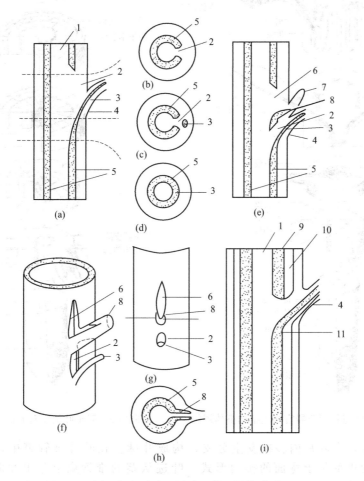

图 3-87　叶迹、叶隙、枝迹及枝隙
（a）茎节中经过叶迹、叶隙的纵切面；（b）～（d）分别为图（a）中三条虚线部位所指的横切面；（e）茎节中经过叶迹、叶隙、枝迹、枝隙的纵切面；（f）中柱（示叶迹、叶隙、枝迹、枝隙）；（g）系图（f）中正面的剖面；（h）系图（g）中虚线处所作的横切面；（i）同图（a）示较详细的结构
1—髓；2—叶隙；3—叶迹；4—叶柄；5—茎中的维管组织；6—枝隙；
7—腋芽；8—枝迹；9—木质部；10—韧皮部；11—原生木质部

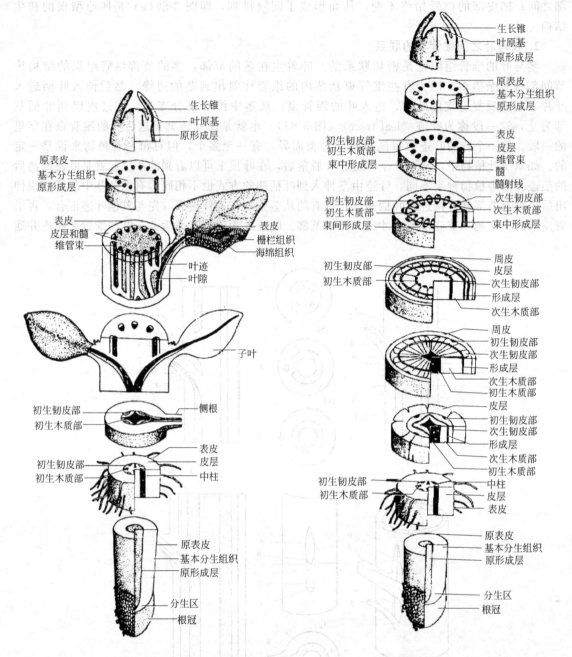

生长锥
叶原基
原形成层

原表皮
基本分生组织
原形成层

原表皮
基本分生组织
原形成层

表皮
皮层和髓
维管束

表皮
栅栏组织
海绵组织

叶迹
叶隙

子叶

初生韧皮部
初生木质部

侧根

初生韧皮部
初生木质部

表皮
皮层
中柱

原表皮
基本分生组织
原形成层

分生区
根冠

生长锥
叶原基
原形成层

原表皮
基本分生组织
原形成层

初生韧皮部
初生木质部
束中形成层

皮层
维管束
髓
髓射线

初生韧皮部
初生木质部
束间形成层

次生韧皮部
次生木质部
束中形成层

初生韧皮部
初生木质部

周皮
皮层
次生韧皮部
形成层
次生木质部

周皮
初生韧皮部
次生韧皮部
形成层
次生木质部
初生木质部

皮层
初生韧皮部
次生韧皮部
形成层
次生木质部
初生木质部

初生韧皮部
初生木质部

中柱
皮层
表皮

原表皮
基本分生组织
原形成层

分生区
根冠

图 3-88 双子叶植物营养器官初生结构整体图解   图 3-89 双子叶植物营养器官次生结构图解

过叶柄伸入叶片，在叶片内多次发生分支，构成叶脉。在叶脉维管束中，则表现为木质部位于腹面、韧皮部位于背面的排列形式。叶迹从茎的维管束上分出并向外弯曲后，在茎中维管束上的叶迹上方便形成一个空当，此空当由薄壁细胞所填充，这一区域就称为叶隙（leaf gap）。

茎与枝的维管组织同样也是密切联系的。枝的维管束，同样是从主干的维管束分支出来的。主茎上维管束的分支通过皮层进入枝的部分，称为枝迹（branch trace）。每一枝的枝迹一般为两个。在枝迹上方，同样出现被薄壁细胞所填充的区域，称为枝隙（branch gap）（如图3-87）。

　　植物体营养器官的维管组织，从根通过过渡区与茎相连，再通过枝迹和叶迹与枝、叶相连，构成完整的维管系统。这种结构，保证了植物生活中所需的水分、矿质元素和有机物的输导和转移，并得到良好的机械支持作用。双子叶植物营养器官初生结构与次生结构图解分别见图 3-88、图 3-89。

（二）营养器官之间主要生理功能的相互联系

1. 植物体内水分的吸收、输导和蒸腾（图 3-90）

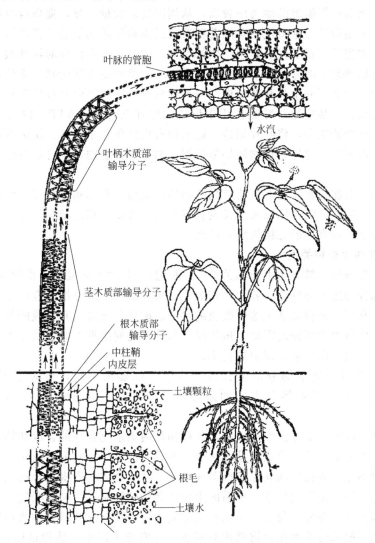

图 3-90　植物体内水分移动的途径示意

　　水分参与植物体的组成，是生理活动中所需气体、无机盐类和有机物质的必不可少的溶剂。细胞只有在水分存在的情况下，才能保持原生质的生活状态。所以，植物在生活过程中与水分有不可分离的关系。陆生植物生活所需要的水分，主要是从根尖的根毛区吸收。水分进入根毛后，一方面以细胞间渗透的方式依次通过幼根的表皮、皮层、内皮层、中柱鞘而进入导管中；另一方面由于植物地上部分，特别是绿叶的巨大蒸腾作用，产生强大的蒸腾拉力，由叶、茎、根的导管一直传到根毛区的细胞，使根毛区细胞的吸水力增加，不断地从土壤吸收水分。实验证明，根部吸入的水分，只有少量参加到植物体的生理活动中，而 98％以上的水分主要通过叶片蒸腾散失以产生巨大的蒸腾拉力。可见，根系的吸水活动与茎的输导和叶的蒸腾都有密切的关系。

2. 植物体内有机营养物质的制造、运输、利用和贮藏

植物体内有机营养物质是通过绿色植物的光合作用所制造的。光合作用是从无机物（二氧化碳和水）合成有机物的主要过程，也是直接将太阳能转变为化学能的唯一途径。叶子是进行光合作用的重要场所，它们所制造的有机物，除少数供应自身利用外，都大量运输到根、茎、花、果实、种子等器官中去。这种有机物的运输，是通过韧皮部的筛管进行的。由于筛管两端的渗透压不同，上端筛管细胞的渗透压较高，从周围吸入大量水分，提高自身的膨压，在膨压较大的情况下，上端筛管细胞就把所含的蔗糖液通过筛板压送到下端筛管细胞中。这样，正在生长的茎、根等细胞就获得了光合作用产生的糖分。同时，根系合成的氨基酸、酰胺等含氮有机物也经筛管运输到地上部分。如果在生长过程中，主茎的韧皮部受到严重的损伤（如环割），破坏了运输途径，就会影响生长甚至使根部得不到营养物质的供应而最终死亡。有机物的运输与呼吸作用密切相关，都要通过呼吸作用中形成的腺苷三磷酸（ATP）提供能量。有些植物具有贮藏大量有机物的能力，将叶片制造、运来的有机物积蓄于块茎、块根等贮藏器官以及结实器官的果实、种子中。此外，植物体局部组织中的有机物运输，还可通过活细胞间的胞间连丝进行。

这些现象都说明在植物体内有机营养物的制造、运输、利用和贮藏过程中，植物所进行的光合作用、输导作用、呼吸作用以及生长发育等各种生理功能都是相互依存的。同时植物的这些生理活动又与植物器官的形态结构统一协调。

3. 营养器官的生长相关性

（1）地下部分与地上部分的生长相关性——根冠比率 "本固枝荣，根深叶茂"，这句话反映了植物地上部分与地下部分存在着生长相关性。植物的地上部分把光合产物和生理活跃性物质输送到根部去利用，而根系从土壤中吸收的水分、矿质和氮素及其合成的氨基酸等重要物质又往上部输送，供给地上部分的需要。植物根系与枝叶之间生理上的密切相关，必然导致二者在生长上出现一定的比例关系，即根冠比率。

植物的地上部分与地下部分的生长对外界条件的要求不同，反应也不一样。控制光照、水分、温度、矿质营养等各方面的条件，可以改变作物的根冠比率，更适合生产的需要。

光强、氮肥、磷肥含量等方面的因素，与植物体内碳水化合物的合成和转移有关，从而影响根冠比率。阳光充足，叶子合成的碳水化合物多，大部分得以向根系输送，保证根系生长的需要。如果光照不足，或枝叶间互相遮挡造成荫蔽，叶子合成的碳水化合物量少，几乎全部用于枝叶生长消耗，很少输送到根系，根系的生长将会受到抑制。当施氮肥过多时，根部吸收大量的氮，并转移到地上部分，与光合作用产生的碳水化合物合成叶绿素和蛋白质，用于枝叶的生长，以致转移到根系的碳水化合物就相对减少。在农业生产中，播种过密、株间透光不良、施用氮肥过多，都会导致枝叶徒长而抑制根的发育，根冠比率低。增施磷肥，对植物体内碳水化合物的向根转移，以及对根尖生长点的细胞分裂活动都有促进作用，因而可提高根冠比率。所以，水稻移植时常用磷肥作为发根肥。

土壤的可用水分的含量对根冠比率也有很大的影响。在土壤水分较少时，根部吸收的水分不能完全满足地上部分的需要，因此，地上部分的细胞伸长生长受到一定的抑制，生长比较缓慢，但此时土壤通气性却有增加，对根系的呼吸和生长带来有利作用。所以水稻的落干晒田、棉花蹲苗等，都是利用减少土壤水分，增加通气，促进根系生长，提高根冠比率而获得丰产的有效措施。反之，在淹水情况下，根系的呼吸和生长受到抑制，根冠比率也就下降。

根冠比率除受环境条件影响外，还受植物遗传性的控制，例如，有些牧草有耐割的特点，就与遗传有一定关系。

（2）主干与分枝的生长相关性——顶端优势 顶芽对腋芽、主根对侧根有抑制作用，也反映了器官的生长相关性。顶芽发育得好，主干就长得快，而腋芽却受到抑制，不能发育成新枝或发育得较慢。如果去掉顶芽，便可促使腋芽生长，发育为新枝。这种顶芽生长占优势、抑制腋芽生长的现象，称为顶端优势（apical dominance）。顶端优势的存在实质上是生长素对腋芽生长活动的抑制作用。顶端优势的存在，决定了植株的树冠或株形。主根对侧根也有类似的顶端优势。

顶端优势的强弱，随植物种类的不同而有所区别。杨、杉、柏等许多单轴分枝的乔木的顶端优势很强，具有明显而直立的主干，侧枝短而斜生，形成塔形的树冠。而荔枝、桑等及大部分灌木，具合轴分枝，顶端优势较弱，没有明显的主干，侧枝生长茂盛，如洋金凤就是这种类型。在禾本科作物中，玉米的顶端优势很强，一般不分枝；而水稻、小麦等在分蘖期，顶端优势较弱，在适宜的条件下可进行多次的分蘖。

主干和分枝之间所显示出的这种生长相关性一般认为是受植物体内生长激素浓度的影响所致，顶芽生长需要较高浓度的生长素，而侧芽生长所需的浓度较低。当顶芽活跃生长时，它产生大量的生长激素，这个浓度适合顶芽本身生长的需要，但大量的生长激素存在时，对侧芽的生长活动就起抑制作用。

在农业生产上，常利用顶端优势的原理，根据各种作物的生长特性，分别控制和促进主轴与侧枝的生长，以达到高产的目的。例如栽培亚麻，要保持顶端优势，减少分枝，以提高亚麻纤维的质量等。进行各类果树栽培时，要抑制顶端优势，比如龙眼，要对其进行合理的修剪，适时打顶，以促进分枝多而健壮，多开花多结果，提高果实的产量和质量。了解各种植物的芽的活动规律，在农、林和园艺生产实践上，具有重大意义。

（3）营养生长与生殖生长的相关性 营养生长与生殖生长之间也有密切的关系。一年生植物进入生殖生长时，营养生长常因此中止或减弱，幼叶和茎不仅在果熟期减缓合成和停止输入光合产物，而且通过物质的重新分配，输出一部分积累的营养物质到花、果方面。这一过程会加速植株的衰老，最终导致植株死亡。而多年生植物仅将一部分营养物质用于生殖生长，使结实枝条保持健壮，即使死亡，亦有新枝取代；或有些植物会将地上部分的营养物质转移贮存至地下的贮藏根、贮藏茎等处，仅地上部分死亡，第二年的生长季仍能再度萌发。

二、营养器官的变态

植物为了更好地适应环境和生存，或为了产生某些特别的功能，其部分营养器官（根、茎、叶）的形态、结构发生显著的变化，成为该种植物的遗传特性，这种现象称作变态（modification）。营养器官的变态是植物对环境长期适应及选择的结果，是正常的、非偶然的。虽然变态是植物的遗传特性，但在植物个体发育过程中，变态往往要受到环境、激素、营养等因素的影响。变态器官在外形上往往不易区分，常要从形态发生上加以判断。

（一）根的变态

1. 贮藏根

这类变态根生长在地下，肥大，通常具有三生结构，主要是适应于贮藏大量的营养物质。通常草本植物才有，分为肉质直根和块根两类。

（1）肉质直根（又称肥大直根，fleshy tap root） 常见于二年生或多年生的草本双子叶植物，是由主根发育而成的，所以每株植物只见一个肥大的肉质直根，如萝卜、胡萝卜、甜菜、人参等（图 3-91）。从形态学来说，肉质直根的上部为下胚轴发育而成，所以这部分没有侧根；下部为主根基部发育而成，具有数列侧根。这两部分经过强烈的次生生长，形成一个统一体。这些肉质直根外表虽相似，但其内部结构在不同植物间有差异。

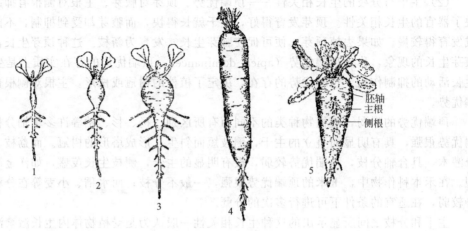

图 3-91　几种肉质直根的形态
1～3—萝卜肉质直根的发育过程；4—胡萝卜肉质直根；5—甜菜肉质直根

　　萝卜的肉质直根大部分是次生木质部，其中的木薄壁组织非常发达，贮藏着大量的营养物质，且不木质化，为食用的主要部分（图 3-91）。在木薄壁组织中，分散有大型的、排列成辐射行列的网纹导管。木质部内没有纤维，在木薄壁组织中的若干部位，有的细胞可以恢复分裂，转变成为副形成层（accessory cambium），副形成层呈半月形或圆圈状（图 3-92），由副形成层再活动产生三生木质部（tertiary xylem）和三生韧皮部（tertary phloem）。次生韧皮部不发达，与外面的周皮构成肉质直根的皮，俗称萝卜皮。

　　胡萝卜的肉质直根，其结构大体上与萝卜相似（图 3-93）。但胡萝卜的肉质直根中木质部所占比例较少，大部分是次生韧皮部组成，其中的韧皮薄壁组织非常发达，贮藏大量的营养物质，含糖量高，并含有大量的胡萝卜素。胡萝卜素经消化可水解为维生素 A。此外，还含有一定量的维生素 B 和无机盐。次生木质部不发达，位于根的中央。

　　甜菜根增粗与萝卜和胡萝卜又有不同，除次生结构之外，最主要是形成了很发达的由副形成层所产生的三生结构（图 3-94）。这种三生结构的发生主要先从中柱鞘衍生出副形成层，以后通过副形成层的分裂活动，在若干部位分别向外分裂分化出三

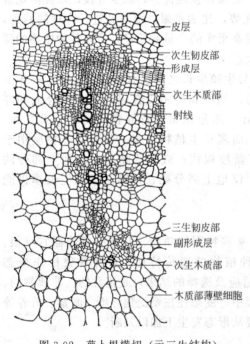

图 3-92　萝卜根横切（示三生结构）

生韧皮部，向内分裂分化出三生木质部，由此构成若干三生维管束。这些三生维管束成圈排列，它们之间为三生薄壁组织所充满。以后再由三生韧皮部的外层薄壁组织产生新的副形成层，继续形成第二圈的三生维管束。如此重复，可以达到 8～12 层，甚至更多层次的三生维管束。三生维管束轮数的增加，特别是维管束间薄壁细胞的发达，与含糖量的提高有着密切关系。

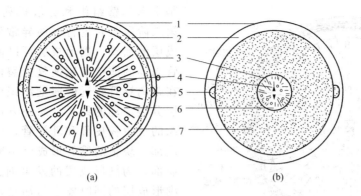

图 3-93 萝卜和胡萝卜贮藏根横切面的图解

(a) 萝卜根横切面；(b) 胡萝卜根横切面

1—周皮；2—皮层；3—形成层；4—初生木质部；

5—初生韧皮部；6—次生木质部；7—次生韧皮部

（2）块根（root tuber） 块根是由侧根（实生苗）或不定根（营养繁殖的植株）肥厚而来，在一株植物上可形成多个块根。红薯、天门冬、大丽菊等都属于此种类型。其形成不含下胚轴的部分，所以外形上不如肉质直根规则。块根所贮藏的物质主要是淀粉，也有贮藏其他物质的，如大丽花的块根中主要贮藏菊糖。有些旱生植物则以贮水为主。农业生产上的甘薯和木薯，它们的块根中含有丰富的淀粉，是重要的杂粮作物。

木薯块根是由不定根经过次生增粗生长而成的肉质贮藏根。其形成过程与双子叶植物根的次生生长相似。在木薯块根的横切面上（图 3-95），可以看见通常所称的"肉"和"皮"两部分，二者之间容易剥离，因为这是柔嫩的维管形成层所在的部位。维管形成层以内的部分就是次生木质部，主要由木薄壁组织构成，其细胞含有丰富的淀粉粒，还有一些导管单独或几个一组分散于贮藏薄壁组织中，初生木质部位于中央，占很少比例。维管形成层以外的部分，主要是次生韧皮部和周皮。块根表面黄褐色的薄层是木栓组织。块根各部都有乳汁管，以次生韧皮部中为最多。乳汁中含木薯糖，水解后释放氰酸，对人畜有一定的毒害作用。食用木薯块根前宜做好处理。

甘薯的块根通常是在营养繁殖时，由蔓茎上发出的不定根所发育形成的。根中初生木质部有四原型、五原型或多原型，随品种和不同部位而有差异。一般在插植后 20～30 天有些不定根开始膨大，形成块根。其过程可分为两个阶段。第一阶段是正常的次生生长，所产生的次生木质部

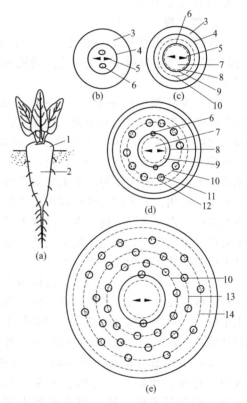

图 3-94 甜菜根的增粗过程图解

(a) 甜菜贮藏根的外形；(b) 具初生结构的幼根；

(c) 具次生结构的根；(d) 发展成额外的三生结构的根；(e) 发展成多层额外形成层的根

1—下胚轴；2—初生根；3—皮层；4—内皮层；

5—初生木质部；6—初生韧皮部；7—次生木质部；

8—次生韧皮部；9—形成层；10—额外形成层；11—三生木质部；12—三生韧皮部；

13—第二圈额外形成层；14—第三圈额外形成层

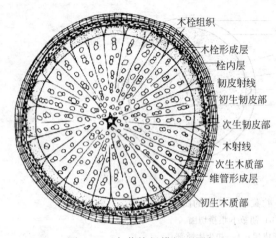

木栓组织
木栓形成层
栓内层
韧皮射线
初生韧皮部
次生韧皮部
木射线
次生木质部
维管形成层
初生木质部

图 3-95　木薯块根横切面图解

是由木薄壁组织和分散排列的导管组成的。第二阶段是甘薯特有的异常生长，出现副形成层的活动。副形成层可以由许多分散在导管周围的薄壁细胞恢复分裂而形成，也可以在距离导管较远的薄壁组织中出现。副形成层分裂活动的结果，向外方产生富含薄壁组织的三生韧皮部和乳汁管，向内产生三生木质部。块根的维管形成层不断地产生次生木质部，为副形成层的发生创造条件，而许多副形成层的同时发生与活动，就能产生更多的贮藏薄壁组织，从而导致块根迅速地增粗膨大。可见，甘薯块根的增粗过程是维管形成层和许多副形成层互相配合活动的结果

（图 3-96）。栽培甘薯时，如果温度适宜、日光充足、土壤湿润、通气良好，以及钾肥供应也较充裕，可使形成层活动增强，细胞木质化程度降低，这对于块根的增粗生长和提高品质有重要意义。

2. 气生根（aerial root）

气生根是指那些能露出地面、生长在空气中的根（图 3-97）。气生根因所担负的生理功能不同，又可分为如下三大类。

（1）支持根（prop root）　支持根如玉米、高粱、甘蔗等植物节上伸出的不定根，起支持作用，可支持植株。这些在近地面的节上生出的不定根可不断地延长，先端伸入土中，可以继续产生侧根，并可从土壤中吸收水分和无机盐。有人认为，玉米的支持根对氨基酸的合成起主要作用。玉米的支持根的表皮往往角质化，厚壁组织发达。在土壤肥力高、空气湿度大的条件下，支持根可以大量发生。培土也能促进支持根的产生。榕树从枝上产生多数下垂的气生根，也进入土壤，由于以后的次生生长，成为木质的支持根，榕树的支持根在热带和亚热带地区往往形成"独木成林"的现象。支持根深入土中后，可再产生侧根，具支持和吸收作用。很多热带雨林植物具有板根，也属于支持根的一类。

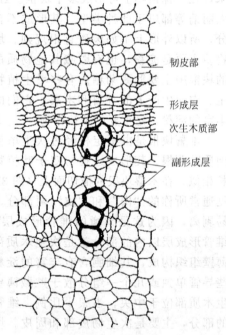

韧皮部
形成层
次生木质部
副形成层

图 3-96　番薯块根的三生结构

（2）呼吸根（repiratory root）　有些生长在沿海或沼泽地带的植物，如红树、水龙（*Jussiae repens* L.）等，它们能产生一部分向上生长伸出地面的呼吸根，这些根从腐泥中向上生长，挺立在泥土外的空气中。呼吸根内组织疏松，外有呼吸孔适宜于输送和贮存空气，以适应土壤中缺氧的情况，维持植物的正常生长。

（3）攀援根（climbing root）　爬山虎、常春藤、合果芋等一些藤本植物，从茎的一侧产生许多不定根，这些根的顶端扁平，易附着攀援于物体的表面，能够使植物体固着在其他植物树干、山石或墙壁上，即为攀援根。热带兰科植物，特别是一些附生兰的气生根，既是呼吸根，又是攀援根。

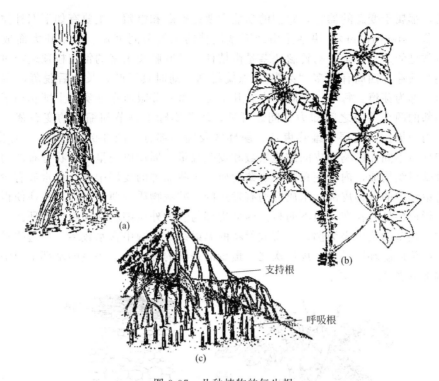

图 3-97　几种植物的气生根

（a）玉米的支持根；（b）常春藤（*Hedera sinensis*）的攀援根；（c）红树的支持根和呼吸根

3. 寄生根（parasitic root）

　　旋花科的菟丝子属（*Cuscuta*）植物，叶退化为小鳞片，不能进行光合作用，而是借助特殊的寄生根（吸器，haustorium）从寄主体内吸收生活所需的水分和有机营养物质，严重影响了寄主植物的生长。

　　菟丝子的寄生根由茎上生长出来，是不定根的变态，数目很多。寄生根产生的地方，最初由茎皮层的外部层次细胞向外发育为一扁平的垫状物与寄主枝条表皮紧密接触，再由此垫的中心部分长出一穿刺结构——吸器。吸器的尖端由一些长形的菌丝状细胞组成，它们穿过寄主的表皮、皮层而伸达维管束。当吸器细胞与寄主筛管接触时，常形成多歧的"基足"结构，以增加吸收面积。最后，吸器中分化出韧皮部和木质部分子与寄主的维管束之间建立起联系，从寄主组织内摄取营养物质（图 3-98）。菟丝子在寄主植物接近衰弱死亡时，也常自我缠绕，产生寄生根，从自身的其他枝上吸取养料，以供开花结实、产生种子的需要。

（二）茎的变态

　　茎的变态分为地上茎（aerial stem）和地下茎（subterraneous stem）两种类型。

1. 地下茎的（变态）类型

　　茎一般在地上，生长在地下的茎本身就不是履行

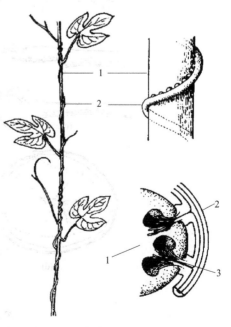

图 3-98　菟丝子的寄生根

1—寄主；2—菟丝子茎；3—寄生根（图解）

正常功能的，都属于变态的器官，它们的功能主要是贮藏和繁殖，主要有如下四种类型。

（1）块茎（stem tuber）　块茎是由地下茎侧枝的顶端节间缩短、肉质膨大而成，有顶芽和侧芽，最常见的是马铃薯。马铃薯块茎是由植株基部叶腋长出来的匍匐枝顶端经过增粗生长而成。顶端有顶芽，四周有许多"芽眼"，螺旋排列。幼时具鳞叶，长大后脱落，在芽眼的上方留下叶痕，称为芽痕。每个"芽眼"内有几个芽，每一芽眼所在处实际上即相当于茎节，在螺旋线上相邻的两个芽眼之间即为节间。可见，块茎实际上是节间缩短的变态茎。成熟的块茎，由外至内为周皮、皮层、维管束环、髓环区及髓等部分（图 3-99）。周皮上有皮孔分布，可因品种和环境不同而影响周皮的细胞层数和皮孔数量。周皮以内呈狭带状分布的为皮层，皮层由贮藏薄壁组织构成，内含淀粉粒等贮藏物质。某些品种的皮层中含有色素或有少量石细胞混生。维管束环中的外韧皮部和木质部均有发达的含贮藏物质的薄壁组织，往往使得输导分子扩散分开。形成层虽有存在，但不明显。内韧皮部与髓的外层细胞共同组成髓环区，含有大量的贮藏物质。块茎的最中央为髓，具有放射状的髓射线。细胞中含水较多，呈透明状。块茎中贮藏淀粉的部位以髓环区最多，皮层次之，最少的是髓的最中心。块茎的基部组织中的淀粉含量又比顶端部分多 $2\% \sim 3\%$。

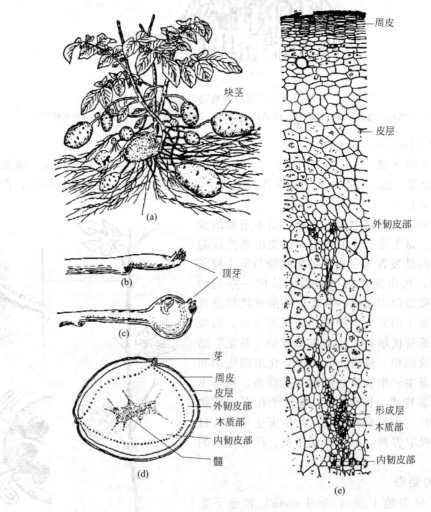

图 3-99　马铃薯的块茎

（a）植株外形，示地下部分的块茎；（b）、（c）地下茎端积累养料逐渐膨大形成块茎；
（d）块茎横切面的轮廓图；（e）块茎横切部分详图

菊芋（*Helianthus tuberosus*），俗称洋姜，也具块茎，可制糖或糖浆。花叶芋（*Caladium hicolor*）、天麻（*Gastrodia elata* Blume）等也都具有块茎。

（2）根状茎（rhizome）　根状茎亦称根茎，即横卧地下，形较长，似根的变态茎。许多禾本科植物都具有根状茎。如白茅、狗牙根、芦苇、竹等，蔓生于土壤中。它们具有明显的节和节间，节上有小而退化的鳞片叶，叶腋有腋芽，由此发育为地上枝，并产生不定根。根状茎顶端有顶芽，继续进行顶端生长，基部逐渐死亡。这些特点证明它们不是根而是枝条的变态。根状茎贮藏丰富的营养物质，可生活一至多年，繁殖能力很强。在耕犁时，它们虽被切断，但每小段的腋芽仍可发育为新植株。一般禾本科植物的杂草，不易铲除，再生力很强就是由于地下部分有根茎，地上部分被割断后，地下的腋芽能够继续发育。姜（*Zingiber officinale* Roscoe）的根状茎，肥短而为肉质，可食用。莲（*Nelumbo nucifera*）的根状茎称为莲藕，其中有发达的气道与叶相通（图 3-100），这些根状茎是贮藏器官又是营养繁殖器官。

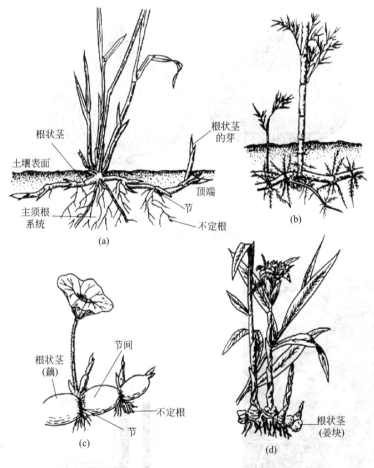

图 3-100　几种根状茎（引自张宪省）
(a) 禾本科杂草；(b) 竹；(c) 莲；(d) 姜

（3）球茎（corm）　球茎是地下主茎膨大而成，呈圆球形或扁圆球形。常见的如荸荠、慈姑、芋等。球茎顶端有粗壮的顶芽，有时还有幼嫩的绿叶生于其上。节与节间明显，节上有干膜状的鳞片叶和腋芽（图 3-101）。球茎贮藏大量营养物质，为特殊的营养繁殖器官。荸荠、慈姑的球茎由匍匐枝顶端发育而成，芋的球茎由茎基部发育而成。

（4）鳞茎（bulb）　由许多肥厚肉质的鳞叶生于扁平或圆盘状的鳞茎盘构成，肉质的部分

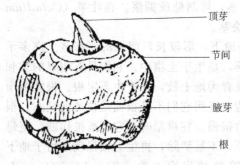

顶芽

节间

腋芽

根

图 3-101　荸荠的球茎

是鳞叶。常见的有洋葱、蒜、葱、百合等。

洋葱鳞茎最中央的基部为一个扁平而节间极短的鳞茎盘，其上生有顶芽，将来发育为花序，四周由肉质鳞片叶重重包围着，它们贮藏着大量的营养物质，人们常食用的就是这部分。肉质鳞片叶之外，还有几片膜质的鳞片叶保护（图 3-102）。这两种鳞片叶都是叶的变态。叶腋内有腋芽，鳞茎盘下端产生不定根。

2. 地上茎的（变态）类型

（1）茎卷须（stem tendril）　许多攀援植物，茎细长柔软，不能直立，其茎上具有由枝条变态而来的茎卷须，起到缠绕支持物帮助植株生长的作用，位于叶腋内。常见具有茎卷须的植物有葡萄（葡萄科）（图 3-103）、南瓜（葫芦科）等。

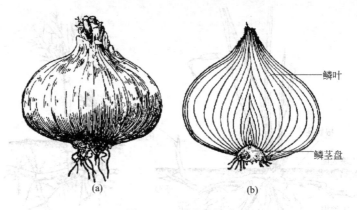

鳞叶

鳞茎盘

(a)　　　　　　　　(b)

图 3-102　洋葱的鳞茎

(a) 外形；(b) 纵切面

图 3-103　葡萄茎卷须

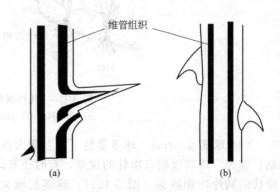

维管组织

(a)　　　　　(b)

图 3-104　茎刺和皮刺

(a) 茎刺；(b) 皮刺

（2）茎刺（stem thorn） 由地上部分的枝条变态而成，常位于叶腋，由腋芽发育而成，不易剥落，具保护作用。有时刺还会分枝或长叶，因内部有维管组织与茎相连，故不易被剥落。柑橘、皂荚、山楂等植物上常见。在石榴、梨等植物中可以看到生叶与花的小枝逐渐过渡到茎刺的情况。蔷薇、月季等茎上也有刺，数目较多，分布无规则，这是茎表皮的突出物，与维管组织无关系，称为皮刺（图 3-104）。

（3）肉质茎（fleshy stem） 具有肉质茎的植物茎肥大多汁，常为绿色，不仅可以贮藏水分和养料，还可以进行光合作用。许多仙人掌科的植物具有这种变态茎（图 3-105）。

（4）叶状茎（phylloid） 真正的叶常常退化或早落，茎变为扁平或针状，长期为绿色，代替叶行光合作用。如假叶树（图 3-106）、天门冬、文竹、石刁柏、昙花等。

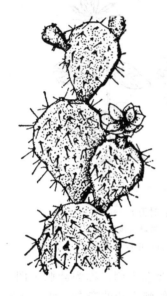

图 3-105　仙人掌属的肉质茎

图 3-106　假叶树叶状茎

（5）珠芽（bulbil） 生于叶腋或花序中的变态枝条，其节间缩短，肉质肥厚，块茎状或鳞茎状，其上有芽，落地后可以进行营养繁殖。蒜（*Allium sativum*）花间生有珠芽，形似小球体，具肥厚的小鳞片，也称为小鳞茎（bulblet）。薯蓣（山药）、秋海棠等的珠芽不具有鳞片，也称为小块茎（tubercle）。

（三）叶的变态

（1）苞片（bract）和总苞（involucre） 苞片和总苞与花和花序有关，一般具有保护花芽或果实的作用。生于花下面的变态叶称为苞片，苞片一般较小，绿色，也有形大，各种颜色的。如常见的棉花具副萼，即为苞片，呈绿色（图 3-107）；一品红的苞片较大，呈红色，非常多见。苞片数多而聚生在花序外围的，称为总苞。如菊科植物蟛蜞菊、树菊、向日葵等花序外围具有总苞，菊科植物的总苞的形状和轮数可作为种属区别的根据。

（2）鳞叶（scale leaf） 叶的功能特化或退化成鳞片状，称为鳞叶［图 3-108（c）］。鳞叶的存在有两种情况：①木本植物的鳞芽外的鳞叶，常呈褐色，具茸毛或有黏液，有保护芽的作用，也称芽鳞（bud scale）；②地下茎上的鳞叶，有肉质的和膜质

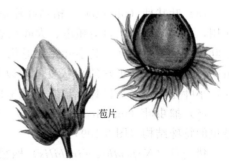

图 3-107　棉花的苞片

苞片

的两类。肉质鳞叶出现在鳞茎上，鳞叶肥厚多汁，含有丰富的贮藏养料，有的可食用，如洋葱、百合的鳞叶。洋葱除肉质鳞叶外，尚有膜质鳞叶包被。膜质鳞叶，如球茎（荸荠、慈姑）、根茎（藕、竹鞭）上的鳞叶，呈褐色干膜状，是退化的叶。

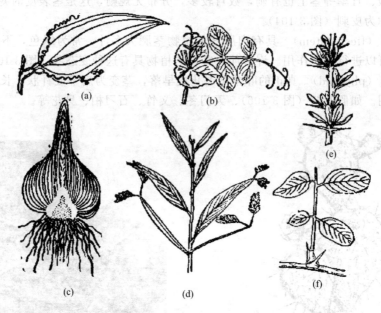

图 3-108　叶的几种变态（引自陆时万）
(a) 叶卷须（菝葜）；(b) 叶卷须（豌豆）；(c) 鳞叶（风信子）；
(d) 叶状柄（金合欢属）；(e) 叶刺（小檗）；(f) 叶刺（刺槐）

(3) 叶刺 (leaf thorn)　有些植物的叶或叶的某部分变态为刺，称为叶刺 [图 3-108(e)、(f)]。叶刺腋（即叶腋）内有芽，生于节上。如小檗枝上的刺为叶的变态；仙人掌属 (Opuntia) 的一些植物在扁平的肉质茎上生有硬刺，这些刺也认为是叶的变态，是对减少水分散失的适应。马甲子、刺槐的叶柄基部有一对尖硬的刺，为托叶的变态。虽然它们的刺来源不同，但对植物都有保护作用。叶刺和茎刺一样，都有维管束和茎相通。

(4) 叶卷须 (leaf tendril)　有些植物其叶的一部分转变为卷须 [图 3-108(a)、(b)]，适于攀援生长。如豌豆的复叶顶端的二对、三对小叶变为卷须，其他小叶未发生变化。有时一对小叶之一变为卷须，另一片为营养小叶，这足以证明这类卷须是小叶的变态。

(5) 叶状柄 (phyllod)　植物叶片退化或不发达，而叶柄转变为扁平的叶片状，行使光合作用，与耐旱有关。台湾相思、大叶相思、马占相思等植物，只在幼苗时出现几片正常的羽状复叶，以后产生的叶，其小叶完全退化，仅存叶状柄。一些干旱地区的金合欢属 (Acaia) 的植物，初生的叶是正常的羽状复叶，以后产生的叶，叶柄发达，仅具少数小叶，最后产生的叶，小叶完全消失，仅具叶状柄 [图 3-108(d)]。

(6) 捕虫叶 (insectcatching leaf)　食虫植物 (insectivorous plant) 的叶变为适宜于捕食昆虫的特殊结构（图 3-109）。

猪笼草 (Nepenthes mirabilis) 柄很长，基部为扁平的假叶状，中部细长如卷须状，可缠绕他物，上部变为瓶状的捕虫器，叶片生于瓶口，成一小盖覆于瓶口之上。捕虫囊的囊口内侧囊壁很光滑，能防止昆虫爬出。囊中经常有半囊水，水过多时，卷须无法承重会自动倾斜倒去一部分水。捕虫囊下半部的内侧囊壁稍厚，并有很多消化腺，这些腺体能分泌出稍带黏性的消

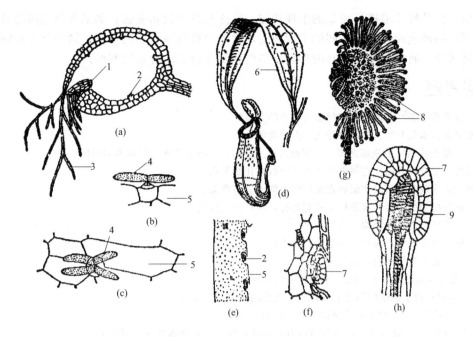

图 3-109　捕虫叶（引自陆时万）

(a)～(c) 狸藻［(a) 捕虫囊切面；(b) 囊内四分裂的毛侧面观；(c) 毛的顶面观］；

(d)～(f) 猪笼草［(d) 捕虫瓶外观；(e) 瓶内下部分的壁，具腺体；(f) 壁的部分放大］；

(g)，(h) 茅膏菜［(g) 捕虫叶外观；(h) 触毛放大］

1—活瓣；2—腺体；3—硬毛；4—吸水毛（四分裂的毛）；5—表皮；6—叶；7—分泌层；8—触毛；9—管胞

化液贮存在囊底。消化液呈酸性，能消化昆虫。囊盖是打开的，内壁有很多蜜腺，主要用途是引诱昆虫。掉进囊内的昆虫多数是蚂蚁，也有一些会飞的昆虫如野蝇和蚊等。

茅膏菜（*Drosera peltata* var. *lunata*）呈弯月形或盘状，边缘及叶面有多数细毛，能分泌黏液，有时呈露珠状，能黏小虫，同时触毛能自动弯曲，包围虫体并分泌消化液将虫体消化。

捕蝇草的捕食构造是由一左右对称的叶片特化而成的夹子，捕虫夹上的外缘排列着刺状的毛，很软。当捕虫夹夹到昆虫时，这些夹子两端的毛正好交错，而成为一个牢笼，使虫无法逃走。捕虫夹内侧呈现红色，上面覆满许多微小的红点，是消化腺体。在捕虫夹内侧可见到三对细毛，是感觉毛。闭合在昆虫碰到感觉毛时开始，任意一根感觉毛被触碰到两次，或是分别触碰到两根感觉毛，如果两次的触碰间隔在 20～30s 内则能闭合，超过这段时间则需要有第三次成功的刺激才会闭合。夹子关闭数天到十数天，此时昆虫被分布于捕虫器上的腺体所分泌的消化液消化。昆虫被消化完后，捕虫器会再度打开，等待下一个猎物，剩下无法被消化掉的昆虫外壳，便被风雨所带走。

三、同功器官与同源器官

植物的器官由于生存和适应环境的需要，通过器官变态现象发展出同功器官与同源器官。

（1）同功器官（analogous organ）　来源不同、形态相似、功能相同的器官。是不同器官对相同环境的趋同适应的结果。例如，茎刺、叶刺和皮刺，茎卷须和叶卷须，块茎和块根等都属于同功器官。

（2）同源器官（homologous organ）　来源相同、形态相异、功能不同的器官。是相同器官分别对不同环境的趋异适应的结果。如茎刺、茎卷须、根状茎、鳞茎等，都是茎的变态，属于同源变异。

在历史进程中，植物营养器官的变态，可朝着同功或同源的两个方向发展。来源不同的器官，长期适应某种环境进行相似的生理功能，就逐渐发生同功变态；如果来源相同的器官，长期适应不同的环境而进行着不同的生理功能，就会导致同源变态的发生。同功器官和同源器官有时不易区分，通常可根据器官的形态、结构和发育过程综合加以判断。

复习思考题

1. 根有哪些功能？环境条件如何影响根系的分布？
2. 根尖分为哪几个区？各区有什么特点和功能？
3. 绘一张根成熟区的横切面图，说明根的初生结构。它与根的次生结构有何不同？
4. 侧根是怎样形成的？它与根的木质部脊数有什么关系？
5. 何为共生现象？菌根和根瘤在植物的生活中有何意义？
6. 茎有哪些主要功能？其分枝方式有几种，各有什么特点？
7. 单子叶植物的茎在结构上有何特点？
8. 一棵"空心"树，为什么仍能活着和生长？
9. 何为年轮？为什么会产生年轮？
10. 叶是怎样发生的？它的起源和侧根有何不同？
11. 从解剖构造上说明叶的光合作用和蒸腾作用是如何进行的？
12. C_3 植物和 C_4 植物在叶的结构上有何区别？
13. 落叶的内外因是什么？离区与落叶有何关系？落叶对于植物本身有何意义？
14. 为什么说"根深叶茂"？举例说明它们之间的关系。
15. 什么是植物营养器官的变态？如何区别同功器官与同源器官？
16. 比较单子叶植物根、茎初生结构的异同点。
17. 比较双子叶植物和禾本科植物叶片的横切结构有何不同。
18. 叙述双子叶植物根的增粗过程。
19. 比较双子叶植物根和茎的初生结构有何不同。
20. 叙述双子叶植物茎的次生增粗过程。

第四章　被子植物生殖器官的形态、结构和功能

　　花、果实和种子与被子植物的有性生殖有关，故称生殖器官。

　　被子植物从种子萌发开始，首先进行根、茎、叶等营养器官的生长，这一过程称为营养生长。经过一定时间的营养生长，植物体的某些部位感受光照、温度等外界条件的改变，通过内部因素如某些激素的诱导作用开始形成花，经过开花、传粉、受精再形成果实和种子。花、果实、种子的形成过程属于生殖生长。营养生长和生殖生长是植物生长中的两个不同阶段，二者之间存在着相互依存、相互制约的关系。营养生长是生殖生长的基础，生殖器官所需要的养分，绝大部分是由营养器官所提供。只有在根、茎、叶生长良好的基础上和所需外界条件配合下，才能顺利完成花芽分化，开花结实。但过旺的营养生长也会对生殖生长产生负效应，如供水肥过多时，引起营养器官生长过旺（徒长），往往会推迟向生殖生长的转化，或者花芽分化不良，穗小果少产量低。许多植物进入生殖生长后仍同时有营养生长，多年生植物常以年为周期交替进行。向生殖生长的转变又是营养生长的必然趋势，通过果实与种子的形成和传播，可繁衍后代，延续种群，并在数量和分布范围上扩大种群。

　　从营养生长转向生殖生长，是植物生长发育的重大转变。这个时期也是农业生产上的关键时期。如在这个时期满足小麦、玉米、水稻等作物的水肥需求，并采取适当调控措施，能够使植株健壮生长，分化出较多的健全小花，增加穗粒数，并为形成饱满的籽粒打下基础。因此，了解有关营养器官形态发生知识，掌握植物生殖器官的形态建成和有性生殖过程的规律，对于协调植物的两种生长关系，提高作物产量，发展农业生产，都有十分重要的意义。

　　果实和种子是被子植物有性生殖的产物，同时也是许多农作物、果树和蔬菜的主要收获对象，故研究被子植物生殖器官的形态、结构和发育过程，在遗传育种和农业生产中都有十分重要的意义。

第一节　植物的繁殖

　　植物产生新个体的现象称繁殖（propagation）。繁殖使植物延续种族，是植物最重要的生命活动之一。生殖（reproduction）是指以生殖细胞发育成为下一代新个体的方式。生殖与繁殖两词可以通用，但繁殖一词的含义较广。

　　植物通过繁殖能增加新一代个体，扩大后代的生活范围；能保证物种的遗传稳定性，植物上代个体的特征将通过繁殖传递给下一代；繁殖过程可产生一定的变异，下一代的个体与亲本相比往往有某些方面的差异。在植物系统发育中，经一代又一代的繁殖与自然选择，形成了种类繁多、性状各异的植物世界。在生产实践中，人们通过植物的繁殖活动，使用了多种手段与技术进行人工杂交、选择和培育，获得了许多优良品种。

　　植物的繁殖方式可分为营养繁殖（vegetative propagation）、无性繁殖（asexual reproduction）和有性生殖（sexual reproduction）三种类型。

一、植物的营养繁殖

　　植物的营养繁殖是植物营养体的一部分从母体分离开（在有些情况下不分离开）直接形成

新个体的繁殖方式。植物界中普遍存在着营养繁殖，如单细胞藻类植物以细胞分裂的方式产生新的个体；多细胞的藻类植物体发生断裂，每一裂段形成一新的个体。在植物界最高等的被子植物中，营养繁殖极常见。多种被子植物，特别是多年生植物，营养繁殖能力很强，植株上的营养器官或脱离母体的营养器官具有再生能力，或能生出不定根、不定芽，发育成新的植株；还有些植物的块根、块茎、鳞茎、球茎及根状茎有很强的营养繁殖能力，所产生的新植株在母体周围繁衍，形成大量的植物个体。

营养繁殖往往比用种子繁殖的速度快，众所周知的竹子一生数十年中仅开花一次，营养繁殖是其最主要的繁殖方式；有些人工栽培的植物不能产生种子或不能产生有效的种子，以营养繁殖繁衍后代，如菠萝、香蕉等。建立在植物细胞全能性的理论基础上的植物细胞与组织培养技术成为植物快速繁殖的有效途径。将植物体的一部分，如芽、茎、叶、花瓣、雄蕊等（称外植体）培养在一定的培养基上，诱导其细胞分裂产生愈伤组织（callus），再将愈伤组织转到诱导分化的培养基上，促使其分化成苗；或将愈伤组织诱导分化成胚状体，并进一步诱导其发育成植株。如利用这种技术，能将少量珍稀植物的外植体经工厂化生产培育成大量试管苗。

营养繁殖是无性的过程，所产生的后代较少变异，与母体有很相近的遗传性状。长期以来，人们利用这一特性繁殖植物，并创造了许多人工营养繁殖技术，如扦插、压条、嫁接等。

1. 根插与根蘖

根插和根蘖（root sprout）是利用某些植物的根能产生不定芽和不定根的特征进行的营养繁殖，通常用于枝插不易成活或种源太少的树种。例如楸树常常花而不实，种源缺乏；泡桐实生苗生长慢，用根插繁殖生长迅速，所以常用根插和根蘖繁殖。

根插后不久，根段的后端（近茎端）产生不定芽。不定芽发生的位置，可以在切口的愈伤组织（callus）中产生，也可以在形成层或韧皮部产生。

在根形成不定芽的同时，不定根也开始发生。不定根可以从插根先端中的维管射线、形成层或愈伤组织等部位发生；在幼小的根插中，不定根还可以从中柱鞘上发生。各种植物不定根发生的部位不同。在同一种植物中，还可以同时在两个部位产生不定根。

2. 枝插

枝插就是利用植物的枝条能产生不定根的特性进行繁殖的一种方法。除扦插外，常用的压条、埋条法都是利用这种特性进行的。

枝插是林业生产中常用的营养繁殖法，因为它可以大量地从母树上截取枝条，丰富了种源。甘蔗、番薯、木薯由于种子不易采集，也用枝插繁殖。

枝插繁殖是从母树上截取1~2年生带芽的枝条，以下端插入土中，以后枝条上原有的芽萌发为茎，枝条下端产生不定根。枝插是否成活，除管理等外因条件外，与树种特性、枝条年龄有关。一般情况下，嫩枝扦插比老枝易生根，这是因为嫩枝的薄壁组织多，细胞生活力强。

插条不定根的形成，可以在愈伤组织、皮层、髓射线、维管射线和形成层等部位发生。

3. 嫁接

嫁接是利用植物体创伤愈合的特性而进行的一种营养繁殖方法。嫁接通常用于果树及树木良种的繁育。例如果树栽培时，为了保持某种果树的品质特性，常取其枝条或芽作接穗，嫁接于同种植物的实生苗上或其他种植物的苗木上，愈合为一植株；或以结果枝作接穗嫁接于实生苗上，以达到提早结果年龄。在林业生产中，嫁接也是某些树种的重要繁殖方法，例如毛白杨扦插成活率较低，可用加拿大杨作砧木进行嫁接繁殖。

嫁接愈合的过程与创伤愈合一样，在接穗和砧木的切口上产生愈伤组织，填充在接穗与砧木之间的缝隙中，使砧木与接穗的组织联合起来，成为一新株。愈伤组织由切口附近的活细胞产生，例如形成层、木质部的射线细胞、韧皮部的薄壁细胞等都可以产生愈伤组织。

嫁接的成功与失败，一方面决定于嫁接技术，另一方面也决定于接穗与砧木间细胞内物质的亲和性。这种亲和性决定于植物的亲缘关系，因此选用砧木时，通常是用同属植物。

二、植物的无性繁殖

随着植物的进化，有些植物在其生活史中的某一时期，形成具有繁殖能力的无性特化细胞，称为孢子（spore）。孢子从母体脱离后，在适宜条件下即可萌发为新的植物体，这种繁殖方式称为无性生殖或孢子繁殖（spore reproduction）。孢子繁殖是藻类、菌类、苔藓和蕨类植物的主要繁殖方式，它们不产生种子，称孢子植物（多数孢子植物也有有性生殖）。种子植物虽通过有性过程产生种子，但也会产生孢子，也具有无性过程。

植物的营养繁殖和孢子生殖都是无性的方式，不经过有性过程，其遗传物质来自于单一亲本，子代的遗传信息与亲代基本相同，有利于保持亲代的遗传特性；无性过程的繁殖速度快，产生的孢子数量大，有利于大量快速地繁衍种族；但是，无性繁殖的后代来自于同一基因型的亲本，生活力往往会有一定程度的衰退。

三、植物的有性生殖

有性生殖是通过两性细胞的结合形成新个体的一种繁殖方式。有性生殖最常见的方式是配子交配（gametic copulation）。植物体产生的性细胞为单倍体，称为配子（gamete），两个配子结合形成合子（zygote），由合子发育形成新个体。根据两配子间的差异程度有性生殖可分如下三种类型。

1. 同配生殖

同配生殖（isogamy）的两种相互结合的配子形态、结构、大小、运动能力相同，从形态上难以区分其性别，用"＋"、"－"号表示。在一藻属中，已证实形态相同的"＋"、"－"配子有不同的表面识别蛋白，可相互识别，"＋"与"－"配子才可以结合。同配生殖是较原始的方式，植物界中这种生殖方式存在于较低等的藻类中。

2. 异配生殖

异配生殖（heterogamy）时，植物产生的两种配子形态结构相同，但配子的大小不同，较大的为雌配子，较小的为雄配子，只有这两种配子方可结合为合子。实球藻属（*Pandorina*）的有性生殖为异配生殖，这种生殖方式也多见于低等的球藻。

3. 卵式生殖

生物进化过程中，两性配子进一步分化，不仅大小不同，在形态、结构和运动能力等方面也出现了明显的差异，雌配子较大，常为卵形，无鞭毛，不具运动能力，特称为卵（egg）；雄配子较小，细长，有些种类的具鞭毛，可运动，特称为精子（sperm）。精子与卵的融合称为受精作用（fertilization），受精后的合子称为受精卵（fertilized egg），由受精卵发育成植株，这种生殖方式称卵式生殖（oogamy）。高等植物均行卵式生殖，藻类植物的很多种类也是卵式生殖。

在一些藻类等低等植物中，还存在接合生殖、配子囊交配和体细胞交配等其他方式的有性生殖。

有性生殖中，配子是单倍体，合子为二倍体，合子含有两个亲本所提供的遗传物质，由合子发育形成新个体具有一定的变异，对环境具有较强的适应性，从而增强了后代的生活力。被子植物的花就是形成性细胞和进行有性生殖的器官，这种生殖器官结构趋于完善，如性细胞和所形成的胚胎均处于多重保护结构中，形成有利于传粉的雌、雄蕊结构及特有的双受精作用的出现等诸多进化特性，更有利于保证种族生存和发展，使植物有性生殖达到较为完善的阶段。

第二节　花的组成与花芽分化

一、花的概念

花是适应于生殖的变态短枝。被子植物一朵典型的完全花通常由花柄、花托、花萼、花冠、雄蕊群和雌蕊群等几部分组成（图 4-1）。花可以是单生的，也可以是多数花依一定方式和顺序排列于花序轴上形成花序。从系统发育角度看，通常认为花是节间极短而无分枝、适应于生殖的变态枝条。花柄是花与枝条连接的部分，形态、结构与茎类似；花托是花柄最顶端的部分，是节间密集极短的枝条，花萼、花冠、雄蕊群和雌蕊群由外至内依次着生在花托的这些节上；萼片绿色，形状很像叶片，是不育的变态叶；花瓣有各种颜色，形态结构也和叶片相似，也是不育的变态叶；雄蕊和雌蕊虽然在形态和功能上与叶差别很大，但它们的发生、生长方式和维管系统与叶相似，是可育的变态叶。

图 4-1　油菜花的组成

花的形成在植物个体发育中标志着植物从营养生长转入了生殖生长。花是被子植物特有的有性生殖器官，在花中形成有性生殖过程中的雌、雄生殖细胞，并在花器官中完成受精，进一步形成果实和种子，以繁衍后代，延续种族。花在植物生活周期中，显然占有极其重要的地位。

二、花的组成和花序

一朵完全花（complete flower）可分为六部分，即花柄、花托、花萼、花冠、雄蕊群和雌蕊群。有些植物的花缺少其中一个或多个部分，则为不完全花（incomplete flower）。

1. 花柄与花托

（1）花柄（pedicel）或称花梗　是着生花的长轴状结构，使花置于一定的空间，其内部结构与茎相似。花通过花柄和茎相连，是各种营养物质和水分由茎向花输送的通道。花柄的长短因植物种类不同而异，有些植物的花没有花柄。当果实形成时花柄发育成为果柄。

（2）花托（receptacle）　是花柄顶端着生花萼、花冠、雄蕊群、雌蕊群的部分，多数植物的花托稍微膨大，如油菜。花托的形状在不同植物中变化较大，如伸长呈棒状（如玉兰、含笑）、圆锥形（如草莓）或膨大成倒圆锥形（如莲）；有的凹陷呈杯状或壶状等（如桃、梅）。有些植物的花托还可形成能分泌蜜汁的花盘或腺体，如柑橘、葡萄等。

2. 花萼、花冠与花被

（1）花萼（calyx）　位于花的最外轮，由若干萼片组成，其结构和色泽与叶相似，各自分离或多个联合。各萼片之间完全分离的，称离萼，如油菜、茶等；彼此联合的，称合萼，如棉、扶桑等。合萼下端联合的部分称花萼筒，顶端分离的部分称花萼裂片。有些植物的花萼，在下部一侧延伸成短小的管状突起，称为距，如凤仙花。有些植物在花萼之外还有副萼，如棉花、扶桑的副萼为3片大型的叶状苞片（图4-2）。花萼和副萼具有保护幼蕾和幼果的作用，并能进行光合作用，为子房发育提供营养物质。有些植物如一串红的花萼颜色为鲜艳的红色，引诱昆虫传粉；蒲公英等菊科植物的花萼变成冠毛，有助于果实传播。萼片通常在开花后脱落，但也有随果实一起发育而宿存的，称宿萼，如茄、柿等。

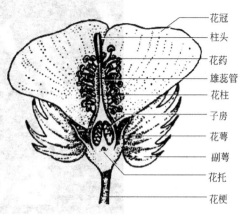

图 4-2　棉花花的纵切面
（示花的组成）（引自李扬汉）

（2）花冠（corolla）　位于花萼的内轮，由若干花瓣组成，排列为一轮或几轮，分离或有不同程度的联合。花瓣之间完全分离的花，称离瓣花，如桃、白菜等；花瓣部分或完全合生的花，称合瓣花，如牵牛、南瓜等。合瓣花下端联合的部分称花冠筒，顶端分离的部分称花冠裂片。花瓣的形状、大小相同的称整齐花，如桃、苹果等；反之，为不整齐花，如蚕豆、落花生等。花瓣细胞中因为含有花青素或有色体，因而花冠常有鲜艳的色彩。很多植物花瓣的表皮细胞含挥发性的芳香油，有些植物在花瓣内有芳香腺，能散发出芳香气味。花冠的色彩与芳香适应于昆虫传粉。此外，花冠还有保护雌、雄蕊的作用。杨、栎、玉米、大麻等植物的花冠多退化，以利于风力传粉。

（3）花被（perianth）　花萼与花冠合称花被，尤其是当花萼和花冠形态相似不易区分时，常统称花被，如郁金香、百合。

3. 雄蕊群

一朵花内所有的雄蕊总称为雄蕊群（androecium）。雄蕊（stamen）着生在花冠内方或花冠筒上，是花的重要组成部分之一。一朵花中雄蕊的数目因植物种类不同而有差异，如迎春花有2枚雄蕊，小麦、玉米的花有3枚雄蕊，芝麻的花有4枚雄蕊，茄的花有5枚雄蕊，油菜有6枚雄蕊，棉花、桃、玉兰的花具多数雄蕊。

雄蕊由花丝（filament）和花药（anther）两部分组成。花药（图4-3）是花丝顶端膨大成囊状的部分，一般由4个花粉囊（pollen sac）组成，花粉囊内产生大量花粉粒。花丝细长，基部着生在花托或贴生在花冠筒上。花丝支持花药，使之伸展于一定的空间，有利于散粉，同时也有运输营养物质的作用。

图 4-3　花药的结构

4. 雌蕊群

一朵花内所有的雌蕊总称为雌蕊群（gynoecium）。多数植物的一朵花内只有1个雌蕊。雌蕊（pistil）位于花中央，是花的另一重要组成部分。

雌蕊由一个或多个心皮卷合而成。心皮是可育的变态叶，是构成雌蕊的基本单位。

雌蕊通常由柱头（stigma）、花柱（style）和子房（ovary）三部分构成（图4-4）。柱头位于雌蕊的顶部，是接受花粉粒的地方，常扩展成各种形状。花柱位于柱头和子房之间，其长短随各种植物而不同，是花粉粒萌发后花粉管进入子房的通道。子房是雌蕊基部膨大的部分，外为子房壁，内有一至多个子房室，子房室内着生胚珠。受精后，整个子房发育为果实，子房壁发育成果皮，胚珠发育为种子。

一朵花中具有雄蕊和雌蕊的，称两性花，如棉、稻、小麦等。仅有其中之一者，称单性花，如南瓜、玉米等。只有雌蕊的花称雌花，只有雄蕊的花称雄花。雌花和雄花长在同一植株上的称雌雄同株，如南瓜、玉米

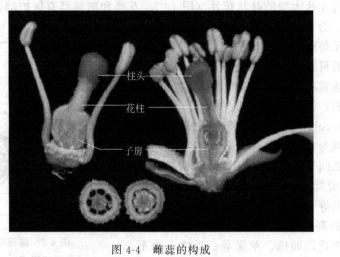

图 4-4 雌蕊的构成

等；雌花和雄花长在不同植株上的称雌雄异株，如毛白杨、垂柳、石刁柏、菠菜等。如在同一植株上既有两性花，又有两种单性花的称杂性同株，如芒果、荔枝等。如果雄花和两性花或雌花和两性花分别生于不同植株上的，则称为杂性异株，如南酸枣、枸骨等。如花中既无雄蕊也无雌蕊的花称无性花或中性花，如向日葵花序边缘的舌状花。

由于组成雌蕊的心皮数目和结合情况不同，雌蕊常可分为以下几种类型。由一个心皮构成的雌蕊称为单雌蕊（simple pistil），如大豆、桃；由 2 个或 2 个以上心皮联合而成的雌蕊称为复雌蕊（compound pistil），如油菜由 2 心皮合成，苹果、梨为 5 心皮合成；有些植物一朵花中虽然具有多个心皮，但各个心皮彼此分离，各自形成一个雌蕊，称为离生单雌蕊，如毛茛、草莓、蔷薇等。在植物演化过程中，离生单雌蕊为原始类型，由此向复雌蕊类型演化（图4-5）。

5. 禾本科植物的花及小穗

水稻、小麦、大麦、玉米、高粱等禾本科植物的花（图 4-6，图 4-7）与一般双子叶植物花的组成不同，在形态和结构上较特殊，通常由 2 枚浆片（鳞被）、3 枚或 6 枚雄蕊和 1 枚雌蕊组成，其中浆片是花被片的变态。

假隔膜

子房2室

子房1室

(a) 单雌蕊　　　　　(b) 离生单雌蕊

子房1室

子房2室

子房3室

(c) 3心皮复雌蕊　　(d) 2心皮复雌蕊　　(e) 3心皮复雌蕊

图 4-5　雌蕊的类型

每一朵花的外面有两个鳞片状结构，称为稃片，外边的叫外稃（lemma），为花的苞片变态，其中脉明显常外延成芒（awn）；里边的叫内稃（pelea），为小苞片，是苞片和花之间的变态叶。在子房基部有两个小的片状结构叫浆片（lodicule），在开花时浆片膨胀，可使内、外稃张开，露出花药和柱头，以利传粉。花的中央有 3 个或 6 个雄蕊及 1 枚雌蕊。雌蕊的柱头二裂并呈羽毛状，子房一室。

禾本科植物的花和内、外稃组成小花（floret），再由 1 至多朵小花与 1 对颖片（glume）

（外颖和内颖）组成小穗（spikelet）。颖片着生于小穗基部，相当于花序分枝基部的小总苞（变态叶）。具有多朵小花的小穗，中间有小穗轴（rachilla）。只有 1 朵小花的小穗，小穗轴退化或不存在。不同的禾本科植物可由许多小穗集合成不同的花序类型。

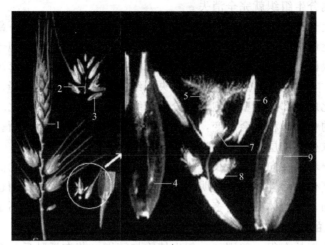

图 4-6　小麦小穗的组成
1—小麦的花序；2—小穗轴；3—外颖；4—内稃；5—柱头；
6—雄蕊；7—子房；8—浆片；9—外稃

图 4-7　水稻小花的构成
1—退化颖片；2—退化外稃；3—内稃；4—外稃；
5—浆片；6—雄蕊；7—柱头（雌蕊）

三、花芽分化

花和花序均由花芽发育而来，花芽分化的开始则是被子植物从营养生长进入生殖生长的重要标志。只有植物体内部因素与外界因素相互协调时，植物才能启动花芽分化的编程。植物在营养生长的一定阶段，其感受器官——叶（感受光周期）和茎生长锥（感受温度）感受了调节发育的刺激，使一些芽的分化发生了质的变化，其生长锥不再产生叶原基和腋芽原基，而分化发生花的各部分原基或花序原基，逐渐依次形成花或花序的各组成部分，分化成花或花序，这一过程称为花芽分化（flower bud differentiation）。

（一）花芽分化时顶端分生组织的变化

植物开始进入生殖生长时，芽的顶端生长锥表面积明显增加，如为单生花的原基，生长锥便逐渐增宽变平，如桃、梅、棉等；如为花序原基，则生长锥增大呈半圆形或圆锥形，并且随不同植物所形成的花序不同，继续发生形态上的变化。以后，随着花部原基（萼片原基、花瓣原基、雄蕊原基和心皮原基）或花序各部分的依次发生，生长锥面积逐渐减小，当花中心的心皮原基形成后，顶端分生组织就完全消失。

花芽分化时，生长锥的组织结构也会发生相应变化。中央母细胞区下部及髓分生组织区上部之间的这部分细胞最早出现活跃的有丝分裂，接着中央母细胞区的细胞分裂频率增高，与周围分生组织区的界限模糊，形成了细胞较小、染色较浓的一个分生组织套区。套区的形成是生殖生长开始的标志。与此同时，髓分生组织中央的细胞分裂速率明显下降，细胞体积增大，出现大液泡，逐渐分化成髓部的薄壁细胞，髓分生组织趋于消失。花芽分化时，茎端原套的层数常发生变化，原体的相对体积也会改变，或原套和原体的分界变得不清晰。如水稻进入幼穗分化期，原套由 2 层减少为 1 层或为不清晰的 2 层。

从细胞生理学上看，在向生殖生长转化过程中，茎尖生长锥细胞中的高尔基体、线粒体的数量增加，琥珀酸氢化酶活性加强，表明呼吸强度增大。同时，可溶性糖也增多，特别是氨基酸和蛋白质含量增加，核糖体数量增多，核酸的合成速率加快，从而提高了细胞分裂的频率。

（二）花芽分化的时期和基本条件

不同植物的成花年龄有很大差别，一年生植物如辣椒、茄在播种后一个月便已接受环境条件的诱导而开始花芽分化，油菜和番茄还要早些。一些两年生植物，它们在第一年主要是营养生长，第二年继续完成生殖生长。一些多年生木本植物常要生长多年，如桃 2～3 年，梨 4 年，苹果 5 年，竹需数十年之久才开始花芽分化。大多数多年生木本植物和草本植物到了成熟期后，能年年重复成花，但竹类一生只能开一次花，开花后植株即死亡。

许多果树的花芽在开花前数月便已分化完成。如桃、梨、苹果等一般落叶树种，从开花前1 年的夏季即开始花芽分化，以后转入休眠，到翌年春季，花芽继续发育至开花。柑橘、油橄榄等春、夏开花的常绿树木，它们的花芽分化大多在冬季或早春进行。而秋、冬开花的植物如油茶、茶等则在当年夏季进行花芽分化。

植物成花生理过程受遗传因子控制和外界环境条件的影响。遗传学和分子生物学研究表明，已在拟南芥、金鱼草等植物中找到一些花器官发生的基因，但由于生殖器官和配子的发生与发育是一个非常复杂的过程，对其了解还很少，尚需进一步研究。外界条件对成花的影响，现已了解得比较清楚的是温度和光照两个因子。外界环境因子的影响必须在植物达到一定生理状态才能起作用。植物在幼年期，即使有合适的外界条件也不能开花。植物进入成花期后，不同植物花芽分化的时间与特定季节、环境条件和植物生长状况有关，相同植物或同一品种，在同一地区，每年花芽分化的时期大致接近，这样才会出现相同纬度地区，同种植物具有相近的开花期。

（三）花芽分化的过程

花的各部分原基分化顺序，通常由外向内进行，萼片原基发生最早，以后依次向内产生花瓣原基、雄蕊原基和雌蕊原基，但由于植物种类不同，花部形态多样，花芽分化顺序也会出现一些变化。下面以桃和小麦为例来说明双子叶植物及单子叶植物的花芽分化过程。

1. 桃的花芽分化

桃的花芽着生在腋芽两侧，桃花具有 5 枚萼片、5 枚花瓣、多数雄蕊和 1 枚单心皮雌蕊。萼片、花瓣和雄蕊的上部各自分离，下部生成托杯（hypanthium），着生在花托上。托杯与中央的雌蕊分离。

花芽分化开始时，生殖生长锥渐呈宽圆锥形，顶部增宽，渐趋平坦，先在生长锥周围产生5 个小突起，即萼片原基；接着在萼片原基内方，相继出现 5 个花瓣原基和外轮的雄蕊原基。

在此发育过程中，萼片原基进一步伸长并向心内曲，由萼片、花瓣和雄蕊贴生而成的托杯向上升高，最后，生长锥中央逐渐向上突起，形成雌蕊原基（图 4-8）。

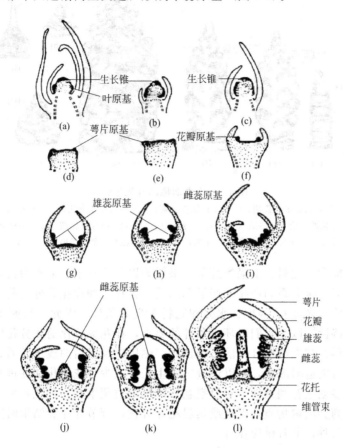

图 4-8　桃的花芽分化

(a) 营养生长锥；(b)、(c) 生殖生长锥分化初期；(d)、(e) 萼片原基形成期；(f) 花瓣原基形成期；(g)、(h) 雄蕊原基形成期；(i)～(l) 雌蕊原基形成期

　　桃花的雄蕊发育要比雌蕊发育快得多。雄蕊在当年秋季即分化出花药和花丝，花药中有造孢组织出现，随后有药壁组织的分化。雌蕊原基经伸长，逐渐形成花柱及子房，但胚珠珠心组织的出现和柱头增大开始于第二年早春，然后，花粉粒成熟，胚囊发育，直至开花。

2. 小麦的幼穗分化

　　禾本科植物花序的形成，一般称为幼穗分化。

　　小麦的花序是复穗状花序，小穗无柄，着生在穗轴两侧，每一小穗含数朵小花。分化开始时，茎端生长锥显著伸长，扩大成长圆锥形。在生长锥继续伸长的同时，生长锥基部两侧自下而上出现一系列环状的苞叶原基（单棱期）；接着从幼穗中部开始，以向基和向顶的次序发育，在各苞叶原基的腋部分化出小穗原基（二棱期）；以后小穗原基继续发育增大，苞叶原基不再发育，逐渐为小穗原基所覆盖，最后逐渐消失。

　　小穗中小花的分化仍在幼穗中部开始，每一小穗的分化顺序是先在基部分化出 2 个颖片原基，随后在小穗两侧自下而上进行小花分化，每一小花的分化则依次形成 1 片外稃原基、1 片内稃原基、2 个浆片原基、3 个雄蕊原基及 1 个雌蕊原基（图 4-9）。小麦的每一小穗有数朵小花，其基部 2～4 朵发育完全，能正常结实。上部几朵小花往往发育不全，雄蕊和雌蕊常退化，不能结实。

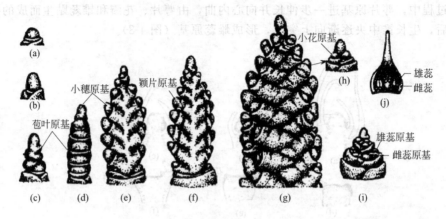

图 4-9　小麦幼穗的分化过程

(a) 生长锥未伸长期；(b) 生长锥伸长期；(c) 苞叶原基分化期（单棱期）；
(d) 小穗分化期开始（二棱期）；(e) 小穗分化期末期；(f) 颖片分化期；(g) 小花分化期；
(h) 一个小穗（正面观）；(i) 雄蕊分化期，示每一个小花有 3 个雄蕊原基；(j) 雌蕊形成期

农业生产中，粮食、油料、瓜果类蔬菜、果树等以收获种子和果实为目的的植物，它们的花或花序分化的好坏直接关系到产品的产量和品质。各种植物在花芽分化前，需要一定的光照条件（光周期、光质、光强）、温度、水分和肥料等良好条件。因此，研究掌握各种植物花芽或花序分化及形成特性，以及它们对环境条件的要求，在花芽分化前或分化中的某一阶段采取相应措施。例如水稻在二次枝梗分化前巧施穗肥、晒田以及以后的浅水灌溉；小麦在花粉母细胞分化形成四分体时期适时灌溉，可以促进生殖生长，减少小花退化和促进籽粒良好发育，为花芽分化、穗大粒多创造有利条件。对温室栽培的瓜果类蔬菜和多种花卉可人为调节温度和光照，调整播期，喷洒类激素物质，促进或延迟花芽分化，调节开花和结果时间，可以反季节生产，供应淡季蔬菜品种，节日供应花卉。

四、花器官的发育——ABC 模型

全球开花植物在陆地生态系统中占有明显的优势。花器官是陆生植物生殖过程中的重要功能器官，已经成为进化论者和生态学家的研究焦点。基本花器官是明显保守的，虽然花的数目、形状、颜色和器官的排列方式不同，但都是对各自授粉方式的适应而导致花结构巨大变化的进化。花发育遗传机制的研究促进了对被子植物花结构进化的进一步了解。

1. ABC 模型

当花分生组织分化完成后，开始进行花器官原基的分化，科学家们目前已经克隆了拟南芥和金鱼草中控制花器官分化的基因，并据此提出了 ABC 模型学说，即花发育的同源异型基因作用模型（图 4-10）。

图 4-10　花器官发育的 ABC 模型示意图

通过遗传分析发现调控花器官形成的基因按功能可以划分为 ABC 三组，每一组基因均在相邻的花器官中发挥作用，即 A 组基因控制第一轮花萼和第二轮花瓣的形成，B 组基因决定第二轮花瓣和第三轮雄蕊的发育，C 组基因决定第三轮雄蕊和第四轮心皮的发育。花的每一轮器官受一组或相邻的两组基因控制：A 组基因单独作用于萼片；A 组和 B 组基因决定花瓣的形成；B 组和 C 组基因共同决定雄蕊的发育；C 组基因单独决定心皮的形成。这些基因在花器官中有各自的位置效应，并且 A 组和 C 组基因在表达上相互抑制，A 组基因不能在 C 组基因控制区域内表达，即 A 组基因只能在花萼和花瓣中

表达，反之亦然。这些基因中任何一个功能缺失或者突变都会导致花器官形状的改变。对拟南芥的研究发现，其花器官的发育是由三组五种不同的基因共同控制的，分别是 AP1 和 AP2（A）、AP3 和 PI（B）、AG（C）。如果 AP2 发生突变，则花器官被生殖器官替代；而当 AG 发生突变时，由 AG 控制的雄蕊和心皮则被花萼和花瓣所替代。

2. ABCD 模型

随着研究的深入和克隆出的花同源异型基因数量的增加，出现了许多 ABC 模型无法解释的现象。如 ABC 三重突变体的花器官除了叶片外仍含有心皮状结构，而不像预测的那样不再含有任何花器官状组织结构。这预示着还存在有与 AG 功能相近的能促进心皮发育的基因。1995 年 Angenent 等在矮牵牛中分离到 FBP7 和 FBP11 基因，提出了决定胚珠发育的 D 组基因。FBP11 专一地在胚珠原基、珠被和珠柄中表达。FBP11 异位表达，转基因植株的花被上形成异位胚珠或胎座。抑制 FBP11 表达，在野生型植株形成胚珠的地方发育出心皮状结构，所以 FBP11 被认为是胚珠发育的主控基因。这样经典 ABC 模型被扩展成 ABCD 模型。

3. ABCDE 模型

2000 年，Pelaz 等发现 AG 类基因 AGL2、AGL4、AGL9 与花器官特异性决定有关，3 个基因中任何 1 个或任何 2 个发生突变，对花器官特异性均无明显影响。而当 3 个基因同时发生突变时，所有花器官都只形成花萼，呈现 B、C 双突变表型。这 3 个基因已被重新命名为 SEP1、SEP2、SEP3，认为它们是内 3 轮中新型的花器官特性基因。SEP 基因的发现导致了 ABC 模型的重新修正，因此，SEP 基因也被称为 E 类基因，连同 D 类基因一起将 ABC 模型延伸为 ABCDE 模型。在此之后又发现了在花器官 4 轮均表达的 SEP4 构建 *sep*1、2、3、4 四突变体，发现整个花的各个器官都转变为叶样器官。目前，该模型越来越为广大研究人员所接受，但是否也完全适用于谷类作物尚无定论。水稻中一些基因虽然与拟南芥或金鱼草中的对应基因有同源，但功能上可能已经出现了分歧。张剑等人认为花发育的 ABCDE 模型是在核心真双子叶植物的模式物种中建立起来的，但在各个大类群中的保守性有很大差异。相对而言，ABCD 系统在整个被子植物层面上适用性较好，而 AE 类功能基因则多局限于真双子叶植物，甚至是核心真双子叶植物中。基部真双子叶植物的 B 功能基因也较核心真双子叶植物的有较多变化。

随着分子生物学技术的发展，花器官成为目前国际植物分子生物学界的研究热点。花器官的发育遗传和花序形态发生的研究为花器官进化分子机制的进一步研究起着推动作用。但是在一些基本的陆生植物种类中，花同源异型基因的同系物的进化与功能方面所掌握的知识很有限。随着分子生物学技术的快速发展和基因克隆技术的日臻完善，可以预见这些问题有望在不久的将来得到解决，届时人们对花器官发育的分子机制以及系统发育将会更加清楚。

第三节　雄蕊的发育与结构

一、雄蕊的发育

雄蕊由雄蕊原基经细胞分裂、分化而来，包括顶部的花药和基部的花丝两部分。

花丝结构简单，最外一层为表皮，内为薄壁组织，中央有一个维管束（周韧或外韧维管束），自花托经花丝直达花药药隔。花丝在花芽中一般不伸长，但在开花时，花丝以居间生长方式迅速伸长，将花药送出花外，利于花粉散播。

花药是雄蕊的主要组成部分，通常由 4 个（少数植物为 2 个，如锦葵科的棉花，见图 4-11）花粉囊组成，花粉囊是产生花粉粒的地方，每个花粉囊内含有很多花粉粒（pollen grain）。花药中部为药隔，药隔由薄壁细胞及维管束两部分组成。药隔的薄壁细胞连接着花粉囊，并供应花药发育时所需的水分和营养物质，药隔维管束与花丝的维管束相连。成熟花药的药隔每一侧的两个花粉囊相互沟通，合并成一室，花粉成熟时，花药开裂，散出花粉。

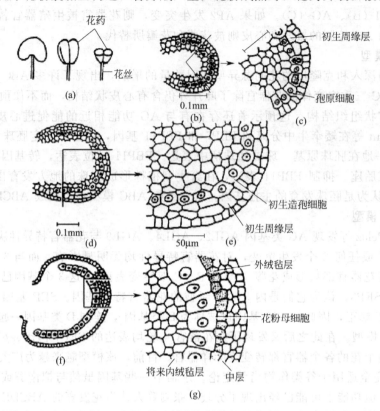

图 4-11　棉花花粉囊的发育
(a) 雄蕊，示花药和花丝；(b)～(g) 花粉囊的部分横切面 [(b)、(c) 孢原细胞时期；
(d)、(e) 初生周缘层和初生造孢层形成；(f)、(g) 药室壁层和花粉母细胞形成]

二、花药的发育和结构

由雄蕊原基顶端发育来的幼嫩花药，构造简单，最外层为原表皮，以后发育成为花药的表皮；其内侧为一群形态相似的基本分生组织细胞，将来参与药隔和花粉囊的形成。在花药（以具有 4 个花粉囊的类型为例）逐步长大的过程中，花药四个角隅的细胞分裂较快，使花药形成具有四棱的外形。随后，在每个棱角处的表皮内侧分化出一到多列大核的原始细胞，称为孢原细胞（archesporial cell）[图 4-12(a)]，其细胞体积较大，细胞质较浓。以后，每个孢原细胞进行一次平周分裂，形成内外两层细胞，外层细胞称为周缘细胞（porietall cell），内层细胞称为造孢细胞（sporogenous cell）。花药中部的细胞经分裂、分化形成药隔的维管束和薄壁细胞[图 4-12(e)]。

周缘细胞再进行多次平周和垂周分裂，产生呈同心排列的数层细胞，自外向内依次为药室内壁（endothecium）、中层（middle layer）和绒毡层（tapetum），这三层结构与花药表皮共同构成了花粉囊壁。花粉囊壁的各部分结构及功能如下。

(1) 表皮　由原表皮发育而成，外壁具角质膜，有些植物还具有毛状体等附属物。

(2) 药室内壁　紧贴着表皮，位于表皮内侧，通常为单层细胞，初期常贮藏大量淀粉和其他营养物质。在花药接近成熟时，细胞体积增大，并径向延长，细胞内贮藏物质逐渐消失。细胞壁除外切向壁外，都发生不均匀的条纹状次生加厚，并木质化和栓质化，但同侧 2 个花粉囊交接处的药室内壁仍然保持薄壁细胞的性质。加厚成分一般为纤维素，所以这部分的药室内壁

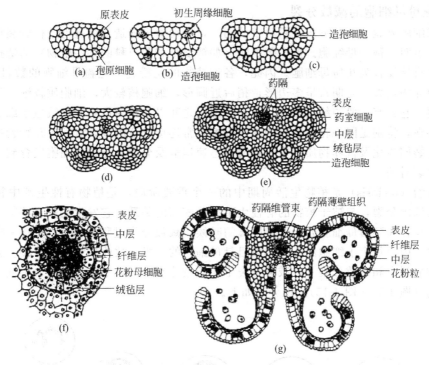

图 4-12 花药的发育与结构

（a）～（e）花药的发育过程；（f）一个花粉囊放大，示花粉母细胞；
（g）已开裂的花药，示花药的结构及成熟花粉粒

又称纤维层（fibrous layer）。花药成熟时，药室内壁失水，由于其细胞壁的加厚特点所形成的拉力，致使花药在无次生加厚处被纵向拉开，使同侧的 2 个花粉囊相连通，花粉沿开裂处散出。

（3）中层　位于药室内壁的内方，通常由 1～3 层较小的薄壁细胞组成，初期贮藏了淀粉等营养物质。在造孢细胞向花粉母细胞发育的过程中，中层细胞内贮藏物质逐渐被消耗，同时由于受到花粉囊内部细胞增殖和长大所产生的挤压，细胞变为扁平，并逐渐解体，最后被吸收而消失。所以，成熟花药中一般不存在中层，只有少数植物（如百合）在成熟花药中还有部分中层细胞的保留。

（4）绒毡层　由 1 层细胞构成，位于花粉囊壁的最里面，与花粉囊内的造孢细胞直接毗连，对于花粉粒的发育起着重要作用。绒毡层细胞较大，细胞核较大，细胞质较浓，细胞器较丰富，液泡较小。初期为单核细胞，后来发生核分裂，但不伴随细胞壁的形成，就形成了双核、多核或多倍体核结构。该层细胞含有较多的 RNA、蛋白质和酶，并含有丰富的油脂、类胡萝卜素和孢粉素等物质，可为花粉粒的发育提供营养物质和结构物质。绒毡层细胞能合成和分泌胼胝质酶，并适时分解花粉母细胞和四分体的胼胝质壁，使单核花粉粒互相分离而保证正常发育。绒毡层细胞还能合成和分泌一种识别蛋白，为花粉外壁蛋白的一部分，在花粉与雌蕊的相互识别中起重要作用。随着花粉粒的形成和发育，绒毡层细胞逐渐退化而解体。由于绒毡层对花粉的发育具有多种重要作用，如果绒毡层的发育和活动不正常，常会导致花粉发育不正常，出现雄性不育现象。

在上述周缘细胞分裂的同时，造孢细胞经分裂或直接发育，形成多个花粉母细胞（pollen mother cell-PMC）［图 4-12(c)～(f)］，花粉母细胞经减数分裂形成大量花粉粒，精细胞将在花粉粒中进一步发育并形成。

三、花粉母细胞的减数分裂

在周缘细胞分裂、分化形成花粉囊壁的同时，花粉囊内的造孢细胞也进行分裂形成许多花粉母细胞，也叫小孢子母细胞。极少数植物（如锦葵科和葫芦科的某些植物）的造孢细胞可不经过分裂而直接发育为花粉母细胞。因此，各种植物的花粉囊中花粉母细胞的数目相差很大。花粉母细胞体积较大，初期常呈多边形，稍后近圆形，细胞核较大，细胞质较浓，没有明显的液泡。早期，它具有一般的纤维素壁，花粉母细胞之间以及花粉母细胞与绒毡层细胞之间都有胞间连丝存在，特别是同一花粉囊内的花粉母细胞常连接成合胞体，有利于花粉囊中花粉母细胞的减数分裂同步化及营养物质、生长物质的迅速运输及分配。花粉母细胞发育到一定时期便进入减数分裂时期。

减数分裂（meiosis）是植物生活周期中的一个重要阶段，是植物有性生殖中特定时期和特定形式的细胞分裂，与被子植物的有性生殖有着密切的关系。它发生在被子植物花粉母细胞开始形成花粉粒和胚囊母细胞开始形成胚囊的时候。减数分裂过程中 DNA 复制一次，细胞连续分裂两次，因而每个子细胞的染色体数目是母细胞的一半，故此称为减数分裂。其具体过程可分为减数分裂Ⅰ和减数分裂Ⅱ，减数分裂Ⅰ和减数分裂Ⅱ都可划分为前期、中期、后期和末期四个时期（图 4-13～图 4-15）。现分述如下。

图 4-13　减数分裂过程图解示意

（一）减数分裂的第一次分裂

减数分裂的第一次分裂分为 4 个时期。

1. 前期Ⅰ（prophaseⅠ）

经历时间很长，染色体变化复杂。前期Ⅰ又可分为 5 个时期。

（1）细线期（leptotene）　核中出现细长、线状的染色体，此后，染色体开始凝缩并螺旋卷曲，逐渐变成细丝状。每条染色体均含有间期复制的 2 条染色单体（在光学显微镜下仍不能见到），两条染色单体仅在着丝点处相连，且常有一定的极性。它们的端部常附着在核膜上的

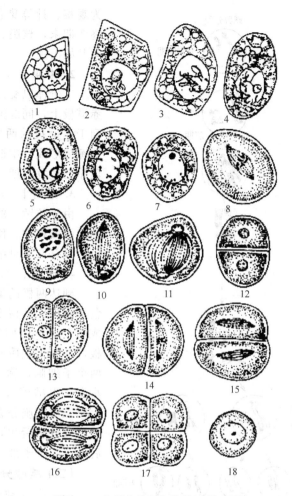

图 4-14 水稻花粉母细胞的减数分裂

1—细线期；2—凝线期；3—染色体聚集成"花束状"；4—偶线期；5—粗线期；6—双线期；
7—终变期；8,9—中期Ⅰ；10—后期Ⅰ；11—末期Ⅰ；12—二分体（减数分裂间期）；13—前期Ⅱ；
14—中期Ⅱ；15—后期Ⅱ；16—末期Ⅱ；17—四分体；18—幼龄单核花粉粒

某处，并向另一方向散开呈花束状。此期核的体积增大，核仁也较大。

（2）偶线期（zygotence） 细胞内的同源染色体（一条来自父本，一条来自母本，两者形状、大小很相似，而且基因顺序也相同的染色体）两两配对，相互靠拢，在同源染色体上位置相同的基因（或位点）非常准确地依次配对，这种现象称为联会（synapsis）。配对后的染色体叫二价体（bivalent）。

（3）粗线期（pachytene） 染色体进一步缩短变粗。二价体中不同染色体的染色单体之间，可在一处或多处相同位置上发生交叉联合，并发生染色单体片段间的互换和再结合现象，这种现象称为交换（crossing over）。它对生物的遗传和变异有重大意义。粗线期也有少量 DNA（粗线期 DNA）的合成，对染色单体中 DNA 断裂后的修复可能起一定作用。

（4）双线期（diplotene） 染色体继续缩短，核仁体积缩小。紧密配对的同源染色体彼此排斥和开始分离，但交叉部位仍连接在一起。由于交叉往往发生在多个位点，联会染色体常呈现 x、v、8 和 0 等形状。

（5）终变期（diakinesis） 染色体螺旋化达最高程度，常分散排列在核膜内侧，故此时期

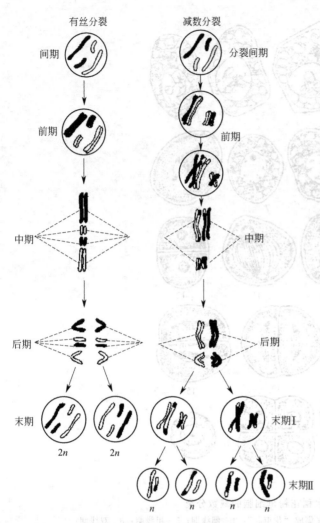

图 4-15 减数分裂和有丝分裂比较

为观察、计算染色体数目的最佳时期。终变期末，核膜、核仁相继消失，纺锤丝开始出现。

2. 中期 I（metaphase I）

二价体以交叉处排列在细胞中部的赤道板上，同源染色体的着丝点随机分列于赤道板的两侧，并有纺锤丝附着，纺锤体形成。中期 I 也是观察、研究染色体的适宜时期。

3. 后期 I（anaphase I）

由于纺锤丝的牵引，两个着丝点分别向两极移动，使二价体分离，每一个极区只有原来母细胞染色体的一半。

4. 末期 I（telophase I）

到达两极的染色体又集聚起来，染色体解螺旋，核膜、核仁重新出现，形成两个子核，同时在子核间形成细胞板，并发生胞质分裂，把母细胞分隔为两个子细胞，称为二分体（dyad）（如小麦、水稻等），接着新生的子细胞发生第二次细胞分裂。但有些植物要在第二次核分裂后才同时发生胞质分裂，最后形成 4 个子细胞，如棉花、蚕豆等。

（二）减数分裂的第二次分裂

第二次分裂一般紧接着第一次分裂，或有一个极短的分裂间期（interkinesis）。若末期 I 染色体不发生螺旋解体，便会立即进入第二次分裂。如已发生螺旋解体，则有较短的分裂间期。第二次分裂过程与一般有丝分裂相似，也可分为 4 个时期。

1. 前期 II（prophase II）

如果染色体在末期 I 时已经螺旋解体，此期则有染色体重新螺旋缩短，核膜再度消失。若未发生螺旋解体，核膜没有消失，则本期很短促，最后也有核膜、核仁消失的过程。

2. 中期 II（metaphase II）

染色体以着丝点排列在赤道板上，每条染色体中的两条染色单体分布在赤道板两侧，纺锤丝明显。

3. 后期 II（anaphase II）

每条染色体的两个染色单体随着着丝点的分裂而彼此分开，由纺锤丝拉向两极。于是，每一个极区就各有一套完整的单倍染色体组。

4. 末期 II（telophase II）

移至两极的染色体逐渐解螺旋，核膜、核仁重新出现，赤道板上形成细胞板，胞质分裂，2 个子细胞形成。

每个花粉母细胞经过上述连续两次分裂后，产生 4 个子细胞。它们被包藏在共同的胼胝质壁中，各个子细胞也被胼胝质所分隔。这4个子细胞在没有分离之前称为四分体（tetrad），相互分离之后就形成4个单核花粉粒。

减数分裂中细胞质分裂有如下两种类型（图4-16）。

连续型（successive type）：减数分裂过程中的两次核分裂均相继伴随细胞质的分裂。第一次分裂先形成二分体，然后在第二次分裂末，再在二分体的每个细胞中产生细胞板，形成四分体。由于两次的分裂面互相垂直，故四分体排列在一个平面上。其壁的发育为离心式，即胼胝质先在细胞板中央沉积然后向两侧扩展，直到和母细胞外围的胼胝质壁相接。这种类型在单子叶植物中较常见，但少数双子叶植物（如金鱼藻、夹竹桃等）也有此类型。

同时型（simultaneous type）：两次核分裂均不伴随细胞质的分裂，形成含4个子细胞核的结构，最后发生细胞质分裂，形成四分体，呈四面体形。其壁的发育为向心式，即先在4个核之间发生成膜体，逐渐向四分体中央积累，同时把四分体中的细胞彼此隔开。该类型在双子叶植物中较常见，但少数单子叶植物（如兰科、灯心草科及莎草科等）也有此类型。

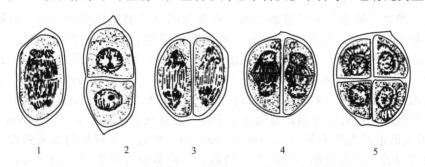

（a）小麦的连续型细胞质分裂

1—减数分裂后期Ⅰ；2—产生分隔壁形成二分体；3—后期Ⅱ；4—末期Ⅱ；5—四分体形成

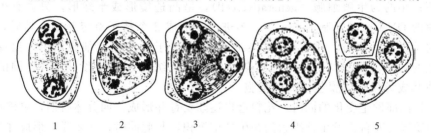

（b）蚕豆的同时型细胞质分裂

1—减数分裂后期Ⅰ；2—后期Ⅱ；3—末期Ⅱ；4—同时产生分隔壁；5—四分体形成

图4-16　花粉母细胞减数分裂的细胞质分裂类型（引自胡适宜）

减数分裂有两个重要作用：第一，对保持物种遗传的稳定性具有重要意义，经减数分裂形成的单核花粉粒、单核胚囊以及由它们分别产生的精细胞和卵细胞都是单倍体，精、卵结合形成合子，恢复了原有染色体倍数，使物种的染色体数保持稳定，也就是在遗传上具有相对的稳定性；第二，对丰富物种的变异性具有重要意义，由于同源染色体间的联合以及遗传物质发生交换和重组，丰富了物种遗传性的变异，这对增强适应环境的能力、繁衍种族极为重要。

一般植物在花粉母细胞减数分裂期间，特别是在细线期和从四分体到单核花粉粒形成初期，对环境条件变化甚为敏感，如水稻花粉母细胞减数分裂时期，正是水稻生育中的孕穗期，此时如遇干旱、低温、光照不足或缺乏营养等都会影响花粉粒的正常发育，从而影响结实，降低产量，因此减数分裂时期是农业生产上加强管理的重要阶段。为了掌握花粉母细胞的减数分裂时期，除了可用花药进行压片，直接在显微镜下进行细胞学检查外，常常可利用一定的形态学指标或计算方法进行预测。对水稻、小麦等禾本科作物，常可根据剑叶叶环与下一叶叶环之间的距离数值、幼穗长度、幼穗分化开始后的天数和积温指数等来判断。如水稻当剑叶和下一叶叶环重叠（叶环距为零），颖花长度达到全长的55％～60％时为减数分裂盛期。小麦旗叶全部长出叶鞘（挑旗），旗叶与倒二叶的叶耳距为2～4cm时为减数分裂时期。棉花减数分裂时，其花蕾长度达3～4mm，花瓣即将露出花萼。但植物不同，品种或地区不同，减数分裂时期也常有差异，应根据具体情况综合鉴别，方能较准确地预测，为高产优质打好基础。

四、花粉粒的形成和发育

花粉母细胞在发育过程中不断积累胼胝质，初生壁与细胞质膜之间形成胼胝质壁，并逐渐加厚，阻断胞间连丝。新形成的4个单核花粉粒被包围于共同的胼胝质壁之中，且它们之间由胼胝质分隔。低渗性的胼胝质允许营养物质通过，但对细胞间信息大分子的交换可能有阻止作用，因而保持了单核花粉粒之间的独立性，对于植物的遗传与进化都有重要意义。

随着花药发育，绒毡层分泌胼胝质酶，将花粉四分体的胼胝质壁溶解，幼期单核花粉粒从四分体中释放出来，但需进一步发育才能形成成熟花粉粒（雄配子体，microgainetophyte）。刚游离出来的单核花粉粒（小孢子），细胞壁薄，细胞质浓，核位于中央（图4-18）。它们不断地从周围绒毡层细胞吸收营养物质和水分，体积迅速增大，细胞质明显液泡化，小液泡合并形成中央大液泡，使细胞核移到花粉粒的一侧（单核靠边期）。随后，细胞核在近壁处进行一次有丝分裂，形成2个子核，靠近花粉粒壁的为生殖核（generative nucleus），靠近大液泡的为营养核（vegetative nucleus）。接着，在两核间形成弧形细胞板，胞质发生不均等分裂，形成大小悬殊的2个细胞：大的为营养细胞（vegetative cell），包含着原来的大液泡和大部分细胞质，并富含营养物质和生理活性物质，为以后进一步的发育提供营养保证；小的为生殖细胞（generative cell），呈凸透镜形或半球形，只含有少量的细胞质，其核中的DNA通过复制增加一倍，为进一步形成2个精子奠定基础。随后，生殖细胞沿花粉粒内壁推移、收缩，并脱离花粉粒的壁而游离于营养细胞细胞质中，出现了细胞之中又有细胞的独特现象。以后生殖细胞渐渐伸长，呈纺锤形或长圆形，其外围的胼胝质壁解体消失使其成为仅有质膜包被的裸细胞。

在花粉粒内部发生变化的同时，花粉壁也逐渐发育并形成。四分体时期，单核花粉粒胼胝质壁内侧和质膜之间首先发生纤维素的初生外壁沉积，与此同时，在质膜上形成许多穿过初生外壁的圆柱状突起。单核花粉粒游离以后，柱状结构上渐渐沉积孢粉素，其顶端和基部各自向四周扩延并形成各种不同形态的雕纹。初生外壁在发育成花粉外壁（exine）的过程中加厚是不均匀的，不加厚的地方将来形成萌发孔（germinal pore）或萌发沟，花粉在柱头上萌发时，花粉管即从此处伸出。

花粉外壁的内侧为内壁（intine），它的发育常在萌发孔区开始，然后遍及整个花粉外壁内侧。内壁由纤维素、果胶质、半纤维素和蛋白质等物质组成，在四分体时期由花粉粒自身供应，在单核花粉粒游离后，则由花粉自身和绒毡层共同供应。

花粉粒有二细胞型和三细胞型两种。成熟的花粉粒如只含有生殖细胞和营养细胞的，称为二细胞型花粉。传粉后，二细胞型花粉的生殖细胞在萌发的花粉管内有丝分裂一次形成2个精子，约70％的被子植物属于该类型，如棉、梨、大葱等。另外一些植物的花粉在散出之前，其生殖细胞再进行一次有丝分裂，形成2个精细胞，这样的花粉粒就含有1个营养细胞和2个精细胞，被称为三细胞型花粉，如水稻、小麦等。

花粉结构与花粉粒的发育形成过程见图4-17。被子植物花粉粒的发育与花粉管中精细胞的形成见图4-18。

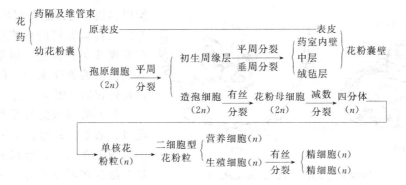

图 4-17　花粉结构与花粉粒的发育形成过程

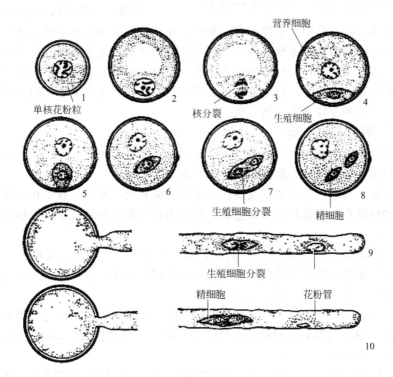

图 4-18　被子植物花粉粒的发育与花粉管中精细胞的形成（引自 Mahcshwari）

1—新形成的单核花粉粒；2—单核花粉粒的后期阶段，产生液泡，细胞核移到近细胞壁的位置上；

3—单核花粉粒的核分裂；4—分裂结束，二细胞型时期，示营养细胞和生殖细胞；

5—生殖细胞开始与细胞壁分离；6—生殖细胞游离在营养细胞的细胞质中；

7,8—生殖细胞在花粉粒中分裂，形成精细胞；9,10—生殖细胞在花粉管中分裂，形成精细胞

　　20 世纪 80 年代以来，随着电镜技术和电子计算机技术的应用，人们发现某些被子植物成熟的三细胞型花粉中营养核和精子之间联系极为密切，两精子之间在形态结构和遗传上也存在差异，于是提出了"雄性生殖单位"（male grem unit）和"精子异型性"（sperm dimorphism）的概念。研究者认为在被子植物有性生殖过程中，一对精子和营养核构成了一个功能复合体，它们所有雄性核和细胞质的遗传物质——DNA 包容在一起成为一个完整的传递单位。在二细胞型花粉的植物中，雄性生殖单位的概念还用于成熟花粉粒或花粉管中营养核与生殖细胞形成的联合体。

　　目前，已有几十种植物被证明存在雄性生殖单位。Russell 等（1981）首先对白花丹（*Plumbago zeylanica*）的雄性生殖单位作了详细描述。在这种植物的花粉中，两个精细胞由带有胞间连丝的横壁连接在一起，并被共同的营养细胞的内质膜所包被，其中一个较大的精细

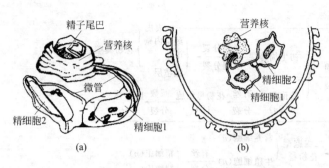

图 4-19　雄性生殖单位（引自 McConchie）

(a) 油菜的雄性生殖单位（三维重组图）；
(b) 油菜花粉粒的一部分，示内部的雄性生殖单位

胞以其狭长的细胞突起环绕着营养核，并伸入到营养核的内陷中。后来的研究发现菠菜、甘蓝、烟草、矮牵牛等其他植物的雄性配子之间的联系也与白花丹相似（图 4-19）。

关于精细胞的异型性，已发现白花丹、油菜、甘蓝、玉米等植物的两个精细胞在大小、形状和细胞器的数量上都存在明显差异。一般是较大的精细胞有较长的外突并与营养核紧密连接。白花丹的大精细胞中含有少数质体和大量线粒体，将来和中央细胞融合；相反，小精细胞质体丰富而线粒体较少，将来与卵细胞融合。甘蓝、油菜的精细胞缺乏质体，但线粒体的含量仍是大精细胞比小精细胞中的多。

目前，有关雄性生殖单位和精子异型性的研究还处于初期的资料积累阶段，有关其功能和生物学意义还有待进一步研究，但这种概念的提出与确认，无疑将加深人们对植物受精机制的认识，并对植物育种和改良带来深刻影响。

五、花粉粒的形态和结构

成熟花粉粒具有外壁和内壁两层细胞壁，内含 1 个营养细胞、1 个生殖细胞或 2 个精细胞。成熟花粉粒又称雄配子体，精细胞则称为雄配子。

花粉粒的形状、大小，外壁的雕纹特征，萌发孔的有无、形状、数量和分布等特征随植物种类而异，这些特征在各种植物中非常稳定，是由遗传因素控制的，常常是植物科、属甚至种的鉴定依据之一。

花粉粒的形态多种多样（图 4-20），有圆球形、椭圆形、三角形、线形、四方形、五边形及其他形状。有些植物的幼期单核花粉粒始终保留在四分体中，发育为含多个花粉粒的复合花粉，如杜鹃花科、夹竹桃科、豆科、灯心草科等。

花粉粒的大小，差异很大。大型的如南瓜的花粉直径为 $150\sim200\mu m$，小型的如勿忘草的花粉直径仅 $2\sim5\mu m$。大多数植物花粉粒的直径在 $15\sim60\mu m$，如大白菜约 $20\mu m$ 左右，水稻为 $42\sim43\mu m$，小麦为 $45\sim60\mu m$。

花粉粒外壁较厚、硬而缺乏弹性。外壁雕纹变化很大，常构成美丽的图案，如刺状突起、网状、颗粒状、瘤状、光滑等。萌发孔是外壁上不增厚的部位，也是花粉粒萌发时花粉管伸出的地方。它常有孔、沟等多种形式，数量变化也较大，如水稻、小麦等禾本科植物的花粉粒只有 1 个萌发孔；油菜、蚕豆、烟草、苹果等有 3 条孔沟，在每条孔沟的中央有 1 个萌发孔；棉花有 8～16 个萌发孔，其他锦葵科植物的萌发孔多至 50 个以上；但少数植物（如樟科）的花粉粒却无萌发孔。花粉粒外壁的主要成分为孢粉素，它是一种脂类物质，化学性质较为稳定，具有抗酸和抗生物分解的特性，因此，能使花粉外壁及其上的雕纹得以长期保存，有利于花粉的鉴别。此外，外壁上还有纤维素、类胡萝卜素、类黄酮素、脂类及活性蛋白质等，其中活性蛋白是由绒毡层细胞合成、转运而来，是花粉与雌蕊组织相互识别的物质基础。

花粉内壁较薄，软而有弹性，但在萌发孔处较厚，在花粉管萌发前有暂时封闭萌发孔的作用。内壁的主要成分为纤维素、半纤维素、果胶酶以及与花粉萌发及穿入柱头组织有关的酶类和活性蛋白质等，其中活性蛋白由花粉自身合成，存在于内壁多糖的基质中，萌发孔区蛋白特别丰富。

花粉粒中，生殖细胞和营养细胞的结构有很大差异。生殖细胞无细胞壁，核大且结构紧密，染色较深，细胞质很少，RNA 含量较低，核蛋白体密度较低，一般细胞器的含量比营养

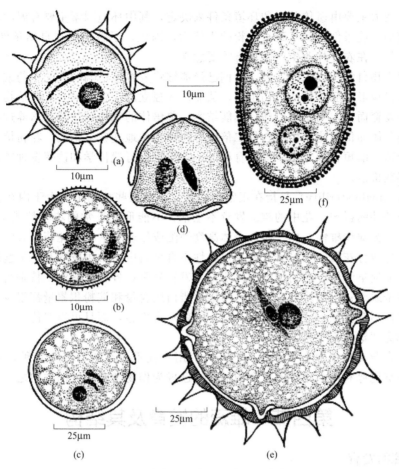

图 4-20 不同植物的花粉粒形态（引自胡适宜）

（a）向日葵；（b）慈姑；（c）小麦；（d）烟草；（e）棉花；（f）百合

细胞少。营养细胞较大，核结构疏松，核孔较多，核质常向外扩散，含酸性蛋白质较多，染色较浅。营养细胞的细胞质多，并含有大量的细胞器，RNA 含量较高，淀粉、脂肪等贮藏物质含量丰富。因此，生殖细胞的代谢活动较低，而营养细胞的代谢活动较旺盛，这对以后花粉萌发和花粉管生长十分有利。

花粉粒的内含物主要贮藏于营养细胞的细胞质中，包括营养物质、各种生理活性物质和盐类。它们对花粉萌发和花粉管生长有重要作用。营养物质以淀粉、脂肪为主，通常风媒花的花粉多为淀粉质的，而虫媒花的花粉则多为脂肪质的。此外，花粉粒还含有果糖、葡萄糖、蛋白质以及人体必需的多种氨基酸。其中，脯氨酸含量较高，是花粉育性的重要标志。花粉中还含有多种维生素，尤以 B 族维生素最多，但缺乏脂溶性维生素。花粉中还含有生长素、细胞分裂素、赤霉素、乙烯、芸薹素等多种植物生长调节物质，但一种花粉不一定同时都含有几类激素。花粉的生长调节物质可抑制或促进花粉生长。花粉中含有淀粉酶、脂肪酶、蛋白酶、果酸酶和纤维素酶等多种酶类，酶对花粉管生长过程中物质代谢、分解花粉的贮藏物质及吸收利用外界物质起重要作用。花粉中还含有花青素、糖苷以及无机盐等，色素能减少紫外线对花粉的伤害，保护花粉，使花粉保持较高的萌发率。

六、花粉生活力、花粉植物、雄性不育

花粉的生活力因植物不同而有较大的差异，但自然条件下，大多数植物的花粉能够维持受精的能力是有限的。一般植物的花粉在散出后通常只能成活几个小时到几天，少数可以达到几

周。花粉的生活力主要由遗传基因和环境条件来决定，其中环境因素主要有温度、湿度和空气等方面。适宜的环境条件有利于延长花粉的生活力，因此，了解花粉在自然条件下的生活力、花粉贮藏的条件，在农、林业生产中具有重要意义。

随着现代生物科学与技术的发展，人们已经能够将发育至适当时期的花药或花粉通过离体培养，诱导花粉粒形成胚状体或愈伤组织，从而形成独立的花粉植物。花粉植物若是从减数分裂后的小孢子发育而来，则是单倍体，不能结实。单倍体的花粉植物若在培养过程中通过人工的手段进行染色体加倍则能产生纯合的二倍体，便能正常地开花、结实。花粉植物的培养有利于克服杂种分离，缩短育种年限，提高育种效率，还可进行遗传学和诱变育种的研究，具有重要的理论和实践价值。

雄性不育（male sterility）是指在正常自然条件下，某些植物个体由于内在生理、遗传原因和外界环境条件的影响，花中的雄蕊发育不正常，不能形成正常的花粉粒或正常的精细胞。雄性不育可表现为缺少雄性个体、雄性个体高度缺陷或雄蕊异常，如花药消失、萎缩，花药不产生花粉或产生败育花粉。大量研究发现，雄性不育材料中，常可发现花药绒毡层细胞过度生长，延迟退化或提早解体，花粉母细胞和小孢子发育异常；各种氨基酸，特别是游离脯氨酸含量低，甚至完全缺乏；蛋白质合成受阻，可溶性蛋白质含量和淀粉积累量都很少，能量代谢水平低。这种雄性不育特性一旦形成，对环境影响就不再敏感，而且可以遗传。凡雄性不育性可遗传的品系称为"雄性不育系"。

雄性不育在杂交育种中有很重要的作用，应用雄性不育系进行杂交育种，可节省去雄工序，有利于杂交优势利用，雄性不育资源的研究已成为作物杂交育种的方向之一。

第四节　雌蕊的发育及其结构

一、雌蕊的发育

雌蕊由心皮原基分化发育而成，是形成卵细胞（雌配子）的场所。心皮（carpel）为适应生殖的变态叶，是构成雌蕊的基本单位。心皮在形成雌蕊时，常向内卷合或数个心皮互相联合形成一个雌蕊，心皮边缘相联合处为腹缝线（ventral suture），心皮中央相当于叶片中脉的部位为背缝线（dorsal suture），在腹缝线和背缝线处各有维管束通过，分别称腹束（2 束）和背束（1 束）（图 4-21）。单雌蕊或离生单雌蕊，每一心皮只有 1 条背缝线和 1 条腹缝线。复雌蕊或合生心皮雌蕊，由于合生的心皮在 2 枚以上，则背缝线和腹缝线的数目与心皮数目对应相

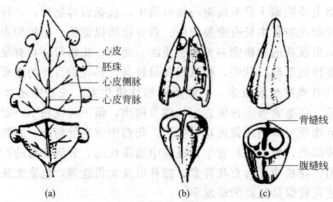

图 4-21　心皮演化为雌蕊的示意图（引自 Muller）

(a) 一片张开的心皮；(b) 心皮边缘内卷；

(c) 心皮边缘愈合形成雌蕊，背缝线和腹缝线黑点分别代表背束和腹束

同。背缝线因位于雌蕊子房外侧，比较容易观察。其腹缝线常因心皮合生方式不同而有差异。如在各心皮之间，彼此以边缘相接时（侧膜胎座）则易于观察；但各心皮的边缘向子房中央弯入，并彼此联合成中轴时（中轴胎座或特立中央胎座），从子房的外观上便难以看见腹缝线。心皮卷合成雌蕊后，其上端为柱头，中间为花柱，下部为子房。

（一）柱头（stigma）

柱头位于雌蕊顶端，是承接花粉的地方，也是传粉后，花粉粒与雌蕊之间相互作用或识别过程中决定花粉是否萌发的地方。柱头一般略为膨大或扩展成为不同形状，表面有的凹凸不平，有的表皮细胞隆起成为乳突，或外伸为毛状体，这些特征有利接纳更多的花粉，为保证顺利完成有性生殖提供了基础（图 4-22）。柱头表皮及乳突角质膜外侧，覆盖有一层亲水的蛋白质薄膜，此膜不仅有黏着花粉或提供花粉所需水分的作用，更重要的是在柱头与花粉相互识别中具有"感应器"的特性。

(a)　　　　　　　　(b)

1. 湿柱头（wet stigma）

当植物开花时，柱头表面湿润，柱头上的表皮细胞能产生分泌物，柱头分泌物常因植物的不同而不同，主要成分为脂类、酚类、糖类、氨基酸、蛋白质、激素、酶类等物质，可以黏住更多的花粉，并为花粉萌发提供必要的基质。脂类有助于减少柱头失水，加强花粉黏着力；酚类化合物可防止病虫侵害柱头，在选择性促进或抑制花粉粒萌发方面亦有重要作用；糖类主要是阿拉伯糖，它们是花粉粒萌发及花粉管生长时的营养物质。这类柱头为湿柱头，如烟草、百合、豆科、茄、苹果、矮牵牛等。

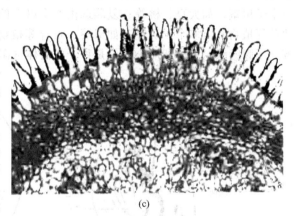

(c)

图 4-22　柱头的立体扫描和纵切面图（引自 Okendon）
（a）甘蓝未成熟的柱头，示单细胞乳突群聚在一起；
（b）甘蓝成熟的乳突放大，示基部已膨大和一个由花粉粒萌发的花粉管已附着在一个乳突上；
（c）甘蓝型油菜的柱头纵切面，示单细胞乳突的放大

2. 干柱头（dry stigma）

有些植物开花时柱头是干燥的，如油菜、石竹、凤梨、蓖麻、月季、棉、柿、禾本科植物等的柱头表面，开花时并不产生分泌物，称为干柱头，这种柱头在被子植物中最为常见。由于柱头表面存在有亲水的蛋白质薄膜，通过其下层角质膜的孔隙处吸收水分，使得花粉萌发和花粉管生长，所以在生理上这层薄膜与湿柱头的分泌相似。

（二）花柱

花柱是柱头与子房连接的部分。花粉萌发后花粉管生长通过花柱到达子房。花柱的长短、粗细因植物而异。玉米的须状花柱细长；小麦的极短，其花柱近顶端部分表皮细胞形成毛状突起，形成羽毛状柱头。花柱外围为表皮，表皮内侧为基本组织和维管组织。花柱主要有空心型花柱（hollow style）和实心型花柱（solid style）两大类型。

1. 空心型花柱

空心型花柱在花柱的中央有一条至数条纵行的沟道，称为花柱道（stylar cannal）。花柱道

内壁常为一层具有一定分泌功能的花柱道细胞。花柱道细胞代谢活跃，可从邻近细胞中转运物质，并能加工、贮藏分泌物质。花粉管经过花柱时常沿着花柱道表面的分泌物生长。豆科、罂粟科、十字花科、马兜铃科和百合科等科的一些植物的花柱属于这种类型。

2. 实心型花柱

实心型花柱没有中空的花柱道，但花柱中央多分化出富含细胞器、代谢旺盛的引导组织（transmitting tissue）。引导组织的细胞一般比较狭长，细胞间隙大，其中充满糖类（果胶质）、蛋白质等分泌液；细胞中富含线粒体、高尔基体、粗面内质网、核糖体等细胞器，代谢活动旺盛。白菜、棉花、荠菜、烟草、番茄、梅等许多植物具有此型花柱，花粉管即沿引导组织的胞间隙生长。但也有些植物，如垂柳、小麦、水稻等，它们的花柱结构较为简单，无引导组织分化，花粉管则从花柱中央薄壁组织的胞间隙中穿过。

（三）子房

子房为雌蕊基部的膨大部分。横切子房，其结构由子房壁（ovary wall）、子房室（locule）、胚珠（ovule）和胎座（placenta）等组成。子房壁位于子房外围，分为外层、中层和内层。外层表皮上有气孔器和表皮毛的分化；中层为薄壁组织，其中有维管束分布；内层与外层相近，但气孔和外壁上的角质层分化不完全。子房室是子房内的空腔，其数目因植物的种类、心皮的数目和心皮联合形成的雌蕊类型不同而不同。单雌蕊，仅由一个心皮构成，子房内仅有一个子房室，如大豆、桃等；复雌蕊由 2 个以上的心皮联合而成，其子房内有 1 个（如石竹、葫芦等植物）至多个子房室（如锦葵、百合等植物）。胚珠是着生在胎座（心皮边缘愈合的地方——腹缝线）上的卵形小体，是种子的前体（图 4-23）。

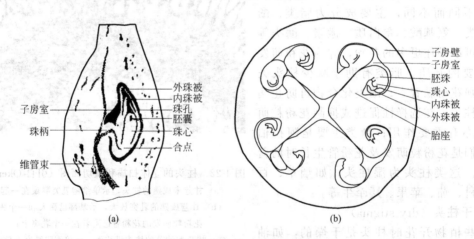

图 4-23　子房的切面（示子房室及胚珠）

（a）桃的子房纵切面；（b）棉花的子房横切面

二、胚珠的组成和发育

一个发育成熟的胚珠，由珠心、珠被、珠柄和合点等几部分组成（图 4-24）。胚珠发生时（图 4-25），首先由胎座表皮下层一个或几个细胞经平周分裂，产生突起，成为胚珠原基。胚珠原基前端成为珠心（nucellus），是胚珠中最重要的结构部分。胚珠中的胚囊就是由珠心的细胞发育而成的。原基基部发育成珠柄（funiculus）。以后，珠心基部的表皮层细胞可快速分裂，产生环状的突起，逐渐向上生长、扩展，将珠心包围形成珠被（integument）。许多双子叶合瓣花植物，如番茄、向日葵等，以及一些离瓣花植物，如胡桃等，只有一层珠被；但多数双子叶离瓣花植物，如油菜、棉花、桃、百合等，以及单子叶植物，如水稻、大麦、小麦等具有双层珠被，即内珠被（inner integument）和外珠被（outer integument），但内珠被发生早于外珠被。在珠被形成过程中，在珠心最前端留下一个小孔，称为珠孔（micropyle），与珠孔相对的一端，珠被、珠心和珠柄联合的区域称为合点（chalaza）。子房壁中的维管束由胎座经过珠柄到达合点而进入胚珠内部，为胚珠输送养料［图 4-24(a)］。

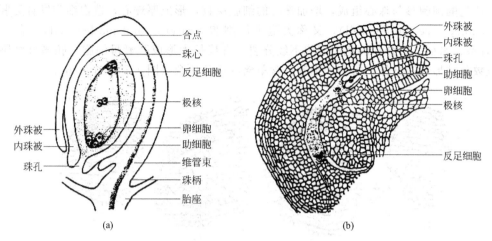

图 4-24　成熟胚珠的结构

（a）胚珠结构模式图；（b）油菜的成熟胚珠，示胚囊的结构

胚珠生长时，由于珠柄和其他各部分的生长速度常不均等等原因，使得胚珠在珠柄上着生方位有所不同，从而形成直生胚珠、横生胚珠、弯生胚珠和倒生胚珠等不同的胚珠类型。

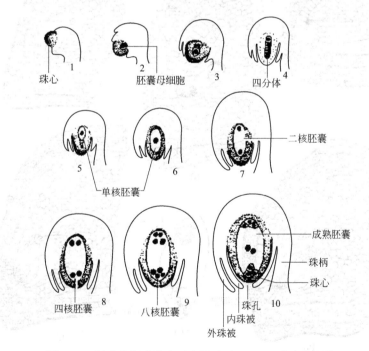

图 4-25　胚珠和胚囊发育过程模式图（1～10 为发育顺序）

三、胚囊的发育与结构

(一) 胚囊的发育与形成

珠被与珠心组织发育的同时，珠心内部也发生变化。最初珠心由相似的薄壁细胞组成，以后，通常在靠近珠孔端的珠心表皮下渐渐形成一个与周围不同的细胞，即孢原细胞（archesporial cell)。孢原细胞体积较大，细胞质浓，细胞器丰富，液泡化程度低，细胞核大而显著。棉花等植物的孢原细胞可先进行一次平周分裂，形成内、外两种细胞，外侧的一个为周缘细胞（parietal cell），内侧的一个为造孢细胞（sporgenous cell）。周缘细胞继续进行垂周分裂和平周分裂，产生的细胞参与珠心组成，增加珠心的细胞层数，形成厚珠心；造孢细胞发育为胚囊母细胞（embryo sac mother cell），又称大孢子母细胞（macrosporal mother cell）。有些植物（如向日葵、水稻、百合）的孢原细胞不经分裂，直接长大形成胚囊母细胞。胚囊母细胞接着进行减数分裂形成四分体，每个子细胞只含单倍的染色体数（图 4-25，图 4-26）。

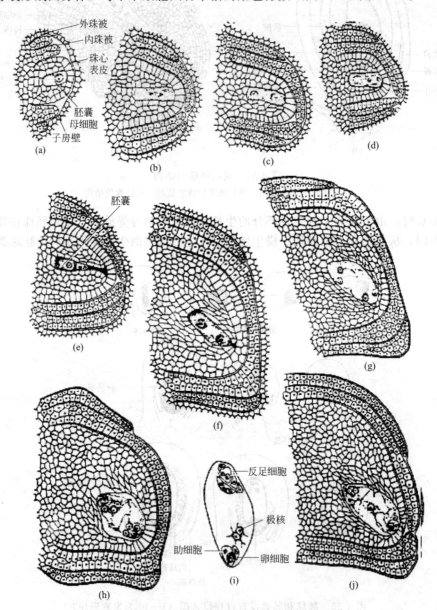

图 4-26　水稻胚珠及胚囊的发育（引自李扬汉）

（a）胚囊母细胞的形成，外珠被和内珠被的发育；（b），（c）胚囊母细胞减数分裂的第一次分裂；
（d）减数分裂的第二次分裂，形成四分体；（e）四分体上近珠孔端的 3 个细胞退化，1 个发育成胚囊；
（f）～（h）八核胚囊的形成；（i）八核胚囊，珠孔端有一核向胚囊中央移动，成为极核；（j）成熟的胚囊

胚囊母细胞经减数分裂形成的 4 个单倍体的大孢子（macrospore）（四分体）通常纵行排

列，一般靠近珠孔端的 3 个大孢子退化，仅合点端的 1 个发育成有功能的大孢子。胚囊母细胞减数分裂形成的 4 个大孢子被共同的胼胝质壁包围，胼胝质壁从合点端的功能大孢子处首先变薄逐渐消失，这样便于功能大孢子从珠心组织中吸收营养物质，对其进一步发育有重要作用，而 3 个无功能的大孢子被胼胝质壁包围较长时间，最后退化消失。

　　留存的一个功能大孢子体积逐渐增大，进而发育为单细胞胚囊（embryo sac）。单细胞胚囊（大孢子）继续从珠心组织中吸取养料，细胞体积增大，具大液泡；随后，细胞核连续 3 次有丝分裂，第一次分裂形成 2 个核，随着液泡的形成，这 2 个核分别移至胚囊两端，形成 2 核胚囊，2 核胚囊连续进行 2 次有丝分裂，形成 4 核胚囊、8 核胚囊，胚囊的两端各 4 个核，不久，两端各有 1 核移向胚囊中央，并互相靠近，形成极核（polar nucleus）（图 4-26～图 4-28）。极核与周围的细胞质一起组成胚囊中最大的细胞，称为中央细胞（central cell）。在一些植物中，中央细胞中的两个极核常在传粉和受精前相互融合成一个二倍体的核，称为次生核（secondary nucleus）。随着核分裂的进行，胚囊体积迅速增大，特别沿纵轴扩展更为明显。8 核胚囊形成后，开始没有细胞壁的形成，以后各核之间产生细胞壁，形成细胞。近珠孔端的 3 个细胞，中央的一个为卵细胞（egg cell），两侧的为助细胞（synergid），三者合称为卵器（egg apparatus）。卵器中的这两类细胞在形态、极性和细胞壁的分化上有许多相似之处，彼此间有胞间连丝，协同完成卵的受精过程。近合点端的分化为 3 个反足细胞（antipodal cell）。至此，单核胚囊细胞已

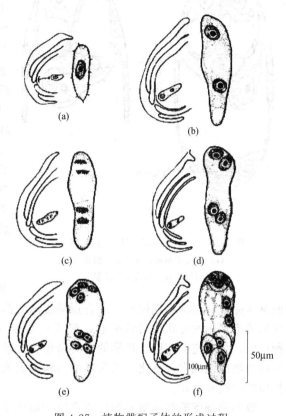

图 4-27　植物雌配子体的形成过程

（a）单核胚囊进行有丝分裂；（b）产生 2 个细胞核分别移向两极；（c）两个细胞核进行细胞分裂；（d）形成 4 个细胞核；（e）4 个细胞核再进行一次有丝分裂形成 8 个细胞核；（f）珠孔端的 3 个细胞，中央的一个分化成卵细胞，两侧的为助细胞，三者合称为卵器。合点端的分化为 3 个反足细胞，2 个极核与周围的细胞质一起组成大型的中央细胞

发育成具 7 细胞 8 核的成熟胚囊（embryo sac），这就是被子植物的雌配子体（female gametophyte），其中的卵细胞就是有性生殖中的雌配子（female gamete）（图 4-27）。这种由近合点端的 1 个大孢子经 3 次有丝分裂形成 7 细胞 8 核胚囊的发育形式，最初在蓼科植物中观察到，所以称为蓼型（polygonum type）胚囊。约有 81% 的被子植物的胚囊属于此种发育方式。

　　除蓼型胚囊外，根据参加形成胚囊的大孢子数目，以及大孢子核分裂次数和成熟胚囊结构特点，还可划分出双孢型（葱型）和四孢型（贝母型）等其他 9～10 种胚囊发育类型。

（二）成熟胚囊的结构

　　以蓼型胚囊为例，成熟胚囊的结构组成主要有卵细胞、助细胞、极核和反足细胞几部分（见图 4-28）。

1. 卵细胞

　　卵细胞在胚囊中有极其重要的作用，它受精后发育成胚，即新一代的孢子体。成熟的卵细

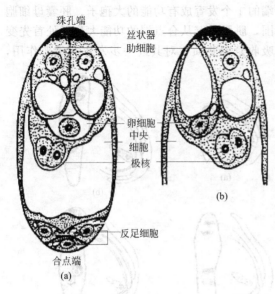

珠孔端
丝状器
助细胞
卵细胞
中央细胞
极核
反足细胞
(b)
合点端
(a)

图 4-28 成熟胚囊模式图 (引自 Johri)

(a) 胚囊正面观; (b) 胚囊侧面观

(粗黑线表示细胞壁和质膜)

胞是一个具有高度极性的细胞,近于洋梨形,狭长端对向珠孔,在珠孔端区域的壁较厚,近合点端区域壁逐渐变薄,甚至完全消失,仅以质膜与中央细胞毗接,如棉花的卵细胞壁仅延伸到细胞的一半,玉米的卵细胞合点端也不存在壁,只有质膜为界。卵细胞与助细胞之间细胞壁上有胞间连丝相通,有人将卵细胞和助细胞一起称为雌性生殖单位 (female germ unit,FGU)。卵细胞的细胞质表现出明显极性,靠近珠孔有一大液泡,细胞核和大部分细胞质位于合点端。卵细胞核大,核仁的 RNA 含量高于胚囊中其他细胞,在其发育早期有较多的细胞器,随着卵细胞发育成熟,其中的线粒体、内质网、高尔基体、核糖体等细胞器解体、退化,数量减少,其合成和代谢活动降低。

2. 助细胞

助细胞与卵细胞在珠孔端排列成三角鼎立状,它们也是具有高度极性的细胞。助细胞的壁基本完整,以珠孔端较厚,向合点端逐渐变薄。助细胞最突出的特征是在珠孔端的细胞壁向内形成不规则的片状或指状突起,形成丝状器 (filiform apparatus)。突起因植物不同而有各种形状,如棉花助细胞丝状器的内突呈指状。丝状器主要由果胶质、半纤维素及纤维素组成,不同植物的组成常有变化。丝状器的结构大大地增加了质膜的表面面积,有利于助细胞对营养物质的吸收和运转。

成熟助细胞的细胞质和细胞核常偏于珠孔端,液泡则多位于合点端,这种分布上的极性与卵细胞中的恰好相反。助细胞含有丰富的细胞器、内质网、发育良好的线粒体和核糖体以及大量分泌小泡的高尔基体等,表明其为代谢活跃的细胞。助细胞可将珠心与珠被细胞内的营养物质转运给胚囊,特别是转运给卵细胞的短距离运输作用;也可以合成和分泌某些趋化物质及酶类,引导花粉管定向生长,使之进入胚囊,是花粉管进入和释放内容物的中转站,并有助于精子移向卵细胞和中央细胞。助细胞存在时间较短,受精后很快解体。通常在受精前后,胚囊中的两个助细胞中,一个退化,另一个宿存。当花粉管进入胚囊时,总是到达退化的助细胞中,在这里释放花粉管的内容物,包括两个精细胞。

3. 中央细胞

中央细胞是胚囊中体积最大且高度液泡化的细胞。成熟胚囊的增大,主要由于中央细胞液泡的膨大。中央细胞含有 2 个极核,在成熟胚囊中它们相互靠近,或在受精前融合成一个二倍体的次生核。中央细胞与卵细胞、助细胞和反足细胞之间有很薄的壁或仅以质膜为界并且有胞间连丝相通,加强了胚囊内各细胞结构上和生理上的协调。有些植物的中央细胞与珠心毗邻的细胞壁向内形成许多指状内突,说明它有从珠心吸取营养物质以及向外分泌消化珠心细胞的酶的作用。中央细胞的大部分细胞质及其所包含的两个极核或它们融合后形成的次生核靠近卵器处,细胞器丰富,有大量的线粒体、质体、内质网、高尔基体、核糖体等,同时可以积累大量淀粉、蛋白质、脂类等贮藏物质,表明中央细胞既有较强的代谢活性,也有贮存营养物质的作用。

4. 反足细胞

反足细胞是胚囊中一群变化最大的细胞。多数植物常具 3 个反足细胞,但也有一些植物的反足细胞有较强分裂能力，可形成许多细胞，如小麦、玉米的反足细胞约有 30 个，胡椒有 100 个，箬竹（*Indocalamus tessellatus*）的可达 300 多个；反足细胞还可形成多核或多倍体细胞。有些植物，如玉米、亚麻的反足细胞，在毗连珠心的细胞壁形成内突结构，具有传递细胞的特征和性质。反足细胞的寿命因植物而异，如小麦的反足细胞能存在较长时期，当形成多细胞胚时，还可见到反足细胞的存在。但在多数植物中，它们通常存在时期短，受精前或受精后退化消失。反足细胞之间，或反足细胞与珠心细胞或与中央细胞相接处，常有很多胞间连丝，以及细胞质中含有丰富的线粒体、高尔基体、内质网和质体等细胞器及大量的贮藏物质，反映了反足细胞也是代谢非常活跃的细胞，对胚囊发育起着吸收、转运和分泌营养物质的多种功能。

蓼型胚囊的发育过程见图 4-29。

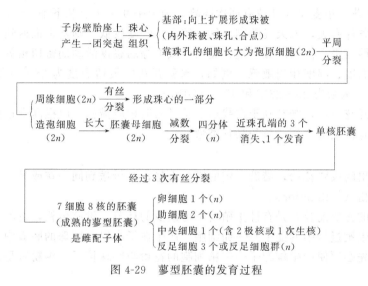

图 4-29　蓼型胚囊的发育过程

第五节　开花、传粉和受精

一、开花

当植物生长发育到一定阶段，在花中雄蕊的花药和雌蕊中的胚囊或两者之一发育成熟后，花萼和花冠伸展开来，露出雄蕊和雌蕊的现象称为开花（anthesis）。开花是被子植物生活史中一个重要时期，是有花植物性成熟的标志。

植物的开花习性各不相同，开花的年龄、季节、开花期及昼夜周期性等因种类而异。例如，一二年生植物，一般生长几个月后即能开花，一生中仅开花一次，花后结实产生种子，植株就枯萎死亡；多年生植物在达到开花年龄后，能够每年按时开花，延续多年。多年生植物开花的年龄，有很大的差异，一般草本植物的开花年龄短，木本植物则比较长，并且变幅很大，从 2~3 年到数十年不等，如桃树要 3~5 年，桦属植物需要 10~12 年，椴属植物为 20~25 年，一旦开花后，每年到一定时候就开花直至枯死。也有少数多年生植物如竹子，一生往往只是开花一次，开花后便死去。

不同植物的开花季节虽不完全相同，但大体上集中在早春至春夏之间的较多。有的植物在盛夏开花，如莲花；也有的植物在秋季甚至深秋、初冬开花，如茶、枇杷等。另外有些园艺植物的开花受季节影响很小，几乎四季都能开花，如月季、天竺葵、龙船花等。冬季和早春开花的植物，有些先花后叶，如腊梅、白玉兰等；有些花叶同放，如梨、李、桃等；但绝大多数植物都是先叶后花。

植物从第一朵花开放直至最后一朵花开完所经历的时间，称为开花期（blooming stage）。各种植物的开花期长短不同，有的仅几天，如桃、杏、李、水稻、小麦等；也有持续一两个月或更长，如棉花、花生、番茄、腊梅等；热带植物中有些种类几乎终年开花，如可可、桉树、柠檬等。各种植物的开花习性与它们原产地的环境条件有关，是植物长期适应的结果，也是它们的遗传所决定的。

各种植物每朵花开放所持续的时间变化很大，如小麦单花开花时间只有 $5\sim30min$，水稻需 $1\sim2h$，某些热带兰花单花开放时间可达 80 天以上。植物开花的昼夜周期性变化也很大。例如，在正常的气候条件下，许多禾本科植物的花，一般从上午 $7\sim8$ 点开始开放，11 点左右最盛，午后减少，如水稻每天的盛花时间是上午 $10\sim11$ 点。但是也有例外，如高粱一般在凌晨 $2\sim3$ 点开始开花。小麦每天开花有两次高峰，为上午 $9\sim11$ 点和下午 $3\sim5$ 点。作物每天开花时间都与气候条件有关，如天气晴朗，气温较高，湿度较低，则常常推迟到下午才开放。虫媒花的昼夜周期性与进行传粉的蜂、蝇、蝴蝶、蛾类等的昼夜活动期密切相关。

植物开花对温度、湿度相当敏感，例如，水稻开花的最适温度为 $28\sim30℃$，最适相对湿度为 $70\%\sim80\%$，玉米为 $20\sim28℃$ 和 $65\%\sim90\%$。

掌握植物的开花习性，既有利于在栽培上及时采取相应措施，以提高产量和质量，也有助于适时进行人工有性杂交，创造新的品种类型。

二、传粉

由花粉囊散出的成熟花粉，借助一定的媒介力量，被传送到同一花或另一花的雌蕊柱头上的过程，称为传粉（pollination）。

传粉是受精的必要前提，是有性生殖所不可缺少的环节，没有传粉，也就不可能完成受精作用。因为有性生殖过程中的配子——卵细胞，产生在子房以内胚珠的胚囊中，要完成全部有性生殖过程，首先必须使产生雄配子——精细胞的花粉与胚珠接近，传粉就是起到这样的一个作用。

传粉是受精的前提，是有性生殖过程的重要环节，有自花传粉与异花传粉两种方式。

（一）自花传粉与异花传粉及其生物学意义

1. 自花传粉

成熟花粉粒落到同一朵花的雌蕊柱头上的过程，称为自花传粉（self-pollination）。最典型的自花传粉是闭花传粉或闭花受精（cleistogamy），也就是花尚处于蕾期，雄蕊的花粉粒在花粉囊里已经萌发，产生花粉管，花粉管穿过花粉囊壁，向柱头生长，进入雌蕊子房，将精子送入胚囊，完成受精的现象。如豌豆、大麦、花生、堇菜属等植物都有闭花受精现象。闭花受精可以避免花粉粒为昆虫所吞食，或被雨水淋湿而遭破坏，是对环境条件不适于开花传粉的一种合理适应现象。

自花传粉在实际应用中含义常常扩大，如在林业上将同一植株内的传粉，果树栽培中将同一品种内的传粉都称为自花传粉。

2. 异花传粉

异花传粉（cross-pollination）是指一朵花的成熟花粉落到另一朵花的柱头上的过程，如玉米、向日葵等。它是植物界最普遍的传粉方式，可以发生在同一株植物的各朵花之间，也可以发生在同一品种或同种内的不同品种植株之间。

从遗传和植物进化的生物学意义来看，异花传粉比自花传粉优越，是一种进化的方式，但当异花传粉缺乏必要的条件时，自花传粉则成了保证植物繁衍的特别适应形式。达尔文曾经说过，对于植物来说，用自体受精方法来繁衍种子，总比不繁殖或繁殖很少量来得好些。实践证明，异花传粉植物的雌雄配子的遗传性具有较大差异，由它们结合产生的后代具有较强的生活力和适应性，往往植物强壮，结实率较高，抗逆性也较强，而自花传粉植物正好相反。

（二）传粉媒介

在异花传粉的过程中，往往要借助外力如风、昆虫、水、鸟类等为媒介，将花粉传到另一朵花的柱头上。其中最主要的媒介是风和昆虫。植物对不同传粉媒介的长期适应，常常产生一些相适应的结构。

1. 风媒花

以风力为传粉媒介的植物称为风媒植物（anemophilous plant），它们的花叫风媒花（anemophilous flower），如禾本科植物的水稻、小麦和玉米，以及杨、柳、核桃、桦木等木本植物。一般风媒花常形成穗状或葇荑花序，易为风吹摆动散布花粉。花被很小或退化，不具有鲜艳的颜色，无蜜腺和香气；产生大量小而轻、外壁光滑干燥的花粉粒，有利于随风传播。雌蕊的柱头一般比较大，常分裂状，有的柱头呈羽毛状，开花时伸出花被以外，有利于承受花粉粒。

2. 虫媒花

以昆虫为传粉媒介的植物称虫媒植物（entomophilous plant），它们的花叫虫媒花（entomophilous flower），如油菜、向日葵、瓜类、薄荷、洋槐、泡桐等。虫媒花一般花冠大，具有鲜艳的色彩，有气味或蜜腺，这些都是招引昆虫的适应特征。此外虫媒花的花粉粒较大，外壁粗糙，有花纹、有黏性，易黏附在虫体上而被传播。传粉的昆虫种类很多，虫媒花的大小、结构、蜜腺的位置等常与传粉昆虫的大小、口器的类型和结构等特征相适应。虫媒花植物的分布以及开花季节和昼夜周期性也与传粉的昆虫在自然界的分布、活动规律密切相关。

三、受精

雄配子（精细胞）与雌配子（卵细胞）相互融合的过程称为受精（fertilization）。被子植物的卵细胞深藏在子房内胚珠中的胚囊里，而精子在花粉粒中。所以，受精前必须经过传粉，传粉后花粉粒在柱头上萌发形成花粉管，并通过花粉管在花柱中生长直至进入胚囊，才能使两性细胞相遇而发生受精作用，因此，被子植物的受精作用包括花粉粒的萌发、花粉管的生长和双受精过程三个步骤。

（一）花粉粒的萌发

在自然情况下，大多数植物的花粉从花药中散发后只能存活几小时或几天，存活期长的可达几周。

落到柱头上的有活力的花粉粒，与柱头经过相互识别，其内壁在萌发孔处向外突出，并继续伸长形成花粉管，这一过程叫花粉粒的萌发（图 4-30）。

花粉粒能否萌发，取决于花粉的壁蛋白和柱头的蛋白质薄膜的识别反应。如是亲和的，花粉内壁释放出来的角质酶前体被柱头的蛋白质薄膜活化，柱头蛋白质薄膜下的角质膜溶解，以便花粉管进入已局部溶解的柱头细胞的胞间层，沿柱头细胞的胞间隙进入花柱；如不亲和，柱头表皮细胞发生排斥反应，随即产生胼胝质阻碍花粉管进入。

通过识别可以防止遗传差异过大或者过小的个体之间交配，而选择出生物学上最适合的配偶。这是植物在长期进化过程中形成的一种维持物种稳定性和繁荣的适应特性。

现在从多种植物花粉中分离得到多种抗原（具有抗原性的糖蛋白），它们可以与特异性免疫蛋白相结合，在识别反应中起着重要作用。此外，柱头表面存在着酶系统和分泌物中的酚类物质，也与识别作用和花粉管穿入柱头角质膜有着密切的关系。花粉与柱头之间的识别是一种重要的细胞间识别现象，对其复杂机制的认识还在不断深入。

花粉粒和柱头之间经过识别作用之后，被识别的亲和花粉粒从周围吸水，代谢活动加强，

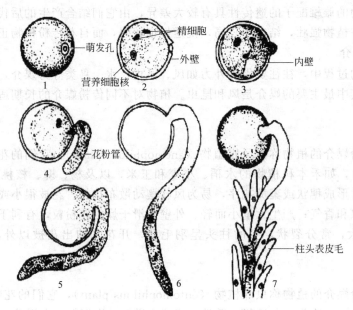

图 4-30　水稻花粉粒萌发和花粉管生长（1～7 为顺序）

体积增大，内壁由萌发孔突出伸长为花粉管，于是出现了花粉粒的萌发。并非全部落到柱头上的花粉粒都能萌发，只有通过花粉粒和柱头的相互识别，排斥亲缘较远的异种、异属的花粉粒，接受同种的花粉粒；或排斥自己的花粉粒，接受同种不同基因型的花粉粒。在被子植物中，约有 70% 的科经过识别能对自花传粉的花粉粒产生毒害或起抑制作用，造成自花不孕。

（二）花粉管的生长

经过识别且已伸长突破柱头表面的花粉管，向花柱中生长。在空心花柱中，沿着花柱道内表面生长；在实心花柱中，花粉管常在引导组织和中央薄壁组织的细胞间隙中生长，并从花柱组织吸收营养物质。花粉管通过花柱到达子房后，一般沿着子房壁内表面或胎座继续生长，直至到达胚珠，最后多从胚珠的珠孔进入胚囊进行受精。

花粉管在生长过程中，除不断消耗花粉粒中贮藏的营养物质外，还从花柱组织中吸收营养物质，用于花粉管的生长和新壁的形成。随着花粉管的向前伸长，花粉粒中的内容物几乎全部集中于花粉管的先端。如为三细胞型花粉粒，则包括 1 个营养核和 2 个精细胞、细胞质和各种细胞器；如为二细胞型花粉粒，生殖细胞在花粉管中再进行一次有丝分裂，产生 2 个精细胞。

许多植物在花粉管伸长到一定长度时，在距离花粉管末端的一定距离形成胼胝质塞，将花粉管分成许多小室。胼胝质塞最初是由花粉管内壁产生的环状突起，逐渐向中央生长，将管腔密封。胼胝质塞可以使花粉粒中的内容物局限在管的末端，防止倒流现象。

花粉管通过花柱进入子房后，通常沿着子房内壁或经胎座直达胚珠，最后从珠孔进入胚囊。目前的研究认为，花粉管的定向生长与助细胞丝状器的 Ca^{2+} 浓度有关。棉花的花粉管在雌蕊中生长时，可能通过分泌赤霉素诱导助细胞退化、解体，退化的助细胞将释放出大量 Ca^{2+}，Ca^{2+} 呈一定的浓度梯度分布，花粉管朝向高浓度 Ca^{2+}（助细胞的丝状器处）的方向生长，因此钙被认为是一种天然的向化物质。破坏助细胞的结构，则花粉管不能进入胚囊。也有人认为花粉管的向化性生长，可能是包括硼在内的几种物质综合作用的结果。

（三）双受精过程

传粉作用完成后，花粉便在柱头上萌发成花粉管，管内产生的雄性配子——精子，通过花粉管的伸长，从珠孔经过珠心，直达胚珠的胚囊内部，与卵细胞和极核相互融合。花内两性配子互相融合的过程，称受精作用，是有性生殖过程的重要阶段。受精后的胚珠进一步发育为种子。

花粉管到达胚囊后，经一个退化助细胞的丝状器进入，随后，花粉顶端或亚顶端形成一个小孔，两个精细胞和其他物质释放于卵细胞与中央细胞之间，其中一个精细胞与卵细胞融合，形成受精卵（合子），将来发育成种子的胚；另一个精子与中央细胞的两个极核融合，形成初生胚乳核，将来发育成胚乳，这种现象称为双受精作用（double fertilization）。双受精作用是被子植物有性生殖中的特有现象（图4-31）。

双受精过程中，首先是精子与卵细胞的无壁区接触，接触处的质膜随即融合，极核进入卵细胞内，精卵两核膜接触、融合，核质相融，两核的核仁融合为一个大核仁，完成精卵融合，形成一个具有二倍体的合子（zygote），将来发育成胚。另一个精子与中央细胞的 2 个极核或 1 个二倍体的次生核融合形成具有三倍体的初生胚乳核（primary endosperm nucleus），将来发育成胚乳，它们的融合过程与精卵融合过程基本相似，但融合速度较精卵融合得快。

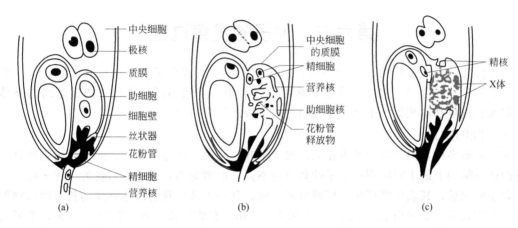

图 4-31　被子植物双受精作用中精细胞转移至卵细胞和中央细胞的图解（引自 Jensen）
(a) 花粉管进入胚囊；(b) 花粉管释放出内容物；(c) 两个精细胞分别转移至卵细胞和中央细胞附近
X 体—退化的营养细胞核和退化的助细胞核

（四）受精作用的生物学意义

1. 保证了物种遗传的相对稳定性

单倍体的精细胞和卵细胞融合形成二倍体的合子，恢复了植物原有的染色体数目，保持了物种遗传性的相对稳定。

2. 丰富了植物的遗传变异性

经过减数分裂后形成的精、卵细胞在遗传上常有差异，受精后形成的后代常出现新的性状，丰富了植物的遗传变异性，为良种选育打下了理论基础。

3. 具有双亲遗传性的胚乳，可使子代生活力更强

经受精作用形成的 3n 胚乳，同样结合了父、母本的遗传特性，生理上十分活跃，被胚吸收后，对胚的性状具有一定影响，可使后代的变异性更大，生活力更强，适应性更广。

双受精是被子植物所特有的，是植物界有性生殖的最进化、最高级的受精方式，不仅是被子植物在植物界占优势的重要原因，也是植物遗传和育种学的重要理论依据。

（五）外界环境条件对传粉、受精的影响

影响传粉和受精的因素很多，概括起来可分为内因和外因两类。内因通常是由于雄性不育及雌蕊与花粉粒之间的遗传不亲和性，或受精障碍等；外因主要是气候条件及栽培措施等。

温度是影响传粉、受精的最重要的外界环境因素。低温不仅使花粉粒的萌发和花粉管的生

长减慢，甚至使花粉管不能到达胚囊，而且加速卵细胞和中央细胞的退化，使精细胞接近卵细胞和中央细胞的过程受到抑制，或精细胞与卵细胞接触和融合的时间延长等。如水稻传粉、受精的最适温度为 26～30℃，如日平均温度在 20℃以下、最低温度在 15℃以下，则传粉、受精受阻。在我国双季稻地区，早稻或连作晚稻的传粉、受精期间，如遇低温、多雨，就会出现大量的空粒、瘪粒。

湿度或水分对传粉、受精也有很大影响，干旱、高温导致柱头和花柱的干枯。在稻、麦开花季节，保持适宜的田间湿度，有利于传粉和受精。但开花季节雨水过多，易导致花粉粒吸水破裂。因此，雨水的淋洗或稀释柱头分泌物，不适合花粉粒的萌发，降低结实率。此外，氮肥过多或过少影响植株的发育，影响受精持续时间。

因此，结合当地气候，选用生育期合适的良种，或适当调节栽种季节，加强栽培管理、提高营养水平，保证在各种作物的传粉和受精期间减少不良环境条件的影响，可提高作物产量和品质。

第六节　种子的发育过程

被子植物的花经过传粉、双受精之后，胚珠逐渐发育成种子，即包括胚、胚乳（或无）、种皮，它们分别由合子、初生胚乳核和珠被发育而来。虽然不同植物种子的形态结构差异很大，但发育过程基本相似。下面简要介绍这三部分的发育过程。

一、胚的发育

胚的形态多样，但其结构基本相似，包含子叶、胚轴、胚芽、胚根。双子叶植物和单子叶植物的胚在结构上最主要区别在于子叶数目的不同，前者为两片子叶，后者为一片子叶。

合子形成后，其表面将产生一层纤维素的壁，并进入休眠状态。休眠期的长短因植物种类而异，有的较短，如水稻仅 4～6h，小麦为 16～18h；有的较长，如苹果为 5～6 天，茶树则长达 5～6 个月之久。

合子并非真正的休眠，在"休眠"期间其细胞内部仍发生着一系列变化。主要表现在下列几个方面：①合子的极性加强，如在芥菜中，合子显著地延长，使细胞质局限在狭窄的合点端；②细胞器的增加和重新分布，例如合子的核被大量的造粉体和线粒体包围，核蛋白数量增加并聚集成多核蛋白体，高尔基体数量增加，细胞质、细胞核和多种细胞器趋集于合点端，液泡缩小而分布于珠孔端；③原卵细胞合点端无壁或细胞壁不完全的部分，在合子中被连续的细胞壁包围。此外，质体中有淀粉的积聚，类脂数量增加（如芥菜）。这些变化，说明合子临近分裂前已逐渐发育为一个高度极性化和代谢活跃的细胞，并能为以后的分裂提供所需要的材料和信息。合子极性的加强是合子第一次分裂不对称的原因。

胚的发育是从合子开始的。合子的第一次分裂，大多数为不均等的横向分裂，形成一列两个细胞。靠合点端的一个较小，称为顶细胞（apical cell）；靠近珠孔的一个较大，称为基细胞（basal cell）。顶细胞和基细胞在生理上有很大的差异。前者具有浓厚的细胞质，丰富的细胞器和细胞核，具有胚性的功能；后者具有大液泡，细胞质稀薄，不具有胚性，只有营养的功能。顶细胞和基细胞之间有胞间连丝相连。

顶细胞和基细胞形成时，即为二细胞原胚（proembryo）。以后，顶细胞进行多次分裂而形成胚体；基细胞分裂或不分裂，主要形成胚柄（suspensor）或部分参加形成胚体。从合子第一次分裂形成的二细胞原胚开始，直至器官分化之前的胚胎发育阶段，称为原胚时期。经过原胚和胚的分化发育阶段，最后成为成熟的胚。

胚柄在胚的发育过程中不是一个永久的结构，随着胚体的发育，胚柄逐渐被吸收而消失。

过去认为，胚柄只起着把胚推向胚囊内部合适的位置，以利于胚在发育中吸收周围养料的作用。近年来的研究认为，胚柄还具有从周围吸收营养物质转运到胚体，供其生长发育的作用。另外，胚柄对激素的合成和分泌以及胚早期的发育等方面也有调节作用。胚柄是短命的，当胚长成时，它即退化，在成熟种子中仅留痕迹。

双子叶植物和单子叶植物原胚时期的发育形态极为相似，但在以后的胚分化和成熟胚的结构则有较大差异。下面分述双子叶植物和单子叶植物胚的发育过程和特点。

1. 双子叶植物胚的发育

现以十字花科的荠菜（*Capsella bursa-pastoris* L.）为例说明双子叶植物胚的发育过程（见图 4-32）。合子经过一段时间休眠后，先延伸成管状，然后进行一次不均等的横向分裂，形成大小不等的两个细胞，靠近合点端的一个较小，称为顶细胞；靠近珠孔的一个较大，称为

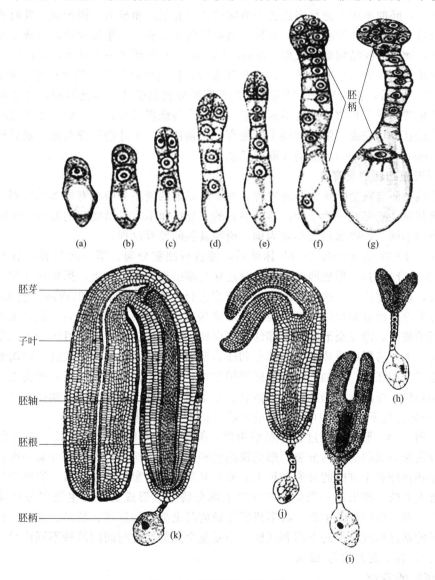

图 4-32 荠菜胚的发育过程

（a）合子；（b）二细胞原胚；（c）基细胞横裂为二细胞胚柄，顶细胞纵裂为二分体胚体；
（d）四分体胚体；（e）八分体胚体；（f），（g）球形胚体；（h）心形胚体；
（i）鱼雷形胚体；（j），（k）马蹄形胚体（示胚体各部分结构的形成）

基细胞。随后，基细胞继续进行多次连续横向分裂，形成一列由6～10个细胞组成的胚柄。胚柄末端一个细胞渐渐膨大成为泡状，承担着吸器的作用。胚柄另一端的一个细胞起着"胚根原"的作用，参与胚体的形成。起初，它的形状与胚柄其他细胞相似，不久它的上端变成圆形，并横向分裂成为2个子细胞，每个子细胞再进行2次分裂（分裂面相互垂直），这样形成的8个细胞，其中上层的4个形成根的皮层原始细胞，下层的4个形成根冠与根表皮。在胚柄的生长过程中，顶细胞相应进行分裂，首先进行2次互相垂真的纵向分裂后，形成4个细胞，即为四分体原胚时期；然后，每个细胞又各自进行一次横向分裂而成为8个细胞，即为八分体原胚时期。八分体中近胚柄端的4个细胞以后形成胚轴（embryonal axis）；远胚柄端的4个细胞则发育成为茎端与子叶（cotyledon）。八分体原胚再进行一次平周分裂，所产生的外层形成原套，内部的细胞形成原体。它们的原始细胞分化出周缘分生组织和髓分生组织，最后形成成熟组织。以后，胚的本体再进行多次各个方向的连续分裂，而成为一团细胞，此时称为球形原胚时期。以后，球形原胚继续增大，在顶端两侧位置上细胞分裂生长较快，形成2个突起，称为子叶原基，此时的胚纵切面呈心形（heart-shaped）。心形胚进一步分化，顶端的子叶原基逐渐发育成两片形状、大小相似的子叶，子叶基部的胚轴也相应伸长，整个胚体呈鱼雷形（torpedo-shaped）。以后，在两片子叶基部相连的凹陷处分化出胚芽。与此同时，球形胚体的基部细胞和与其相接的那个胚柄细胞也不断分裂，共同参与胚根的分化。胚根与子叶之间部分即为胚轴，至此幼胚分化完成。随着幼胚不断发育，胚轴伸长，子叶沿胚囊弯曲，最后形成马蹄形的成熟胚（mature embryo），胚柄逐渐退化消失。

2. 单子叶植物胚的发育

单子叶植物胚与双子叶植物胚的发育，在原胚以前的细胞分裂没有根本的区别，但在原胚分化为成熟胚时，只形成一片子叶，这是显著的差异。而禾本科植物胚的发育与其他单子叶植物又有显著的不同。现以水稻和小麦为例，说明其胚的发育过程。

水稻（图4-33）合子经过4～6h休眠后，便进行细胞分裂。第一次分裂一般为横向分裂（也有倾斜横向分裂的），形成两个细胞。靠近珠孔端的细胞为基细胞，远离珠孔端的细胞为顶细胞。接着，顶细胞进行一次纵向分裂，基细胞进行一次横向分裂，形成四细胞原胚。以后，原胚再经各个方向的分裂和扩大而呈梨形，形成基部稍长的梨形胚。此后，随着细胞的分裂和生长，在胚的腹面，即在梨形胚近上部的一侧出现一个凹沟。在形态上可区分为三个区：①顶端区，凹沟以上，将形成盾片的主要部分和胚芽鞘的大部分；②器官形成区，凹沟处，形成胚芽鞘的其余部分和胚芽、胚轴、胚根、胚根鞘和外胚叶等；③胚柄细胞区，凹沟以下，形成盾片的下部和胚柄。至此，水稻胚中的各器官在形态上的分化已基本完成，期间所经历的时间约为14天。一般情况下，水稻10天左右的胚已具备了发芽能力。

小麦（图4-34）胚的发育过程与水稻相似，但整个发育时间较水稻长。小麦合子休眠后的第一次分裂常为倾斜的横向分裂，形成顶细胞和基细胞。接着，各自再分裂一次，形成四细胞原胚，原胚再经各个方向的分裂和扩大，形成基部稍长的梨形胚。此后，原胚开始分化，即在梨形胚近上部的一侧出现一凹沟。凹沟以上部分将陆续形成盾片的主要部分和芽鞘的大部分；在凹沟下部，即原胚的中部，将形成胚芽鞘的其余部分和胚芽、胚轴、胚根、胚根鞘与外胚叶；原胚的基部形成盾片的下部和胚柄。小麦整个胚的发育时间因品种不同而异，一般冬小麦约需16天，春小麦大约为22天。

二、胚乳的发育

被子植物的胚乳（endosperm）是为胚的发育提供营养物质的重要特化组织。它是由1个精细胞核与中央细胞的2个极核或次生核受精后的初生胚乳核（primary endosperm nucleus）发育而来，常具三倍染色体。但有些植物由于胚囊发育类型不同，其胚乳核可有不同的染色体

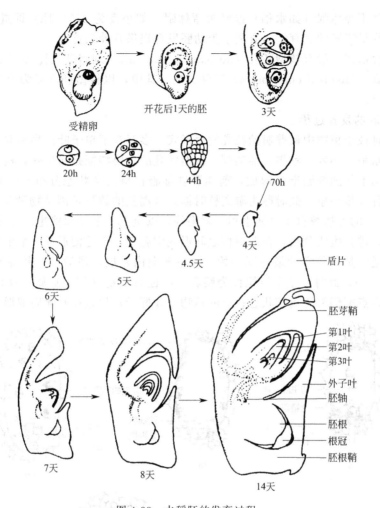

图 4-33 水稻胚的发育过程

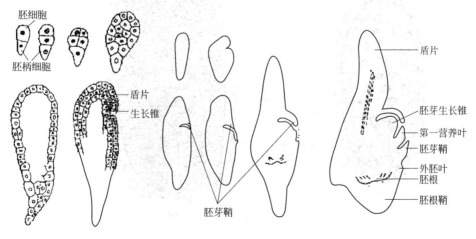

图 4-34 小麦胚的发育过程
（引自胡宝忠）

倍数，如百合和贝母的 2 个极核，一个是单倍体的，另一个是三倍体的，受精后形成五倍体的初生胚乳核。此外，有些植物因胚囊中极核数目多于 2 个，而有更高的染色体倍数。初生胚乳核产生后，通常不经休眠（如水稻）或经短暂休眠（如小麦为 0.5～1h）即进行分裂。因而，胚乳的发育往往早于胚的发育，这有利于为幼胚发育提供营养条件。

胚乳的发育形式一般有核型胚乳（nuclear endosperm）、细胞型胚乳（cellular endosperm）和沼生目型胚乳（Helobial endosperm）三种类型。其中，以核型胚乳最为普遍，而沼生目型胚乳则比较少见。

1. 核型胚乳的发育过程

核型胚乳是被子植物中最普遍的胚乳发育形式，多存在于单子叶植物和双子叶植物的离瓣花类植物，如水稻、小麦、苹果、油菜等。核型胚乳的主要特征是初生胚乳核第一次分裂和以后的多次分裂均不伴随细胞壁的形成，前期胚乳细胞核呈游离状态分布于中央细胞的细胞质中，呈现出一种多核现象，此时称为游离核时期。游离核的数目常因植物种类而异，少的仅 4个（如咖啡），多的可达数百个（如水稻、苹果等）以至上千个（如棉花、石刁柏）。核分裂到一定阶段之后，进行胞质分裂，在游离核之间形成细胞壁，于是便形成一个个胚乳细胞。胚乳细胞壁的形成通常是从胚囊壁最外围开始，并逐渐向内发展，最后整个胚囊被胚乳细胞充满（图 4-35，图 4-36）。此时，整个组织称为胚乳。但也有植物（如菜豆属）仅在原胚附近形成胚乳细胞，而合点端仍为游离核状态；有的植物（如椰子）只是在胚囊周围形成少数层次的胚

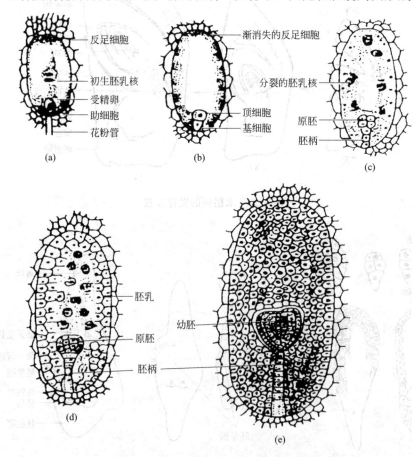

图 4-35　双子叶植物核型胚乳的发育过程模式图（引自贺学礼）

(a) 初生胚乳核开始分裂；(b) 初生胚乳核继续分裂，在胚囊周边
产生许多游离核，同时受精卵开始发育；(c) 产生的游离核更多，
由边缘逐渐向中部分布；(d) 由边缘向中部逐渐产生胚乳细胞；
(e) 胚乳发育完成，胚仍在继续发育中

乳细胞（椰肉），胚囊中央仍为胚乳游离核（椰乳）；还有些植物（如旱金莲等）则至被胚吸收之前，始终为游离核状态。

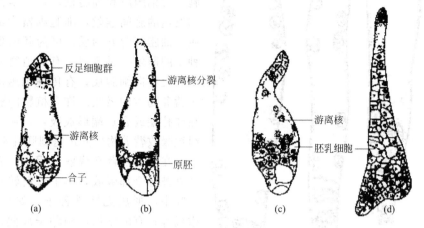

图 4-36　玉米胚囊中核型胚乳的发育过程（引自陆时万等）

（a）合子和少数胚乳游离核（传粉后 26～34h）；（b）游离核分裂（传粉后 3 天）；
（c）珠孔端胚乳细胞开始形成（传粉 3.5 天）；（d）胚乳细胞继续形成（传粉后 4 天）

2. 细胞型胚乳的发育过程

细胞型胚乳的特点是从初生胚乳核分裂开始，随即伴随细胞壁的形成，形成胚乳细胞。以后的各次分裂也都是以细胞形式出现，而无游离核时期。大多数双子叶合瓣花植物，如番茄、烟草、矮茄、芝麻等，其胚乳的发育均属这一类型（图 4-37）。细胞型胚乳在发育过程中，有时可产生吸器，吸器的发育结果往往因植物而不同。

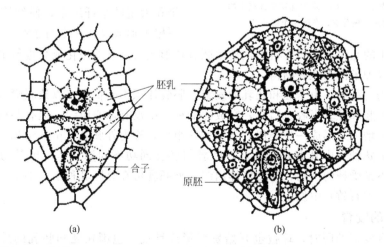

图 4-37　矮茄（*Solanum demissum*）细胞型胚乳初期发育图（引自 Walker）

（a）二细胞时期；（b）多细胞时期

3. 沼生目型胚乳的发育过程

沼生目型胚乳是介于核型胚乳和细胞型胚乳之间的中间类型。初生胚乳核第一次分裂形成的细胞壁将胚囊分隔成一个较大的珠孔室（近珠孔的部分）和一个较小的合点室（近合点的部分）。随后，合点室保持不分裂或只进行极少次数的分裂；珠孔室的核进行多次分裂，成游离状态，以后形成细胞结构，完成胚乳的发育（图 4-38）。这种类型的胚乳多见于沼生目种类，如慈姑；也见于百合目，如紫萼。

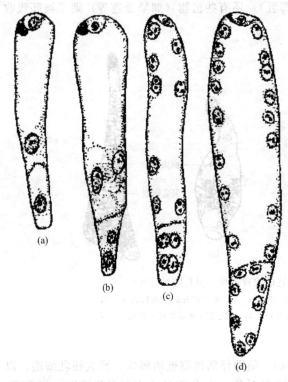

图 4-38 喜马独尾草（*Eremurus himalaicus*）
沼生目型胚乳的发育（引自贺学礼）

（a）胚乳细胞第一次分裂形成 2 个细胞，珠孔室已产生
2 个游离核；（b）～（d）示珠孔室和合点室的
核均进行核分裂，产生多个游离核

4. 成熟胚乳的结构和功能

成熟的胚乳细胞多为等径的大型薄壁细胞，有细胞质和细胞核，具有丰富的细胞器和发达的胞间连丝，细胞内富含淀粉、蛋白质、油脂等营养物质，可为胚的生长发育或种子的萌发提供养料。有些植物的胚乳细胞壁内突伸向细胞质，有传递细胞的特征，利于营养物质的吸收。许多植物的胚乳细胞可在珠孔端或合点端形成吸器，从周围的珠心组织吸收营养物质并运送到胚乳本体。

在种子发育和成熟过程中，有的植物的胚乳被胚全部吸收，其中养料转存在肥大的子叶中，形成无胚乳种子，如豆类、瓜类、柑橘等；有的则保留到种子成熟，供种子萌发所用，形成有胚乳种子，如小麦、水稻、蓖麻等。在禾谷类作物的籽实（颖果）中，其胚乳的最外层细胞富含蛋白质组成的糊粉粒，称为糊粉层，它既可贮存营养物质，还能在种子萌发时分泌淀粉酶和其他酶类，分解胚乳中所含的养料供胚生长之用。有些植物的胚乳中积累的是其他营养物质，如辣椒胚乳细胞内形成油滴；咖啡的胚乳细胞壁上堆积大量的半纤维素，使细胞壁增厚，并在厚壁上形成纹孔和胞间连丝。

被子植物中的兰科、菱科等植物，初生胚乳核形成后，立即退化或只进行少数几次分裂就停止发育，所以种子内无胚乳结构。

大多数植物的种子，由于胚和胚乳的发育，胚囊体积不断扩大，以致胚囊外的珠心组织受到破坏，最后被胚和胚乳吸收。因此，在成熟的种子中没有珠心组织。但有些植物，珠心组织随种子的发育而增大，形成一种类似胚乳的贮藏组织，称为外胚乳（prosembryum）。如甜菜、苋属等植物的成熟种子中具有外胚乳。外胚乳与胚乳同功不同源，作用也是为胚提供营养物质，但外胚乳不是受精的产物，为二倍体组织。外胚乳可在有胚乳种子（如姜）中发生，也可在无胚乳种子（如石竹）中发生。

三、种皮的发育

在胚和胚乳发育的同时，珠被也开始发育形成种皮，包围在胚和胚乳的外面，起保护作用。如胚珠仅有一层珠被，则形成一层种皮，如向日葵、番茄等；如胚珠具双层珠被，则种皮也有两层，即外种皮和内种皮，如蓖麻、油菜等。也有一些植物，虽有两层珠被，但在形成种皮时仅有一层，另一层被吸收，如大豆、南瓜的种皮主要由外珠被发育而来，小麦、水稻的种皮则主要由内珠被发育而成。此外，有些植物的种皮外面还有由珠柄或胎座等发育而来的假种皮，如荔枝、龙眼的可食部分。

各种植物的种皮结构差异很大。一方面与胚珠的珠被层数有关，另一方面也与种子成熟时珠被在发育上的变化有关。种子成熟时，大多数植物的种皮外层常分化为厚壁组织，内层为薄壁组织，中间各层往往分化为纤维、石细胞或薄壁细胞。随着细胞的失水干燥，干硬的种皮使保护作用得以加强。有些植物的种皮坚实,不易透水,不易通气,可能是种子萌发时遇到不良环境的一种趋避结构,在生产上常采用除掉种皮或化学处理的方法来促使种子萌发。有些植物的种子具有肉质种皮,如石榴种子成熟时,外珠被形成坚硬的外种皮,其表层细胞辐射状向外扩展,内含糖分和汁液,为食用的部分;银杏的外种皮亦为肥厚肉质结构。现以几类植物种子为例,说明如下。

芸薹、芥菜等十字花科植物的种皮有两层,外珠被有 2~5 层细胞,内珠被可达 10 层细胞厚。外珠被的外表皮细胞中充满了成层的黏性物质,这种黏性物质含有果胶质和纤维素。遇水时,细胞内的物质吸水膨胀,有时可促使细胞的外壁破裂。外珠被下方如有薄壁组织,可发育为厚壁或被挤毁吸收。外珠被的内表皮是种皮中最坚固的细胞层,其细胞在径向壁和外切向壁上发生木质化增厚。内珠被的薄壁组织以后常被挤毁。有些植物中,这层珠被的内表皮变成色素层(图 4-39)。

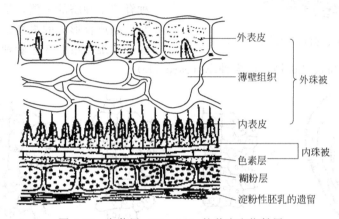

图 4-39　白芥属(*Sinapis*)的种皮和糊粉层
的横切面结构(引自 Cernohorsky)

大豆、菜豆、蚕豆等豆科植物的种皮在发育过程中,内珠被消失,外珠被分化为三个层次。外层细胞是一层长柱状厚壁细胞,细胞长轴紧密地相互平行排列,状如栅栏组织,称栅栏层,是豆科植物所特有的保护结构;栅栏层下面为短的骨形厚壁细胞,细胞两端常膨大成"工字形",可增强种皮保护功能;再下面是多层薄壁细胞(图 4-40,图 4-41)。栅栏层发达的豆类,其种子具有高度的不透水性,会影响种子的萌发,但这种种皮坚硬的种子常有很强的抗逆性,有利于种子延长寿命。

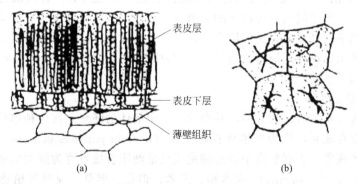

(a)　　　　　　　　　(b)

图 4-40　菜豆种皮的结构(引自李扬汉)
(a)种皮的纵切面;(b)表皮层的石细胞(顶面观)

棉花纤维是棉花种皮上的附属物——单细胞表皮毛,它由外珠被的表皮细胞向外突出,经

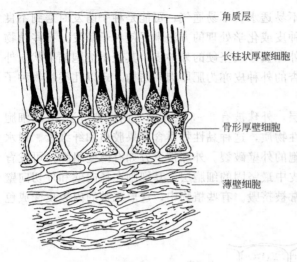

角质层

长柱状厚壁细胞

骨形厚壁细胞

薄壁细胞

图 4-41　蚕豆种皮的横切面结构（引自贺学礼）

过伸长和增厚而形成（图 4-42）。在棉花纤维发育过程中，水分和温度是影响其伸长的主要因素。土壤缺乏水分，则纤维显著变短。温度较高时，细胞壁加厚较快；若温度低于 10～20℃，纤维伸长较慢，且不能成熟。

成熟种子的种皮上常有种脐（hilum）、种孔和种脊（raphe）等附属结构。种脐是种子成熟后，从种柄或胎座上脱落，在种子上遗留下的痕迹，其颜色、大小、形状随植物种类而不同。种孔来自于胚珠上的珠孔。种脊位于种脐的一侧，是倒生胚珠的外珠被与珠柄愈合形成的纵脊遗留的痕迹，其内有残存的维管束。在蓖麻种子的一端，有由外种皮延伸而成的海绵状垫状物，称为种阜（caruncle）。

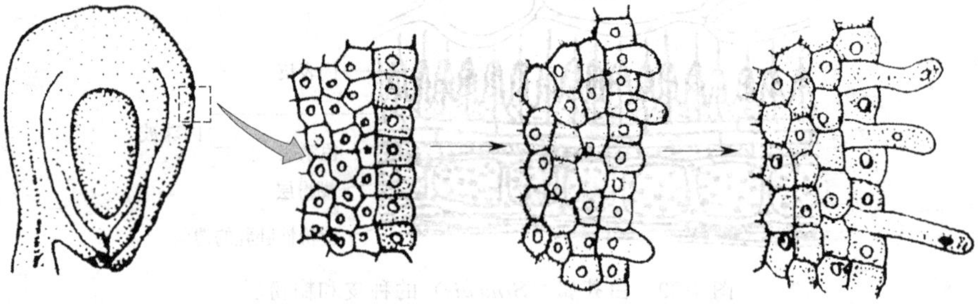

(a)　　　　(b)　　　　(c)　　　　(d)

图 4-42　棉花纤维的发育过程（引自贺学礼）
（a）珠被；（b）部分珠被；（c）表皮细胞开始突出；（d）表皮细胞伸长

四、无融合生殖和多胚现象

（一）无融合生殖

被子植物的胚，一般都是由受精卵发育而来。但也有些植物，不经雌、雄性细胞的融合（受精）而产生有胚的种子，这种现象称为无融合生殖（apomixis）。有人认为无融合生殖是介于有性生殖和无性生殖之间的一种特殊的生殖方式。理由是它虽发生于有性器官中，却无两性细胞的融合；虽然不需精卵融合而仍形成胚，以种子形式而不是通过营养器官进行繁殖。

无融合生殖现象已在被子植物 36 科的 440 种中发现，可分为单倍体无融合生殖、二倍体无融合生殖和无孢子生殖三大类。

1. 单倍体无融合生殖

胚囊母细胞进行正常的减数分裂，并形成一个单倍体的胚囊。在这种单倍体的胚囊中卵细胞不经受精直接发育成胚，称为单倍体孤雌生殖（haploid parthenogenesis），在玉米、小麦、烟草等中有此生殖现象；也有胚囊中的助细胞或反足细胞直接发育为胚的生殖现象，称为单倍体无配子生殖（haploid apogamy），在水稻、玉米、棉花、烟草、亚麻等植物中有此生殖现象的报道。这两种方式产生的胚以及由胚进一步发育成的植株都是单倍体，无法进行减数分裂，其后代常常是不育的。但通过人工或自然加倍，就可以在短期内得到遗传上稳定的纯合二倍体，从而缩短育种年限。

2. 二倍体无融合生殖

胚囊是由未减数的孢原细胞、胚囊母细胞或珠心组织中某些二倍体细胞直接发育而成，其胚囊中的成员都是二倍体的。在这种二倍体胚囊中，胚可从未受精的卵形成，称为二倍体孤雌生殖（diploid parthenogenesis），如芸薹属、蒲公英；也可从胚囊中的其他细胞发生，称为二倍体无配子生殖（haploid apogamy），如葱。这两种方式产生的胚及长成的植株均为二倍体，其后代是可育的，可利用它固定杂种优势，提高育种效率。

3. 无孢子生殖（apospory）

无孢子生殖是指由珠心或珠被细胞直接发育形成胚的生殖现象，所产生的胚称为不定胚（adventive embryony）。产生不定胚的珠心或珠被细胞，其共同的特征是具有浓厚的细胞质，且很快分裂成为数群细胞，这些细胞最后进入胚囊，与受精卵形成的合子胚同时发育，形成一个或数个结构完整的胚。

（二）多胚现象

一粒种子中具有 2 个或 2 个以上胚的现象称为多胚现象（polyembryony）。形成多胚的原因非常复杂。①裂生多胚现象（cleavage polyembryony）：胚胎发育早期，原胚分裂形成独立的几个部分，随着胚胎发育，每一部分将逐渐发育形成 1 个胚，形成多胚现象。②多胚囊现象：有的植物在一个胚珠中形成 2 个或 2 个以上胚囊而出现多胚，如桃、梅等。③非卵配子受精：双受精时，由于多精子现象的存在，不仅卵细胞受精，有时助细胞或反足细胞也和过剩的精细胞受精，而形成多个合子，以后发育形成多个胚。④无配子生殖：除了合子胚外，胚囊中的助细胞（如菜豆）和反足细胞（如韭菜）也发育成胚。⑤无孢子生殖：除了合子胚外，珠心或珠被细胞也发育形成不定胚。①～④来源的多胚最后常常不能成熟，而不定胚形成的多胚能发育成熟，如柑橘的种子中有 4～5 个甚至更多的胚，其中只有一个合子胚，其余均为来源于珠心的不定胚（珠心胚）。通常珠心胚无休眠期，出苗快，比合子胚优先利用种子的营养物质。因此，由珠心胚形成的幼苗（珠心苗）健壮，并能基本保持母体本身的优良特性，在生产中很有实用价值。

第七节　果实的发育、结构和传播

一、果实的发育与结构

开花、传粉、受精之后，花的各部分发生了不同的变化：胚珠发育成为种子，子房发育成为果实，花萼枯萎或宿存，花瓣、雄蕊、雌蕊的柱头和花柱均凋谢枯萎。在被子植物中，果皮包裹种子，不仅起到保护作用，还有助于种子的传播。不同植物果实的差异还可作为植物分类的依据。

在一些植物中果实仅由子房发育形成；在另外一些植物中，花的其他部分也会与子房一同参与果实的形成，如花托、花萼、花序轴等。

果实（fruit）由果皮（pericarp）和种子组成，在果皮之内包藏着种子。

果皮可分为外果皮（exocarp）、中果皮（mesocarp）和内果皮（endocarp）。在有些植物中，3 层果皮分层比较明显，如肉质果中的梅、桃等核果类；有些植物果皮分层则不明显。在仅由子房发育成的果实中，果皮是由子房壁发育成的，有些植物的花托等结构参加了果皮的形成。

根据是否有子房以外的结构参与果实的形成将果实分为真果（true fruit）和假果（spurious fruit）两大类。单纯由子房发育成的果实，称为真果，如花生、水稻、小麦、柑橘、桃、李等。

1. 真果的结构

真果结构包括果皮和种子两部分。果皮由子房壁发育形成，包在种子的外面，一般又分外果皮、中果皮、内果皮三层，由于各层质地不同而形成不同的果实类型。

外果皮上常有气孔、角质、蜡被、表皮毛等。中果皮在结构上变化很大，有时是由许多富有营养的薄壁细胞组成，成为果实中的肉质可食部分，如桃、杏、李等；有时在薄壁组织中还含有厚壁组织；有些植物，如荔枝、花生、蚕豆等，果实成熟时，中果皮常变干收缩，成为膜质或革质，或为疏松的纤维状，维管束多分布于中果皮。内果皮的变化也很大，有的内果皮里面生出很多大而多汁的汁囊，像柑橘、柚子等果实；有的具有坚硬如石的石细胞，如桃、李、椰子等；有的在果实成熟时，细胞分离成浆状，如葡萄。

在果实的发育过程中，除形态发生变化以外，果实的颜色与化学成分也会发生变化。在幼嫩的果实中，一般含有多量的叶绿体，因此，幼果呈绿色；成熟时，果皮细胞中产生花青素或有色体，因而会呈现出各种鲜艳的颜色。有些植物的果皮里含有油腺，当果实成熟时，能放出芳香的气味，如花椒等。有些植物的果实在成熟过程中，细胞的化学成分也有显著的变化，如单宁和有机酸减少，糖分增加，导致果实变甜。所以，成熟的果实，不仅颜色鲜艳，而且味美。

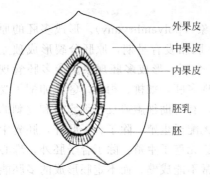

图 4-43 桃果实的纵切面

外果皮
中果皮
内果皮
胚乳
胚

(1) 桃、椰子果实的结构 桃是由一个心皮构成的子房发育而来的。果皮明显地分为外、中、内三层。外果皮为一层表皮和数层厚角组织所组成，表皮外有很多毛；中果皮为大型薄壁细胞及维管束所组成，是食用的主要部分；内果皮坚硬，是由许多木栓化的石细胞所组成。果皮内含有种子（图 4-43）。椰子和桃都属于核果，椰子是由三个心皮的子房发育而来，但只有一室子房发育，其外果皮薄、光滑，中果皮厚纤维状，内果皮坚硬，在一端具有圆形凹陷的发芽孔；种子紧贴于内果皮上，可食用部分为种子内的胚乳。

(2) 大豆荚果的结构 外果皮为表皮与表皮下的厚壁细胞所组成。中果皮为薄壁组织。内果皮则为几列厚壁细胞。荚果有两条开裂线，一条在心皮边缘联合处（腹缝线）；另一条沿着中央维管束（背缝线）的位置。果皮内含有数粒种子（图 4-44）。

(3) 玉米颖果的结构 果皮与种皮不易分开，紧密愈合，内部含有胚乳和胚，平日所见的每一粒玉米粒即是果实，整个的玉米棒即为复果（图 4-45）。

2. 假果的结构

由子房和花的其他部分如花托、花被筒甚至整个花序共同参与形成的果实称为假果。假果的结构比较复杂，如苹果（图 4-46）、梨的主要食用部分是由花托和花被筒合生的部分发育形成的，只有果实中心的一小部分是由子房发育而成。常见的各种瓜类（葫芦科）都是假果（瓠果），南瓜、冬瓜较硬的皮部是花托、花萼及外果皮发育而来，食用部分主要是中果皮和内果皮。西瓜的食

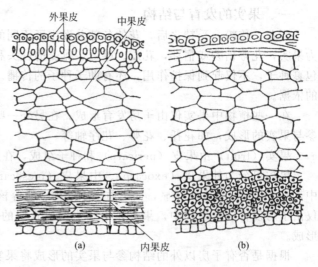

外果皮
中果皮
内果皮

图 4-44 大豆荚果的果皮

(a) 横切面；(b) 纵切面

用部分则主要是胎座。

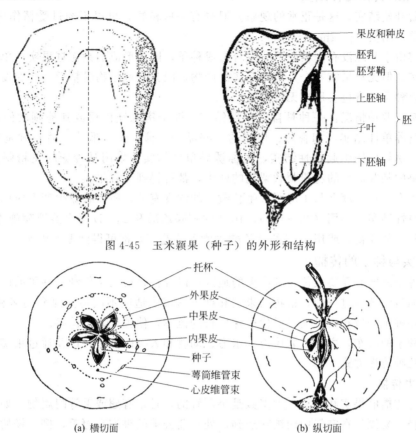

图 4-45 玉米颖果（种子）的外形和结构

(a) 横切面　　　　　　　(b) 纵切面

图 4-46　苹果果实的横切面和纵切面

花至果实和种子的发育过程见图 4-47。

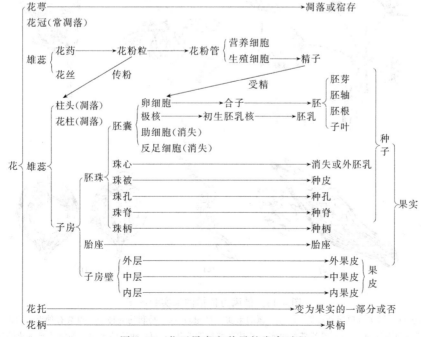

图 4-47　花至果实和种子的发育过程

二、单性结实和无籽结实

受精以后开始结实，这是正常的现象。但也有一些植物，可以不经过受精作用也能结实，这种现象叫单性结实（parthenocarpy）。

单性结实由于胚珠没有受精而不能发育形成种子，因此形成的是无籽果实。单性结实必然形成无籽果实，但无籽果实不全是单性结实的产物，因为有些植物受精后，胚珠发育形成种子的过程受阻，种子败育也会形成无籽果实。

单性结实有两种情况：一种是自发单性结实，即子房未经传粉或其他刺激便形成无籽果实，也称为营养单性结实，如香蕉、柑橘的一些品种，柿、番木瓜等；另一种是刺激单性结实，通过人工诱导作用引起单性结实，也称诱导单性结实，如用马铃薯的花粉刺激番茄的柱头，或用苹果的某些品种的花粉刺激梨花的柱头，都可得到无籽果实。

单性结实在一定程度上与子房所含生长激素的浓度有关，所以农业生产上应用类似的植物激素可诱导单性结实。如用 $(30\sim100)\times10^{-6}$ 的吲哚乙酸和 2,4-D 等水溶液喷施番茄、西瓜、辣椒等即将开花的花蕾，或用 10% 的萘乙酸喷洒葡萄花序，都可得到无籽果实。

三、果实与种子的传播

果实和种子成熟后需要被传播到广大的地区，以寻找合适的条件利于种子的萌发和幼苗的生长，在长期自然选择过程中，植物的果实和种子形成了适应不同传播媒介的多种形态特征，有助于果实和种子的散布，扩大了后代植株生长的范围，使种族繁衍昌盛。

果实和种子的散布，主要依靠风力、水力、动物和人类的携带，以及通过果实本身的力量等。有以下几种传播方式。

1. 借风力传播

适应风力传播的果实和种子，大多数是小而轻的，且常有翅或毛等附属物。如兰科植物的种子细小质轻，易漂浮在空气中而被吹送到远处；蒲公英的果实有冠毛，柳、杨的种子外面有细绒毛，榆树、印度紫檀的果实和松的种子有翅，这些植物的种子都能随风飘扬传到远方。荒

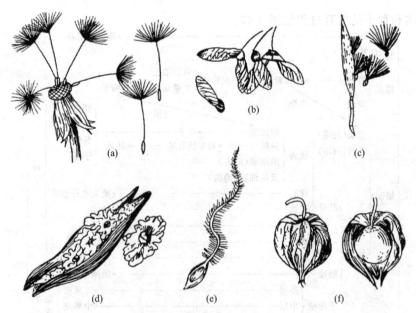

图 4-48　借风力传播的果实和种子

（a）蒲公英的果实（顶端具冠毛）；（b）槭的果实（具翅）；（c）马利筋的种子（顶端有种毛）；（d）紫薇的种子（四周具翅）；（e）铁线莲的果实（花柱残留呈羽毛状）；（f）酸浆的果实（外包花萼所成的气囊）

漠中的风滚草，种子成熟时植物自根部断离，植物体成为一球形，风吹时能在地面上滚得很远，种子也在滚动的过程中散放。借风力传播的果实和种子见图 4-48。

2. 借水力传播

水生植物和沼泽植物的果实或种子多借水力传播。这类植物的果实和种子多具疏松的结构，适于漂浮水面，例如莲的花托具疏松的组织，形成莲蓬，能运载果实浮于水面（图 4-49）。生长在热带海边的椰子，其外果皮和内果皮坚实，可防止海水的侵蚀；中果皮疏松富有纤维，能借海水漂浮传至远方，在海滩上萌发。农田沟渠边生有很多杂草，如苋属、藜属、酸模属的一些杂草，其果实成熟后散落水中，顺流至潮湿的土壤上，萌发生长。

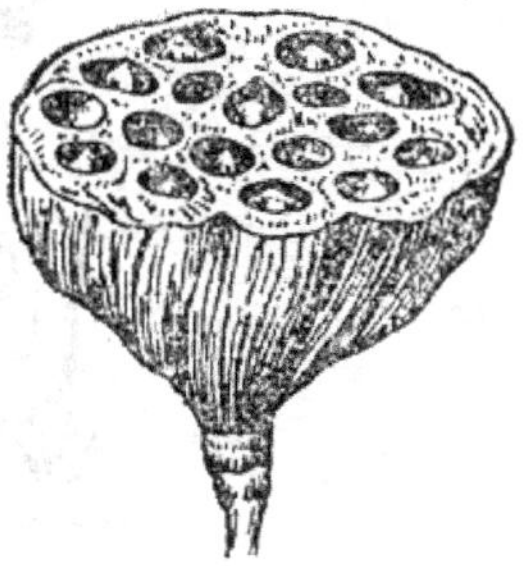

图 4-49　莲的果实和种子

3. 借人类和动物的活动传播

借人类和动物的活动传播的这类植物的果实多生有刺或钩，当人或动物经过时，可黏附于衣服或动物的皮毛上，被携带至远处。如梵天花、鬼针草的果实有刺，苍耳、土牛膝的果实有钩等。另外，有些植物的果实和种子成熟后被鸟兽吞食，它们具有坚硬的种皮或果皮，可以不受消化液的侵蚀，种子随粪便排出体外，传到各地仍能萌发生长。如番茄的种子被人类或动物食用后可随排泄物被传播；鸟类食用桑寄生的果实，种子被排泄时会黏附在其他植物上，起到传播的作用。借人类和动物传播的果实和种子见图 4-50。

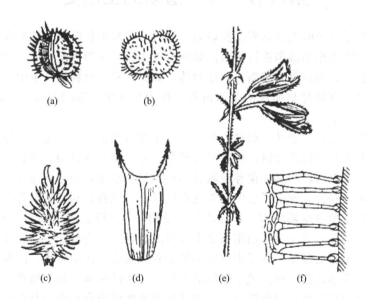

图 4-50　借人类和动物传播的果实和种子
(a) 蓖麻的果实；(b) 葎草属的果实；(c) 苍耳的果实；
(d) 鬼针草的果实；(e) 鼠尾草属的果实（萼片上遍生腺毛，
能黏附在人和动物体上）；(f) 图 (e) 的一部分腺毛的放大

4. 借果实本身的弹力传播

有些植物的果实，其果皮各层细胞的含水量不同，果皮干燥后收缩程度不同，因此，可发生爆裂而将种子弹出。如大豆、绿豆等荚果，成熟后自动开裂，弹出种子。又如凤仙花的果皮可内卷，可因果皮卷曲弹散种子；喷瓜果实成熟后脱离果柄时，由断口处喷出浆液和种子（图 4-51）。

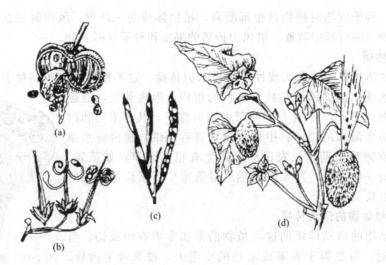

图 4-51　借果实自身机械力量传播的种子

（a）凤仙花果实自裂，散出种子；（b）老鹳草果皮翻卷，散发种子；（c）菜豆果皮扭转，散出种子；
（d）喷瓜果熟后，果实脱离果柄时，由断口处喷出浆液和种子

第八节　被子植物的生活史

多数植物在经过一个时期的营养生长以后，便进入生殖生长阶段，这时在植物体的一定部位形成生殖结构，产生生殖细胞进行繁殖。如属有性生殖，则形成配子体，产生卵细胞和精细胞，融合后形成合子，然后发育成新一代植物体。如此这样，植物在一生中所经历的发育和繁殖阶段，前后相继，有规律地循环的全部过程，称为生活史（life history）或生活周期（life cycle）。

被子植物的生活史，一般从一粒种子开始。种子在形成以后，经过一个短暂的休眠期，在获得适合的内在和外界环境条件时，便萌发为幼苗，并逐渐长成具根、茎、叶的植物体。经过一个时期的生长发育以后，一部分顶芽或腋芽不再发育为枝条，而是转变为花芽，形成花，由雄蕊的花药里形成花粉粒，雌蕊子房的胚珠内形成胚囊。花粉粒和胚囊又各自分别产生雄性生殖细胞精子和雌性生殖细胞卵细胞。经过传粉、受精，1 个精细胞和卵细胞融合，形成合子，以后发育形成种子的胚；另 1 个精细胞和 2 个极核融合，发育为种子中的胚乳。最后花的子房发育为果实，胚珠发育为种子，种子中孕育的胚是新生植物个体的雏体。因此，一般把"从种子到种子"的这一全部历程，称为被子植物的生活史或生活周期。被子植物生活史的突出特点在于双受精这一过程是其他植物所没有的。被子植物的生活史存在两个基本阶段。一个是二倍体植物阶段（2n），一般称之为孢子体阶段，这就是具根、茎、叶的营养体植株。这一阶段是从受精卵发育开始，一直延续到花的雌雄蕊分别形成胚囊母细胞（大孢子母细胞）和花粉母细胞（小孢子母细胞）进行减数分裂前为止，在整个被子植物的生活周期中占了绝大部分的时间。这一阶段植物体的各部分细胞染色体数都是二倍的。孢子体阶段也是植物体的无性阶段，所以也称为无性世代。另一个是单倍体植物阶段（n），一般可称为配子体阶段，或有性世代。这就是由大孢子母细胞经过减数分裂后形成的单核胚囊（大孢子）和小孢子母细胞经过减数分裂后形成的单核花粉细胞（小孢子）开始，一直到胚囊发育成含卵细胞的成熟胚囊，以及花粉成为含 2 个（或 3 个）细胞的成熟花粉粒，经萌发形成有两个精子的花粉管，到双受精过程为止。被子植物的这一阶段占有生活史中的极短时期，而且不能脱离二倍体植物体而生

存。由精卵融合生成合子，使染色体又恢复到二倍数，生活周期重新进入到二倍体阶段，完成了一个生活周期。被子植物生活史中的两个阶段，二倍体占整个生活史的优势，单倍体只是寄生在二倍体上生存，这是被子植物和裸子植物生活史的共同特点。但被子植物的配子体比裸子植物的退化，而孢子体更为复杂。二倍体的孢子体阶段（或无性世代）和单倍体的配子体阶段（或有性世代）在生活史中有规则地交替出现的现象，称为世代交替（aternaton of generation）。

被子植物世代交替中出现的减数分裂和受精作用（精卵融合）是整个生活史的关键，也是两个世代交替的转折点。

第九节　模式植物拟南芥

20 世纪 80 年代末以来，拟南芥已成为研究植物生物学问题的模式植物。以拟南芥为研究材料，使得人们对于许多基本的生物学问题有了深入的了解和认识，如植物的生长发育、遗传、进化以及植物对环境条件的反应等。在应用上还可将拟南芥的一些与农艺性状有关的基因分离出来，再通过转基因技术转入其他作物，以改良农作物的农艺性状，从而产生更大的经济效益。

拟南芥（*Arabidopsis thaliana*）属十字花科、拟南芥属植物。植株矮小，株高 15～30cm，具有被子植物的全部典型特征。叶包括基生叶和茎生叶两种类型；花序为复总状花序；每朵花由 4 枚萼片、4 枚花瓣、6 枚雄蕊和 1 枚雌蕊组成。雄蕊四长二短；雌蕊柱头呈球形，花柱短，由二心皮构成子房上位，侧膜胎座，自交亲和。繁殖系数高，每株可产种子数千粒，种子极小，千粒重 0.02g。生育期短，常为 4～7 周。

拟南芥植株很小，成熟个体一般株高约 15 cm。现在已经成为进行分子遗传学研究的模式材料。在实验中，很小的空间可以培养大量的植株，甚至在培养器皿中也可以完成生命周期。拟南芥一般要求 22℃ 条件下生长。光周期一般要求 16 h 光照，8 h 黑暗。现在室内培养是将种子直播于营养土、硅石、素沙按体积比 1：1：1 均匀混合的培养介质中，覆膜 5 天。在 22℃、人工光照 ［白色荧光灯，16 h 光照，8 h 黑暗，光照强度为 $63\mu E/(s \cdot m^2)$］和空气相对湿度为 65% 的培养间中培养。这种培养方法培养的拟南芥成活率高，生长健壮，生长发育进程快且整齐。

拟南芥是典型的自交繁殖植物，因此从经过人工诱变或者转基因获得的子代群体中较容易获得变异株或转基因植株的纯合子。而且可根据遗传分析的需要，人工杂交也容易完成。另外，拟南芥种子产量较高，一般单株可产生种子上万粒，很容易扩增变异株或转基因株系的种子库。拟南芥的生长期比较短，种子需 2～3 天萌发，一个月就可以开花结果。在遗传分析上可以大大缩短时间，其作为研究对象可以大大节约时间成本。

此外，拟南芥的形态发生和个体发育的过程也已经有较为详尽的描述，从而为寻找和确定形态变异的植株，进而分析相关基因的功能打下基础。

遗传学上拟南芥较容易经人工诱导产生遗传变异。至今，通过物理的（如射线）、化学的（如 EMS 诱变）及生物（如农杆菌介导的 T-DNA 插入）等手段进行人工诱变处理，已经获得了大量发生在不同基因位点的遗传变异的突变体。相关基因可以通过相应方法分离。拟南芥还具有独特的分子生物学特性。在目前已经了解的高等植物基因组中，拟南芥的核基因组最小，其单倍体基因组由 5 条染色体组成，只有 120Mb。由于拟南芥基因组小，使得其基因文库的构建、筛选等过程变得简便、快速；而且由于基因组小，基因组中含有的高度重复的序列、中度重复的序列以及低度重复序列的比例也较低。这为获得表型差异较为明显的突变体提供了便利。这有利于利用拟南芥作为遗传转化的受体，进而获得相关基因功能方面的信息。由于拟南芥具有上述许多特性，使它必然地成为植物生物学家眼中的"果蝇"。在此基础上，结合突变体技术，一些控制着植物生长发育及环境应答的基因被克隆鉴定，为植物分子生物学的研究提供了新的视野。迄今为止，已经有大量的参与植物生长发育及对外界环境应答的基因从拟南芥中克隆出来。其中，调控花发育的 ABC 模型中的许多基因如 AP、CAL、AG、PI 等 MADS box 类基因，以及参与营养分生组织和花分生组织决定的基因 LFY、EMF 等被克隆分离出来。在拟南芥中参与光周期调控的基因 CCA、LHY、Tα3 等也被克隆分离出来。其他如参与逆境胁迫的一些基因也利用拟南芥突变体获得了重要进展，如 PKS 基因家族、SOS 基因家族等。

拟南芥被广泛用于植物遗传学研究具有重大意义，对农业科学、进化生物学和分子药物学等领域的发展都有重要影响。鉴于此，科学家们早在 20 世纪 90 年代就开展了拟南芥的基因测序工作。拟南芥的全基因组测序已经于 2000 年 12 月完成，拟南芥是首个被测序的模式植物，也是已经揭示所有基因的第一种高等植物。拟南芥全基因组包含约 13 亿个碱基对，2.5 万个基因，其中约有 5% 的基因为转录因子相关基因。拟南芥基因组的碱基序列图精确度极高，2万个碱基中只有一个错误，而且几乎没有碱基的空缺，是迄今所有基因组图谱中最好的一种植物。拟南芥基因组测序的完成使人们很容易地利用生物信息学和分子生物学技术去克隆基因，利用基因芯片等高通量大规模分析技术进行植物功能基因组的研究，也推动了植物蛋白组学研究。无疑利用多学科先进技术对拟南芥基因组的结构和功能研究会推动人们对其他高等植物生命过程的理解，利用拟南芥作为分子遗传学材料研究植物生命过程基因控制机制，对于人们全面理解整个植物生命现象具有重要的意义。

复习思考题

1. 什么是人工营养繁殖？在生产上适用的人工营养繁殖有哪几种？人工营养繁殖在生产上的特殊意义是什么？

2. 简述嫁接的生物学原理。

3. 花托的形态变化如何使子房和花的其他组成部分的位置也发生相应变化？由此而引起的具有不同子房位置的花的名称各是什么？

4. 叙述花药的发育过程。

5. 叙述胚囊的发育过程。

6. 叙述被子植物双受精的全过程（包括花粉粒萌发、花粉管的生长及双受精过程等）。

7. 叙述被子植物双受精的生物学意义。

第五章　植物界的基本类群与演化

在自然界中，凡是有生命的机体，均属于生物。其中病毒为不具细胞结构的核蛋白体，类病毒缺乏蛋白质衣壳，仅由核酸组成，当它们生活在其他生物的细胞中时，有代谢、繁殖和变异的特性。由于它们的体积微小，结构简单，生长繁殖方式特异，故本书中将不予涉及。

按两界系统，根据植物界的发展规律、亲缘关系、形态结构和生活习性等，将 50 多万种植物分为：藻类植物、菌类植物、地衣植物、苔藓植物、蕨类植物、裸子植物和被子植物。

藻类、菌类、地衣合称为低等植物（lower plant），它们在形态上无根、茎、叶的分化，在构造上一般无组织分化，生殖器官为单细胞，合子发育时不形成胚，所以又称它们为原植体植物（thallophyte）或无胚植物（non-embryophytes）；苔藓植物、蕨类植物、裸子植物和被子植物合称为高等植物（higher plant），它们在形态上多有根、茎、叶的分化，构造上有组织分化，生殖器官为多细胞，合子发育时在母体内发育成胚，所以又称它们为茎叶体植物或有胚植物（embryophyte）。因蕨类植物、裸子植物和被子植物均具有维管组织而称为维管植物（vascular plant），把苔藓植物称为非维管植物（non-vascular plant）。藻类、菌类、苔藓和蕨类植物均是以孢子（spore）进行繁殖，合称为孢子植物（spore plant），孢子植物没有开花结实现象，又称为隐花植物（cryptogamae）；裸子植物和被子植物都是以种子进行繁殖，均有开花结实现象，故称为种子植物（seed plant）或显花植物（phanerogamae）。

第一节　低等植物

在地质年代中出现较早的一群最古老的植物，常生活在水中或阴湿的地方。植物体结构简单，没有根、茎、叶的分化。生殖器官多是单细胞的，极少数是多细胞的。在有性生殖过程中，合子萌发不形成胚而是直接发育成新的植物体。根据植物体结构和营养方式的不同，可将低等植物分为藻类植物、菌类植物和地衣植物。

一、藻类植物

现已鉴定出的藻类植物（Algae）有 25000 余种，还有大量生存的藻类植物尚待进行分类鉴定，实际种数估计不少于 20 万种。藻类植物一般具有光合作用色素，生活方式是自养的，属自养植物（autotrophic）。除极个别种类外，都不具有多细胞的生殖器官，没有根、茎、叶的分化，植物体的类型多样，有单细胞的非丝状群体（colong）和多细胞的丝状体、叶状体等。广布世界各地，大多数生活在海水或淡水中，少数生活在潮湿的土壤、树皮或石头上。

根据藻类植物所含的色素、细胞结构、繁殖方式、贮藏物质及细胞壁的成分等方面的差异，可将藻类分为蓝藻门（Cyanophyta）、眼虫藻门（裸藻门）（Euglenophyta）、绿藻门（Chlorophyta）、轮藻门（Charophyta）、金藻门（Chrysophyta）、甲藻门（Pyrrophyta）、红藻门（Rhodophyta）、褐藻门（Phaeophyta）等。下面仅将与人类关系较密切的几个门作一简单介绍。

（一）蓝藻门（Cyanophyta）

蓝藻门多呈蓝绿色，故又称蓝绿藻（blue green algae）。藻体有单细胞、非丝状群体或丝状体等多种形态。蓝藻不具鞭毛；有细胞壁，其主要成分为肽葡聚糖（peptidoglycan），绝大多数蓝藻的细胞壁外具有一层胶质鞘（gelatinous sheath），主要成分是果胶酸和黏多糖。蓝藻的原生质体分化为中央质（centroplasm）和周质（periplasm）两部分。中央质有裸露的环状DNA分子，没有组蛋白与之结合，无核膜和核仁，但有核的功能，故称为原核（prokaryon）或拟核（nuclevid）。周质位于细胞壁的内侧，其中无质体、线粒体、高尔基体、内质网、液泡等细胞器，在电镜下可见周质中有很多由膜形成的扁平囊状结构，称为类囊体（thylakoid），光合色素均存在于类囊体的表面。其光合色素有叶绿素 a、β-胡萝卜素、叶黄素和藻胆素。细胞中贮藏的营养物主要是藻蓝淀粉（cyanophycean starch）和蓝藻颗粒体（cyanophycin gran-ule），即较大的蛋白质颗粒。蓝藻细胞的亚显微结构如图 5-1。

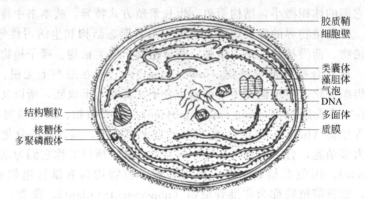

图 5-1　蓝藻细胞的亚显微结构

蓝藻繁殖方式主要是营养繁殖和无性生殖。营养繁殖主要靠细胞分裂、群体破裂、丝状体断裂增加个体数目，少数种类通过产生孢子进行无性生殖（图 5-2）。目前尚未发现具有有性生殖的种类。

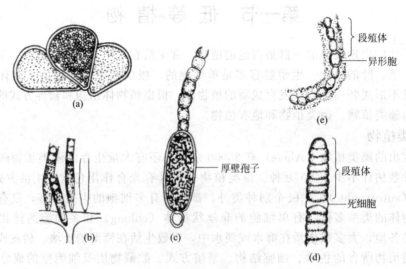

图 5-2　蓝藻的繁殖方式

（a）皮果藻属（*Dermocarpa*）产生内生孢子；（b）管胞藻属（*Chamaesiphon*）产生的外生孢子；
（c）筒孢藻属（*Cylindrospermum*）产生厚壁孢子；（d）颤藻属（*Oscillatoria*）由死细胞或
隔离盘形成段殖体；（e）念珠藻属（*Nostoc*）由异形胞将藻丝隔离成段殖体

蓝藻分布很广，多生活于淡水或海水中，潮湿地面、树皮、墙壁和岩面上也都有生长。现知的蓝藻门约有 150 属，1500～2000 种。

蓝藻在生态系统中的作用主要表现在固氮能力上，已知可固氮的蓝藻有 150 余种，我国有

30 余种。试验表明，稻田中放养蓝藻可以少施氮肥，且能增产 7%～15%。

著名的食用蓝藻有普通念珠藻（*Nostoc commune* Vauch.，俗称地木耳）、发状念珠藻（*Nostoc flagelliforme* Born. et Flah.，俗称发菜）、海雹菜 [*Brachytrichia quoyi* (C. Ag.) Born. et Flah.]、钝顶螺旋藻 [*Spirulina platensis* (Notdst.) Geitl.] 等。螺旋藻具有保健作用而被制成各种食品，并被大量人工养殖。

当水体处于富营养化状态时，一些漂浮性蓝藻在夏秋季节常迅速过量繁殖，在水表形成一层具腥味的浮沫，即"水华"或"水花"（water bloom）。水华的出现，将使水体的含氧量大大降低，导致鱼类等水生生物大量死亡。不少水华还产生毒素，对水生动物、人、畜等带来危害。海洋中的赤潮，有些也是由蓝藻引起的，能使海洋动物大量死亡。

（二）绿藻门（Chlorohpyta）

绿藻门有 8600 余种，是藻类植物中最大的一个门。植物体有单细胞个体、群体、多细胞丝状体、叶状体等类型。细胞壁由纤维素和果胶质构成。不同种类细胞内各有一定形态的叶绿体，如杯状、环状、带状、星状、网状等，所含色素有叶绿素 a 和叶绿素 b、胡萝卜素和叶黄素，故植物呈绿色。叶绿体中常有一至几个造粉核（蛋白核），淀粉集聚在蛋白核的周围。游动细胞有 2 条或 4 条等长的顶生鞭毛。绿藻的细胞壁成分、色素类型、贮藏物质、鞭毛类型等都与高等植物相同，所以，目前多数人认为高等植物与绿藻具有亲缘关系。

绿藻繁殖方式也是多样的，无性和有性生殖都很普遍，有性生殖又有同配生殖（isogamy）（形状相似、大小相同的两个配子配合）、异配生殖（anisogamy）（形状相似、大小不同的两个配子配合）和卵配生殖（oogamy）（精子和卵子的配合）等方式。不少种类的生活史中有世代交替现象。绿藻分布很广，淡水中最多，阴湿地、岩石、花盆壁、海水中，甚至高山积雪上都有分布。

绿藻分为绿藻纲（Chlorophyceae）和接合藻纲（Conjugatophyceae）。常见的代表属种如下。

1. 衣藻属（*Chlamydomonas*）

属于绿藻纲。衣藻是单细胞个体，呈卵圆形，前方具乳头状突起，顶生 2 条等长的鞭毛，鞭毛基部有 2 个并列的排废物的伸缩泡。细胞内有一个杯状的叶绿体，叶绿体基部有一个大的蛋白核，其表面常有淀粉鞘，叶绿体内近前方有一个感光作用的红色眼点。一个细胞核位于细胞的中央（图 5-3）。

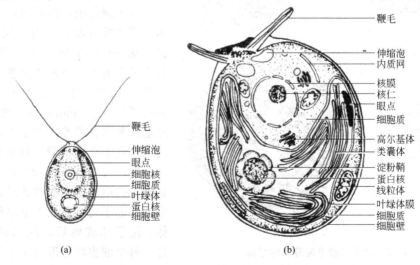

图 5-3　衣藻细胞的形态与结构

(a) 光学显微镜下的结构；(b) 电子显微镜下的亚显微结构

　　衣藻进行无性生殖时，营养细胞失去鞭毛，原生质体分为 2、4、8 或 16 块，各形成具有两条鞭毛的游动孢子（zoospore）。细胞（游动孢子囊）壁破裂后，游动孢子各自发育成一个衣藻。有性生殖为同配或异配，有性生殖时，细胞失去鞭毛，原生质体分裂产生 8、16、32 或 64 个具 2 条鞭毛的配子。两个配子融合成为具 4 条鞭毛的合子，合子失去鞭毛，产生厚壁，休眠后进行减数分裂，产生 4 个具有 2 条鞭毛的减数孢子，破壁后各自形成一个新衣藻。其生活史类型为合子型减数分裂（始端减数分裂），仅具核相交替（图 5-4）。

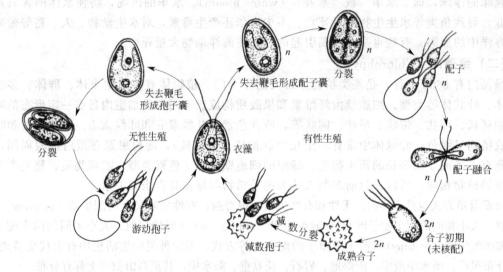

图 5-4　衣藻生殖的生活史

　　绿藻纲中常见的可运动的具衣藻型细胞的群体种类有盘藻属（*Gonium*）、实球藻属（*Pandorina*）、空球藻属（*Eudorina*）等，还有介于群体与多细胞植物体间的、已有营养细胞与生殖细胞分化的大型球状体——团藻属（*Volvox*）（图 5-5）。

2. 石莼属（*Ulva*）

　　属于绿藻纲，俗称海白菜，食用海藻。藻体叶片状，仅由 2 层细胞构成，藻体基部具一小盘状固着器，多年生。其生活史为孢子型减数分裂（中间减数分裂）类型，具孢子体（sporophyte）和配子体（gametophyte）两种植物体。除基部和固着器外，孢子体的每个细胞均可形成 1 个孢子囊，经减数分裂和有丝分裂，每个孢子囊均可产生多个具 4 条鞭毛的单倍体的衣藻状游动孢子，每个游动孢子均可形成 1 个单倍体的配子体。配子体成熟后，除基部与固着器外，每个细胞均可形成 1 个配子囊，经有丝分裂，每个配子囊均可产生多个具

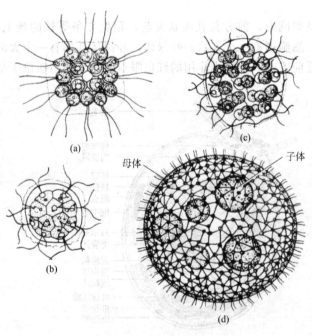

图 5-5　常见具鞭毛能游动的绿藻

（a）盘藻属；（b）实球藻属；（c）空球藻属；（d）团藻属

2 条鞭毛的多为同型的衣藻状游动配子。（＋）配子、（－）配子融合成合子，合子失去鞭毛萌

发形成二倍体的孢子体。这种孢子体世代（sporophyte generation）和配子体世代（gameto-phyte generation）有规律地交替出现的现象称为世代交替（alternation of generation）。由于石莼属的孢子体和配子体形态相似，故称为同形世代交替（isomorphic alternation of generation）（图 5-6）。

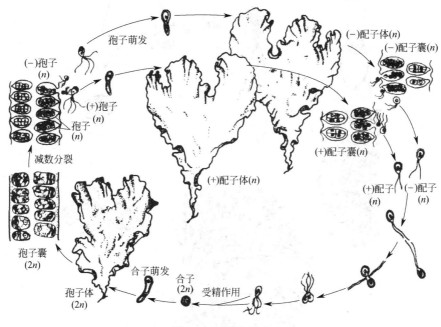

图 5-6　石莼生活史

3. 松藻属（*Codium*）

植物体为管状分枝的多核体，许多管状分枝互相交织，形成有一定形状的大型藻体，大的可达 1m 长，外观呈叉状分枝，基部为垫状固着器。藻体分化成髓部和皮层部。髓部丝体疏松、细而无色，各种走向都有；皮层部在髓部的周围，由一些紧靠的、膨大的棒状短枝做水平方向放射状排列而成。这种膨大的短枝叫胞囊（utricle），囊体内有极多小盘状的叶绿体，细胞核多而小。

松藻属植物体是二倍体，进行有性生殖时，在同一藻体或不同藻体上产生雄配子囊（male gametangium）和雌配子囊（female gametangium），配子囊发生于胞囊的侧面，有横壁与营养部分隔开。配子囊内的细胞核一部分退化，一部分增大，每个增大的核经减数分裂形成 4 个子核，每个子核连同周围的原生质一起发育成具双鞭毛的配子。雄配子小，含 1~2 个叶绿体；雌配子大，含多个叶绿体。雌雄配子放出后结合为合子，合子立即萌发，长成新的二倍体植物体。其生活史类型为孢子型减数分裂（中间减数分裂），仅具核相交替（图 5-7）。

4. 水绵属（*Spirogyra*）

属接合藻纲。由一列圆筒状的细胞组成无分枝的丝状体，表面黏滑，浮于淡水水面或沉于水底。细胞内有一至数条带状的叶绿体，呈螺旋状环绕于原生质周围，上有一列蛋白核。细胞核由原生质丝相连而悬于细胞中央〔图 5-8(a)〕。

水绵的无性繁殖是以丝状体断裂的方式进行的。有性生殖为接合生殖（conjugation），生殖时两条丝状体平行靠近，其细胞相对的一侧相向发生突起，突起顶端接触时端壁融解，形成接合管（conjugation tube），各细胞中的原生质体浓缩形成配子，其中一条藻丝中的各个（＋）配子，以变形虫式的运动经结合管蜿蜒至相对藻丝的细胞中，与（－）配子形成合子。

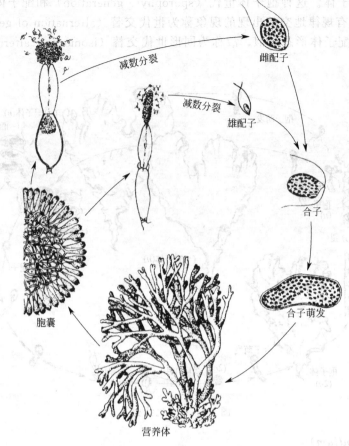

图 5-7　松藻生活史

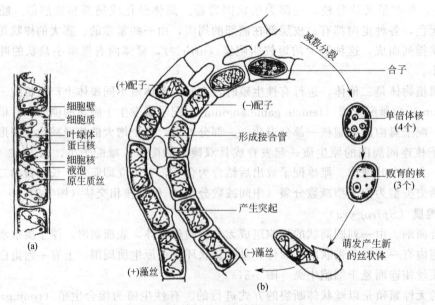

图 5-8　水绵属的细胞结构和生活史

两条丝状体的接合管外观上酷似梯子，故又称为梯形接合（scalariform conjugation）。合子形成厚壁，休眠，藻丝腐烂。条件适宜时合子萌发，减数分裂后 3 核退化，1 核形成新的丝状体。其生活史类型为合子型减数分裂（始端减数分裂），仅具核相交替［图 5-8(b)］。

（三）轮藻门（Charophyta）

轮藻门是藻类中较为特化的一个类群，约 340 种。现存的仅有 1 目 1 科，常见的有轮藻属（*Chara*）和丽藻属（*Nitella*）。植物体有类似根、茎、叶的分化，生殖器官的结构比较复杂。现以轮藻为代表阐明其特征。

轮藻属常见于不流动的淡水中，高 10～50cm，以分叉的无色假根固着于水底，常形成密丛。有一直立的主枝，"节"上有一轮分枝，"叶"轮生于分枝或主枝的"节"上；节间中央是一个大的多核的中轴细胞，周围具 1 层伸长的皮层细胞；节部是一些短的薄壁细胞。主茎顶端有 1 个具分裂能力的半球形的顶细胞，分枝不具顶细胞。藻体的每个细胞具有多个颗粒状的叶绿体，含有与高等植物相同的 4 种色素。

轮藻营养繁殖时，藻体断裂或基部形成"珠芽"。有性生殖为卵式生殖。"叶"腋内生有卵囊（oogonium），其下生有精子囊（spermatangium）。卵囊由 5 个螺旋状管细胞和其顶端的冠细胞组成，内含一个大的卵细胞。精子囊呈球形，橘红色，外壁

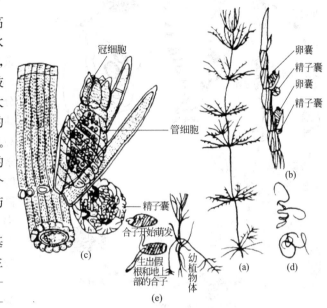

图 5-9 轮藻属
(a) 植物体；(b) 植物体着生性器官的一部分；(c) 性器官的放大；(d) 精子；(e) 合子萌发

由 8 个三角形的盾细胞组成，内产许多具双鞭毛的螺旋状精子。精子游至卵囊与卵细胞融合形成合子；合子休眠后萌发，先行减数分裂，3 核退化，1 核发育成为原丝体（protonema），生出几个新植株。其生活史类型为合子型减数分裂（始端减数分裂），仅具核相交替（图 5-9）。

（四）红藻门（Rhodophyta）

红藻门是藻类中的高级类群，有 4000 余种。分布很广，主要为海产，固着于岩石等物体上。植物体呈丝状、片状、树枝状等。细胞壁由纤维素和果胶质组成，细胞内含有叶绿素 a、叶绿素 b 和水溶性的藻胆素。贮藏物为红藻淀粉。无性生殖产生不动孢子。有性生殖产生精子和卵，精子无鞭毛。

以甘紫菜（*Porphyra tenera* Kjellm.）为例介绍其生殖和生活史。甘紫菜为叶状体，紫色或紫蓝色，以基部固着器固着于基物或岩石上。藻体仅由一层细胞组成。无性生殖产生单孢子，可以萌发形成新个体。有性生殖产生精子和果胞（earpogonium），果胞是由营养细胞转化而来的雌性性殖结构，内含 1 卵，顶部有突起的受精丝（trichogyne）。不动精子漂至果胞经受精丝进入果胞与卵形成合子，合子经有丝分裂形成 8 个果孢子，果孢子钻入文蛤、牡蛎等贝壳内，发育成为丝状体，即孢子体，又称壳斑藻（conchocelis）。孢子体的每个细胞均可成为一个孢子囊，经减数分裂产生单倍体的壳孢子（conchospore），壳孢子在水温等条件适合时萌发直接形成叶状紫菜（大紫菜），在水温较高时只能形成很小的小型紫菜，小紫菜产生单孢子，单孢子再发育成小紫菜。只有温度适宜时，单孢子才萌发为大紫菜。甘紫菜的生活史类型为孢子型减数分裂（中间减数分裂），为配子体发达的异型世代交替（图 5-10）。

常见的经济红藻有石花菜（*Gelidium amansii* Lamx.）、江蓠［*Gracilaria verrocosa*

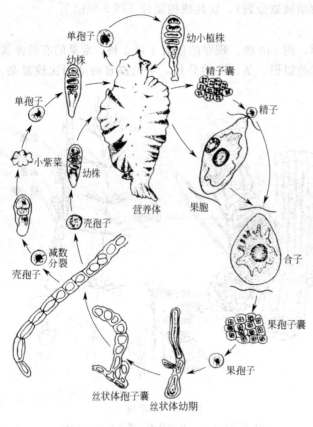

单孢子
幼小植株
幼株
精子囊
单孢子
精子
小紫菜
幼株
营养体
果胞
壳孢子
合子
减数分裂
壳孢子
果孢子囊
丝状体孢子囊
果孢子
丝状体幼期

图 5-10　甘紫菜生活史

(Huds.) Paperfuss]、海萝 [*Gloiopeltis furcata* (P. et R.) J. Ag.]、鹧鸪菜 [*Caloglossa leprieurii* (Mont.) J. Ag.]、角叉藻 (*Chondrus ocellatus* Holm.) 和多管藻属 (*Polysiphonia*) 等。

(五) 褐藻门 (Phaeohpyta)

该门大约 1500 种，是一群结构复杂的最高级的大型藻类，如巨藻属 (*Macrocystis*) 可长达 400m。外形上有分枝的丝状体、叶状体、管状体、囊状体等。其细胞壁由纤维素和藻胶组成。载色体 1 至多数，粒状或小盘状。所含色素有叶绿素 a 和叶绿素 c、β胡萝卜素和叶黄素，叶黄素中的墨角藻黄素含量最高，故植物体常呈褐色。贮藏物主要是褐藻淀粉和甘露醇，不少种类细胞内含有大量碘。现以海带为代表，将其形态、结构、生殖方式和生活史等简介如下。

海带 (*Laminaria japonica* Aresch.) 为冷温性多年生海藻，原产俄罗斯远东地区、朝鲜和日本北部沿海，现在中国沿海从北到南均有大规模的养殖，且产量位居世界之首。海带体长 1～2m，由宽大扁平的带片、细而短的柄和分枝状的假根组成。生殖时在带片两面均可产生排列整齐的棒状孢子囊，外观上呈深褐色斑块。孢子囊里的二倍体核经减数分裂和有丝分裂产生 32 或 64 个具 2 条侧生不等长鞭毛的游动孢子。游动孢子散出后，分别发育成微小的雌、雄配子体。雄配子体由几至几十个细胞组成，细长，多分枝，枝端细胞形成精子囊，每囊产生 1 个具 2 条侧生不等长鞭毛的精子；雌配子体细胞较大，数目极少，不分枝，有时仅由 1 个细胞构成，顶端细胞膨大成卵囊，每囊产生一卵，附于卵囊顶端。受精后，合子不经休眠而形成新一代的孢子体。

海带的生活史为孢子体占优势的异型世代交替，孢子型减数分裂 (图 5-11)。

其他著名褐藻还有裙带菜 [*Undaria pinnatifida* (Harv.) Suringar]、巨藻、鹿角菜 (*Peluetia siliquosa* Tseng et C. F. Chang) 和马尾藻属 (*Sargassum*) 等。

(六) 藻类的生态学作用及经济价值

藻类是海洋中的唯一生产者，年生产力相当于全球草地和牧场的 3 倍及所有耕地的 4 倍。藻类在进行光合作用的同时，可放出大量的氧气，对维持大气中气体平衡具有十分重要的作用。

有些藻类可以腐蚀岩石，促进土壤形成，其胶质能黏合砂土，改进土壤；有些和真菌、细菌共同构成肥沃土壤的微生物群；有些有固氮作用。

蓝藻门、金藻门和甲藻门中的一些种类可在富营养化水域中大量繁殖，形成水华和赤潮 (red tide)，造成水体严重缺氧或产生毒素，导致水生动物大量死亡。如 1998 年在我国渤海湾发生了一次大面积赤潮，造成水产业直接经济损失 5 亿多元。近年全球赤潮发生的次数越来越多，面积也越来越大，因此，保护海洋环境不受污染已刻不容缓。

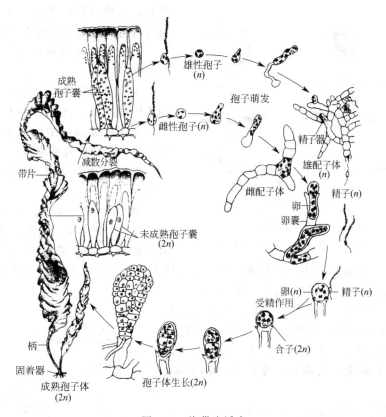

图 5-11　海带生活史

很多藻类因含有丰富的蛋白质、维生素、无机盐及微量元素等而被广泛食用。如蓝藻中的葛仙米、发菜、地木耳；绿藻中的小球藻、石莼、浒苔、礁膜；红藻中的紫菜、江蓠、石花菜；褐藻中海带、裙带菜等。

有些藻类具有一定的药用价值，如海带可预防甲状腺肿大；鹧鸪菜可驱蛔虫；刺松藻有清热解毒、消肿利尿之功效。

一些藻类的提取物可用于工业、食品业、医药和科研等，如大量的硅藻细胞壁沉积形成的硅藻土广泛用作过滤剂、添加剂、绝缘剂、磨光剂，在水泥、造纸、印刷、农药和牙科印模等方面均有重要用途；红藻中的一些种可提取琼脂，广泛用于生物培养基的制备，也用于食品、纺织、医药、造纸等工业中。

一些藻类可作为猪的精饲料、牛的补充饲料或鱼的饵料。

二、菌类植物

菌类植物（Fungi）不是一个反映自然亲缘关系的类群，为了方便，人们设了菌类这个名词。它们与藻类的区别在于其一般不具光合作用色素，营寄生或腐生生活，属典型的异养植物。种类多、分布广，在水、陆、空以及活着或死去的动植物体上均有分布。菌类可分为细菌门、黏菌门和真菌门。

（一）细菌门（Bacteriophyta）

细菌和蓝藻相似，都无真正的细胞核，属原核生物。个体十分微小，常在 1μm 左右，杆菌长 2～3μm。繁殖方式为细胞直接分裂，一般 20～30min 可分裂一次。细菌约有 2000 种，依其形态可分为球菌、杆菌和螺旋菌（图 5-12）。

细菌在自然界的作用很大，由于它们能使动植物遗体腐烂并分解，才不至于使有机体大量

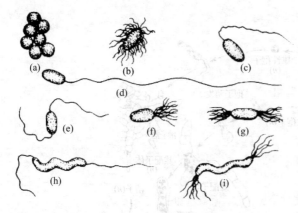

图 5-12　常见的三型细菌
(a) 球菌；(b)~(g) 杆菌；(h), (i) 螺旋菌

堆积，并使分解产生的无机物返还到土壤或大气中，保证了自然界中的物质循环。

工业上利用细菌可生产乙醇、醋酸和丙酮酸等。

土壤中的细菌，如根瘤杆菌、固氮球菌不但能固氮，还能抑制有害微生物的活动。有些还被制成细菌杀虫剂，用来防治农作物、果树或森林虫害。

少数细菌能使人畜致病或引起植物病害。

放线菌（Actinomyces）是介于细菌与真菌之间的中间类型。植物体是具分枝的单细胞丝状体（像真菌），没有明显的细胞核（像细菌），宽度与杆菌差不多。下部菌丝伸入寄主体内吸收营养，上部菌丝伸向空气中。繁殖时，有些气生菌丝形成一串分生孢子（图 5-13）。

放线菌在自然界中分布很广，以土壤中最多，参与土壤有机质的转化，提高肥力。放线菌是抗生素的主要生产菌，2/3 以上的已知抗生素是从放线菌中提取的，如土霉素、氯霉素、金霉素、链霉素、四环素等。

（二）黏菌门（Myxomycophyta）

黏菌门是介于动物和植物之间的一类生物，约有 500 种。黏菌的营养体为裸露的原生质团，多核共质，无叶绿素，做变形虫式运动，吞食固体食物，似动物。在生殖时能产生具纤维素壁的孢子，是植物的特征。黏菌多数腐生；少数寄生，可引起植物病害，如寄生在某些十字花科植物根部的黏菌，使寄主根部膨胀，甚至导致死亡。最常见的是发网菌属（Stemonitis）。

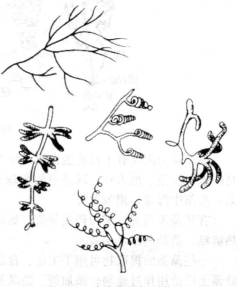

图 5-13　放线菌的气生菌丝

（三）真菌门（Eumycophyt）

真菌种类多、分布广，据统计有 12 万种，但实际有多少种目前并不清楚，土壤中、水中和空气中无处不有。还有很多种类寄生于动植物或人体中，也有一些与藻类或维管植物共生。

真菌仅少数种类是单细胞，大多数是由分枝或不分枝、有隔或无隔的菌丝交织在一起组成菌丝体（mycelium）。许多高等真菌在生殖时期形成具有固定形状和结构的、产生孢子的菌丝体，称为子实体（fructication, sporophore）。大多数真菌都有细胞壁，壁中一般含几丁质，也有含纤维素的。细胞内都有细胞核，低等的多核，高等的为单核或双核。不含叶绿素，贮藏物质是肝糖、脂肪和蛋白质，不含淀粉。繁殖方式多种多样，无性生殖产生各种类型的孢子，有性生殖有同配、异配、卵式生殖等。

真菌有多种分类系统，以下按 5 个亚门，即鞭毛菌亚门、接合菌亚门、子囊菌亚门、担子菌亚门和半知菌亚门的分类方法作以介绍。

1. 鞭毛菌亚门（Mastigomycotina）

本亚门约 1100 种。少数低等种类为单细胞，大多为无隔多核的分枝丝状体，仅生殖时在孢子囊或配子囊基部产生横隔。无性孢子具鞭毛是本亚门的主要特征。水霉属可作为本亚门的代表种类。

水霉属（*Saprolegnia*）菌丝体无隔、疏松、绵白色。无性生殖时在菌丝顶端形成 1 个长筒状的孢子囊，孢子囊基部产生横隔，囊内产生多个具 2 条顶生鞭毛的球形或梨形的游动孢子，称为初生孢子（primary spore）。初生孢子从孢子囊顶端的孔口释出，游动不久失去鞭毛，变为球形的静孢子，不久又萌发成具有 2 条侧生鞭毛的肾形游动孢子，称次生孢子（secondary spore）。次生孢子不久又变为静孢子，在新的寄主上萌发成新的菌丝体。大部分水霉属有两种形态的游动孢子出现，称此为双游现象（diplanetism）（图 5-14）。

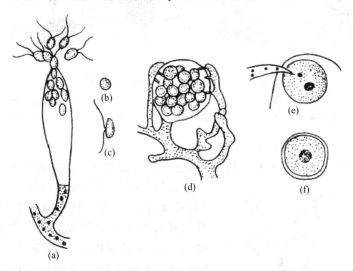

图 5-14　水霉的生殖
（a）孢子囊和初生孢子；（b）孢子静止变圆；（c）次生孢子；
（d）配子囊接触交配；（e）一个受精管将雄核注入卵细胞；（f）卵孢子

有性生殖时在相邻菌丝顶端产生隔膜形成相互靠近的球形卵囊（oogonium）（内含 1～20 个卵）和棒状精囊（spermatangium）（多核共质）。精囊产生一至数条丝状受精管，穿过卵囊壁将雄核送入，与卵融合形成二倍体的卵孢子（oospore）。卵孢子萌发时先行减数分裂，而后发育成新一代的无隔多核菌丝体。

水霉常生于淡水池塘中，主要侵寄鱼卵、鱼的鳃盖或鱼体伤口，对水产养殖有危害。

2. 接合菌亚门（*Zygomycotina*）

本亚门约有 610 种，与鞭毛菌亚门同为菌丝无隔的低等真菌，现以匍枝根霉为代表介绍如下。

匍枝根霉 [*Rhizopus stolonifer*（Ehrenb. ex Fr.）Vuill]，又称面包霉或黑根霉，常腐生于面包、馒头等食物上，菌丝体疏松、绵白色。菌丝在基物上呈弓形，匍匐蔓延，向基质中生出假根，吸取营养。无性生殖很发达，常在假根处产生数条直立的菌丝，称孢子囊梗（sporangiophore），顶端膨大形成孢子囊，内产多个黑色的多核的孢囊孢子（sporangiospore），囊壁破裂，孢子散出萌发成新的菌丝体。

有性生殖极少见，为异宗的配子囊配合。（＋）、（－）菌丝顶端膨大，产生横隔形成配子囊。配子囊顶端接触并融合，形成 1 个具多个二倍体核的接合孢子（zygospore）。成熟的接合孢子，厚壁，表面具疣状突起。休眠后萌发形成 1 个接合孢子囊（zygosporangium），其中所有二倍体核均进行减数分裂，产生单倍体的（＋）、（－）孢子，释出后各自萌发产生新一代的（＋）、（－）菌丝体（图 5-15）。

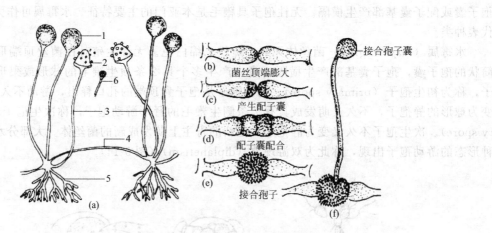

图 5-15　匍枝根霉的无性和有性生殖

(a) 无性生殖；(b)～(e) 有性生殖（配子囊配合）各时期；(f) 接合孢子萌发

1—孢子囊；2—孢囊孢子；3—孢囊梗；4—匍匐菌丝；5—假根；6—萌发孢子

3. 子囊菌亚门（Ascomycotina）

本亚门种类最多，约 15000 种。陆生、腐生、寄生或共生。构造和繁殖方式均很复杂。绝大多数为有隔菌丝组成的菌丝体，极少数为单细胞（如酵母菌）。无性生殖多数种类产生分生孢子；有性生殖为配子囊接触配合，产生子囊和子囊孢子。绝大多数种类都形成子实体（fructication, sporophore），也称子囊果（ascocarp, ascoma），是产生和容纳子囊与子囊孢子的组织结构。子囊果有 3 种类型：闭囊壳（cleistothecium）、子囊壳（perithecium）和子囊盘（apothecium）。现简介几种常见的代表种类。

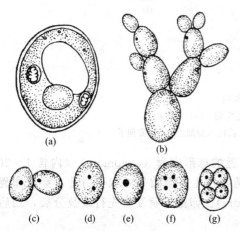

图 5-16　酿酒酵母的生殖

(a) 营养细胞；(b) 出芽生殖；(c)～(g) 有性过程 [(c) 将要进行质配的 2 个细胞；(d) 质配后含双核（n+n）；(e) 核配；(f) 减数分裂产生 4 个子核；(g) 子囊内形成 4 个子囊孢子]

（1）酵母菌属（Saccharomyces）　单细胞，是子囊菌中最原始的种类。酿酒酵母（S. cerevisiae Han.）是本属中最著名的代表。细胞卵形，核很小，具 1 个大液泡。常以出芽方式进行繁殖。有性生殖为体配，由 2 个营养细胞直接融合，质配后进行核配，形成的二倍体细胞即为子囊。经减数分裂后，产生 4 或 8 个单倍体的子囊孢子。子囊孢子释放后各自发育为 1 个新个体（图 5-16）。

（2）青霉属（Penicilium）　营养菌丝具隔，单核、白色。多腐生于水果、蔬菜、肉类等潮湿的有机物上。以分生孢子进行无性生殖，在菌丝体上形成直立的分生孢子梗，顶端形成扫帚状分枝，最末一级的各小枝上产生一串青绿色的分生孢子 [图 5-17(a)]。分生孢子散落后萌发成新的菌丝体。有性生殖仅在少数种类中发现，形成闭囊壳。青霉素，即盘尼西林（penicillin）主要从点青霉（P. notatum Westl.）和黄青霉（P. chrysogenum Thom.）中提取。

（3）麦角菌属（Claviecps）　主要寄生于麦类子房中。无性生殖产生的分生孢子或有性生殖产生的子囊孢子传到寄主花穗上，侵入子房，在子房内发育成菌丝体，最后形成 1 个 1～2cm 长的坚硬的黑色菌核，状如动物的角，故称麦角（ergot）[图 5-17(b)]。越冬后萌发产生数个紫红色蘑菇状的子座，子座内埋生许多椭圆形的子囊壳，其内的每一个子囊各产生 8 个线

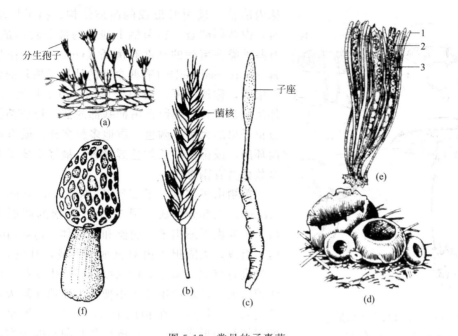

图 5-17　常见的子囊菌

(a) 青霉属；(b) 麦角菌属；(c) 冬虫夏草；(d) 盘菌属子囊果外形；(e) 盘菌属子实层局部放大
(1—侧丝；2—子囊；3—子囊孢子)；(f) 羊肚菌属

状多细胞的子囊孢子，子囊孢子散出后再侵染麦类子房。麦角为名贵中药，对产后出血和子宫复原有独特的功效，但有剧毒，误食后可引起流产，使手臂和腿部坏死，甚至死亡。

(4) 虫草属（*Cordyceps*）　其中冬虫夏草 [*C. sinensis* (Berk.) Saec] 最为著名。该菌的子囊孢子秋季侵入鳞翅目幼虫体内，发育成充满虫体的菌丝体，而后形成菌核，越冬，整个过程均不破坏幼虫外皮。翌年入夏，从幼虫头部长出一个直立的褐色棒状子座，状如一棵小草，故名冬虫夏草 [图 5-17(c)]。子座的顶端产生许多子囊壳，其内的每一个子囊各产生 8 个线形多细胞的子囊孢子。该菌为我国特产的名贵补药。野生于海拔 3000m 以上的高山草甸上，现已有成功栽培的报道。

(5) 盘菌属（*Peziza*）　子囊果盘状或碗状，子囊圆柱形，子囊之间有侧丝，子囊孢子椭圆形，8 个排成 1 行 [图 5-17(d)、(e)]。

(6) 羊肚菌属（*Morchella*）　子囊果由菌柄和菌盖组成，菌盖表面凸凹不平，状如羊肚。子实层分布在菌盖的凹陷处，子囊和子囊孢子的形状及排列与盘菌相似 [图 5-17(f)]。

4. 担子菌亚门（Basidiomycotina）

本亚门有 12000 多种，全为陆生，有许多种是食用和药用菌，但毒菌也不少。营养体均为有隔菌丝，并有初生菌丝体（primary mycelium）、次生菌丝体（secondary mycelium）和子实体（fructication sporophore）之分。初生菌丝体是由担孢子萌发产生的单核单倍体菌丝组成，生活时间短；次生菌丝体是由初生菌丝体经质配的双核（$n+n$）菌丝组成，可生活数年乃至数百年；子实体又称为担子果（basidiocarp），也有称其为三生菌丝体或繁殖体的，细胞中仍具双核。担子果的形状、大小、质地多种多样。现以伞菌目为代表说明本亚门的特征。

伞菌目（Agaricales），担子果伞形，由菌盖（pileus）和菌柄（stipe）组成（图 5-18）。菌盖腹面为辐射排列的薄片状菌褶（gills）。有些种类的菌柄上有菌环（annulus），是担子果的内菌幕（partial veil）（有些种类的幼担子果在菌盖边缘和菌柄相连处有一遮盖菌褶的薄膜，

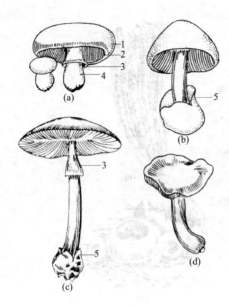

图 5-18　伞菌目担子果形态

(a) 蘑菇属；(b) 草菇属；

(c) 毒伞属；(d) 口蘑属

1—菌盖；2—菌褶；3—菌环；

4—菌柄；5—菌托

称内菌幕）破裂时形成的膜质结构。担子果增大发展时，内菌幕破裂，在菌柄上残留的部分就形成了菌环。有些种类在菌柄的基部有菌托（volva），菌托是由外菌幕（universal veil）（有些伞菌的幼担子果外面整个包围一层膜，称外菌幕）破裂形成的。担子果增大发展时，外菌幕被拉破，残留在菌柄基部的部分形成菌托。伞菌目担子果的大小、颜色、质地多种多样。既有菌托又有菌环的，或菌柄细长颜色鲜艳者，最好不要采食，因其多数种类有剧毒。

菌褶由子实层、子实层基（subhymenium）和菌髓（trama）三部分组成（图 5-19）。菌褶的两面均为子实层，主要由无隔担子、侧丝和囊状体（cystidium）（隔胞）组成。无隔担子由双核细胞形成，其发育过程是：首先进行核配，随之进行减数分裂产生 4 核，同时担子体积增大，顶端产生 4 个小梗；小梗顶端膨大，各有一核进入，共形成 4 个担孢子（图 5-20）。侧丝是由不育的双核细胞形成的。囊状体是某些种类的子实层中存在的少数大形细胞，其长度可达相邻的菌褶。子实层基是子实层下的一些较小的细胞。菌髓由一些排列疏松的长形菌丝构成，位于菌褶中央。

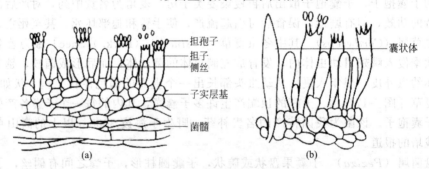

图 5-19　伞菌目菌褶切面观

(a) 蘑菇属，无囊状体；(b) 红菇属，有囊状体

担孢子散落后萌发产生单核的初生菌丝体，很快质配发展出大量的双核次生菌丝体，次生菌丝体经扭结和分化形成新一代的担子果。

本亚门常见的代表种类有：蘑菇属（*Agaricus*）、香菇属（*Lentinus*）、口蘑（*Tricholoma mongolicum* Tmai.）、毒伞属（鹅膏属，*Amanita*）、牛肚菌属（*Boletus*）、银耳（*Tremella fuciformis* Berk.）、木耳 〔*Auricularia auricula*（L. ex Hook.）Underw.〕、灵芝 〔*Ganoderma lucidum*（Leyss. Ex Fr.）Karst.〕、猴头菌

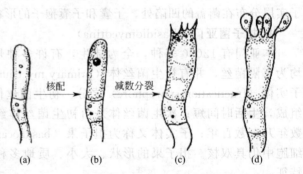

图 5-20　无隔担子和担孢子的形成过程

(a) 双核细胞（可视为担子母细胞）；

(b) 核配；(c) 减数分裂和产生 4 个小梗；(d) 小梗顶端膨大，各进入一个核，小梗基部产生横隔

[*Hericium erinaceus*（Bull.）Pers.]、竹荪属（*Dictyophora*）、鬼笔属（*Phallus*）、茯苓 [*Poria cocos*（Fr.）Wolf.]、蜜环菌（*Armillaria mellea*）、马勃属（*Lycoperdon*）、地星属 （*Geastrum*）、玉米黑粉菌 [*Ustilago maydis*（DC.）Corda.]、禾柄锈菌（*Punccinia gramims* Pers.）等。

5. 半知菌亚门（Deuteromycotina）

本亚门约有 26000 种。其最大的特点是未发现它们的有性阶段，即只知其生活史的一半，故称半知菌（fungi imperfecti）。半知菌最常见的繁殖方式是产生各种类型的分生孢子进行无性生殖。一旦发现其有性阶段，即将它们重新归入到所属的分类群中。半知菌是菌丝均具隔壁的高等真菌。从已有的研究发现，多属于子囊菌。半知菌的许多种类是动植物或人体的寄生菌，如稻瘟病菌（*Piricularia oryzae* Cav.）、玉米大斑病菌（*Helminthosporium turcicum* Pass.）、棉花黄萎病菌（*Verticillium albo-atrum* Reinke et Berth.）、茄褐纹病菌 [*Phomopsis vexans*（Sacc. et Syd.）Harter] 等。

6. 真菌的经济意义

在自然界中，真菌可以分解木质素、纤维素和其他大分子有机物，其在物质循环中所起的作用仅次于细菌。

许多大型真菌营养丰富、味道鲜美，并具有高蛋白、低脂肪和低热量的特点，是当代人类的理想食品。中国食用菌资源丰富，约有 800 种，著名种类如香菇、口菇、双孢蘑菇 [*Agaricus bisporus*（Lange）Sing]、木耳、银耳、猴头、竹荪等。

灵芝、云芝、猪苓（*Polyporus umbellatus*）、茯苓、虫草、竹黄等是著名的药用真菌，具抗癌作用的真菌就有 100 种以上。

酵母、曲霉等可制面包或酿酒，青霉菌等可提取抗生素。真菌还在化工、造纸、制革等工业中有广泛应用。

真菌对堆肥成熟、固氮、提高土壤肥力等也有重大作用。有的真菌能与许多高等植物的根共生形成菌根，包被在根末端的菌丝体具有强大的吸水力，能帮助高等植物吸收土壤水分，并分泌生长素和酶，促进果木的生长和发育。据统计，有 95% 以上的高等植物具外生菌根。

但也有些真菌寄生在动植物或人体上引起病害，如白粉病、锈菌、黑粉病、稻瘟病等。有些真菌引起食物或衣物霉变，毁坏粮食、副食品、建筑材料等。黄曲霉毒素可导致肝癌，毒蘑菇可致人死亡等。

三、地衣植物

地衣（Lichenes）是一类很特殊的植物，约有 25000 种，是藻类和真菌共生的复合原植体植物。多数地衣是由 1 种真菌和 1 种藻类共生，少数为 1 种真菌和 2 种藻类共生。共生的真菌多数属于子囊菌，少数是担子菌，个别种类是半知菌。共生的藻类通常是蓝藻和单细胞的绿藻。

地衣体中的藻类和真菌是一种互惠的共生关系。真菌包围藻类细胞，决定地衣体的形态，并负责从外界吸收水分和无机盐供给藻类；藻类进行光合作用，制造有机物质，为真菌供给营养。

根据其形态和生长状态，地衣可分为壳状、叶状和枝状 3 种基本类型。壳状地衣呈皮壳状，紧贴于岩石或树皮上，很难从基质上采下，它们占全部地衣的 80%；叶状地衣是薄片状的扁平体，形似叶片，以菌丝束形成的假根或脐固着于基质上，易从基质上采下；枝状地衣呈树枝状或须根状，直立或下垂（图 5-21）。

地衣的营养繁殖方式主要有衣体断裂、产生粉芽（soredium）或珊瑚芽（isidiar）等，它们脱离母体后均可形成新个体；无性生殖，由地衣体中的菌类和藻类分别进行，菌类多产生分

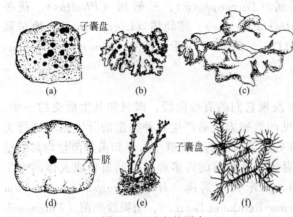

图 5-21　地衣的形态

(a) 壳状地衣（毡衣属）；(b)~(d) 叶状地衣 [(b) 梅衣属；
(c) 地卷属；(d) 皮果衣属（腹面观）]；
(e)，(f) 枝状地衣 [(e) 石蕊属；(f) 松萝属]

生孢子，藻类在地衣体内也可产生孢子，进行无性生殖，以增多其数量；有性生殖仅共生的真菌进行，产生子囊孢子或担孢子。

分生孢子、子囊孢子或担孢子萌发成菌丝，如遇合适的藻类即形成新的地衣，无合适的藻类，菌丝将会死去。

地衣适应能力很强，广布于世界各地，在南、北极也有大量分布，是自然界中的"先锋植物"或"开拓者"，它们可加速岩石风化和土壤的形成，为高等植物的生存打下初步基础。地衣对 SO_2 极为敏感，在城市及其附近很少分布，依此环境部门常用地衣监测大气污染。

地衣代谢产生的很多地衣酸具抗菌作用，故有些地衣可药用；有些地衣可用于提取香水、石蕊试剂或染料；少数地衣可食用，如石耳、冰岛衣等；有些地衣可作饲料，如北极的驯鹿苔、石蕊、冰岛衣等是北极鹿长年的饲料。

但大量生长在柑橘、茶树、云杉、冷杉等经济林木上的地衣，以菌丝假根伸入寄主皮层甚至形成层内，影响果木生长，造成危害。

第二节　高 等 植 物

高等植物包括苔藓植物门、蕨类植物门、裸子植物门和被子植物门。绝大多数都是陆生。除苔藓植物外，植物体一般都有根、茎、叶和维管组织的分化；生殖器官由多细胞构成；受精卵形成胚，再长成植物体；生活史中具明显的世代交替。

一、苔藓植物

苔藓植物（Bryophyta）是一群小型的陆生高等植物，约有23000种，我国约有2100种。它们虽已登陆，但大多数仍需生长在阴湿的环境中，是从水生到陆生过渡的代表类型。植物体矮小，构造简单。较低等的苔藓植物常为扁平的叶状体（thallus）；较高等的有茎、叶的分化，但无真正的根。植物体中尚未分化出维管组织，属于非维管植物，这是它们和其他高等植物的最大区别。生活史属配子体占优势的异型世代交替，孢子体不能独立生活，需寄生在配子体上，由配子体供给营养，这是它们和其他高等植物的又一明显区别。但它们的有性生殖器官是多细胞的，形成颈卵器（archegonium）和精子器（antheridium）；受精卵在母体内发育成多细胞的胚，由胚发育成孢子体。这些特征对适应陆生生活具有十分重要的生物学意义。苔藓植物尽管是陆地的征服者之一，但由于它们体内没有维管组织，受精作用尚离不开水，致使其在陆生生活的发展中受到一定的限制。因此，它从未在陆地上发展成为优势类群，也没能演化出更高级的类群，其生活史的类型也特殊，所以苔藓植物是植物界系统进化中的一个侧支或盲支。

根据苔藓植物配子体的形态构造及其特征的不同，常将其分为苔纲（Hepaticae）和藓纲（Musci）。苔纲的配子体多为叶状体，少为茎叶体，具背腹性，两侧对称，假根为单细胞，孢子体结构简单；藓纲的配子体均为茎叶体，辐射对称，假根为单列细胞且具分枝，孢子体结构较苔纲的复杂。具代表性的植物形态如图5-22。

1. 地钱（*Marchantia polymorpha* L.）

地钱属于苔纲、地钱目（Marchantiales）、地钱科（Marchantiaceae），是世界广布种。常生于林内、沟边、墙隅等阴湿的土地上。配子体为绿色、扁平、叉状分枝的叶状体，平铺于地面。上表面有菱形网格，每个网格的中央有一白色小点。下表面有许多单细胞假根和由单层细胞构成的紫褐色鳞片。将叶状体横切，可见其已有明显的组织分化：最上层为上表皮；上表皮下有一层气室，气室中可见排列疏松、富含叶绿体的同化组织，气室之间有单层细胞构成的气室隔壁，形成上表面的网纹，每个气室有一气孔与外界相通，气孔就是从上表面看到的网格中央的白色小点，气孔是由多细胞围成的烟囱状构造，不能闭合；气室下为薄壁细胞构成的贮藏组织；最下层为下表皮，其上长出假根和鳞片。

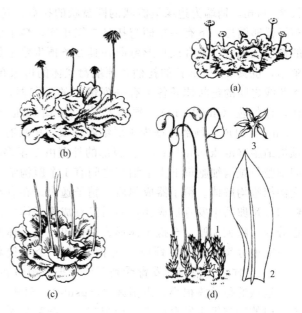

图 5-22　苔藓植物的形态
(a) 地钱雄株；(b) 地钱雌株；(c) 角苔；(d) 葫芦藓
1—丛生状态；2—叶；3—雄器苞

　　地钱主要以胞芽（gemmae）进行营养繁殖。胞芽绿色，扁圆形，中部厚，边缘薄，两侧各有一个缺口（缺口处为生长点），基部为一个透明细胞形成的细柄，生于叶状体背面（上面）的胞芽杯（gemmacup）中，每个胞芽杯中生有数个胞芽。胞芽散落到土上，从两侧缺口处向外方生长，产生 2 个对立方向的叉形分枝，最后形成 2 个新的叶状体（图 5-23）。

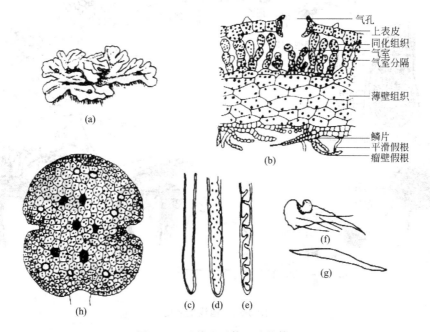

图 5-23　地钱配子体（叶状体）
(a) 配子体外形；(b) 配子体横切面；(c) 简单假根；(d)，(e) 瘤壁假根；(f)，(g) 鳞片；(h) 一个胞芽放大

　　地钱雌雄异株，有性生殖时，在雄配子体中肋上生出雄生殖托（antheridiophore），雌配子体中肋上生出雌生殖托（archegoniophore）。雄生殖托又称雄器托或精子器托，盾状，托柄

长 2~6cm，柄端为边缘呈波状的圆盘状的托盘，托盘内有许多精子器腔，各腔内有一精子器。精子器卵圆形，下有一短柄与托盘组织相连，精子器外有 1 层不育细胞组成的精子器壁，其内的精原细胞各自发育成长形弯曲并具 2 条顶生鞭毛的精子。雌生殖器又称雌器托或颈卵器托，伞形，也具 2~6cm 长的托柄，顶端盘状体的边缘有 8~10 条稍下弯的指状芒线（rays），每 2 条芒线之间的盘状体处各生有一列倒悬的颈卵器，每行颈卵器的两侧各有 1 片薄膜将它们遮住，称蒴苞（involucre）。颈卵器状似长颈烧瓶，由一细长的颈部（neck）和膨大的腹部（venter）组成。颈部外壁为 1 层细胞构成，中央有 1 条沟称颈沟（neck canal），颈沟内有 1 列颈沟细胞（neck canal cells）。腹部的外壁由 1 至多层细胞构成，内有 1 个卵细胞（egg cell）。卵细胞与颈沟细胞最下 1 个细胞之间有 1 个腹沟细胞（ventral canal cell）。受精前颈沟细胞和腹沟细胞均解体。精子器成熟后，精子逸出，在有水的条件下，游入发育成熟的颈卵器内。受精卵在颈卵器中发育形成胚，而后发育成孢子体。在孢子体发育的同时，颈卵器腹部的壁细胞也分裂，膨大加厚，至孢子体形成时仍包在孢子体的外面。此外，颈卵器基部外围的一圈细胞也不断地分裂，最后在颈卵器外面形成 1 个套筒状的保护结构，称为假蒴萼（pseudoperianth）。这样，受精卵的发育受到三层保护：颈卵器、假蒴萼和蒴苞。

地钱的孢子体很小，由孢蒴（capsule）、蒴柄（seta）和基足（foot）组成。孢蒴（即孢子囊）内的造孢组织发育成孢子母细胞，经减数分裂产生许多单倍体的孢子。蒴柄很短，连接孢蒴与基足。基足伸入到配子体的雌托盘中吸取营养。

孢蒴内的不育细胞分化为弹丝，孢蒴成熟后，顶端不规则纵裂，同型异性的孢子借助弹丝的弹动散布出来，在适宜的环境条件下，萌发形成仅有 6~7 个细胞的原丝体，每个原丝体形成 1 个叶状的配子体（图 5-24）。

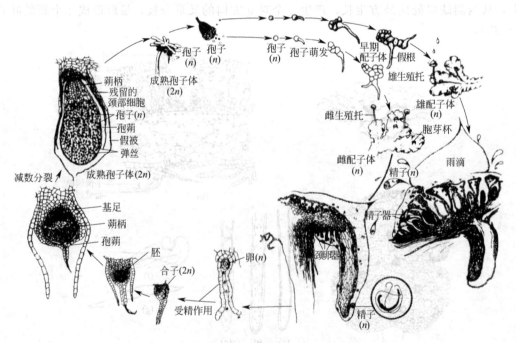

图 5-24　地钱生活史

2. 葫芦藓（*Funaria hygrometrica* Hedw.）

葫芦藓属于藓纲、真藓目（Buyales）、葫芦藓科、葫芦藓属，为土生喜氮的小型藓类。常于房屋墙角、沟边、林下等地成片生长，犹如地毯。植物体（配子体）绿色，茎直立，细而短（1~2cm），常于基部分枝，假根由单列细胞构成，具分枝。茎由表皮、皮层和中柱构成。表皮由一层薄壁细胞构成，内含叶绿体；皮层由薄壁细胞组成，基本无胞间隙；中柱由纵向伸长的、细胞腔较小的薄壁细胞组成，但并不形成真正的输导组织。叶卵形或舌形，多生于茎的上部，叶片具 1 条明显的中肋（midrib），整个叶片除中肋部分外均为 1 层细胞构成。

配子体雌雄同株异枝，即雌、雄生殖器官分别生于不同的枝端。产生精子器的枝，顶端叶形较大，而且外张，形如一朵小花，称雄器苞（perigonium）。雄器苞中含有许多精子器和侧丝。精子器棒状，基部有 1 短柄，外有 1 层不育细胞组成的壁，其内可产生多个具 2 条等长鞭毛的长形弯曲的精子。侧丝由一列细胞构成，顶端细胞明显膨大，侧丝的作用是保存水分，保护精子器。产生颈卵器的枝顶端叶片较窄而且紧包如芽，称雌器苞（perigynium），其中有数个颈卵器。颈卵器形似长颈烧瓶，外有 1 层不育细胞组成的壁，内有 1 列颈沟细胞（neck canal cell），腹部有 1 个卵细胞，卵上有 1 个腹沟细胞（ventral canal cell）。成熟后，颈沟细胞和腹沟细胞解体，颈部顶端裂开。在有水的条件下，精子游入颈卵器与卵结合，形成合子。合子不经休眠，在颈卵器内分裂，发育成多细胞的胚。雌枝顶端所有颈卵器中的卵都可受精，但仅有 1 个颈卵器中的合子能发育成胚，余者都或早或晚地败育。葫芦藓的胚细长形，继续发育成为孢子体。孢子体由孢蒴（capsule）、蒴柄（seta）和基足（foot）三部分组成。孢蒴位于孢子体上部，葫芦状，其内有造孢组织，是产生孢子的部分；蒴柄连接孢蒴和基足；基足伸入到配子体组织吸取营养。孢子体不能独立生活，虽在成熟前也有一部分组织含有叶绿体，可以制造一部分养料，但主要还是靠配子体供给，是一种寄生或半寄生的营养方式。孢蒴中的造孢组织发育成的孢子母细胞经减数分裂产生多数孢子。孢子散发后，遇到适宜环境萌发成单列细胞的绿色原丝体（protonema）。以后，再从原丝体上产生多个芽体。每个芽体进一步发育成第二代的茎叶体即配子体。至此，葫芦藓完成了一个生活周期。其生活史见图 5-25。

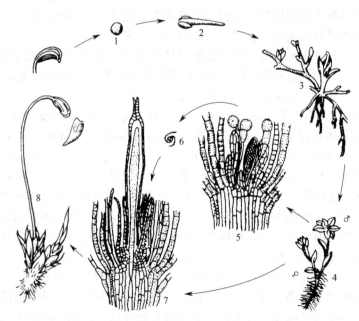

图 5-25 葫芦藓的生活史

1—孢子；2—孢子萌发；3—具芽的原丝体；4—成熟的植物体具有雌雄配子枝；5—雄器苞纵切面，示许多精子器和隔丝，外有许多苞叶；6—精子；7—雌器苞纵切面，示有许多颈卵器和正在发育的孢子体；8—成熟的孢子体仍着生于配子体上，孢蒴中有大量的孢子，蒴盖脱落后，孢子散出

苦藓的经济意义主要有如下几个方面。①苔藓植物吸水能力很强，其吸水量可达植物体干重的 15～20 倍，是园艺上用于包装运输新鲜苗木的理想材料，还可用作花卉栽培的保湿通气基质

或用以铺苗床。②有些苔藓植物可以药用，如金发藓（*Polytrichum commune* L. ex Hedw.）有解毒止血作用；蛇苔［*conocephalum conicum*（L.）Dum.］可解热毒，治疗疮痈肿和蛇咬伤等；仙鹤藓属（*Atrichum*）和金发藓属中的一些植物提取液有较强的抑菌作用；暖地大叶藓［*Rhodobryum giganteum*（Schwaegr.）Par.］对治疗心血管病有较好的疗效；泥炭藓（*Sphagnam cymbifolium* Ehrh.）可作代用药棉。③苔藓植物对 SO_2 等敏感，可用作大气污染的监测植物。④苔藓植物在水土保持、湖泊演替为陆地、陆地沼泽化等方面均有重要作用。

二、蕨类植物

蕨类植物（Pteridophyta）是进化水平最高的孢子植物，也是最原始的维管植物。其生活史为孢子体发达的异型世代交替。蕨类植物的孢子体和配子体均能独立生活，这是其他几门高等植物都没有的特征。

现存的蕨类植物大都是多年生草本，其孢子体一般都有根、茎、叶的分化。根为不定根，茎为根状茎，低等的种类还具地上气生茎。叶有小型叶和大型叶之分，低等的类群均为小型叶，进化的类群多为大型叶。小型叶没有叶隙和叶柄，只有 1 条不分支的叶脉；大型叶有叶隙和叶柄，叶脉多分支，常为一至多回羽状分裂叶或一至多回羽状复叶。有些蕨类还有孢子叶和营养叶之分。

蕨类植物的维管束为原始的类型，木质部多由管胞和木薄壁细胞组成，仅少数种类具导管；韧皮部主要由筛胞或筛管和韧皮薄壁细胞组成，无伴胞。没有维管形成层，所以无次生结构。不同的蕨类植物的孢子囊有不同的着生方式，在小型叶类型的蕨类植物中，孢子囊多单生于孢子叶的叶腋，且由许多孢子叶密集于枝顶形成球状或穗状，称孢子叶球（strobilus）或孢子叶穗（sporophyll spike）；大型叶类的真蕨植物，不形成孢子叶穗，孢子囊也不单生叶腋处，而是多个孢子囊聚集成不同形状的孢子囊群或孢子囊堆（sorus），生于孢子叶的背面或背面边缘，多数种类的囊群有膜质的囊群盖（indusium）保护。

孢子囊中的孢子母细胞经减数分裂产生单倍体的孢子。多数种类的孢子形态和大小一致，称为孢子同型（isospory）或同型孢子；少数种类的孢子囊有大小两种类型，分别产生大孢子和小孢子，称为孢子异型（heterospory）或异型孢子。大孢子（macrospore）萌发成雌配子体（female gametophyte），小孢子（microspore）萌发成雄配子体（male gametophyte）。

蕨类植物的配子体又称原叶体（prothallus, prothallism）。形体微小，结构简单，生活期短，无根、茎、叶的分化，具单细胞假根，多含叶绿素，能独立生活。不含叶绿素的配子体则与真菌共生而脱离孢子体生活。配子体一般只有几毫米，呈心形、垫状、圆柱体或块状。

蕨类植物的有性生殖器官为精子器和颈卵器。颈卵器的腹部埋入配子体组织中。精子均具鞭毛，多条或两条。受精在有水的条件下进行，合子不经休眠，分裂形成胚，而后发育成孢子体。

现存的蕨类植物约有 12000 种，中国有 2600 余种，仅云南就有 1000 余种，享有"蕨类王国"之称。共分为五个亚门：松叶蕨亚门（Psilophytina）、石松亚门（Lycophytina）、水韭亚门（Isoephytina）、楔叶亚门（Sphenophytina）和真蕨亚门（Filicophytina）。其中仅真蕨亚门为大型叶蕨类，进化水平最高，种类最多，达 10000 余种，分布广，经济价值大。其他 4 个亚门均属小型叶蕨，其中松叶蕨亚门有 3 种，中国仅有松叶蕨［*Psilotum nudum*（L.）Griseb.］1 种；水韭亚门约有 70 种，中国仅有 3 种，且其数量越来越少，已不多见；楔叶亚门 29 种，中国 7 种，分布较广；石松亚门在小型叶蕨中种类最多，约 1100 多种，中国有 60 余种。鉴于上述情况，本节仅在石松亚门、楔叶亚门和真蕨亚门中各选一属代表植物予以介绍。

1. 卷柏属（*Selaginella*）

属石松亚门、卷柏目（Selaginellales）、卷柏科（Sellaginellaceae），约 200 种，我国 50 多种。

卷柏属的孢子体为多年生草本植物。茎直立或匍匐，二叉状或近单轴式分枝；小型叶，鳞片状；匍匐生长的种类具光滑无叶的根托（rhizophore），即无叶的枝，其顶端生多条不定根；叶的近轴面基部具叶舌（ligulate）。孢子囊单生于孢子叶的腋部，有大、小孢子囊之分。着生大孢子囊的孢子叶称大孢子叶（macrosporophyll），着生小孢子囊的称小孢子叶（microsporophyll）。大、小孢子叶密集枝端形成孢子叶穗。大、小孢子叶的数目和在孢子叶穗中的着生位置因种而异。有的上部为小孢子叶，下部为大孢子叶；有的大、小孢子叶分列穗轴两侧，即一侧是大孢子叶，一侧是小孢子叶；有的种类仅在孢子叶穗基部有一个大孢子叶，其余均为小孢子叶。大孢子囊通常有 1 个大孢子母细胞，经减数分裂产生 4 个大孢子；小孢子囊中有许多小孢子母细胞，经减数分裂产生许多小孢子。

大、小孢子分别发育成雌、雄配子体。雄配子体极度退化，是在未从孢子囊中散出的小孢子壁内发育的。小孢子首先进行 1 次不等分裂，产生大、小 2 个细胞，小的是原叶细胞（prothallial cell），以后不再分裂；大的细胞分裂几次形成精子器。精子器外面的一层细胞为精子器壁，内有多个精原细胞，经分裂产生 256 个具双鞭毛的精子。卷柏的雄配子体是由 1 个原叶细胞（营养细胞）和 1 个精子器组成。雌配子体的初期也是在大孢子壁内发育的，首先是大孢子中产生大液泡，其细胞核进行多次分裂，产生许多游离核，再由外向内产生细胞壁。当大孢子的壁裂开时，该处的细胞露出，变成绿色，并产生假根，有些细胞形成颈卵器。

小孢子的壁破裂后，释出精子。在有水的条件下进入颈卵器与卵融合，受精卵不经休眠，在颈卵器内发育成胚。成熟的胚由胚柄、基足、根、茎端和叶组成。胚进一步发育成新一代的孢子体。其生活史如图 5-26。

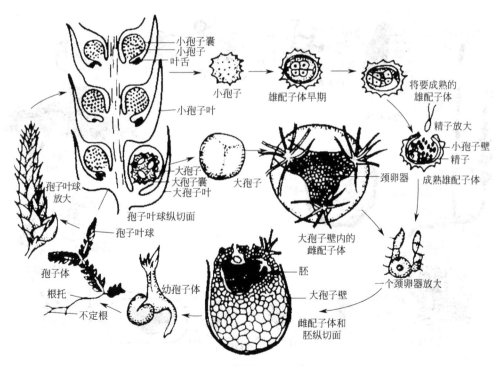

图 5-26 卷柏属生活史

2. 木贼属（*Equisetum*）

属楔叶亚门、木贼纲（Equisetinae）、木贼目（Equisetales）、木贼科（Equisetaceae）。楔叶亚门植物在古生代石炭纪曾盛极一时，有高大的木本，也有矮小的草本，现代仅存有木贼属。

木贼属的孢子体为多年生草本。具根状茎和气生茎，二者都有明显的节和节间，节间中空。根状茎棕色，蔓生地下，节上生不定根，有时还生出块茎，以进行营养繁殖。气生茎多为一年生，绿色，直立，有多条纵向突出的脊和下凹的沟槽相间排列。茎表面粗糙，富含硅质。气生茎有的无分枝，有的在节处具轮生分枝或不规则分枝。叶褐色鳞片状，三角形，基部彼此联合成鞘状。茎表皮中有许多气孔，茎的结构由表皮、皮层和中柱组成，具节中柱。除髓部和每个维管束内侧各有1个空腔（脊腔）外，在皮层中对着茎表皮的每个凹槽处也各有一个空腔，称槽腔（vallecular cavity），它们在茎的皮层中排列成一圈（图5-27）。有的种类的气生茎有营养枝（sterile stem）和生殖枝（fertile stem）之分。营养枝绿色，具轮生分枝；生殖枝淡褐色，无分枝，于春季先于营养枝生出，其顶端产生一个毛笔头状的孢子叶穗。孢子叶穗由许多特化的孢子叶密集聚生而成，这种孢子叶称作孢囊柄（sporangiophore）。孢囊柄盾形，顶面为六角形的盘状体，下部有柄，柄周围有5～10个长筒形的孢子囊悬挂于盘状体下面。囊内有多个孢子母细胞，经减数分裂产生许多绿色的同形孢子。每个孢子的外壁分裂，特化为4条弹丝，螺旋状缠绕于孢子的外面，并共同固着在孢子周壁的一点上。弹丝在湿润时卷紧，干燥时可伸展弹动，有助于孢子的散发。

孢子散落后，生活力仅为几天，在适宜的条件下，萌发成微小的配子体。成熟的配子体一般不足10mm，通常是具背腹性的，仅有几层细胞的垫状组织，向下生假根，向上产生许多薄而不规则的带状裂片。绿色，可独立生活，单性或两性。颈卵器生于带状裂片的基部，精子器多生于裂片的先端或在颈卵器周围。精子器中产生多个螺旋形弯曲的多鞭毛精子，在有水的条件下，进入颈卵器与卵融合，形成受精卵，然后发育成胚。成熟的胚由基足、根、茎端和叶组成。胚进一步发育成孢子体。其生活史过程如图5-27。

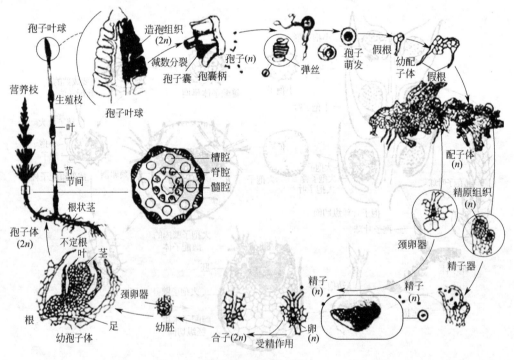

图5-27　木贼生活史

木贼属植物为不易清除的田间杂草，多生于沙性土壤或溪边。孢子体可作磨光材料。有些种类可入药，全草有利尿、止血、清热的功效。我国常见的种类有问荆（*E. arvense* L.）、木贼（*E. kimale* L.）和节节草（*E. ramosissium* Desf.），后两种均无生殖枝和营养枝之分，枝端都产生孢子叶穗。

3. 蕨属 （*Pteridium*）

属真蕨亚门、薄囊蕨纲 （Leptosporangiopsida）、水龙骨目 （Polypodiales）、蕨科 （Pteridiaceae）。本属约有 6 种，我国最常见的为 1 个变种蕨 ［*P. aquilinum* (L.) Kuhn. var. *latiusculum* (Desv.) Underw.］。蕨属的孢子体为大型多年生草本植物，根状茎黑色，横走于数厘米以下的土层中，二叉分枝，生有许多不定根。每年春季从根状茎上生出叶，幼叶拳卷，长成后的叶为 2～4 回羽状复叶，整个叶片呈阔三角形，叶柄粗壮，叶高达 1m 以上。根状茎中为两层同心维管柱的多环网状中柱 ［图 5-28(b)］，表皮之下及两环维管束之间也有机械组织。

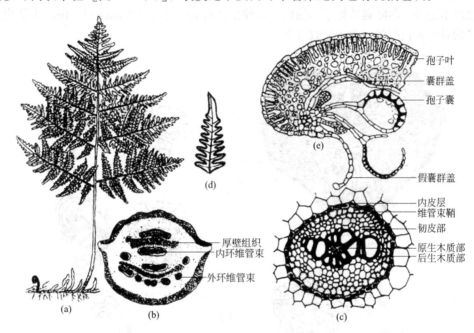

图 5-28 蕨的孢子体

（a）孢子体外形；（b）根状茎横切；（c）一个维管束放大；（d）一个小羽片，囊群线形、
边缘生，具假囊群盖；（e）一个小羽片横切面一部分

蕨属为同型叶，无孢子叶和营养叶之分，同一叶既是营养叶，又可产生孢子囊。孢子囊在小羽片背面边缘集生成连续的线形孢子囊群 ［图 5-28(d)］。小羽片边缘背卷将孢子囊群遮盖，这种结构称为假囊群盖，在囊群的内侧还有一层细胞构成的囊群盖 ［图 5-28(e)］。每个孢子囊扁圆形，具 1 长柄，囊壁由 1 层细胞构成。位于孢子囊中央线上有一列内切向壁和 2 个径向壁木质化加厚的细胞构成的环带 （annulus）。环带约绕孢子囊 3/4 周，一端与孢子囊柄相连，另一端与裂口带相连。裂口带与环带是同一列细胞，其长度约是环带的 1/4。环带与裂口带共绕孢子囊一周。裂口带的细胞壁不增厚，其中有两个横向稍长的唇细胞 （lip cell）。孢子囊内的 16 个孢子母细胞经减数分裂产生 64 个单倍体的孢子。孢子成熟时，在干燥的条件下，环带细胞失水反卷，使孢子囊从唇细胞处横向裂开，将孢子弹出（图 5-29）。在

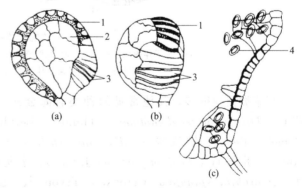

图 5-29 蕨孢子囊的结构及其开裂

（a）、（b）孢子囊的不同观测面；（c）孢子囊的开裂
1—环带；2—薄壁细胞；3—唇细胞；4—孢子

适宜的条件下，孢子萌发形成心形的配子体（即原叶体）[图 5-30（a）]。配子体宽约 1cm，绿色自养，背腹扁平，中部由多层细胞组成，周边仅有一层细胞厚，腹面生有许多单细胞假根。蕨的配子体两性，颈卵器和精子器都生于腹面。颈卵器较少，生于配子体前端凹入处后方，腹部埋入配子体中，颈部外露，并弯曲向配子体的后方和边缘。精子器球形，突出配子体表面，内产数十个螺旋形多鞭毛精子。在有水的条件下，精子进入颈卵器与卵融合，受精卵不经休眠而分裂发育成胚。成熟的胚由基足、胚根、茎端和叶组成 [图 5-30（f）]。胚继续发育成幼小孢子体，并长成大的新一代孢子体。在胚发育成孢子体的过程中，胚根所长成的根（主根）不久即枯萎死亡，再由茎部生出不定根。茎叶则从配子体的凹入处伸出并直立生长 [图 5-30（g）]。蕨的生活史为孢子体占优势的异型世代交替，孢子减数分裂。

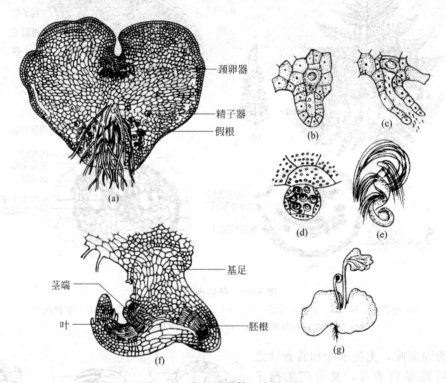

图 5-30　蕨的配子体和有性生殖

(a) 配子体腹面观；(b)、(c) 颈卵器放大；(d) 精子器放大；(e) 精子；
(f) 胚；(g) 从配子体腹面向上长出的幼孢子体

真蕨类植物很多，其他常见的种类有海金沙 [*Lygodium japonicum*（Thunb.）Sw.]、芒萁 [*Dicranopteris dichotoma*（Thunb.）Bernh.]、银粉背蕨 [*Aleuritopteris argentea*（Gmel.）Fée.]、铁线蕨（*Adiantum capillus-veneris* L.）、井栏边草（*Pteris multifida* Poir.）、贯众（*Cyrtomium fortunei* J.Sm.）、水龙骨（*Polypodium nipponicum* Mett.）、桫椤 [*Alsophila spinulosa*（Hook.）Tryon.]、瓦韦 [*Lepisorus thunbergianus*（Kaulf.）Ching]、槐叶苹 [*Salvinia natans*（L.）All.]、满江红 [*Azolla imbricata*（Roxb.）Nakai]等。常见真蕨亚门的代表种类见图 5-31。

3 亿年以前，地球上木本蕨类植物极为繁盛，曾形成大面积的森林，由于地壳变动而被埋于地下，形成了现今的煤炭。

许多蕨类可食用，如蕨、紫萁（*Osmunda japonica* Thunb.）、荚果蕨 [*Matteuccia struthiopteris*（L.）Todaro]、毛轴铁角蕨（*Asplenium crinicaule* Hauce）、菜蕨 [*Callipteris*

孢子囊穗放大
(b)

(e)

(a)

(h)

(g)

1　　　　2
3

(i)

(c)　　(d)

大孢子果　小孢子果
(j)　　(k)

(f)

图 5-31　常见真蕨亚门的代表种类

(a)，(b) 海金沙；(c)，(d) 芒萁；(e) 银粉背蕨；(f) 井栏边草；(g) 水龙骨；(h)，(i) 槐叶苹；(j)，(k) 满江红
1—大孢子果中的大孢子囊；2—小孢子果中的小孢子囊；3—囊群盖

esculenta（Retz.）J. Sm.］等蕨类的幼叶拳菜是宴席上的名菜。蕨的根状茎富含淀粉，可食用和酿酒。很多蕨类是有名的药材。如石松（*Lycopodium clavatum* L.）全草入药，有舒筋活血、祛风散寒、利尿通经之效；海金沙，可治尿道感染、尿结石及烫火伤；金毛狗［*Cibotium barometz*（L.）J. Sm.］的根茎可补肝肾、强腰膝，鳞片能止刀伤出血；贯众的根状茎可驱虫解毒、治流感，也用作除虫农药；骨碎补（*Davallia mariesii* Moore ex Bak.）能坚骨补肾、活血止痛；蕨可用于驱风湿、利尿解热和治脱肛；银粉背蕨有止血作用；槲蕨（*Drynaria roosii* Nakaike）能补骨镇痛、治风湿麻木；肾蕨［*Nephrolepis cordifolia*（L.）Presl］可治感冒咳嗽、肠炎腹泻及产后浮肿；乌蕨［*Stenoloma chusanum*（L.）Ching］可治疮毒及毒蛇咬伤；卷柏外敷治刀伤；苹可清热解毒、利水消肿，外用治疮痛和毒蛇咬伤；槐叶苹可治湿疹及虚痨发汗等。可药用的蕨类植物至少有 100 种。

　　石松的孢子是冶金工业的优良脱模剂，还常用于火箭、信号弹、照明弹制造工业中。

　　有的蕨类植物是土壤和气候的指示植物。如钱线蕨、凤尾蕨（*Pteris nervosa* Thunb.）、贯众等生于石灰岩及钙质土壤上，为强钙性土壤的指示植物；石松、芒萁等则为酸性土壤的指示植物；问荆的植物体内可积累金，每吨含金量高达 140g，对探矿有很大的参考价值。桫椤生长区表明为热带亚热带气候区；巢蕨［*Neottopteris nidus* (L.) J. Sm.］、车前蕨（*Antrophyum formosanum* Hieron.）的生长地表明为高湿度气候环境。

满江红、槐叶苹、四叶苹等可作肥料和饲料。

不少蕨类植物的叶子富含单宁，不易腐烂和发生病虫害，且容易通气，是苗床覆盖或垫厩的极好材料。

许多蕨类植物形姿优美，有较高的观赏价值。如肾蕨、铁线蕨、卷柏、鸟巢蕨、荚果蕨、鹿角蕨、桫椤、槲蕨、银粉背蕨、松叶蕨等已在温室和庭院中广泛栽培。江南卷柏（*Selaginella moellendorfii* Hieron.）、千层塔（*Lycopodium serratum* Thunb.）、乌蕨、翠云草［*Selaginella uncinata* (Desv.) Spring］、阴地蕨［*Botrychium ternatum* (Thunb.) Sw.］、水龙骨、黄山鳞毛蕨等，也都是很好的观赏植物，不少种类正被引种驯化。

三、裸子植物

裸子植物（Gymnospermae）是介于蕨类植物和被子植物之间的一群高等植物。它们既是最进化的颈卵器植物，又是较原始的种子植物。因其种子外面没有果皮包被，是裸露的，故称为裸子植物。

1. 主要特征

与蕨类植物相比，其主要特征有如下几点。

（1）孢子体发达　裸子植物均为木本植物，大多数为单轴分枝的高大乔木，有强大的根系。茎的基本结构与被子植物双子叶木本茎大致相同，长期存在着形成层，产生次生结构，使茎逐年增粗，并有明显的年轮。次生木质部主要由管胞、木薄壁细胞和木射线组成，除少数种类外，一般没有导管，无典型的木纤维，管胞兼具输导水分和支持的双重作用。韧皮部由筛胞、韧皮薄壁细胞和韧皮射线组成，无筛管和伴胞，少数种类的次生韧皮部中有韧皮纤维和石细胞。有些种类在茎的皮层、韧皮部、木质部和髓中分布有树脂道（resin canal），如松香、加拿大树胶等都是松柏类植物树脂道的分泌产物。

叶多为针形、条形或鳞形，极少数为扁平的阔叶，其形态和结构大都具旱生叶的特点。

（2）具胚珠，产生种子　裸子植物的孢子叶大多聚生成球果状（strobiliform），称孢子叶球（strobilus）。孢子叶球单生或多个聚生成各种球序，单性同株或异株。小孢子叶（雄蕊）聚生成小孢子叶球（雄球花，male cone），每个小孢子叶下面生有小孢子囊（花粉囊）。大孢子叶（心皮）丛生或聚生成大孢子叶球（雌球花，female cone），大孢子叶的近轴面（腹面）或边缘生有胚珠，因大孢子叶（心皮）边缘不相互接触闭合，即不形成子房，所以胚珠是裸露的。

胚珠是种子植物特有的结构，由珠心和珠被组成。珠心相当于蕨类植物的大孢子囊，珠被是由珠心（大孢子囊）基部产生的附属物（有人认为是可育的大孢子叶）向上延伸包围在珠心外面的保护结构。胚珠成熟后形成种子。种子的产生是植物界进化过程中的一个里程碑式的重大飞跃。由于生殖体（胚）受到了很好的营养（胚乳提供）和保护（种皮承担），后代能免受各种外界损伤，其寿命得到了惊人的延长，并大大地增加了散布的机会，因而能够成功地繁衍，促使植物界有更大的发展，达到更高级的进化水平。

（3）配子体进一步退化，不能独立生活　裸子植物的小孢子（单核花粉粒）在小孢子囊（花粉囊）里发育成仅有 4 个细胞的雄配子体（成熟的花粉粒），被风吹送到胚珠上，经珠孔直接进入珠被内，在珠心（大孢子囊）上方萌发产生花粉管，吸取珠心的营养，继续发育为成熟的雄配子体。即雄配子体前一时期寄生在花粉囊里，后一时期寄生在胚珠中，不能独立生活。大孢子囊（珠心）里产生的大孢子（单核胚囊）在珠心里发育成雌配子体（成熟胚囊）。成熟的雌配子体由数千个细胞组成，近珠孔端产生 2～7 个颈部露在胚囊外面的颈卵器。颈卵器内无颈沟细胞，仅有 1 个卵细胞和 1 个腹沟细胞。雌配子体（胚囊）一直寄生在孢子体的大孢子囊（珠心）中，不能独立生活。

（4）形成花粉管，受精作用不再受水的限制 裸子植物的雄配子体（花粉粒）在珠心上方萌发，形成花粉管，进入胚囊，将 2 个精子直接送入颈卵器内。1 个具功能的精子使卵受精，另 1 个被消化。受精作用不再受水的限制，能更好地在陆生环境中繁衍后代。

（5）具多胚现象 裸子植物中普遍存在两种多胚现象（polyembryony）。一为简单多胚现象（simple polyembryony），即由 1 个雌配子体上的几个颈卵器的卵细胞同时受精，形成多个胚；另一种是裂生多胚现象（cleavage polyembryony），即由 1 个受精卵，在发育过程中，胚原组织分裂为几个胚的现象。在发育过程中，两种多胚现象可以同时存在，但通常只有 1 个能正常发育，成为种子中的有效胚。

在裸子植物中，描述生殖器官时，常有两套名词并用或混用。这是因为在 19 世纪中叶以前，人们不知道种子植物生殖器官中的一些结构和蕨类植物有系统发育上的联系，所以，出现了两套名词。1851 年，德国植物学家荷福马斯特（Hofmeister）将蕨类植物和种子植物的生活史完全贯通起来，人们才知道裸子植物的球花相当于蕨类植物的孢子叶球（穗），前者由后者发展而来。两套名词对照见表 5-1。

表 5-1 蕨类植物和种子植物生殖器官名词对照

蕨类植物	种子植物	蕨类植物	种子植物
孢子叶球	球花，花	大孢子叶	珠鳞、珠领、珠托、套被、心皮
小孢子叶	雄蕊	大孢子囊	珠心
小孢子囊	花粉囊	大孢子母细胞	胚囊母细胞
小孢子母细胞	花粉母细胞	大孢子	单核期胚囊
小孢子	单核期花粉粒	雌配子体	颈卵器以及胚乳，成熟期胚囊
雄配子体	花粉粒和花粉管		

2. 裸子植物的生活史

现以松属（*Pinus*）为例介绍裸子植物的生活史。

松属植物的孢子体为单轴分枝的常绿乔木，枝条有长枝和短枝之分。长枝上生有螺旋状排列的鳞片叶，鳞片叶的腋部生一短枝；短枝极短，顶端生有一束针形叶，通常 2 针、3 针或 5 针一束，基部常有膜质的叶鞘。孢子叶球单性，同株。

雄球花（小孢子叶球）生于当年新枝基部的鳞片叶腋内，多数密集。每一雄球花由许多小孢子叶螺旋状排列在球花轴上构成。小孢子叶背面各生 2 个小孢子囊，囊内有许多小孢子母细胞，经减数分裂各形成 4 个小孢子（单核花粉粒）。小孢子外壁向两侧突出形成气囊，有利于风力的传播。在小孢子囊内，小孢子经过 3 次不等分裂，形成具 4 个细胞的花粉粒（雄配子体）。第一次分裂产生 1 个大的胚性细胞和 1 个小的第一原叶细胞（prothallial）；胚性细胞再进行一次不等分裂，产生 1 个大的精子器原始细胞（antheridial）和 1 个小的第二原叶细胞；精子器原始细胞又进行一次不等分裂，产生 1 个大的管细胞（tube cell）和 1 个较小的生殖细胞（generative cell）。2 个原叶细胞不久退化仅留痕迹。此时小孢子囊破裂，散出大量具气囊的花粉粒，随风飘扬（图 5-32）。

雌球花（大孢子叶球）1 或几个生于当年新枝顶端，由许多珠鳞（大孢子叶）螺旋状排列在球花的轴上构成。珠鳞背面基部有一个薄片称为苞鳞（bract scale），腹面（近轴面）基部并生两个倒生胚珠。胚珠仅有 1 层珠被，顶端形成珠孔。珠心（大孢子囊）中有一个细胞发育成大孢子母细胞，经减数分裂形成链状排列的 4 个大孢子。远珠孔端的 1 个大孢子以核型胚乳的方式发育成雌配子体，其余 3 个退化。雌配子体由数千个细胞组成，成熟雌配子体的近珠孔端分化出 2~7 个颈卵器，其余的细胞则为胚乳（n），它与被子植物由受精极核发育形成的胚乳（$3n$）有本质的区别（图 5-33）。

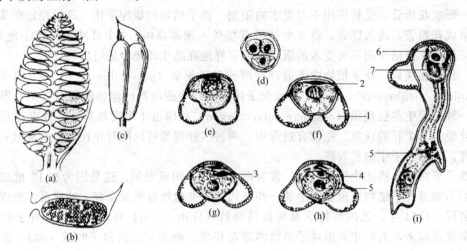

图 5-32　松属小孢子叶球及雄配子体的发育

(a) 小孢子叶球纵切面；(b) 小孢子叶切面观；(c) 小孢子叶背面观；(d) 小孢子母细胞经减数分裂
产生的四分体；(e) 小孢子；(f)、(g) 小孢子萌发成早期的雄配子体；(h) 雄配子体；(i) 花粉管
1—气囊；2—第一原叶细胞；3—第二原叶细胞；4—生殖细胞；5—管细胞；6—柄细胞；7—体细胞

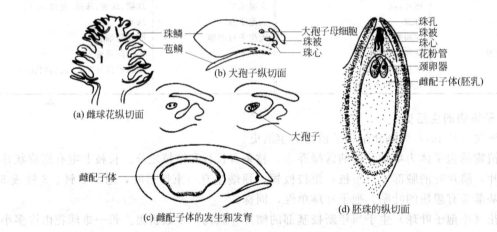

图 5-33　松属大孢子叶球及雌配子体的发育

　　花粉粒随风飘落在雌球花上，再由珠鳞的裂缝降至胚珠的珠孔端，粘到由珠孔溢出的传粉滴中，并随着液体的干涸，被吸入珠孔内的花粉室中。半年后生出花粉管，并缓慢地经珠心组织向颈卵器生长。在此过程中，生殖细胞在花粉管内分裂形成 1 个柄细胞和 1 个体细胞，体细胞再分裂为 2 个大小不等的不动精子。当花粉管伸至颈卵器到达卵细胞处时，其先端破裂，管细胞、柄细胞及 2 个精子一起流入卵细胞的细胞质中，其中 1 个大的具功能的精子与卵核融合形成受精卵，其余 3 个解体。从传粉到受精约需 13 个月的时间。每个颈卵器中的卵均可受精，出现简单多胚现象，但一般只有 1 个能正常发育，其他则于中途相继停止生长。1 个受精卵在发育过程中可产生 4 个以上的幼胚，出现裂生多胚现象，但一般也只有 1 个幼胚能正常分化、发育，成为种子的成熟胚。

　　成熟的胚由胚芽、胚根、胚轴和 7~10 枚子叶组成。包围胚的雌配子体发育为胚乳，珠心被分解吸收，仅在珠孔端残留一薄层。珠被发育成种皮，并分化为 3 层：外层肉质（不发达，最后枯萎），中层石质，内层纸质。胚、胚乳和种皮构成种子。裸子植物的种子是由三个世代的产物组成的：胚是新一代的孢子体（2n）；胚乳是雌配子体（n）；种皮是由珠被发育来的，属老一代的孢子体（2n）。所以说，裸子植物的种子是"三代同堂"。

在种子发育成熟的过程中，雌球花也不断地发育。珠鳞与苞鳞愈合并木质化而成为种鳞，珠鳞上的部分表层组织分离出来形成种子的翅，整个雌球花急剧长大变硬，成为松球果。种子成熟后，珠鳞张开，散出种子。在适宜的条件下，种子萌发，发育成新的孢子体（图 5-34）。

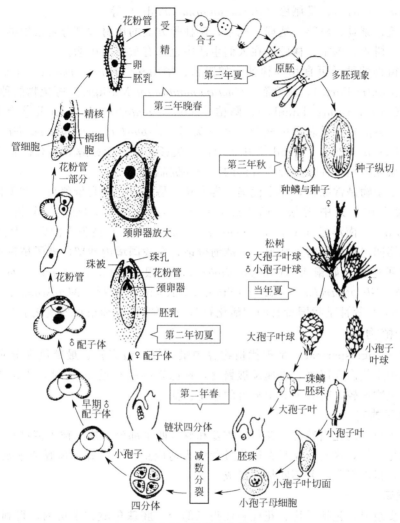

图 5-34　松属的生活史

3. 裸子植物的分类

裸子植物发生的历史悠久，在中生代最为繁盛，后因地史变迁，多数种类已经绝灭。在植物分类系统中，通常把裸子植物作为 1 个自然类群，称为裸子植物门（Gymnospermae）。现代生存的裸子植物一般分为 5 纲［苏铁纲（Cycadopsida）、银杏纲（Ginkgopsida）、松柏纲（Coniferopsida）、红豆杉纲（Taxopsida）和买麻藤纲（Gnetopsida）（或盖子植物纲，Chlamydospermopsida）］，9 目，12 科，71 属，近 800 种。我国是裸子植物种类最多、资源最丰富的国家，有 5 纲，8 目，11 科，41 属，约 240 种。引种栽培 1 科，7 属，约 50 余种。各科特征，详见第六章。

4. 裸子植物的经济意义

裸子植物大多为乔木，是组成地面森林的主要成分，世界上 80% 的森林都是由裸子植物组成的。我国东北大兴安岭的落叶松林，小兴安岭的红松林，陕西秦岭的华山松林，甘南的云杉、冷杉林，长江以南的马尾松林和杉木林等均在各林区占主导地位，为我国提供了主要木材资源。由于裸子植物耐寒、耐旱，对土壤条件要求也不苛刻，且有枝少干直、易于经营等特点，所以，目前我国荒山造林选用的主要是针叶树种，如冷杉 [*Abies fabri* (Mast.) Craib]、云杉 (*Picea asperata* Mast.)、杉木 [*Cunninghamia lanceolata* (Lamb.) HK.]、油松 (*Pinus tabulaeformis* Carr.)、马尾松 (*P. massoniana* Lamb.) 等。

我国在建筑、家具、桥梁、造船、枕木、矿柱等方面的用材大部分是松柏类。其副产品如松节油、松香、树脂、单宁、栲胶等在人们生活中也都有重要的用途。

许多裸子植物的种子可食用或榨油。如银杏、华山松 (*Pinus armandii* Fr.)、油松、香榧 (*Torreya grandis* Fort.)、买麻藤 (*Gnetum montanum* Markgr.) 等植物的种子均可食用；银杏、苏铁 (*Cycas revolute* Thunb.)、侧柏 [*Biota orientalis* (L.) Endl.] 等种子可入药，麻黄 (*Ephedra* ssp.) 更是著名的药材；从三尖杉 (*Cephalotaxus fortunei* Hook. f.)、红豆杉 [*Taxus chinensis* (Pilg.) Rehd.] 中提取的三尖杉酯碱、紫杉醇等具有抗癌活性；从松属植物中采集的松花粉是一种极具推广价值的营养保健品。

大多数裸子植物是常绿树，形姿优美、寿命长、易修剪、观赏价值高，在美化庭院、绿化环境上起很大作用。其中雪松 [*Cedrus deodara* (Roxb.) G. Don]、金松 (*Pseudolarix kaempferi* Gord.)、南洋杉 (*Araucaria cunninghamii* Sweet) 被誉为世界三大庭院树种。

由于我国第四纪地史的特殊情况——冰河分散，在我国境内残留的裸子植物种类最多，不少是第三纪的孑遗种，如银杏 (*Ginkgo biloba* L.)、银杉 (*Cathaya argyrophylla* Chun et Kuang)、水松 [*Glyptostrobus pensilis* (Staunt.) Koch]、水杉 (*Metasequoia glyptostroboides* Hu et Cheng) 等都是我国特有的"活化石"，在研究地史和植物界演化上有重要意义。

四、被子植物

被子植物 (Angiospermae) 是现代植物界中最高级、最完善、最繁茂和分布最广的一个类群。自其从中生代出现以来，迅速发展繁盛，现已知的就有近 30 万种，占植物界的半数以上。它与裸子植物比较，有如下 5 个显著的进化特征。

1. 具有真正的花

典型的被子植物的花由花萼、花冠、雄蕊和雌蕊四个部分组成。被子植物花的各部分在数量和形态上变化多样，这些变化是在进化过程中为适应虫媒、鸟媒、风媒或水媒的传粉条件，被自然界选择，得以保留，并不断加强形成的。

2. 具有雌蕊

雌蕊由心皮组成，包括子房、花柱和柱头三部分。胚珠包藏在子房内，得到子房的保护，避免昆虫的咬噬和水分的丧失。子房在受精后发育成果实，果实具有不同的色、香、味及多种开裂方式；果皮上常有各种钩、刺、翅、毛，果实所有这些特点，对于保护种子成熟、帮助种子散布有着十分重要的作用。

3. 具有双受精现象

双受精现象是指两个精细胞进入胚囊后，一个与卵细胞结合形成合子；另一个与两个极核结合形成三倍体的初生胚乳核，再发育成胚乳。幼胚以三倍体的胚乳为营养，使新植物体具有更强的生活力和适应性。双受精是被子植物特有的现象。

4. 孢子体高度发达，形态、分布多样化

被子植物的孢子体，在形态、结构、营养方式及生活史类型方面，比其他各类植物更完善、更具多样性。有世界上最高大的乔木 [杏仁桉 (*Eucalyptus amygdalina* Labill.)]，高达156m；也有非常小的草本 [无根萍 (*Wolffia arrhiza* Wimm.)]，每平方米水面可容纳 300

万个个体。有重达 25kg 的仅含一颗种子的果实大王椰子（*Lodicea sechellarum* Lab.）；也有 5 万颗种子仅重 0.1g 的附生兰。有寿命长达几千年的龙血树（*Dracaena draco* L.）；也有几周内开花结籽完成生命周期的短命植物（如一些生长在荒漠地区的十字花科植物）。有水生植物，也有在各种陆地环境中生长的植物。有自养植物，也有腐生和寄生的植物。被子植物的输导组织更完善，木质部有导管，韧皮部有筛管和伴胞，使得体内物质运输更畅通。被子植物的组织中产生了专一具有机械支持作用的纤维。

5. 配子体进一步退化（简化）

被子植物的小孢子（单核花粉粒）发育为雄配子体，大部分雄配子体仅具 2 个细胞（2 核花粉粒），一个营养细胞，一个生殖细胞，少数植物在传粉前生殖细胞分裂一次，产生两个精子，这类植物（如油菜、玉米、小麦等）的雄配子体为 3 核花粉粒。被子植物的大孢子发育的雌配子体称为胚囊，通常是 8 核 7 细胞胚囊，即 3 个反足细胞，2 个极核（或 1 个中央细胞），2 个助细胞和 1 个卵细胞。被子植物的雌雄配子体无独立生活的能力，终生寄生在孢子体上，结构比裸子植物更简化，更进化。

同蕨类植物和裸子植物相比，被子植物的上述特征，使它具备了在生存竞争中优越于其他各类植物的内部条件。在植物进化史上，被子植物产生后，大地才变得郁郁葱葱，绚丽多彩，生机盎然。被子植物的出现和发展，不仅大大改变了植物界的面貌，而且促进了动物，特别是以被子植物为食的昆虫和相关哺乳类动物的发展，使整个生物界发生了巨大的变化。

第三节　植物界的发生和演化

目前地球上生存有 50 余万种植物，它们的形态结构、营养方式和生活史类型各不相同。但从系统演化的角度看，它们都是由早期的原始生物经过几十亿年的演化发展而逐步形成的。对这一漫长的演化历史，没有完整的记录，也难以用实验方法去重复和证明，人们只能依据现有的地质数据、不完全的化石资料和现存的各类群植物的特点，来推测它们之间的亲缘关系，了解植物界的发生过程和演化规律。

目前，多数人认为，植物各类群之间的关系如图 5-35。菌类与它们关系甚疏，是独立演化的。原始鞭毛类（Flagellates）是真菌和藻类的祖先。具叶绿素和其他色素的原始鞭毛生物演化为藻类，进而演化出高等植物各类群；无色素的原始鞭毛生物演化为菌类。两者起源时期相近且平行发展。以下简要介绍各类群植物的发生和演化历程。

一、细菌和蓝藻的发生和演化

在植物界中，细菌和蓝藻是最原始的类群。据化石资料认定，在距今约 35 亿年前，地球表面已有了细菌和蓝藻的分布。那么，它们是怎样产生的呢？

地球的历史大约有 46 亿年。太阳系最初是一团富含氢和氦的气态云，由于重力的影响，

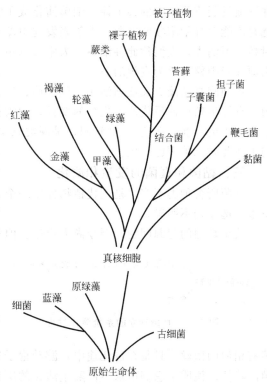

图 5-35　植物界各门系统演化示意图

气态云逐渐凝聚，变成一个盘旋的气团，随后成为分散的云块。气团的凝聚及碰撞摩擦产生巨大热量，在整个太阳系中形成若干熔融的个体，这些个体就逐渐变成了太阳、行星和卫星，地球是其中的一员。地球冷却形成了坚硬的地壳。当氧和氢在高温下融合成水蒸气并随着地球表面的冷却而凝结时，就形成了海洋。太阳光中极强的紫外线不断地烘烤着地球表面，放电和紫外线为复杂分子的形成提供能量，使碳、氢、氧、氮结合形成沼气、氨、二氧化碳等，大气中的氧渐被耗尽。经十几亿年的变迁，原始海洋里积累了蛋白质、核酸、脂肪和碳水化合物，便形成了"有机汤"。"有机汤"中的化合物经偶然的组合形成了原始的生命体。原始生命体具有裂殖和简单新陈代谢的能力，进而演化出了原核生物细胞。首先产生的是异养细菌，然后才相继出现了化能自养细菌和光合自养细菌。细菌在光合作用过程中是以 H_2S 或其他有机物作为还原底物，不能分解水分子和放出氧气，较蓝藻简单，因此，蓝藻应于其后出现。蓝藻大约在距今 35 亿年前出现，最原始的蓝藻是一些简单的单细胞个体，直到距今 17 亿年前后，才出现了多细胞群体和丝状体。

蓝藻在光合过程中放出氧气，不仅使水中的溶解氧增加，也使大气中的氧气不断积累，而且逐渐在高空中形成臭氧层。氧气为好氧的真核生物的产生创造了条件，臭氧层可以阻挡一部分紫外线的强烈辐射，为生物生活在地球表面创造了条件。

二、真核藻类的发生和演化

真核藻类在距今 15 亿～14 亿年前出现。据推测，那时大气中的氧含量已高于今天大气中氧含量的 1%，一般认为真核细胞不会在此之前产生。至于真核细胞是怎样产生的，则有多个学说，其中主要有独立学说、渐进学说和内共生学说。独立学说认为原核细胞和真核细胞是各自独立的、分别由有机分子进化而来，两者之间并无亲缘关系。渐进学说认为真核细胞是由原核细胞通过自然选择和突变逐渐进化而来的。影响较大的是内共生学说（endosybiosis theory），该学说认为真核细胞是由一种较大的厌氧原核生物吞噬了好氧细菌和蓝藻，未将其消化并逐渐发展成了固定的共生体，细菌演化成了线粒体，蓝藻演化成了叶绿体，该学说最大的问题是不能解释细胞核的来源。近年来发现甲藻、隐藻以及裸藻细胞的核质无蛋白质，细胞分裂时核膜不消失，人们称此种细胞核为中核（mesocaryon）。因此，有人认为细胞核的进化应是由原核经中核进化为真核的。

单细胞真核藻类又逐渐演化出丝状体、群体和多细胞类型。距今约 9 亿年前出现了有性生殖，有性生殖可使后代产生更多的变异，大大加快了真核生物的进化和发展速度。自真核生物出现至 4 亿年前，在这 10 亿年间，是藻类急剧分化、发展和繁盛的时期。现代藻类几个主要门类在此时几乎都已产生。

三、黏菌和真菌的发生和演化

黏菌所含种类不多，是现代植物界中一个不引人注意的类群，对其发生和演化关系研究的不多，迄今仍不明确。

关于真菌的起源问题，至今尚无定论。但多数学者认为真菌与藻类共同起源于原始鞭毛生物（Flagellates），具色素的一支演化为藻类，无色素的一支演化为菌类，两者起源时间相近且平行发展。真菌则有其独立的系统演化过程（图 5-36）。

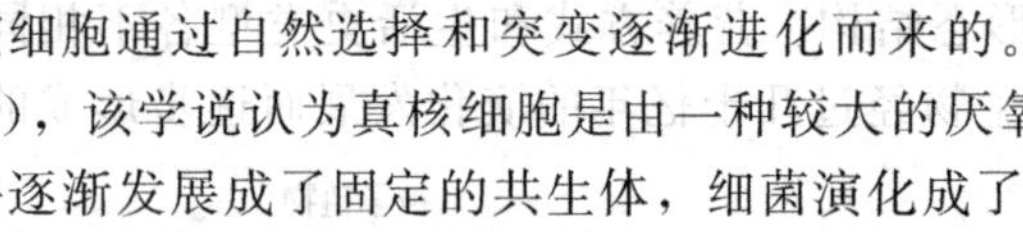

真菌：鞭毛菌→接合菌→子囊菌→担子菌

原始鞭毛生物

藻类

图 5-36　真菌独立的系统演化过程

鞭毛菌具游动孢子，水生。接合菌与鞭毛菌有相似的菌丝，只是在进化途中，游动孢子失去了鞭毛，形成了不动孢子，并产生了接合生殖的特征。说明了它们由水生向陆生演化的历程。

子囊菌不产生游动孢子和游动配子，子囊来源于两个细胞的结合，并形成子囊孢子，更适于陆地生活，它们可能是由接合菌中的某一支演化而来的。

担子菌陆生，次生菌丝为双核。与子囊菌的产囊丝（也是双核）来源相同，在有性生殖过程中，担子菌与子囊菌有很多相似之处。因此推断，担子菌应是由子囊菌演化而来的。

四、苔藓和蕨类植物的发生和演化

苔藓和蕨类植物在形态结构、生活史类型等方面均有显著的差别，目前看来，它们之间并没有直接的演化关系，它们很可能起源于同一个具世代交替的祖先植物，然后向着两个方向进化：一是朝着生活史中配子体占优势，孢子体寄生在配子体上，孢子体形态结构趋于简化的方向发展，最后形成苔藓植物；另一个方向是朝着孢子体占优势，而配子体趋于简化的方向发展，最终形成蕨类植物。

那么，苔藓和蕨类植物的这一共同祖先又是谁呢？1950 年前后，人们在印度、非洲和日本发现的费氏藻（*Fritshiella tuberosa* Iyengar）具有直立枝和匍匐枝的分化，匍匐枝生于地下，直立枝穿过很薄的土层，在土表形成丛状枝，外表有角质层，有世代交替现象，能适应陆地生活。人们推测，这种类型的藻类或许是苔藓与蕨类植物的共同祖先。

苔藓植物最早的化石发现于距今 3.45 亿～2.8 亿年间，植物体无真正的根等，对陆生环境的适应能力不如维管植物，所以它们虽然分布较广，但仍然多生于阴湿环境。至今尚未发现它们进化出高一级的新植物类群，因此，一般认为它们只是植物界进化中的一个侧支。

蕨类植物的原始类群——裸蕨，出现于距今 4.3 亿～3.9 亿年间。裸蕨类的共同特征是小型草本，地下具横向且二叉分枝的根状茎，无真根，地上为主轴，二叉状分枝，无叶；孢子囊单生枝顶，孢子同形。裸蕨植物虽然只在地球上生存了 3000 万年，但它们的出现则开辟了植物由水生发展到陆生的新时代，植物界的演化进入到了与以前完全不同的新阶段，陆地从此披上了绿装。在古生代泥盆纪，裸蕨类迅速发展为多种结构完善的蕨类植物。到了石炭纪，气候温暖潮湿，为蕨类植物最繁盛的时期，全球陆地广布着高达几十米的木本蕨类，使广袤的大地上首次出现了高大茂密的原始森林。后来因地壳的变动，环境变迁，这些大型木本蕨类被埋在地下，成了今天煤层的主要组成部分。继而繁茂生长的是较矮小的、多为草本的真蕨类植物。由于蕨类植物在形态结构上和有性生殖过程中仍存在着不少原始性状，如输导组织结构不完善、精子具鞭毛、受精作用仍离不开水等，因而不能适应干燥气候，发展仍受到制约。

五、裸子植物的发生和演化

发现于泥盆纪的古蕨属可能是裸子植物的祖先。古蕨属植物为高达 18m 以上的塔形乔木，茎最大的直径为 1.5m，有形成层及次生组织，木质部有具缘纹孔的管胞，根系发达，孢子囊单个或成串着生在不具叶片的小羽片上，孢子囊内有大、小两种孢子。尽管古蕨仍是以孢子进行繁殖，但它的外部形态、内部结构和生殖器官的特征更接近裸子植物，因而推测它可能是由原始蕨向裸子植物演化的一个早期阶段或过渡类型，所以人们称古蕨属为原裸子植物（Progymnospermae）或半裸子植物。到了晚泥盆纪、石炭纪，由原裸子植物演化出了更高级的类型——种子蕨（Pteridospermae）。种子蕨植物体不很高大，主茎很少分枝，顶端生有类似蕨类植物的大型羽状复叶，植物体上生有裸露的种子，这是一个巨大的飞跃。种子蕨是介于真蕨类植物和种子植物之间的一个过渡类型，是裸子植物的祖先，由它发展为苏铁、银杏和松柏类裸子植物。

裸子植物有了种子，并且多为针形叶，有高度防止水分蒸发和耐旱的性能。到古生代末期的二叠纪时，大陆气候由温暖、潮湿变为寒冷、干燥，大量的蕨类植物不能适应这种骤然变化而衰退死亡，这时裸子植物就代替蕨类植物发展了起来。裸子植物的繁盛时期是中生代，也沉积了不少煤层。但由于裸子植物叶子的可塑性小，适应太阳照射变化的能力较差；木质部中只有管胞，输水能力不及导管；种子裸露，外无果皮保护；生活周期长等这些保守的不利性状，阻碍了它们的发展，从而使其在植物界中原来占优势的地位逐渐被适应能力更高的被子植物所代替。

六、被子植物的发生和演化

1. 被子植物发生的时间

到目前为止，发现最早的、可靠的被子植物化石是在距今约 1.2 亿年以前的早白垩纪。但到了距今 9000 万～8000 万年前的晚白垩纪，被子植物在地球上的大部分地区占了统治地位。白垩纪中期被子植物的"爆发式"出现，惊人的演化速率和在地球上的散布速度，是令人难以置信的。Axelvod 指出，如果考虑地质历程中已经发现的主要植物化石的演化速度，要达到被子植物的那种多样性，需要 7000 万～6000 万年的时间，据此推测，被子植物的祖先至少应当在二叠纪。综观植物发展史，出现如此大的间断也是罕见的。许多学者曾对此做过各种解释，但始终未揭开这个谜。

2. 被子植物的发生地

对于被子植物发生地的问题，主要有两种观点，即高纬度起源说和低纬度起源说。目前多数学者支持后者，其根据是现存的和化石的木兰类在亚洲东南部和太平洋西南部占优势；现存的一些原始的科也多分布在低纬度地区，并在低纬度热带地区白垩纪地层中发现有最古老的被子植物单沟花粉。大陆漂移说和板块学说也支持低纬度起源说。但这个问题并没有定论，还有许多问题需要进一步探讨。

3. 被子植物的祖先

有关被子植物的祖先问题，存在着各种不同的假说，有多元论、二元论和单元论。多元论（polyphyletic theory）认为被子植物来自许多不相亲近的祖先类群，彼此是平行发展的。二元论（diphyletic theory）认为被子植物来自两个不同的祖先类群，如 Engler 认为荑荑花序的无花被类和有花被的多心皮类缺乏直接的关系，二者有不同的祖先，且是平行发展的。单元论（monophyletic theory）认为所有的被子植物都来源于一个共同的祖先。

4. 被子植物系统演化的主要学说

研究被子植物的系统演化，首先要确定植物的原始类型和进化类型，而形成真正的花是被子植物区别于其他植物类群的最主要特征，被子植物的花从何发展而来，目前有两种不同的看法，即假花学说（pseudo-anthium theory）和真花学说（euanthium theory）。

（1）假花学说　该学说认为被子植物的一朵花相当于裸子植物的一个孢子叶球序，主张被子植物是由高级裸子植物中的弯柄麻黄（*Ephedra campylopoda*）演化来的。一个雄蕊和心皮分别相当于一个极端简化的小孢子叶球和大孢子叶球。小孢子叶球的苞片演变为花被，大孢子叶球的苞片则演变为心皮。每个小孢子叶球的小苞片退化，只剩下 1 个雄蕊；而大孢子叶球的小苞片退化，只剩下胚珠着生于心皮上，这样就由一个孢子叶球序演变成为被子植物的一朵花 [图 5-37 (a)、(b)]。由于麻黄的孢子叶球序以单性为主，且多是雌雄异株，所以原始的被子植物的花必然是单性花。因而，被子植物中具单性花的荑荑花序类如杨柳科、胡桃科等，就被认为是最原始的代表。一个荑荑花序相当于一个孢子叶球总序。该学说的观点受到多数学者反对。假花学派的主要代表是德国的 Engler（1887，1903）和奥地利的 Wettstein（1935），又称恩格勒学派。

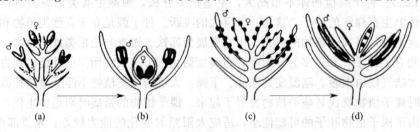

图 5-37　假花学说和真花学说示意图
(a)、(b) 假花学说示意图；(c)、(d) 真花学说示意图

（2）真花学说　该学说认为被子植物的一朵花相当于裸子植物的一个两性孢子叶球，主张被子植物是由原始裸子植物中早已绝灭的本内苏铁目（Bennettitalel）中具两性孢子叶球的植物演化来的。孢子叶球基部的苞片演变成花被，小孢子叶演变成雄蕊，大孢子叶发展成雌蕊（心皮），孢子叶球的轴则逐渐缩短成花轴或花托。也就是说，由本内苏铁的两性孢子叶球演化成被子植物的两性花［图 5-37(c)、(d)］。因本内苏铁目着生孢子叶的轴很长，孢子叶的数目很多，且是两性虫媒花。依此理论，现代被子植物中的具有伸长的花轴、心皮多数、离生的两性整齐花，且是虫媒传粉的木兰目植物应是现代被子植物中较原始的类群。而菜荑花序类的单性花、单被（或无被）花、风媒传粉等特点是为适应环境而形成的较进化的性状。真花学说常被称为毛茛学派，以美国系统学家 Bessey（1893，1897，1915）、德国的 Hallallier（1912）及英国的 Hutchinson（1926，1934，1959，1973）等为代表。当代四大分类系统，前苏联的 Takhtajan（1954，1959，1980，1987）、美国的 Cronquist（1968，1981，1988）和 Thorne（1968，1976）以及丹麦的 R. Dahlgren（1975，1980，1986）等都是以真花学说为基础建立的。多数学者赞成这一学说。

　　上述两种学说都认为早期的被子植物都是木本植物，但最近发现的化石资料以及分子系统学的研究，得出了极具挑战性的结论：认为木兰目植物虽然保存了一系列被子植物花的可能的原始特征，如花部分离、同被等，但它并不是最早的被子植物；早期被子植物可能是个体较小的草本植物，其花小，花萼和花冠没有明显的区别，雄蕊的花丝不发达，花药呈瓣状开裂，花粉单沟，雌蕊由 1 个或几个离生心皮组成，柱头表面分化不明显。

5. 植物界的演化规律和演化路线

（1）演化规律　纵观植物界各类群的发生和演化，可将整个植物界的进化规律概括为以下两点。

　　① 由简单到复杂　在营养体的结构和组成方面：由单细胞个体到群体、丝状体、片状体，再到茎叶体，最后发展成具根、茎、叶的多细胞个体；从无组织分化到有组织分化；植物体中各细胞的功能，从无分工到有明细的分工。在生活史中：由无核相交替到有核相交替再到具世代交替，世代交替又由配子体占优势的异型世代交替向孢子体占优势的异型世代交替发展。在生殖方面：由营养繁殖到无性生殖，进而演化出有性生殖，有性生殖又由同配生殖到异配生殖，最后演化到卵式生殖；以及从无胚到有胚等。

　　② 由水生到陆生　因生命最早发生于水中，所以最原始的植物一般都在水中生活。随着地球沧海桑田的变化，植物也由水域向陆地发展。相应地，植物体的形态结构也逐渐地发生了更适应于陆地生活的转变。例如，植物体由无根到有假根再到真根的出现，由无输导组织到输导组织的形成及进一步完善，有利于植物在陆生环境中对水分的吸收和输导；机械组织的加强，能使植物体成功地直立于地面；保护组织的分化，对调控水分蒸腾有重要作用；叶面积的发展，有利于营养物质的制造和积累；高等种子植物的精子失去鞭毛及花粉管的形成，使受精作用不再受水的限制。孢子体的逐渐发达和配子体的逐渐退化，也是对陆生环境的适应，原始的植物生活在水中，游动配子在水域条件下，能顺利结合，产生性细胞的配子体相应得到优势发展。在陆生环境下，配子体逐渐缩小，能在短暂而有利的时间内发育成熟，并完成受精作用；而由合子发育成的孢子体，获得了双亲的遗传性，具有较强的生活力，能更好地适应多变的陆地环境。因此，进化的陆生植物有着更为发达而完善的孢子体和愈加简化的配子体。

　　上述两点是植物界进化的一般规律。但不能因此就认为所有简单的结构都属原始的性状；同样，也不能认为凡是水生植物都是低等的种类。因为有些植物在适应新的环境条件时，某些器官和组织的结构反而从复杂走向简单。如颈卵器的结构，从苔藓植物到蕨类植物，再到裸子植物就越来越简单，演化到被子植物则已完全消失；又如生活在水中的浮萍、睡莲和金鱼藻等，维管束均极度退化，根也不发达，然而它们却都是比较高级的种子植物，因为它们是由陆地又返回到水中生活的。因此，绝不能把植物界的发展机械地理解成简单的、直线上升的演化过程。

　　虽然上升演化使植物体逐渐复杂和完善是进化的总趋势，但某些种类在特殊的环境中，却朝着特殊的方向发展和变化。故而才形成了今天形形色色、种类繁多的植物界。

　　(2) 演化路线　目前地球上生存有50余万种植物，它们的形态结构、营养方式和生活史类型各不相同，以其亲缘关系可分为若干类群。但从系统演化的角度看，它们都是由早期简单的原始生物经过几十亿年的发展演化而逐步产生的，这是一个漫长而复杂的历史过程。在这个过程中，有的类群繁盛了，有的衰退了，老的种类消亡了，新的种类产生了，地球上的生物在不断地更换面目。犹如一部电影或话剧，一场场、一幕幕，曾出现过不同的动人画面，但就其情节，总有一条主线贯穿始终。同样，植物界的演化，也有一条主线可循。现将其演化路线简要概括如下。

　　大约在46亿年前地球形成，在地球上首先从简单的无生命的物质演化出原始生命体。这些原始生命体与周围环境不断地相互影响，到了35亿年前，演化出了原核生物——细菌、蓝藻。这一过程经历了11亿年。又经历了约20亿年，到18亿~14亿年前，由原核生物演化出了真核生物——原始鞭毛生物，由原始鞭毛生物演化发展出各种真核藻类植物，真核藻类从开始出现到鼎盛时期，大约经历了10亿年。到4亿年前，由高等的绿藻类演化出了原始的蕨类植物。蕨类植物从发生、发展到衰退，经历了1.2亿年。到2.8亿年前，由蕨类植物演化出了裸子植物，裸子植物在植物界称霸1亿年左右，又逐渐让位给了被子植物（表5-2）。当今世界，被子植物几乎在陆地上的各个角落的植被中都堪称霸主。这就是植物界演化中的一条主线。真菌是与真核藻类同期出现的一个侧支，苔藓则是与蕨类植物同期出现的一个侧支。植物界演化主干顶端的被子植物能繁盛多久，将来又会被谁取代，有待进一步探究。

表 5-2　不同地质年代的植物界进化情况及其优势植物

代	纪	距今年数/百万年		主要植物类群进化情况	优势植物
新生代	第四纪	现代		被子植物占绝对优势,草本植物进一步发展	被子植物
		早期	2.5		
	第三纪	后期	25	经过几次冰期后,森林衰落;草本植物发生,植物界的面貌与现代相似	
		早期	65	被子植物进一步发展且占优势。世界各地出现大范围森林	
中生代	白垩纪	上	90	被子植物得到发展	裸子植物
		下	136	裸子植物衰退,被子植物逐渐代替了裸子植物	
	侏罗纪	190		裸子植物中松柏类占优势,原始裸子植物消失;被子植物出现	
	三叠纪	225		木本乔木状蕨类植物继续衰退,裸子植物继续发展	
古生代	二叠纪	上	260	裸子植物中苏铁类、银杏类、针叶类生长繁茂	蕨类植物
		下	280	木本乔木状蕨类植物开始衰退	
	石炭纪	345		巨大的乔木状蕨类植物如鳞木类、芦木类、木贼类、石松类等形成森林;同时出现了矮小的真蕨类植物;种子蕨类进一步发展	
	泥盆纪	上	360	裸蕨类逐渐消失	
		中	370	裸蕨类植物繁盛,种子蕨出现;苔藓植物出现	
		下	390	植物由水生向陆生演化,陆地上已出现了裸蕨类;可能出现了原始维管植物;藻类植物仍占优势	藻类植物
	志留纪	435			
	奥陶纪	500		海产藻类占优势,其他类型植物群继续发展	
	寒武纪	570		初期出现了真核细胞藻类,后期出现了与现在藻类相似的类群	
元古代		570~1500			
太古代		1500~5000		生命开始,细菌、蓝藻出现	原核生物

复习思考题

1. 为什么说苔藓植物是由水生植物到陆生植物之间的过渡类群？

2. 植物界分为哪些类群（门）？说明孢子植物、种子植物、隐花植物、显花植物、高等植物、低等植物、维管植物、颈卵器植物的含义以及它们所包括的植物类群（门）。

3. 低等植物和高等植物各有何主要特征？

4. 什么是原核生物？在所学习过的植物中，哪些属于原核生物？

5. 藻类植物与菌类植物有何主要不同，各包括哪些类群？

6. 念珠藻、衣藻、水绵、轮藻、海带、黑根霉、酵母菌、青霉、冬虫夏草、香菇、松茸各是哪个门（亚门）的代表植物，各有何主要特征？

7. 地衣的主要特点是什么，形态和结构上分为哪些类型，各有何主要特点？

8. 为什么地衣能够在其他植物难以生长的岩石上首先生长，成为生态上的"先锋植物"，它在土壤形成中有何意义？

9. 以地钱和葫芦藓为例说明苔藓植物的主要特征？从结构和生殖等方面解释为什么它们个体矮小，而且只能生活在阴湿的环境中？

10. 说明苔藓植物与蕨类植物的主要区别，并说明后者在哪些方面比前者进化。为什么说苔藓植物是最原始的高等植物，蕨类植物是最原始的维管植物？

11. 蕨类植物的主要特征是什么？其原始性表现在哪些方面？包括哪些类群（纲）？

12. 为什么说蓝藻是藻类的原始类群？

13. 藻类植物有性生殖有几种方式，它们之间的演化关系如何？

14. 简述孢子植物生殖器官的演化过程。

15. 苔藓植物和蕨类植物有哪些相同点和不同点？

16. 试述蕨类植物的起源与演化。

17. 简述裸子植物的起源与演化。

18. 试述植物界类群演化的基本规律。

第六章　种子植物分类

第一节　植物分类的基础知识

一、学习植物分类学的意义

自然界的植物有 50 余万种，它们不论在形态构造、生活习性或对外界环境的适应上都是多种多样的。这些形形色色的植物给人类提供了丰富的食料、医药以及工业原料。植物分类学的任务就是将植物分门别类，鉴别到种，知道它的名称和特性，并且从理论和实践上阐明种类之间的亲缘关系，建立自然系统，确定各类群的命名和排序，总结其进化历史，以便能够更好地认识、保护和利用植物资源。

分类是认识事物的一种最基本的方法。人们研究任何复杂的事物，首先可将性质相同的归为一类，不同的归为另一类，分别深入研究各种类别的性质，进而探讨各类型之间的相互联系。形态构造简单的植物，经过长期对环境的适应，不断进化产生了形态构造更为复杂的植物，植物之间存在着或近或远的亲缘关系。亲缘关系的远近可以从植物体的形态构造，特别是繁殖器官的相似程度上反映出来。

植物分类学（Taxonomy）就是借助于对植物形态构造、生活习性的比较研究，找出各种植物间的亲缘关系，将复杂的植物界分门别类，建立一个能反映植物系统发育规律的分类系统，研究各类群的发生、发展和消亡的规律的学科，是生命科学中的既有本身特色又必须吸收其他各门学科资料的综合性学科。

植物分类学内容包括分类、命名和鉴定三个方面。把各种植物用比较、分析和归纳方法，分门别类，依据植物界自然发生和发展的法则，有次序地排列，叫做分类（classification）。或解释为建立一个合乎逻辑的分类阶元系统（system of categories）。按照植物类群之间的亲缘关系进行分类和编排，便可反映出植物的演化系统。掌握了对植物系统研究中所阐明的植物类群关系的内在规律性，即可进一步了解植物界的进化过程，在利用和改造植物时，也就能够从中找到方向性的指导准则。把各种植物按照国际植物命名法规给以正确的名称叫做命名。命名是进行植物分类的必要手段。正确地运用植物分类学的基本理论和知识，通过查阅文献资料以及已知的植物种类进行分析对比，从而确定植物名称的过程，叫做鉴定。鉴定是进行植物分类研究工作的基本内容。

植物分类学在生产实践中有很大的意义。人们可以根据植物亲缘关系的知识进行引种、驯化以及寻找植物资源。例如，现在发现植物所含的各种化学物质在植物科属中的分布，同植物系统发育有密切关系。换句话说，一定类别的化学成分，分布在一定的种属植物中，如挥发油主要分布在大戟科、桑科等植物中，吲哚类生物碱分布在夹竹桃科植物中等。掌握这方面的理论，就能有计划、有目的地选择植物资源。如治疗高血压的"利血平"，原在印度产的蛇根木（*Rauvolfia serpentinac* L.）Benth. et Hook. f. 中发现，现在已在与蛇根木同属的二十几种植物及其近缘二三个属中找到该成分。植物分类学的知识和方法，可以广泛地应用到植物科学研究的各个方面，也可为农、林、牧、副、渔、中医药等生产部门服务，为国家的经济建设作出贡献。

对于草业科学专业，学习植物分类的意义是能够根据植物分类的知识和方法，认识栽培的牧草和野生饲用植物，为进一步探讨和研究其饲用价值，开展植物生理学、遗传学、生态学及群落学的研究，从事草地的调查和规划，进行草地的合理利用与改良，以及提高牧草生产、引种驯化和选育野生饲用植物等打下必要的基础，为饲料生产服务。

二、植物分类学简史和植物分类方法

(一) 植物分类学简史

植物分类学是一门历史悠久的学科，它的起源可追溯到人类接触植物时的远古时期。随着人类认识植物水平的提高，植物分类学不断发展变化，按照植物分类系统的性质和时期，将植物分类学的学科史划分为三个时期：人为分类系统时期（artificial system）、自然分类系统时期（natural system）和系统发育系统时期（phylogenetic system）。

1. 人为分类系统时期

这一时期实际应包括人类认识药用植物的本草时期在内，相当漫长，约从远古到 1830 年左右。人类最初在寻找食物和治病药草的过程中，积累了认识植物的经验，尤其是药用植物。以我国为例，《淮南子》就有"神农尝百草，一日而遇七十毒"的记述。人参这种药，可能就是有人吃了以后，感到精神兴奋而发现的。今知人参确有去疲劳的功效。其他如催吐药、泻药、发汗药等皆由经验得来。后汉（公元 200 年左右）时的《神农本草经》就是一本总结经验的药书，共载药 365 种，并进行分类，分为上、中、下三品。上品为有营养的、常服的药，共 120 种；中品有 120 种；下品为专攻病、攻毒的药，有 125 种。这是一种极初步的、从实用出发的分类。自此以后历代都有本草书，如《唐本草》、《开宝本草》、《经史证类备急本草》、《本草纲目》、《本草纲目拾遗》等，共数十种，而以明代李时珍（1518—1593）所著的《本草纲目》最为重要，共收药物 1892 种，其中植物药 1195 种。此书编著历时 27 年，收录诸家本草原有药物 1518 种，订正了许多药品、品种和产地的错误，增加药物 374 种。将植物药分为草、谷、菜、果、木 5 部。草部又根据环境不同分为山草、芳草、湿草、青草、蔓草、水草等 11 类。木部下分乔木、灌木等六类。虽然区分方法比较粗放，仍是从实用、生长环境和植物习性来分，但已经大大前进一步，特别是乔木、灌木之分，与现代观点相同，在当时起了很大作用。《本草纲目》传到国外，引起世界各国重视，第一次由波兰人博伊母（Michael Boym）译成拉丁文，名叫《中国植物志》（Flora sinensis），于 1659 年出版，当时对欧洲植物学的发展影响很大。《本草纲目》以后，清朝吴其浚著《植物名实图考》一书，记载我国植物 1714 种，比李时珍时期又多了数百种，而且书中图文对照。分类方法仍是从应用角度和生长环境分为谷、蔬、山草、湿草、石草、水草、蔓草、芳草、毒草、群芳、果、木 12 类。综观上述各书，分类方法都是人为分类法（artificial method），没有很好地考虑到从植物自然形态特征的异同划分种类，更看不到植物的亲缘关系。

西洋植物分类发展史，开始也与我国相似，但比我国要进步，希腊人切奥弗拉斯特（Theo Phrastus）（公元前 370—285）著《植物的历史》（Historia Plantarum）和《植物的研究》（Enquiry into Plants）两书，记载当时已知植物约 480 种，分为乔木、灌木、半灌木和草木，并分为一年生、二年生和多年生，而且知道有限花序和无限花序、离瓣花和合瓣花，并注意到了子房的位置，这在当时已是很了不起的认识，因此后人称他为"植物学之父"。有一个被子植物的科叫 Theophrastaceae（假轮叶科）就是为纪念他而命名的。13 世纪时，日耳曼人马格纳斯（A. Magnus）（1193—1280）注意到了子叶的数目，创用单子叶和双子叶两大类的分类法。布隆菲尔（Otto Brunfels）（1464—1534）为欧洲最早的本草学者之一，他第一个以花之有无将植物分为有花植物和无花植物两类。瑞士人格斯纳（Conrad Gesner）（1516—

1565) 指出分类上最重要的依据应为植物的花和果的特征，其次才是叶与茎，并由此定出对于植物"属"（genera）的概念，成为植物学上"属"的创始人。现今的苦苣苔科（Gesneria-ceae）就是为纪念他而命名的。却古斯（Charles de l'Eluse）（1525—1609）对观察描述植物十分精确，最初设立了"种"（species）的见解。

16 世纪末～17 世纪初，文艺复兴时期，植物学者努力观察自然界，意大利人凯沙尔宾罗（Andrea Caesal Pino）（1519—1603）于 1583 年发表《植物》（Die Plantis）一书，记述了 1500 个品种。认识了几个自然的科，如豆科、伞形科、菊科等，知道子房上、下位的不同。特别是他认为研究植物分类应首先注意植物生殖器官的性质，它比一般习性重要，这一见解超过了同时期的其他学者，对后期的植物分类研究影响至深。林奈（Carl von Linne）（1707—1778）曾尊称凯沙尔宾罗为"第一个分类学者"。豆科中的云实属（*Caesalpinia*）就是为纪念他而命名的。这一时期，本草学的研究也很发达，著名学者很多，如哲拉德（Gerard）（1545—1612）最为突出，他于 1597 年发表《本草》一书，按体态、经济用途和生长方式分类。

英国植物学家约·雷（Job Ray，1628—1705）于 1703 年著的《植物分类方法》（Metho-dus Plantarum）一书，记述了 1800 种植物，分为草本和木本。草本又分为不完全植物（无花植物）和完全植物（有花植物），完全植物又分为单子叶植物和双子叶植物。在木本植物中也分为单子叶植物和双子叶植物。再往下则按果实类型、叶和花的特征区分，为建立自然分类系统奠定了基础。但他的系统仍然首先将植物划分为草本和木本，子叶的特征则放在次级的地位。

18 世纪初，瑞典植物学家林奈（Carolus Linnaeus，1707—1778）在他的《自然系统》（Systema Naturae，1735）第一版中，以表格的形式发表了一个分类系统，他根据雄蕊的数目、排列的方式以及它和雌蕊的关系，将高等植物分为 24 纲。林奈于 1737 年著成的《植物属志》（Genera Plantarum）中，描述了 935 个属；又于 1753 年著成《植物种志》（Species Plan-tarum），描写了当时已知的植物 1 万余种。这 3 部著作与其所主张的双命名法（binomial no-menclature），对植物分类学的发展起了巨大的推动作用。

人为分类系统时期所建立的分类方法称为人为分类法。

2. 自然分类系统时期

林奈晚年对自己的分类系统感到不满意，主张植物分类部分的最初与最终目的，都在于寻求自然法则。他曾致力于自然系统的建立，但终未能完成。1751 年，他在《植物学的哲理》（Philosophia Botanica）一书中介绍了一个"自然系统的片段"，采取了植物许多共同性状，将他建立的属排列到 68 个目（相当现代的科）中，已具有自然系统的雏形。此后的 100 多年中，西欧的一些植物学家提出了几个著名的自然系统。

法国植物学家裕苏（Bernard de Jussieu，1699—1776）和他的侄儿小裕苏（Antoine Laurent de Jussieu，1748—1836）于 1789 年完成了一个比较自然的分类系统，成为自然分类系统的奠基者。他们接受了约·雷（Job Ray）的观点，以子叶为主要分类特征，也接受了林奈的观点，重视了花部的特征。但裕苏系统仅是自然系统的开端，其中还有很大的人为性。

瑞士植物学家德堪多（A. P. de Candolle，1778—1841）于 1813 年提出了一个新的分类系统，他修正并补充了裕苏的系统，肯定了子叶数目、花部特征的重要性，并将有无维管束及其排列情况定为门、纲的分类特征。

德国植物学家艾希勒（A. W. Eichler，1839—1887），以植物形态学为分类根据，对植物界进行了全面研究，于 1883 年完成了一个新的分类系统。艾希勒正确地区别了裸子植物与被子植物。被子植物则分为单子叶植物与双子叶植物，而双子叶植物又分为离瓣花类与合瓣花类。

英国植物学家边沁（G. Bentham，1800—1884）与虎克（J. D. Hooker，1817—1911）于1862～1883年，在他们的《植物属志》（Genera Plantarum）一书中，发表了一个新系统。这个系统以德堪多系统为基础，对花瓣的合生与否特别重视，把全部种子植物分为双子叶植物、裸子植物、单子叶植物三个纲。他们把多心皮类放在被子植物最原始的地位，而把无花被类列于次生地位，这是优点，但是把裸子植物放在单子叶植物与双子叶植物之间是缺点。边沁-虎克系统使自然系统达到了全盛时期。

总之，这一时期所根据的原则是以植物相似性的程度，决定着植物的亲缘关系和排列。从16世纪到19世纪中叶以前，这个时期主要特点是采集标本，鉴定名称，编写世界各地的植物志。植物分类系统的提出，是从林奈时代开始的，但由于系统提出者所处的历史条件，不可能摆脱时代总观点的支配，这个总观点的核心就是自然界绝对不变。尽管如此，这个时期仍然可以看作是现代分类系统的奠基时期。

3. 系统发育系统时期

达尔文（Charles Darwin，1809—1882）于1859年出版了《物种起源》（Origin of Species）一书，创立了生物进化学说，成为现代生物学的基础。他的学说，彻底摧毁了唯心论和形而上学对科学的统治，推翻了上帝创造世界与物种不变的观念。随着达尔文生物进化学说的提出和确立，给植物分类的研究提出寻找分类群间亲缘关系的任务，树立了植物界系统发育的观点，这就进入到系统发育系统时期。

在本时期内，世界形成两个学派，即所谓的"假花"学派和"真花"学派，前者以恩格勒（Engler）、维特斯坦（Wettstein）为代表，后者以柏施（Bessey）、哈利叶（Hallier）、哈钦松（Hutchinson）为代表。但是不管哪一学派，建立系统的原则都是根据植物形态演化的趋势，来决定植物类群的位置和亲缘关系的。现代的分类系统，大多数就是以这两派的系统为基础而发展起来的。

20世纪60年代以来，修订或提出的有花植物分类系统主要有七个：柯郎奎斯特（A. Cronquist）系统（1958、1968、1978、1979、1981），佐恩（R. Thorne）系统（1968、1976），塔赫他间（A. Takhtajan）系统，哈钦松（J. Hutchinson）系统（1959、1973），索奥（C. R. Soo）系统（1967、1975），达格瑞（R. Dahlgren）系统（1975、1980）以及麦希尔（H. Melchior）系统（1964）。在这些系统中，目前世界上运用比较广泛的仍然是恩格勒系统和哈钦松系统，但是受到推崇和影响较大的却是柯郎奎斯特系统和塔赫他间系统。

被子植物是在植物形态和结构上达到了高度发展的一类群。达尔文以后100多年来，分类学家们以生物进化学说为依据，以植物的形态、结构以及生态学等方面的特征为基础，尤其是现代植物分类学家不断吸取古植物学、解剖学、细胞学、孢粉学、生物化学、胚胎学以及植物地理学等方面向分类学所提供的资料，对被子植物进行了分类，并力求建立一个完善的系统发育的分类系统，以说明被子植物的演化关系，但由于化石证据的极端缺乏，以致各种假说和推论纷纷出现，并将研究的着重点放在对现存的有花植物的研究方面，因而引起了问题的复杂化。以前所提出分类系统，不管著作者们的声名如何，都不能说臻于完善，也不能说确实可反映被子植物系统发育的真正亲缘关系。

一些西欧植物分类学家，以戴维斯（Davis）和海伍德（Heywood，1963）为代表，他们认为在目前情况下，要建立真正的系统发育系统是不可能的。主张利用一切可以利用的性状和证据，得到一个以全面相似性为依据的系统，其中包含有进化观点，但并不绝对地追求各类群的起源关系，这样的系统称为所谓的"自然系统"（Natural System）。

（二）植物分类的方法

在植物分类学的历史发展过程中，植物分类大致采取两种方法：人为分类法和自然分类法。

1. 人为分类法（artificial classification）

人为分类法是人们为了认识和应用上的方便，主观地仅选择植物形态、习性或用途等某一个或少数几个性状作为分类依据来划分植物类群的一种分类法。人为分类法在应用上比较简单，它不考虑植物的亲缘关系和演化关系，虽然已被自然分类法所取代，但联系生产实际，便于应用，有一定的实用价值，至今还在一些部门使用，如在经济植物学或野生植物资源的调查和利用中，往往以粮食、蔬菜、牧草、药草、纤维、香料等进行分类。

2. 自然分类法（natural classification）

根据植物亲缘作为分类的依据，1859年达尔文《物种起源》发表，创立了进化学说，把分类学推上了新的阶段。根据进化学说，一切生物发源于共同的祖先，彼此之间存在着亲缘关系。它们经历着从低级到高级、从简单到复杂的系统演化过程。于是在形态学以及遗传学、生理学、生物化学等实验性学科的基础上探索植物种类间的亲缘关系，提出了新的分类系统。自然分类法也就是根据植物之间的异同，判断其亲疏程度，加以分门别类。这种方法力求客观地反映出植物的亲缘关系和演化关系，最终目的在于建立一个比较合理的系统发育。

自然分类法依据植物相似性的程度，判断植物的亲疏程度。例如，椰子（*Cocos nucifera* L.）和油棕（*Elaeis guineensis* Jacq.）形态结构相似，两者亲缘关系较近，可归为一类，同属于棕榈科；椰子和三叶橡胶［*Hevea brasiliensis*（Willd. ex A. Juss）Müll. Arg.］形态结构差别很大，亲缘关系较远，属于不同科。

所谓古典的或是传统的分类法，是对现代的分类法而言。古典的分类，主要是依据植物的外部形态，利用简单的观察工具，在室内或野外对植物进行分析比较，研究其相似性和变异性，来区分或确定种群的。古典的形态学分类法，是植物分类学的基本研究方法，直到现今仍在应用，但有它的局限性，如果遇到种类繁多、分类比较困难的类群，特别是在确定植物的演化地位和亲缘关系时，就远远感到不足。随着现代植物科学内容的深入发展，渗入到分类学中来的学科增多，新的实验和观察手段给植物分类提供了更为可靠的资料，也在改变着分类方法的面貌。植物解剖学、植物胚胎学、孢粉学、植物化学、细胞学曾对植物分类学的发展起到巨大的推动作用，为分类学上一些悬而未决的问题提供了许多确凿的证据。到了现代，随着分子生物学的迅速发展，植物分类学家又将这一现代技术应用到植物分类学中来，有望从分子水平探讨物种的演化和系统分类，同时植物分类学（广义的）也正朝着系统植物学和进化植物学两个方向纵深发展。植物分类方法愈来愈加广阔完善。

三、植物分类的等级单位和植物命名法则

（一）植物分类的等级单位

为了建立自然分类系统，更好地认识植物，分类学根据植物之间相异的程度与亲缘关系的远近，将植物分为不同的若干类群，或各级大小不同的单位，即界、门、纲、目、科、属、种。"种"是植物分类的基本单位，同一种植物，以它们所特有的相当稳定的特征与相近似的种区别开来。由相近的种集合为"属"，由相近的属集合为"科"，如此类推。有时根据实际需要，划分更细的单位，如亚门、亚纲、亚科、族、亚族、亚属、组，在种的下面又可分出亚种、变种、变型。每一种植物通过系统的分类，既可以表示出它在植物界的地位，也可以表示出它和其他种植物的关系。植物分类的各级单位列于表6-1。

表 6-1　植物分类的各级单位

中文名	英文名	拉丁名	中文名	英文名	拉丁名
植物界	kingdom vegetable	regnum vegetable	亚族	subtribe	subtribus
门	division，phylum	divisio	属	genus	genus
亚门	subdivision	subdivisio	亚属	subgenus	subgenus
纲	class	classis	组	section	section
亚纲	subclass	subclassis	亚组	subsection	subsection
目	order	ordo	系	series	series
亚目	suborder	subordo	种	species	species
科	family	familia	亚种	subspecies	subspecies
亚科	subfamily	subfamilia	变种	variety	varietas
族	tribe	tribus	变型	form	forma

现以大黍（*Panicum maximum* Jacq.）、猪屎豆（*Crotalaria mucronata* Desv.）两种热带牧草为例，说明它们在植物分类上的各级单位。

大黍：界　　植物界　　　Regnum vegetable
　　　门　　被子植物门　　Angiospermae
　　　　纲　　单子叶植物纲　　Monocotyledoneae
　　　　　目　　禾本目　　Graminales
　　　　　　科　　禾本科　　Gramineae
　　　　　　　属　　黍属　　*Panicum*
　　　　　　　　种　　大黍　　*Panicum maximum* Jacq.

猪屎豆：界　　植物界　　　Regnum vegetable
　　　　门　　被子植物门　　Angiospermae
　　　　　纲　　单子叶植物纲　　Monocotyledoneae
　　　　　　目　　豆目　　Leguminoles
　　　　　　　科　　蝶形花科　　Papilionoideae
　　　　　　　　属　　野百合属　　*Crotalaria*
　　　　　　　　　种　　猪屎豆　　*Crotalaria mucronata* Desv.

（二）植物命名法则

每种植物的名称，在世界范围内，随着地域、民族的不同，往往出现"同物异名"（如番茄在我国南方叫番茄，北方叫西红柿，英语叫 tomato 等）和"同名异物"（如在我国市场上以白头翁名称出售的植物，经调查研究发现，实际上分属于 4 科、12 属、16 种）的现象，这既不利于对植物的研究和利用，也不利于国内和国际之间的学术交流。因此，在很早以前，植物学家就对创立世界通用的植物命名法进行了探索。在 18 世纪中叶以前，曾采用过多名法，此法是用一系列的词来描述一种植物，因而在应用中显得繁琐。后来，瑞典植物学家林奈（Linnaeus，1707—1778）接受了来维努斯（Rivinus）于 1690 年提出的给植物命名不得多于 2 个字的思想，并对其进行完善，在其巨著《植物种志》（1753 年）中首先采用了双名法，即每种植物的种名，都由 2 个拉丁文字或拉丁化的文字组成，作为国际通用的名称。从 1876 年开始，世界各国植物学家多次召开会议，制定了《国际植物命名法规》（International Code of Botanical Nomenclature，ICBN），作为世界各国植物学者对植物命名的准则。按照《国际植物命名法规》的规则对植物各级单位进行命名，得到的名称就叫学名（拉丁名），它是世界范围内通用的唯一正式名称。

在整个植物界中，植物的种类数量繁多，且每种植物在进化系统中都有它自己的位置，这一位置表达了它与周围植物之间的亲缘关系。为了清楚地表达出各种植物的亲缘关系及其在进化系统中的位置，根据植物的形态特征（亲缘关系），将形态特征相似的植物归入一定的类群。为了便于分门别类，按照植物类群的等级，各给予一定的名称，这就是植物分类上的各级单位（分类阶层）。目前，植物分类的基本单位有：界、门、纲、目、科、属、种七级单位。在上述各级单位中，由于有些单位内包含的内容比较多，因此，在两级单位之间又设置了一些次级单位，如科与属之间的族、亚科，门与纲之间的亚门等。各次级分类单位的设置应根据需要而定。

在上述各级分类单位中，种是分类上的一个基本单位，也是各级分类单位的起点。因此，在对各级分类单位进行命名时，将种作为一个起点。根据《国际植物命名法规》，对种的命名通常采用"双名法"进行命名，而对种以上和以下的各分类单位则采用"单名法"和"三名法"。现将各种命名方法分述如下。

1. 植物种的学名命名方法

对植物种的学名命名常采用双名法进行。一个完整的植物种的学名包括属名、种加词和命名人姓氏或姓氏缩写。

（1）属名　为某一植物所属属的名称，一般采用拉丁文的名词，其第一个字母必须大写。

若用其他文字或专有名词，也必须使其拉丁化，即词尾变成在拉丁文法上的单数，主格。而且属名有三性，即阳性、阴性和中性，如词尾-us、-er 为阳性，词尾-a、-is 为阴性，词尾-um、-e 为中性。

（2）种加词　一般是形容词，也可以是名词、人名、地名。其第一个字母必须小写。

形容词作种加词时，在拉丁文法上，要求其性、数、格与属名的性、数、格均应保持一致。作为种加词的形容词有三种常见情况：①形容词作种加词；②由人名改变成形容词的形式作种加词；③由地名改变成形容词的形式作种加词。用名词作种加词时，则只要求它与属名在数上一致，不要求在性别上一致，起修饰作用的名词用所有格。

同一属内不能用相同的种加词，否则会引起混乱；不同属的植物则可用同样的种加词。

（3）命名人名及其缩写规定

① 命名人姓氏第一个字母必须大写，一般用姓氏缩写。如 Linnaeus 缩写成 L.；Roberc Brown 缩写成 R. Br.。

L. f. 表示林奈（L.）的儿子（filius 的拉丁文意思是儿子）。如对叶榕的学名：*Ficus hispida* L. f.。

② 当由两个人共同研究确定植物的学名时，必须将两个命名人的名字用拉丁文的 et 或者 ex 连接在一起。如海南马齿苋，学名是 *Portulaca hainanensis* Chun et How，其中 et 表示命名人有两个：Chun 和 How。响铃豆的学名是：*Crotalaria albida* Heyne. ex Roxb.，其中 ex 表示 Heyne. 为定名人，但是他未有效发表该名称，Roxb. 是著文公开发表这个种的人。

③ 中国的命名人，根据 1979 年中国植物志编委会的规定，一律用汉语拼音名，但过去已经沿用的命名人，不再改动。

在通过工具书检索出的植物学名中，在有些植物的学名中虽有两个命名人的名字，但并没有用拉丁文的 et. 连接在一起，而是将种加词之后的命名人的名字用括号括起来，这种情况就是学名重组。如射干，学名是 *Belamcanda chinensis*（L.）D. C.，其中（L.）的意思是原来射干由林奈命名为 *Iris chinensis*，被放在鸢尾属（*Iris*），后经 De Candole 研究认为射干应放在射干属（*Belamcanda*），于是把林奈的学名重组。

2. 植物种以下单位的学名命名方法

某植物种内的某些植物个体，因其分布的地域不同，造成了它在形态构造上出现了一些差异，为了能够准确地表达出各个植物性状，在进行植物分类时，在种以下又设置了三个分类单位，即变种、亚种和变型。它们的命名方法采用"三名法"，即一个完整的植物种以下单位的学名包括属名、种加词、种以下单位的加词及其命名人姓氏或姓氏缩写。

（1）亚种学名命名方法　一个完整的亚种学名应包括：属名＋种加词＋命名人＋ssp.＋亚种加词＋亚种命名人。其中 ssp. 是 subspecies（亚种）的缩写（有时写成 subsp.），在亚种学名中，它是不可缺少的部分。如箭叶堇菜的学名：*Viola betonicifolia* Sm. ssp. *nepalensis* W. Beck。

（2）变种学名命名方法　一个完整的变种学名应包括：属名＋种加词＋命名人＋var.＋变种加词＋变种命名人。其中 var. 是 varietas（变种）的缩写，在变种学名中，它是不可缺少的部分。如疏柔毛罗勒的学名是：*Ocimum basilicum* L. var. *pilosum*（Willd.）Benth。

（3）变型学名命名方法　一个完整的变型学名应包括：属名＋种加词＋命名人＋f.＋变型加词＋变型命名人。其中 f. 是 form（变型）的缩写，在变型学名中，它是不可缺少的部分。

3. 植物种以上单位的学名命名方法

植物种以上的分类单位，通常有属、族、亚科、科、目、纲、门等，它们的学名都只有一个词，即用"单名法"对它们进行命名。

（1）属的学名命名方法　一个完整的植物属名包括：属名＋命名人姓氏或姓氏缩写。如萝卜属：*Raphanus* L.。

（2）属以上单位的命名方法　通常都采用将本单位内具有代表性的下一级单位的学名词尾去掉，再加上本级单位的词尾即可。

① 科的学名　去掉本科内具有代表性的属的学名词尾，加-aceae 组成科的学名。如蔷薇科的学名（Rosaceae）就是由蔷薇属（*Rosa*）的学名去掉词尾-a，再加上-aceae 构成。

② 目的学名　去掉本目内具有代表性的科的学名词尾，加-ales 组成目的学名。如蔷薇目的学名（Rosales）就是由蔷薇科的学名（Rosaceae）去掉词尾-aceae，再加上-ales 构成。

③ 纲的学名　纲的学名组成以-opsida 结尾。如木兰纲 Magnoliopsida。

④ 门的学名　门的学名组成以-phyta 结尾。种子植物门 Spermaphyta。

（3）其他　对在上述各级单位以外的各次（亚）级单位，如科与属之间的族、亚科等，它们的命名方法与属以上单位的命名方法相同。

① 族的学名　将族内具有代表性的属的学名去掉词尾，加-eae 组成族的学名。如野豌豆族（Vicieae）就是由野豌豆属（*Vicia*）的学名去掉-a，加上-eae 构成。

② 亚科的学名　将本亚科内具有代表性的属的学名去掉词尾，加-oideae 组成亚科的学名。如蔷薇亚科的学名（Rosoideae）就是由蔷薇属（*Rosa*）的学名去掉-a，加上-oideae 构成。

（三）种、亚种、变种、变型

植物分类鉴定和命名中，种是基本单位。那么，种究竟是什么呢？如何认识一个植物种呢？这个问题是生物学中最为复杂、最不易解决好的问题之一。

遗传学上或者说生物学上对待种有一流行的解释，可以杜布赞斯基（T. Dobzhansky）为代表，他认为同一物种的个体间可以进行交配，交换基因，产生能生育的后代，因此同一物种的全部个体就是一个能容易自己交配繁殖的群落。而不同的种之间就不能交配，或交配了也只产生不能再繁殖的下代。换句话说，不同的种有生殖隔离。最突出的例证是马和驴杂交产生的下代为骡，骡就不能再生育下一代了。这个解释在生物学界得到比较广泛的承认。称之为生物学种，只有少数人持反对意见，坚决主张保存经典分类学上种的概念。

分类学上例如植物分类学对待植物的种的划分主要是根据植物的形态，尤其是花和果实的形态差异来进行的，这种差异必须是比较稳定的、可靠的，才能与相近的种区别开来，否则将会引起混乱。但选择形态差别在各学者中并无统一标准，因此某一种植物在某学者看来为种级水平，另一学者则可能认为不够种级水平，而应为种下级水平，也有的学者可能认为比种级还要高。这种升降的情况在查阅植物分类文献时常常会看到。

植物分类学能不能运用生物学种的概念和方法进行分类工作呢？这在理论上说是可以的，不矛盾的。但是具体做时会遇到不少困难。因为许多种的分类、鉴别、命名是根据已经采回的标本进行的，如果要做遗传试验，看有没有生殖隔离现象，在较短的时间内几乎是不可能的。另外植物种的变异及形成新种的原因和过程又是极为复杂的。植物分类学者相信一点，即是植物种内在的变化发展，如遗传性的变化和进化，生理、生化的变化，多少要反映到形态上来，引起形态的相应变化。因此根据形态的分类，对种的划分和种的演化的判断是能够在一定程度上反映内在差异的，即形态上的差异与生理、生化、遗传上的差异是有联系的。已有许多例证，如芍药属在形态上与毛茛科其他各属有较明显差别，而化学成分上也有不同处，因此将芍药属从毛茛科分出来比较合理。所以分类上划分种虽然是以形态为主要方法，但不要把它和生物学的（遗传学的）种概念对立起来，相反地生物学的种概念能帮助和促进分类学的工作。分类学者应当看到形态分类的局限性，创造条件做实验分类研究，使形态分类的种与生物学的种更好地接近或吻合，更好地了解种的实质。

要更好地了解种，就必须对种的形成原因和过程有一了解。为了说明这个问题，先了解一下什么叫做种群。种群就是物种的结构单元。一个物种是由若干个种群所组成，一个种群又由同种的许多个体（植株）所组成。而各个种群总是不连续地分布于一定的区域内（即种的分布区）。在自然界，人们总是看到某种植物成片状（大片或小片都有）分布，这就是不连续性。它的形成原因是由于每种植物有一定的生活习性，有一定的对环境条件的要求而作为其定居点（即生活场所）的缘故。可以理解到，每一种群内即是一个集体，自成一个繁殖体系。个体之间可以进行有性繁殖，交流基因，维持种的繁衍。

生物学上或遗传学上认为新种的产生与隔离（isolation）有关系，而地理隔离和生殖隔离又在物种形成中起重要作用。地理隔离是说在同一物种的不同种群之间如有水域、沙漠、高山等的阻隔，则种群与种群之间就无法进行接触，无法进行交配（交换基因）。各个种群发生变异（原因很多），由于自然选择作用而定向变化演化，久之，两个不同种群形成地理宗（geographical race），也即为亚种。如果再进一步变化，两个亚种相遇不能进行基因交换，即不能进行有性杂交时，就达到了生殖隔离，说明新种产生了。上述种的形成过程是渐变的过程，是常见的一种方式。种的形成还有另一方式，即多倍体方式形成新种。同源多倍体是由一个种的染色体组加倍而成。异源多倍体是由不同种的染色体组组合而成。这在被子植物中是相当多的。据史坦宾斯（G. L. Stebbins）的统计，被子植物中多倍体种占 $30\% \sim 35\%$。在有些科中，多倍体种特别多，如蔷薇科、景天科、蓼科、锦葵科、五加科、禾本科、鸢尾科等。在被子植物的大多数属内，总有些多倍体。

对于种的起源和形成的认识，对于种的结构的了解，无疑对植物分类学的工作是有帮助的。最具体的是对待种的变异特征有一较全面的观点。从前对种的看法是认为种是由一群相似的植物个体所组成，往往容易以一个标本或一个或少数几个植株的特征就代表了一个种。种群概念提出后，启发人们去多看植物的变异，多收集标本，把种的变异的幅度尽量看到，再确定它是哪个级别，就可避免主观片面性。现举一例说明之，北京上方山一条山沟分布有西山堇菜（*Viola hancockii* W. Beck.），山沟一般是有光照的，海拔从 $200 \sim 500m$ 都有这种堇菜。但是到 500m 以上至 600m 深处，也就是到沟的尽头地区，却为密林所覆盖，阳光不易透下来，土层厚而肥沃，枯枝落叶多。在这样的环境下，不到 $500m^2$ 的范围内，有一种堇菜分布，它与西山堇菜的植株、花和果均类似，只是叶片上面有宽的白斑带而与西山堇菜叶不同，如果把它的种子种下去，长出的幼苗第一对真叶上就现出白斑带；在花、果期采压的干标本，白斑带不退，从叶片这一特点看是比较稳定的。那么它和西山堇菜是怎样的关系呢？是由西山堇菜变异来的变种或亚种？抑或是新种？抑或仍是西山堇菜？要很好解决这个问题可以进行杂交试验，如果有生殖隔离现象，就可定为新种，如只就形态变异来看，可以定为变种或亚种。

亚种（subspecies）：一般认为一个种内的类群，形态上有区别，分布上或生态上或季节上有隔离，这样的类群即为亚种。

变种（variety，拉丁文为 varietas）：变种是一个种有形态变异，变异比较稳定，它分布的范围（或地区）比起前述的亚种小得多。因此有人认为变种是一个种的地方宗（local race）。

变型（form，拉丁文为 forma）：也是有形态变异，但是看不出有一定的分布区，而是零星分布的个体，这样的个体被视为变型。

四、植物检索表和植物分类学常用参考资料

学习植物分类必须学习鉴定植物的方法。学会正确使用描述植物形态的名词术语。进行植物标本的鉴定时，要对植物标本进行全面的观察，利用中国植物志、各省及地区植物志、中国高等植物科属检索表、图鉴、图说等来鉴定该植物的科、属、种，看种的描述和插图。为了能够快速、方便地得出鉴定结果，无论哪种工具书，都在书中编制了检索表。因此，植物检索表已经成为鉴定植物、认识植物种类不可缺少的一把钥匙。

（一）植物检索表的编制

植物检索表的编制是根据法国人拉马克（Lamarck）的二歧分类原则，把原来一群植物的相对应性状分成相对应的两个分支，再把每个分支中相对应性状又分成相对应的两个分支，依次下去，直到编制的目标检索表的终点为止。

为了便于使用，在各分支的前边按其出现的先后顺序加上一定的顺序数字或符号，相对应的两个分支前的顺序数字或符号应是相同的。

在编制植物检索表的过程中，对其所采用的植物特征性状的取舍，通常采取"由一般到特殊"、"由特殊到一般"的原则，即首先必须对每种植物的特征进行认真的观察和记录，在掌握各种植物特征的基础上，根据编制目标（如分门、分纲、分目、分科、分属、分种）的不同要求，列出它们相似特征和区别特征的比较表，同时找出它们之间突出的区别和共同点。在编制植物检索表中的成对性状时，一般都选用相反或容易区别的特征（如单叶和复叶，草本和木本等），而不采用似是而非或不确定的特征（如叶大、叶小等）；在编制过程中，还应注意到，同一物种（或同一类植物），由于所处环境条件的不同，出现了不同的性状（如乔木或灌木等），在编制植物检索表时，就应在相应的条目（如乔木或灌木等）下，都将它们包含进去，这样就可以保证能检索到它们。

目前广泛采用的检索表有两种类型，即定距检索表（等距检索表）与平行检索表（二歧检索表）。它们的排列方式有一定的差异，现分别介绍如下。

(1) 定距检索表　在这种检索表中，每两个相对应的分支之前，编写相同的序号，且都书写在距书页左边有同等距离的地方；每个分支的下边，又出现两个相对应的分支，再编写相同的序号，书写在较先出现的一个分支序号向右低一个字格的地方，这样如此往复下去，直到要编制的终点为止。例如：

1. 植物无种子，以孢子繁殖
　　2. 植物体结构简单，仅有茎叶之分（有时仅为叶状体）；不具有真正的根和维管束 ………………………………………………… 苔藓植物门（Bryophyta）
　　2. 植物体有根、茎、叶的分化，具有维管束 ……………… 蕨类植物门（Pteridophyta）

1. 植物有种子，以种子繁殖

　3. 胚珠裸露，不包于子房内 ……………………………… 裸子植物门（Gymnospermae）

　3. 胚珠包于子房内 …………………………………… 被子植物门（Angiospermae）

（2）平行检索表　在这种检索表中，每两个相对应的分支之前，编写相同的序号，平行排列在一起；在每个分支之末，再编写出名称或序号。此名称为需要已查到对象的名称（中文名和学名）；序号为下一步依次查阅的序号，并重新书写在相对应的分支之前。例如：

1. 植物无种子，以孢子繁殖 ………………………………………………………………… 2

1. 植物有种子，以种子繁殖 …………………………………………………………………… 3

2. 植物体结构简单，仅有茎叶之分（有时仅为叶状体）；不具有真正的根和维管

　束 …………………………………………………………… 苔藓植物门（Bryophyta）

2. 植物体有根、茎、叶的分化，具有维管束 ……………… 蕨类植物门（Pteridophyta）

3. 胚珠裸露，不包于子房内 ……………………………… 裸子植物门（Gymnospermae）

3. 胚珠包于子房内 …………………………………… 被子植物门（Angiospermae）

从以上例子可以看出，两种检索表所采用的特征是相同的，不同之处体现在编排方式上。这两种检索表在应用上各有优缺点，目前采用较多的还是定距检索表。

（二）怎样利用植物检索表鉴定植物

鉴定植物标本是确定植物名称的一种手段，它不同于对植物的命名，实际上，它就是利用现有资料（检索表、植物志等），核对出某一植物标本的名称。要做好这一工作，必须做好以下几方面工作。

1. 必须对所要鉴定的植物标本有一个全面的了解

植物标本鉴定主要是根据植物的各部分形态特征来进行的，所以要做好鉴定工作，首先要对该种植物标本进行全面细致的解剖观察，并按照检索要求做好记录，这是鉴定工作能否成功的关键所在。因此，在采集和观察植物标本的过程中，必须注意以下几方面的问题。

① 所采集的植物标本一定要完整。

② 要用科学的形态术语对所采集的植物标本的各部分特征进行描述，尤其是对花、果实的组成特征（因为它们遗传基础稳定，较少受生境条件影响）更要仔细观察。

③ 对植物的生活习性、生长环境等也必须要有一个全面的了解。

2. 选择合适的检索表

不同的检索表包括的范围各不相同，有包括全国范围的植物检索表，也有包括某一地区的植物检索表和包括某一类植物的检索表（如观赏植物检索表）等。因此，在拥有完整的检索表资料的同时，应根据鉴定目标选用合适的检索表，这样，就能够达到事半功倍的效果。如在鉴定草本植物时，绝对不可以选用木本植物检索表。检索表的选用最好根据所鉴定植物的产地来选择。

3. 根据植物特征利用检索表对植物标本进行鉴定

在做好上述两方面工作的情况下，根据检索表的编排顺序逐条由上向下查找，直到检索到需要的结果为止。

4. 鉴定植物标本时应该注意的问题

① 为了保证鉴定结果的正确，一定要防止先入为主、主观臆断和倒查等情况的发生。

② 检索表的结构都是以两个相对的性状编写的，而且序号相同。因此，在鉴定时，要根据观察到的植物特征，应用检索表从上向下顺次向后查找，不得随意跳过一项或多项；同时，每查一项，都必须看看检索表中相对编写的另一项，两项比较，看看那一项最符合植物的特征，假如只看一项就加以肯定，很容易发生错误。在整个检索过程中，只要有一项出错，就会

导致整个鉴定工作的错误，因此，在检索过程中，一定要克服急躁情绪，按照检索步骤小心细致地进行。

③ 鉴定结束后，还应找有关专著或相关资料进行核对，看鉴定结果是否完全符合该植物的特征，该植物标本上的形态特征是否与书上的图、文描述符合。

（三）植物分类学常用的参考书

植物分类学的参考书和文献甚多，现根据汪劲武教授编著的《种子植物分类学》中所列举的重要参考书和文献，略加增删，择简介如下。

1. 工具性书

（1）植物索引（Index Kewensis Plantarum Phanerogamarum）　英国皇家植物园杰克逊（B. D. Jackson）编，英国剑桥大学出版部出版。1893～1895 年分 2 卷或 4 卷，1895 年以后每 5 年出 1 册补编，至 1988 年已出版 21 个补编。

这是一部巨著，记载了由 1753 年起所发表的种子植物的拉丁学名、原始文献以及产地。属名、种名均按字母顺序排列，作废的名用斜体字，一目了然，是研究植物分类和查考植物种名不可少的大型工具书。

（2）东亚植物文献目录（A Bibliography of Eastern Asiatic Botany）　美国梅里尔（E. D. Merrill）和沃克（E. H. Walker）著，1938 年哈佛大学阿诺德森林植物园出版，共 719 页。全书分 4 部分。

① 文献正编：按作者姓名字母排列，作者名下有按年代排列的期刊缩写及文章主要内容简介或至少有文章题名。

② 附录：主要是有关东亚历代的著作和期刊目录。

③ 文献题目的目录。

④ 按植物分类群排列的目录。

在 1960 年出版了一册补编。本书为研究东亚植物极重要的工具书。

（3）自然植物分科志（Die Naturlichen Pflanzenfamilien）　德国恩格勒主编，恩格门（Wilhelm Englmann）出版。第一版共 23 册（1887—1905），1924 年起又出第二版。本书有精细的插图，为查考世界植物科的重要参考书。

（4）植物分科纲要（Syllabus der Pflanzenfamilien）　德国恩格勒与笛尔士（Diels）合著，第十一版 1936 年出版。第十二版分上、下两册，上册为细菌至裸子植物（1954）；下册为被子植物（1964）。第十二版是由曼希尔和韦德曼（E. Werdermann）改编的。本书为世界植物科的纲领性摘要，是了解恩格勒系统的重要参考书。

（5）有花植物科志

① 双子叶植物（the Families of Flowering Plants Ⅰ. Dicotyledons），1926 年，英文。

② 单子叶植物（the Families of Flowering Plants Ⅱ. Monocotyledons），1934 年，英文。

上述两书均为英国哈钦松著，初版分别于 1926 年和 1934 年出版。书中公布了哈钦松系统。对有花植物的各科均予以简明扼要、准确性较大的描述。经过多次修订，最后两书出版年代分别为 1959 年和 1973 年。是了解哈钦松系统观点的重要著作，也是工具书。初版已有中译本。

（6）世界有花植物分科检索表（Key to the Families of Flowering Plants of the World）　第一版，1967 年，牛津大学出版部。第二版（订正版），1968 年，英国哈钦松著。中译本由洪涛译，农业出版社，1983 年出版。是鉴定世界各国植物科的工具书。

（7）中国种子植物科属辞典　侯宽昭编，1958 年，科学出版社出版。书中记述我国产的种子植物科和属的概况，共收载 260 科、2614 属。裸子植物 10 科、34 属、177 种；双子叶植物 203 科、2024 属、18686 种；单子叶植物 47 科、556 属、4179 种。此外还收载一部分植物形态的拉丁术语。为查考我国种子植物科、属的重要工具书。

本书于 1982 年出版了修订版，由吴德邻等修订，增加了内容，计收载我国种子植物 276 科、3109 属、约 25700 种。其中裸子植物 11 科、42 属；双子叶植物 213 种、2398 属；单子叶植物 52 科、669 属。另附录有常见植物分类学者姓名缩写，国产种子植物科、属名录，汉拉科、属名称对照表等。删去了初版中的植物形态术语。修订版丰富了科、属内容，几个附录都很有实用价值。

(8) 中国高等植物科属检索表　中国科学院植物研究所主编，科学出版社出版，1979 年。本书为中国产的苔藓、蕨类和种子植物的科、属检索表，每属后附有大约的种数和属的分布地区。书末有附录、植物分类学上常用术语解释及相应的植物图 40 个。有中名和拉丁科、属名索引。为初学者及植物分类科研和教学的工具书。

(9) 蒙古人民共和国维管束植物检索表（the Key to Vascular Plants of Mongolia）　前苏联格鲁鲍夫（V. I. Grubov）编，1982 年出版，俄文。共收载维管束植物 103 科、599 属、2239 种，书末附有部分植物图。为鉴定我国北部边疆省区植物具有参考价值的工具书。

(10) 新疆植物检索表　新疆八一农学院编，新疆人民出版社出版。已出 1～3 册，1982 年、1983 年。全书共 5 册。

2. 植物志、图鉴、手册等类

(1) 中国植物志　是鉴定国产植物的重要参考书，为包括国产蕨类和种子植物的多卷册巨著。全书由中国科学院成立中国植物志编辑委员会负责组织编写工作。参加人员有各植物研究所和有关高等院校的部分有关人员以及其他单位的成员，由科学出版社出版。中国植物志有 80 卷之巨，采用恩格勒系统排列，1999 年已全部出版，通过互联网查询可搜索其电子版。

(2) 中国沙漠植物志　刘女英心主编，科学出版社出版，全书共 3 卷，已出版 2 卷，1985 年、1987 年。内容系统地记载了我国沙漠地区的种子植物。第 1 卷包括裸子植物、单子叶植物和双子叶植物到防己科为止。第 2 卷由罂粟科到伞形科。第 3 卷由报春花到菊科为止。

(3) 中国高等植物图鉴　共 5 册及补编 1～2 册，中国科学院植物研究所主编，科学出版社出版，1972—1983 年。本书包括国产苔藓、蕨类和种子植物约万种，每种有形态描述和图、分布区，并附有检索表。这是一套带普及性的鉴定植物的工具书和参考书。

(4) 地方植物志　是鉴定某一省、地区或市的植物志书，有较好的实用价值。我国已知出版的有下列几种。

东北木本植物图志：刘慎谔主编，1955 年，科学出版社出版。内容包括东北地区的木本植物。

东北草本植物志：刘慎谔等编。包括蕨类和被子植物。已出版第 1～7 卷、第 11 卷。第 1 卷（蕨类）、第 2 卷（胡椒科至马齿苋科）、第 3 卷（石竹科、毛茛科）、第 4 卷（罂粟科、十字花科）、第 5 卷（蔷薇科、豆科）、第 6 卷（雪儿苗科至伞形科）、第 7 卷（紫草科）、第 11 卷（莎草科）。

北京植物志：北京师范大学生物系编。北京出版社出版。第一版 3 册，1962 年、1964 年、1975 年；修订版，上、下册，1984 年。

河北植物志：贺士元等编。河北科学技术出版社出版。第 1 卷，1986 年。

内蒙古植物志：马毓泉等编。内蒙古人民出版社出版。1～8 卷，1977～1985 年。

宁夏植物志：马德滋等编。宁夏人民出版社出版。第 1 卷，1986 年。

西藏植物志：吴征益主编。科学出版社出版。1～5 卷，1983～1987 年。

秦岭植物志：西北植物研究所编。科学出版社出版。共 5 册，1974～1985 年。

河南植物志：丁宝章、王遂义主编。河南科学技术出版社出版。共 4 册，1981～1998 年。

郑州植物志：崔波等主编。中国科学技术出版社出版。2008 年。

江苏植物志：上、下册，1977 年、1983 年。

湖北植物志：已出版 1～2 卷，1975 年、1980 年。

四川植物志：已出版 1～4 卷，1981～1988 年。

贵州植物志：已出版 1～2 卷，1982 年、1984 年。

云南植物志：已出版 1～4 卷，1977～1986 年。

福建植物志：已出版 1～3 卷，1982～1987 年。

广州植物志：侯宽昭等编，1956 年。

广东植物志：陈封怀等编，已出版 4 卷，1987 年。

海南植物志 1～4 卷：华南植物研究所编，科学出版社出版，1965～1977 年。

（5）中国主要植物图说（豆科）　中国科学院植物研究所编，科学出版社出版，1955 年。

（6）中国主要植物图说（禾本科）　耿以礼主编，科学出版社出版，1959 年。

（7）苏联植物志（Flora URSS）　1～30 卷，并有补编，俄文版。

（8）日本植物志　大井次三郎（Ohwi）著，1956 年，日文版。1978 年增订新版，全一册，1965 年有英文版。

（9）马来西亚植物志　1948 年起出版。

（10）新热带植物志　1966 年起出版。

五、植物园和植物标本室

1. 植物园

植物园（botanic gardens）是一个多功能的综合性科学机构，集中种植各种草木花卉，是活的植物标本馆，是植物多样性保护和引种驯化的重要基地，也是进行科学普及教育、提高民众文化素养，以及旅游和休憩的最好场所，同时还为开展国内外学术交流提供了理想窗口。

国外植物园源于欧洲文明。早在 16 世纪，欧洲少数国家开始创建植物园，如意大利的比萨植物园建于 1543 年，巴图植物园建于 1545 年，是世界上成立最早而迄今还存在着的植物园。自此以后，历经 400 多年的发展和演变，现在全世界的植物园将近 2000 个，遍及全球。其中分布最多的要属欧洲，其次是美洲和亚洲，非洲和其他地区数量较少。目前世界上著名的植物园有：英国的皇家植物园邱园和爱丁堡皇家植物园、牛津大学植物园、美国纽约植物园、阿诺德树木园、密苏里植物园、加拿大蒙特利尔植物园、德国的柏林大莱植物园、莫斯科总植物园和基辅植物园、墨尔本皇家植物园和新加坡植物园等。

我国现代植物园事业始于 20 世纪二三十年代，虽然其历史不足百年，但其数量和发展速度都十分可观，目前已有植物园 100 多个。国内较为著名的植物园有北京植物园、上海植物园、沈阳植物园、南京中山植物园、杭州植物园、厦门植物园、庐山植物园、武汉植物园、华南植物园、厦门植物园、深圳仙湖植物园、西双版纳热带植物园等。

2. 植物标本室

植物标本室（herbarinm）是保存植物标本的地方，把标本干燥和压平后装钉在硬纸上就成了蜡叶标本，标本上附有详细的资料标签。标本室的标本经过定名、消毒及登记后，都存放在标本柜中。存放的次序通常按一个分类系统次序排列，常以科为单位排号入柜，科下以属，属下以种，有条不紊。科内的属以属名第一字母，按英文字母顺序存放，余字母类推；属内的种以种加词第一字母的顺序排列，第 2、3 字母类推。

植物标本室对科研和教学都是很有用的。植物学、植物分类学、植物形态解剖学、地植物学、森林学、中草药学等学科都要利用植物标本室为其教学和科研服务。因此世界各国都十分重视植物标本室的建设，标本室中标本的积累，体现了无数植物学家的辛勤劳动。标本馆的历史、馆藏标本的数量及管理均体现了植物学研究的水平。

标本室最普通的用处是鉴定植物标本。如果编著中国植物志、地方植物志或其他植物为对象的各种经济植物志类书时，更少不了植物标本室。在鉴定不认识的植物时，通过查对模式标本，再查阅原始文献，鉴定就更有把握。标本室通常是植物分类学研究的据点。

标本室常与大学、植物园以及政府的博物馆结合在一起。我国植物标本室使用的系统多为恩格勒系统，如中国科学院植物研究所的植物标本馆（北京）即使用此系统。北京大学植物标本室使用英国哈钦松系统。我国较大的植物标本室有中国科学院植物研究所植物标本室、昆明植物研究所标本室、华南植物研究所标本室、东北林业土壤研究所标本室等。各省、区植物研究所均有标本室。世界著名植物标本室介绍见表6-2。

表 6-2　世界著名植物标本室及标本数量

标　本　室	国家	标本数量/万
英国邱园（Royal Botanic Gardens, Kew, England）	英国	650
列宁格勒科马洛夫植物研究所（Komarov Botanic Institute, Leningrad, Russia）	俄国	600
瑞士日内瓦植物标本馆（Conservatoire et Jardin Botaniques de Geneve, Switzerland）	瑞士	400
美国国家标本馆（U. S. Nationa Herbarium, Washington, D.C.）	美国	300
纽约植物园（New York Botanic Garden, New York）	美国	300
密苏里植物园（Missouri Botanical Garden, St. Louis）	美国	220
澳大利亚国家标本馆（National Herbarinm, Melboume, Australia）	澳大利亚	150
中国科学院植物研究所植物标本室	中国	100

第二节　裸子植物分类

裸子植物（Gymnospermae）是介于蕨类和被子植物之间的类群。胚珠裸露，无果实，故名裸子植物。孢子体发达；配子体简化，不能脱离孢子体而独立生活。

裸子植物出现于古生代，中生代最盛，到现代大多数已经灭绝，仅存71属、近800种。我国裸子植物资源丰富，种类最多，有41属、236种，分为苏铁纲、银杏纲、松柏纲、红豆杉纲和买麻藤纲5纲。

一、苏铁纲

苏铁纲（Cycadopsida）是原始的裸子植物，现存1目1科，9属，约110种，其中4属产于美洲，2属产于非洲，2属产于澳大利亚，1属产于东亚。我国有苏铁属（Cycas），约11种。

常绿木本，茎干粗大，常不分枝。具羽状复叶和鳞叶。雌雄异株；大小孢子叶球集生茎顶，胚珠生于大孢子叶两侧，多数至仅2枚；胚珠大型，珠被两层。小孢子叶鳞片状，小孢子囊数个聚生，精子具鞭毛。种子大，种皮厚，子叶2枚，胚乳丰富。

苏铁（Cycas revoluta Thunb.）和华南苏铁（C. rumphii Miq.）等，茎单一不分枝，粗壮，高达12m。羽状复叶，坚硬，丛生茎顶。雌雄异株，雄花为一木质长球花（也叫做小孢子叶球或雄球果），有无数雄蕊（小孢子叶），雄蕊鳞形或盾形，下面生无数花药。雌花球状（也叫大孢子叶球或雌球果），由许多枚大孢子叶组成，大孢子叶中上部扁平羽状，中下部柄状，边缘生2～8个胚珠，或呈盾形而下面生一对向下的胚珠（也叫大孢子囊）。

苏铁又名铁树（Cycas revoluta Thunb.），常绿小乔木，茎高达数米，有鳞状叶痕；叶丛生茎顶，羽状复叶，长1～2m，叶的羽状裂片的边缘显著向下卷曲，粗硬，小叶多个，近对生，披针形，上面光亮绿色。球花皆顶生。小孢子叶球圆柱形，长30～70cm；大孢子叶的上部指状深裂，胚珠被绒毛。种子橘红色，外层种皮肉质，子叶2枚，胚乳丰富，源于雌配子体

（图 6-1）。茎髓含淀粉可食。种子有小毒，供食用与药用。

苏铁、华南苏铁（*C. rumphii*），树形美丽，为优美的庭院观赏植物。美洲苏铁（*Zamia furfu-racea*），原产于中美洲，我国引种，株形优美，观赏性好，是很适合室内观赏的苏铁种类。

二、银杏纲

银杏纲（Ginkgopsida）仅 1 目 1 科 1 属 1 种，现仅存银杏（*Ginkgo biloba* L.）。

形态特征：银杏纲植物为落叶大乔木，多分枝，有长短枝之分。叶扇状，顶端常 2 裂，脉序。孢子叶球单性异株，精子多鞭毛。种子核果状。

银杏，落叶乔木，具营养性长枝和生殖性短枝。叶扇形，有长柄，多生于短枝上，簇生状；长枝上叶互生。叶脉 2 叉状分支。雌雄异株。雄球花呈荑荑花序状，下垂，雄蕊多数，排列疏松，有短梗，花药 2，长椭圆形，药室纵裂。雌球花有长梗，端分 2 叉，叉顶各有一胚珠，胚珠基部有珠领（collar）包围，常只有一个胚珠成熟为种子。种皮 3 层，外种皮肉质；中种皮骨质，白色；内种皮膜质，淡红色。胚乳肉质（图 6-2）。子叶 2 个。花期 3～4 月，种子成熟期 9～10 月。

银杏为我国特产，是中生代孑遗植物，有活化石之称。银杏种仁药食兼用，有润肺、止咳、强壮功效。银杏叶可提取银杏内酯等，用于治疗心、脑血管疾病。银杏由于生长迅速，木材优良，树形美观，现多植为风景行道树。

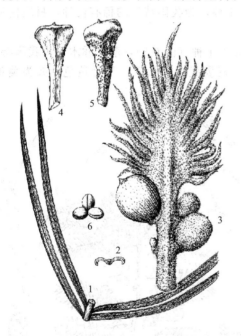

图 6-1　苏铁（*Cycas revolute* Thunb.）
（引自《广东植物志》）
1—羽状叶的一段；2—羽片横切面；
3—大孢子叶；4，5—小孢子叶的背腹面；
6—小孢子囊

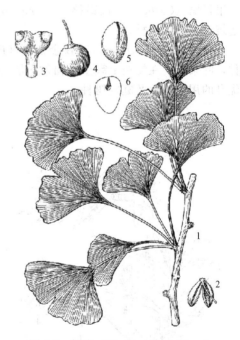

图 6-2　银杏（*Ginkgo biloba* Linn.）
（引自《广东植物志》）
1—长枝与短枝；2—雄蕊；3—大孢子叶球；
4—种子；5—去外种皮的种子；
6—去外、中种皮的种子纵切面

三、松柏纲

松柏纲（Coniferopsida）是现代裸子植物中数目最多、分布最广的类群，含 4 科，即松科（Pinaceae）、杉科（Taxodiaceae）、柏科（Cupressaceae）和南洋杉科（Araucariaceae），约 44 属 400 余种。

形态特征：松柏纲植物为乔木或灌木，茎多分枝，常有长短枝之分，具树脂道。叶为针状、鳞片状，稀为条状。孢子叶常排列成球果状，单性，多同株，少异株。松柏纲为我国裸子植物中种类最多、经济意义最大的类群。

1. 松科（Pinaceae）

乔木，常有树脂。叶针形或条形，单生或簇生，螺旋排列。球花单性同株。雄球花腋生或单生枝顶，或多数聚生于短枝顶部；雄蕊多个，每个雄蕊有 2 个花药，花粉具气囊或无。雌球花由多数螺旋排列的珠鳞和苞鳞组成，每个珠鳞腹面有 2 枚倒生胚珠，花后珠鳞发育为种鳞。球果直立或下垂，种鳞宿存或脱落，苞鳞露出或不露出。种子 2，常于上端有膜质翅，胚有子叶 2~16。

本科有 10 属，230 多种，主要分布于北半球。我国有 10 属，113 种（包括引种栽培的 24 种），分布于全国。

松科为极重要的林木，木材可供建筑、家具等用材，松脂为重要的林副产品，许多种在庭园、行道及荒山绿化造林中居重要地位。

松属（*Pinus* L.），叶有两型，长枝上叶鳞片状，膜质；短枝上叶针形，通常每 2~5 枚一束，每束基部为芽鳞所组成的叶鞘包围，叶鞘脱落或宿存。雄球花着生在新枝的基部；雌球花单生或 2~4 枚集生于新枝的顶端。球果种鳞木质，宿存，有鳞盾及鳞脐之分；种子常具翅。多为优良的用材树种。常见有马尾松（*Pinus massoniana*）、油松（*P. tabulaeformis*）、红松（*P. koraiensis*）等。

银杉属（*Cathaya*）仅银杉（*C. argyrophylla*）1 种，为我国特产的稀有树种，材质优良，供建筑、家具等用材。

金钱松属（*Pseudolarix*）仅金钱松（*P. amabilis*）1 种（图 6-3），落叶乔木。为我国特有属种，叶条形，在短枝上簇生为辐射平展的圆盘形。树姿优美，秋后叶呈金黄色，颇为美观。为优良的用材树种及庭院树种。

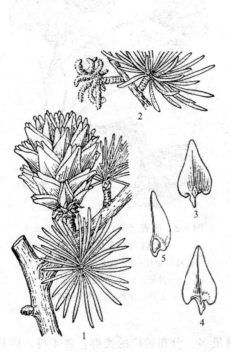

图 6-3　金钱松
1—球果枝；2—小孢子叶球枝；3—种鳞背面；
4—种鳞腹面；5—种子

图 6-4　水杉
1—球果枝；2—小孢子叶球枝；3—带叶枝；4—球果；
5—种子；6—小孢子叶球；7,8—小孢子叶背腹面

雪松（*Cedrus deodara*），终年常绿，树形美观，我国各城市广泛栽种，作庭园绿化树种。

2. 杉科（Taxodiaceae）

乔木。叶螺旋状排列。小孢子囊及胚珠常多于 2 个。苞鳞小，与珠鳞合生。种鳞常作盾状或覆瓦状排列。种子两侧具窄翅或下部具翅。

杉科有 10 属 16 种，主产北温带。我国产 5 属 7 种，引种栽培 4 属 7 种。

杉科为裸子植物中小科之一。我国著名种有杉木［*Cunninghamia lanceolata*（Lamb.）Hook.］、水杉（*Metasequoia glyptostroboides* Hu et Cheng）（图 6-4）、台湾杉（*Taiwania cryptomerioides* Hayata）、水松［*Glyptostrobus pensilis*（Staunt.）Koch］、柳杉（*Cryptomeria fortunei* Hooibreak ex Otto et Dietr.）等，其中水松、水杉是我国特有的孑遗植物，树姿优美，为著名的庭园、绿化树种。

引种栽培的有巨杉［*Sequoiadendron giganteum*（Lindl.）Buchholz］、北美红杉［*Sequoia sempervirens*（Rimb.）Endl.］，都是著名的巨树，高达 100m 以上，胸径达 8～11m，年龄分别可达 3500 年或 4000 年以上，为北美的单种属。

3. 柏科（Cupressaceae）

常绿乔木或灌木。叶交互对生或 3～4 叶轮生。叶鳞片状或刺形。雌雄同株或异株。小孢子囊常多于 2 个，胚珠也常多于 2 个。种鳞盾形，木质或肉质，交互对生或轮生。种子具翅或无翅。

柏科现有 22 属约 150 种。我国有 8 属 30 余种，另引入栽培 1 属 15 种。多为优良的用材树种及园林绿化树种。常见的有侧柏［*Biota orientalis*（L.）Endl.］、圆柏［*Sabina chinensis*（L.）Ant.］。

四、红豆杉纲

红豆杉纲（紫杉纲，Taxopsida）植物为木本。叶条形或条状披针形。孢子叶球单性异株，稀同株。大孢子叶特化为珠托或套被。种子具肉质的假种皮或外种皮。

本纲有 3 科 14 属 160 余种。我国有罗汉松科（Podocarpaceae）、三尖杉科（Cephalotaxaceae）和红豆杉科（紫杉科，Taxaceae），7 属 33 种。

罗汉松属（*Podocarpus*），大孢子叶球腋生，套被与珠被合生。种子核果状，全部为肉质假种皮包围，具肉质或非肉质的种托。约 100 种，主要分布于南半球。我国 13 种 3 变种，主要分布于长江以南各省和台湾地区。常见的有竹柏［*P. nagi*（Thunb.）Zoll. et Mor.］、罗汉松［*P. macrophylla*（Thunb.）D. Don］（图 6-5）和鸡毛松（*P. imbricatus* Bl.）等，均为优美的庭园树种。

图 6-5　罗汉松
1—种子枝；2—种子与
种托；3—小孢子叶球

本纲的三尖杉（*Cephalotaxus fortunei* Hook. f.）、粗榧［*C. sinensis*（Rehd. et Wils.）Li］、红豆杉［*Taxus chinensis*（Pilg.）Rehd.］（图 6-6）、白豆杉［*Pseudotaxus chienii*（Cheng）Cheng］、穗花杉［*Amentotaxus argotaenia*（Hance）Pilger］、榧树（*Torreya grandis* Fort.）等均为我国特有，也为优美的庭园树种。三尖杉属（*Cephalotaxus*）与红豆杉属（*Taxus*）植物的树皮可供提取抗癌药物。

五、买麻藤纲

买麻藤纲（倪藤纲，Gnetopsida），藤本、灌木，稀有小乔木。次生木质部常具导管，无树脂道。叶对生或轮生，叶片有各种类型。孢子叶球二叉分支，孢子叶球有类似花被的盖被（chlamydia）。胚珠 1 枚，珠被 1 或 2 层，珠被向外延伸，形成珠孔管。精子无鞭毛，颈卵器极其退化或无。种子有假种皮，胚乳丰富。

本纲植物共有 3 目 3 科 3 属约 80 种，即麻黄属（*Ephedra*）、买麻藤属（*Gnetum*）与百岁兰属（*Welwitschia*）。我国有 2 科 2 属 19 种植物，即麻黄属、买麻藤属，分布遍及全国。

麻黄属（*Ephedra*），常绿小灌木，叶对生或轮生。2～3 片合生成鞘状；先端有三角状裂齿。枝条节明显，有纵沟。雌雄异株，雄花有 2～4 片假花被，假花被圆形或倒卵形，大部合生，顶端分离。雄蕊 2～8，花丝合生成 1～2 束，花药 1～3 室。雌球花有 2～8 对交叉对生成 2～8 轮（每轮 3 片）苞片，雌花有囊状革质假花被，包于胚珠外，胚珠有一层膜质珠被，上部延长成珠被管，雌球花的苞片发育增厚成肉质，呈红色或橘红色，稀薄膜质，褐色。假花被发育成假种皮。种子 1～3 粒。

本属植物约 40 种，分布于亚洲、美洲、东南欧及北非。我国有 12 种，主要分布于西北与北部，常出现在荒漠、半荒漠及干草原地带。本属植物多数含麻黄碱，可供药用，有发汗、平喘、利水的功能。如著名的中药材草麻黄（*Ephedra sinica* Stapf.）。

买麻藤属（*Gnetum*）（图 6-7）1 属，约 30 余种，分布于亚洲、非洲及南美洲的热带、亚热带地区。我国有 7 种，分布于广西、云南、江西及湖南等省区。买麻藤属植物茎皮富含纤维，为织麻袋、渔网、绳索等原料。

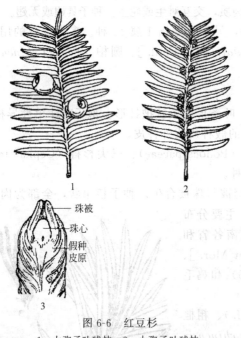

图 6-6　红豆杉
1—大孢子叶球枝；2—小孢子叶球枝；
3—大孢子叶球纵切

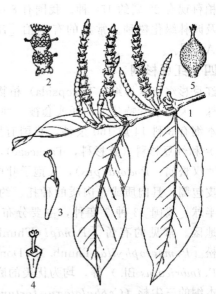

图 6-7　买麻藤属
1—小孢子叶球序枝；2—小孢子叶球序
部分放大；3，4—小孢子叶；5—大孢子

第三节　被子植物分类

一、被子植物分类形态学术语

被子植物分类主要以形态特征为依据，尤其是花及果实的形态。因此，在学习分类之前，必须熟悉下列名词和术语。

（一）茎

1. 根据茎的性质分

（1）木本植物　茎含木质多，坚硬，多年生。

① 乔木　有明显主干的高大树木。如松、柳、板栗、龙眼、荔枝、桉树等。

② 灌木　常由基部分枝，主干不明显的较矮植物。如月季、小叶女贞、九里香、茶等。

③ 半灌木　也叫亚灌木，茎基部木质化，上部草质，介于木本与草本之间的经冬不枯的多年生植物。如牡丹、梵天花、树棉等。

（2）草本植物　茎含木质少，多汁，较柔软。

① 一年生草本　当年的种子萌芽生长成植株，当年开花结果而后枯死的植物。如水稻、玉米、落花生等。

② 二年生草本　第一年仅营养器官生长，到第二年开花结实而后枯死。如冬小麦、油菜、萝卜、白菜等。

③ 多年生草本　植物的地下部分能生长多年，每年继续发芽生长，而地上部分每年枯死的植物。如甘蔗、象草、荷花、君子兰等。

（3）藤本　植物茎细长，不能直立，只能依附其他物体，缠绕或攀援向上生长。藤本又可分为木质藤本，如葡萄、金银花等；草质藤本，如南瓜、菜豆、黄瓜、五爪金龙、茑萝等。

2. 根据茎的生长习性分（图 6-8）

（1）<u>直立茎</u>　茎垂直地面，直立向上生长。如稻、荔枝、桃、梅、杏、李等。

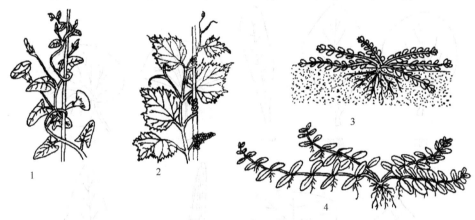

图 6-8　茎的种类

1—缠绕茎；2—攀援茎；3—平卧茎；4—匍匐茎

（2）缠绕茎　茎不能直立生长，螺旋状缠绕在其他物体上向上生长。如茑萝、豇豆、牵牛、菜豆等。

（3）攀援茎　茎不能直立，用各种器官攀援向上。如爬山虎、葡萄、炮仗花等。

（4）匍匐茎　茎平卧地面，向四周生长，节上生根。如草莓、番薯、美洲蟛蜞菊。

（5）平卧茎　茎平卧地面上，节上不生根。如地锦、千根草等。

（二）叶

叶的形态多种多样，每种植物的叶片，常有一定的形状，也是分类的基础；在识别植物时，常以叶序、叶形、叶尖、叶脉、叶基、叶缘、托叶等为依据。

1. 叶序

叶序是指叶在茎上排列的方式（图 6-9）。

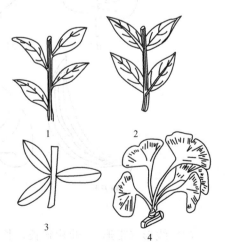

图 6-9　叶序

1—互生；2—对生；3—轮生；4—簇生

（1）互生　每节上只有一片叶，交互而生。如稻、玉米、桃、梅、杏、李等。

（2）对生　每节上相对着生 2 片叶。如茉莉、咖啡、益母草、薄荷、女贞等。

（3）轮生　每节上生 3 片或 3 片以上的叶。如黄蝉、夹竹桃等。

（4）簇生　2 片或 2 片以上的叶着生于节间极度缩短的短枝上。如银杏、金钱松、落叶松等。

2. 叶形

叶形是指叶片的形状（图 6-10）。

（1）针形　叶细长，先端尖，形如针。如松等。

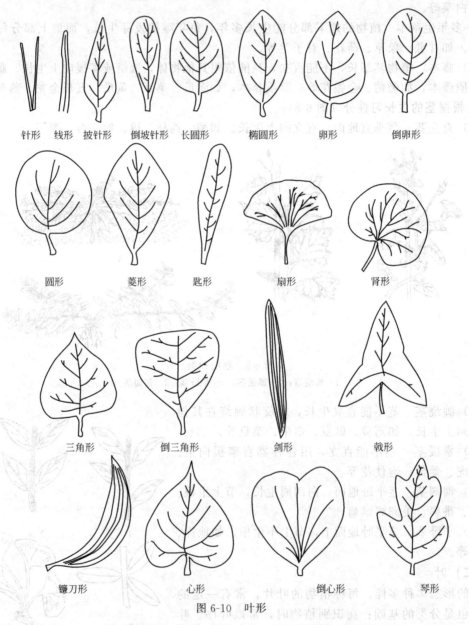

图 6-10　叶形

（2）线形（带形）　叶片狭长，长约为宽的 5 倍以上，且全长的宽度近相等，两侧叶缘几乎平行。如韭、沿阶草等。

（3）剑形　坚实较宽大的、具尖锐顶端的线形叶。如剑麻、菠萝等。

（4）披针形　叶中部以下最宽，向上渐狭；长为宽的 4～5 倍。如桃。

（5）倒披针形　是披针形的颠倒。如小檗。

（6）卵形　形如鸡卵，中部以下较宽，向上渐狭，长约为宽的 2 倍。如女贞。

（7）倒卵形　是卵形的颠倒。如紫云英、泽漆。

（8）阔卵形　长宽约等或长稍大于宽，最宽处近叶的基部。如苎麻。

（9）倒阔卵形　是阔卵形的颠倒。如玉兰。

（10）圆形　形似圆盘，长宽相等。如莲。

（11）长圆形　叶片较宽部分在中部，两侧边缘近平行。如黄檀。

（12）椭圆形　与长圆形相似，但叶缘呈弧形。如茶和樟树。

（13）长椭圆形　长为宽的 3～4 倍，最宽处在中部。如芒果。

（14）阔椭圆形　长为宽的 2 倍或较少，中部最宽。如橙。

（15）菱形　叶片近等边斜方形。如菱、乌桕。

（16）心形　叶形呈心脏形。如紫荆。

（17）倒心形　是心形的颠倒。

（18）肾形　叶似肾脏形，基部圆凹，先端钝圆，宽大于长。如积雪草、细辛。

此外，还有其他叶形，如三角形（荞麦和杠板归叶）、倒三角形、扇形（银杏叶）、匙形（油菜叶）、戟形、镰刀形、琴形等。

3. 叶尖（图 6-11）

（1）渐尖　叶尖较长，渐尖锐，叶缘稍内弯。如杏、桃等。

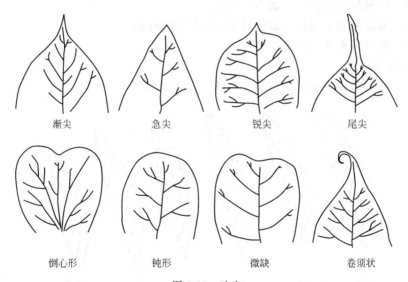

渐尖　　急尖　　锐尖　　尾尖

倒心形　　钝形　　微缺　　卷须状

图 6-11　叶尖

（2）锐尖　叶尖成锐角形，边缘直。如金樱子。

（3）尾尖　叶尖狭长而成尾状。如郁李。

（4）钝形　叶尖钝或狭圆形。如厚朴。

（5）尖凹　叶尖顶端稍凹入。如猪屎豆、黄檀和细叶黄杨。

（6）倒心形　叶尖宽圆有较深的凹缺。如酢浆草。

此外，还有急尖、微缺、卷须状等。

4. 叶基（图 6-12）

（1）心形　叶片基部两侧各有一圆裂片，中部凹成心形。如甘薯、牵牛。

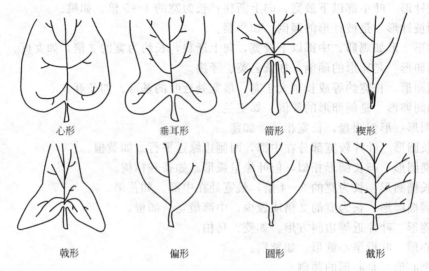

图 6-12　叶基

(2) 垂耳形　基部两侧各有一耳垂形的小裂片。如油菜。

(3) 箭形　叶片基部两侧的小裂片尖锐，向后并稍向内，似箭头。如慈姑。

(4) 楔形　叶片自中部以下向基部两侧渐狭，状如楔子。如垂柳和含笑。

(5) 戟形　叶片基部两侧的裂片稍向外展开。如菠菜和慈姑。

(6) 圆形　叶基呈现半圆形。如杏、苹果。

(7) 偏形　基部两侧不对称。如秋海棠、朴树和斜叶榕。

(8) 截形　叶基部平截。如元宝枫等。

5. 叶缘 (图 6-13)

(1) 全缘　叶片边缘平整无缺。如夹竹桃、羊蹄甲和肉桂。

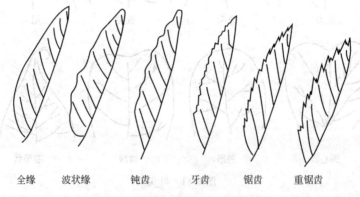

全缘　　波状缘　　钝齿　　　牙齿　　锯齿　　重锯齿

图 6-13　叶缘的类型（引自周仪等）

(2) 锯齿　叶片的边缘具有尖锐、向前倾斜的锯齿状齿。如大麻、桃、苹果。

(3) 牙齿　叶边缘裂成齿状，齿两边近等长，直立三角形。如桑。

(4) 钝齿　叶边缘有钝头的齿。如大豆、黄杨。

(5) 波状缘　叶片边缘似微波浪形。如茄、栎等。

(6) 重锯齿　叶片边缘的锯齿上面又生锯齿。如榆叶梅等。

6. 叶裂

叶的分裂有羽状裂叶（如马铃薯、莴苣叶）和掌状裂叶（木薯、蓖麻）之分，根据分裂的程度可以分为以下几种（图6-14）。

（1）浅裂　叶片分裂不到半个叶片宽度的一半。如油菜。

| 羽状浅裂 | 羽状深裂 | 羽状全裂 | 倒羽状裂 |

掌状浅裂　　　掌状深裂　　　掌状全裂

图6-14　叶裂的类型

（2）深裂　叶片分裂深于半个叶片宽度一半以上。如葎草。

（3）全裂　叶片分裂达中脉或基部。如大麻。

7. 脉序

叶脉的排列方式有如下几种（图6-15）。

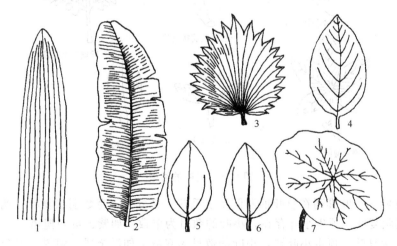

图6-15　脉序的类型

1,2—平行脉；3—掌状脉；4—羽状脉；5,6—三出脉；7—射出脉

（1）平行脉　叶片的中央有条主脉，主脉两边的脉相互平行或近平行排列。根据排列的不同又分为如下几种。

① 直出平行脉　各脉由基部平行直达叶尖。如稻、玉米。

② 侧出平行脉　侧脉垂直于主脉，彼此平行，直达叶缘。如香蕉、芭蕉、美人蕉。

③ 辐射平行脉　各脉自基部以辐射状态分出。如蒲葵和棕榈。

④ 弧形平行脉　各脉自基部平行发出，稍作弧状，集中汇合于叶尖。如车前和玉簪。

（2）网状脉　叶片上有一条或几条主脉，主脉又发出许多侧脉，侧脉上再分出许多细脉，并互相连接为网状的脉序。根据叶脉的分布又分为：羽状网脉、掌状网脉。

① 羽状网脉　中间具一条明显的主脉，两侧分出许多侧脉，侧脉间又分出多数细脉。如桃和李。

② 掌状网脉　叶基分出多条主脉，主脉又分侧脉，侧脉又分细脉。如棉、向日葵、蓖麻。

（3）叉状脉　各脉作二叉状分支，是较原始的脉序。如银杏和蕨类植物。

（4）射出脉　盾状叶的脉，都由叶柄的顶端射向四周。如莲。

（5）掌状脉　几条近等粗的主脉由叶柄顶端生出。如葡萄、法桐等。

（6）羽状脉　具一条主脉，侧脉排列成羽状。如榆树等。

（7）三出脉　由叶基伸出三条主脉。如肉桂、枣树等。

8. 单叶和复叶

一个叶柄所生叶片的数目，因植物不同而异。一般有两种：单叶和复叶。

（1）单叶　一个叶柄上只生一片叶。如棉、桃和油菜。

（2）复叶　一个叶柄上生许多个小叶，每个小叶上的柄叫小叶柄，复叶的叶柄叫总叶柄，延伸的部分叫叶轴。复叶以排列的不同，又分为如下几种（图6-16）。

一回奇数羽状复叶　　一回偶数羽状复叶　　二回偶数羽状复叶

掌状复叶　　三出复叶　　单身复叶

图 6-16　复叶的类型

① 羽状复叶　小叶排列在总叶柄两侧呈羽毛状。又分为：奇数羽状复叶、偶数羽状复叶。

a. 奇数羽状复叶　顶生小叶存在，小叶的数目为单数。如紫云英和槐树。

b. 偶数羽状复叶　顶生小叶缺，小叶的数目为双数。如洋金凤、雨树、银合欢。

羽状复叶又因叶轴分枝排列的情况不同，而分为一回、二回、三回、多回羽状复叶。

a. 一回羽状复叶　叶轴上不分枝，小叶直接生在叶轴左右两侧。如刺槐、落花生。

b. 二回羽状复叶　叶轴分枝一次，再生小叶。如银合欢、云实。

c. 三回羽状复叶　叶轴分枝两次，再生小叶。如南天竹。

d. 多回羽状复叶　叶轴多次分枝，再生小叶。

② 掌状复叶　小叶都生在总叶柄顶端；如发财树、木棉树等。掌状复叶也可因叶轴分枝的情况不同，而可再分为一回、二回等。

③ 三出复叶 仅有三个小叶生在总叶柄上。又分为：羽状三出复叶、掌状三出复叶。

a. 羽状三出复叶 顶生小叶生于总叶柄的顶端，两个侧生小叶生于总叶柄的顶端以下。如大豆。

b. 掌状三出复叶 三个小叶都生于总叶柄顶端。如橡胶树。

④ 单身复叶 两侧生小叶退化，而总叶柄与顶生小叶连接处有关节。如柑橘。

（三）花

一朵典型的花由花柄、花托、花萼、花冠、雄蕊群和雌蕊群等部分组成。

1. 花的类型

（1）按花各部分排列分

① 辐射对称 通过花的中心可以作出几个对称面，又称整齐花。如桃、梨花等。

② 两侧对称 通过花的中心只可以作出一个对称面，又称不整齐花。如蚕豆、洋金凤。

③ 不对称 通过花的中心不能作出对称面。如美人蕉、艳山姜。

（2）依花中各部分分

① 完全花 花萼、花冠、雄蕊与雌蕊都具有。如油菜、棉、桃等。

② 不完全花 花中缺少任何一部分或几部分。如桑和南瓜的雄花和雌花等。

（3）依花萼和花冠分

① 两被花 花萼和花冠都具备。如梨和桃、龙眼。

② 单被花 大部分只有花萼，没有花冠。如桑和荔枝。

③ 无被花 花萼和花冠都没有。如毛白杨、柳、胡椒等。

（4）按花中雌雄蕊的有无分

① 两性花 有雄蕊和雌蕊。如稻、棉、梅。

② 单性花 只有雄蕊或雌蕊。如玉米、桑、菠萝蜜。

③ 中性花 雌蕊和雄蕊都缺。如向日葵周围的舌状花。

2. 花冠类型

由于花瓣的离合，花冠筒长短，花冠裂片的形状和深浅的不同，常见的有下列几种类型。

（1）依花瓣的离合分

① 离瓣花 花瓣分离。如桃、柑橘等。

② 合瓣花 花瓣部分或全部合在一起。如咖啡、五爪金龙、茑萝等。

（2）依花冠的形状分（图 6-17）

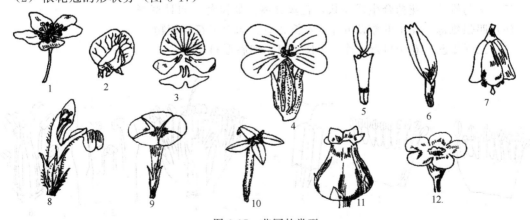

图 6-17 花冠的类型

1—蔷薇状；2,3—蝶形；4—十字形；5—筒状；6—舌状；

7—钟状；8—唇形；9—漏斗状；10—高脚蝶状；11—坛状；12—轮状

① 蔷薇状花冠　5 个分离的花瓣排列成辐射状。如桃、梨等。

② 蝶形花冠　5 个形状不同的花瓣排列成蝶形。最外面一瓣最大为旗瓣，其内两边各一瓣称翼瓣，在翼瓣内方两瓣有时联合的为龙骨瓣。如大豆、蚕豆等。

③ 十字形花冠　4 个分离的花瓣排列成十字形。如油菜、萝卜等。

④ 舌状花冠　基部成一短筒，上边向一边展开成扁舌状。如向日葵的边花。

⑤ 轮状花冠　花冠筒短，裂片由基部向四周扩展，状如车轮。如茄和番茄。

⑥ 唇形花冠　花冠合在一起，略成二唇形。如益母草、泡桐等。

⑦ 钟状花冠　花冠筒宽而短，上部扩大成一钟形。如南瓜、桔梗。

⑧ 漏斗状花冠　花冠的下部成筒形，由基部向上扩大成漏斗状。如牵牛。

⑨ 筒状花冠　花冠部分成一管状或圆筒状，花冠裂片向上伸展。如向日葵中间的花。

⑩ 高脚蝶状花冠　花冠下部窄筒形，上部花冠裂片突向水平开展。如迎春花等。

⑪ 坛状花冠　花冠筒膨大为卵形或球形，上部收缩成短颈，花冠裂片微外曲。如柿树的花。

⑫ 轮状花冠　花冠筒短，花冠裂片由基部向四周轮状扩展。如茄、番茄花冠。

3. 花瓣和萼片或其裂片在花芽内排列的方式（图 6-18）

(1) 镊合状　花瓣或萼片各个的边缘彼此接触，但不覆盖。如茄和番茄。

(2) 旋转状　花瓣和萼片每一片的边缘覆盖着相邻一片的边缘，而另一边又被另一相邻片的一边所覆盖。如扶桑花、木槿和龙船花。

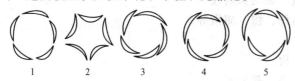

图 6-18　花瓣的排列

1,2—镊合状；3—旋转状；4,5—覆瓦状

(3) 覆瓦状　花瓣或萼片中有一片或两片完全在外，有一片完全在内。如洋金凤、九里香。

4. 雄蕊类型

因植物种类的不同而异。主要类型有如下几种（图 6-19）。

(1) 离生雄蕊　一朵花中的雄蕊彼此分离。如桃、油菜。

(2) 单体雄蕊　雄蕊的花丝联合成一体，而花药分离。如棉花、苦楝、桃花心木。

(3) 二体雄蕊　一朵花中 10 个雄蕊，分成两束，如 9 与 1 或 5 与 5。如龙牙花、蚕豆或大豆等。

(4) 多体雄蕊　一朵花中雄蕊联合成多束。如金丝桃、蓖麻。

(5) 聚药雄蕊　花药合生成筒状，花丝分离。如树菊、向日葵等。

(6) 四强雄蕊　花中的雄蕊 6 个，4 长 2 短。如十字花科植物。

(7) 二强雄蕊　花中雄蕊 4 个，2 长 2 短。如唇形科植物。

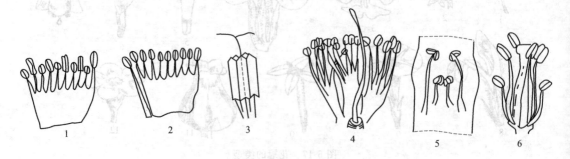

图 6-19　雄蕊的类型

1—单体雄蕊；2—二体雄蕊；3—聚药雄蕊；4—多体雄蕊；5—二强雄蕊；6—四强雄蕊

5. 花药着生方式

花药在花丝上着生的方式有如下几种（图 6-20）。

（1）基着药　花药仅基部着生于丝的顶端。如望江南、莎草、唐菖蒲。

（2）背着药　花药的背部着生在花丝上。如桑、苹果、油菜。

（3）丁字形着药　花药背部中央一点着生于花丝顶端。如小麦、水稻、百合。

（4）广歧药　花药基部张开几成水平线，顶部着生在花丝的顶端。如毛地黄。

（5）个字形着药　花药张开成"人"字，顶部着生于花丝顶端而成"个"字形。如凌霄花。

（6）贴着药　花药全部着生在花丝上。如莲、玉兰。

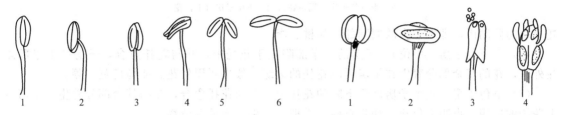

图 6-20　花药的着生方式

1—贴着药；2—背着药；3—基着药；

4—丁字形着药；5—个字形着药；6—广歧药

图 6-21　花药开裂的方式

1—纵裂；2—横裂；3—孔裂；4—瓣裂

6. 花药开裂方式

成熟花药开裂散出花粉的方式有如下几种（图 6-21）。

（1）纵裂　药室纵长裂开。如小麦、油菜。

（2）孔裂　药室顶端开一小孔。如茄、马铃薯。

（3）瓣裂　药室有 2 个或 4 个活板状的盖，花粉由掀开的盖孔散出。如樟树。

（4）横裂　沿花药中部成横向裂开。如木槿、蜀葵。

7. 雌蕊类型

雌蕊由心皮组成，心皮是叶的变态。根据组成雌蕊心皮数的多少，可分为如下几种（图 6-22）。

（1）单雌蕊　一朵花中只由一个心皮构成的雌蕊。如杏、降香黄檀、桃等。

（2）离生心皮雌蕊　一朵花中由若干彼此分离的心皮构成的雌蕊。如八角、苹婆等。

（3）合生心皮雌蕊（复雌蕊）　雌蕊由 2 个以上的心皮合成，其子房有 1 至多室。如肉桂、蒲桃、棉花。

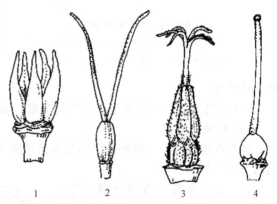

图 6-22　雌蕊的类型

1—离生心皮雌蕊；2～4—合生心皮雌蕊

8. 子房位置类型

根据子房在花托上与花托结合情况不同，可分为如下几种（图 6-23）。

（1）上位子房　子房仅以底部与花托相连，其余分离。又可分为两种类型：上位子房下位花、上位子房周位花。

① 上位子房下位花　仅子房的底部与花托相连，萼片、花瓣、雄蕊着生的位置低于子房。如玉兰、油菜、稻。

② 上位子房周位花　仅子房的底部与凹陷的花托底部相连，花萼、花冠和雄蕊着生于花

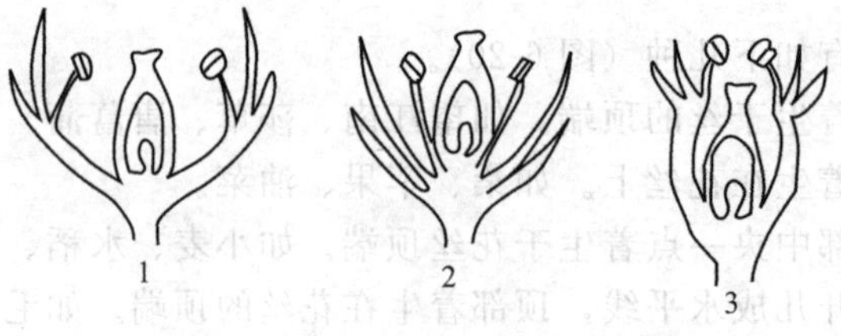

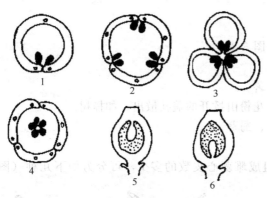

图 6-23　子房的位置

1—上位子房（周位花）；2—上位子房（下位花）；

3—半下位子房（周位花）；4—下位子房（上位花）

托上端内侧周围，即在子房的周围部。如桃、李。

（2）半下位子房（中位）　子房的下半部陷生于花托中，并与花托愈合，子房的上半部露在外边，花的其余部分着生在子房周围花托的边缘，故也叫周位花。如马齿苋、菱。

（3）下位子房　整个子房埋于下陷的花托中，并与花托愈合，花的其余部分着生于子房以上花托的边缘，也叫上位花。如番石榴、枇杷、苹果、南瓜等植物。

9. 胎座类型

胚珠在子房内着生的位置称胎座。常见有如下几类（图 6-24）。

（1）边缘胎座　雌蕊是单心皮，子房一室。胚珠生在腹缝线上。如大豆和蚕豆等豆类植物。

（2）侧膜胎座　雌蕊由 2 个以上的心皮构成 1 室的子房或假数室子房，胚珠生在心皮的边缘。如南瓜、油菜等。

（3）中轴胎座　雌蕊由多心皮构成多室子房，心皮的边缘互相联合，子房的中央形成中轴，胚珠生于中轴上。如橡胶树、柑橘等。

（4）特立中央胎座　雌蕊由多心皮构成 1 室子房或不完全数室子房，子房腔的基部向上有一中轴，但不达子房的顶端，胚珠生在轴上。如石竹科植物。

（5）基生胎座　胚珠生于子房室的基部。

图 6-24　胎座的类型

1—边缘胎座；2—侧膜胎座；3—中轴胎座；

4—特立中央胎座；5—顶生胎座；6—基生胎座

如菊科植物。

（6）顶生胎座　胚珠生于子房室的顶部。如瑞香科植物。

10. 胚珠的类型

胚珠在生长时，珠柄和其他部分生长速度并不均匀，因此，胚珠在珠柄上的着生方位有不同的类型（图 6-25）。

（1）直生胚珠　各部分能平均生长，因此，珠柄、合点、珠孔三者在一条直线上，珠孔在珠柄相对一端。如荞麦、苎麻、大黄。

（2）倒生胚珠　为最常见的类型，珠柄细长，整个胚珠做 180°扭转，呈倒悬状，合点在上，珠孔朝向胎座。如稻、麦、瓜类等。

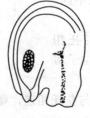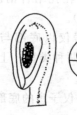

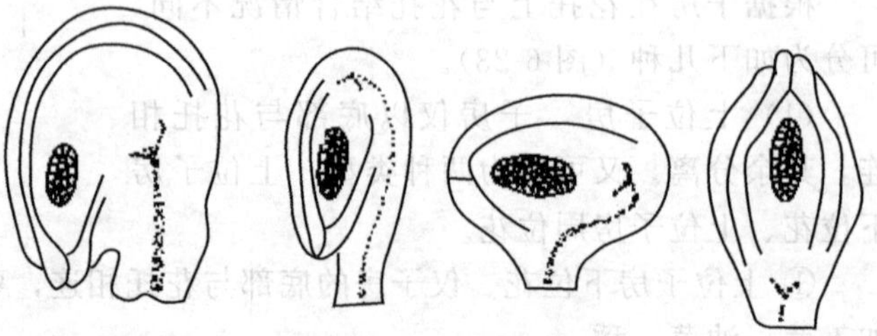

弯生胚珠　　倒生胚珠　　横生胚珠　　直生胚珠

图 6-25　胚珠的类型

（3）横生胚珠　胚珠的一侧增长较快，使胚珠在珠柄上呈 90°扭转，胚珠和珠柄成直角，珠孔偏向一侧。如锦葵。

（4）弯生胚珠　胚珠的下部直立，而上部的一边生长较快呈弯曲，珠孔朝下，但珠心并不弯曲，合点与珠孔通过珠心连成弧线。如油菜、柑橘。

以上直生胚珠和倒生胚珠为最基本类型，而横生胚珠和弯生胚珠是两者之间的过渡类型。

11. 花程式和花图式

花的形态结构用符号及数值列成公式来表示叫花程式；用横断面简图表示花图式。

（1）花程式　把花的各部用符号及数字列成类似数字方程来表示的，叫花程式。通过花程式可以表明花各部的组成、数目、排列、位置，以及它们彼此间的关系。

① 使用符号及其含义　K 或 Ca 表示花萼；C 或 Co 表示花冠；A 表示雄蕊群；G 表示雌蕊群；P 表示花被；1，2，3，4，5……表示各部分数目、轮数；∞ 表示数目很多而不固定；x 表示少数，不定数；0 表示缺少或退化；（　）表示同一花部彼此合生，不用此符号者表示分离；＋表示同一花部的轮数或彼此有显著区别；—表示同一花部的数目之间存在变化幅度；$\underline{G}$、$\overline{\underline{G}}$、$\overline{G}$ 分别表示上位子房、半下位子房、下位子房，$G_{(3:3:1)}$ 括号内第一数字表示心皮数目，第二数字表示子房室数目，第三数字表示每个子房室中胚珠数目；↑表示两侧对称花；＊表示辐射对称花；♂表示单性雄花；♀表示单性雌花；♀表示两性花。

② 花程式举例　豌豆 ↑$K_{(5)}C_5A_{(9)+1}\underline{G}_{1:1}$；油菜 ＊$K_4C_4A_{2+4}\underline{G}_{(2:2)}$；百合 ＊$P_{3+3}A_{3+3}\overline{G}_{(3:3)}$；柳 ＊$K_0C_0\underline{G}_{(2:1)}$。

（2）花图式　花图式是花的横切面的投影，用以表示花各部分轮数、数目、排列、离合等关系。用圆点表示花着生的花轴，位于图的上方；用空心三角图形表示苞片；用带有线的三角图形表示萼片；实心弧线图形表示花瓣；雄蕊以花药的横切面图形表示；雌蕊以子房横切面图形表示，位于图的中心。并注意各部分的位置，分离或联合。若分离就不连接，若联合则连接起来表示（图 6-26）。

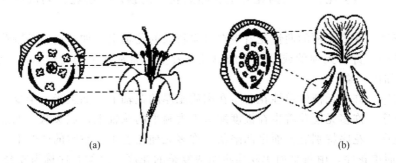

图 6-26　花图式和花的图解
（a）辐射对称花的花图式；（b）两侧对称花的花图式

12. 花序

单独一朵花着生在枝端或叶腋的称为单生花，如玉兰、牡丹、芍药等。多数植物有许多花按一定规律排列在花轴上的方式叫花序。花序的总花梗或主轴称为花轴。根据开花顺序分为有限花序和无限花序两大类（图 6-27）。

（1）无限花序（向心花序）　主轴在开花期间可以继续向上伸长。开花顺序是花轴基部的花先开，然后向上依次开放；或由边缘向中心开放。常见的有如下几类。

① 总状花序　在单一较长的花轴上由下向上继续生长，花梗近等长的两性花。如芦荟、

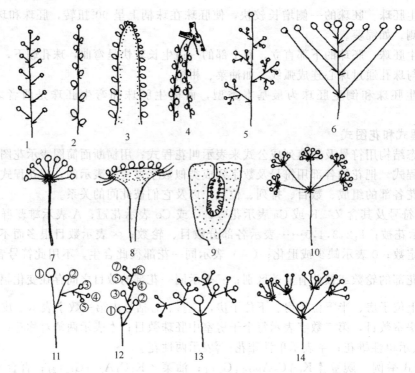

图 6-27　花序的类型

1—总状花序；2—穗状花序；3—肉穗花序；4—葇荑花序；5—复总状花序；6—伞房花
序；7—伞形花序；8—头状花序；9—隐头花序；10—复伞形花序；11,12—单歧聚伞
花序；13—二歧聚伞花序；14—多歧聚伞花序

龙牙花、猪屎豆。

② 伞房花序　花轴下部花梗长，往上渐短；轴顶端各花排列在一个平面上。如山楂、梨等。

③ 伞形花序　很多花梗等长的花着生在缩短花轴的顶端，各花排列成一个伞形。如葱、人参、五加。

④ 穗状花序　许多无梗的两性花着生在直立较长的花轴上。如车前、马鞭草。

⑤ 葇荑花序　许多无梗的或具短梗的单性花着生在通常下垂的花轴上；一般花后整个花序一起脱落。如杨、桑。

⑥ 肉穗花序　许多无梗的单性花着生在肉质肥厚的花轴上。如玉米、半夏。

⑦ 头状花序　许多无梗花着生在极度缩短膨大扁平的花轴上，成头状。如菊科植物。

⑧ 隐头花序　花序特别肥大而呈凹陷状。许多无梗花着生于空腔的内壁上。如无花果。

上述都是简单花序，由每个简单花序再组成复杂的花序，这类花序称为复合花序。常见的有以下几种。

① 圆锥花序　长花轴上的每个分枝是一个总状花序。如南天竹、稻、燕麦。

② 复伞形花序　花轴的顶端丛生若干长短相等的分枝，各分枝为一个伞形花序。如胡萝卜。

③ 复伞房花序　花轴上的分枝排列形成伞房状，每一个分枝为一个伞房花序。如石楠和尖叶绣线菊。

(2) 有限花序（离心花序）　花开的顺序是由上而下或由内向外，这样的花序又叫聚伞花序。常见有下列几种。

① 单歧聚伞花序　主轴顶端先生一花，后在主轴下一侧形成侧枝，其顶端又生一花，侧枝上又生侧枝，顶端生花，依次形成合轴分枝的花序。如果各分枝左右间隔分出，称蝎尾状聚

伞花序，如唐菖蒲、黄花菜。若朝一个方向分出的侧枝，呈卷曲状，称螺状聚伞花序，如大尾摇、附地菜。

② 二歧聚伞花序　顶花的主轴两侧各分一侧枝，枝顶生花，每侧枝顶花下又分为两侧枝，反复进行。如卷耳、繁缕、大叶黄杨。

③ 多歧聚伞花序　主轴的顶端发育一花后，顶花下的主轴又分出三个以上的分枝，各分枝又自成一小聚伞花序。如泽漆。

④ 轮伞花序　聚伞花序生于对生叶叶腋，短梗花密集成轮状排列。如益母草、薄荷。

（四）果实

果实的果皮由子房壁发育而成，称为真果；除子房壁外，还有花被、花托、花序轴参与的，称为假果。常见的有以下几种果实类型（图 6-28）。

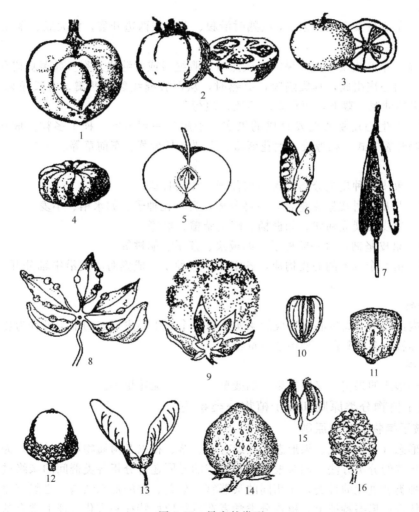

图 6-28　果实的类型

1—核果；2—浆果；3—柑果；4—瓠果；5—梨果；6—荚果；7—角果；8—蓇葖果；
9—蒴果；10—瘦果；11—颖果；12—坚果；13—翅果；14—聚合果；15—分果
（双悬果）；16—聚花果

1. 单果

花中只有一个雌蕊形成一枚果实。分肉质果和干果两类。

（1）肉质果　果皮肉质，肥厚多汁。按果皮的来源和性质不同分为以下几类。

① 浆果　是肉质果中最常见的。外果皮薄，中果皮、内果皮多汁，且难于分离。如番茄、葡萄。

② 核果　外果皮薄，中果皮肉质，内果皮坚硬木质化。如桃、椰子、枣。

③ 柑果　由多心皮中轴胎座子房发育而成。外果皮革质；中果皮较疏松，分布有维管束；内果皮膜质，分为若干室，充满含汁的长形丝状细胞，是食用部分。如柑橘、柚。

④ 梨果　由花筒和子房愈合在一起发育而成的假果。花筒形成的果壁与外果皮及中果皮均肉质化，内果皮纸质或革质化。如枇杷、梨、山楂、苹果。

⑤ 瓠果　由下位子房发育而成的假果，花托和外果皮结合为坚硬的果壁，中果皮、内果皮肉质，胎座很发达。如南瓜、西瓜等瓜类。

（2）干果　果实成熟后果皮干燥，依开裂与否，可分为裂果和闭果两类。

① 裂果

a. 荚果　单心皮发育成的果实，成熟时沿腹、背缝线两边开裂，如大豆、蚕豆。或不开裂的落花生等。

b. 蓇葖果　单心皮发育成的果实，成熟时沿腹缝线或背缝线开裂。如菜豆树和八角果。

c. 角果　两心皮组成，具假隔膜，成熟时，从两腹缝线裂为两瓣。有长角果和短角果之分。如长角果的油菜、萝卜，短角果的荠菜、独行菜。

d. 蒴果　合生心皮复雌蕊发育成的果实，子房为一到多室，种子多粒；成熟时有纵裂、孔裂和周裂等开裂方式。如橡胶、大花紫薇、罂粟、马齿苋、车前草等。

② 闭果

a. 瘦果　果皮与种皮能分离，含一粒种子。如向日葵。

b. 颖果　果皮与种皮紧密愈合，不易分离，含一粒种子。如水稻、小麦。

c. 翅果　果皮延展成翅状，如枫杨、印度紫檀、榆等。

d. 坚果　果皮坚韧，含一粒种子。如板栗、莲子、胡桃等。

e. 分果　由 2 个以上的心皮构成，各室含一粒种子，成熟时心皮沿中轴分开。如磨盘草、胡萝卜等。

2. 聚合果

一朵花内由若干个离生心皮形成的果实，每一个离生心皮形成的果实可分为瘦果、核果或坚果。如番荔枝、多花蔷薇、悬钩子与草莓。

3. 聚花果

整个花序形成的果实，又叫复果。如菠萝、桑椹、无花果等。

二、被子植物分类原则和被子植物分类系统

（一）被子植物的分类原则

以植物形态（主要是花、果形态，并结合叶、茎、根以及附属物如毛被等）为根据进行对比分析，是传统的分类方法。同时根据植物形态的异同还可分析各类群间的亲缘进化关系。因此，原始的种类和进化的种类，在相同的某器官（如花、果的形态结构）必然有原始的构造和进化的特征体现在形态特征上。植物分类学者在看待原始特征和进化特征上常有基本的共同的语言，即共同观点，这就是植物分类的原则。这些原则归纳见表 6-3。

表 6-3　植物分类的原则

项目	初生的、较原始的特征	次生的、进化的特征
茎	1. 木本 2. 直立 3. 无导管，有管胞 4. 具环纹、螺纹导管	1. 草本 2. 缠绕 3. 有导管 4. 具网纹、孔纹导管

续表

项目	初生的、较原始的特征	次生的、进化的特征
叶	5. 常绿 6. 单叶全缘 7. 互生（螺旋排列）	5. 落叶 6. 叶形复杂化 7. 对生或轮生
花	8. 单生花 9. 无限花序 10. 两性花 11. 雌雄同株 12. 花部螺旋状排列 13. 花的各部数目多而不定数 14. 花被同形，不分化为萼片与花瓣 15. 花部离生（离瓣花、离生雄蕊、离生心皮） 16. 整齐花 17. 子房上位 18. 花粉粒具单沟 19. 胚珠多数 20. 边缘胎座、中轴胎座	8. 有花序 9. 有限花序 10. 单性花 11. 雌雄异株 12. 花部轮状排列 13. 花的各部数目较少，为定数（3、4 或 5） 14. 花被分为萼片与花瓣，或退化为单被花、无被花 15. 花部合生（合瓣花、合生雄蕊、合生心皮） 16. 不整齐花 17. 子房下位 18. 花粉粒具 3 沟或多孔 19. 胚珠少数 20. 侧膜胎座、特立中央胎座及基生胎座
果实	21. 单果、聚合果 22. 真果	21. 聚花果 22. 假果
种子	23. 有发育的胚乳 24. 胚小、直伸、子叶 2	23. 无胚乳，种子萌发需要的营养贮藏于子叶中 24. 胚弯曲或卷曲、子叶 1
生活型	25. 多年生 26. 绿色自养植物	25. 一年生 26. 寄生、腐生植物

表 6-3 中 26 条植物形态演化一般规律，是判别某类植物进化地位的准则，亦即分类的原则。有一点应当注意的是，不要孤立地只看一条原则来判别植物，应当联系各条综合来看，认真分析，因为某一种植物其形态特征并非在演化上是同步走的，往往有的特征已进化，有的还保留原始状态。如唇形科植物的花冠不整齐，合瓣，雄蕊 2～4 枚，都表现出其与昆虫传粉的密切关系，是高级虫媒植物协调进化的结果，但是它的花子房仍是上位的，又比较原始。

（二）被子植物的主要分类系统

按照植物亲缘关系对被子植物进行分类，建立一个分类系统，说明被子植物间的演化关系，是植物分类学家长期以来所努力的。由于有关被子植物起源、演化的知识和证据不足，到目前为止，还没有一个比较完美的分类系统。1999 年，Judd 等人在 "Plant Systematics" 一书中发表了一个维管植物新分类系统，还有待认可。当前影响较大、较为流行的分类系统有下面 4 个。

1. 恩格勒系统

这一系统是德国植物学家恩格勒（A. Engler）于 1892 年编制的一个分类系统。在他与普兰特（K. Prantl）合著的《植物自然分科志》（1897）和他自己所著的《植物自然分科纲要》中均应用了这个系统，是分类学史上第一个比较完整的自然分类系统。

该系统赞成假花学说，认为葇荑花序类植物，特别是轮生目、杨柳目最为原始；花的演化规律是由简单到复杂、由无被花到有被花、由单被花到双被花、由离瓣花到合瓣花、由单性花到两性花、花部由少数到多数、由风媒到虫媒；为此，他们把杨柳科、桦木科与胡桃科等葇荑花序类植物当作被子植物中最原始的类型，而把木兰科、毛茛科等看作是较为进化的类型。认为被子植物是二元起源的；双子叶植物和单子叶植物是平行发展的两支，在他所著《植物自然分科纲要》一书中，将单子叶植物排在双子叶植物前面。1964 年的第 12 版，《植物自然分科纲要》由迈启耳（Melchior）修订，被子植物分为 62 目、344 科。将双子叶植物排在单子叶植物前面，修正了恩格勒认为单子叶植物比双子叶植物原始的错误观点。

恩格勒系统将植物界分为 13 门，第 1～12 门为隐花植物，第 13 门为种子植物门。种子植物门分为裸子植物亚门和被子植物亚门。裸子植物亚门分为 6 个纲；被子植物亚门分为单子叶植物纲和双子叶植物纲。整个被子植物分为 39 目，280 科。

恩格勒系统图是将被子植物由渐进到复杂化排列的，不是由一个目进化到另一个目的排列方法，而是按花的构造、果实种子发育情况，有时按解剖知识，在进化理论指导下作出了合理的自然分类系统（图 6-29）。

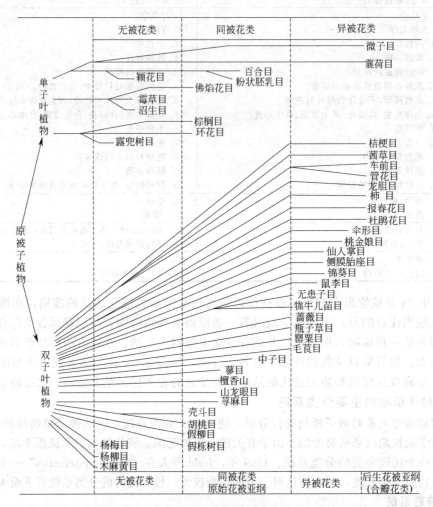

图 6-29　恩格勒被子植物分类系统图（1897）

到目前为止，世界上除英国、法国以外，大部分国家都应用该系统。我国的《中国植物志》，多数地方植物志和植物标本室，都曾采用该系统，它在传统分类学中影响很大。然而，该系统虽经 Melchior 修订，但仍存在某些缺陷。如将葇荑花序类作为最原始的被子植物，把多心皮类看作较为进化的类群等，这种观点，现在赞成的人已经不多了。

2. 哈钦松系统

这个系统是英国植物学家哈钦松（J. Hutchinson）于 1926 年在《有花植物科志》一书中提出的，1973 年作了修订，从原来的 332 科增加到 411 科（图 6-30）。

哈钦松系统是在英国边沁（Bentham）及虎克（Hooker）的分类系统基础上发展而成的。该系统赞成真花学说，认为已灭绝的裸子植物本内苏铁目（Bennettites）的两性孢子叶球演化出被子植物的花，即孢子叶球主轴的顶端演化为花托，生于伸长的主轴上的大孢子叶演化为雌蕊，其下的小孢子叶演化为雄蕊，下部的苞片演化为花被。认为木兰目、毛茛目为原始类群，而葇荑花序类不是原始类群。花的演化规律是由两性到单性，由虫媒到风媒，由双被花到单被花或无被花，由雄蕊多数且分离到定数且合生，由心皮多数且分离到定数且合生。由木本进化到草本。他还认为被子植物是单元起源的，双子叶植物以木兰目和毛茛目为起点，从木兰目演化出一支木本植物，从毛茛目演化出一支草本植物，认为这两支是平行发展的，无被花、单花被则是后来演化过程中蜕化而成的；柔荑花序类各科来源于金缕梅目。单子叶植物起源于双子叶植物的毛茛目，并在早期就分成三个进化线：萼花群（Calyciferae）、瓣花群（Corolliferae）和颖花群（Glumiflorae）（图 6-30）。

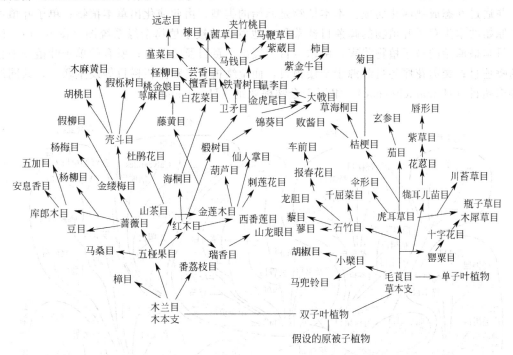

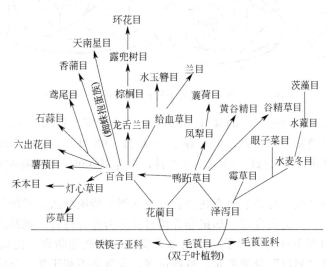

图 6-30　哈钦松被子植物分类系统图（1973）

　　哈钦松系统把多心皮类作为演化起点，在不少方面正确阐述了被子植物的演化关系。该系统问世后，很快就引起了各国的重视和引用。但这一系统也存在某些问题，即将双子叶植物分为木本群和草本群，人为性较大，有一些分类学者不赞成。半个世纪以来，许多学者对此进行了多方面修订，塔赫他间系统、克朗奎斯特系统都是在此基础上发展起来的。

3. 塔赫他间系统

塔赫他间（A. Takhtajan），前苏联植物学家，于 1954 年出版了《被子植物起源》一书，发表了自己的系统。

该系统赞成真花学说，认为两性花、双被花、虫媒花是原始的性状；取消了离瓣花类、合瓣花类、单被花类（荑荑花序类）；认为杨柳目与其他荑荑花序类差别大，这与恩格勒和哈钦松系统都不同。主张被子植物单元起源说，认为被子植物可能来源于裸子植物的原始类群种子蕨，并通过幼态成熟演化而成。木本植物是原始的类型，由此演化出草本植物；单子叶植物起源于原始的水生双子叶植物的睡莲目莼菜科。他发表的被子植物亲缘系统图（图 6-31），认为木兰目是最原始的被子植物代表，由木兰目发展出毛茛目及睡莲目；所有的单子叶植物来自狭义的睡莲目；荑荑花序各自起源于金缕梅目，而金缕梅目又和昆栏树目等发生联系，共同组成金缕梅超目（Hamamelidanae），隶属于金缕梅亚纲（Hamamelidae）。

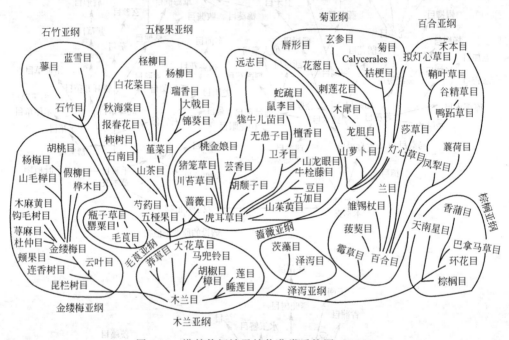

图 6-31　塔赫他间被子植物分类系统图（1980）

塔赫他间分类系统进行过多次的修订（1966 年、1969 年、1980 年），在 1980 年发表的分类系统中，他把被子植物分成 2 纲、10 亚纲、28 超目、92 目、410 科。其中木兰纲（即双子叶植物纲）包括 7 亚纲、20 超目、71 目、333 科；百合纲（单子叶植物纲）包括 3 亚纲、8 超目、21 目、77 科。

塔赫他间的分类系统，打破了离瓣花和合瓣花亚纲的传统分法，增加了亚纲，调整了一些目、科，各目、科的安排更为合理。如把连香树科独立为连香树目，把原属毛茛科的芍药属独立成芍药科等，都和当今植物解剖学、染色体分类学的发展相吻合，比以往的系统前进了一步。但不足的是增设"超目"分类单元，科数过多，太繁杂不利于学习与应用。

4. 克朗奎斯特系统

克朗奎斯特（A. Cronquist），美国植物分类学家，1957 年在所著《双子叶植物目科新系统纲要》一书中发表了自己的系统，1968 年所著《有花植物分类和演化》一书中进行了修订。

该系统采用真花学说及单元起源观点，认为有花植物起源于已绝灭的原始裸子植物种子蕨。木兰目为现有被子植物最原始的类群。单子叶植物起源于双子叶植物的睡莲目，由睡莲目发展到泽泻目。现有被子植物各亚纲之间都不可能存在直接的演化关系，都不可能是从现存的其他亚纲的植物进化来的；木兰纲是有花植物基础的复合群，木兰目是被子植物的原始类型；菜荑花序类各目起源于金缕梅目；单子叶植物来源于类似现代睡莲目的祖先，并认为泽泻亚纲是百合亚纲进化线上近基部的一个侧支（图 6-32）。

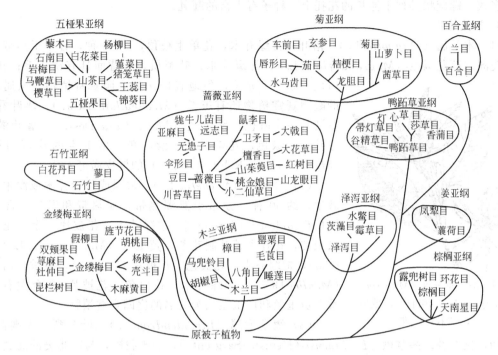

图 6-32　克朗奎斯特被子植物分类系统图（1981）

在 1981 年修订的分类系统中，他把被子植物（称木兰植物门）分为木兰纲和百合纲。木兰纲包括 6 个亚纲，64 目，318 科；百合纲包括 5 亚纲，19 目，65 科；合计 11 亚纲，83 目，383 科。

克朗奎斯特系统接近于塔赫他间系统，但个别亚纲、目、科的安排仍有差异。该系统简化了塔赫他间系统，取消了"超目"，科的数目有了压缩，在各级分类系统的安排上，比前几个分类系统更合理，更完善。但对其中的一些内容和论点，又存在着新的争论。例如单子叶植物起源问题，塔赫他间和克朗奎斯特都主张以睡莲目发展为泽泻目，塔赫他间还具体提出了"莼菜-泽泻起源说"。但日本的田村道夫提出了由毛茛目发展为百合目的看法。我国杨崇仁等人，在 1978 年通过对 5 种化学成分的比较，认为单子叶植物的起源不是莼菜-泽泻起源，而应该是从毛茛-百合起源。他们所分析的 5 种化学成分中的异喹啉类（一种生物碱）在单子叶植物中多见于百合科，在双子叶植物中，毛茛科是这种化学成分的分布中心，而睡莲目迄今未发现有这种生物碱的存在。

三、双子叶植物纲

（一）木兰科 Magnoliaceae　$* P_{6\sim15} A_\infty G_\infty$

本科有 8 属、335 余种，分布于亚洲的热带和亚热带，少数在北美东南部和中美洲，集中分部于我国西南部、南部及中南半岛。我国有 14 属、165 余种。

1. 形态特征

木本。单叶互生，全缘或浅裂；托叶大，包被幼芽，早落，在节上留有托叶环。花大，单生，两性，整齐，下位；花托伸长或突出；花被呈花瓣状；雄蕊多数，分离，螺旋状排列在伸长的花托的下半部；花丝短，花药长，药 2 室，纵裂；雌蕊多数，分离，螺旋状排列在花托的上半部；每心皮含胚珠 1～2（或多数），蓇葖果或聚合翅果。胚小。胚乳丰富。染色体：$x=19$。

2. 识别要点

木本。芳香。单叶互生，有托叶。花单生；花被 3 基数，两性，整齐花；常同被；雄蕊及雌蕊多数，螺旋状排列于伸长的花托上。种子有丰富的胚乳。

3. 常见植物

（1）木兰属（*Magnolia* L.） 落叶或常绿乔木，花单生枝顶，约 90 种，分布于热带亚洲和北美洲。荷花玉兰（*M. grandiflora* L.），常绿乔木；叶革质，叶背面具有锈色毛；花大，白色；原产于北美，各地栽培作为庭园观赏植物。该属常见

图 6-33 黄玉兰（*Michelia champaca* L.）（引自《图鉴》）

1—花枝；2—花

的庭园观赏植物还有玉兰（*M. denudata* Desr.），落叶乔木；花被片 9，白色。紫玉兰（*M. liliflora* Desr.），落叶灌木；萼片 3，绿色，花瓣片 6，紫红色。紫玉兰的花蕾与厚朴（*M. officinalis* Rehd. et Wils.）的树皮尚可入药。

（2）含笑属（*Michelia* L.） 常绿或落叶乔木或灌木，花腋生，约 50 种，分布于亚洲热带、亚热带和温带。含笑花 [*M. figo*(Lour.)Spreng.]，常绿灌木；花被片 6 个，花芳香供观赏，花拌入茶叶制花茶。黄玉兰（*M. champaca* L.）（图 6-33），常绿乔木，花黄色，花被片 15～20 个，极香。白玉兰（*M. alba* DC.），常绿乔木，花白色，花被片 12 个左右，极香。黄玉兰和白玉兰均为著名的庭园观赏植物。

（3）鹅掌楸属（*Liriodendron* L.） 叶分裂，先端截形，具长柄，仅 2 种。鹅掌楸 [*L. chinensis*(Hemsl.)Sarg ent.]，产于我国，与产北美的北美鹅掌楸（*L. tulipifera* L.）均为观赏植物。

（二）番荔枝科 Annonaceae $* K_{(3)} C_{3+3} A_\infty \underline{G}_\infty$

本科约有 120 属、2100 余种，多产于热带和亚热带地区，极少数产于温带。我国有 24 属、103 种、6 变种。

1. 形态特征

本科植物为常绿或落叶乔木、灌木或攀援藤本，植物体具有油细胞，叶和木质部有香气。花具两性，整齐。花萼通常管状，3 裂。花瓣 6 片，排列成两轮。雄蕊多数，密集，螺旋状排列。花丝短，药 2 室，宽阔，常有伸长截形的大药隔。心皮多数或少数，分离。蓇葖果或聚合果。胚乳丰富，胚微小。染色体：$x=7, 8, 9$。

2. 识别要点

本科有许多特征与木兰科相同，但两被花可与之相区别。

3. 常见植物

番荔枝属（*Annona* L.），灌木或小乔木；叶革质或近革质；花顶生或与叶对生或成束，每心皮有胚珠 1 颗；果为聚合浆果。约 50 种，产于热带美洲。

① 番荔枝（*A. squamosa* L.）（图 6-34） 灌木或小乔木。树皮薄，灰白色；叶近革质，披针形；花单生或 2～4 朵聚生于枝顶或叶腋内，青黄色；果实肉质被白色粉霜；为热带果树。

② 刺果番荔枝（*A. muricata* L.） 常绿乔木。叶革质，倒卵

图 6-34 番荔枝（*Annona squamosa* L.）（引自《图鉴》）

1—果枝；2—花枝；3—花；4—花瓣；5—花萼；6—雄蕊；7—雌蕊；8—雌蕊群；9—雌雄蕊群

状长圆形至椭圆形；花淡黄色；果实肉质，幼时具有下弯的刺。

③ 依兰 ［*Cananga odorata*(Lamk.) Hook. f. et Thoms］ 常绿乔木。花单生，黄色，可提著名的依兰香油。

④ 鹰爪花 ［*Artabotrys hexapetalus*(L. f.)Bhandari］ 常绿灌木。枝粗糙，具纵沟；花极香；成熟心皮多数，具有柄，含珠状；为著名的观赏植物。

（三）樟科 Lauraceae $* P_{3+3} A_{3+3+3+3} \underline{G}_{(3:1)}$

本科约 45 属、2000～2500 种，主产于热带及亚热带。我国产 20 属、约 433 种，多产于长江流域及以南各省，为我国南部常绿林的主要森林树种，其中有许多是优良木材、油料及药材。

1. 形态特征

木本，仅无根藤属（*Cassytha*）是无叶寄生小藤本。叶及树皮均有油细胞，含挥发油。单叶互生，革质，全缘，三出脉或羽状脉，无托叶。花常两性，辐射对称，圆锥花序、总状花序或头状花序；同被花，3 基数；雄蕊 9(12～3)，成 3～4 轮，第 4 轮雄蕊退化；花药 4～2 室，瓣裂，第 3 轮雄蕊花药外向，花丝基部有腺体；子房上位，1 室，有 1 悬垂的倒生胚珠，花柱 1，柱头 2～3 裂。核果，种子无胚乳。染色体：$x=7$，12。

2. 识别要点

枝叶芳香。单叶互生。同被花，3 基数；雄蕊 4 轮，第 3 轮花药外向，花药瓣裂。

3. 常见植物

（1）樟属（*Cinncmomum* Trew） 为常绿灌木或乔木，树皮和枝条极芳香。叶常为三出脉。发育雄蕊 3 轮，花药 4 室，第 1、2 轮花药内向，第 3 轮外向，基部有腺体，第 4 轮为退化雄蕊，圆锥花序，萼片脱落。约 250 种，主要分布于热带、亚热带。

① 樟树 ［*C. camphora*(L.)Presl］（图 6-35） 常绿乔木；枝、叶、木材均有樟脑气味，幼无毛；叶具离基三大脉，脉腋间隆起为腺体，革质，卵状椭圆形；产长江以南；木材及根可提取樟脑，枝、叶、果可提樟油，为工业、医药及选矿原料。

② 肉桂（*C. cassia* Bl.） 中等大的芳香乔木。幼枝、芽、花序、叶柄有灰黄色短绒毛。叶近对生，基出三大脉，长椭圆形至近披针形。产于华南各省。桂皮、桂油供药用。樟树、肉桂也为华南地区常见的行道树或庭园绿化植物。

（2）木姜子属（*Litsea* Lam.） 为常绿或落叶灌木或乔木。花单性，雌雄异株。本属约 400 种，分布于东南亚、澳大利亚和美洲。我国约产 50 种。胶樟［*L. glutinosa*(Lour.)C. B. Rob.］，常绿乔木，嫩枝具有黏胶质，其叶为牛所食。

（3）檫木属（*Sassafras* Trew） 落叶乔木。叶互生，或集生于枝顶，叶常三浅裂；花两性或单性异株。3 种，我国 2 种，美国 1 种。檫木 ［*S. tzumu*(Hemsl.)Hemsl.］，乔木；花两性，黄色，有香气；为华中、华东地区造林的速生树种。

图 6-35 樟树 ［*Cinncmomum. camphora* (L.)Presl］（引自华东师大《植物学》）
1—花枝；2—果枝；3—花；4—发育雄蕊；
5—退化雄蕊；6—雌蕊

（四）胡椒科 Piperaceae $* P_0 A_{1\sim10} \underline{G}_{(1\sim4:1)}$

本科有 9 属、约 3100 种，分布于热带、亚热带。我国有 4 属、71 种，产于我国西南部至台湾地区，其中草胡椒属（*Peperomia* Ruiz et Pavon）、胡椒属（*Piper* L.）两属在我国西南至东南各地常见。该科以产胡椒著名。

1. 形态特征

草本、灌木或攀援藤本，稀为乔木，常有香气；叶互生，稀对生或轮生，单叶，全缘；花小，两性或单性，辐射对称，花被无，苞片小，常密集成穗状花序；雄蕊1～10；子房1室，1胚珠，柱头1～5，无或有极短的花柱；浆果。

2. 识别要点

叶常有辛辣味，离基三出脉。花小，无花被；子房上位，1室，1胚珠。核果。

3. 常见植物

（1）胡椒属（*Piper*）　灌木或攀援藤本，稀为草本或小乔木；叶互生，全缘；花小，单性，稀两性，为长或短、稠密的穗状花序，每花有盾状或杯状的苞片1；花被缺；雄蕊2～6；果卵形至球形，黄色或红色。约2000种，分布于热带地区。我国约有60种，产于西南部至台湾地区，云南和海南尤盛。商品胡椒（*P. nigrum* L.）原产于东南亚热带地区，我国海南岛现有引种，将原果干燥后名为黑胡椒，把果皮脱去后便称为白胡椒；蒌（*P. betle* L.）的叶子有辛辣味，裹以槟榔而食，为一种咀嚼嗜好品，少数民族群众喜食之；荜拔（*P. longum* L.）为常用药材，近年来，我国云南发现有野生。

（2）草胡椒属（*Peperomia*）　一年生或多年生、肉质草本，分枝或不分枝；叶互生、对生或轮生，全缘，无托叶；穗状花序顶生或与叶对生，稀腋生；花极小，两性，常与苞片同着生于花序轴的凹陷处；雄蕊2；果极小，不开裂。约1000种，分布于热带和亚热带地区。我国大陆有7种和2个变种，生长于东南至西南部，如草胡椒 [*P. pellucida* (L.) Kunth]、豆瓣绿 [*P. tetraphylla* (Forst. f.) Hook. et Arn.]、石蝉草 [*P. dindygulensis* Miq.] 等；此外，台湾地区尚分布3种。该属草药多性凉，具有清热消肿、祛瘀散结、祛风除湿及愈伤止血等功效，主治关节炎、肿瘤、跌打损伤和支气管炎等。

（五）莲科 Nelumbonaceae ＊ $K_{4\sim5}C_\infty A_\infty \underline{G}_\infty$

本科仅1属、2种，一种产于亚洲和大洋洲；另一种产于美国东部。种子在适宜的情况下，可在土中埋藏3000年以上仍具有发芽能力。

1. 形态特征

直立多年生水生草本，根状茎横生，粗壮。叶漂浮或高出水面，近圆形，盾状，全缘，叶脉放射状。花大，单生，挺出水面。萼片4～5，花瓣大，内轮渐变成雄蕊，雌蕊药隔先端成一细长内附属物，花柱短，柱头顶生；花托海绵质。坚果，种子无胚乳。

2. 识别要点

水生草本，有根状茎，叶盾形，花大，单生，果实埋于海绵质的花托内。

图6-36　莲（*Nelumbo nucifera* Gaertn）
（冀朝祯绘）

1—花；2—叶；3—花托具多数心皮及
2雌蕊；4—根状茎

3. 常见植物

莲科含莲（*Nelumbo nucifera* Gaertn.）（图6-36）和美洲黄莲（*N. lutea* Pers.）两种，间断分布于太平洋的两岸。莲在我国有悠久的栽培历史和广大的栽培面积，栽培品种超过600个。

莲，又称荷、芙蕖、鞭蓉、水芙蓉、水芝、水芸、水旦、水华等，溪客、玉环是其雅称，未开的花蕾称菡萏，已开的花朵称鞭蕖，睡莲科，属多年生水生宿根草本植物，其地下茎称藕，能食用，叶可入药，莲子为上乘补品，花可供观赏，乃我国十大名花之一。

多年生长在水中。草本植物，具横走根状茎，即人们日常吃的莲藕。叶圆形，高出水面，有长叶柄，具刺，成盾状着生。花单生在花梗顶端，直径 10～20cm；萼片 5，早落；花瓣多数为红色、粉红色或白色；多数为雄蕊；心皮多，离生，嵌生在海绵质的花托穴内。坚果椭圆形或卵形，俗称莲子，长 1.5～2.5cm。我国南北各省广为栽培。

（六）睡莲科 Nymphaeaceae　$K_{4～6(～14)} C_{8～\infty} A_{\infty,(0)} \underline{G}_{(3～5～\infty)}$

本科有 6 属、约 70 种，在各大洲广泛分布。中国有 3 属、约 13 种。

1. 形态特征

多年生水生草本，具根状茎，稀 1 年生。叶常两型：漂浮叶或出水叶，心形至盾形；沉水叶细弱，有时细裂。花两性，辐射对称，单生花梗顶端。萼片常 4～6，绿色或花瓣状；花瓣 3 或多数，或渐变成雄蕊，分生，稀下部合生成筒；雄蕊 3 至多数；心皮 3 至多数，分生或合生，子房上位、半下位或下位。坚果或浆果。

2. 识别要点

水生草本。有根状茎。叶心形至盾形。花单生；花萼、花瓣与雄蕊逐渐过渡；心皮多数，结合。果浆果状。

睡莲科植物具单沟的花粉，分生的心皮，是原始的被子植物之一。该科植物除上述的花粉、心皮特征外，有时具 3 基数的花，根据这些特征，有的学者认为单子叶植物可能起源于睡莲类植物。

3. 常见植物

① 睡莲（*Nymphaca tetragona* Georigi）（图 6-37）　分布于亚洲、欧洲东部及北美洲，在中国自南部至北部广布。多年生水生草本，根状茎短粗；叶漂浮水面，心状椭圆形。花也常漂浮水面，直径约 5cm，夜间花梗弯入水中，故称"睡莲"；萼片 4；花瓣白色，8～15 瓣；雄蕊多数；子房半下位，有 5～8 室，柱头 5～8，辐状排列。睡莲属植物有美丽的花，可供观赏，在中国常见栽培的睡莲属植物还有白睡莲和延药睡莲等种。

② 芡实（*Euryale ferox* Salisb.）　叶脉上多刺；子房下位；果实呈浆果状，包于多刺的花萼内，状如鸡头；内含 8～20 粒种子，称为鸡头米或芡实，可供食用或药用。

③ 王莲（*Victoria regia* Lindl.）　为多年生水生草本，有直立的根状茎；叶片下面、叶柄、花梗、花萼及子房都密生针刺；叶漂浮水面，盾状圆形，直径达 1.5m，下面深红色，整个叶像个大盘，大者可载幼童。花漂浮水面，直径 30～45cm，有香气，萼片 4；花瓣多数，花初放时呈白色，后变为红色；雄蕊多数；子房下位，多室。王莲属有 2 种，产于南美洲亚马孙河流域一带，在世界各地栽培供观赏，王莲在中国一些植物园有栽培。

（七）毛茛科 Ranunculaceae　$K_{3～\infty} C_{3～\infty} A_{\infty} \underline{G}_{\infty～1}$

本科有 50 属、2000 余种，广布世界各地，多见于北温带与寒带。我国有 41 属、约 700 种，分布于全国各地。本科植物多含生物碱，故药用植物较多，有些是有毒植物，另有一些植物可供观赏，是珍贵的野

图 6-37　睡莲（*Nymphaca tetragona* Georigi）（冀朝祯绘）

1—花；2—叶

生花卉资源；本科常是山地林缘与草甸的优势植物。

1. 形态特征

多年生或一年生草本，稀为灌木或木质藤本。叶互生或基生，稀对生，单叶掌状或羽状分裂，或为1至多回三出或羽状复叶，无托叶。花两性，稀单性，辐射对称或两侧对称，单生或排成各种花序；萼片4～5，或较多，或较少。花瓣存在或不存在，4～5。雄蕊多数分离，螺旋状排列。心皮多数，离生，螺旋状排列，子房上位，胚珠多数至1个。聚合蓇葖果或聚合瘦果，稀蒴果或浆果。种子有胚乳。染色体：$x=6～10，13$。花粉常3沟。

2. 识别要点

草本。单叶分裂或复叶。花两性，5～4基数；雄蕊、雌蕊多数且离生，螺旋状排列于膨大的花托上。聚合瘦果或蓇葖果。

3. 常见植物

（1）毛茛属（*Ranunculus* L.）　直立草本；叶基生或茎生；花单生或成聚伞花序，花黄色，萼片、花瓣各5，花瓣基部有爪；聚合瘦果球形或长圆形。毛茛（*R. japonicus* Thunb.）

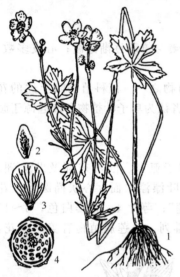

图6-38　毛茛
1—植株；2—萼片；3—花瓣；
4—花图式

（图6-38），叶常3深裂；除西藏外，广布于我国各地，生于山谷、田边；全草含原白头翁素，有毒，药用能利湿、消肿、止痛及治疮癣，也作土农药。茴茴蒜（*R. chinensis* Bge.），三出复叶，瘦果卵圆形，微扁平，边缘有3条凸出的棱，瘦果聚合成椭圆或圆形；全草含原白头翁素，有毒，供药用。石龙芮（*R. sceleratus* L.），一年生草本，单叶3深裂，每裂片2～3浅裂，花小，瘦果倒卵球形，稍扁；全草含毛茛油，种子与根可入药，嫩叶捣汁可治恶疮痈肿，也治毒蛇咬伤。

（2）乌头属（*Aconitum* L.）　草本，具膨大直根或块根，单叶常掌状分裂，总状花序，花两侧对称，萼片5，花瓣状，花瓣2，常有唇和距，退化雄蕊常不存在，蓇葖果。乌头（*A. carmichaeli* Debx.），花萼蓝紫色，上萼片高盔形；根含多种乌头碱、次乌头碱等化合物，入药能祛风镇痛，主根（母根）为乌头，侧根（子根）为中药"附子"。

（3）铁线莲属（*Clematis* L.）　木质或草质攀援藤本；叶对生，羽状或三出复叶，少数为单叶；花萼4，或6～8，镊合状排列，无花瓣；聚合瘦果，宿存花柱伸长成羽毛状。毛蕊铁线莲（*C. lasiandra* Maxim.），落叶藤本，三出复叶，花白色或淡紫红色，雄花花丝被紧贴的柔毛，长超过花药，瘦果柱头具羽毛状柔毛；茎藤入药，有通气效能。常见的种类还有威灵仙（*C. chinensis* Osbeck）、铁线莲（*C. florida* Thunb.）、大花铁线莲（*C. courtoisii* Hand.-Mazz.）、毛花铁线莲（*C. dasyandra* Maxim.）等。

本科常见的植物还有黄连属（*Coptis* Salisb）、白头翁属（*Pulsatilla* Adans.）、唐松草属（*Thalictrum* L.）等，可作药用；飞燕草属〔*Consolida*(DC.)S. F. Gray〕、翠雀属（*Delphinium* L.）、耧斗菜属（*Aquilegia* L.）、金莲花属（*Tropaeolum* L.）、银莲花属（*Anemone* L.）、侧金盏花属（*Adonis* L.）等，可供观赏。

4. 进化地位

本科被认为是双子叶植物中较原始的一个草本类群，具有原始性状，但其中一些属已在虫媒传粉的道路上发展到了相当高级的程度。

（八）十字花科 Cruciferae ✳ $K_{2+2}C_{2+2}A_{2+4}\underline{G}_{(2:1)}$

本科有 300 余属、约 3200 种，广布于全世界，主产于北温带，以地中海区域最多。我国 95 属、约 425 种，各地均有分布，以西北地区为多。本科有多种重要的蔬菜、油料作物和蜜源植物，另有一些药用和观赏植物，也有不少为农区杂草。

1. 形态特征

草本稀半灌木。单叶互生，无托叶，叶常两型，基生叶多莲座状。花两性，辐射对称，总状花序；萼片 4；花瓣 4，十字形排列，基部常成爪，花托上常有蜜腺；雄蕊 6，外轮 2 枚短，内轮 4 枚长，为四强雄蕊；子房上位，2 心皮合生，侧膜胎座，常具次生假隔膜，而使子房分成 2 室，每室胚珠 1 至多枚。长角果或短角果，自下向上 2 瓣分裂，少数迟裂或不裂；种子无胚乳，胚弯曲。染色体：$x=4\sim15$，多为 $6\sim9$。花粉具 3 沟。

2. 识别要点

草本。叶异型。总状花序，花两性，十字花冠，四强雄蕊，心皮 2，侧膜胎座，具假隔膜。角果。

3. 常见植物

（1）芸薹属（*Brassica* L.）　一至二年生或多年生草本，无毛或被单毛；花黄色或白色，具蜜腺；长角果开裂，喙多为锥形；种子每室 1 行，常球形，子叶对折。甘蓝（*B. oleracea* L.），叶具粉霜，原产于地中海，各地栽培。莲花白（包包菜，*B. oleracea* var. *capitata* L.），顶生叶球供食用。花椰菜（*B. oleracea* var. *botrytis* L.），茎顶端有 1 个由总花梗、花梗和未发育的花芽密集成的乳白色肉质头状体供食用。羽衣甘蓝（*B. oleracea* var. *acephala* L. f. *tricolor* Hort.），叶皱缩，呈白黄、黄绿、粉红或红紫等色，供观赏。擘蓝（*B. caulorapa* Pasq.），球茎及嫩叶供鲜食或盐腌、酱渍。芜菁（*B. rapa* L.），块根肉质，球形，与叶熟食或用来泡酸菜。白菜［大白菜，*B. pekinensis*(Lour.)Rupr.］，原产于我国北部，为北方冬春两季的重要蔬菜。青菜（小白菜，*B. chinensis* L.），原产于亚洲，我国各地栽培，为春夏季常见蔬菜。芥菜［*B. juncea*(L.)Czern. et Coss.］，一年生草本，有辣味，各地栽培，变种较多：大头菜（*B. juncea* var. *megarrhiza* Tsen et Lee），肉质块根可腌制酱菜；榨菜（*B. juncea* var. *tumida* Tsen et Lee），下部叶的叶柄基部肉质，膨大成瘤状，可腌制酱菜；雪里蕻（*B. juncea* var. *multicepas* Tsen et Lee），基生叶可用盐腌食。油菜（芸苔，*B. campestris* L.），为重要油料作物（图 6-39）。欧洲油菜（*B. napus* L.），叶稍肉质，略厚，被蜡粉，为重要油料作物。

（2）萝卜属（*Raphanus* L.）　一年或二年生草本；叶大头羽状半裂；花白色或紫色，长角果顶端具喙；种子 1 行，子叶对折。萝卜（*R. sativus* L.），直根肉质，为重要根菜，常见的变种和变型有：大青萝卜（*R. sativus* var. *longipinnatus* L.），直根地上部分绿色，地下部分白色，叶狭长；红萝卜（*R. sativus* f. *sinoruber* Mak.），直根紫红色，叶柄及叶脉常带紫色，种子入药。

（3）荠菜属（*Capsella* Medic.）　一年或二年生草本；茎直立；基生叶莲座状；总状花序，花瓣白色；

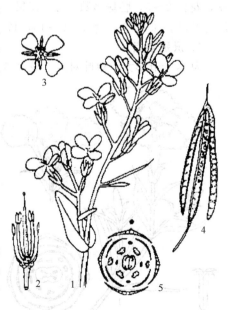

图 6-39　油菜

1—花枝；2—去花被的花；3—花冠正面；
4—长角果；5—花图式

短角果近倒心形，两侧扁压；子叶背倚胚根。荠菜 [*C. bursa-pastoria*（L.）Medic.]，一年生或越年生草本，为常见杂草，嫩叶可作菜食用。

（4）播娘蒿属（*Descurainia* Webb. et Berth.）　草本；叶2~3回羽状分裂；花小，无苞片，萼片直立，早落，花瓣黄色；长角果线形，每室种子1~2行；子叶背倚胚根。播娘蒿 [*D. sophia*（L.）Webb. ex Prantl]，一年生草本，叶3回羽状深裂；为常见农区杂草，种子含油量达40%，供工业用，亦可食用；种子可药用。

本科作蔬菜的还有豆瓣菜（*Nasturtium officinale* R. Br.）、辣根菜（*Cochlearia officinalis* L.）等；白芥（*Sinapis alba* L.）的种子可作"芥末"。作药用的有菘蓝（*Isatis indigotica* Fort.）和欧洲菘蓝（*I. Tinctoria* L.），根可作"板蓝根"，叶作"大青叶"可入药，叶还可提蓝色素作"青黛"。作观赏的有紫罗兰 [*Matthiola incana*（L.）R. Br.]、桂竹香（*Cheiranthus cheiri* L.）、香雪球 [*Lobularia maritime*（L.）Desv.] 等。常见的杂草还有芝麻菜（*Eruca*）、独行菜（*Lepidium*）、群心菜（*Cardaria*）、菥蓂（*Thlaspi*）、蔊菜（*Rorippa*）、碎米荠（*Cardamine*）、离子芥（*Chorispora*）、涩荠（*Malcolmia*）、大蒜芥（*Sisymbrium*）等植物。本科有不少短命植物，在我国主要分布于西北荒漠地区，以新疆准噶尔盆地最为丰富。拟南芥 [鼠耳芥，*Arabidopsis thaliana*（L.）Heynh.]，因其染色体数目少（$2n=10$），生长周期短，易栽培，现被广泛用作分子生物学研究的模式植物；小拟南芥 [*A. pumila*（Steph.）N. Busch] 等一些近缘种也同样具有潜在的研究价值。

（九）石竹科 Caryophyllaceae ✳ $K_{4~5,(4~5)} C_{4~5} A_{5~10} \underline{G}_{(5~2:1)}$

本科约75属、2000种，广布世界各地，但主产于北温带和暖温带。我国有30属、388种，全国各地均有分布。有些种类为药用和观赏植物，多数种类为农田杂草。

1. 形态特征

草本，茎节常膨大。单叶对生，全缘。花两性，整齐，单生或二歧聚伞花序；萼片5，稀4，分离或结合成筒状，常宿存；花瓣5，稀4，常有爪；雄蕊10，2轮，稀5或2；雌蕊1，2~5心皮合生，子房上位，特立中央胎座或基生胎座，3室，稀不完全2~5室，下半部为中轴胎座，花柱2~5，胚珠多数至1。蒴果，顶端齿裂或瓣裂，稀浆果；种子具各式雕纹，胚弯曲包围外胚乳。染色体：$x=6$，9~15，17，19。花粉3核，具散孔。

2. 识别要点

草本，节膨大，单叶对生。花部5基数，雄蕊为花瓣2倍，特立中央胎座。蒴果。

图6-40　石竹

1—花枝；2—花纵剖；3—果实；4—花图式

3. 常见植物

（1）石竹属（*Dianthus* L.）　花单生或聚伞花序；萼合生成筒状，无棱，具5齿，尖锐，近革质；花瓣5，檐部与爪部分明，常相交成直角；雄蕊10，2轮；花柱2，特立中央胎座。石竹（*D. chinensis* L.），多年生草本，花瓣外缘齿状浅裂，花白色或红色（图6-40）；产于我国北部和长江流域各省，现多栽培供观赏，亦可药用。香石竹（康乃馨，*D. caryophyllus* L.），花单生或2~3朵簇生，花有香气，重瓣，有白、粉红、紫红等色；原产于南欧，栽培供切花用。须苞石竹（*D. barbatus* L.）、日本石竹（*D. japonicus* Thunb.）等植物，皆可栽培观赏。

（2）繁缕属（*Stellaria* L.）　二歧聚伞花序；萼片5，离生，花瓣5，白色，先端深2裂，无瓣柄；

雄蕊 10 稀 5，子房 1 室，花柱 3 稀 2；蒴果瓣裂，具多数种子。繁缕 ［*St. media*(L.)Cyr.］，一年或二年生草本，茎细弱，侧生一列短柔毛，叶卵形，花瓣与萼近等长或稍短，雄蕊 5，花柱 3；为广布性杂草，全草可入药，嫩苗可食。

（3）蝇子草属（*Silene* L.） 一年或多年生草本，茎常具黏质；花单生或成聚伞花序，萼钟状，常被腺毛，顶端 5 裂，裂齿与花瓣同数，有时膨胀，花瓣白色至红色，有狭柄；雄蕊 10 枚与花瓣合生；子房基部不完全 3～5 室，花柱 3 或 5；蒴果顶端 3～6 齿裂或瓣裂。麦瓶草（*S. conoidea* L.），一年生草本，萼筒圆锥状，基部特别膨大，先端逐渐狭缩；为常见农田杂草，全草可药用，止血、调经活血；嫩草可食。

本科常见的还有孩儿参 ［*Pseudostellaria heterophylla*(Miq.)Pax］、王不留行 ［*Vaccaria segetalis*(Necr.)Gracke.］、剪秋罗 （*Lychnis* cognata Maxim.）、蚤缀 （*Arenaria* serpyllifolia L.）、卷耳 （*Cerastium arvense* L.）、漆姑草 ［*Sagina* japonica(Sw.)Ohwi.］、牛繁缕 ［*Malachium* aquaticum(L.)Fries.］ 等植物。

（十）蓼科 Polygonaceae $* K_{5-3} C_0 A_{5-3} \underline{G}_{(2-3:1)}$

本科约 50 属、1150 种，分布全球，但主产于北温带。我国 13 属、235 种，分布在全国各地。本科的荞麦是粮食作物，大黄为我国传统的中药材，何首乌是沿用已久的中药等，其他一些植物可饲用、观赏或防风固沙，也有的为农田杂草。

1. 形态特征

草本，少灌木，茎节膨大。单叶互生，全缘；托叶膜质，鞘状抱茎，称托叶鞘。花小，两性，稀单性，辐射对称；花簇生或为穗状、头状、总状及圆锥花序；花被 3～5 深裂，花瓣状，宿存；雄蕊常 6～9；心皮 3(2～4)，合生，子房上位，1 室 1 基生胚珠，花柱 2～3，稀 4。瘦果，三棱或双凸镜状，全部或部分包藏于宿存的花被内；种子胚乳丰富，胚 S 形。染色体：$x=6～11$，17。花粉多 3 核，具 3 孔沟至散孔。

2. 识别要点

多草本，茎节膨大；单叶，全缘，有托叶鞘。花两性，单被，宿存。瘦果三棱形或凸镜形，常包藏于宿存的花被中。

3. 常见植物

（1）荞麦属（*Fagopyrum* Mill.） 草本，茎具细沟纹；叶三角形或箭形；总状或伞房状花序，花两性，花被 5 深裂；雄蕊 8 枚；花柱 3，子房三棱形。荞麦 （*F. esculentum* Moench），一年生草本，茎红色，叶广三角形，基部心形，花白色或淡红色，瘦果卵状三棱形；原产于中亚，各地有栽培或为逸生；种子含淀粉达 67%，供食用，也是一种良好的蜜源植物，还可入药（图 6-41）。

（2）蓼属（*Polygonum* L.） 草本或草质藤本，稀为亚灌木；穗状、头状或总状花序，花被片 5，果时不增大；雄蕊常 8 枚；柱头 3～2 枚，头状。瘦果无翅。扁蓄（*P. aviculare* L.），一年生草本，花数朵，腋生，瘦果卵形，有三棱；为广布性杂草，全草可入药，清热解毒、杀虫。常见的种类还有酸模叶蓼 （*P. lapathifolium* L.）、何首乌 ［*P. multiflorum* (Thunb.)Harald］、虎杖（*P. cuspidatum* Sieb. et Zucc.）、拳参 （*P. bistorta* L.）、珠芽蓼 （*P. viviparum* L.）、蓼蓝 （*P. tinctorium*

图 6-41 荞麦

1—花枝；2—花；3—花的纵切；

4—雄蕊；5—瘦果；6—花图式

Ait.）等。

（3）酸模属（*Rumex* L.）　草本；叶茎生或基生，托叶鞘易破裂、早落；圆锥花序，花两性稀单性；花被片 6 成 2 轮，外轮 3 枚小，内轮 3 枚果期增大呈翅状，有时翅基被 1 小瘤体；雄蕊 6；子房三棱，花柱 3 枚，柱头画笔状。酸模（*R. acetosa* L.），叶基箭形，花单性，雌雄异株；为广布、检疫性杂草，是地老虎的寄主；根及全草可入药，嫩叶作蔬菜可食用，但不宜过量。

（4）沙拐枣属（*Calligonum* L.）　灌木；叶退化，鳞片状，托叶鞘膜质，极小；花单生或簇生，两性；花被片 5 成 2 轮，外轮 2 片，内轮 3 片；雄蕊 12~18，基部联合；子房具 4 肋，柱头 4；瘦果常具翅或刺毛。沙拐枣（*C. mongolicum* Turcz.），半灌木，花被片果期水平伸展，白色或淡红色，瘦果每条肋有 2~3 行刺毛；为优良饲用植物和固沙植物。

本科其他重要植物还有竹节蓼（*Homalocladium platycladum* Bailey），茎扁平，叶状，多节，原产于南太平洋所罗门岛，引栽供观赏；大黄属（*Rheum*），根茎可入药，花可观赏；木蓼属（*Atraphaxis* L.）植物，灌木，有叶，产于北方，为优良的固沙与绿化荒山植物，亦可观赏。

（十一）藜科 Chenopodiaceae $* K_{5\sim 3} C_0 A_{5\sim 3} \underline{G}_{(2\sim 3:1)}$

本科约 100 属、1400 余种，主要分布于温带、寒带荒漠、半荒漠及海滨地区。我国约 39 属、186 种，主要分布于北部各省，尤以新疆为丰富。本科多为旱生、超旱生、盐生植物，常是荒漠和半荒漠地区的优势种和重要牧草，另有一些为中生性的习见田间杂草，也有一部分为重要的经济作物。

1. 形态特征

草本或灌木，稀小乔木。单叶，互生，稀对生，无托叶。花小，为单被花，两性，稀单性或杂性；花单生、簇生或为穗状及圆锥花序；花被片草质或肉质，2~5 裂，宿存，有时缺，果时常增大，变硬，或在背面生翅状、刺状或疣状附属物；雄蕊常与花被片同数而对生或较少；雌蕊由 2~5 个心皮合成，1 室，1 胚珠，子房上位；胞果；胚环形或螺旋形，常具外胚乳。染色体：$x=6$，9。花粉 3 核，6 至多孔。

2. 识别要点

草本或灌木。单叶互生，无托叶。花小，单被，草质或肉质；雄蕊与花被片常同数对生。胞果；胚环形。

3. 常见植物

（1）甜菜属（*Beta* L.）　草本，无毛；叶互生，具长柄；花两性，穗状或圆锥花序，花被片 5，果时变硬，雄蕊 5；子房与花被基部合生，合生部分果时增厚并硬化，种子横生，胚环形。蒸菜（甜菜，*B. vulgaris* L.），二年生草本，根肉质多汁，花绿色，柱头 3 裂，种子双凸镜形，红褐色，原产于欧洲，现广为栽培。常见的有根用甜菜（糖萝卜，*B. vulgaris* var. *saccharifera* Alef.），根肥大，制糖，为北方重要制糖原料，叶可饲用；紫菜头（*B. vulgaris* var. *rosea* Moq.），根、叶脉紫红色，根可作蔬菜用；莙达菜（厚皮菜，*B. vulgaris* var. *cicla* L.），根不肥大，叶大，基生，叶柄宽扁，可作蔬菜或饲用与观赏；饲用甜菜（*B. vulgaris* var. *lutea* DC.），根肥大，浅橙黄色，北方多作饲料。

（2）菠菜属（*Spinacia* L.）　一年或二年生草本，植物体光滑无毛；叶互生，常发达，具长柄；花单性，雌雄异株；雄花为顶生的穗状或圆锥花序，花被片 4~5 裂，雄蕊 4~5；雌花簇生叶腋，无花被，2 枚苞片合生，果时变硬，子房生于其内；种子直立，胚环形。菠菜（*S. oleracea* L.），根常带红色，茎中空，叶戟形或卵形，全缘或具少数牙齿状浅裂，花被片 4，胞果扁平；原产于伊朗，各地广栽，富含维生素及磷、铁，可作蔬菜。

（3）藜属（*Chenopodium* L.） 草本，常有粉粒（泡状毛），如为腺毛则有强烈气味；叶互生；花小，两性，花下无小苞片，簇生叶腋或排列成穗状和圆锥状花序，花被片5，绿色，背面略肥厚或具隆脊，果时包围果实；种子横生或斜生，胚环形或半环形。藜（*C. album* L.），茎直立，无毛，具沟槽及绿色或紫红色条纹，幼时被白色粉粒（图6-42）；为广布性杂草，是棉铃虫、地老虎的寄主，全草可入药，嫩茎叶可食用或饲用，新疆产的幼苗有微毒，慎用。本属灰绿藜（*C. glaucum* L.）、小藜（*C. erotinum* L.）等为常见杂草。

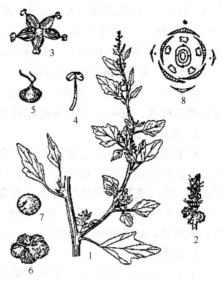

图6-42 藜

1—植株；2—花序；3—花；4—雄蕊；5—雌蕊；6—胞果；7—种子；8—花图式

（4）滨藜属（*Atriplex* L.） 草本稀半灌木，常有糠秕状粉；叶互生或下部近对生；花单性，雌雄同株，团伞花序腋生或排成穗顶生；雄花花被片5，少3~4，雄蕊3~5，无苞片；雌花2苞片，无花被，柱头2；胞果包藏于宿存苞片内；胚环形。滨藜 [*A. patens* (Litv.)Iljin.]，一年生草本，常无粉，苞片果时菱形或卵状菱形，下半部合生，上缘具细齿；我国北方各省有分布，生于盐渍化湿地及沙地；果实可药用，清肝明目。

（5）驼绒藜属 [*Ceratoides*(Tourn.)Gagnebin.] 灌木，全株密被星状毛；叶互生，全缘；花单性，同株；雄花序短穗状，生于枝顶，无苞片，花被片4，雄蕊4；雌花腋生，无花被，具苞片与小苞片，2小苞片中下部合生成筒，筒部具4束长毛，柱头2；种子直立，胚马蹄形。本属主要有驼绒藜 [*C. latens*(J. F. Gmel.) Reveal et Holmgren]、心叶驼绒藜 [*C. ewersmanniana*(Stschegl. ex Losinsk.)Botsch. et Ikonn.] 等。

（6）地肤属（*Kochia* Roth） 一年生草本，少为半灌木，茎多分枝；叶互生，几无柄；花两性或杂有雌性，单生或簇生，无小苞片；花被片5，附属物翅状，有脉纹；种子横生，胚环形。地肤 [*K. scoparia*(L.)Schrad.]，为广布性杂草；幼苗、嫩叶可食用；种子入药称"地肤子"，可利尿、清湿热、消炎；其栽培变型：扫帚菜 [*K. scoparia* f. *trichophylla*(Hort.) Schinz et Thell.]，分枝极多而紧密，植株呈卵形或倒卵形，叶鲜绿色，晚秋枝叶变红，可供观赏，全株压干可作扫帚用。

（7）碱蓬属（*Suaeda* Forsk. ex Scop.） 草本或灌木，叶互生，叶片肉质；花两性，3至数朵集成团伞花序，生叶腋或腋生短枝上；花被片5，开花时不展开；雄蕊5，花药长不过0.5mm，柱头2~5；胚螺旋状，胚乳被胚分割成两块，或无胚乳。碱蓬 [*S. glauca*(Bge.) Bge.]，叶丝状条形，灰绿色，种子双凸镜形，黑色；分布于我国北方与华东沿海地区，生于盐渍荒漠与海边；种子含油量约25%，可供食用或制肥皂，全草药用，可清热消积；西北民间用其干植株烧成灰制取食用"蓬灰"。

（8）梭梭属（*Haloxylon* Bge.） 灌木或小乔木，枝对生，具关节；叶对生，退化成鳞片状或不发育；花两性，单生苞腋，小苞片2；花被片5，膜质，果时有发达翅状附属物；花盘不明显；柱头2~5；种子横生，胚螺旋状，无胚乳。梭梭 [*H. ammodendron*(C. A. Mey) Bge.]，叶先端尖或钝，无芒尖；白梭梭（*H. persicum* Bge. ex Boiss. et Buhse），叶先端具芒尖，二者是洪积荒漠与沙漠的优势树种，具超旱生性，为荒漠区优良的固沙植物与饲用植物。

本科适于盐碱与干旱环境生长的还有盐节木属（*Halocnemum*）、盐穗木属（*Halostachysc*

C. A. Mey.)、盐爪爪属（*Kalidium* Moq.）、盐角草属（*Salicornia* L.）、盐生草属（*Haloge-ton* C. A. Mey.）、猪毛菜属（*Salsola* L.）、假木贼属（*Anabasis* L.）、合头草属（*Sympegma* Bunge）、戈壁藜属（*Iljinia* Korov.）、沙蓬属（*Agriophyllum*）等植物。

（十二）苋科 Amaranthaceae　$* P_{5\sim3} A_{5\sim3} \underline{G}_{(2\sim3:1:1\sim\infty)}$

本科约 60 属、850 多种，分布很广。我国 13 属、约 39 种，南北均有分布。本科多为药用和观赏植物，有些是做干花的好材料，部分种类为农田杂草。

1. 形态特征

草本稀灌木。单叶互生或对生，全缘，少数有微齿，无托叶。花小，两性，稀单性，成穗状、头状或圆锥花序，苞片 1 及小苞片 2，干膜质；单被花，花被片 3～5，干膜质，脱落或宿存；雄蕊常与花被片同数且对生，多为 5 枚，花丝分离或基部联合成杯状；子房上位，由 2～3 心皮合成，1 室，胚珠常 1 枚。胞果，稀浆果或坚果，果皮薄，不裂或顶端盖裂或不规则开裂；胚环状，胚乳粉质。染色体：$x=7$，17，18，24。花粉 3 核，6 至多孔。

2. 识别要点

草本。单叶，无托叶。花小，单被花，膜质，雄蕊与花被同数对生。胞果，常盖裂。

3. 常见植物

（1）苋属（*Amaranthus* L.）　一年生草本；叶互生有柄，全缘；花单性，雌雄同株或异株，成密生花簇，简单穗状花序或圆锥花序；花被片 5 或较少，常绿色，多宿存；雄蕊 5 或较少，花丝离生；花柱短或不存，子房具 1 直生胚珠；胞果盖裂或不规则开裂，种子无假种皮。苋（*A. triolor* L.），叶卵状椭圆形至披针形，绿或红色，穗状花序，花被片与雄蕊各 3 个，胞果盖裂；原产于印度，各地栽培多作蔬菜，也可观赏，全草可入药，种子和叶富含赖氨酸，有特殊的营养价值（图 6-43）。常见的种类还有反枝苋（*A. retroflexus* L.）、繁穗苋（*A. paniculatus* L.）、尾穗苋（*A. caudatus* L.）等。

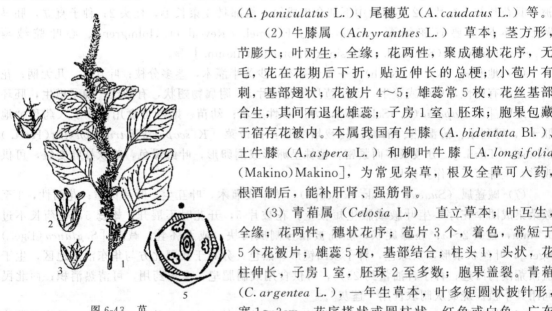

图 6-43　苋
1—植株；2—雄花；3—雌花；
4—果实；5—花图式

（2）牛膝属（*Achyranthes* L.）　草本；茎方形，节膨大；叶对生，全缘；花两性，聚成穗状花序，无毛，花在花期后下折，贴近伸长的总梗；小苞片有刺，基部翅状；花被片 4～5；雄蕊常 5 枚，花丝基部合生，其间有退化雄蕊；子房 1 室 1 胚珠；胞果包藏于宿存花被内。本属我国有牛膝（*A. bidentata* Bl.）、土牛膝（*A. aspera* L.）和柳叶牛膝 [*A. longifolia* (Makino) Makino]，为常见杂草，根及全草可入药，根酒制后，能补肝肾、强筋骨。

（3）青葙属（*Celosia* L.）　直立草本；叶互生，全缘；花两性，穗状花序；苞片 3 个，着色，常短于 5 个花被片；雄蕊 5 枚，基部结合；柱头 1，头状，花柱伸长，子房 1 室，胚珠 2 至多数；胞果盖裂。青葙（*C. argentea* L.），一年生草本，叶多矩圆状披针形，宽 1～3cm，花序塔状或圆柱状，红色或白色；广布各地，野生或栽培，供观赏及药用，种子可清热明目，嫩叶可食，茎叶亦作饲用。鸡冠花（*C. cristata* L.），一年生草本，叶卵形或卵状披针形，宽 2～6cm，顶生花序肉质扁平鸡冠状，颜色多样；原产于印度，现各地栽培，供观赏，花与种子可药用，有止血、止泻功效。

本科常见的植物还有锦绣苋 [*Alternanthera bettzickiana* (Regel) Nichols]、血苋（*Iresine* berbstii Hook. f. ex Lindl.）、千日红（*Gomphrena globosa* L.）等，均原产于巴西、美洲热带，现各地栽培，供观赏及药用。

（十三）葫芦科 Cucurbitaceae ♂：$K_{(5)}C_{(5)}A_{1+(2)+(2)}$；♀：$K_{(5)}C_{(5)}\overline{G}_{(3:1)}$

本科约 113 属、800 种，主产于热带和亚热带。我国有 32 属、154 种，主产于西南部和南部，少数散布到北方。本科经济价值高，包括多种瓜果蔬菜和药用植物。

1. 形态特征

草质或木质藤本；茎攀援、平卧或匍匐，常具茎卷须，具双韧维管束。单叶互生，多掌状分裂，稀复叶，无托叶。花单性，雌雄同株或异株，单生或为总状、聚伞和圆锥花序；花萼筒状或钟状，5 裂；花冠合生，5 裂；雄蕊 5 枚，常两两结合，1 枚分离而形似 3 枚，花药常"S"形弯曲；子房下位，3 心皮合生 1 室，侧膜胎座，胚珠多枚，柱头 3 裂。瓠果，肉质或最后干燥变硬，不开裂、瓣裂或周裂；种子多数，常扁平，无胚乳。染色体：$x=7\sim14$。花粉具 3 孔或 3~5 孔沟。

2. 识别要点

蔓生草本，有卷须，掌状裂叶。花单性，5 基数，聚药雄蕊，3 心皮，侧膜胎座，下位子房。瓠果。

3. 常见植物

（1）南瓜属（*Cucurbita* L.）卷须分枝；花大，黄色，单性同株，花冠钟状，5 裂至中裂或中部以上，雄蕊 3。南瓜［*C. moschata*（Duch.）Poir.］，果形多样，扁球形、椭圆形或狭颈状，果肉黄色，可作菜用或饲用，种子可食用或榨油（图 6-44）。笋瓜（*C. maxima* Duch. ex Lam.），原产于印度，果实圆柱形，可作蔬菜用或饲用；其变种北瓜（套瓜，*C. maxima* var. *turbaniformis* Alef.），常栽培作观赏或药用。西葫芦（*C. pepo* L.），原产于北美，变种较多，果可作蔬菜。

（2）黄瓜属（*Cucumis* L.）卷须不分叉；叶 3~7 浅裂；花黄色，单性同株，单生或雄花簇生，花冠阔钟形至轮状，5 深裂；药隔伸出。黄瓜（胡瓜，*C. sativus* L.），果有具刺尖的瘤状突起；原产于南亚和非洲，各地广栽作蔬菜。甜瓜（*C. meol* L.），果常具香甜味；原产于印度、非洲、中亚，果形、大小、色泽等因品种而异差异很大；常见的栽培变种有：菜瓜［越瓜，*C. meol* var. *conomon*（Thunb.）Mak.］、香瓜（薄皮甜瓜，*C. meol* var. *mukuwa* Mak.）、哈密瓜（*C. meol* var. *saccharinus* Naudin）等。

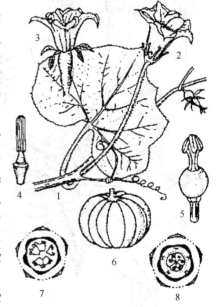

图 6-44 南瓜
1—花果枝；2—雄花；3—雌花；4—雄蕊；
5—雌蕊；6—果实；7—雄花图式；
8—雌花图式

（3）丝瓜属（*Luffa* Mill.）卷须分叉；叶 5~7 裂；花单性同株，黄色，花梗上无盾片，雄花序总状，雌花单生，花冠 5 深裂；果内有网状纤维。丝瓜［水瓜，*L. cylindrical*（L.）Roem.］，果圆柱形，嫩时可菜用，熟后其网状纤维可药用或民间洗涤器皿用。广东棱角丝瓜［*L. acutangula*（L.）Roxb.］，果具锐纵棱，南方多栽，用途同丝瓜。

（4）葫芦属（*Lagenaria* Ser.）卷须分叉；叶近心形，不裂或浅裂，叶片基部具 2 明显腺体；花白色，单生，单性同株。葫芦［*L. siceraria*（Molina）Standl.］，果形多样，原产于印度、非洲，果嫩时可食用，熟后可药用；老熟后的坚硬果壳民间用作盛器；其变种有：瓠子

[*L. siceraria* var. *hispida*（Thunb.）Hara]，果长圆柱形，可作蔬菜；瓠瓜 [*L. siceraria* var. *depressa*（Ser.）Hara]，果匙形，嫩时作菜用，老后可作水瓢。

（5）西瓜属（*Citrullus* Schrad. ex Eckl. et Zeyh.）　卷须 2～3 分枝；叶羽状深裂；花单性同株或异株，单生，淡黄色，花冠 5 深裂，萼片钻形，全缘，不反折，药隔不伸出。西瓜 [*C. lanatus*（Thunb.）Matsu. et Nakai]，瓠果大型，胎座组织（瓜瓤）发达；原产于非洲，现各地广栽，品种甚多。

本科常见植物中，作蔬菜的有冬瓜 [*Benincasa hispida*（Thunb.）Cogn.]、苦瓜（*Momordica charantia* L.）、佛手瓜 [*Sechium edule*（Jacq.）Sw atz]、蛇瓜（*Trichosanthes anguina* L.）等；油渣果 [*Hodgsonia macrocarpa*（Bl.）Cogn.]，主产于华南，果可食，种子可榨油供食用。药用植物有：绞股蓝 [*Gynostemma pentaphyllum*（Thunb.）Makino]，分布于华东至华南，全草可入药，含有类似人参皂苷的绞股蓝皂苷，有"南方人参"之美誉，还可提制蓝色素；栝楼（瓜蒌，*Trichosanthes kirilowii* Maxim.）、王瓜 [*T. cucumeroides*（Ser.）Maxim.]，其根、果实及种子可药用。喷瓜 [*Ecballium elaterium*（L.）A. Rich.]，多年生草本，无卷须，常栽培供观赏。

（十四）山茶科 Theaceae　$* K_{4\sim\infty} C_{5,(5)} A_{\infty} \underline{G}_{(2\sim8:2\sim8)}$

本科约 36 属、700 种，分隶于 6 个亚科，广泛分布于东西两半球的热带和亚热带，尤以亚洲最为集中。我国有 15 属、480 余种，均属于比较原始的山茶亚科及厚皮香亚科。本科具有重要的经济价值。茶树的嫩叶和芽可以加工成绿茶、普洱茶等，是国际上著名的饮料，也是我国的特产。现世界许多地方广泛引种栽培茶树，油茶及油茶组和红山茶组 60 余种的种子含油量高，可供食用及作工业原料，是著名的木本油料植物（图 6-45）。

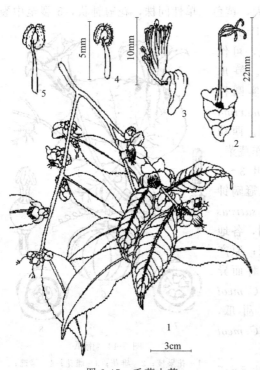

图 6-45　毛药山茶
1—花枝；2—除去花瓣的花；3—示 2 轮的雄蕊、花丝及外轮雄蕊花丝基部与花瓣的联合程度；4,5—1 枚雄蕊和被毛的花药

1. 形态特征

乔木或灌木，叶革质，常绿或半常绿，互生，羽状脉，全缘或有锯齿，具柄。无托叶。花两性稀雌雄异株，单生或数花簇生，有柄或无柄；花瓣 5 至多片，基部连生，稀分离，白色或红色及黄色；子房上位，稀下位，2～10 室；胚珠每室 2 至多数，垂生或侧面着生于中轴胎座，稀为基底胎座。果为蒴果，或不分裂的核果及浆果状，种子圆形，多角形或扁平，有时具翅；胚乳少或缺，子叶肉质。

2. 识别要点

木本。单叶互生，常革质。花常两性，五基数，辐射对称，单生于叶腋；萼片 4 至多数；花瓣 5(4)；雄蕊多数，多轮，分离或成束，常与花瓣连生；子房上位，稀下位，中轴胎座；蒴果或浆果。

3. 常见植物

（1）山茶属（*Camellia* L.）　灌木或小乔木；叶互生；花单生或 2～4 朵聚生；萼片与苞片常混淆；花瓣基部相连；雄蕊多数，2 列，花药丁字着生；子房上位，3～5 室，每室有胚珠

4～6颗；蒴果从上部开裂，连轴脱落。其中最有经济价值的为茶（*C. sinensis* Kuntze），嫩叶焙制后可作饮料；油茶（*C. oleifera* Abel）和广宁油茶（*C. semiserrata* Chi）的籽实可榨油供食用；山茶（*C. japonica* L.）等可供观赏用。

（2）大头茶树（*Gordonia* Ellis） 常绿灌木或乔木；叶互生，全缘或有锯齿；花单生于叶腋内；萼下有脱落的苞片2～5枚；萼片和花瓣5；雄蕊多数，花药丁字着生；子房3～5室，每室有胚珠4～8颗；果为一木质的蒴果；种子有翅。大头茶[*G. aillaris*（Roxb）Dieter]，花大而美，树形秀丽。

（3）木荷属（*Schima* Reinw. ex Bl.） 乔木；叶革质；花美丽，单生于叶腋内，或在最顶部排成短的总状花序；小苞片2；萼片5，宿存；花瓣5；雄蕊极多数，花药丁字着生；子房通常5室，每室有胚珠2～6颗；蒴果木质，扁球形；种子周围有翅。其中柯树（*S. superba* Gardn. et Champ.）南部极为常见。红木荷[*S. wallichii*（DC.）Korthals]，木材红色，经久耐用。

（十五）番木瓜科 Caricaceae ♂：$K_{(5)} C_{(5)} A_{5+5}$ ♀： $K_{(5)} C_{(5)} \underline{G}_{(5:1)}$

本科有4属、约60种，产于热带美洲及非洲，现热带地区广泛栽培。我国南部及西南部引种栽培有1属1种。

1. 形态特征

小乔木，具乳汁，常不分枝。叶具长柄，聚生于茎顶，掌状分裂，稀全缘，无托叶。花单性或两性，同株或异株，雄花无柄，组成下垂花序；花萼5裂，裂片细长；花冠5裂，细长呈冠状；雄蕊10枚，互生呈2轮，着生于花冠管上，花丝分离或基部联合，花药2室，纵裂。心皮5，柱头5，上位子房1室，或具假隔膜而成5室，果为肉质浆果，通常较大。种子卵球形至椭圆形，胚乳含有油脂。

2. 识别要点

小乔木，具乳汁，常不分枝；花单性，花萼5，花冠5，雄蕊10，心皮5，上位子房，浆果。

3. 常见植物

番木瓜属（*Carica* L.） 材质为软木质的小乔木，干直立；叶大，掌状深裂；花两性或单性异株；花萼小，下部联合，上部5裂；雄花冠长管状；雌花花瓣5；雄蕊10或5（两性花），近基部合生；子房上位，1室，有多数的胚珠生于侧膜胎座上；果为浆果。我国引入栽培的有番木瓜（*C. papaya* L.）（图6-46）1种，广植于南部及西南部，果可供生食或浸渍用，在未成熟果内流出的乳汁里可提取木瓜素，有消化蛋白质的功能，可供药用。

（十六）锦葵科 Malvaceae ＊ $K_{(5)} C_5 A_{(\infty)} \underline{G}_{(3\sim\infty:3\sim\infty)}$

本科约50属、1000多种，分布于温带及热带。我国16属、80余种，分布南北各省。本科有多种重要的纤维作物和观赏植物，如棉、苘麻、锦葵、蜀葵、木槿等，部分植物可食用或药用，有些种类为常见杂草。

1. 形态特征

草本或木本，茎皮韧皮纤维发达。单叶，稀复叶，互生，掌状分裂或全缘，常具掌状脉，具托叶。花两性，稀单性，辐射对称，单生或簇生叶腋；萼片常5枚，基部合生或分离，萼外常具由苞片变成的副萼（accessory calyx）；花瓣5片，旋转状排列，近基部与雄蕊管贴生；雄蕊多数，花丝联合成管状，组成单体雄蕊，花药1室纵裂，花粉粒大具刺；子房上位，由2至多心皮合生，中轴胎座，2至多室，每室胚珠1至多数，花柱单一，上部分裂常与心皮同数。蒴果或分果，种子有胚乳。染色体：$x=5\sim12$，33，39。花粉具3～4孔沟或多孔。

2. 识别要点

茎皮纤维发达；单叶掌状脉。花整齐，5基数；具副萼；花瓣旋转状排列；单体雄蕊，花

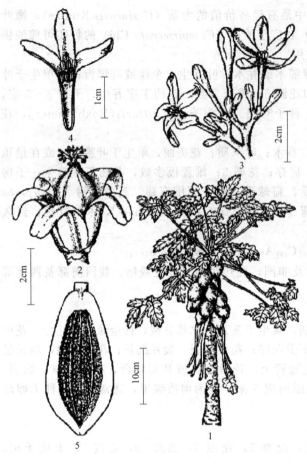

图 6-46 番木瓜（*C. papaya* L.）（引自《海南植物志》）

1—果株；2—雌花；3—雄花序一部分；4—雄花纵切面，
示雄蕊着生位置；5—果纵切面

叶腋，副萼3，线形；分果圆盘状，种子肾形。锦葵本，叶5～7钝浅裂，花大，蓝紫色或白色；多栽培观赏。冬葵（*M. crispa* L.），一年生草本，叶缘皱曲，花小，白色；各地栽培多作蔬菜。圆叶锦葵（*M. rotundifolia* L.），多年生草本，常匍生，花梗长2～5cm；杂草。

（3）蜀葵属（*Althaea* L.）　一至多年生草本，全体被柔毛；花大型，单生叶腋或成顶生总状花序；副萼6～9，心皮约30枚或更多；分果盘状。蜀葵［*A. rosea*(L.)Cavan.］，二年生直立草本；原产我国西南部，各地广栽，花色多样供观赏；全草入药，清热止血；茎皮纤维可代麻用。药蜀葵（*A. officinalis* L.），花粉红，直径2.5cm；产新疆，其他地区栽培，药用。

（4）木槿属（*Hibiscus* L.）　木本或草本；花单生，副萼5或更多，花萼5齿裂，心皮5；蒴果背裂。

药1室。蒴果或分果。

3. 常见植物

（1）棉属（*Gossypium* L.）　一年或多年生亚灌木，有时小乔木状；叶掌状分裂；副萼3～7，叶状，萼成杯状；蒴果3～5瓣，背缝开裂；种子表皮细胞延伸成纤维。中棉（树棉，*G. arboreum* L.），多年生亚灌木至灌木，叶5深裂，副萼片3，顶端有3齿；原产印度，我国黄河以南各省区曾种植。草棉（*G. herbaceum* L.），一年生草本至亚灌木，叶掌状5半裂，副萼片3，顶端6～8齿；原产西亚，适于我国西北地区栽培，生长期短，130天左右，少栽。陆地棉（*G. hirsutum* L.）（图6-47），一年生草本至亚灌木，叶常3浅裂或中裂，副萼片3，边缘7～9齿；原产中美，我国产棉区普遍栽培，品种甚多；种皮棉纤维为重要纺织原料，种子榨油，种子壳可培养食用菌。海岛棉（*G. barbadense* L.），亚灌木或灌木，叶3～5深裂，副萼片5，边缘10～15齿；原产美洲，我国南方热带、亚热带以及新疆的东疆与南疆地区种植，纤维长，价值高。

（2）锦葵属（*Malva* L.）　一至多年生草本；叶常掌状浅裂；花单生或簇生（*M. sinensis* Cavan.），二年或多年生草

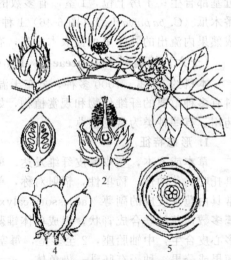

图 6-47 陆地棉（*G. hirsutum* L.）

1—花果枝；2—花纵切；3—子房纵切；
4—果实；5—花图式

洋麻（*H. cannabinus* L.），高大草本；原产非洲，各地广栽，为著名的麻类作物。木槿（*H. syriacus* L.），灌木，叶常3裂，花多紫红色；原产中国，各地有栽培，栽培变种、变型甚多，花色青紫至白色，观赏或作绿篱，亦可药用。野西瓜苗（*H. trionum* L.），一年生草本，叶两型，上部叶3～5掌状深裂，花黄色；常见杂草。本属常见观赏植物还有朱槿（扶桑，*H. rosa-sinensis* L.）、木芙蓉（*H. mutabilis* L.）等。

（5）苘麻属（*Abutilon* Mill.）草本或灌木；花单生叶腋或顶生，无副萼，心皮8～20；蒴果特别，果瓣分离。苘麻（*A. theophrasti* Medicus），一年生亚灌木状草本；除青藏高原其他各省均产，常见杂草或栽培；纤维作编织、纺织材料；种子榨油供制皂、油漆和工业润滑油；全草入药，种子作"冬葵子"。金铃花（灯笼花，*A. striatum* Dickson），常绿灌木，花橘黄色；原产南美，各地栽培观赏。

（十七）大戟科 Euphorbiaceae ♂: $K_{0～5}C_{0～5}A_{1～∞}$; ♀: $K_{0～5}C_{0～5}\underline{G}_{(3:3:1～2)}$

本科约300属、5000种，广布全球，主产于热带与亚热带，最大的属是大戟属，约2000种（图6-48）。我国有70多属、460余种，分布于各省，但主产地是西南至台湾地区。本科有许多重要经济植物，如橡胶树、油桐、乌桕、蓖麻、木薯、巴豆、鞣料植物等，此外还有多种药用植物、观赏植物和材用树种，有些种类有毒，可制土农药。

1. 形态特征

草本、灌木或乔木，多含乳汁。单叶，稀复叶，互生，少有对生，叶基部常有腺体，具托叶。花单性，雌雄同株或异株，花单生或组成各式花序，通常为聚伞和杯状花序，或为总状花序；花双被、单被或无被；有花盘或腺体；雄蕊5至多数，有时较少或只有1个，花丝分离或合生；子房上位，雌蕊3心皮合生，中轴胎座，常3室，每室1～2个胚珠；蒴果，少为浆果或核果；种子有胚乳，花粉2～3核，多为3孔沟，有些具特殊的散孔类型。染色体：$x=7～13$。

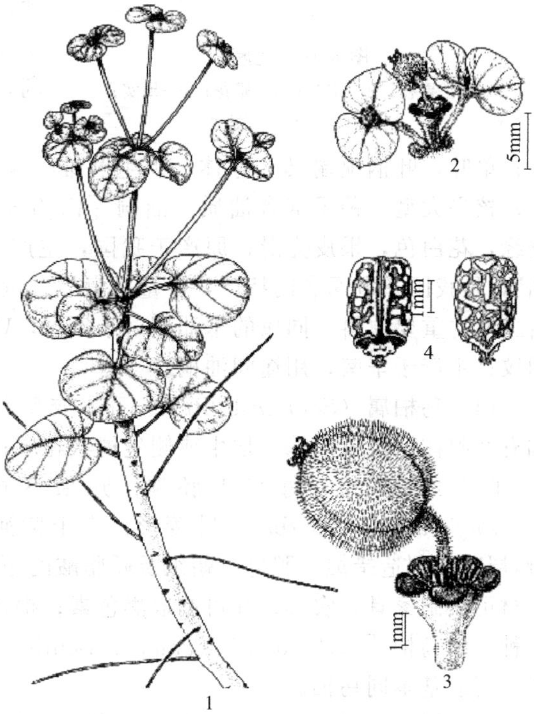

2. 识别要点

常具乳汁；单叶，叶基部有腺体。花单性，多聚伞花序；子房上位，3室，中轴胎座。蒴果。

图6-48 *Euphorbia suborbicularis*
1—植物体；2—花序一部分；3—果实；4—种子

3. 常见植物

（1）蓖麻属（*Ricinus* L.）仅蓖麻（*R. communis* L.）1种。灌木或小乔木，栽于温带地区则为一年生草本；单叶互生，盾形，掌状深裂；花单性同株，雌上雄下同序，无花瓣及花盘，组成聚伞花序再排列成顶生圆锥状花序；雄花萼裂片3～5，多体雄蕊；雌花萼片5，早落，子房3室，每室1胚珠；蒴果具软刺，分裂成3个2瓣裂的分果片，种皮光滑，种阜明显（图6-49）；原产于非洲，各地有栽，为重要油料作物，种子含油率69%～73%，其油主要供工业和医药用，为优良润滑油；叶可饲蓖麻蚕。

（2）大戟属（*Euphorbia* L.）草本或灌木，有的茎肉质化，有乳汁；单叶在茎上互生，在花枝上对生或轮生，常无托叶；杯状聚伞花序，单生或组成单歧、二歧和多歧复聚伞花序，

图 6-49　蓖麻

1—花果枝；2—雄花；3—雌花；4—果实；
5—种子；6—花图式

每一杯状花序观似一朵花，包含多枚雄花和位于中央的 1 枚雌花，外面围以绿色杯状总苞；花小，单性，无花被；雄花仅 1 枚雄蕊；雌花仅 1 个雌蕊，3 心皮合生，3 室，每室 1 胚珠，花柱 3，上部分为 2 叉；蒴果。常见的杂草有泽漆（*E. helioscopia* L.）、地锦（*E. humifusa* Willd.）、乳浆大戟（*E. esula* L.）、钩腺大戟（*E. sieboldiana* C. Morren & Decne.）等；主要的药用植物有大戟（*E. pekinensis* Rupr.）、甘遂（*E. kansui* Liou）、狼毒（*E. fischeriana* Steud.）等；观赏植物有一品红（*E. pulcherrima* Willd. ex Klotzsch）等。续随子（*E. lathyris* L.），是世界性的栽培油料作物，种子含油量达 50%，可制肥皂和润滑油，近年的研究表明有代替石油的潜力，因而备受重视；种子可入药，全草有毒。有毒的植物还有狼毒、大戟等。

（3）油桐属（*Verncia* Lour.）　乔木，常具乳汁；单叶，叶柄顶端具 2 腺体；顶生圆锥状聚伞花序，花雌雄同株，花双被，雄花雄蕊 8～20；核果大型，种子富含油质。油桐［*V. fordii*（Hemsl.）Airy-Shaw］，叶卵状或卵状心形，全缘，花白色，果皮光滑；原产于我国，主产于华中和西南；种仁含油 46%～70%，称"桐油"，是我国举世闻名的特产，产量占世界总量的 70% 以上，桐油为干性植物油，是油漆和涂料工业的重要原料。同属的木油桐（千年桐，*V. montana* Lour.），叶常 3～5 裂，果具 3 棱和网纹；主产于华南，用途同油桐。

（4）乌桕属（*Saoium* P. Br.）　乔木或灌木，含有毒乳汁；单叶全缘，少有锯齿，叶柄顶端有 2 腺体；雌雄同株，顶生或侧生穗状花序；无花瓣和花盘，花萼 2～3 浅裂；雄花雄蕊 2～3；子房 2～3 室，每室 1 胚珠；蒴果室背开裂，种子外被蜡质假种皮或无。乌桕［*S. sebiferum*（L.）Roxb.］，叶菱形；产于黄河以南各省，为重要的木本油料树种；假种皮（蜡层）为制造蜡烛、肥皂、蜡纸及硬脂酸的原料；种仁榨油称青油，可供制油漆和润滑油等；木材可供制家具、农具；叶可制取黑色素；根皮入药可治蛇毒；叶入秋变红色，是优良的绿化树种。山乌桕［*S. discolor*（Champ. ex Benth.）Muell. Arg.］，叶卵形至椭圆形；产于江南各省；用途基本同乌桕。

（5）橡胶树属（*Hevea* Aubl.）　高大乔木，有乳汁；三出复叶，叶柄顶端有腺体；花小，单性同株同序，成圆锥状聚伞花序；萼 5 齿裂，无花瓣，子房 3 室；蒴果。橡胶树［*H. brasiliensis*（Willd. ex A. Juss.）Müll. Arg.］，原产于巴西，为世界天然橡胶的主要来源，是橡胶工业的重要原料。

本科的经济植物还有木薯（*Manihot esculenta* Crantz），块根肉质含淀粉，可作粮食或供工业用，但因体内含氰基苷，食用前须水浸并煮熟去毒（也有无毒品种）；原产于巴西，我国南方热带地区有栽种。巴豆（*Croton tiglium* L.），分布于江南地区，为著名的杀虫植物和泻药；种子含巴豆油及毒蛋白等，有大毒。

大戟科的营养体和化学特征及花粉形态，在同一科中差别很大，它是一个多型科，分类比较复杂，因此关于它的系统位置，不同学者有不同见解，至今尚有争论。

（十八）蔷薇科 Rosaceae　 $* K_{(5)} C_5 A_\infty G_{\infty \sim 1 : \infty \sim 1}$，$G_{(2 \sim 5 : 2 \sim 5)}$

本科有 124 属、3300 余种，全世界分布，主产于北温带至亚热带。我国有 51 属、1000 余种，全国各地均产。本科的果树和观赏植物较多。

1. 形态特征

草本、灌木或乔木。单叶或复叶，互生稀对生，有明显托叶。花两性，稀单性，辐射对称，单生或为伞房、圆锥和总状花序；花轴上端发育成蝶状、钟状、杯状、坛状的花托，花被和雄蕊均着生于托杯边缘，周位花或上位花；花萼5(4)裂，花瓣5，稀缺，有时有副萼；离生雄蕊5至多数；子房上位或下位，心皮1至多数，离生或合生，花柱分离或合生，每心皮有1至数个胚珠；核果、梨果或为聚合瘦果、核果与蓇葖果；种子常无胚乳。染色体：$x=7\sim9$，17。花粉多为3孔沟。

2. 识别要点

叶互生，常有托叶。花两性，整齐，花托突起至凹陷，花被与雄蕊常在下部结合成托杯（花筒）；花部5基数，轮状排列。种子无胚乳。

本科根据花托形状、雌蕊类型、心皮数目、子房位置、果实类型等特征分为四个亚科（图6-50）。

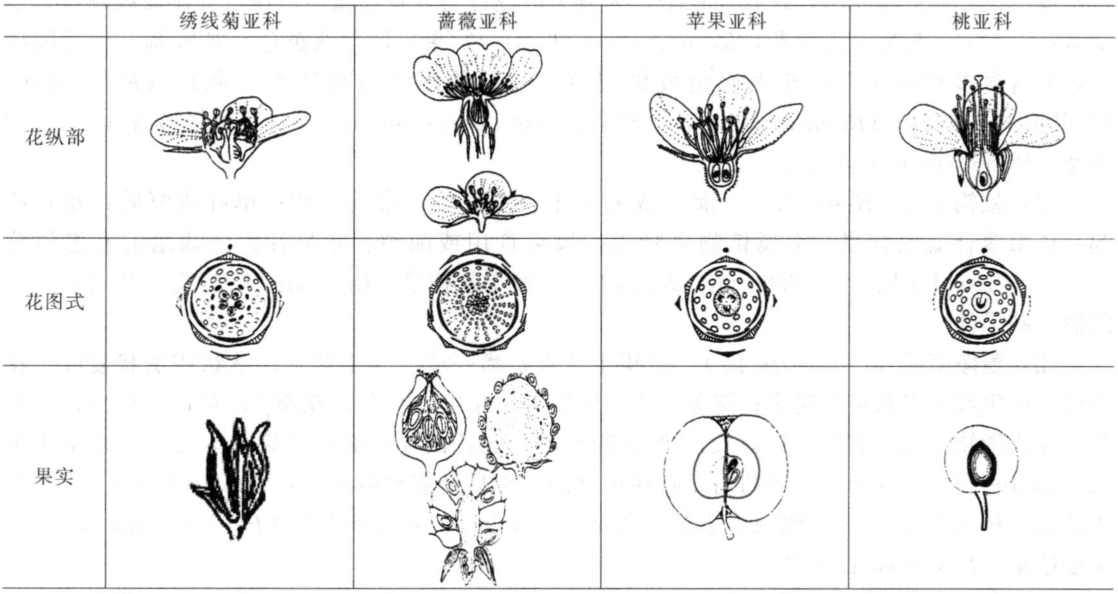

	绣线菊亚科	蔷薇亚科	苹果亚科	桃亚科
花纵部				
花图式				
果实				

图6-50 蔷薇科四亚科比较

3. 常见植物

亚科Ⅰ：绣线菊亚科（Spiraeoideae）

灌木；单叶，稀复叶，常无托叶；花托扁平或微凹；心皮1～5，少12，离生或基部合生，子房上位，每室胚珠2至多数；聚合蓇葖果。约22属，我国8属。

（1）绣线菊属（*Spiraea* L.） 灌木；单叶，无托叶；伞形、伞形总状、伞房或圆锥花序，花被5数；雄蕊15～60；心皮5，少2；蓇葖果不膨大，沿腹缝线裂开。常见的麻叶绣线菊（*S. cantoniensis* Lour.）、李叶绣线菊（*S. prunifolia* Sieb. et Zucc.）、华北绣线菊（*S. fritschiana* Schneid.），分布于华北至华南，也可栽培供观赏；粉花绣线菊（*S. japonica* L. f.）、中华绣线菊（*S. chinensis* Maxim.）等在山地常见，可作观赏植物。

（2）珍珠梅属［*Sorbaria*(Ser.) A. Br. ex Aschers.］ 灌木；一回羽状复叶，具托叶；顶生圆锥花序；花被5数，花瓣白色；雄蕊20～50；心皮5，基部合生；种子多数。华北珍珠梅［*S. kirilowii*(Regel.)Maxim.］，花序无毛，雄蕊20，短于或等长于花瓣；产于华北及黄河流域，亦可栽培观赏。珍珠梅［*S. sorbifolia*(L.) A. Br.］，花序被毛，雄蕊40～50，长于花瓣；

产于东北与内蒙古，现各地引栽观赏。

亚科Ⅱ：蔷薇亚科（Rosoideae）

灌木或草本；复叶，稀单叶，托叶发达；花托突起或凹陷；心皮常多数，离生，子房上位，每室1胚珠；瘦果或小核果，着生于花托上或膨大肉质的花托内。约35属，我国21属。染色体：$x=7\sim9$。

（1）蔷薇属（*Rosa* L.）　灌木，常具皮刺或刺毛；羽状复叶，托叶贴生叶柄；花单生或为伞房和圆锥花序，托杯与花托一体凹陷成坛状，常肉质；花被5数；瘦果生于肉质托杯内（亦称蔷薇果）。多花蔷薇（*R. multiflora* Thunb.），小枝上升或攀援，圆锥花序，花径2~3cm，白色，果红褐色；原产于我国，现各地栽培观赏，栽培变种繁多。月季（*R. chinensis* Jacq.），小叶3~5，稀7，常光滑，花重瓣，红色、白色或黄色；原产于我国，为著名花卉，品种甚多。香水月季［*R. odorta*（Andr.）Sweet］，小叶5~9，花瓣芳香，颜色多样；产于我国西南，现各地栽培观赏。玫瑰（*R. rugosa* Thunb.），小叶5~9，表面皱缩被绒毛，花单瓣或重瓣，紫红或白色；原产于我国，现各地栽培，为著名的花卉与芳香油植物，花可提制高级香精，果富含维生素C。刺梨（缫丝花，*R. roxburghii* Tratt.），果扁圆，淡黄色，被针刺；为我国特产，果富含多种维生素，花大而艳可供观赏。常见的观赏植物还有黄刺玫（*R. xanthina* Lindl.）、法国蔷薇（*R. gallica* L.）、突厥蔷薇（*R. damascena* Mill.）（花可提芳香油）、百叶蔷薇（*R. centifolia* L.）等。

（2）悬钩子属（*Rubus* L.）　灌木或亚灌木，少草本，常具皮刺；单叶或复叶；花托凸起；核果聚合成聚合果。本属植物多野生，果可食用或酿酒、制果汁。已栽培的有黑树莓（*R. mesogaeus* Focke）、红树莓（*R. idaeus* L.）、黑果悬钩子（*R. caesius* L.）等，果可食用或酿酒、制果汁。

（3）萎陵菜属（*Potentilla* L.）　多年生草本，稀一或二年生草本；掌状或羽状复叶；花两性，单生或伞房状聚伞花序；副萼片5，与萼裂片互生，宿存；花瓣5，黄色，稀白色，先端圆钝或微缺，比花萼长或近等长；雄蕊10~30；花托凸起；聚合瘦果。本属植物多生于山区，部分种类是农区杂草，可药用，有些可食用，常见的有萎陵菜（*P. chinensis* Ser.）、二裂委陵菜（*P. bifurca* L.）、鹅绒委陵菜（*P. anserina* L.）、多裂委陵菜（*P. multifida* L.）、朝天委陵菜（*P. supina* L.）等。

本亚科还有多种经济植物，如草莓（*Fragaria ananassa* Duch.），多年生匍匐草本，花白色，花托花后增大肉质，聚合瘦果；原产于南美，现各地栽培，为草本水果，可生食或制果酱等。棣棠花［*Kerria japonica*（L.）DC.］，分布于我国江南，多栽培供观赏。地榆（*Sanguisorba officinalis* L.）、龙牙草（*Agrimonia pilosa* Ledeb.）、蛇莓［*Duchesnea indica*（Andr.）Focke］等多种植物常野生于山坡、路旁，亦可药用。

亚科Ⅲ：苹果亚科（梨亚科，Maloideae）

灌木或乔木；单叶，稀复叶，有托叶；花托下凹，心皮2~5，合生雌蕊，子房下位，每室有胚珠1~2个；梨果。约20属，我国16属。

（1）苹果属（*Malus* Mill.）　花序伞形总状；花白色或红色，花药黄色；花柱2~5，基部合生；果肉无石细胞。苹果（*M. pumila* Mill.），原产于欧洲，现全世界广为栽培，品种很多，我国主产于北方，可鲜食或加工果品及酿酒等。山荆子［*M. baccata*（L.）Borkh.］、海棠果（*M. prunifolia* Borkh.）等常作苹果的砧木或供观赏。常作观赏和绿化的树种还有垂丝海棠［*M. halliana*（Voss）Koehne.］、海棠花［*M. spectabilis*（Ait.）Borkh.］、西府海棠（*M. micromalus* Makino）、花红（*M. asiatica* Nakai）、红肉苹果（*M. niedzwetzkyana* Dieck.）等。

（2）梨属（*Pyrus* L.） 花序伞形总状；花白色，花药常红色；花柱 2～5，分离；果实有多数石细胞，果实梨形。白梨（*P. bretschneideri* Rehd.），果梨形，果皮黄色或黄绿色；我国北方多栽食用，历史悠久，品种很多，如鸭梨、香梨等。沙梨［*P. pyrifolia*（Burm. f.）Nakai］，果近球形，果皮褐色；原产于我国，我国南方多栽食用，品种甚多。秋子梨（*P. ussuriensis* Maxim.），果近圆形，皮黄绿色；原产于我国，极抗寒，我国北方多栽食用或观赏。以上各种梨的果实供生食或加工果品、果汁、酿酒等，也可药用。杜梨（*P. betulaefolia* Bunge）与豆梨（*P. calleryana* Dcne.）的果实很小，可观赏或分别作白梨和沙梨的砧木。

（3）山楂属（*Crataegus* L.） 灌木或小乔木，枝常具刺；单叶常分裂；伞房花序；心皮 1～5 个，与花托合生，下位子房；果实成熟时心皮骨质，假核果状。山楂（*C. pinnatifida* Bge.），花序有毛，果皮深红色，具浅色斑点；产于我国华北、东北，北方多引栽观赏；其栽培变种山里红（*C. pinnatifida* var. *major* N. E. Br.），果大，径达 2.5cm，可鲜食或加工果酱等，也可药用或观赏。

本亚科常见植物还有木瓜［*Chaenomeles sinensis*（Thouin）Koehne］和贴梗海棠［*C. speciosa*（Sweet）Nakai］，果可供药用，并可观赏；枇杷［*Eriobotrya japonica*（Thunb.）Lindl.］，原产于四川，江南多栽培，果可食用，叶可药用，北方栽培供观赏；石楠（*Photinia serrulata* Lindl.）为常见的绿化树种。

亚科Ⅳ：桃亚科（梅亚科，Prunoideae）

乔木或灌木，有时具刺；单叶，托叶早落，叶柄顶端常有腺体；花托扁平或微凹，心皮 1，单雌蕊，子房上位，胚珠 1～2；核果，常含 1 粒种子。约 10 属，我国 9 属。染色体：$x=8$。

（1）桃属（*Amygdalus* L.） 叶披针形，幼叶在芽中对折；花 1～2，常无柄，常先于叶开放；果皮被毛，果核表面具网状或蜂窝状洼痕，稀平滑。桃（*A. persica* L.），原产于我国，品种甚多，可鲜食或加工成各种果品；主要栽培变种有蟠桃［*A. persica* var. *compressa*（Loud.）Yü et Lu］，果扁，核小；李光桃［*A. persica* var. *aganonucipersica*（Schübler et Martens）Yü et Lu］，果皮光滑无毛，果肉与核分离。本属常见的植物还有扁桃（巴旦木，*A. communis* L.），为著名干果；榆叶梅［*A. triloba*（Lindl.）Ricker］，北方广栽供观赏；山桃［*A. davidiana*（Carr.）C. de Vos ex Henry］，耐寒，为优良砧木，可供观赏。

（2）杏属（*Armeniaca* Mill.） 叶圆形或卵形，幼叶在芽中卷旋；花单生或 2 朵并生；果皮被毛，果核表面常光滑，具锐利边棱。杏（*A. vulgaris* Lam.），原产于我国及中亚，现各地广栽，品种很多，果可鲜食或加工成各种果品，种仁可药用或榨油。梅（*A. mume* Sieb.），小枝绿色，果黄色或绿白色，果核具孔穴；原产于我国，久经栽培，现品种甚多，供观赏；果可食用或加工成果品，并可药用。

（3）李属（*Prunus* L.） 叶椭圆形、卵形至倒卵形，幼叶在芽中卷旋，稀对折；花单生或 2～3 朵簇生；果皮无毛，被蜡粉，果核平滑，少有皱纹。本属植物抗寒性强，多作果树或观赏，果可鲜食或加工成各类果品。品种多且栽培广泛。常见的有李（*P. salicina* Lindl.）、欧洲李（*P. domestica* L.）、杏李（*P. simonii* Carr.）、樱桃李（*P. cerasifera* Ehrh.）等。

（4）樱桃属（*Cerasus* Mill.） 叶椭圆形、卵形至倒卵形，幼叶在芽中对折；花单生、簇生或形成伞形和伞房花序，基部有明显苞片；果较小，果皮光滑，无蜡粉，果核平滑或有皱纹。本属栽培种多作果树或观赏，亦可药用，果可鲜食或加工成各类果品，常见的有樱桃［*C. pseudocerasus*（Lindl.）G. Don］、毛樱桃［*C. tomentosa*（Thunb.）Wall.］、欧洲酸樱桃（*C. vulgaris* Mill.）、欧洲甜樱桃［*C. avium*（L.）Moench.］；观赏植物有郁李［*C. japonica*（Thunb.）Lois.］、山樱花［樱花，*C. serrulata*（Lindl.）G. Don ex London］、日本樱花

[C. yedoensis(Matsum.)Yü et Li] 等。

（十九）豆科 Leguminosae, Fabaceae * ↑K$_{(5)}$C$_{5,3\sim6}$A$_{\infty,3\sim6,10,(10),(9)+1,(5)+(5)}G_{1:1}$

本科约有 650 属、18000 种，广布全世界。我国有 172 属、1485 种、13 亚种、153 变种、16 变型，各省区均有分布。本科有许多重要的经济植物，如豆类作物、蔬菜、饲草、绿肥、药用植物、绿化观赏及材用树种等，另外还有一些农田杂草，是农林牧业生产上很重要的一个科。

1. 形态特征

草本、灌木或乔木，常具根瘤。叶互生，多羽状或三出复叶，少单叶，常具托叶，叶枕常发达。多总状花序，少为圆锥、穗状和头状花序；花两性，常两侧对称，少辐射对称；花萼常5裂，花瓣5枚，花冠多为蝶形或假蝶形；雄蕊10个，少有4个至多数，常联合成二体雄蕊，少数全部分离或连成单体；雌蕊单心皮，子房上位，边缘胎座，1室，胚珠多数或1个。荚果；种子无胚乳。花粉具3孔沟或2、4、6孔。染色体：x=5~14。

2. 识别要点

叶常为羽状或三出复叶，多有托叶与叶枕。多总状花序，花冠多为蝶形或假蝶形；雄蕊为二体、单体或分离；单雌蕊，边缘胎座。子房上位；荚果；种子无胚乳。

本科依据花冠形态与对称性、花瓣排列方式、雄蕊数目与类型等性状分为三个亚科。

分亚科检索表

1. 花辐射对称，花瓣镊合状排列；雄蕊通常多数，分离或联合，花药顶端
　有时有一个脱落的腺体 ……………………………………… 含羞草亚科 (Mimosoideae)
1. 花两侧对称，花瓣覆瓦状排列；雄蕊5~10枚。
　2. 花稍两侧对称，近轴的1枚花瓣位于相邻两侧的花瓣之内，花丝通常
　　分离 ……………………………………………………… 云实亚科 (Caesalpinioideae)
　2. 花明显两侧对称，花冠蝶形，近轴的1枚花瓣（旗瓣）位于相邻两侧
　　的花瓣（翼瓣）之外；远轴的2枚花瓣（龙骨瓣）基部沿连接处合成
　　龙骨状，雄蕊通常为二体（9+1）雄蕊或单体雄蕊，稀分离 ……………………
　　………………………………………………………………… 蝶形花亚科 (Faboideae)

3. 常见植物

亚科Ⅰ：含羞草亚科（Mimosoideae） *K$_{(5)}$C$_{3\sim6}$A$_{\infty,3\sim6}$G$_{1:1}$

木本，稀草本。叶1~2回羽状复叶。穗状或头状花序；花辐射对称，花瓣幼时为镊合状排列；雄蕊多数，稀与花瓣同数，花丝分离，稀合生。染色体：x=8，11~14。

合欢属（Albizia Durazz.），二回羽状复叶；花5数，花冠小，下部合生；雄蕊20~50枚，花丝基部合生，长为花冠数倍；荚果扁平，带状，不开裂或迟裂。合欢（A. julibrissin Durazz.），乔木，具二回羽状复叶，小叶镰刀形，头状花序，花丝细长，淡红色；各地栽培，供观赏及作行道树，树皮和花可药用。山合欢 [A. macrophylla(Bunge)P. C. Huang]，花丝黄色、白色或淡红色；用途同合欢。

本亚科常见的还有含羞草（Mimosa pudica L.），多年生草本，二回羽状复叶，小叶线形，叶及嫩枝极富敏感性，受触动即闭合下垂；原产于北美，现多盆栽供观赏，在热带各地已归为杂草。台湾相思树（Acacia confusa Merr.），乔木，叶片退化，叶柄扁化成叶片状；产于华南，为优良的造林与材用树种。

亚科Ⅱ：云实亚科（苏木亚科，Caesalpinioideae） ↑K$_{(5)}$C$_{5,3\sim6}$A$_{10}$G$_{1:1}$

乔木或灌木，有时为藤本，很少木本。叶互生，1~2回羽状复叶，稀单叶（或单小叶）；托叶常早落；小托叶存在或缺。总状或圆锥花序；花两侧对称，花瓣覆瓦状排列，居上一花瓣在内侧，即假蝶形花冠；雄蕊10或较少，常分离。染色体：x=6~14。

约 180 属、3000 种。分布于全世界热带和亚热带地区，少数分布于温带地区。包括引入栽培的，我国有 21 属、约 113 种、4 亚科、12 变种，主产于南部和西南部。

（1）皂荚属（*Gleditsia* L.）　落叶乔木，常具粗刺；1～2 回羽状复叶，托叶早落；花杂性或单性异株，总状或穗状花序；萼片与花瓣 3～5；雄蕊 6～10；荚果扁平。皂荚（*G. sinensis* Lam.），一回羽状复叶；为优良的材用树种，各地有栽，荚果可代肥皂用，种子可榨油或药用。

（2）紫荆属（*Cercis* L.）　落叶灌木或乔木；单叶全缘；总状花序或成花簇，花红色，雄蕊 10，分离；荚果扁平。紫荆（*C. chinensis* Bge.），叶心形，花紫红色，先叶开放；各地有栽培供观赏。

本亚科常见的有红花羊蹄甲（紫荆花，*Bauhinia blakeana* Dunn），叶顶端 2 裂，花紫红，能育雄蕊 5；原产于中国香港，华南广栽供观赏或作行道树。云实（*Caesalpinia sepiaria* Roxb.），有刺灌木，常蔓生，二回羽状复叶，花黄色；产于江南各省。苏木（*C. sappan* L.），灌木或乔木，有疏刺，二回羽状复叶；主产于江南；心材可药用或用于提取红色染料，根可用于提取黄色染料。决明（*Cassia obtusifolia* L.），草本，复叶具 6 小叶；产于江南各省，种子可药用。著名的观赏树种还有凤凰木 [*Delonix regia*（Bojer ex Hook.）Raf.]、格木 [*Erythrophloeum fordii* Oliv.]、铁刀木（*Cassia siamea* Lam.）等。

亚科Ⅲ：蝶形花亚科（Faboideae，Papilionoideae）$\uparrow K_{(5)} C_5 A_{10,(10),(9)+1,(5)+(5)} \underline{G}_{1:1}$

木本、灌木、藤本或草本，有时具刺。叶互生，稀对生，通常为羽状或三出复叶，多为 3 小叶，稀单叶或退化为鳞叶，无二回以上的复叶。总状或其他花序；花两侧对称，蝶形花冠，旗瓣居上；雄蕊 10，常为二体雄蕊，少单体或分离。染色体：$x=5\sim13$。

本亚科分 32 族、约 440 属、12000 种，遍布全世界。较原始的类型大多分布于热带、亚热带地区，多为木本植物；较进化的类型是分布于温带的草本植物。地中海区域的分化甚为明显。我国包括引进栽培的共有 128 属、1372 种、183 变种（变型）。

（1）槐属（*Sophora* L.）　乔木、灌木或草本；奇数羽状复叶；雄蕊 10，分离；荚果念珠状。槐（*S. japonica* L.），乔木，枝条绿色，圆锥花序，花白色或淡黄色；原产于我国，现各地广栽，为优良的绿化观赏树种与蜜源植物，亦可药用。苦参（*S. flavescens* Aiton），草本或亚灌木；南北各省均产，根含生物碱，可入药，种子可作农药用。苦豆子（*S. alopecuroides* L.），多年生草本；主产于我国华北与西北，为杂草。

（2）苜蓿属（*Medicago* L.）　草本，稀灌木；三出羽状复叶，小叶上端有细锯齿；总状花序常短缩；二体雄蕊；荚果螺旋状或环状弯曲，常不开裂。紫花苜蓿（*M. sativa* L.），多年生草本，主根深长，花紫色、蓝色或淡黄色，荚果螺旋形，被柔毛；各地广栽或呈半野生状态，为重要饲草，品种较多。野苜蓿（*M. falcata* L.），多年生草本，主根木质，花黄色，荚果镰形，常开裂；产于我国北方，抗逆性强，为优良牧草，亦作绿肥及蜜源植物。

（3）锦鸡儿属（*Caragana* Fabr.）　灌木；叶互生或簇生，偶数羽状或假掌状复叶，叶轴常硬化成刺；花单生或簇生于短枝上，花梗具关节；荚果圆筒形或稍扁。树锦鸡儿（*C. arborescens* Lam.），灌木或亚乔木，高 2～6m，羽状复叶，小叶 4～8 对，叶轴细瘦常不硬化、脱落，花 2～5 簇生；分布于我国北方各省，供观赏或作绿化用。常见的有小叶锦鸡儿（*C. microphylla* Lam.），灌木，羽状复叶，小叶 5～10 对，托叶较长，脱落，花单生；分布于我国北方各省，耐旱，为优良的固沙和水土保持植物，叶可饲用。柠条锦鸡儿（*C. korshinskii* Kom.），树皮金黄色或绿黄色，幼枝被白色柔毛，小叶 6～8 对，先端具短尖头，花冠黄色，荚果披针形，为优良的固沙和水土保持树种。

（4）甘草属（*Glycyrrhiza* L.）　多年生草本，根状茎发达，被鳞片状腺点或刺状腺毛；

奇数羽状复叶；总状花序生于叶腋；龙骨瓣背部结合，二体雄蕊；荚果形态多样。甘草（*G. uralensis* Fisch. ex DC.），根及根状茎粗壮，味甜，茎叶被腺点和绒毛，小叶5～17，卵形或近圆形，荚果弯曲成镰形或环形，密集成球形，表面被密集刺状腺毛；产于我国北方各省，根与根状茎可作药用，为常用中药材，可清热解毒、润肺止咳、调和诸药，新近研究表明在医治肿瘤、艾滋病等方面也有重要作用。药用的还有光果甘草（*G. glabra* L.）、胀果甘草（*G. inflata* Batalin）等。

(5) 黄耆属（*Astragalus* L.）草本，稀小灌木；奇数羽状复叶，不具小托叶；花序总状或密集成头状；龙骨瓣顶端钝；荚果背缝线向内延伸成浅或深的隔膜，背缝开裂。黄耆〔黄芪，*A. membranaceus* Moench〕，主根肥厚，木质，叶下面被白色柔毛，花黄色，果被白或黑色短柔毛，果颈超出萼外；产于我国北方，各地有栽，为常用中药材。草木樨状黄芪（*A. melilotoides* Pall.），小叶5～7片，花序伸长，花冠白色或带粉红色，果背有凹沟；分布于我国长江以北各省，全草可入药，亦为固沙、水土保持植物，并可作牧草。紫云英（*A. sinicus* L.），产于我国南方各省，现各地多栽培，作饲用或绿肥。

(6) 棘豆属（*Oxytropis* DC.）本属与黄耆属近似，但本属的龙骨瓣先端具小尖头，荚果腹缝线向内延伸成隔膜，果沿腹缝开裂。我国该属植物主产于北部与西部地区。

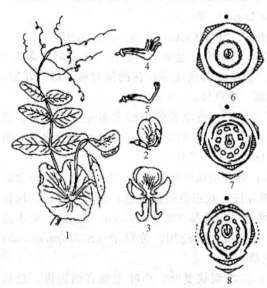

图 6-51 豌豆及各亚科花图式
1—花果枝；2—花；3—花的解剖；4—雄蕊；5—雌蕊；
6—含羞草亚科花图式；7—云实亚科花图式；
8—蝶形花亚科花图式

本亚科中作为豆类作物与蔬菜的有大豆〔*Glycine max*（L.）Merr.〕，荚果密生长硬毛，种子黄色、绿色或黑色；原产于中国，现全世界广栽，种子富含蛋白质和脂肪，可制豆腐和食用油。落花生（*Arachis hypogaea* L.），小叶2对，花后子房柄延伸入土中，果实在地下成熟；原产于巴西及非洲，现各地广栽，为重要干果和油料作物。蚕豆（*Vicia faba* L.），茎四棱；原产于南欧、北非，现各地广栽，作蔬菜和杂粮。豌豆（*Pisum sativum* L.）（图6-51），托叶大于小叶；原产于地中海，现各地广栽，作蔬菜与杂粮。豆薯〔*Pachyrhizus erosus*（L.）Urb.〕，藤本，块根肉质；原产于热带美洲，我国南方多栽，块根可生食或熟食，可制淀粉。豇豆〔*Vigna unguiculata*（L.）Walp.〕，荚果线形，稍肉质；各地广栽，嫩荚可作蔬菜。绿豆〔*V. radiata*（L.）R. Wilczek〕，荚果被毛，种子淡绿或黄褐色；各地广栽，种子可食用，或制豆沙、粉丝，提淀粉，生豆芽等，入药可清热解毒。赤豆〔*V. angularis*（Willd.）Ohwi et Ohashi〕，果无毛，种子常红色；各地广栽，种子可供食用（煮粥、制豆沙等），亦作药用。扁豆〔*Lablab purpureus*（L.）Sweet〕，茎缠绕，果荚扁平；原产于印度，现各地广栽，嫩荚可作蔬菜。菜豆（*Phaseolus vulgaris* L.），荚果条形，肉质；原产于美洲，现各地广栽，品种很多，嫩荚可作蔬菜。

常见的材用树种与观赏绿化植物有紫檀（*Pterocarpus indicus* Willd.），乔木，花黄色，果近圆形，具翅；产于南部热带，木材坚硬致密，因心材红色而通称为"红木"。黄檀（*Dalbergia hupeana* Hance），乔木，花白色或淡紫色，果长圆形；南方广布，木材黄色或白色，材质坚密。刺槐（洋槐，*Robinia pseudoacacia* L.），乔木，具托叶刺，花白色，果扁平；原产于美洲，现各地广栽，其适应性强，为优良的绿化与蜜源树种。毛刺槐（毛洋槐，*R. hispida* L.），灌木，幼枝、叶轴被硬毛，花红色，果被毛；原产于北美，各地引栽观赏，通常为营养繁殖。紫穗槐（*Amorpha fruticosa* L.），灌木，叶具腺点，花冠仅有 1 枚旗瓣，紫色，果具疣状腺点；原产于美洲，现各地有栽，其适应性强，为优良的绿肥与绿化植物。紫藤 [*Wisteria sinensis*(Sims.)Sweet]，茎左旋；多花紫藤 [*W. floribunda*(Willd.)DC.]，茎右旋，多栽培供观赏。常见的饲用植物主要有车轴草属（*Trifolium* L.）、草木樨属 [*Melilotus*(L.)Mill.]、驴食草属（*Onobrychis* Mill.）、野豌豆属（*Vicia* L.）、山黧豆属（*Lathyrus* L.）等属植物。

本科植物常具根瘤，是根与根瘤细菌的共生体，故有固氮作用，其中不少是绿肥植物。

（二十）杨柳科 Salicaceae　♂：$K_0C_0A_{2\sim\infty}$；♀：$K_0C_0\underline{G}_{(2:1)}$

本科有 3 属、620 余种，主产于北温带。我国有 3 属、320 余种，分布在南北各省。本科中有许多种类是常见绿化观赏与行道树种，北方尤多，有些可作防护林和材用树。

1. 形态特征

落叶乔木或灌木。单叶互生，托叶鳞片状或叶状，早落或宿存。花单性，雌雄异株，菜荑花序，常先叶或与叶同时开放；每花下有 1 苞片，基部有杯状花盘或腺体（退化花被），无花被；雄蕊 2 至多数；子房上位，2 心皮合生，1 室，侧膜胎座，胚珠多数。蒴果，2～4 瓣裂，种子细小，基部围以由珠柄长成的白色丝状长柔毛，胚直立，常无胚乳。染色体：$x=19$，22。花粉无沟（杨属）或 3 沟（柳属）。

2. 识别要点

木本。单叶互生，托叶早落。花单性，雌雄异株，菜荑花序，无花被；侧膜胎座。蒴果，种子基部具丝状长毛。

3. 常见植物

（1）杨属（*Populus* L.）　乔木，常单轴分枝，多具顶芽，冬芽有芽鳞数枚；通常叶片较宽，叶柄较长；菜荑花序下垂，苞片边缘分裂；花有杯状花盘，雄蕊 4 至多数，花药常暗红色；风媒。本属栽培植物皆可作绿化和行道树，树冠塔形和圆柱形的亦作防护林。胡杨（*P. euphratica* Oliv.），树冠开展，合轴分枝，叶异型，蓝绿色，短枝叶顶端具齿；分布于我国西北，抗逆性强，喜生河岸滩地，是荒漠地区特有的阔叶森林树种。银白杨（*P. alba* L.），树冠卵形，树皮灰白，长枝叶掌状 3～5 裂，下面密被绒毛；我国北方有栽。毛白杨（*P. tomentosa* Carr.），树冠卵形，叶三角状卵形，边缘具深齿或波状齿，下面毡毛脱落；我国北方广栽（图 6-52）。常见的种还有山杨（*P. davidiana* Dode）、钻天杨（*P. nigra* var. *italica* Du Doi）、箭杆杨 [*P. nigra* var. *thevestina*（Dode）Bean]、加拿大杨（欧美杨，*P. canadensis* Moench）等。

（2）柳属（*Salix* L.）　乔木或灌木，合轴分枝，无顶芽，冬芽仅有 1 个芽鳞；叶披针形或较宽，叶柄短；菜荑花序直立或斜展，苞片全缘，花有 1～2 个腺体，雄蕊常 2 枚，花药黄色；虫媒。垂柳（*S. babylonica* L.），乔木，枝细下垂，黄褐色，叶狭披针形，叶柄长 5～10mm，苞片

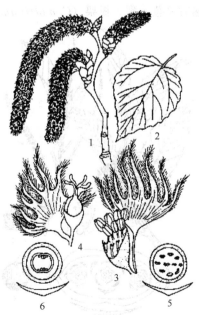

图 6-52　毛白杨
1—花枝；2—叶；3—雄花；4—雌花；
5—花图式（雄花）；6—花图式（雌花）

披针形，雄花2腺体，雌花1腺体；原产于我国，现各地广栽，其根系发达，保土护堤能力强。旱柳（*S. matshudana* Koidz），乔木，小枝直立或开展，叶披针形，叶柄长3～5mm，苞片卵形，雄花、雌花皆2腺体；分布于我国南北各省，为早春蜜源植物，绿化、护堤树种。

（二十一）壳斗科（山毛榉科，Fagaceae） ♂：$K_{(4～8)}C_0A_{4～20}$；♀：$K_{(4～8)}C_0\bar{G}_{(3～6:3～6:2)}$

本科有7属、900多种，主要分布于热带和北半球的亚热带，少数见于北温带。我国有6属、300余种，广布，以南方为多。本科中的许多植物为亚热带常绿阔叶林的建群种，在温带则以落叶的栎属与栗属植物为多，有重要的经济价值；本科植物材质坚重耐磨，多为优良的材用树，也是主要的造林树种；另有不少植物的种子（橡子）富含淀粉和可溶性糖类，为重要的木本粮食植物或干果类果树。

1. 形态特征

常绿或落叶乔木，稀灌木。单叶互生，羽状脉，托叶早落。花单性同株，无花瓣，雄花排成葇荑花序，直立或下垂，每苞有1花，萼片4～8裂，雄蕊与萼裂片同数或多数，花丝细长，花药2室，纵裂，退化雄蕊细小或缺；雌花1～3朵聚伞式生于一总苞内，总苞由多数鳞片（苞片）组成，萼4～8裂，与子房合生，子房下位，3～6室，每室2胚珠，但整个子房常只有1个胚珠发育成种子，花柱与子房室同数，宿存。坚果单生或2～3个生于总苞中，总苞呈杯状或囊状，果时增大木质化，称为壳斗（cupule），半包或全包坚果，外有鳞片或刺，成熟时不裂或瓣裂或不规则撕裂；种子无胚乳，子叶肥厚。染色体：$x=12$。花粉3孔或3沟。

2. 识别要点

木本，单叶互生，羽状脉直达叶缘。雌雄同株，无花瓣，雄花呈葇荑花序，雌花1～3朵生于总苞中，子房下位，3～6室。坚果外被壳斗。

3. 常见植物

（1）栗属（*Castanea* Mill.）冬季落叶，小枝无顶芽；雄花序直立，花被6裂，雄蕊10～20枚；雌花常1～3朵聚生于一有刺总苞内，子房6室；坚果深褐色，1～3枚聚生于总苞中，熟时总苞4裂。板栗（*C. mollissima* Bl.）（图6-53），叶下面具星状柔毛，总苞内常含3枚坚果，果较大，直径2～3cm；原产于中国，久经栽培，主产于华北至华南，为著名的木本粮食作物；果富含淀粉，可食用；木质坚硬耐水湿，可作工农业用材；壳斗及树皮含鞣质，可提取栲胶。茅栗（*C. seguinii* Dode），叶背密生鳞片状腺体，总苞含果3枚，果较小，直径1～1.5cm；可作板栗的砧木，用途同板栗。

（2）栎属（*Quercus* L.）多为落叶乔木；雄花花萼4～7裂，雄蕊常4～6，雌花1～2朵簇生或数朵穗状排列，花萼6裂，子房3～5室；小苞片鱼鳞片状、覆瓦状或宽刺状。栓皮栎（*Q. variabilis* Bl.），叶缘具刺芒状细锯齿，叶下面密生星状细绒毛；产于我国东北、黄河流域及以南各省，为北方温带主要成林树种；木栓层厚达10cm，质轻软，富弹性，为电、热、声的不良导体，不透水、气，不易与化学药品起作用，为软木工业的重要原料。常见的种类还有麻栎（*Q. acutissima* Carruth.）、柞栎（槲树，*Q. dentata* Thunb.）、辽东栎（*Q. liaotungensis* Koidz.）、槲栎（*Q. aliena* Bl.）等。

本科植物是亚热带及温带森林的主要建群种，在我

图6-53 板栗

1—果枝；2—花枝；3—雄花；4—雌花；5—坚果；6—花图式

国，整个热带常绿林以本科栲属、青冈属、柯属和栎属等树种组成了森林上层的优势层，同时混有水青冈属种类。温带阔叶林则以栎属植物为森林上层的优势种。

（二十二）桑科 Moraceae ♂: $K_{4~6}C_0A_{4~6}$；♀: $K_{4~6}C_0 \underline{G}_{(2:1)}$

本科约 53 属、1400 种，主产于热带和亚热带。我国有 12 属、153 余种，主产于长江流域以南各省，西北地区也有分布。其中桑树与蚕桑事业密切相关，另有不少药用植物及野生纤维植物，少数为果树和橡胶植物等。

1. 形态特征

木本，常有乳液，有的含橡胶，叶内常有钟乳体。单叶互生，托叶 2 枚，早落。花单性同株或异株，聚伞花序常集成头状、穗状、荑荑、圆锥花序或隐头花序；花单被，花被片常 2～4 枚；雄蕊与花被片同数对生；雌蕊 2 心皮合生，子房上位，1 室 1 倒生或弯生胚珠，基生或顶生胎座，花柱 2。瘦果或核果在花序中集合为聚花果（复果）；种子具胚乳或缺，胚弯曲。染色体：$x=7$，12～16。花粉具 3 孔。

2. 识别要点

木本，常具乳汁；单叶互生。花单性，单被，雄蕊与萼片同数而对生；上位子房，2 心皮 1 室。聚花果。

3. 常见植物

（1）桑属（*Morus* L.）　落叶乔木或灌木；叶缘具锯齿、缺刻或分裂，常掌状脉；雌雄花序均为假穗状或荑荑花序，雌雄异株或同株，花被片 4，雄蕊在花芽时内折，雌花花被片在结果时增大，肉质，包被瘦果。白桑（*M. alba* L.）（图 6-54），乔木，叶卵形或阔卵形，叶下面脉腋有细毛或无毛，雌花被外部被毛，复果白色或暗红或紫黑色，称为"桑椹"；原产于我国，南北均有栽，历史悠久；桑叶可用于饲蚕；桑椹可食用、制果汁等；根内皮、桑叶、桑枝与桑椹均可作药用。常见的还有鸡桑（*M. australis* Poir.）、华桑（*M. cathayana* Hemsl.）、蒙桑［*M. mongolica*（Bureau C. K.）Schneid.］等。

（2）榕属（*Ficus* L.）　多常绿木本，小枝具环状托叶痕；叶常全缘，托叶大，常包于芽外；隐头花序，雌雄同株，雄花被 2～6 片，雄蕊 1～3 枚或更多，花丝在蕾中直伸；能育雌花具较长花柱，不育瘿花花柱短，常有瘿蜂产卵于子房；隐花果（榕果）肉质，多倒卵状，小瘦果藏于其内。本属植物与膜翅目昆虫（如榕小蜂）有密切的共生关系。无花果（*F. carica* L.），落叶乔木或灌木，叶常掌状 3～5 裂；原产于地中海，现各地有栽培，果可生食或制蜜饯和干果。榕树

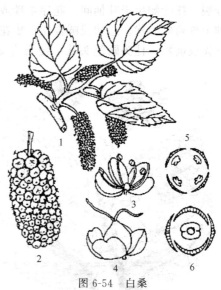

图 6-54　白桑

1—果枝；2—果实；3—雄花；4—雌花；
5—雄花花图式；6—雌花花图式

（*F. microcarpa* L. f.），常绿大乔木，气生根着地可增粗成树干状，形成奇特的独木成林现象；分布于我国华南地区，常作行道树。

（3）构属（*Broussonetia* L'Hér. ex Vent.）　落叶木本；叶常分裂；雌雄异株，荑荑花序（雄）和头状花序（雌），雌花被管状，花柱单一；核果聚成复果。构树［*B. papyrifera*（L.）L'Hér. ex Vent.］，乔木，叶被粗绒毛，核果果肉红色；广布于我国华北至南方，也栽培供绿化、造纸和药用。

本科常见植物还有柘树［*Cudrania tricuspidata*（Carr.）Bureau ex Lavall.］，落叶灌木或小乔木，具硬棘刺，复果近球形，肉质红色；根皮可入药，茎皮作纤维用，叶可饲蚕，果可食用和酿

酒。木菠萝（菠萝蜜，*Artocarpus heterophyllus* Lam.），为著名的热带果树，聚花果长 25～60cm，重可达 20kg。产于云南的见血封喉 [*Antiaris toxicaria*(Pers.)Lesh.]，树液有剧毒。

（二十三）荨麻科 Urticaceae ♂：$K_{4\sim5}C_0A_{4\sim5}$；♀：$K_{4\sim5}C_0\underline{G}_{(1:1)}$

本科约 47 属、1300 余种，分布于热带与温带。我国有 25 属、352 种、26 亚种，产于全国各地。本科许多种类的茎皮富含纤维，有的种类的种子可榨油，供工业用，也有些可作药用和食用。

1. 形态特征

多为草本，稀为灌木，有时有刺毛，茎皮有较长的纤维，有时肉质。钟乳体点状、杆状或条形。单叶互生或对生，通常有托叶。花极小，多单性，单被；花序雌雄同株或异株，由若干个团伞花序排列成聚伞状、圆锥状、总状、穗状等。雄花：花被片 4～5，有时 3 或 2；雄蕊与花被片同数。雌花：花被片 5～9，花后常增大，宿存；雌蕊 1 心皮构成，子房 1 室，胚珠 1，基生。花柱单一，柱头头状、画笔头状或钻形。果实为瘦果，有时为肉质核果状，常包于宿存的花被内。有胚乳。花粉扁球形，具 3～4 孔，外壁层次不清，表面雕纹模糊。染色体：$x=7，10，11，12，13，19$。

2. 识别要点

常有刺毛；钟乳体点状、杆状或条形；花极小，多单性，单被；团伞花序排列成聚伞状、圆锥状、总状、穗状等；果实为瘦果，有时为肉质核果状，常包于宿存的花被内。

3. 常见植物

（1）荨麻属（*Urtica* L.）一年生或多年生草本，具刺毛。茎四棱。叶对生，边缘有齿或分裂；托叶侧生于叶柄间。花序单性或雌雄同株，成对腋生，数朵聚集成小的团伞花序，在序轴上排列成穗状、总状或圆锥状；雄花、雌花花被片均 4 片，离生或多少合生；子房直立，花柱无或极短，柱头画笔头状。瘦果直立，两侧压扁，光滑或有疣状突起。种子直立，胚乳少量，子叶近圆形，肉质，富含油质。狭叶荨麻（*U. angustifolia* Fisch. ex Hornem.），叶狭披针形，上面粗糙，瘦果卵形，宿存花被片外面生微糙毛；茎皮纤维可作纺织原料；幼嫩茎叶可食用；全草可入药，有祛风定惊、消食通便之效。宽叶荨麻（*U. laetevirens* Maxim.），叶卵形至披针形，基部圆形，侧脉和外向二级脉直达齿尖。

（2）艾麻属（*Laportea* Gaudich.）草本或半灌木，有刺毛；叶互生，具柄，边缘或有齿；托叶生于叶柄内合生，膜质，先端 2 裂，不久脱落。花单性，同株，稀异株，密集为腋生的圆锥花序；雄花花被片 4～5；雄蕊 5；退化雌蕊明显，棒状或近球形；雌花花被片 4，极不等大，离生，有时下部合生；子房直立，不久偏斜；瘦果偏斜，两侧压扁。

常见植物：艾麻 [*L. cuspidata*（Wedd.）Friis]，根纺锤状；叶先端长尾状，边缘有粗齿；韧皮纤维可制绳索和代麻用；根可药用，有祛风湿、解毒消肿之效。珠芽艾麻 [*L. bulbifera*（Sieb. et Zucc.）Wedd.]，根丛生，红褐色，叶先端渐尖，边缘有齿或锯齿；韧皮纤维可供纺织用，嫩叶可食。墨脱艾麻见图 6-55。

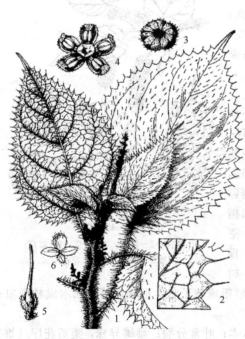

图 6-55　墨脱艾麻（*Laportea medogensis* C. J. Chen）（引自《植物分类学报》）

1—植株上部；2—叶的一小块（背面观），示毛被；
3—雄花芽；4—展开的雄花；5—雌花；
6—展开的花被

（3）蝎子草属（*Girardinia* Gaudich.）　一年生或多年生高大草本，具刺毛。茎合轴分枝，常五棱。叶互生，边缘有齿或分裂，同株常具分裂叶或不分裂叶；托叶在叶柄内合生，先端 2 裂。花单性，雌雄同株或异株，成对腋生，雄花序穗状，二叉状分枝或圆锥状；雌团伞花序密集成稀疏蝎尾状着生于序轴上；雄花花被片 4～5，雄蕊 4～5；雌花花被片 2～3；子房直立，花后渐变偏斜，粗具短柄；花柱线形，花后下弯，宿存。瘦果直立，压扁，稍偏斜，宿存花被包被着增粗的雌蕊柄。种子直立，具少量胚乳，子叶宽，富含油质。

常见植物：蝎子草（*G. suborbiculazata* C. J. Chen），其茎皮纤维是很好的纺织原料，全草可入药，有祛风除湿、活血、清热解表之效。

（4）冷水花属（*Pilea* L.）　草本或亚灌木，无刺毛。叶对生，具柄；托叶膜质鳞片状或草质叶状，在柄内合生。花极小，雌雄同株或异株；苞片小，生于花基部。花被片合生至中部或基部，在外面近先端常有角状突起；雄花与花被片同数；雌花 3 基数，花被片分生或多少合生，果时增大，常不等大；子房直立，顶端多少偏斜；柱头呈画笔状。瘦果卵形，多少压扁，稍偏斜。

常见植物：山冷水花〔*P. japonica*（Maxim.）Hand-Mazz.〕，叶菱状卵形，小花枝紧缩成头状；瘦果稍扁，有疣状突起；全草可入药，有清热解毒、渗湿利尿之效。透茎冷水花〔*P. pumila*（L.）A. Gray〕为广布于北美和亚洲东部的种，根茎可药用，有利尿解热和安胎之效。此外还有波缘冷水花（*P. cavaleriei* Levl.）和冷水花（*P. notata* C. H. Wright）。

（5）苎麻属（*Boehmeria* Jacq.）　多年生草本、亚灌木、灌木或小乔木。单叶互生或对生，边缘有齿不分裂，钟乳体点状；托叶通常分生，脱落。团伞花序生于叶腋，或成穗状花序或圆锥花序；苞片膜质，小。雄花：花被片 4～5，下部常合生，椭圆形；雄花与花被片同数。雌花：花被管状，顶端溢缩，有 2～4 小齿，在果期增大；子房常卵形，包于花被中，柱头丝形，密被柔毛，通常宿存。瘦果卵形，包于宿存的花被内，果皮薄。

常见植物：苎麻〔*B. nivea*（L.）Gaudich.〕，茎皮纤维细长，强韧，洁白，有光泽，拉力强，富弹性和绝缘性，可织成飞机的翼布、橡胶工业的衬布、电线包被和人造丝等；与羊毛、棉花混纺可制高级衣料；短纤维可为高级纸张、火药、人造丝等的原料，也可织地毯、麻袋等。药用：根可利尿解热，并有安胎作用；叶为止血剂，治创伤出血；根叶并用于治疗急性淋虫、尿道炎出血等症。嫩叶可养蚕，作饲料。种子可榨油，供制肥皂和食用。此外还有悬铃木苎麻〔*B. tricuspis*（Hance）Makino〕和赤麻〔*B. silvestrii*（Pamp.）W. T, Wang〕。

（二十四）鼠李科 Rhamnaceae　$* K_{5\sim4} C_{5\sim4\sim0} A_{5\sim4} \underline{G}_{(4\sim2)}$

本科约 58 属、900 种，分布于温带及热带。我国有 15 属、约 135 种，南北均有分布，主产于长江以南地区。

1. 形态特征

乔木或灌木，直立或蔓生，偶有草本，常具刺。单叶，常互生，叶脉显著，常有托叶。花小，两性，稀单性，辐射对称；多排成聚伞花序；萼 4～5 裂；花瓣 4～5 或缺；雄蕊 4～5，与花瓣对生，花盘肉质；子房上位或一部分埋藏于花盘内，2～4 室，每室有 1 胚珠，花柱 2～4 裂。果实为核果、蒴果或翅果状。染色体：$x = 10, 11, 12, 13$。

2. 识别要点

单叶，花周位，花盘发达，雄蕊和花瓣对生，花瓣常凹形，胚珠基生。

3. 常见植物

枣属（*Zizyphus*），乔木或灌木；枝光滑；叶脉明显，叶柄短，托叶刺状；聚伞花序腋生；核果，近球形或长圆形。

① 枣树（*Z. jujuba*）（图 6-56）　乔木；小枝有刺，单叶，具基出三脉；核果大，卵圆形

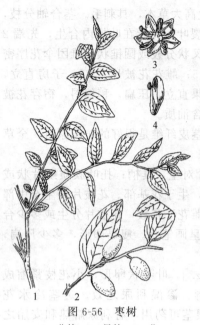

图 6-56 枣树
1—花枝；2—果枝；3—花；
4—雄蕊和花瓣

或长圆形，深红色，为我国特产，果味甜，供食用，有滋补强壮之效。

② 拐枣（枳椇）（*Hovenia dulcis*） 落叶乔木；叶宽卵形，三出脉；核果；果柄肥厚，肉质，含糖，可生吃和酿酒；木材坚硬，可供建筑和制作精细家具。

③ 马甲子（*Paliurus ramosissimus*） 半常绿灌木，高 3~5m；小枝有刺，密被锈褐色短柔毛；叶互生，二列；核果盘状，周围有木栓质窄翅；根、叶及枝刺、花、果均可入药；枝多刺，可作绿篱。

（二十五）葡萄科 Vitaceae　* $K_{5\sim4} C_{5\sim4} A_{5\sim4} \underline{G}_{(2:2)}$

本科约 12 属、700 余种，多分布于热带至温带地区。我国有 7 属、106 种，南北均有分布。

1. 形态特征

藤本或草本，常借卷须攀援。单叶或复叶。花两性或单性异株，或为杂性，整齐，排成聚伞花序或圆锥花序，常与叶对生，花萼 4~5 齿裂，细小；花瓣 4~5，镊合状排列，分离或顶部黏合成帽状；雄蕊 4~5，着生在下位花盘基部，与花瓣对生；花盘环形；子房上位，通常 2 心皮组成，2 室，每室常有 2 个胚珠。果为浆果，种子有胚乳。染色体：$x=11\sim14$，16，19，20。

2. 识别要点

攀援；茎常合轴生长，有卷须。花序多与叶对生；雄蕊与花瓣对生；子房常 2 室，具中轴胎座。浆果。

3. 常见植物

葡萄属（*Vitis* Li），卷须与叶对生，单叶，掌状分裂，稀复叶；圆锥花序，与叶对生；花小，淡绿色，花瓣顶端黏合成帽状，脱落；浆果球形，具 2~4 粒种子。

① 葡萄（*V. vinifera*）（图 6-57） 落叶木质藤本，茎皮成片状剥落；髓褐色；卷须分枝，叶近圆形或卵形；浆果富含汁液，可生吃，或制葡萄干或酿酒；根与藤可入药。

② 爬山虎（*Parthenocissus tricuspidata*） 高攀援植物，可作垂直绿化用。

（二十六）无患子科 Sapindaceae　* ↑ $K_{5\sim4} C_{5\sim4} A_{10\sim8} \underline{G}_{(3)}$

本科约 150 属、2000 种，广布于热带和亚热带。我国有 24 属、40 余种，主要分布于长江以南各省区。

1. 形态特征

乔木或灌木，稀为攀援状草本。叶互生，通常羽状复叶，稀单叶或掌状复叶；无托叶。花两性、单性或杂性，辐射对称或两侧对称，常成总状花序、圆锥花序或聚伞花序；萼片 4~5；花瓣 4~5，有时缺；花盘发达；雄蕊 8~10；子房上位，常 2~3 室，每室有 1~2 个胚珠。果实为蒴果、核果、浆果、坚果或翅果。种子无胚乳。具有假种皮。染色体：$x=11$，15，16。

2. 识别要点

羽状复叶。花小，常杂性异株；花盘发达，位于雄蕊

图 6-57 葡萄
1—果枝；2—去花被的雌雄蕊和花盘

的外方，具典型 3 心皮子房。种子常具假种皮，无胚乳。

3. 常见植物

（1）荔枝属（*Litchi*） 乔木。叶为偶数羽状复叶。花小，杂性，辐射对称，组成顶生的圆锥花序；萼小；无花瓣；花盘环状，肉质；雄蕊 6～8 枚，花丝有毛；子房 2～3 裂。核果，果皮有小瘤体；种子有肉质、多汁、白色的假种皮。荔枝（*L. chinensis* Sonn.）（图 6-58），常绿乔木；偶数羽状复叶，小叶 2～4 对，小叶背面叶脉不明显；种子为白色、肉汁而味甜的假种皮包被；原产我国南部，为著名的热带水果；荔枝核（种子）入药，可理气、散结、止痛。

图 6-58 荔枝（*Litchi chinensis* Sonn.）
1—果枝；2—花

（2）龙眼属（*Dimocarpus*） 乔木。偶数羽状复叶。花小，辐射对称；花萼和花瓣 5；花盘常被毛；雄蕊 6～8 枚；子房 2～3 室，密被粗毛和小瘤体。果球形，果皮有扁平、不明显的疣点；具肉质、多汁、白色的假种皮。龙眼（*D. longan* Lour.），常绿乔木；树皮粗糙；偶数羽状复叶，小叶 3～5 对，小叶背面叶脉极显著；有花瓣；种子为白色、肉汁而味甜的假种皮包被；为热带名果；可入药，具养血、安神之功效。

文冠果（*Xanthoceras sorbifolia* Bunge）特产我国北部，落叶小灌木或小乔木，奇数羽状复叶，花杂性，圆锥花序；种子油供食用或工业用。

（二十七）漆树科 Anacardiaceae ＊ $K_{(5)} C_5 A_{10\sim 5} \underline{G}_{(5\sim 1)}$

本科约 60 属、600 种，主产于热带地区。我国有 16 属、约 56 种，长江流域及其以南各省最盛。

1. 形态特征

乔木或灌木，树皮含树脂。单叶或羽状复叶，无托叶。花两性、单性或杂性，排列成圆锥花序。萼 3～5 裂；花瓣 3～5；具扁平或杯状花盘；雄蕊 5～10；子房上位，常 1 室，每室有一倒生胚珠。果为核果。染色体：$x=7\sim 16$。

2. 识别要点

常有树脂，花小，辐射对称；具雄蕊内花盘；子房常 1 室。核果。

3. 常见植物

（1）漆树属（*Toxicodendron*） 乔木或灌木；树皮有乳状液汁或树脂状液汁。羽状复叶。花序腋生，聚伞圆锥状或聚伞总状；花小，单性异株；花部 5 基数。核果。

本属乳液含漆酚，人体接触易引起皮肤过敏。被誉为"涂料之王"的漆树（*T. vernicifluum* DC.），为落叶乔木（图 6-59）；奇数羽状复叶，互生；小叶全缘；果序多少下垂，核果。漆树为我国特产，是重要的经济植物。

（2）盐肤木属（*Rhus*） 与漆树属的主要区别是圆锥花序顶生。本属均可作五倍子蚜虫寄主植物。盐肤木

图 6-59 漆树（*T. vernicifluum* DC.）
1—带花序的枝；2—果枝；3—雄花；4—雌花

（*R. chinensis* Mill.），落叶小乔木；小枝、叶柄及花序都密生褐色柔毛，奇数羽状复叶，叶轴有宽翅；花小，白色；子房密被长柔毛；小核果红色。盐肤木既是我国主要的经济树种，也是良好的园林绿化树种。可供制药和作工业染料的原料；其皮部、种子还可榨油；为观叶、观果树种。

（3）芒果属（*Mangifera*）　乔木。叶互生，革质。花小，杂性，圆锥花序顶生。花萼与花瓣同数，4～5 片；具花盘；雄蕊常仅 1～2 枚发育；子房 1 室。核果。芒果（*M. indica* L.），乔木；单叶互生，叶革质，长椭圆状披针形，全缘或波浪状；花小，杂性，二歧聚伞花序排列成顶生圆锥花序；花淡黄色；花盘肉质 5 裂；果为肉质的大核果，椭圆形至长椭圆形，偏斜；内有一颗种子，胚大，子叶肥厚，无胚乳；为著名的热带果树，果实成熟时，散发出独特的芳香味，其果肉汁多，酸甜可口，可鲜食和榨制芒果汁、制果酱。

黄连木（*Pistacia chinensis* Bge.）种子含油量可达 50%，是具有开发前景的能源植物与材用树种。

（二十八）芸香科 Rutaceae　$* \uparrow K_{5\sim4} C_{5\sim4} A_{10\sim8} \underline{G}_{(5\sim4)}$

本科有 150 属、约 1700 种，分布于热带和温带地区。我国包括引入栽培的有 29 属、150 种，南北均产之。

1. 形态特征

乔木或灌木，常具刺，稀为草本。单叶或复叶，常有透明的腺点，无托叶。花两性，有时单性，辐射对称，排成聚伞花序等各式花序；萼片 4～5，常合生；花瓣 4～5，分离；雄蕊与花瓣同数或为其倍数，2 轮排列，着生于环状的肉质花盘周围；上位子房，4～5 室；胚珠每室 1 至多颗。果为柑果、浆果或核果。染色体：$x = 7\sim9, 11, 13$。

2. 识别要点

茎常具叶刺。叶上有透明油腺点。花盘发达；花萼、花瓣常 4～5 片。果实多为柑果、浆果。

3. 常见植物

（1）柑橘属（*Citrus* L.）　有刺灌木或小乔木。单生复叶，具腺点，柄有翅或有边。萼杯状，5 裂，宿存；花瓣 4～8 片；雄蕊为花瓣数的 4～6 倍，生于花盘四周，花丝常合生成束；子房多室。柑果，种子多数。本属约 20 种，分布于亚洲的热带、亚热带地区，我国约 15 种。本属为著名的果树类植物，最常见的有酸橙（*C. aurantium* L.）、柑（*C. reticulata* Blanco.）、柚（*C. grandis* Linn.）、橙〔*C. sinensis*(L.)Osbeck.〕、黎檬（*C. limonia* Osbeck.）等，为我国重要的果树。

图 6-60　九里香
1—花枝；2—果枝

（2）黄皮属（*Clausena*）　灌木或小乔木，无刺。奇数羽状复叶。花小，圆锥花序顶生或腋生；花萼、花瓣 4～5 片，瓣覆瓦状排列；花盘短；雄蕊为花瓣数的 2 倍，着生于花盘基部四周，花丝下部粗；子房 4～5 室，每室有胚珠 2 颗。浆果。黄皮〔*C. lansium*(Lour.)Skeels.〕，小乔木或灌木；羽状复叶，小叶 5～11 片；花白色，芳香，顶生圆锥花序；果可供生食，味酸甜可口，有生津消积之功效。

九里香〔*Murraya paniculata*(Linn.)Jack.〕（图 6-60），常绿灌木；奇数羽状叶，小叶 3～9 片；花白色，芳香，数朵聚生成伞房花序；浆果成熟时红色。分布于我国华南和西南。四季常青，株形优美，花香浓郁。供观赏用。九里香的花、叶、果均含精油，可用于化妆品和食品香精；叶可作调味香料；枝叶可以入药。另外，花椒（*Zanthoxylum bungeanum* Maxim）既是油料树种，又可入药或为食品调味原料。黄檗（*Phellodendron amurense* Rupr.）为药用植物。

（二十九）胡桃科 Juglandaceae　♂：$P_{(3\sim6)}A_{8\sim10}$；♀：$P_{3\sim5}\overline{G}_{(2:1)}$

本科约 8 属、60 种，主产于北半球热带至温带。我国有 7 属、27 种，主要分布在长江以南。其中胡桃、山核桃为重要干果类果树和木本油料植物，其他多为材用和观赏绿化树种。

1. 形态特征

落叶乔木，具树脂。奇数羽状复叶互生，无托叶。花单性，雌雄同株，单被或无被；雄花成下垂的葇荑花序，花被 3～6 裂，与苞片合生，雄蕊 3 至多数；雌花单生、簇生或为直立、下垂的穗状花序，小苞片 2，花被 1～4 枚，贴生于苞片内方的扁平花托周围，雌蕊 1,2 心皮合生，子房下位，初时 1 室，后来不完全 2～4 室，胚珠 1。核果或为具翅坚果（翅由苞片发育而成）；种子无胚乳，子叶常皱褶，含油脂。染色体：$x=16$。花粉 3 孔或多孔。

2. 识别要点

落叶乔木。羽状复叶互生。花单性同株，单花被，雄花葇荑花序；子房下位。核果或具翅坚果。

3. 常见植物

（1）胡桃属（核桃属，*Juglans* L.）　枝具片状髓；雌花穗状花序直立，有花被；果核果状，无翅；外果皮肉质，干后成纤维质，主要由苞片及花被发育而成，通常成不规则 4 瓣破裂；内果皮硬骨质，有雕纹。胡桃（核桃，*J. regia* L.）（图 6-61），小叶 5～9，全缘或呈波状，无毛，果核具 2 纵脊；我国各地有栽培，新疆有野生；为著名干果和重要的木本油料植物，种子可榨油或入药，果核可制活性炭，木材坚实，可制枪托等。野核桃（*J. cathayensis* Dode），小叶 9～17，枝叶被毛，果核极厚，具 6～8 纵脊；产于江南至黄河流域，可作核桃之砧木。核桃楸（*J. mandshurica* Maxim.），枝叶被毛，果核具 8 脊；产于东北、华北，北方各地有栽培；用途同核桃，也可作核桃的砧木。

（2）枫杨属（*Pterocarya* Kunth.）　枝具片状髓；雄花序单独生，自芽鳞腋内或叶痕腋内生出；总状果序下垂，果实坚果状，两侧具 2 片由小苞片发育而成的翅。枫杨（*P. stenoptera* C. DC.），裸芽，小叶 10～28，叶轴具狭翅，叶缘具锯齿，两果翅斜展近直角，长于果体；南北各省均产，常栽培作行道树，也可作胡桃的砧木，果可榨油，用于制肥皂或作润滑油，叶可杀虫。湖北枫杨（*P. hupehensis* Skan），小叶 5～11，叶轴无翅，果翅小，近半圆形，长宽近相等；产于华中与秦岭以南地区，北方有栽培。

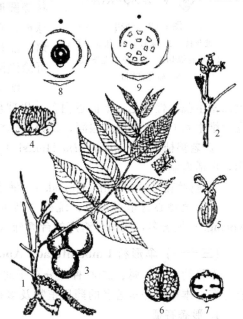

图 6-61　胡桃

1—雄花枝；2—雌花枝；3—果枝；4—雄花；5—雌花；6—果核；7—果核切面；8—雌花花图式；9—雄花花图式

本科常见的植物还有山核桃（*Carya cathayensis* Sarg.）、薄壳山核桃［*C. illinoensis* (Wangenh.) K. Koch］、化香树（*Platycarya strobilacea* Sieb. et Zucc.）、黄杞（*Engelhardtia roxburghiana* Wall.）等。

（三十）柿树科 Ebenaceae * $K_{(3\sim7)}C_{(3\sim7)}A_{3\sim7,6\sim14,9\sim12}\underline{G}_{(2\sim16:2\sim16)}$

本科约 3 属、500 余种，分布于热带和亚热带地区。我国仅 1 属、约 57 种，产于华中至西南、东南，尤以南部最盛；主要为材用树和果树。

1. 形态特征

乔木或灌木。单叶互生，稀对生，全缘，无托叶。花单性，雌雄异株，或杂性，单生或为聚伞花序；花萼 3~7 裂，宿存，果时增大，花冠 3~7 裂，钟状或壶状，裂片旋转状排列；雄蕊与花冠裂片同数、2 倍或更多，分离或结合成束，常着生于花冠筒基部，花药内向纵裂；子房上位，中轴胎座，2~16 室，每室 1~2 胚珠。浆果；种子具胚乳。染色体：$x=$ 15。花粉具 3 孔沟。

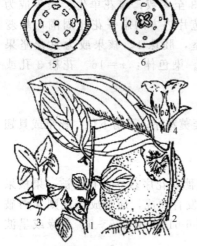

图 6-62 柿树
1—雄花枝；2—果枝；3—雄花外形；
4—雌花纵切面；5—雄花花图式；
6—雌花花图式

2. 识别要点

木本。单叶全缘，常互生。花单性，萼宿存，花冠裂片旋转状排列。浆果。

3. 常见植物

柿树属（*Diospyros* L.），落叶或常绿乔木或灌木，无顶芽；雌花单生，雄花成聚伞花序；花萼、花冠常 4(3~7) 裂，雄蕊常 8~16；子房 4~12 室，花柱 2~6；浆果大型，具膨大的宿萼。

① 柿树（*D. kaki* Thunb.）（图 6-62）落叶乔木，叶卵状椭圆形至倒卵形，下面及小枝均有短柔毛，果卵圆形至扁球形，直径 3cm 以上；原产于我国，为著名果树，久经栽培，品种很多，果食用或用于制柿饼，果、叶可药用，柿漆可涂渔网和雨伞。

② 君迁子（*D. lotus* L.）乔木，叶椭圆形至矩圆形，上面密生脱落性柔毛，下面近白色，果球形或椭圆形，直径约 2cm，蓝黑色；原产于我国，果富含维生素 C，可食用或酿酒，果树可作柿树的砧木。

③ 老鸦柿（*D. rhombifolia* Hemsl.）灌木，小枝无毛，果橙黄色，可制柿漆；根、枝药用，可活血利肝。

④ 瓶兰花（*D. armata* Hemsl.）灌木，小枝具柔毛，果小，球形；多栽培供观赏。

本属植物心材呈黑褐色，统称"乌木"，是一种名贵木材，以印度产的乌木（*D. ebenum* Koeing.）最著名，我国台湾产的台湾柿（*D. blancoi* A. DC.）也是乌木的材源。

（三十一）伞形科 Umbelliferae, Apiaceae * $K_{(5)\sim0}C_5A_5\overline{G}_{(2:2)}$

本科约有 200 属、2500 种，分布于北温带、亚热带或热带高山上。我国有 90 属，全国均有分布。本科有许多著名的药用植物及多种常见蔬菜，另有少数有毒植物。

1. 形态特征

草本。茎常中空。叶互生，常分裂，多为一至多回掌状或羽状复叶，叶柄基部膨大，或呈鞘状抱茎。伞形或复伞形花序；花两性，多辐射对称；花萼和子房结合，裂齿 5 或不明显；花瓣 5；雄蕊 5，生于上位花盘周围；2 心皮复雌蕊，子房下位，2 室，每室 1 胚珠，花柱 2，基部膨大成上位花盘。双悬果，成熟时从 2 心皮合生面分离成 2 分果，悬在心皮柄上，果具纵棱或翅及刺，或平滑；种子胚乳丰富，胚小。染色体：$x=4\sim12$。花粉具 3 孔沟。

2. 识别要点

草本，常有异味。裂叶或复叶，叶柄基部膨大或成鞘状抱茎。伞形或复伞形花序；花部 5

数，子房下位。双悬果。

本科的分类及属、种鉴定主要依据果实的特征，因此需要了解基本的专用术语。

① 接合面（commissure）：指心皮的连接面，即合生面。

② 背腹压扁（depressed）：指果向接合面的压扁。

③ 两侧压扁（bilateral compressed）：指果向接合面相垂直的压扁。

④ 主棱（main rib）：背棱、中棱和侧棱均称主棱。

⑤ 背棱（dorsal rib）：指分果瓣背面的中肋之棱，1条居中。

⑥ 侧棱（lateral rib）：指分果瓣合生面两侧边棱，2条。

⑦ 中棱（medial rib）：指分果瓣背棱与侧棱中间的棱，2条。

⑧ 次（副）棱（secondary rib）：相邻两主棱之间的棱。

3. 常见植物

（1）胡萝卜属（*Daucus* L.） 2～3回羽状裂叶；复伞形花序；萼齿不明显，花瓣5，白色；总苞片和小苞片分裂；果略背腹压扁，主棱不明显，有刚毛，4条次棱翅状，具刺毛，每1次棱下有1条油管，合生面2条。胡萝卜（*D. carota* var. *sativa* Hoffm.）（图6-63），具肥大肉质直根；原产于欧亚大陆，现全球广泛栽培；根富含胡萝卜素，营养丰富，可作蔬菜。野胡萝卜（*D. carota* L.），其形态近似胡萝卜，唯其根较细小；多见于山区。

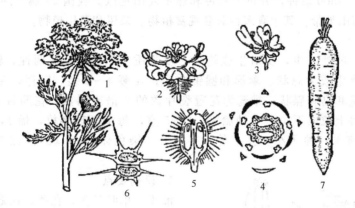

图 6-63 胡萝卜

1—花枝；2—花序中间的花；3—边花；4—花图式；5—果实的纵切；
6—果实的横切；7—肥大直根

（2）芹属（*Apium* L.） 叶一回羽状分裂至三出式羽状多裂；复伞形花序，具总苞片和小苞片或缺，花白色；果侧扁，每棱槽有油管1，合生面2。芹菜（*A. graveolens* L.），一年或二年生草本；茎直立，全株无毛；基生叶1～2回羽状全裂，裂片卵形或近圆形，常3浅裂或深裂，边缘有锯齿，茎生叶3全裂；无总苞和小总苞片，伞幅7～16，花绿白色；果近圆形至椭圆形，果棱尖锐；原产于西南亚、北非和欧洲，现我国各地均有栽培，常作蔬菜；全草及果可入药，能清热止咳、健胃、利尿和降压。

（3）茴香属（*Foeniculum* Adans.） 茎有白霜，香味草本；叶3～4回羽状全裂，裂片线形；复伞形花序，无总苞片和小苞片；萼齿不明显，花瓣黄色；果侧扁，光滑，每棱有1油管。小茴香（*F. vulgare* Mill.），各地栽培，嫩茎叶作蔬菜，果实作调料，并可入药，能驱风祛痰、散寒、健胃。

（4）芫荽属（*Coriandrum* L.） 我国栽培1种。芫荽（*C. sativum* L.），一年生草本，全体无毛，有香气；基生叶1～2回羽状全裂，裂片边缘深裂或具缺刻，茎生叶2～3回羽状深裂，末裂片狭条形，全缘；复伞形花序，无总苞，伞幅2～8，小总苞片条形，花梗4～

10；花小，白色或淡紫色；外缘花瓣常为辐射瓣；果近球形，光滑，果棱稍凸起；茎叶作蔬菜和调味香料，有健胃消食的作用；果实可提芳香油，入药有驱风、透疹、健胃、祛痰之效。

(5) 柴胡属 (*Bupleurum* L.)　草本，稀半灌木；单叶全缘，叶脉平行或弧形；复伞形花序，总苞片叶状，小苞片数枚；萼齿不明显，花瓣黄色；果卵状长圆形，两侧略压扁，每棱槽内有油管1～6条，合生面2～6条。北柴胡 (*B. chinense* DC.)，叶倒披针形或剑形，中上部较宽，先端急尖；分布于华东、华中及北方各省区；根入药，可解表退热、疏肝解郁。

本科常用的药用植物还有当归〔*Angelica sinensis* (Oliv.) Diels〕、白芷〔*A. dahurica* (Fisch. ex Hoffm.) Benth. et Hook. f. ex Fravch. et Sav.〕、防风〔*Saposhnikovia divaricata* (Turcz.) Schischk.〕、川芎 (*Ligusticum chuanxiong* Hort.)、独活 (*Heracleum hemsleyamum* Diels)、珊瑚菜〔北沙参，*Glehnia littoralis* F. Schmidt. ex Miq.〕、前胡〔*Peucedanum decursivum* (Miq) Maxim.〕、蛇床〔*Cnidium monnieri* (L.) Cuss.〕及阿魏属 (*Ferula* L.) 的一些种。其他经济植物有孜然 (*Cuminum cyminum* L.)、莳萝 (*Anethum graveolens* L.) 等。

(三十二) 杜鹃花科 Ericaceae　$* \uparrow K_{(5\sim4)} C_{5\sim4,(5\sim4)} A_{10\sim8,5\sim4} \underline{G}, \overline{G}_{(2\sim5:2\sim5)}$

本科有75属、1500余种，分布于温带和热带高山地区。我国21属、约800种，主要分布于西南地区的高山地带。其中有多种著名观赏植物、果树和药用植物。

1. 形态特征

乔木或灌木。单叶互生，少对生或轮生，多革质，无托叶。花两性，辐射对称或稍两侧对称；单生、簇生或为总状、伞形和圆锥花序；花萼4～5裂，宿存；花冠4～5裂，漏斗状、坛状、钟状和高脚碟状；雄蕊为花冠裂片数的2倍或同数，花药常具芒或距状附属物，常孔裂；子房上位或下位，中轴胎座，2～5室，每室胚珠多枚，稀1，花柱和柱头1。蒴果，稀浆果或核果；种子小，胚直伸，有胚乳。染色体：$x = (8)$, 12 或 13。花粉常3 (稀4～5) 孔沟。

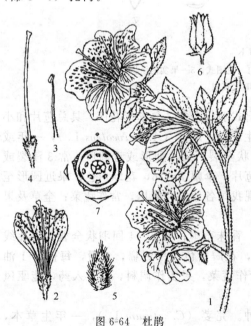

图6-64　杜鹃

1—花枝；2—花剖面；3—雄蕊；4—雌蕊；5—萼片；6—果实；7—花图式

2. 识别要点

灌木。单叶互生。花萼、花冠4～5裂；雄蕊数常为花冠裂片的2倍，花药具附属物，多孔裂；花柱1，中轴胎座。蒴果或浆果、核果，种子多数。

3. 常见植物

(1) 杜鹃花属 (*Rhododendron* L.)　常绿或落叶灌木，稀小乔木；叶常全缘；多为顶生的伞形总状花序；花萼、花冠5裂，常稍两侧对称；雄蕊5或10，花药顶孔开裂，无附属物；子房5～10室；蒴果，室间开裂。映山红 (杜鹃花，*R. simsii* Planch.) (图6-64)，落叶灌木，叶卵形至披针形，两面有糙伏毛，花2～6朵簇生枝顶，花冠宽漏斗状，鲜红、深红或粉红色，雄蕊10，子房10室；分布在南方，为著名观赏花木，根有毒，全株可供药用。小花杜鹃 (*R. micranthum* Turcz.)，半常绿灌木，叶集生枝顶，上面无毛，花序集生顶，花小，乳白色，雄蕊10，子房5室；产于东北、华北至中南，供观赏和药用。常见的种类还有满山红（*R. mariesii* Hemsl. et Wils.）、云锦杜鹃（*R. fortunei* Lindl.）、马银花［*R. ovatum*（Lindl.）Planch. ex Maxim.］、陇蜀杜鹃（*R. przewalskii* Maxim.）等。

（2）乌饭树属（越橘属，*Vaccinium* L.）　常绿或落叶灌木；总状花序顶生，花冠筒状、壶状或钟状，雄蕊背面常有距，子房下位；浆果。乌饭树（*V. bracteatum* Thunb.），常绿灌木，苞片宿存，花药附属物不明显，果熟时紫黑色；产于华东及南方；果可食用和药用。越橘（*V. vitis-idaea* L.），匍匐半灌木，果红色；产于东北；果可生食或制果酱及酿酒，叶可药用，也可代茶。

本科常见的植物还有杜香（喇叭茶，*Ledum palustre var. dilatatum* Wahl enb.），常绿小灌木，蒴果；产于东北；可药用。吊钟花（*Enkianthus quinqueflorus* Lour.），冬春之交开花，温室栽培观赏。欧石南（*Erica tetralix* L.），原产于西北欧，花红色极美观，多栽培供观赏。

（三十三）夹竹桃科 Apocynaceae　$* K_{(5)} C_{(5)} A_5 \underline{G}_{2:2}$

本科约 250 属、2000 余种，分布于全世界热带、亚热带地区，少数在温带地区。我国产 46 属、176 种，主要分布于长江以南各省区及台湾地区。

1. 形态特征

木本或草本，常蔓生，有乳汁或水汁。单叶，对生或轮生，稀互生，全缘；通常无托叶。花两性，辐射对称；单生或多朵排成聚伞花序或圆锥花序；花萼合生成筒状或钟状，常 5 裂，基部内面通常有腺体；花冠合瓣，高脚碟形或漏斗形，裂片 5，旋转状排列，稀镊合状，喉部常有鳞片或毛；雄蕊与花冠片同数，着生在花冠筒上或喉部，花药常箭形或矩圆形，分离或互相黏合并贴生在柱头上；花粉粒状；花盘环状、杯状或舌状，稀无花盘；子房上位，心皮 2，分离或合生，1 或 2 室，中轴胎座或侧膜胎座，含少数至多数胚珠；花柱合为 1 条，或因心皮分离而分开；蓇葖果，偶呈浆果状或核果状；种子有翅或有长丝毛。染色体：$x=8\sim12$。

2. 识别要点

木本，具乳汁。单叶对生，或轮生。花冠喉部常具附属物，花冠裂片旋转排列；花药常箭形，互相黏合；花粉粒状。蓇葖果；种子常具丝状毛。

3. 常见植物

夹竹桃属（*Nerium*），灌木。叶常轮生，革质，全缘。伞房花序顶生，花冠漏斗状，喉部具阔鳞状副花冠；花药箭形，顶端药隔延长成丝状。

① 夹竹桃（*N. indicum*）　副花冠多次分裂呈线形；全国各地均有栽培，常在工矿企业区作为抗污染的植物而种植。

② 倒吊笔（*Wrightia pubescens*）　乔木，叶对生。聚伞花序顶生；萼裂片三角形，花冠白色或略带粉红色；副花冠为 10 枚鳞片所组成；雄蕊伸出于冠管喉部之外；子房无柄，花柱丝状，柱头卵形。蓇葖果。可作绿化树种。

③ 香花藤（*Aganosma acuminata*）　常绿攀援灌木，叶对生。聚伞花序腋生，花冠高脚碟状，白色，喉部无副花冠。子房无毛，蓇葖果双生，近平行，长 15～55cm，直径 0.5cm。

④ 长春花（*Catharanthus roseus*）　草本或亚灌木。叶对生，长椭圆形或倒卵形，基部渐窄成短柄。花 1～2 朵生于叶腋，花冠淡红色或白色；花盘由两片舌状腺体组成。蓇葖果细长，种子无毛。原产于非洲东部，现我国各地广泛栽培，供观赏或药用，全草可抗癌、降血压，从中提取的长春花碱和长春花新碱，对治疗急性淋巴细胞性白血病、淋巴肉瘤等有效。

图 6-65 黄花夹竹桃
1—花枝；2—果

本科植物常有毒，尤其种子和乳汁毒性最大。夹竹桃、长春花、红花鸡蛋花（*Plumeria rubra*）、鸡蛋花（*P. acutifolia*）、黄花夹竹桃（*Thevetia peruviana*）（图 6-65）、黄蝉（*Allamanda neriifolia*）、灯架树（*Alstonia scholaris*）等，均为常见的观赏植物。

本科与萝藦科植物较接近，但本科植物常无副花冠，花柱 1，花粉粒不成花粉块，雄蕊和柱头不紧密结合，无载粉器等，易于区别。

（三十四）茄科 Solanaceae $* K_{(5)} C_{(5)} A_5 G_{(2:2)}$

本科约 85 属、2800 多种，广布于温带及热带地区，美洲热带种类最多。我国有 26 属、约 115 种。

1. 形态特征

直立或蔓生的草本或灌木；具双韧维管束。单叶全缘，分裂或羽状复叶，互生，或在开花枝上为大小不等的 2 叶双生；无托叶。花两性，辐射对称，稀两侧对称，单生或聚伞花序，常由于花轴与茎结合，致使花序生于叶腋之外；花萼 5 裂（稀 4 或 6），宿存，常花后增大；花冠 5（偶 4 或 6），裂片镊合状或折叠式排列，辐射状，偶二唇形；雄蕊常与花冠裂片同数而互生，着生于花冠筒部；药 2 室，有时黏合，纵裂或孔裂；具花盘，常位于子房之下；子房常 2 室，位置偏斜，中轴胎座，胚珠多数，极稀少数或 1 枚。果为浆果或蒴果，种子具丰富的肉质胚乳。染色体：$x = 7 \sim 12$，17，18，$20 \sim 24$。

2. 识别要点

单叶互生；整齐花，两性，5 基数；药常孔裂；浆果或蒴果。

3. 常见植物

（1）茄属（*Solanum*） 草本、灌木或小乔木。单叶，偶复叶。花冠常辐射状；花药侧面靠合，顶孔开裂；心皮 2，2 室。浆果。茄（*S. melongena*）（图 6-66），全株被星状毛，叶互生，本种为栽培种，浆果作蔬菜。龙葵（*S. nigrum*），一年生草本，浆果，成熟时黑色；分布于我国南北各省区，习见于路边、村边与水沟边。马铃薯（*S. tuberosum* L.），草本，有地下块茎；奇数羽状复叶；原产于热带美洲，现广为栽培；块茎富含淀粉，可食用。少花龙葵（*S. nigrum* Linn. var. *pauciflorum* Liou），一年生草本；叶卵形；聚伞花序腋生，常由 3～6 朵花组成；浆果，成熟时黑色；分布于我国南北各省区，习见于路边、村边与水沟边。

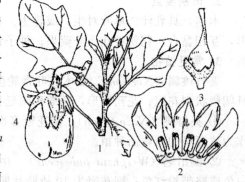

图 6-66 茄
1—枝；2—花冠及雄蕊；3—花萼及雌蕊；4—果实

（2）烟草属（*Nicotiana* L.） 烟草（*N. tabacum*），高大草本，全体被黏质腺毛；圆锥花序顶生；原产于南美，现世界各地广为栽培；叶为卷烟和烟丝的原料；全株含尼古丁，有剧毒，可作农药、杀虫剂。

（3）枸杞属（*Lycium* L.） 灌木，常有刺；花单生或簇生叶腋；浆果。枸杞（*L. chinense* Mill.），花萼常 3 裂，花冠裂片边缘具缘毛；果甜，后味微苦，果和根均入药。

（4）番茄属（*Lycopersicon* Mill.） 草本，羽状复叶；花序腋外生，花萼、花冠辐状，5～7 裂；浆果。番茄（*L. esculentum* Mill.），全株被黏质腺毛，不整齐羽状复叶，花药靠合，纵裂，浆果假隔膜分隔成 3～5 室；世界各地广泛栽培，果作蔬菜或水果，品种很多。

（5）辣椒属（*Capsicum* L.） 草本，单叶；花单生或簇生，花冠辐状，花药纵裂；浆果少汁，常具辣味。辣椒（*Capsicum annuum* L.），花单生；花萼杯状，具不明显 5 齿；浆果无汁；原产于南美，现世界各地栽培。作蔬菜的菜椒［var. *grossum*（L.）Sendtn.］、牛角椒（var. *longum* Sendtn.），花单生；花萼杯状，具不明显 5 齿；原产于南美，现世界各地栽培。本科植物供观赏的有朝天椒（var. *conoides*）、碧冬茄（*Petunia hybrida*）、夜香树（*Cestrum nocturnum*）等。供药用的有曼陀罗（*Datura stramonium* L.）、洋金花（*D. metel* L.），全株剧毒，含莨菪碱和东莨菪碱；天仙子（莨菪，*Hyoscyamus niger* L.），有毒；颠茄（*Atropa belladonna* L.），含阿托品、颠茄碱等。

（三十五）旋花科 Convolvulaceae ＊$K_{(5)} C_{(5)} A_5 \underline{G}_{(2:2)}$

本科 50 属、1500 余种，多数产于热带和亚热带。我国 22 属、125 余种。

1. 形态特征

多为缠绕草本，常具乳汁；叶互生，无托叶；花两性，辐射对称，单生或数朵集成聚伞花序；萼片 5 片，常宿存；花冠常漏斗状、旋转状排列；雄蕊 5 个；雌蕊多为 2 个心皮合生，子房上位；蒴果。染色体：$x=7～15$。

2. 识别要点

常具乳汁，双韧维管束；花冠合生，旋转状排列，中轴胎座。

3. 常见植物

（1）旋花属（*Convolvulus*） 草本或灌木，茎缠绕、匍匐或直立。花冠漏斗状；子房 2 室，蒴果球形。田旋花（*C. arvensis* L.），多年生草本，茎缠绕或蔓生；为习见的农田杂草。

（2）甘薯属（*Ipomoea* L.） 匍匐草本，常有乳汁。花序腋生，1 至数朵花呈聚伞花序；蒴果。约 300 种，分布于热带和温带。甘薯［*I. batatas*（L.）Lam.］（图 6-67），又名红薯、番薯；有膨大块根，为蔓生草本，具白色乳汁，茎节生不定根；块根富含淀粉，为重要的杂粮之一。蕹菜（*I. aquatic*），茎中空，无毛，节处生不定根；茎叶用作疏菜。本属其他植物，如七爪龙（*I. digitat* Linn.），多年生草本，具块根，叶掌状 5～7 深裂。五爪金龙［*I. cairic*（Linn.）Sweet.］，多年生草本，叶掌状全裂，裂片 5，可作篱垣、屋顶绿化植物。厚藤［*I. pescaprae*（Linn.）Sweet.］，多年生草本，叶厚纸质，卵形、椭圆形、圆形，为海岸沙地优势藤本植物。

（3）打碗花属（*Calystegia* R. Br.） 缠绕或平卧草本，叶全缘或分裂；花多单生叶腋，苞片 2，较大，包藏花萼；蒴果。打碗花（*C. hederacea* Wall. ex Roxb.），一年生草本，叶顶端钝

图 6-67 甘薯
1—块根；2—花枝；3—花的纵切；4—果实

尖，粉红色，花冠长 2～2.5cm；全国广布，习见杂草，全草入药。篱打碗花［*C. sepium*（L.）R. Br.］，多年生草本，叶顶端短渐尖或急尖，花冠粉红色，长 4～6cm；分布遍全国，多见于地边或路旁，可供观赏。

（4）牵牛属（*Pharbitis* Choisy） 草本，茎多缠绕，常被硬毛；聚伞花序 1 至数花，腋生；花冠漏斗状，紫红色或白色，萼片背面被毛，子房 3 室，胚珠共 6 枚，柱头头状；蒴果。圆叶牵牛［*P. purpruea*（L.）Voigt］，叶心形；裂叶牵牛［*P. nil*（L.）Choisy］，叶常 3 裂，原产热带美洲，各地广栽作观赏，其种子称牵牛子（黑白二丑），药用。

本科常见观赏植物还有：月光花 [*Calonyction aculeatum* (L.) House]，花冠高脚碟状；茑萝 [*Quamoclit pennata* (Desr.) Bojer]，叶羽状全裂，子房 4 室 4 胚珠；槭叶茑萝 (*Q. sloteri* House)，叶掌状深裂；圆叶茑萝（*Q. coccinea* Moench），叶多全缘，原产热带美洲，各地栽培。

（三十六）木樨科 Oleaceae * $K_{(4)}C_{(4)}A_2 \underline{G}_{(2:2)}$

本科约 30 属、600 种，广布于温带和热带地区。我国有 12 属、200 种，分布于南北各省。

1. 形态特征

木本，直立或藤状。常叶对生，单叶或复叶；无托叶。花两性或单性，辐射对称，常组成圆锥、聚伞或丛生花序，稀单生；花萼常 4；花冠合瓣，稀离瓣，筒长或短，裂片 4～9，有时缺；雄蕊 2；子房上位，2 室，每室常 2 个胚珠；花柱单一，柱头头状或 2 裂。果为浆果、核果或蒴果等。种子具胚乳或无胚乳。染色体：$x=11$，13，14，23。

2. 识别要点

叶对生，无托叶，花辐射对称，两性或少有单性（雌雄异株）或杂性异株，通常组成顶生或腋生的圆锥花序；子房上位，果为浆果、核果、翅果或蒴果。

3. 常见植物

（1）女贞属（*Ligustrum*）单叶对生，全缘；花两性，花萼、花冠均 4 裂。雄蕊 2，子房 2 室，各具胚珠 2 个。核果。女贞（*L. lucidum*），小枝无毛，叶革质，无毛；作绿化树种；果可入药；叶用于养蚕。小蜡树（*L. sinense*）（图 6-68），小枝密被短柔毛；与小叶女贞（*L. quihoui*）常作绿篱。

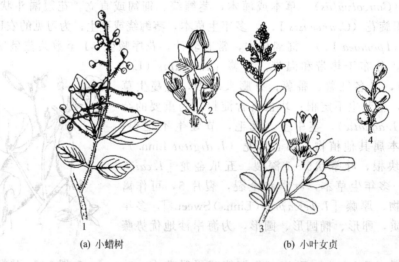

(a) 小蜡树   (b) 小叶女贞

图 6-68　小蜡树（*Ligustrum sinense*）与小叶女贞（*L. quihoui*）
1—果枝；2—花；3—花枝；4—果序；5—花

（2）素馨属（*Jasminum*）灌木；三出复叶或羽状复叶；稀单叶；浆果。茉莉 [*J. sambac* (L.) Ait.]，常绿灌木；单叶，背面脉腋处有黄色簇毛；花白色，芳香；花可提香精和熏茶；花、根、叶可入药。素馨花（*J. grandiflorum* L.），原产中国，各地栽培观赏。迎春花（*J. nudiflorum* Lindl.），落叶灌木，茎四棱，三出复叶对生，2～4 月开花，黄色，观赏。迎夏（探春）（*J. floridum* Bge.）落叶灌木，茎多棱，3～5 小叶互生，花期 5～6 月，黄色。

（3）梣属（白蜡树属，*Fraxinus* L.）落叶乔木；奇数羽状复叶；花小，单性、杂性，稀两性，雌雄同株或异株；萼齿 4 枚，稀缺，花冠 4 细裂，早落或缺；翅果。白蜡树（梣，

F. chinensis Roxb.），小叶 5～7 枚，无毛，花序顶生或出自当年生枝的叶腋，萼 4 裂，无花冠；产于我国南北各省区，多为栽培；木材优良，为放养白蜡虫生产白蜡的重要经济树种，树皮入药。常见栽培的还有水曲柳（*F. mandschurica* Rupr.），小叶 7～13，果扭曲；著名材用树种。

（4）丁香属（*Syringa* L.）　落叶灌木或小乔木；小枝实心，顶芽常缺；单叶，多全缘；聚伞式圆锥花序；花萼小，宿存，花冠漏斗状、高脚碟状或近辐射状；雄蕊 2，内藏或伸出花冠筒；蒴果，2 室，背缝开裂。紫丁香（*S. oblata* Lindl.），小枝、幼叶、花梗无毛或被腺毛，叶卵形至肾形，常宽大于长，花紫色；长江以北普遍栽培；观赏，花可提制芳香油，嫩叶可代茶。常见的还有毛紫丁香〔*S. oblata* var. *giraldi*（Lemoine）Rehd.〕、白丁香（*S. oblata* var. *alba* Rehd.）、暴马丁香〔*S. reticulata* var. *amurensis*（Rupr.）J. S. Pringle〕等。

（5）连翘属（*Forsythia* Vahl）　落叶灌木；枝空心或有片状髓；花黄色，先叶开放；蒴果，种子有翅。连翘〔*F. suspense*（Thunb.）Vahl〕，枝中空，单叶或三出复叶，花单生；原产我国北部和中部，常栽培，果入药，清热解毒。金钟花（*F. viridissima* Lindl.），枝有片状髓，单叶，花 1～3 朵腋生；常栽培供观赏。

本科常见植物还有：雪柳（*Fontanesis fortunei* Carr.），观赏或作绿篱；木犀〔桂花，*Osmanthus fragrana*（Thunb.）Lour.〕，原产我国西南，各地广栽，观赏绿化，花为名贵香料；流苏树（*Chionanthus retusus* Lindl. et Paxt.），各地栽培作观赏绿化，花、叶可代茶，味香，果提芳香油。

（三十七）玄参科 Scrophulariaceae　$\uparrow$ 稀 $*$ $K_{4\sim5,(4\sim5)} C_{(4\sim5)} A_{4,2\sim5} \underline{G}_{(2:2:\infty)}$

本科约 200 属、3000 多种，广布全球。我国有 56 属、约 650 种，南北均产，西南最多。其中有不少药用植物和观赏植物，但也有不少田间杂草。

1. 形态特征

草本，稀木本。单叶，对生，稀互生或轮生，无托叶。总状、穗状或聚伞花序，常再组成圆锥花序，或有时花单生；花两性，常两侧对称，花萼 4～5 裂，常宿存，花冠合瓣，4～5 裂，裂片稍不等或为二唇形，基部有时具距或囊；雄蕊 4，二强，稀 2 或 5，生于花冠筒上并与花冠裂片互生；花盘环状、杯状或小而似腺体；子房上位，2 心皮，2 室，中轴胎座，胚珠多数。蒴果通常室间开裂，较少室背开裂或孔裂，稀为浆果或核果状。种子细小，有时具棱角或翅，胚乳丰富至缺乏。染色体：$x=6\sim18$，20，21，23～26，30。

2. 识别要点

多为草本。单叶，常对生。花两性，两侧对称，萼 4～5 裂，宿存；花冠常二唇形；雄蕊常 4，二强；心皮 2，2 室，中轴胎座。蒴果。

3. 常见植物

（1）泡桐属（*Paulownia* Sieb. et Zucc.）　落叶乔木，叶对生。花冠不明显唇形。蒴果木质或革质，室背开裂。本属均为阳性速生树种，木材轻且易加工，耐酸耐腐，防潮隔热，为家具、航空模型、乐器及胶合板等的良材。花大而美丽，可供庭院观赏或作行道树。如毛泡桐〔*P. tomentosa*（Thunb.）Steud.〕、白花泡桐〔*P. fortunei*（Seem.）Hemsl.〕等。

（2）地黄属（*Rehmannia* Libosch.）　草本，被黏毛。叶互生，缘具粗齿。花冠唇形。蒴果，藏于宿萼内。怀地黄〔*Rehmannia glutinosa*（Gaertn.）Libosch.〕，根肥厚，黄色；根干后称生地，可滋阴养血；加酒蒸熟后称熟地，可滋肾补血；主产于河南温县、博爱、沁阳等地。

（3）玄参属（*Scrophularia* L.）　草本。叶对生，常有透明腺点。花冠球形或卵形；能育

图 6-69 丽江马先蒿
1—植株；2—花萼；3—花冠；
4—果枝；5—果实

雄蕊4，退化雄蕊1。蒴果。玄参（*S. ningpoensis* Hemsl.），多年生高大草本，花冠紫褐色，块根药用，可滋阴清火，生津润肠，行瘀散结。北玄参（*S. bueriana* Miq.），花冠黄绿色，块根也作玄参入药。

（4）婆婆纳属（*Veronica* L.）草本或半灌木。花萼裂片4；花冠筒短，常辐射状；雄蕊2。婆婆纳（*V. didyma* Tenore），一年生草本，叶对生，叶片三角状圆形；总状花序顶生，苞片叶状互生；蒴果近肾形，密被柔毛；分布于我国华东、华中、西北和西南，生于荒地、路旁。北水苦荬（*V. anagallis-aquatica* L.），为多年生水生或沼生草本，具根状茎，总状花序腋生，蒴果卵圆形，全草可药用。

本科供药用的还有：爬岩红［*Veronicastrum axillare* (Sieb. et Zucc.) Yamazaki］，全草入药，利尿消肿、消炎解毒；毛地黄（*Digitalis puepurea* L.），为强心药；阴行草（*Siphonostegia chinensis* Benth.），清热利湿，凉血止血，祛瘀止痛。

供观赏的植物有：原产欧洲的金鱼草（*Antirrhinum majus* L.），原产美洲的蒲包花（*Calceolaria cienatiflora* Cav.）、爆仗花（*Russelia equisetiformis* Schlecht. et Cham.）、草本象牙红（*Penstemon barbatus* Nutt.）等。

常见杂草还有：通泉草［*Mazus japonicus* (Thunb.) O. Kuntze］、弹刀子菜［*Mazus stachydifolius* (Turcz.) Maxim.］、马先蒿（*Pedicularis resupinata* L.）、假马齿苋［*Bacopa monnieri* (L.) Wettst.］、丽江马先蒿（*Pedicularis likiangensis* Franch.）（图 6-69）等。

（三十八）唇形科 Labiatae，Lamiaceae $\uparrow K_{(5)} C_{(4 \sim 5)} A_{2+2,2} \underline{G}_{(2:4:1)}$

本科 200 余属、3500 余种，为世界性分布的较大科。我国有近 100 属、800 余种，全国均产，尤以西部干旱地区最多。其中多数种类含芳香油，供药用或提取芳香油，有些还可栽培供观赏，或作调味蔬菜。

1. 形态特征

草本，稀半灌木或灌木，常含挥发性芳香油。茎四棱。单叶（偶复叶）对生，无托叶。聚伞花序生叶腋构成轮伞花序，由数个至许多轮伞花序再组成总状、穗状、圆锥状或稀头状的复合花序，有时腋生的小聚伞花序减退成单花。花两性，常两侧对称；花萼钟状、管状或杯状，5 齿裂或浅裂，常宿存；花冠合瓣，5 裂，唇形；雄蕊4，二强，稀2，生于花冠筒上并与花冠裂片互生，花药 2 室，常呈分叉状，或为延长的药隔所分开；常有明显的下位花盘；子房上位，由 2 个深裂的心皮组成，因而有 4 室，每室含 1 胚珠，花柱生于子房裂隙的基底。4 个小坚果。种子无胚乳或有极少量。染色体：$x = 5 \sim 11$，13，$17 \sim 20$。

2. 识别要点

常草本，含挥发性芳香油，茎四棱，单叶对生。轮伞花序，唇形花冠，二强雄蕊。子房上位，2 心皮 4 室。4 个小坚果。

3. 常见植物

（1）薄荷属（*Mentha* L.）多年生芳香草本，叶背有腺点。花有苞片，近辐射对称；雄蕊4，近等长。薄荷（*M. haplocalyx* Briq.），具根状茎，叶两面有毛，轮伞花序腋生；全草含薄荷油，可药用或为高级香料。留兰香（*Mentha spicata* L.），叶椭圆状披针形，背面有腺点；河北、江苏、浙江、云南等地有栽培；鲜茎、叶蒸馏可得留兰香油，用于牙膏、糖果业。

（2）鼠尾草属（*Salvia* L.）　多年生草本，稀半灌木，单叶或奇数羽状复叶。花萼、花冠均二唇形，花冠上唇弯曲而大；能育雄蕊 2 枚，药隔细长成杠杆状，仅上端药室发育。丹参（*S. miltiorrhiza* Bunge），羽状复叶，小叶 3～5，两面被柔毛；根入药具抗菌、抗氧化、抗动脉粥样硬化、降低心肌耗氧量及抗肿瘤等作用。一串红（*S. splendens* Ker.-Gawl.），单叶，花萼、花冠均为红色，可栽培供观赏。作观赏的还有一串蓝（*S. farinacea* Benth.）和朱唇（*S. coccinea* Buc'hoz ex Etl.）。鼠尾草（*S. japonica* Thunb.）、荔枝草（*S. plebeia* R. Br.）、五福花鼠尾草（*Salvia adoxoides* C. Y. Wu）（图 6-70）等为常见的田间、路旁杂草，也可药用。

（3）黄芩属（*Scutellaria* L.）　草本或半灌木。轮伞花序具 2 花，排成总状；花萼二唇形，果时闭合，后二裂；花冠二唇形；二强雄蕊。黄芩（*S. baicalensis* Georgi）、印度黄芩（*S. indica* L.）、半枝莲（*S. barbata* D. Don）等，均药用。

（4）益母草属（*Leonurus* L.）　草本；花萼

图 6-70　五福花鼠尾草
1—植株；2—花侧面观；3—花萼纵剖内面观；4—花冠纵剖内面观，示毛环及雄蕊；5—雌蕊；6—花图式

近漏斗状，5 脉，萼齿近等大，花冠筒内具柔毛或毛环，檐部二唇形，下唇 3 裂，中裂片凹顶。益母草［*L. artemisia*（Louv.）S. Y. Hu］，叶两型，基生叶卵状心形，茎生叶数回羽裂，花冠上唇全缘，下唇 3 裂，粉红色；分布全国各地；全草活血调经，为妇科良药；果名茺蔚子，药用清肝明目。

本科的经济植物还有：罗勒属（*Ocimum* L.）、百里香属（*Thymus* L.）、薰衣草属（*Lavandula* L.）、迷迭香属（*Rosmarinus* L.）等，多为香料植物；青兰属（*Dracocephalum* L.）、五彩苏［*Colus scutellarioides*（L.）Benth.］等，可栽培供观赏；藿香属（*Agastache* Clayt.）、紫苏属（*Perilla* L.）、活血丹属（*Glechoma* L.）、香薷属（*Elsholtzia* Willd.）、裂叶荆芥属（*Schizonepeta* Briq.）等，多为药用植物。

（三十九）茜草科 Rubiaceae　 $* K_{(4\sim5)} C_{(4\sim5)} A_{(4\sim5)} G_{(2\sim5:2\sim5:\infty\sim1)}$

本科约 500 属、6000 余种，广布于热带和亚热带，少数种类分布至北温带。我国有近 100 属、670 余种，其中 5 属为引种栽培的经济植物或观赏植物，主产于东南部、南部和西南部，少数种类产至西北和东北地区。

1. 形态特征

草本或木本。单叶对生或有时轮生，全缘，托叶 2，位于叶柄间或叶柄内，常宿存，有时联合成鞘或呈叶状，使叶呈轮生状。聚伞花序再复合成各式花序，很少单花或少花的聚伞花序；花两性、单性或杂性；花萼（2）4～5（或更多）裂，裂片通常小至几乎消失；花冠合瓣，辐射状、筒状、漏斗状或高脚碟状，（3）4～5（8～10）裂；雄蕊与花冠裂片同数互生，有时 2，生于花冠筒上，常有蜜腺花盘；子房下位，2（3 至更多）心皮，2（3 至更多）室，每室含 1 至多数胚珠。蒴果、浆果或核果。种子多有胚乳。染色体：$x=5\sim17$，常为 11。

图 6-71 茜草
1—花果枝；2—花；3—花冠展开；4—子房纵切

2. 识别要点

单叶对生或轮生，全缘，具托叶。花整齐，4或5基数；子房下位，常2室，胚珠1枚至多数。

3. 常见植物

(1) 茜草属 (*Rubia* L.) 草本，根成束，常红褐色。茎有直棱或翅，被粗毛。叶4～6（多）枚轮生（2枚为正常叶，余为托叶），极少2叶对生。果为肉质浆果状，2裂。茜草 (*R. cordifolia* L.)（图6-71），干燥的根和根状茎可入药，有凉血、止血、祛瘀、通经的功效。染色茜草 (*R. tinctorum* L.)、梵茜草 (*R. manjith* Roxb. ex Flem.)，为天然优良的红色染料。

(2) 拉拉藤属 (*Galium* L.) 纤弱草本，茎通常具4棱。叶3至多片轮生。花4基数。猪殃殃 [*G. aparine* L. var. *tenrum* (Gren. et Godr.) Rehb]，全草可入药，也是一种田间杂草。常见的杂草还有拉拉藤 [*G. aparine* L. var. *echinospermum* (Wallr.) Cuf.]、篷子菜 (*G. verum* L.)、四叶葎 (*G. bungei* Steud.)、麦仁珠 (*G. tricorne* Stokes) 等。

(3) 龙船花属 (*Ixora* L.) 常绿灌木。叶对生，托叶生于柄间，基部阔，常合生成鞘。花序顶生，伞房或三歧分枝的聚伞花序；花4～5基数；花盘肉质而肿胀。龙船花 (*I. chinensis* Lam.)、海南龙船花 (*I. hainanensis* Merr.)、泡叶龙船花 (*I. nienkui* Merr. et Chun) 等都是花色鲜红艳丽、花期很长的庭园观赏植物。

(4) 栀子属 (*Gardenia* Ellis) 灌木，稀乔木。托叶在叶柄内合生成鞘，花冠高脚碟状。浆果。栀子 (*G. jasmiiodes* Ellis)、白蝉 [*G. jasmiiodes* var. *fortuniana* (Lindl.) Hara]，花大而美丽，可栽培供观赏。栀子为著名的盆景植物，其果实入药可泻火除烦、清热利尿、凉血解毒。

(5) 金鸡纳属 (*Cinchona* L.) 常绿灌木或小乔木。顶生聚伞花序圆锥状；花冠长管状，边缘有毛；花盘垫状。蒴果室间开裂为2果片。金鸡纳树 (*C. ledgeriana* Moens.)、鸡纳树 (*C. succirubra* Pav.)、正鸡纳树 (*C. officinalis* L.)、黄鸡纳树 (*C. calisve* Wedd.) 等的根皮和茎皮是提取奎宁的主要原料，治疟疾特效。

(6) 巴戟天属 (*Morinda* L.) 藤状灌木、直立灌木或小乔木。托叶生叶柄内或叶柄间，分离或2片合生成筒状。聚花核果由2至多数合生花和花序托发育而成，每一核果有2～4分核。巴戟天 (*M. officinalis* How)，干燥根入药有补肾阳、强筋骨、祛风湿的功效。

(7) 咖啡属 (*Coffea* L.) 灌木或小乔木，枝顶端略压扁。托叶阔，生于叶柄间，宿存。苞片合生成杯状。浆果，种子角质。咖啡是重要的热带作物，它和茶、可可为世界三大饮料。

本科药用植物还有耳草属的白花蛇舌草 (*Hedyotis diffusa* Willd.)、蛇根草属的日本蛇根草 (*Ophiorrhiza japonica* L.)、六月雪属的六月雪 [*Serissa japonica* (Thunb.) Thunb.]、钩藤属的钩藤 [*Uncaria rhynchophylla* (Miq.) Jacks.]、鸡矢藤属的鸡矢藤 [*Paederia scandens* (Lour.) Merr.] 等。香果树属的香果树 (*Emmenopterys henryi* Oliv.) 为庭园观赏植物。

（四十）菊科 Compositae，Asteraceae $* (\uparrow) K_{0\sim\infty} C_{(5)} A_{(5)} G_{(2:1:1)}$

本科近1100属、30000余种，广布全世界，主产于温带和亚热带。我国有200余属、

2000 多种，产于全国各地。

1. 形态特征

草本，较少亚灌木或灌木，稀乔木，有的具乳汁。单叶全缘或具牙齿，较少复叶或分裂；互生，较少对生或轮生；无托叶。头状花序单生或多数再排成各式花序，头状花序下有 1 至多层总苞片组成的总苞；花序托平或凸起，具窝孔或无窝孔，无毛或有毛，有托片或无托片；萼片通常退化呈鳞片状、刚毛状或毛状（称冠毛）；花冠主要有管状（筒状）和舌状两种，稀二唇状或漏斗状；头状花序上的花有各种组合：有的边缘为舌状花而中央为管状花，有的全为管状花，也有的全为舌状花；小花多两性，少单性或中性；雄蕊 5，花冠着生，聚药雄蕊；心皮 2，子房下位，1 室 1 胚珠，柱头 2 裂。瘦果冠以宿存冠毛或冠毛早落，有的无冠毛。种子无胚乳，有的有胚乳遗迹。染色体：$x=2\sim19$，通常 9。

2. 识别要点

常为草本。叶互生。头状花序，有总苞。筒状或舌状花冠，聚药雄蕊，子房下位，1 室 1 胚珠。连萼瘦果，常有冠毛。

本科根据头状花序的花冠类型、乳汁有无，通常分成两个亚科 13 族。

3. 常见植物

亚科Ⅰ：管状花亚科（Tubuliflorae）

植物体不含乳汁。头状花序中全为管状花，或中央为管状花，边缘为舌状、假舌状、漏斗状。管状花亚科含 12 族（Vernonieae Cass. 斑鸠菊族、Eupatorieae Cass. 泽兰族、Astereae Cass. 紫苑族、Inuleae Cass. 旋覆花族、Heliantheae Cass. 向日葵族、Helenieae Cass. 堆新菊族、Anthemideae Cass. 春黄菊族、Senecioneae Cass. 千里光族、Calenduleae Cass. 金盏花族、Echinopsideae Cass. 蓝刺头族、Cynaeae Less. 菜蓟族、Mutisieae Cass. 帚菊木族），包括菊科的绝大多数种、属。常见的属如下。

（1）向日葵属（*Helianthus* L.）　一年生或多年生草本，下部叶对生，上部叶互生。头状花序总苞外轮叶状，边缘舌状花中性，黄色，中央为管状花，小花基部有托片（小苞片）。瘦果倒卵形。

向日葵（*Helianthus annus* L.），是重要油料作物之一。菊芋（*H. tuberosus* L.），块茎常盐渍后作菜用。瓜叶向日葵（*H. debilis* Nutt.）为常见的栽培观赏植物。

（2）菊属 [*Dendranthema* (DC.) Des Moul.]　多年生草本，有香气。头状花序单生枝顶或集成伞房状，总苞片 3~4 层；舌状花 1 至多层，雌性，能结实，管状花黄色。瘦果有纵肋，无冠毛。我国有 30 多种。菊花 [*D. morifolium* (Ramat.) Tzvel.]，为我国的著名观赏花卉，品种极多，花色、叶形变化很大，有的全为舌状花，分布全国。怀菊、滁菊、杭白菊为不同变型或品种，是常见栽培的药用植物，花序药用。野菊（*D. indicum* L.），广布全国各地，花序小，舌状花硫黄色，花序和叶可入药。

（3）蓟属（*Cirsium* Mill.）　一至多年生草本，叶片常羽状深裂或有锯齿，边缘有针刺。头状花序全为管状花。瘦果具冠毛。蓟 [*C. japonicum* (DC.) Maxim.]，分布全国，全草供药用或作饲料。刺儿菜 [*C. setosum* (Willd.) MB.]，全国大部分地区均有分布，为常见杂草之一，全草也可药用。

（4）蒿属（*Artemisia* L.）　草本、亚灌木或小灌木，茎叶有香味，叶互生，常 1~3 回羽状分裂，稀不分裂而仅具细齿。头状花序小，常集成圆锥状；花全为管状；外缘一轮雌性，结实；中央部分两性或雄性，结实或不育。瘦果无冠毛。该属约 300 种，广布北半球温带；我国约 180 种。艾蒿（*A. argyi* Levl. et Vant.），常见栽培，茎叶可提取芳香油，也可入药。本属常见植物有：野艾蒿（*A. lavandulaefolia* DC.）、茵陈蒿（*A. capillaris* Thunb.）、牡蒿

(*A. japonica* Thunb.)、奇蒿 (*A. anomala* S. Moore) 等，皆为常见杂草，也可药用。黄花蒿 (*A. annua* L.) 是治疗痢疾的良药。茵陈 (猪毛蒿，*A. scoparia* Waldst. et Kit.)，全草入药，可治肝炎。

本亚科的经济植物很多。南茼蒿 (*Chrysanthemum segetum* L.)，为我国南方普遍栽培的蔬菜。药用的有白术 (*Atractylodes macrocephala* Koidz.)、红花 (*Carthamus tinctorius* L.)、苍术 [*Atractylodes lancea* (Thunb.) DC.]、千里光 (*Senecio scandens* Buch.-Ham ex D. Don)、一枝黄花 (*Solidago decurrens* Lour.)、牛蒡 (*Arctium lappa* L.)、蓍 (*Achillea millefolium* L.)、雪莲花 [*Saussurea involucrata* (Kar. et Kir.) Sch.-Bip.] 等。除虫菊 (*Pyrethrum cinerariifolium* Trev.) 是著名的杀虫植物，也是制蚊香的重要原料。

图 6-72　缘毛紫菀
1—植株；2,3—外、内总苞片；
4—舌状花；5—管状花

常见栽培观赏的有：大丽花 (*Dahlia pinnata* Cav.)、百日菊 (*Zinnia elegans* Jacq.)、金盏菊 (*Calendula officinalis* L.)、雏菊 (*Bellis perennis* L.)、翠菊 [*Callistephus chinensis* (L.) Nees]、大波斯菊 (*Cosmos bipinnata* Cav.)、万寿菊 (*Tagetes erecta* L.)、金鸡菊 (*Coreopsis drummondii* Torr. et Gray)、非洲菊 (扶郎花，*Gerbera jamesonii* Bolus)、孔雀草 (*Tagetes patula* L.)、瓜叶菊 (*Pericallis hybrida* B. Nord.) 等。

田间路旁常见的杂草有：野塘蒿 [*Conyza bonariensis* (L.) Cronq.]、加拿大蓬 [小蓬草，*Conyza canadensis* (L.) Cronq.]、一年蓬 [*Erigeron annuus* (L.) Pers.]、麻花头 (*Serratula centauroides* L.)、苍耳 (*Xanthium sibiricum* Patrin.)、鳢肠 (*Eclipta prostrata* L.)、鬼针草 (*Bidens pilosa* L.)、泥胡菜 (*Hemisteptalyrata* Bunge)、紫菀 (*Aster tataricus* L. f.)、夜香牛 [*Vernonia cinerea* (L.) Less.]、缘毛紫菀 (*Aster souliei* Franch.) (图 6-72) 等。

亚科Ⅱ：舌状花亚科 (Liguliflorae)

头状花序全为舌状花，无香气，植物体含乳汁。小花两性。本亚科仅有 1 族 (Lactuceae Cass. 菊苣族)，常见的属如下。

(1) 莴苣属 (*Lactuca* L.)　一至多年生草本，叶基生或茎上互生。头状花序总苞片 3 至多层，由内向外渐变短。瘦果多扁平，具长喙，冠毛多而细，基部连成环。莴苣 (*L. sativa* L.)，普遍栽培作蔬菜，品种较多，如卷心莴苣 (var. *capitata* DC.)、莴笋 (var. *angustata* Irish ex Brem.)、生菜 (var. *romasa* Hort.)、玻璃生菜 (var. *crispa* Hort.) 等。

(2) 苦荬菜属 (*Ixeris* Cass.)　一至多年生草本，基生叶常有柄，茎生叶互生常无柄；头状花序少数或成伞房状；外层总苞极短小。瘦果有 10 纵肋，喙部常渐次变细。苦荬菜 (*I. polycephala* Cass.)、剪刀股 [*I. japonica* (Burm. f.) Nakai] 等均为山野、田间常见种。

(3) 蒲公英属 (*Taraxacum* Wigg.)　叶基生成莲座状。头状花序单生花葶顶端，花黄色。瘦果有喙，冠毛毛状。蒲公英 (*T. mongolicum* Hand.-Mazz.)，为全国广布的田间、山坡、路旁杂草，也可入药。

本亚科大多为杂草，除上述外，还有苦苣菜 (*Sonchus oleraceus* L.)、苦菜 [*Ixeridium chinense* (Thunb.) Tzvel.]、小苦荬 [*Ixeridium dentatum* (Thunb.) Tzvel.]、抱茎苦荬菜 [*Ixeridium son-*

chifolium（Maxim.）Shih]、雅葱（*Scorzonera austriaca* Willd.）、毛连菜（*Picris hieracioides* L.）、稻槎菜（*Lapsana apogonoides* Maxim.）、黄鹌菜 [*Youngia japonica*（L.）DC.]、还羊参（*Crepis rigescens* Diels）等。

本科的有些种类具有超强的繁殖能力，能释放多种化感物质，已经成了传播速度快、侵占性强、危害很大的外来入侵种。如国家环保总局公布的 16 个外来入侵种中，有 4 种属于菊科植物，即紫茎泽兰（*Eupatorium adenophorum* Spreng.）、飞机草（*E. odoratum* L.）、薇甘菊（*Mikania micrantha* Kunth.）和豚草（*Ambrosia artemisiifolia* L.）。这些植物对当地的生物多样性构成了严重威胁，已经破坏了当地的生态平衡，造成了重大的经济损失。

菊科是被子植物中最大的一科。从演化上看是一个比较年轻的科，在形态结构上有许多进化的特点。如绝大多数为草本植物，生活周期短，容易渡过不良环境；部分种类具块茎、块根、匍匐茎或根状茎，有利于适应各种环境，并极大地促进了无性繁殖的成功率；具总苞的头状花序，形如一朵花，周边的舌状花招引昆虫，中间盘花数量多达数百乃至上千，以及异花传粉的特点（雄蕊先熟），均有利于种族的繁衍；萼片特化成冠毛、刺毛，连萼的瘦果，有利于果实的远距离传播。上述特化之处，促使菊科很快地发展和分化，从而达到属、种数和个体数均跃居现今被子植物之冠。

四、单子叶植物纲

胚具 1 顶生子叶；多为须根系；茎内维管束散生，无形成层和次生组织；叶脉通常为平行脉；花的各部通常为 3 基数，内、外花被通常相似；花粉多具单萌发孔。

（一）泽泻科 Alismataceae　$* P_{3+3} A_{\infty \sim 6} \underline{G}_{\infty \sim 6}$

本科有 11 属、约 100 种，广布全球，主产于北温带至热带。我国有 4 属、约 20 种，南北均有分布。其中一些植物的球茎可食用或药用。

1. 形态特征

水生或沼生草本，具块茎，稀具根状茎。叶基生，挺水叶具白色小鳞片。花两性或单性，辐射对称；花序为聚伞式伞形、总状或圆锥花序；花被 2 轮，外轮 3 片绿色，萼片状，宿存，内轮 3 片花瓣状，比外轮大 1～2 倍，花后脱落；雄蕊 6；心皮 6 至多数，分离，螺旋状排列于凸起的花托上或轮状排列于扁平的花托上，子房上位，每子房室有胚珠 1～2 枚，稀数个，花柱宿存。瘦果聚生；种子无胚乳。染色体：$x=5 \sim 13$。花粉 2～12 孔。

2. 识别要点

水生、沼生草本。叶常基生。花在花序轴上轮生；外花被萼片状，宿存。聚合瘦果。

3. 常见植物

（1）泽泻属（*Alisma* L.）　多年生水生或沼生草本；花两性，花托扁平；雄蕊常 6，轮生；心皮少数至多数；瘦果革质，轮生。东方泽泻 [*A. orientale*（Samuel.）Juz.]，具地下块茎，叶卵形或椭圆形，花瓣白色；我国各地零星分布；块茎供药用，有清热、利尿、渗湿之效。草泽泻（*A. gramineum* Lej.），沉水叶条形；主产于我国北部各省，多见于浅水或沼泽地。泽泻（*A. plantago-aquatica* L.），花大，主产于我国北方，也可栽培观赏（图 6-73）。

（2）慈姑属（*Sagittaria* L.）　水生草本，多有地下

图 6-73　泽泻
1—植株；2—花；3—花图式；4—果实

球茎；出水叶箭形，有长柄，水下叶条形；花单性，少两性，花托膨大，雄蕊与心皮均多数，螺旋状排列；瘦果。慈姑 [*S. trifolia* L. var. sinensis (Sims) Makino]，多年生草本；腋生匍匐茎顶端膨大成球茎；出水叶上下裂片近相等；花药紫色；广布欧洲、北美至亚洲；我国南北均有分布，生浅水或沼泽地，南方多栽培，也为水生杂草；球茎可食，也可制淀粉，叶可供饲用。

泽泻科属于泽泻目，被认为是单子叶植物中最古老的类群之一。在克朗奎斯特的分类系统中，泽泻目被看作是一个靠近百合纲进化干线基部的旁支，一个保留着若干原始特征的残遗类群。

（二）棕榈科 $* \hat{\varnothing} \delta, \hat{\varphi} P_{3+3} A_{3+3} \underline{G}_{3,(3:1\sim3)}$

本科约 217 属、2500 种，分布于热带和亚热带地区。我国东南至西南部有约 22 属、72 种，引入栽培的亦有多种。

1. 形态特征

乔木或灌木，有时藤本，有刺或无刺，叶束聚生于不分枝的树干顶部或在攀援种类中散生于茎上。叶大，掌状或羽状分裂，很少全缘或近全缘的，裂片或小叶在芽时内折（即向叶面折叠）或背折（即向叶背折叠），叶柄基部常扩大而成一具纤维的鞘。花小，常淡绿色，两性或单性，排列于分枝或不分枝的肉穗花序上；花序或生于叶丛中或生于叶鞘束之下；佛焰苞1至多数，将花序柄和花序的分枝包围着，革质或膜质；花被片6，2轮，离生或合生，镊合状或覆瓦状排列；雄蕊3～6或极多，花药2室，纵裂；子房上位，1～3室，极少4～7室，心皮3个分离或与基部合生，花柱短或无，柱头3；胚珠单生于每一个心皮或每一子房室内。果为浆果、核果或坚果，1～2室，或成果的心皮分离，外果皮常纤维状或覆以覆瓦状排列的鳞片。种子离生或与内果皮黏合，胚乳均匀或嚼烂状。染色体：$x=13\sim18$。

2. 识别要点

木本，树干不分枝，大型叶丛生于树干顶部。肉穗花序，花3基数。

3. 常见植物

以经济的观点来说，棕榈类植物在热带地区是非常重要的，且为该地区植物界特有的景色。如椰子和枣椰子的种子或果实可食；桃榔和有些种类的茎内富含淀粉，可提取供食用；砂糖椰子和某些鱼尾葵种类的花序割伤后可流出大量的液汁，蒸发后制成砂糖或经发酵后变成烧酒；有些种类的木材很硬，可作为建筑材料；叶可为屋顶的遮盖物或织帽或编篮等；蒲葵的叶可做扇；叶鞘的纤维（即棕衣）和椰子果壳的纤维可编绳或编蓑衣或作扫帚；椰子肉可榨油供工业用或食用；槟榔子入药或为染料；油棕的果皮及核仁可榨油，供工业用或食用。

（1）蒲葵属（*Livistona* R. Br.） 乔木。叶大，阔肾状扇形，有多数2裂的狭裂片；叶柄的边缘有刺。花小，两性，具长柄、分枝的肉穗花序排成圆锥状由叶丛中抽出；佛焰苞多数，管状；花萼和花瓣3裂几达基部；雄蕊6，花药心形；子房由3个近离生的心皮组成，花柱短；胚珠单生，基生。果为一球形或长椭圆形的核果。

蒲葵（*L. chinensis* Mart.），其嫩叶可制成葵扇，亦可制蓑笠或为屋顶的遮盖物，亦可植为庭园观赏植物。

（2）棕竹属（*Rhapis* L. f.） 丛生灌木。茎细如竹，多数聚生，有网状的叶鞘。叶掌状深裂几达基部，芽时内折。花常单性，雌雄异株，生于短而分枝、有苞片的花束上，由叶丛中抽出；花萼和花冠3齿裂；雄蕊6，在雌花中的为退化雄蕊；心皮3，离生。果为浆果，球形。有种子1颗；胚乳均匀。

棕竹 [*R. excelsa* (Thunb.) Henry]，海南地区有栽培，供观赏。秆直而韧，可作手杖、伞柄等用。根与瘦猪肉煎水服，可治妇女白带、男子小便混浊。

（3）鱼尾葵属（*Caryota* L.）　乔木，树干单生或丛生。叶二回羽状全裂，聚生于茎顶，小叶半菱形，状如鱼尾。佛焰花序常有多数悬垂的分枝或不分枝，生于叶丛中；花单性，常 3 朵聚生，中央的多为雌花；雄蕊 9 至多数；子房 3 室。果为一浆果，近球形。有种子 1～2 颗。

鱼尾葵（*C. ochlandra* Hance）（别名假桃椰）和短穗鱼尾葵（*C. mitis* Lour.），常栽培以供观赏，髓心捣烂，可提取淀粉，可食，可做桃椰粉的代用品。

（4）刺葵属（*Phoenix* L.）　灌木或小乔木。叶羽状全裂，裂片芽时内折，下部的小叶退化为针刺。肉穗花序分枝，生于叶丛中，由革质的佛焰苞内抽出；花单性，雌雄异株；萼 3 齿裂；花瓣 3，常分离，镊合状排列；雄蕊 6；心皮 3，分离。果长圆形或长椭圆形，有具槽纹的种子 1 颗。

我国仅有刺葵（*P. hanceana* Nand.）1 种，引入栽培有软叶刺葵（*P. roebelenii*. O. Brien）、椰枣（*P. dactylifera* L.）等数种，供观赏。

（5）油棕属（*Elaeis* Jacq.）　直立乔木。树干单生，高 3～10m。叶极大，顶生，羽状全裂，裂片线状披针形，长达 1m，叶柄边缘有刺。花序短而厚，由叶腋内抽出，雌雄花序分生；雄花小，为稠密的穗状花序，总轴延伸于外似一粗芒；萼片和花瓣长圆形；雄蕊 6，花丝合生成一管；雌花远较雄花为大，有长刺的苞片；子房 3 室，但有 1～2 室不发育。坚果卵状或倒卵状，聚合成稠密的果束。有种子 1～3 颗；果皮油质，内果皮硬，顶端有萌发孔。

本属只有油棕（*E. guineensis* Jacq.）（图 6-74）1 种和多个变种，原产于热带非洲，核仁的油称为棕仁油，可制人造乳酪，为很好的食品；由果皮榨出的称棕油或棕榈油，是工业上一种优良的润滑油，可制肥皂用；树干内流出的液汁可为饮料；叶柄和

图 6-74　油棕（引自《海南植物志》）
1—植株；2—雄花序；3—一枝雄穗状花序；
4—雄花及苞片；5—雌花和苞片；6—雌蕊；
7—幼果；8—果序

叶可盖房子；果实的硬壳可制活性炭；我国海南、云南、广西南部、福建和台湾地区均有引种，但数量不多；油棕喜生于温热的湿谷中，在原产地植后 4～5 年便能结实，16 年后产量增加，此后可继续结实至少 60 年。

（6）桄榔属（*Arenga* Labill.）　乔木。叶大，羽状全裂，小叶基部有耳 1～2。肉穗花序生于叶腋内，多分枝；下垂；雌雄花单生，且生于不同的花序上，有时 3 朵聚生，中央的为雌花，两侧的为雄花；雄蕊多数，花丝短；雌花近球形，萼 3 片，花瓣 3 个退化，雄蕊多数或缺；子房 3 室，每室 1 胚珠。果近球形，有种子 2～3 颗。广布于热带亚洲和澳大利亚。

桄榔［*A. pinnate*（Wurmb.）Merr.］，海南地区有产；桄榔植后约 12 年可抽出花序，此时将花序割伤即有液汁流出，收集而蒸发之后便成砂糖，故有砂糖椰子之名，此后可产糖 4～5 年，始枯死，每一株树每年可产糖约 10kg；印度和斯里兰卡广为栽植，我国少见栽培；其髓心春烂可提取淀粉，即桄榔粉；叶柄基部的棕衣为一很好的纤维，可编绳或做刷子。

（7）椰子属（*Cocos* L.）　乔木。叶羽状全裂。肉穗花序圆锥状，生于叶丛中，具一木质、舟状的佛焰苞；花单性同株，雌花散生于花序分枝的下部，雄花生于上部，或雌雄花

混生；花被 6，排成 2 轮，雄蕊 6；子房 3 室；果大，有种子 1，果皮厚，纤维质，内果皮（即椰壳）极硬，有 3 个基生孔迹，这 3 个基生孔迹相当于子房的 3 室，其中 2 个渐次消失，孔下面是胚。种皮薄，衬贴着白色的固体胚乳（即椰肉），固体胚乳内有一大空腔贮藏液体胚乳（椰汁）。

本属只有椰子（*C. nucifera* L.）（图 6-75）1 种，广布于热带海岸。椰子的用途很多，叶可盖屋、编篮和织席；叶柄和总轴可为防篱、牛轭等用；幼果内所含的水液，鲜美可口，果越老则水量越少；果肉供生食或榨油，椰油是制肥皂和作人造乳酪的原料，椰子肉可制糖果食品；椰壳（内果皮）可制成各种精美的手工艺品或餐茶用具等，椰子外壳（中果皮）的纤维可编绳。因为椰子的果皮有很厚的纤维层，在海上漂浮期间，虽撞着礁石椰壳亦不会碰破，椰子的传播方式是以水为媒介，所以热带海岸多见有椰子生长。

图 6-75　椰子
1—花序部分；2—雌花；3～5—雄花；6,7—雌花剖面；
8—雄花花图式；9—雌花花图式

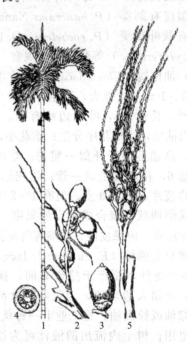

图 6-76　槟榔（引自《中国植物志》）
1—植株；2—果序（示果穗）；3—果实；
4—果实横切面；5—分枝花序

（8）槟榔属（*Areca* L.）　乔木。茎单生，有环纹。叶长，簇生于茎顶，羽状全裂，裂片多数。花序生于叶鞘束之下；花单性，雌雄同株；雄花生于分枝上部，多数 6；雌花生于下部，少数。核果卵形至长圆形，果皮纤维质，新鲜时稍带肉质，基部为花被所包围，有种子 1 颗。

槟榔（*A. cathecu* L.）（图 6-76），我国海南和云南南部、台湾地区广为栽培。是重要的经济作物，属四大南药之一。取其鲜果（或晒干）切成薄片，加以石灰少许，卷于蒌叶内作咀嚼品，可助消化和防止痢疾，并有固齿之功效；成熟的种子内含单宁，可为红色染料，入药可驱虫。

本科常用饲用植物有椰子、槟榔和油棕。

（三）天南星科　　$*$，$\uparrow \female$，$\male$，$\female P_{0,4\sim6} A_{1\sim\infty} \underline{G}_{(1\sim\infty)}$

本科 115 属、2000 余种，广布于全世界，92% 以上产于热带。我国有 35 属、206 种（其中有 4 属、20 种系引种栽培的），南北均有分布；有些供药用；有些种类的块茎含丰富的淀粉，供食用；有些供观赏用。

1. 形态特征

草本。具块茎或伸长的根茎，有时茎变厚而木质；直立、平卧或用小根攀附于他物上，少数浮水，常有液汁。叶通常基生，如茎生则为互生；呈 2 列或螺旋状排列，形状各式，剑形而有平行脉至箭形而有网脉，全缘或分裂。花小，花序为一肉穗花序，外有佛焰苞包围；花两性或单性而雌雄同株，雌花位于肉穗花序的下部，雄花位于上部；花被缺或为 4～6 个鳞片状体；雄蕊 1 至多数，分离或合生成雄蕊柱，退化雄蕊常存在，花药孔裂或纵裂；子房 1 至多室，由 1 至数心皮合成，每室有胚珠 1 至数颗，上位。浆果，密集于肉穗花序上，有种子 1 至多颗。染色体：$x=7\sim17,\ 22$。

2. 识别要点

草本，肉穗花序，花序外或花序下具有一片佛焰苞。

3. 常见植物

（1）曲籽芋属（*Cyrtosperma* Griff.）　草本。具短茎或块茎。叶片箭形，有叶裂。叶柄和花序柄有粗皮刺或小疣突。佛焰苞宿存，肉穗花序梗比佛焰苞短；花两性；花被片 6，拱形内弯；雄蕊 6，花丝宽短；子房卵圆形，花柱不明显，胚珠 2，近横生，2 列或成对生于侧膜胎座上。种子边缘有疣状突起。分布于热带地区，我国仅有曲籽芋（*C. lasioides* Griff.）1 种，产于海南。

（2）绿萝属（*Scindapsus* schott）　大藤本，以气生根攀援于他树上。叶柄阔而鞘状，具曲藤状关节；叶片长椭圆状披针形或卵形。花序柄短；佛焰苞舟状，脱落；肉穗花序与佛焰苞等长；花两性，无花被；雄蕊 4；子房 1 室，有胚珠 1 颗，倒生；花柱缺。海南仅有海南绿萝［*S. maclurei*（Merr.）Merr.］1 种。可做观赏用。

（3）崖角藤属（*Rhaphidophora* Hassk.）　粗壮、木质藤本，以气根攀援于他物上。叶大，叶片披针形或长圆形，多少不等侧，具长柄，全缘或羽状分裂。佛焰苞舟状，脱落；肉穗花序无柄，长柱形；花密集，两性，无花被；雄蕊 4，花丝线形，长于花药；子房 4～6 角形，不完全 2 室。浆果相互黏合，胚珠 2 至多数，生于侧膜胎座上。全属约 100 种，分布于印度至马来西亚。我国有崖角藤（*R. hongkongensis* Schott）等 9 种，大部分产于西南部和南部。海南常见有麒麟尾［*R. pinnata*（Linn.）］，藤供药用，有接骨消肿、清热解毒、止血、化痰镇咳之效。

（4）芋属（*Colocasia* Schott）　多年生草本，有肉质的块茎。叶盾状着生，卵状心形或箭状心形。佛焰苞宿存，长于花序轴；肉穗花序的雄花部分和雌花部分为一段中性花不育雄蕊所分隔；花无花被；雄花有雄蕊 3～6，合生；雌花子房 1 室，胚珠多数，生于侧膜胎座上。浆果圆锥形或长圆形。芋［*C. esculentum*（L.）Schott］（图 6-77），亦称芋头，块茎富含淀粉，可供食用，是重要的经济作物，南方常有栽培，品种甚多。

（5）海芋属［*Alocasia*（Schott）G. Don］　草本，有肉质块茎。叶长椭圆形至卵形，基部心形。佛焰苞直立，管卵状，脱落；肉穗花序短于佛焰苞，雄花和雌花为中性花所分隔；花无花被，雄花有雄蕊 3～8，合生成柱；雌花子房 1 室；胚珠 1 至数颗，基生。浆果有种子数颗。南部地区常见海芋［*A. macrorrhizos*（L.）Schott］及假海芋［*A. cucullata*（Lour.）G. Don］，生于林中湿地上，入药，有清热解毒之效，茎有毒，用时需经处理。

（6）花叶芋属（*Caladium* Vent.）　花叶芋属和芋属很相近，所不同的为肉穗花序短于佛焰苞，胚珠多数，生于中轴胎座上；无花柱和浆果白色。本属有 16 种，产于热带美洲。我国海南引入栽培的有花叶芋（*C. bicolor* Vent.）（图 6-78），其叶子美丽，可供观赏，变种比较多。

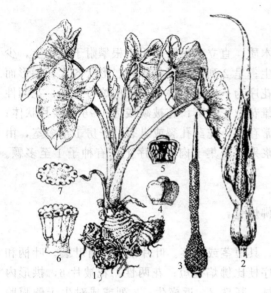

图 6-77 芋（引自《海南植物志》）
1—植株；2—肉穗花序；3—肉穗花序去佛焰苞；4—雌蕊；
5—雌蕊纵切；6—雄蕊群；7—雄蕊群平面观

图 6-78 花叶芋（引自《海南植物志》）
1—植株；2—肉穗花序；3—肉穗花序去佛焰苞；4—雄蕊群；
5—雄蕊群横切面；6—雄蕊；7—雌蕊群纵切面

（7）马蹄莲属（*Zantedeschia* Spreng.） 多年生草本。根茎粗厚。叶柄通常长，海绵质；叶片披针形、箭形或戟形。佛焰苞白色、黄绿色或稀玫瑰红色，管部宿存，上部展开呈漏斗状。花单性，无花被；雄花雄蕊 2～3，花药楔状四棱形，顶孔开裂；雌花子房 1～5 室，每室有胚珠 4，2 列。浆果倒卵圆形或近球形。其中马蹄莲［*Z. aethiopica*（L.）Spreng.］是著名的观赏植物，热带地区常有栽培。

本科常见的饲用植物有海芋、魔芋、野芋、芋、平丝草、刺芋、大漂、密脉崖角藤。

（四）百合科 Liliaceae * $P_{3+3}A_{3+3}G_{(3:3)}$

本科约 230 属、3500 余种，广布于世界各地，尤以温带和亚热带最多。我国约 60 属、560 种，各省均有分布，以西南部最盛。本科有多种常见蔬菜和调味蔬菜，有许多观赏植物和药用植物，是经济价值较高的一个草本科。

1. 形态特征

多年生草本，稀木本；常具根状茎、鳞茎或块茎。单叶，多基生，茎生叶互生，稀对生、轮生或退化为鳞片状。花两性，稀单性，辐射对称；花被片 6 枚，2 轮，花冠状，分离或基部稍合生；雄蕊 6 枚，与花被片对生，花药纵裂；3 心皮合生或不同程度离生，子房上位，稀半下位，3 室，中轴胎座，每室胚珠 1 至多数。蒴果或浆果；种子有胚乳。染色体：$x=5～16$，23。花粉粒 2 核，稀 3 核，多具单沟，稀为 2 沟，4 孔或无萌发孔。

2. 识别要点

草本，单叶。花被片 6，花瓣状，2 轮，雄蕊 6，与花被片对生；子房上位，3 室，中轴胎座。蒴果或浆果。

3. 常见植物

（1）葱属（*Allium* L.） 多年生草本，有刺激性的葱蒜味，具根状茎或鳞茎；叶扁平或中空而呈圆筒状；伞形花序，幼时外被一膜质的总苞片；花被分离或基部合生；蒴果近三棱形。葱（*A. fistulosum* L.），鳞茎棒状，叶圆形中空，小花梗比花被片长 2～3 倍；原产于亚洲，现各地栽培以供食用，鳞茎及种子可入药。洋葱（*A. cepa* L.），鳞茎大而呈扁球形或近球形，鳞叶肉质；原产于西亚；各地广栽，供食用（图 6-79）。大蒜（*A. sativum* L.），鳞茎由数个或单个肉质鳞芽（蒜瓣）组成，外被共同的膜质鳞被，叶扁平，花葶（蒜薹）圆柱形；原产于西亚；各地广栽，供食用或药用。韭菜（*A. tuberosum* Rottler. ex Spreng.），具根状茎，鳞茎狭圆锥形，鳞被纤维状，叶扁平，实心，花白色，常具绿色中脉；原产于东亚、南亚；各地广栽，供食用，种子可药用。

（2）萱草属（*Hemerocallis* L.） 多年生草本，常具块根；叶基生，带状；总状或假二叉状的圆锥花序顶生；花大，花被基部合生成漏斗状；雄蕊 6 枚，生花被管喉部，背着药；蒴果。黄花菜（*H. citrina* Baroni），又名金针菜，花较大，长 8～16cm，花被管长 3～5cm，黄色，芳香。小黄花菜（*H. minor* Mill.），花较小，长 7～10cm，花被管长 1～3cm，黄色，芳香。萱草（*H. fulva*），花橘红色，无香味。

（3）百合属（*Lilium* L.） 多年生草本，鳞茎的鳞片肉质，无鳞被；茎直立，茎生叶散生，较少轮生；花单生或排列成总状花序，大而美丽；花被常多少靠合而成喇叭形；丁字着药；柱头膨大。野百合

图 6-79 洋葱
1—花序；2—花；3—花的正面；4—花图式；
5—鳞茎；6—内轮雄蕊；7—外轮雄蕊

（*L. brownii* F. E. Brown ex Miellez）及其变种百合（*L. brownii* var. *viridulum* Baker），鳞茎直径达 5cm，叶倒披针形至倒卵形，3～5 脉，叶腋无珠芽，花被片乳白色，微黄，外面常带淡紫色；分布于我国南方及黄河流域诸省；各地常栽培，供观赏；鳞茎供食用、药用，润肺止咳，清热安神。卷丹（*L. lancifolium* Thunb.），叶腋常有珠芽，花橘红色，有紫黑色斑点；几乎广布全国；用途同百合。山丹（*L. pumilum* DC.），叶条形，有 1 条明显的脉，花鲜红或紫红色，无斑点或有少数斑点；产于我国北部地区，鳞茎可食。

（4）贝母属（*Fritillaria* L.） 多年生草本，鳞茎由 2（3）枚白粉质鳞片组成，无鳞被；叶对生或轮生，先端卷曲或不卷曲；花钟状俯垂，常单生或成总状花序或伞形花序，花药基生；蒴果常有翅。川贝母（*F. cirrhosa* D. Don），花被长 3～4.5cm；分布西南，鳞茎入药，清热润肺，止咳化痰。浙贝母（*F. thunbergii* Miq.），花被长 2～3.5cm，分布江浙；平贝母（*F. ussuriensis* Maxim.），产于东北，用途同川贝母。

本科药用植物尚有：黄精属（*Polygonatum* Mill.）、麦冬属（*Ophiopogon* Ker-Gawl.）、土麦冬属（*Liriope* Lour）、知母属（*Anemarrhena* Bunge）、菝葜属（*Smilax* L.）等。常见观赏植物尚有：郁金香（*Tulipa gesneriana* L.）、风信子（*Hyacinthus orientalis* L.）、万年青 [*Rohdea japonica*（Thunb.）Roth]、玉簪 [*Hosta plantaginea*（Lam.）Aschers.]、文竹 [*Asparagus setaceus*（Kunth）Jessop]、芦荟 [*Aloe vera* var. *chinensis*（Haw.）Berg.]、吊兰 [*Chlorophytum comosum*（Thunb.）Baker]、虎尾兰（*Sansevieria trifaciata* Prain）等，亦可药用。

（五）石蒜科 Amaryllidaceae $* P_{3+3} A_{3+3} \overline{G}_{(3)}$

本科 100 多属、1200 余种，主产于温带。我国有 17 属、44 种，分布于全国各地。本科植物普遍具有观赏价值，有水仙、君子兰、朱顶红等著名花卉，部分植物可药用。

1. 形态特征

多年生草本，具鳞茎或根状茎。叶基生，线形或带状，全缘或有刺状锯齿。花单生或成各种花序，具膜质总苞片 1 至数枚；花被片 6 枚；雄蕊 6 枚；3 心皮，子房下位，3 室，中轴胎

座，每室胚珠多数。蒴果，种子有胚乳。染色体：$x=6\sim12$，14，15，23。花粉常为单沟（远极沟）。

2. 识别要点

草本，有鳞茎或根状茎；叶线形，基生；花被片6枚，花瓣状，雄蕊6，下位子房，3室；蒴果。

3. 常见植物

(1) 石蒜属（*Lycoris* Herb.） 具地下鳞茎，花后抽叶，或有些种类叶枯后抽花茎；叶带状或条状；花茎实心；花被漏斗状，花被管长或短，花丝分离，花丝间有6枚齿状鳞片。石蒜［*L. radiata* (L'Hér) Herb.］（图6-80），雄蕊比花被长1倍左右，叶狭带状，花红色，花被裂片边缘皱缩、开展而反卷，雌、雄蕊伸出花被外很长；分布于华东至西南各省，各地有栽培，供观赏和药用；鳞茎有毒，催吐、祛痰、消炎、解毒、杀虫，一般用于疮肿。忽地笑［*L. aurea* (L'Hér.) Herb.］，花大，鲜黄或橘黄色；鳞茎含加兰他敏，是治疗小儿麻痹后遗症的有效药物。

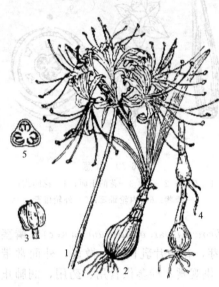

图6-80 石蒜

1—着花的花茎；2—植株营养体；3—果实；4—重生鳞茎；5—子房横切面（示胎座）

(2) 水仙属（*Narcissus* L.） 具膜质有皮鳞茎；基生叶与花葶同时抽出，花茎实心；花被高脚碟状，副花冠长管形，似花被，或短缩成浅杯状；蒴果。水仙（*N. tazetta* L. var. *chinensis* Roem.），花被白色，杯状副花冠长不及花被一半；产于浙江和福建，各地多栽培作盆景供观赏；鳞茎可供药用。

(3) 君子兰属（*Clivia* Lindl.） 多年生草本；根系肉质；叶基部形成鳞茎状；叶带形，2列；花葶自叶腋抽出，直立扁平，伞形花序顶生；花被宽漏斗状，浆果球形，成熟时紫红色。君子兰（*C. miniata* Regel），叶长30~50cm，宽3~5cm，花橙黄至深红色，直立向上；园艺变种、品种较多，各地广栽，尤以东北为盛。垂笑君子兰（*C. nobilis* Lindl.），本种叶片较大花君子兰稍窄，叶缘有坚硬小齿，花被狭漏斗状，花稍下垂；各地广泛栽培。

本科栽培观赏植物尚有：朱顶红［*Hippeastrum rutilim* (Ker-Gawl.) Herb.］，花红色；文珠兰［*Crinum asiaticum* L. var. *sinicum* (Roxb. ex Herb.) Baker］，花白色，芳香；晚香玉（*Polianthes tuberosa* L.），花乳白色，浓香；葱莲［*Zephyranthes candida* (Lindl.) Herb.］，花白色；韭莲（*Z. grandiflora* Lindl.）等。

(六) 鸢尾科 Iridaceae $* P_{3+3} A_3 \overline{G}_{(3:3)}$

本科约60属、800种，分布于热带和温带。我国约有11属、约71种，主产于北部、西北和西南。其中有多种药用植物和观赏植物。

1. 形态特征

多年生草本，常具根状茎、球茎或鳞茎。叶多基生，条形、剑形或为丝状，常于中脉对折，2列生，基部套折成鞘状抱茎。花序多样；花两性，辐射对称或两侧对称，由苞片内抽出；花被片6枚，花瓣状，2轮，基部常合生；雄蕊3枚，生于外轮花被基部；3心皮，子房下位，通常3室，中轴胎座，每室胚珠多数，花柱3裂，有时花瓣状。蒴果，背裂。染色体：$x=3\sim18$，22。

2. 识别要点

草本，有根状茎、球茎或鳞茎。叶常对折，2 列生，叶鞘套折。花被片 6，花瓣状，雄蕊 3 枚，子房下位，3 室，花柱 3 裂。蒴果。

3. 常见植物

（1）鸢尾属（*Iris* L.） 多年生草本，具根状茎；叶基生；花被片下部合生成筒状，外轮 3 片较大，反折，内轮 3 片较小，直立；花丝与花柱基部离生，花柱 3，呈花瓣状。鸢尾（蓝蝴蝶，*I. tectorum* Maxim.），叶剑形，宽 2～3.5cm，花蓝紫色，外轮花被片具深褐色脉纹，中部有鸡冠状突起和白色髯毛；分布于长江流域诸省，各地亦多有栽培，供观赏和药用。马蔺（马莲，*I. lactea* var. *chinensis* Koidz.）（图 6-81），植株基部有红褐色、纤维状的枯萎叶鞘，叶条形，宽不过 1cm，花蓝色，花被上有较深的条纹；分布于北方各省及华东和西藏，习见于平原草地及轻度盐渍化草甸；可栽作地被植物及观赏，叶可作编织及造纸材料，种子可入药。本属常见植物还有：蝴蝶花（扁竹根，*I. japonica* Thunb.）、玉蝉花（*I. ensata* Thunb.）、德国鸢尾（*I. germanica* L.）等，供观赏和药用。

（2）射干属（*Belamcanda* Adans.） 多年生草本，根状茎不规则块状；花柱圆柱形，柱头 3 浅裂。我国仅射干〔*B. chinensis*（L.）DC.〕1 种，根状茎黄色，地上茎丛生；叶宽剑形，基部套折，2 列互生；

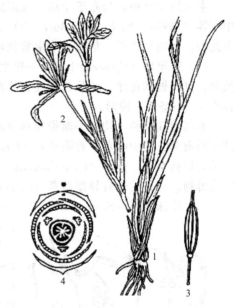

图 6-81 马蔺
1—根和叶；2—花；3—果实；4—花图式

2～3 歧分枝的花序顶生；花橙黄色，有红色斑点；种子黑色；全国各地均有分布，多生于山坡、草地、沟谷及滩地，或栽培；根状茎入药，清热解毒、祛痰利喉、散瘀消肿。

本科药用植物还有：番红花（*Crocus sativus* L.）。观赏植物有：唐菖蒲（*Gladiolus gandavensis* Van Hortte）、小菖兰（*Freesia refracta* Klatt）等。

（七）莎草科 Cyperaceae $* ♂, ♂, ♀ P_0 A_{1～3} \underline{G}_{(2～3:1)}$

本科约 4000 种，广布于全世界。我国有 31 属、670 种，全国皆产之，其中有些可为织席或制纸的原料，有些可入药，有些可食或提取淀粉。

1. 形态特征

多年生或一年生草本。通常具有根状茎或匍匐茎，少有块茎；秆实心，常三棱形，无节。叶通常 3 列，有时缺，叶片狭长，有封闭的叶鞘。花小，两性或单性，生于小穗鳞片（常称为颖）的腋内，小穗单生或簇生或排成穗状、总状、圆锥状、头状或聚伞花序等各式花序；花被缺或为下位刚毛、丝毛或鳞片；雄蕊 1～3，花丝细长，离生；子房上位，1 室，倒生胚珠 1 颗，花柱单一，细长或基部膨大而宿存，柱头 2～3。果为一瘦果或小坚果。染色体：$x=5～60$。

2. 识别要点

秆三棱形、实心、无节，有封闭的叶鞘，叶 3 列，小坚果。

3. 常见植物

（1）异花草属（*Fuirena* Rottb.） 矮小、簇生草本。叶禾草状，基部有鞘，有膜质叶舌。小穗多个簇生，有两性花极多数；鳞片螺旋排列于小穗轴的周围，有芒；下位鳞片 6，3 枚刚毛状，可视为萼片，3 枚花瓣状，有时缺；雄蕊 3；花柱长，柱头 3。坚果小，三棱形，多少具柄，平滑或有网脉。80 多种，分布于热带和亚热带地区。我国有毛异花草 [*F. ciliaris* (L.) Roxb]、异花草 (*F. umbellata* Rottb.) 等 3 种，产于西南部至东部，供饲料用。

(2) 荸荠属 (*Eleocharis* R. Br.)　多年生草本。茎无节，无叶或仅有叶鞘。小穗单生于茎顶；鳞片螺旋排列；下位毛状体 5～8 条；雄蕊通常 3 枚，少 1～2 枚；花柱基部扩大，于果顶收缩成节，宿存，柱头 2～3。坚果倒卵形，平凸状或三棱形。

本属约 150 种，分布于全球。我国约有 25 种，全国均产之，常见于湿地上或水田中。其中荸荠 (马蹄) [*E. dulcis* (Burm. f.) Trin. ex Henschel] 为栽培作物之一，球茎供食用或提取淀粉，名叫马蹄粉，华东和华南常栽培，以桂林产的最有名。

(3) 莎草属 (*Cyperus* L.)　一年生或多年生草本。秆仅于基部具叶。小穗稍压扁，有花数朵，排成穗状花序、总状花序或头状花序；鳞片 2 列；小穗轴宿存，雄蕊 3 枚，少 1～2 枚；柱头 3。小坚果三棱形。

本属约 550 种，均产于温带和热带地区。我国有 30 余种，各省均产之，但主产地为东南部至西南部。其中莎草 (香附子) (*C. rotundus* L.) 的地下茎名香附，入药，可健胃，还可治疗某些妇科疾病。茳芏 (*C. malaccensis* Lam.) 和高秆莎草 (*C. exaltatus* Retz.) 等的秆可织席或缚物。常见的还有异型莎草 (*C. difformis* L.)。

(4) 珍珠茅属 (*Scleria* Berg.)　

图 6-82　水蜈蚣 (引自《海南植物志》)
1—植株；2—小穗；3—鳞片；
4—小坚果 (未成熟)

一年生或多年生草本。茎具叶。圆锥花序常狭长；花单性，有时雌雄花同生于一小穗上；雄小穗有花数朵，雌小穗仅有花 1 朵；小穗最下面的 2～4 鳞片内无花；雄蕊 1～3 枚；柱头 3。坚果骨质，通常白色，平滑或有小方格，基部有盘状体。本属约 200 种，产于热带、亚热带地区。我国约 20 种，分布于西南、中南部至台湾地区，南部尤盛，喜生于草山上。其中珍珠茅 (*S. levis* Retz.) 最为常见，全草可造纸及编席；根可药用，治痢疾、咳嗽。

(5) 水蜈蚣属 (*Kyllinga* Rottb.)　茎基部具叶，顶有头状花序 1～3 个，下有叶状总苞片约 3 枚。小穗极多数，压扁，集成紧密的头状花序；小穗上通常具鳞片 4～5 枚，2 列；柱头 2；小穗轴脱落；雄蕊 1～3 枚，柱头 2 枚。小坚果两侧压扁。本属约 60 种，分布于热带和亚热带地区。我国有 6 种，各省均产之，东南部较盛。海南产有水蜈蚣 (*K. brevifolia* Rottb.) (图 6-82) 等 4 种，水蜈蚣亦称痢疾草、发汗草等，全草可供药用，有疏风止咳、清热消肿、去湿之效。

本科常见的饲用植物有球柱草、异果苔草、高秆莎草、海南高秆莎草、香附子等。

(八) 禾本科 Gramineae, Poaceae　$\text{⚥}, \text{♂}, \text{♀} P_3 A_{3,3+3} G_{(3\sim2:1:1)}$

本科是一个大科，约 660 属、近 10000 种。我国有 225 属、约 1200 种。本科植物分布广泛，数量较大，是组成草地植被的主要种类成分。此科植物的幼嫩部分含有较多的糖类，在开花以前含有相当数量的粗蛋白质。以其适口性而言，禾本科中绝大多数种家禽都采食，以至乐食或喜食，仅有少数种为有毒植物；此外，禾草在调制干草时其叶不易脱落，茎叶干燥均匀，易于调制成品质优良的青贮饲料，因此禾本科植物具有重要的饲用价值。

禾本科为种子植物中的大科之一，多数种不仅为优良牧草，而且也包含着人类重要的粮食作物，如水稻、小麦、玉米、高粱、粟、稷等。此外，还有些可作建筑和各种工业原料，如竹、甘蔗、芦苇等，其经济价值也较大，在绿化环境、保护堤岸、保持水土等方面也具有重要意义。

1. 形态特征

一年生、越年生或多年生草本，少有木本（竹类），茎常称为秆，常于基部分枝，节间常中空，有居间生长的特性。单叶互生，成2列；叶鞘包围秆，边缘常分离而覆盖，少有闭合；叶舌膜质，或退化为一圈毛状物，很少没有；叶耳位于叶片基部的两侧或没有；叶片常狭长，叶脉平行。花序各种，由多数小穗组成；花两性，少单性；每小花基部有外稃与内稃，外稃常有芒，相当于苞片，内稃无芒，相当于小苞片；外稃的内方有浆片2个，少有3个，相当于花被，雄蕊3个，少有1、2或6个；雌蕊1个，柱头2个，少有3个；子房1室，上位，内有1个弯生胚珠；果实多为颖果。

2. 识别要点

秆常圆柱形，而节间常中空。叶2列。叶鞘边缘常分离而覆盖，由小穗组成各种花序。

3. 名词术语

通常在科下划分为竹亚科（Bambusoideae）及禾亚科（Agrostidoideae）两个亚科；或竹亚科、稻亚科（Oryzeae）及黍亚科（Panicoideae）三个亚科；或竹亚科、稻亚科、早熟亚科（Pooideae）、画眉草亚科（Eragrostidoideae）及黍亚科五个亚科；或分为七个亚科，即竹亚科、芦竹亚科（Arundinoideae）、Centostecoideae、虎尾草亚科（Chloridoideae）、黍亚科、早熟禾亚科、针茅亚科（Stipoideae）。

禾本科植物形态上的各项特征诸多变化，尤以其花小而特殊化，且在演化上的地位较高级，因此使人在识别时颇感困难。现将禾本科植物（主要是禾草）的外部形态特征及其在分类上专用的名词术语作简要说明。

习性　一年生、二年生或多年生草本，极少灌木或乔木。竹类通常为多年生，常见为直立木本，稀有藤本［如藤竹属（*Dinochloa*）］及草本（如产于非洲及南美洲热带的 *Atractocarpa*、*Guaduclla* 等属）。禾草的性状多变化，均为草本，有一年生、两年生或多年生等类型；植株大小亦多变异，最小者高仅数厘米［如小草属（*Microchloa*）、莎禾属（*Coleanthus*）］，最高者可达4m以上［如芦苇（*Phragmites communis*）、王草（*Pennisetum purpureum*）］。

根　一般为须根。主根在发芽后不久便消失，其功能即为自幼茎基部所生出的多数纤细等粗的次生根所代替。次生根亦可从地面以上近秆基的数节上生出支柱根［如玉米（*Zea mays*）］。某些禾草的根端可膨大，呈块根状［如淡竹叶（*Lophatherum gracile*）］。

茎　禾本植物的茎称为秆，多圆形，中空，但也有实心的，如甘蔗（*Saccharum sinensis* Roxb.）、玉米，节膨大而坚实，节间延长。秆常直立，亦有匍匐状［如狗牙根（*Cynodon dactylon*）］、根状［如白茅（*Imperata cylindrica*）］和球状［如梯牧草（*Phleum pratense*）］。

叶　叶常互生，2列。每叶包括叶片和抱茎的叶鞘两部分；叶片扁平，中脉明显，平行脉；叶片与叶鞘相连接处的内侧，具一膜质或纤毛状的附属物，称为叶舌；在叶片基部的两侧各具一质薄的耳状物，称为叶耳；叶舌、叶耳的大小形状，毛茸有无，常因种类的不同而异；叶片与叶鞘相连接处的外侧，称为叶颈。竹类主秆上所生的叶称为箨（俗称笋壳），其叶片常变形，较小，亦有箨鞘、箨叶、箨舌、箨舌等部分。竹类正常叶片着生于小枝上，亦可分叶鞘、叶片两部分，但叶片之下常具短柄，叶片与叶鞘之间有关节，故叶片于枯老时脱落。

花序　禾本植物花序的基本单位为小穗，常由小穗聚生为各种花序。常见的有三种：圆锥花序、总状花序与穗状花序。整个花序或开展［燕麦（*Avena sativa*）］或收缩［粟（*Setaria italica*）］。圆锥花序亦称为复总状花序。少数禾草的部分花序或小穗的基部附有总苞，其形状有各种变化，如呈佛焰苞状、念珠状、果苞状等。

小穗及小花　每一小穗有1或2朵或多朵小花。典型的小穗包括一短轴（小穗轴），基部有两颖片（苞片）和位于颖片腋内的花。每朵花的外面有两片苞片包被着，称为稃。外面的一片称为外稃，内面的一片称为内稃，花和外稃、内稃合称为小花。每一小穗不论含小花1朵或多朵，其外面又有两片空苞片包被着，称为颖，下面一片称为第一颖，上面一片称为第二颖，有时两片均退化（水稻）。小穗的形状有卵形、线形、披针形、长椭圆形等。有的小穗像压扁状，其压扁形式有两侧压扁和背腹压扁之分。小穗基部有时变为坚厚，称为基盘。有时小穗孪生，一有柄，一无柄，较原始者，此两小穗形状相同，称同型对；较进化者无柄小穗较大而能孕，有柄小穗退化而不孕，此时称之为异性对，又叫异型对，如无柄小穗也不孕则称同性对。小穗成熟后的脱落形式有脱节于颖之上或脱节于颖之下，前者的颖留存于穗轴上，后者则颖连同小穗一齐脱落。花序上所见的芒或芒刺通常是由外稃延伸于顶端或背部所形成的（图6-83，图6-84）。

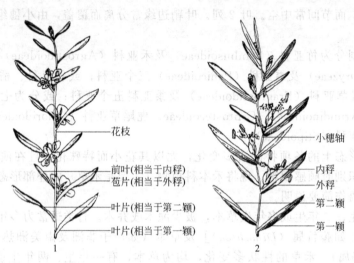

图6-83 普通有花植物的花枝与禾本植物的小穗两者的对照示意图（引自《中国主要植物图说 禾本科》）

1—普通有花植物的花枝，示叶片、前叶与腋生的花朵；2—禾本植物的小穗，示颖片、外稃、内稃与小花

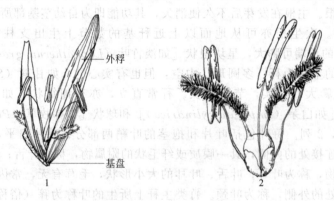

图6-84 禾本植物小花构造

1—小花构造；2—小花内部构造

花通常两性，包括浆片、雄蕊与雌蕊，但有时也为单性或中性。浆片常2枚。每小花3枚雄蕊，也可为1~6枚，1枚雌蕊，子房1室含1倒生胚珠，花柱多2裂，柱头常呈羽毛状。鳞被位于子房外侧，由2~3枚小而透明或肉质的鳞片组成，相当于其他植物的花被，此鳞被能控制小花的开放。

果实 果实为颖果，少数禾草中的果皮质薄脆弱易与种子相分离，称为囊果〔如鼠尾粟

（*Sporobolus*）]。有些竹类为浆果。

4. 常见植物

亚科Ⅰ：竹亚科（Bambusoideae）

形态特征：多年生，秆木质，节间常中空，圆柱形或稀为四方形或扁圆形；秆节隆起，具有明显的秆环（秆节）和箨环（箨节）及节内；秆生叶特化为秆箨，并明显分为箨鞘和箨叶两部分；箨鞘抱秆，通常厚革质，外侧常具刺毛，内侧常光滑；鞘口常具缝毛，与箨叶连接处常见有箨舌和箨耳；箨叶通常缩小而无明显的主脉，直立或反折；枝生叶具明显的中脉或小横脉，具柄，与叶鞘连接处常具关节而易脱落。染色体：$x=12$（7，6，5）。

本亚科约66属、1000种，主要分布于热带亚洲。我国约30属、400种，主要分布于西南、华南及台湾等省区。多数是重要的资源植物。除秆供建筑、编织、造纸、家具及日用，笋多可食用外，中药的竹茹、天竹黄、竹心、竹沥等也都是来源于竹类植物。

亚科Ⅱ：禾亚科（Agrostidoideae）

形态特征：秆草质，多一年生，少有木质而多年生者。秆上着生普通叶，具明显的中脉，叶片无叶柄，亦不与叶鞘成关节，故不自叶鞘脱落。

本亚科约575属、9500多种，广布。我国170余属、600多种。禾亚科包含有许多重要的粮食作物，如水稻（*O. sativa* Linn.）、小麦（*Triticum aestivum*）、大麦（*Sorghum vulgare*）、高粱（*Avena sativa*）、玉米（*Zea mays* L.）等。在国民经济上有极其重要的意义。

下面介绍一些有关的种类。

（1）稻属（Oryza） 小穗两性，两侧压扁而具脊，含3小花；下方2小花退化而仅存极小的外稃，位于顶生两性小花之下；颖强烈退化，在小穗柄顶端呈半月状痕迹；两性小花外稃常具芒或无，内稃3脉。

约25种，分布于热带。我国有3种。野稻（*O. meyeriana*），分布于海南、云南和广东等，可作牛食。小粒稻（*O. minuta*），分布在海南，本种植株高大，秆叶柔嫩，可作牛饲料。

水稻（*O. sativa* Linn.）为一年生簇生草本，圆锥花序大而开展；小穗两侧压扁，颖极退化成半月形的痕迹位于小穗柄之顶；不孕小花两枚，位于一结实小花之下；不孕小花的外稃很小，膜质、鳞片状或毛状，内稃缺；结实小花的外稃船形，坚硬，有脊，3～5条脉，顶有时有芒，内稃和外稃相似；颖果两侧压扁（图6-85）。

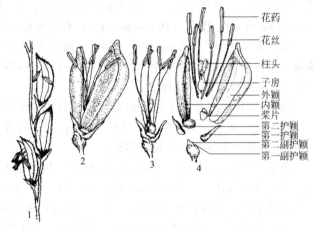

图6-85 水稻
1—花序的部分；2—开花时颖花外形；3—开花时
颖花内观（除去内、外颖）；4—花的各部分

水稻广泛种植于全世界的热带至温带地区，本种为主要栽培粮食作物，秆叶为牛的优质饲草，米糠为畜禽类的优质饲料，米皮可入药治兽病等。

稻稗幼苗的区别：稻，秆基扁，淡绿色，叶粗糙，中脉不明显，有叶舌、叶耳；稗，秆基圆，常为紫红色，叶较光滑，中脉明显几乎透明，无叶舌和叶耳。

（2）玉蜀黍属（Zea） 为一年生高大草本，秆粗壮，实心，不分枝；花单性同株；雄小穗集成疏散的顶生圆锥花序，雌小穗形成肉穗花序，生于叶腋，为对片鞘状苞片所包藏；花柱细长，伸出苞外。

仅一种：玉米（*Zea mays* L.），高大一年生草本；秆实心，不分枝；花单性，雌雄同株；雄小穗集成疏散的顶生圆锥花序；雌小穗形成肉穗花序，生于叶腋；外包以鞘苞；雌小穗无柄，成对，有不孕小花和结实小花各一枚；颖膜质，甚阔，钝头或凹头，外稃透明；花柱长，露出鞘苞外（俗称须）。本种为人类主要粮食作物之一，原产于墨西哥，现世界各地广泛栽培，品种甚多。秆叶可用作牲畜饲料，幼嫩时牛、羊、鹿、兔极喜食，嫩秆汁多味甜，猪喜食，以收获饲草为目的种植的玉米，宜密植，刈割后青饲，也可晒制干草或调制青贮饲料。种子为各类畜禽的优质精饲料。

（3）甘蔗属（*Saccharum*）　多年生草本，秆直立，粗壮，实心；圆锥花序银白色；小穗两性，被腹压扁或略呈圆筒形，成对生于穗轴各节；穗轴具关节，各节连同着生其上的无柄小穗一起脱落；小穗基盘、颖及小穗柄上的毛均长于小穗。

约 5 种，分布于热带、亚热带。我国约 4 种。

甘蔗（*S. officimarum*），多年生高大草本，顶生白色或棕色圆锥花序。小穗成对，均两性而含一小花，穗轴易逐节折断，基盘被白色丝状长毛。是重要产糖作物。蔗梢及叶为牲畜的良好饲料，蔗渣及糖蜜也可供饲用。

班茅（大密，*S. arundinaceum*）是常见的大型丛生野草，喜生于空旷坡地上。幼嫩时牛喜食，生长后期秆粗叶硬，牲畜不再采食。

（4）狼尾草属（*Pennisetum*）　一年生或多年生草本；叶扁平；圆锥花序密集成圆柱形穗状；小穗有 1～2 朵小花，无柄或有短柄，单生或 2～3 个簇生，围以由刚毛所形成的总苞，并连同小穗一起脱落；颖不等长；第一外稃先端尖或具芒状尖头，第二外稃等长或短于第一外稃，平滑，厚纸质，边缘薄而扁平，包卷同质的内稃。本属植物多为优良牧草，家畜喜食。王草（*P. purpureum*）、象草（*P. purpureum*）和狼尾草（*P. alopecuroides*）均为南方常见栽培牧草。

（5）香茅属（*Cymbopogon*）　多年生簇生草本，芳香；叶片线形，中脉明显；圆锥花序紧缩，由多节而成对总状花序所组成，每对总状花序托以舟状总苞；小穗成对，一具柄，雄性或中性，一无柄，两性或雌性。

约 30 余种，多分布于热带和亚热带，有些种类的茎叶可提取香油。

枫茅［柠檬茅，*C. citrates*（DC.）Stapf.］，叶片扁平，阔线形，长可达 1m 左右，宽约 15mm，两面呈灰绿色，叶鞘青绿色。

香茅［*C. nardus*（L.）Rendle］，植株与枫茅相似，不同处在于：叶片深绿色，叶鞘青红色。本种茎叶含油，广为栽培以供制香茅油，是制香水、香皂的重要原料。秆叶也供造纸用。牛食香茅全草，常为兽医中草药，味辛、性温，有疏风解毒、祛瘀通络之功效。

（6）淡竹叶属（*Lophatherum*）　多年生，直立草本；叶片平展，披针形；圆锥花序顶生，开展，小穗有小花数朵，第一小花两性，其余为中性，小穗轴脱节于颖之下；雄蕊 2 枚；颖果与内、外稃分离。

本属有 2 种，产亚洲东部和东南部。我国均产。

淡竹叶（*L. gracile*）（图 6-86），具肥厚的块状根；圆锥花序长为植物体 1/3～1/2；分枝较少；抽穗前草质柔嫩，牛、羊喜食，多割草利用。本种常为兽医草药，味甘、淡、性微寒，可清热解毒。

（7）画眉草属（*Eragrostis*）　多年生或一年生，圆锥花序开展或深缩，小穗两侧压扁，含数个乃至多数小花；常紧密地排成覆瓦状，颖等长或不等长，通常比第一小花短。本属植物多为优良或中等牧草。

本属南方常见的牧草和饲用植物有：高眉草（*E. alta* Keng）、鼠妇草（*E. atroviens* Trin. ex Steu.）、大画眉草（*E. cilianensis*）、纤毛画眉草（*E. ciliata* Nees）、短穗画眉草

（E. cylindrical Nees）、海南画眉草（E. hainanensis Chia.）、华南画眉草（E. nevinii Hance）、东方画眉草（E. orientalis Trin）、宿根画眉草（E. perennans Keng）、画眉草（E. pilosa P. Beauv.）、毛画眉草（E. pilosissima Link）、红脉画眉草（E. rufinerva Chia）、鲫鱼草（E. tenella P. Beauv. ex Roem.）、牛虱草（E. uniloloides Nees ex Strud.）、长画眉草（E. zeylanica Nees）。

（8）穆属（Eleusine）　一年或多年生草本；秆簇生或具匍匐茎；穗状花序，通常数个成指状排列于秆顶；小穗无柄，两侧压扁，无芒，两行成覆瓦状排列于穗轴的一侧；小花覆瓦状排列于小穗轴；颖不等长，第一颖较小，短于第一小花；内稃较外稃短；囊果；种子成熟时具波状花纹。约10种，大部分分布于非洲和印度。我国产2种。

牛筋草（E. indica）（图6-87），叶片狭长，通常宽3～5mm；穗状花序狭窄，宽3～5mm；种子卵状长圆形，具钝3棱。生于路边及旷野。牛、羊喜食；幼嫩时可割回喂兔及家禽。带根全草用作兽用草药，味甘，性平，有清热利湿、止痢止血的功效。

（9）鼠尾粟属（Sporobolus）　多年生或一年生草本；秆纤细；叶片线形至狭披针形；圆锥花序紧缩或开展；小穗有小花1朵，成熟时自颖上脱落；小花两性；囊果两侧压扁，成熟后裸露。

图6-86　淡竹叶（引自《海南植物志》）
1—植株一部分；2—植株下部
（示肥厚的块状根）；3—小穗

本属约150种，广布于全世界热带地区，尤以美洲为多。我国产4种。

鼠尾粟（S. indicus）（图6-88），丛生草本；圆锥花序紧缩成细圆柱形，分枝短而直立；

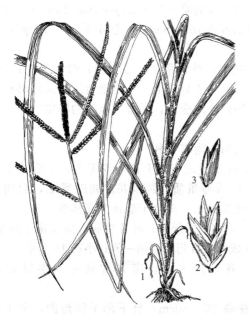

图6-87　牛筋草（引自《海南植物志》）
1—植株；2—小穗；3—小花

图6-88　鼠尾粟（引自《海南植物志》）

图 6-89　莠狗尾草（引自《海南植物志》）
1—植株；2—小穗腹面；3—小穗背面

小穗密集，灰绿而略带紫色；囊果倒卵状长圆形，成熟时红褐色。抽穗前牛、羊喜食，可供放牧或刈割青饲。

（10）狗尾草属（*Setaria* D. Beav.）　多年生或一年生草本；圆锥花序，疏散或紧密呈柱状；小穗背腹压扁，两性，含 2 小花，具宿存刚毛状不育小枝一至多枝；小穗脱节于颖之下。约 140 种，分布于热带和温带。我国有 10 多种。

粟（*S. italica*），粮食作物，秆叶是骡、马、驴的良好饲料。

狗尾草（*S. anceps* Stapf ex Massey），分布于广东、广西、海南和福建等地，秆叶柔软，适合各类家禽、鱼食用，可调制青贮饲料。

海南常见的牧草和饲用植物有：金色狗尾草（*S. glauca*）、莠狗尾草（*S. pallide-fusca*）（图 6-89）、棕叶狗尾草（*S. palmaefolia*）、皱叶狗尾草（*S. plicata*）等。

（11）黍属（*Panicum*）　一年生或多年生草本；圆锥花序，通常开展；小穗通常背腹压扁，两性，疏生；脱节于颖之下；内颖等长或稍短于小穗；外稃通常无芒，基部既无附属物也无凹痕。约 500 种，分布于热带和温带。我国 20 多种。

本属常见的栽培牧草有大黍（*P. maximum* Jacq.）。此外，可作牧草和饲用植物的有多种：糠稷（*P. bisulcatum* Thunb.）、短叶黍（*P. brevifolium* L.）、大罗网草（*P. cambogiense* Balansa）、藤竹草（*P. incomtum* Trin.）、格顿坚尼草（*P. caximum* cv. Gatton.）、汉密尔坚尼草（*P. maximum* Jacq cv. Hami.）、绿黍（*P. maximum* Jacq. var. *trichoglume* Eyles.）、稷（*P. muiliaceum* Linn.）、心叶稷（*P. notatum* Retz.）、细柄黍（*P. psilopodium* Trin.）、铺地黍（*P. arenarium* Brot.）（图 6-90）、发枝稷（*P. trichoides* Sw.）、毛叶黍（*P. trypheron* Schult）、南亚稷（*P. walense* Mez）。

（12）奥图草属（*Ottochloa*）　多年生草本；秆蔓生；叶片平展，披针形；圆锥花序顶生，开展；小穗有小花 2 朵，背腹压扁，均匀排列或数枚簇生于分枝上，小穗轴极短，成熟时整个脱落；第一小花不育，外稃膜质；第二小花发育，外稃质地变硬，平滑，极狭的膜质边缘包卷同质的内稃。

本属约 6 种，分布于非洲、印度和马来半岛。我国华南有 2 种。

奥图草（*O. nodosa*）（图 6-91），株高 20～100cm 或过之，节上被毛或无毛，下部节上生根，叶片薄；叶鞘短于节间，仅边缘一侧被纤毛；叶舌厚纸质；圆锥花序初时紧缩，后稍开展；分枝上举，稍疏离；小穗披针形，稀疏排列；秋季抽穗；多生于疏林下或林缘。

（13）臂形草属（*Brachiaria*）　一年生或多年生草本，常簇生；叶片平展；圆锥花序顶生，由 2 至数个穗形总状花序组成；小穗背腹压扁，交互成两行排列于穗轴一侧；小花 1～2 朵。

本属约 50 种，广布于全世界的热带地区。我国产 6 种。南方常见有四生臂形草（*B. subquadripara*）、多枝臂形草（*B. ramose*）。

四生臂形草（*B. subquadripara*）（图 6-92）株高 20～60cm，秆下部平卧地面，节上生根；叶片披针形；圆锥花序由 3～6 个总状花序组成，总状花序疏离，广展；小穗常单生，无毛；草质柔软，牛、羊喜食，可供放牧利用，也适于晒干草或调制青贮料。

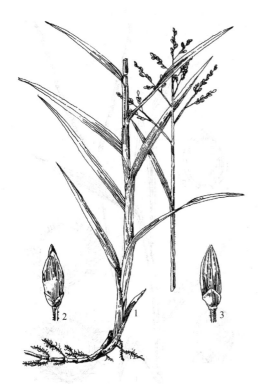

图 6-90　铺地黍（引自《海南植物志》）
1—植株；2—小穗腹面；3—小穗背面

图 6-91　奥图草（引自《海南植物志》）
1—植株；2—小穗背面；3—小穗腹面

（14）雀稗属（*Paspalum*）　一年生或多年生草本；总状花序穗状，单生或成对或近指状或近总状花序式排列于秆顶或多枝的顶端；小穗有小花两朵；平凹状，背腹压扁，无芒，近无柄，单生或成对，2～4 行排列于狭或阔的穗轴一侧，第一颖常缺，第二颖和不孕小花的外稃等长，膜质；不孕小花中性，内稃缺；结实小花的外稃圆形或椭圆形，平凹状，背面对轴，常钝头，硬纸质，边缘内卷，包持着扁平的内稃。本属植物多为优良牧草，谷粒供食用或酿酒，也可作饲料。

雀稗（*P. commersonii*），总状花序 2～8 枚，互生，疏离；穗轴扁平，宽 1.5～3mm；边缘粗糙，腋间有白疏毛，小穗圆形。分布于海南、云南、广东、江西等地，草质柔软，牛、羊喜食，又为橡胶园及果园林下常见杂草。

两耳草（*P. conjugatum*）（图 6-93），多年生草本，有广伸、平卧的匍匐枝，基部斜倚，上下直立；高 40～80cm 的总状花序 2 枚，顶生，纤细，常弯拱，小穗圆卵形。分布于海南、广东、台湾等地，幼嫩时草质柔软，家禽喜食。本种可用于水土保持或建植草坪，亦为橡胶园及果园林下常见杂草。

（15）水蔗草属（*Apluda*）　多年生，秆直立或近蔓生，多分枝；总状花序单生于主秆或分枝的顶端，退化成一具 3 小穗的单节，下承托以具长柄、舟状的薄总苞片 1 枚，成圆锥花序式排列；小穗 3 个，其一无柄，两具柄。

本属 1 种：水蔗草（*A. mutica*）（图 6-94），为林缘或篱边的一种野草，分布于亚洲和非洲热带地区。幼嫩时牛、羊喜食，抽穗后渐粗老，适口性下降。根入药，治毒蛇咬伤。

（九）芭蕉科 Musaceae　↑♂，♀$P_6A_{3+3}\overline{G}_{(3:3)}$

本科 3 属、60 余种，主要分布于亚洲及非洲的热带地区。我国连栽培的在内，有 3 属、12 种。

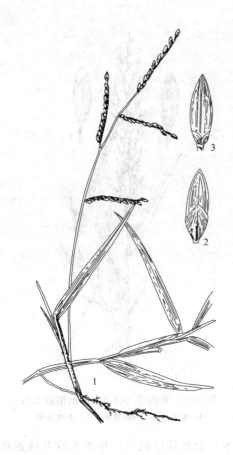

图 6-92　四生臂形草（引自《海南植物志》）
1—植株；2—小穗背面；3—小穗腹面

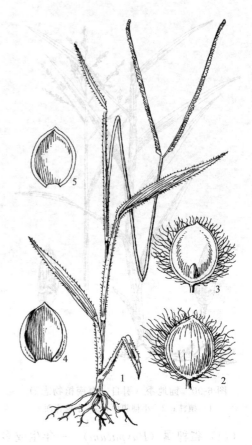

图 6-93　两耳草（引自《海南植物志》）
1—植株；2—小穗（腹面观）；3—小穗
（背面观）；4—外稃；5—内稃

1. 形态特征

多年生粗壮草本，具根茎；叶螺旋状排列，叶鞘层层重叠包成假茎；叶片大，长圆形至椭圆形，具粗壮的中脉及多数平行的横脉；花单性，一或两列簇生于大型、常有颜色的苞片内，下部苞片内的花为雌性花，上部苞片内的花为雄花；花被片联合呈管状，顶端具齿裂，而内轮中央的一枚花被片离生，发育雄蕊 5 枚，退化雄蕊 1 枚，花药线形，2 室；心皮 3，子房下位，3 室；胚珠多数，生于中轴胎座上；果为肉质浆果，不开裂，常有棱。

2. 识别要点

草本，具根茎，叶螺旋状排列，横出平行叶脉；花单性，子房下位，3 室；胚珠多数，浆果。

3. 常见植物

本科最重要的属是芭蕉属（Musa L.），大型草本；假茎厚而粗，由叶鞘覆叠而成；叶巨大，长椭圆形；花序由叶鞘内抽出，为直立或下垂的穗状花序，有扁平的花束覆于有颜色的大苞片下；花单性，在总轴上部的花束为雄性，下部的为雌性而结成果束；花被片合生成管，管顶部 5 齿裂，其中外面 3 裂齿为萼片，内面 2 裂齿为花瓣，后面一枚花瓣离生，较大，与花被管对生；雄蕊 6，其中 1 枚退化；子房下位，3 室，每室有胚珠极多数，生于中轴胎座上；果为圆柱形的浆果。

芭蕉属有 30 种及很多变种，主产东半球的热带地区。我国约 10 种，分布于西南部至台湾地区。香蕉（*M. nana* Lour.）、大蕉（*M. sapientum* L.）为广东、台湾重要果品之一，此外，福建、广西、云南、海南等省亦有栽培；红蕉（*M. coccinea* Andr.）间有栽培和观赏用；蕉麻（*M. textilis* Nees）叶柄的纤维可编绳或作制纸的原料。

本科常见的饲用植物有芭蕉、野蕉、蕉麻和香蕉等。

（十）姜科 Zingiberaceae　↑K$_{(3)}$ C$_{(3)}$ A$_1$ G$_{(3:3\sim1:\infty)}$

本科约 49 属、1500 种，分布于热带、亚热带地区。我国有 19 属、150 种，产于西南部至东部。除供观赏外，本科中包含有很多著名的药材，如砂仁、益智、草果、草豆蔻、姜、高良姜、姜黄、郁金、莪术等，为驱风、健胃之药。

1. 形态特征

多年生草本，有块状根茎；叶基生或茎生，2 列或有时螺旋排列，小或大，基部常鞘状；具叶舌；花两性，左右对称，排成穗状花序、头状花序、总状花序或圆锥花序，生于具叶的茎上或单独由根茎发出而生于花葶上；萼管状或钟状，一侧开裂，又 3 齿裂；花

图 6-94　水蔗草
1—花枝；2—总状花序一部分

冠管长或短，裂片 3；退化雄蕊 2 或 4 枚，外轮 2 枚常花瓣状，内轮 2 枚联合成唇瓣，显著而艳丽；发育雄蕊 1 枚，具药隔附属体或无；子房下位，1～3 室，有胚珠多颗，生于中轴胎座或侧膜胎座上；果为蒴果或肉质不开裂而呈浆果状。

2. 识别要点

多年生草本，通常有香气，叶鞘顶端有明显的叶舌，外轮花被与内轮明显区分，具发育雄蕊 1 枚和通常呈花瓣状的退化雄蕊。

3. 常见植物

（1）闭鞘姜属（*Costus* L.）　多年生草本，有块状、平卧的根茎；叶螺旋排列，鞘阔而封闭；穗状花序稠密，顶生或稀生于自根茎抽出的花葶上；苞片坚硬，覆瓦状排列；萼管状，3 裂；花冠管阔漏斗状，裂片大，美丽；唇瓣大；雄蕊极阔而薄，花瓣状；无侧生退化雄蕊；子房 3 室；蒴果球形，木质，室背开裂；种子多数，黑色。

约 150 种，主产于热带美洲和非洲。我国有闭鞘姜 [*C. speciosus* (Koen.) Smith] 等 3 种，产于东南部至西南部。海南产有闭鞘姜，其根茎可供药用，有利水拔毒的功用，内服治水肿，外洗治疮疖。

（2）姜黄属（*Curcuma* L.）　多年生草本，有肉质、芳香的根茎，有时根末端膨大成块根；地上茎极短或缺；叶大，通常基生，叶片阔披针形至长圆形，稀狭线形；穗状花序具密集的苞片，呈球果状，生于由根茎或叶鞘内抽出的花葶上，先叶或与叶同出；苞片宿存，内凹，基片彼此连生成囊状，内贮黏液；花 2 至数朵生在每一苞片内，有小苞片；萼短，2 或 3 齿裂；花冠漏斗状，裂片 3；侧生退化雄蕊花瓣状，与花丝基部合生；唇瓣圆形或倒卵形，全缘或 2 裂；花药隔顶端无附属体，基部有距；子房 3 室；蒴果球形，种皮膜质。

本属有 50 余种，分布于亚洲东南部。我国有姜黄（*C. longa* L.）、莪术 [*C. zedoaria* (Christm.) Rosc.] 和郁金（*C. aromatica* Salisb.）等 5 种。国产本属植物的根茎及膨大的块根都可供药用，根茎为中药材"姜黄"或"莪术"的商品来源，块根则为"郁金"的来源，有

行气解郁、破瘀止痛的功用。姜黄还可提取黄色染料，做食用染料，根茎所含姜黄素可做分析化学试剂。

（3）山姜属（*Alpinia* Roxb.）　草本，有根茎；茎具叶；花小或大，排成顶生的总状花序、穗状花序或圆锥花序，稀生于由根茎生出的花葶上；小苞片扁平，管状或有时包围着花蕾；萼管状，3 齿裂；花冠管圆柱形，通常不长于萼，裂片狭；唇瓣广展，大而美丽；侧生退化雄蕊缺或极小，呈齿状，通常与唇瓣的基部合生；花药隔有时具附属体；子房 3 室；蒴果不开裂或不规则开裂或 3 裂，干燥或肉质；种子多数。

本属约 250 种，分布于亚洲热带地区。我国有 46 种，产于西南部至台湾地区。其中高良姜（*A. officinarnm* Hance）、益智（*A. oxypnylla* Miq.）、草豆蔻（*A. katsumadea* Hayata）等的根茎或果实可供药用，有驱风、健胃等功效。艳山姜［*A. zerumbet*（Pers.）Smith et Burtt］除药用外还是美丽的庭园观赏植物，其叶鞘的纤维还可编绳。以上几种海南均有。

（4）豆蔻属（*Amomum* L.）　多年生草本；根茎延长而匍匐状；茎具叶；花葶由根茎上抽出，覆以鳞片；花序圆球形或长椭圆形，苞片覆瓦状排列；花单生或 2～3 朵生于苞片内，仅上部突出；萼管状，顶部 3 裂；花冠管常与萼管等长或稍短，裂片 3，相等；侧生退化雄蕊钻状或线形；唇瓣常扩大，全缘或阔 3 裂；花药直立，药隔附属体延长，全缘或 2～3 裂，或有时无附属体；子房 3 室，有胚珠多数；果不裂或不规则开裂；种子常有辛香味，基部有假种皮。

本属约 150 余种，分布于亚洲、大洋洲的热带地区。我国有 24 种，产于西南部至东南部。本属中有许多重要的药用或香料植物，能祛风止痛、健胃消食。如白豆蔻（*A. kravanh* Pierre ex Gagnep.）、草果（*A. tsaoko* Crevost et Lem.）、砂仁（*A. villosum* Lour.）等。海南产有溜果豆蔻（*A. muricarpum* Elm）、海南砂仁（*A. longiligulare* T.）等

（5）姜属（*Zingiber* Boehmer）　叶 2 列；穗状花序直立，由根茎抽出，稀生于茎顶，卵状至圆柱状，有绿色或淡红色、覆瓦状排列的苞片，其中常贮有水液，每一苞片内通常有花 1 朵；萼管状，3 裂；花冠管常长于苞片，纤细，裂片白色或淡黄色；侧生退化雄蕊常与唇瓣相联合，形成具有 3 裂片的唇瓣；药隔附属体延伸于花药外成一弯喙；子房下位，3 室，有胚珠多数；蒴果，开裂为 3 果瓣；种子黑色，有假种皮。

本属约有 80 种，分布于亚洲的热带、亚热带地区。我国约有 14 种，产于西南部至东南部，南部尤盛。其中以姜（*Z. officinale* Rosc.）栽培最广，根茎供调味用或浸渍用，入药，能驱风发表；根茎肉质；芳香或具辛辣味。海南除栽培有姜外，还栽培有珊瑚姜（*Z. corallinum* Hance.）、红球姜（*Z. zerumbet* L.）、蘘荷（*Z. mioga* Rosc.）等。

本科常见的饲用植物有闭鞘姜、郁金、姜黄、莪术、山奈、姜等。

（十一）兰科 Orchidaceae　　↑ $P_{3+3} A_{2\sim 1} \overline{G}_{(3:1)}$

兰科为被子植物第二大科，本科 700 余属、20000 种，主要分布于热带和亚热带地区。我国约 171 属、1247 种，主要分布于长江以南各省区，东北产 26 属、33 种。本科有很多著名的观赏植物和药用植物。

1. 形态特征

多年生草本，陆生（地生）、附生或腐生。陆生和腐生的常具根状茎或块茎，有须根；附生的常具肉质假鳞茎和肥厚的气生根。单叶互生，稀对生或轮生，叶鞘常抱茎。花单生或排成总状、穗状和圆锥花序，顶生或腋生；花两性，稀单性，两侧对称；花被片 6，2 轮；外轮 3 萼片常花瓣状，中萼片有时凹陷与花瓣靠合成盔，两侧萼片略歪斜，离生或靠合；内轮 3 片，两侧为花瓣，中央 1 片特化为唇瓣（lip），因子房作 180°的扭转或 90°弯曲，而使唇瓣位于前下方，唇瓣形态复杂，有时 3 裂或中部缢缩，基部常有囊或距；雄蕊和花柱、柱头完全愈合成合蕊柱（gynostemium），呈半圆柱状；雄蕊 2 轮，仅外轮 1 枚中央雄蕊或内轮 2 枚侧生雄蕊能育，花药 2 室，花粉粒黏成 2～8 个花粉块；3 心皮合生雌蕊，子房下位，1 室，侧膜胎座；柱头 3，侧生 2 枚能育常黏合，另 1 枚不育呈小突起为蕊喙，或柱头 3 合成单柱头而无蕊喙（雄蕊为 2 时）。蒴果；种子极多，细小，无胚乳，胚小而未分化完全。染色体：$x=6～29$。花粉 1～2 沟、3～4 孔。

2. 识别要点

陆生、附生或腐生草本。叶互生或退化为鳞片。花两性，两侧对称，形成唇瓣；雄蕊和雌蕊结合成合蕊柱；花粉黏合成花粉块；子房下位，1 室，侧膜胎座。蒴果，种子微小，无胚乳。

3. 常见植物

（1）兰属（*Cymbidium* Sw.）　附生或陆生草本（稀腐生），茎极短或变态为假鳞茎；叶常带状，革质，近基生；总状花序直立或下垂，或花单生；花有香味；蒴果长椭圆形（图 6-95）。建兰 [*C. ensifolium*（L.）Sw.]，有假鳞茎，叶 2～6 枚丛生，外弯，较柔软，宽 1～1.7cm，花葶直立，高 20～40cm，总状花序有花 3～7 朵，苞片远比子房短，花浅黄绿色，清香，萼片狭披针形，花瓣较短，唇瓣不明显 3 裂，花粉块 2 个；夏秋开花，著名观赏花卉，各地常栽，品种很多；根、叶入药。同属观赏花卉还有：墨兰 [*C. sinense*（Jackson ex Andr.）Willd.]，叶宽 2～3cm，暗绿色，冬末春初开花；春兰 [*C. goeringii*（Rchb. f.）Rchb. f.]，叶狭带形，花单生，春季开花。

（2）白及属（*Bletilla* Rchb. f.）　陆生草本，具扁平假鳞茎，似荸荠状；叶数枚，近基生；总状花序；萼片与花瓣近似。白及 [*B. striata*（Thunb. et A. Murray）Rchb. f.]，块茎扁压，有黏性，茎粗壮，叶 4～5，披针形，花序具 3～8 花，紫红色，萼片与花瓣近等长，唇瓣 3 裂，花粉块 8 个；产我国南方各省；块茎药用，补肺止血、消肿生肌；花艳丽，也栽培供观赏。

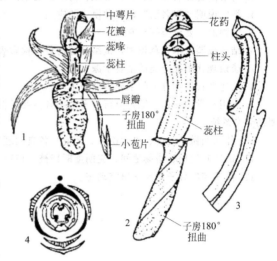

图 6-95　兰属植物花结构图
1—花；2—蕊柱和子房；3—蕊柱和子房纵切面；4—花图式

（3）天麻属（*Gastrodia* R. Br.）　腐生草本；块状根茎肥厚，横生，肉质，表面有环纹；茎直立，节上具鞘状鳞片；总状花序顶生；花较小，萼片与花瓣合生成筒状，顶端 5 齿裂；花粉块 2，多颗粒状。天麻（*G. elata* Bl.），块状根茎长椭圆形，茎黄褐色，花黄褐色，花被筒斜歪，口偏斜，6～7 月开花；分布于我国东北、华北、华东、华中及西南地区，现已人工栽培；块茎入药，称"天麻"，熄风镇惊、通络止痛，常用于治疗多种原因引起的头晕目眩和肢体麻木、神经衰弱、小儿惊风及高血压等症。

（4）红门兰属（*Orchis* L.）　陆生草本，具块茎或根状茎；唇瓣基部有距；花粉块黏盘藏在黏囊中；柱头 1 个。广布红门兰（*O. chusua* D. Don），块茎长圆形，肉质，叶常 2～3 片，花 1～10 余朵，多偏向一侧，紫色，子房强烈扭曲，合蕊柱短；产东北、西北至西南等地。宽叶红门兰（*O. latifolia* L.），块茎下 3～5 掌状裂，叶 4～6 片，叶宽 1.5～3cm；产北方及西南地区；块茎入药，可代手参。

本科观赏植物尚有：卡特兰属（*Cattleya*）、杓兰属（*Cypripedium*）、兜兰属（*Paphiopedilum*）、万代兰属（*Vanda*）、虾脊兰属（*Calanthe*）、贝母兰属（*Coelogyne*）、蝴蝶兰属（*Phalaenopsis*）、独蒜兰属（*Pleione*）等属植物。药用植物还有：石斛属（*Dendrobium*）、斑

叶兰属（*Goodyera*）、石豆兰属（*Bulbophyllum*）等属植物。

　　兰科植物的花通常较大而艳丽，有香味，两侧对称，形成唇瓣，唇瓣基部的距内、囊内或蕊柱基部常有蜜腺，易引诱昆虫；雄蕊与花柱及柱头结合成蕊柱，花粉黏结成块，且下有黏盘，柱头有黏液，利于传粉。兰科植物的花，结构奇特，高度特化，是对昆虫传粉高度适应的表现，是单子叶植物中虫媒传粉的最进化类型。

复习思考题

1. 西方植物分类学经历了哪些发展阶段？试列举主要代表人物并指出其主要贡献。
2. 中国古代本草学与园艺科学技术发展对于世界植物分类有什么贡献？
3. 何谓同物异名和同名异物现象？何谓命名上的异名和分类上的异名？
4. 举例说明"双名法"和各种模式的应用。
5. 植物的主要分类等级有哪些？
6. 结合校园树木花草识别，试编制植物分类检索表。
7. 谈谈现代植物分类的主要学派。
8. 简述现代植物分类的主要方法与手段。
9. 运用所学的知识，综合分析被子植物各主要类群的系统关系。试述假花学说、真花学说的要点及其主要的分类系统。
10. 什么叫做多元说、单元说和二元说？各自的理论依据是什么？
11. 试述哈钦松、塔赫他间、克朗奎斯特被子植物分类系统的异同。
12. 简述植物分子系统学研究动态。

第七章　植物与环境

第一节　植物的多样性

一、植物多样性的概念

植物多样性（plant diversity）是指地球上所有植物及其与环境形成的生态复合体以及与此相关的各种生态过程的总和，包括植物的所有种和它们所拥有的基因以及它们与其生存环境形成的复杂的生态系统。植物多样性是一个内涵十分广泛的重要概念，包括多个层次或水平。其中，意义重大的主要有遗传多样性、物种多样性、生态系统多样性和景观多样性四个层次。

1. 遗传多样性

遗传多样性（genetic diversity）是指所有植物个体所包含的遗传物质和遗传信息的变异，包括同一植物种的不同种群间和同一种群内的基因差异。种内的遗传多样性是物种以上各层次水平多样性的最重要来源。遗传多样性可以表现在多个层次上，如分子、细胞、个体等。如个体外部形态特征（遗传表型）的多样性、细胞染色体的多样性（染色体数目的多态性、染色体结构的多态性和染色体分带特征的多样性等）和分子水平的多样性（DNA 分子的多态性、蛋白质分子的多态性等）。

遗传多样性是物种进化的本质，也是人类社会生存和发展的物质基础。一个物种的遗传多样性越高，它对生存环境的适应能力便愈强，它的进化潜力也愈大，越有利于族群的生存及演化。在自然界中，对于绝大多数有性生殖的物种而言，种群内的个体之间往往没有完全一致的基因型，而种群就是由这些具有不同遗传结构的多个个体组成的。

2. 物种多样性

物种多样性（species diversity）具有两种涵义：其一是群落中生物种类的多寡，即丰富度（species richness），群落中物种数量越多，多样性就越丰富；其二是群落中各个种的相对密度（或称为群落的异质性），而异质性通常与均匀度（species evenness 或 equitability）成正比。在一个群落中，各个种的相对密度越均匀（即各物种的个体数较接近），群落的异质性就越大，多样性也就越丰富。如图 7-1 中，群落（a）和（b）都包含 5 种植物，然而，群落（b）因为有较高的物种均匀度，所以有较高的物种多样性。物种多样性是衡量一定地区生物资源丰富程度的一个客观指标。物种多样性是进化机制的最主要产物，所以物种被认为是最适合研究多样性的生命层次，也是相对研究最多的层次。

3. 生态系统多样性

生态系统的多样性（ecosystem diversity）主要是指地球上生态系统组成、功能的多样性以及各种生态过程的多样性，包括生境的多样性、生物群落和生态过程的多样化等多个方面。生境主要是指无机环境，如地貌、气候、土壤、水文等，生境的多样性是生态系统多样性形成的基础。生物群落的多样性主要是指群落的组成、结构和动态（包括演替和波动）方面的多样化，可以反映生态系统类型的多样性。生态过程主要是指生态系统的组成、结构与功能随时间的变化以及生态系统的生物组分之间及其与环境之间的相互作用或相互关系。

地球上的生态类型极其繁多，但是所有生态系统都保持着各自的生态过程，这包括生命所

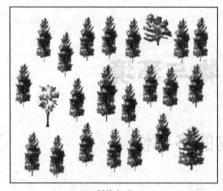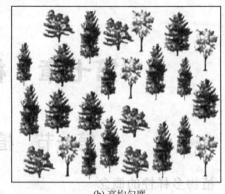

(a) 低均匀度　　　　　　　　　　　　(b) 高均匀度

图 7-1　物种均匀度和物种多样性（引自 Manuel C. Molles，Jr，1999）

必需的化学元素的循环和生态系统组成部分之间能量流动的维持。不论是对一个小的生态系统而言或是从全球范围来看，这些生态过程对于所有生物的生存、进化和持续发展都是至关重要的。维持生态系统多样性对于维持物种和基因多样性也是必不可少的。

4. 景观多样性

景观多样性（landscape diversity）是指不同类型的景观在空间结构、功能机制和时间动态方面的多样化和变异性。景观是一个大尺度的宏观系统，是由相互作用的景观要素组成的，具有高度空间异质性的区域。景观要素是组成景观的基本单元，相当于一个生态系统。依形状的差异，景观要素可分为斑块、廊道和基质。斑块是景观尺度上最小的均质单元，它的起源、大小、形状和数量等对于景观多样性的形成具有重要意义。廊道线状或带状，是联系斑块的重要桥梁和纽带。基质是景观中面积较大、最具连续性的部分，往往形成景观的背景。由于能量、物质和物种在不同的景观要素中呈异质分布，而且这些景观要素在大小、形状、数目、类型和外貌上又会发生变化，这就形成了景观在空间结构上的高度异质性。景观功能是指生态客体即物种、能量和物质在景观要素之间的流动。景观异质性可降低稀有的内部种的丰富度，增加需要两个或两个以上景观要素的边缘种的丰富度。自然干扰、人类活动和植被的演替或波动是景观发生动态变化的主要原因。近年来，特别是 20 世纪 70 年代以来森林的大规模破坏造成的生境片段化、森林面积的锐减，以及结构单一的人工和半人工生态系统的大面积出现，严重地影响了景观的变化过程，形成了极为多样的变化模式。其结果是增加了景观的多样性，给生物多样性的保护造成了严重的障碍。

二、植物多样性的价值

植物多样性具有巨大的直接使用价值，这已被人们普遍认识和接受。它表现在人类的衣、食、住、行都离不开植物多样性。它为人类提供食物、纤维、建筑和家具材料、药物及各种其他工业原料。如大约有 3000 种植物被用作食物，有 75000 种植物可做食物，全球 70% 的药物直接或间接来自植物。

植物多样性具有重要的间接使用价值，即它的生态功能，一般表现为涵养水源、净化水质、巩固堤岸、防止土壤侵蚀、降低洪峰、改善地方气候、吸收污染物，并汇集二氧化碳调节全球气候变化等。

选择价值也是潜在价值。虽然大量生物的潜在价值目前尚不清楚，但无人敢确定现在还未被利用的那些物种在将来也不会有利用的价值。例如，栽培植物的野生亲缘种究竟能提供多少对农林业发展有用的遗传材料也很难确定。人们也不能准确评估一个物种的存在价值有多大，它的消失究竟带来多大的损失。但可以确定的是，一旦野生植物消失就无法再生，其潜在价值就不复存在了。

三、植物多样性的空间分布格局

1. 随纬度的变化

植物多样性有随纬度增高而逐渐降低的趋势。此规律无论在陆地、海洋和淡水环境，都有类似趋势。

2. 随海拔的变化

无论是低纬度的山地还是高纬度的山地，也无论海洋气候下的山地还是大陆性气候下的山地，植物多样性都有随海拔升高而逐渐降低的趋势。

3. 随水体深度及盐度的变化

植物多样性有随深度增加而降低的趋势。这是因为阳光在进入水体后，被大量吸收与散射，水的深度越深，光线越弱，绿色植物无法进行光合作用，因此多样性降低。在大型湖泊中，温度低、黑暗的深水层，其水生植物种类明显低于浅水区。同样，海洋中植物分布也仅限于光线能透过的光亮区，一般很少超过 30m。

四、多样性的丧失

达尔文的生存竞争学说和进化论告诉人们，随着地球环境的变化，地球上会不断有新物种的产生和不适应物种的淘汰，因而灭绝是自然的过程。据统计，自寒武纪以来，明显的生物灭绝事件发生过 15 次。其中，重大集群灭绝有 5 次，大多源于自然灾害。现在，地球正在经历第 6 次物种大灭绝，但这次的原因主要是人类活动。世界自然保护联盟发布的全球物种状况红皮书宣称，由于人类活动和日益加剧的气候变化，有 15589 个物种受到灭绝威胁。《自然》杂志认为，50 年后 100 多万种陆地生物将从地球上消失。2010 年 10 月在日本名古屋举行的生物多样性公约缔约国大会得出结论：全球生物多样性状况正在逐渐恶化，究其原因，是人为对环境破坏和不正当的利用所造成的。原因主要包括以下方面。

1. 生境（栖息地）的破坏

全球生态系统遭到严重破坏使许多生物失去栖息地。栖息地的丧失，表现在生境面积剧烈地减少、被改变或者被破坏，已成为生物减少、濒临灭绝的最主要原因。例如湿地，不仅蕴藏着丰富的自然资源，而且也是陆地的天然蓄水库，被人们称为"自然之肾"。湿地在蓄洪防旱、调节径流、维持生物多样性、控制污染、净化水源等方面起着极其重要的作用。然而，由于人口的快速增长和经济的发展，湿地被开垦为农田或作其他用途，湿地植被被破坏，生态功能衰退，鱼类等水生生物丧失了栖息生存的空间与繁衍的场所，生物多样性锐减。至于森林生态系统，它在调节气候、涵养水源、保持水土、净化空气、消除污染等方面的重大作用早已广为人知。森林面积减少和破坏的情况也是最早引起人们注意的。20 世纪，约 45% 的原始森林已经消失。尽管某些森林得到了更新，但世界的森林总数仍在快速减少，尤其是在热带地区。热带森林具有地球上 60% 以上的生物物种，是许多生物的家园，森林生境的丧失和退化，必然引起大量的种群和物种面临灭绝的境地。此外，一个物种的灭绝可能会引起与之相关的约 20 种左右的物种灭绝，从而引起一系列生态灾难，如此恶性循环只会加速地球上物种的灭绝。

2. 农业和林业品种的单一化

作物系统属于人工生态系统，作物生物多样性下降的一个重要原因是在集约化过程中由混种变为单种种植，特别是大面积、大范围的单种种植。随着优良品种的开发和广泛使用，栽培的作物集中在少数几个品种，单一品种的推广面积大幅度提高，而许多拥有重要基因资源的传统品种遭到淘汰，甚至永远消失，遗传多样性受到影响。如菲律宾 1970 年前种植水稻 3500 个品种，现在仅有 5 个占优势的品种，损失达 99% 以上。欧洲小麦品种丧失达 90%，美国玉米品种丧失超过 85%。

尽管优良品种带来了粮食生产的大丰收，其隐患却也越来越明显，作物缺乏遗传多样性使其更易受病原体和害虫的攻击。如 1991 年巴西橘子树的遗传相似性导致了历史上最大的柑橘溃烂。1970 年一场玉米疾病席卷了所有易受感染品种，导致了美国农民 10 亿美元的损失。类似地，1986 年爱尔兰的土豆饥荒，1972 年苏联小麦的大面积损失，1984 年佛罗里达州柑橘溃烂的大暴发皆起因于遗传多样性的减少。

3. 掠夺式的过度开发

对野生动植物资源进行过度乃至掠夺式开发是造成生物多样性丧失的主要原因之一。森林的过量砍伐、草地过度放牧和垦殖、野生经济动植物的乱捕滥采、渔业资源的过度捕捞等开发行为严重威胁着生物多样性。例如，草原和荒漠生态系统是很多野生植物和动物的栖息地，对草原的盲目开垦使全国草地面积逐年缩小，草地质量逐渐下降，其中中度退化程度以上的草地达 $1.3 \times 10^8 \, hm^2$，并且每年还以 $2 \times 10^4 \, km^2$ 的速度蔓延，沙化现象加剧。沙尘暴即来源于草原与荒漠的破坏。如一些地区不同程度上对中药资源进行了掠夺式的过度采收（捕猎），目前，很多中药资源蕴含量下降，甚至耗竭，一些种类濒临灭绝。素有"十方九草"之称的甘草蕴藏量比 1950 年下降了约 40% 以上；八角莲、杜仲、见血封喉、野山人参、黑节草、小勾儿茶、凹叶厚朴等 30 多种药材因野生资源量稀少，而处于濒临灭绝的边缘。

4. 环境污染

环境污染会影响生态系统各个层次的结构、功能和动态，进而导致生态系统退化。环境污染对生物多样性的影响目前有两个基本观点：一是由于生物对突然发生的污染在适应上可能存在很大的局限性，故生物多样性会丧失；二是污染会改变生物原有的进化和适应模式，生物多样性可能会向着污染主导的条件下发展，从而偏离其自然或常规轨道。环境污染会导致生物多样性在遗传、种群和生态系统三个层次上降低。如二氧化硫污染使对其敏感的地衣从许多城市和近郊森林中减少或消失；酸雨和酸沉降等使水体和土壤酸化，危害农作物、鱼类和无脊椎动物的生存；农药的污染对小型食肉动物、鸟类、两栖动物等造成了巨大的危害；人类排放氯氟碳（CFC）物质引起的臭氧层浓度的减少，使紫外线强度过量增加，抑制了浮游植物的光合作用，从而影响了浮游动物、鱼类、虾和藻类的数量，并因食物链的作用，将使整个生态系统受到严重损害。

5. 外来物种的引入导致当地物种的灭绝

外来生物入侵是指在自然或人为方式下，外来种在传入地适宜的气候、食物供应和缺少天敌抑制的条件下，迅速繁衍自己的种群并伴随着大规模的个体扩散，同时对传入地物种的生存构成威胁的现象。

外来入侵物种造成当地物种生活环境的恶化，改变了生态系统构成，导致一些物种在当地丧失或灭绝。研究证明，生物入侵是仅次于生境丧失的导致全球生物多样性丧失、物种濒危和灭绝的第二大原因。生物入侵主要有自然入侵和人为入侵。由于人为原因导致的生物入侵所造成的危害更大、更广，会给自然环境和社会经济造成巨大的损失。如 20 世纪 80 年代我国从英国和美国引进大米草和互叶米草，在沿海滩涂种植，获得一定生态效益，但其繁殖迅速，改变了原来的滩涂生物群落，并与养殖业争夺场地。

五、多样性的保护

1. 就地保护

就地保护是指为了保护生物多样性，把包含保护对象在内的一定面积的陆地或水体划分出来，进行保护和管理。就地保护的对象，主要包括代表性的自然生态系统和珍稀濒危植物的天然集中分布区等。就地保护是生物多样性保护中最为有效的一项措施，主要方法是在濒危物种的栖息地建立保护区或国家公园。自然保护区基本保持了原有的植物生境，是野生植物的天然基因库和避难所，不仅保护了其中的所有植物种类，而且保护了它们的生态系统过程。对有代表性自然生态系统的保护，包括对森林生态系统、草原生态系统、荒漠生态系统、陆地水生生态系统、海岸带及海洋生态系统、湿地生态系统等的保护。

保护区的功能主要是保护濒危物种和典型生态系统，但教育、科研和适度的生态旅游也是不可忽视的功能，后者还能作为保护区管理费用的来源之一。在保护区中划分核心区、缓冲区和实验区是兼顾这些功能的一种方法。通过在保护区之间或与其他隔离生境相连接的生境走廊，是对付生境片断化所带来不利影响的重要手段。

2. 迁地保护

迁地保护是将濒危植物种从自然分布区迁移定植到保护区加以保护的一种措施。植物迁地保护的方法主要有活植物、种子、组织的迁地保护及基因文库保存法。为了保护植物多样性，对于一些由于人为因素、气候环境演变和植物自身的遗传特性等原因，而不能够在适生区保存下来的植物种，有必要采取迁地保护的措施。按照"气候相似论"的原理，将这些植物引种到与其生境相似的区域加以保护，扩大其种群数量。活体植物的迁地保护易于繁殖，成活率高，是目前采用较多的一种植物保护方法。为保护遗传多样性，建立种子库也不失为一种应用广、有价值的迁地保护措施。如伦敦 Kew 植物园的种子库以贮存半干旱热带和亚热带的种子为主；美国的种子库针对湿热带；而印度的种子库以粮食作物，如水稻、香蕉、豆、薯蓣等原始野生品系为主。

迁地保护由于植物生境发生变化，有可能出现生长不良现象，保护效果相对较差。因此，一般情况下，当物种的种群数量极少，或者物种原有生存环境被自然或者人为因素破坏甚至不复存在时，迁地保护成为保护物种的重要手段，迁地保护是为行将灭绝的生物提供生存的最后机会。

第二节　植物群落环境

一、植物的环境

1. 环境和生态因子的概念

环境（environment）是指某一特定植物体或植物群体以外的空间，以及直接或间接影响该植物体或植物群体生存的一切事物的总和。它不仅包括对植物体或其群体有影响的各种自然环境条件，而且也包括其他生物有机体的影响和作用。

生态因子（ecological factor）是指环境中对植物生长、发育、生殖、行为和分布有直接或间接影响的环境要素。例如，光照、温度、水分、二氧化碳和其他相关生物等。

2. 生态因子的分类

在任何一种植物的生存环境中都存在很多生态因子，这些生态因子在性质、特性、作用等方面有所不同，但它们相互制约，相互组合，构成了植物多种多样的生态环境（ecological environment）。生态因子的数量很多，依照其性质可分为以下五类。

（1）气候因子：温度、水分、光照、风、气压和雷电等。

（2）土壤因子：如土壤结构、土壤成分的理化性质及土壤生物等。

（3）地形因子：指地面沿水平方向的起伏状况，包括山脉、河流、海洋、平原等，以及各种地貌类型、海拔高度、山脉的走向与坡度等。

（4）生物因子：包括生物之间的各种相互作用，如寄生、竞争和互惠共生等。

（5）人为因子：把人为因子从生物因子中分离出来是因为人类活动对环境和生物的影响已越来越大，超过其他一切因子。分布在地球各地的生物都直接或间接受到人类活动的巨大影响。

3. 生态因子作用的一般特征

(1) 综合作用 环境中的任何一个生态因子都不是单独作用于植物，而是在与其他因子相互影响、相互制约下共同起作用。任何一个生态因子的变化，都会引起其他因子不同程度的变化，继而导致生态因子的综合作用。例如山脉阳坡和阴坡、不同海拔高度景观的差异，是光照、温度、湿度综合作用的结果。

(2) 主导因子作用 在诸多生态因子中，有一个是对植物起决定性作用的因子，称为主导因子。主导因子的改变会引起其他生态因子发生变化，使生物的生长发育发生变化。如以光照时间为主导因子，可将植物分成多种生态类型：长日照植物、短日照植物、中日照植物、日中性植物。

(3) 阶段性作用 在不同发育阶段，植物对生态因子的需求不同，因此生态因子对植物的作用具有阶段性。如低温对某些种子休眠的打破是必不可少的，但在其后幼苗的生长中可能是致死性的。

(4) 不可替代性和补偿性作用 虽然各种生态因子并非等价，但都不可缺少，一个生态因子不能由另一个因子来替代。但在一定条件下，某因子在数量上的不足，可以依靠其他因子的加强得以补偿，而获得相似的生态效应。如在温室大棚中由于光照强度减弱而引起的光合作用下降可以靠增加 CO_2 浓度来补偿。

(5) 直接作用和间接作用 有些生态因子对植物生长、繁殖和分布的作用是直接的，如光照、温度、水分、二氧化碳、氧等。有些生态因子不直接影响植物的生长、繁殖和分布，而是通过影响直接因子而对植物发生影响，如山脉的坡向、坡度和海拔通过对光照、温度、风速及土壤质地的影响，而对植物发生作用。

4. 生态因子的限制性作用

(1) Liebig 最小因子定律 德国化学家 Baron Justus Liebig 在 1840 年提出"植物的生长取决于那些处于最少量状态的营养元素"。这就是 Liebig 的最小因子法则 (law of minimum)。经过多年的研究，这个法则也适用于其他生态因子。即低于某种生物需要的最小量的任何特定因子，是决定该种生物生存和分布的根本因素。

Liebig 之后，不少学者对此定律进行了补充：①该定律只有在稳定状态下，即在物质和能量的输入和输出处于平衡状态时才适用；②需注意生态因子间的相互作用。如某一特定因子处于最少量状态时，其他因子会替代这一特定因子的不足。因而，最低因子不是绝对的。

(2) 限制因子 植物的生存和繁殖依赖于各种生态因子的综合作用，其中接近或超过植物耐受性极限而阻止其生存、繁殖或扩散的关键性因子就是限制因子 (limiting factor)。如果一种植物对某一生态因子的耐受范围很广，而且这种因子又非常稳定，且容易得到，那么这种因子就不大可能成为限制因子；相反，如果对某一生态因子的耐受范围很窄，而且又易于变化，那么这种因子就很可能是一种限制因子。例如，光照强度对陆地植物而言，非常稳定而且容易得到，因此一般不会成为限制因子；但是在水体中透过率有限，因此常常成为水生植物的限制因子。

(3) 耐受性定律 美国生态学家 V. E. Shelford 于 1913 年提出，任何一个生态因子在数量上或质量上的不足或过多，即当其接近或达到某种生物的耐受限度时会使该种生物衰退或不能生存。这被称为耐受性定律 (law of tolerance)。

后来很多学者对耐受性定律作了补充：①生物可能对某一因子耐受范围很宽，而对另一生态因子又很窄，对很多生态因子耐受范围都很宽的植物，其分布区一般很广；②植物对生态因子的耐受限度会因年龄、季节、生育阶段、栖息地等的不同而变化；③不同的生物种，对同一生态因子的耐受性不同；④生物对某一生态因子处于非最适状态下时，对其他生态因子的耐受限度也下降；⑤在自然界，生物并不在某一特定生态因子最适合的地方生活，而往往在很不适合的地方生活，在这种情况下，一定有其他的生态因子起决定作用。

（4）生态幅　每一种生物对每一种生态因子都有一个耐受范围，即有一个生态上的最低点和最高点。在最低点和最高点（或称耐受性的上限和下限）之间的范围，就称为生态幅。物种的生态幅往往取决于它临界期的耐受限度。通常生物繁殖期是一个临界期，环境因子最易起限制作用，繁殖期的生态幅成为该物种的生态幅。

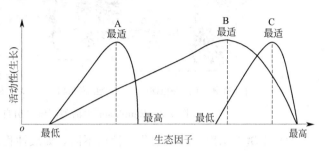

图 7-2　狭光性与广光性植物的生态幅
A—冷狭光；B—广光；C—暖狭光

生态学中常用"广"（eury-）和"狭"（steno-）表示生态幅的宽度，广与狭作为字首与不同因子配合，就表示某物种对某一生态因子的适应范围（图 7-2）。如广温性（eurythermal），狭温性（stenothermal）；广光性（euryphotic），狭光性（stenophotic）；广盐性（euryhaline），狭盐性（stenohaline）等。

植物对环境生态因子的耐受范围并不是固定不变的，通过自然驯化或人为驯化可改变其耐受范围，使其适宜生存范围的上下限发生移动，形成一个新的最适点。如南方果树的北移，北方作物的南移，以及野生植物的栽培都需要一个驯化过程。

二、植物的生态适应

1. 生活型

生活型是指不同种类的植物对相似环境的趋同适应，在形态、结构、生理及外貌上所反映出来的植物类型。丹麦生态学家 C. Raunkiaer 以休眠芽或复苏芽在不良季节的着生位置将生活型分为以下 5 类（图 7-3）。

（1）高位芽植物（phanerophytes）　休眠芽位于距地面 25cm 以上，这类植物包括乔木、灌木和一些生长在热带潮湿气候条件下的草本等。

（2）地上芽植物（chamaephytes）　更新芽介于地面之上至距地面 25cm 以下，多为灌木、半灌木与草本植物。芽或顶端嫩枝在不利于生长的季节中能受到枯枝落叶层或雪被的保护。

（3）地面芽植物（hemicryptophytes）　更新芽位于近地面土层，多为多年生草本植物。在不利季节时地上的枝条枯萎，其地面芽和地下部分在表土和枯枝落叶的保护下仍保持生命力，到条件合适时再度萌芽。

（4）地下芽植物（geophytes）　亦称隐芽植物，芽埋在土表以下，或位于水体中以渡过恶劣环境。如根茎、块鳞茎、水生植物。

（5）一年生植物（therophytes）　只能在良好季节中生长的植物，它们以种子的形式渡过不良季节。

2. 生态型

生态型是指植物对特定生境适应所形成的在形态结构、生理生态上的差异，并能把这种差异遗传给后代的不同的种群类型。

（1）气候生态型　主要是长期在不同气候因子（日照、温度、降水量等）影响下形成的。例如，光照生态型：早稻、中稻、晚稻；温度生态型：冬小麦和春小麦；水分生态型：水稻和陆稻。

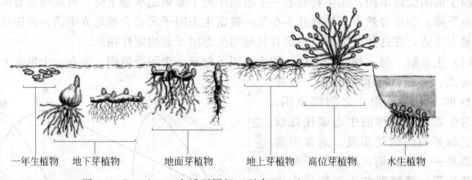

一年生植物　地下芽植物　　　地面芽植物　　地上芽植物　高位芽植物　　水生植物

图 7-3　Raunkiaer 生活型图解（引自 Raunkiaer，1934）

（2）土壤生态型　因土壤化学性质不同，如酸性程度、盐碱程度、特殊元素引起。如宝石花耐金属生态型和正常植物生态型，对镍和铬的耐受剂量差异 100 倍。

（3）生物生态型　是在生物因子的长期作用下形成的。有些生长在不同群落中的同一植物种，由于植物之间竞争等关系的不同，可分化为不同的生态型。

三、植物群落的基本特征

地球表面上，只要有植物生存所需要的环境条件，植物就会聚集生长并形成群落。在相同时间聚集在同一地段上的各植物种群的集合体，就称为植物群落。其基本特征如下。

1. 具有一定的种类组成

不同的种类组成构成不同的群落类型，种类组成是区别不同植物群落的首要特征。如热带雨林的种类组成与温带夏绿阔叶林的种类组成就完全不同。一个群落中种类成分以及每个物种的个体数量，是度量群落多样性的基础。

2. 具有一定的群落结构

每一个植物群落都具有自己的结构，例如，生活型组成、种的分布格局、成层性（包括地上和地下）、季相等。群落类型不同，其结构也不同。热带雨林群落的结构最复杂，而北极冻原群落的结构最简单。

3. 具有一定的动态特征

任何一个植物群落都要经历发生、发展、成熟（即顶级阶段）、衰败与灭亡阶段，表现出动态的特征。例如一个刚封山育林的山体，目前的群落状况，与 50 年后的群落状况，在许多方面必然存在着明显的差异。

4. 群落中各物种之间的相互影响

植物群落是植物种群的集合体，但并非是一些种的任意组合。一个群落中的植物种群之所以能够组合在一起，首先它们必然能够共同适应所处的无机环境，而且它们内部是协调与平衡的相互关系，而且这种相互关系还会随着群落的不断发展而逐步完善。

5. 形成一定的群落环境

任何一个群落在形成过程中，植物不仅对环境具有适应性，而且同时植物也对环境产生了重大影响，并形成了群落的内部环境。如森林群落内的环境，包括温度、湿度、光照等都不同于周围裸地。不同的群落，其群落环境存在明显的差异。

6. 具有一定的分布范围

每一植物群落都分布在特定的地段或特定的生境上，不同群落的生境和分布范围不同。无论从全球范围还是从区域角度讲，不同生物群落都是按着一定的规律分布。

7. 具有边界特征

在自然界中，有些群落具有明显的边界，而有些群落则没有明显的边界。如果植物群落处在环境梯度变化较陡，或者环境梯度突然中断的地段上，其边界可以清楚地加以区分，如陆地环境与水生环境的交界处，像池塘、湖泊、岛屿等；反之，如果群落处在环境梯度连续缓慢变化的地段上，其边界由于不明显而很难区分，如草甸草原和典型草原之间的过渡带、典型草原与荒漠草原之间的过渡带等。但多数情况下，不同群落之间会存在过渡带，被称为群落交错区（ecotone），并导致明显的边缘效应。

四、种类组成的性质分析

1. 优势种和建群种

优势种（dominant species）是指对群落结构和群落环境的形成有明显控制作用的植物种。通常是那些个体数量多、投影盖度大、生物量高、体积较大、生活能力较强的植物种类。

建群种（constructive species）：优势层的优势种。群落的不同层次可以有各自的优势种，如森林群落中，乔木层、灌木层、草本层和地被层分别存在各自的优势种，其中乔木层的优势种，即优势层的优势种。如果群落中的建群种只有一个，则称为"单建群种群落"或"单优种群落"；如果具有两个或两个以上同等重要的建群种，则称为"共建种群落"或"共优种群落"。热带森林几乎全是共建种群落，北方森林和草原则多为单优种群落，但有时也存在共优种群落。

2. 亚优势种

亚优势种（subdominant species）是指个体数量与作用都次于优势种，但在决定群落性质和控制群落环境方面仍起着一定作用的植物种。在复层群落中，它通常居于下层，如大针茅草原中的小半灌木冷蒿就是亚优势种。

3. 伴生种

伴生种（companion species）：群落中的常见种类，它与优势种相伴存在，但在决定群落性质和控制群落环境方面不起主要作用。

4. 偶见种或罕见种

偶见种（rare species）是指在群落中出现频率很低、个体数量也十分稀少的植物种。可能偶然地由人们带入或随着某种条件的改变而侵入群落中，也可能是衰退中的残遗种。这些物种随着生境的缩小濒临灭绝，应加以保护。有些偶见种的出现具有生态指示意义，有的还可作为地方性特征种来看待。

需要指出的是，在一个植物群落中，优势种和建群种对群落结构和群落环境具有控制作用，如果把优势种去除，必然导致群落性质和环境的变化；但若将非优势种去除，只会发生较小的或不明显的变化。因此，不仅要保护珍稀濒危物种，而且也要保护建群物种和优势物种，它们对生态系统的稳定起着重要作用。

五、群落的结构

1. 群落的垂直结构

野外调查植被时，首先观察到的特征是群落的垂直结构，即分层现象。陆地植物群落的成层结构是不同高度的植物或不同生活型的植物在空间上的垂直排列，水生群落则在水下不同深度分层排列（图7-4）。一般来说，热带雨林群落的垂直结构最为复杂，仅其乔木层和灌木层就可各分为2～3个层次；相对而言，寒带针叶林群落的垂直结构较简单，只有一个乔木层，一个灌木层，一个草本层；而成层现象最明显的是温带阔叶林。

成层现象不仅表现在地面上而且也表现在地下。植物群落的地下成层性是由不同植物的根系在土壤中达到的深度不同而形成。地下成层性通常分为浅层、中层和深层。对群落地下分层的研究，主要是研究草本植物根系分布的深度和幅度。

成层现象是群落中植物之间争夺阳光、空间、水分和矿质营养（地下成层）的结果，而且由于植物在空间上的成层排列，显著提高了植物利用环境资源的能力。成层现象愈复杂，即群

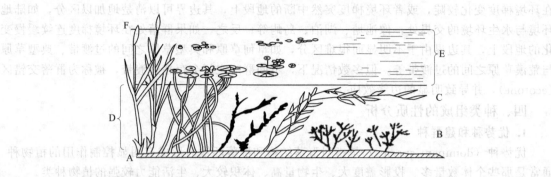

图 7-4　水中植物的成层现象（引自林鹏，1986）

A—水底层群；B—沉水矮草层群；C—沉水漂草层群；D—水面高草层群；E—漂浮草本层群；F—挺水草本层群

落结构愈复杂，植物对环境资源的利用愈充分。群落成层性的复杂程度也是对生态环境的一种良好的指示。一般环境条件越优越，群落成层构造越复杂；相反，环境条件越恶劣，群落成层构造越简单。因此，可以依据群落成层性的复杂程度判断生境的状况。

2. 群落的水平结构

群落的水平结构是指群落的配置状况或水平格局。镶嵌性（mosaic）是群落中植物个体在水平方向上分布不均匀造成的，使群落在外形上表现为斑块相间。每一个斑块就是一个小群落，它们彼此组合，共同形成了群落的镶嵌性。自然群落中的镶嵌性是绝对的，而均匀性是相对的。群落内部环境因子的不均匀性（如小地形和微地形的变化，土壤湿度和盐渍化程度的差异，群落内部环境的不一致，动物活动以及人类的影响等）是群落镶嵌性（mosaic）的主要原因。群落环境的异质性越高，群落的水平结构就越复杂。

3. 群落的时间结构

群落的外貌是认识植物群落的基础，也是区分不同植被类型的主要标志。它决定于群落优势的生活型和层片结构。植物群落外貌在不同季节和不同年份内按一定顺序周期性地发生变化，这就是群落的时间结构，它是群落的动态特征之一。植物群落的外貌在不同季节是不同的，故把群落季节性的外貌称之为季相。如北方的落叶阔叶林，呈现出明显的四个季相。早春树木抽出新叶，夏季形成茂密的林冠，秋季一片枯黄，冬季则树叶全部落地。

不同的植物种类可能在植物群落不同时期的生命活动中起主要作用。如在早春开花的植物，在早春来临时开始萌发、开花、结实，到了夏季其生活周期已经结束，而另一些植物种类则达到生命活动的高峰。所以在一个复杂的群落中，植物生长发育的异时性也会很明显地反映在群落结构的变化上。

植物生长期的长短、复杂的物候现象是植物在自然选择过程中适应周期性变化的生态环境的结果，它是生态-生物学特性的具体体现。

第三节　世界主要植被类型

地球表面各地的环境条件差异很大，一个地区出现什么植被，主要取决于该地区的气候和土壤条件，特别是水热组合状况，因此，不同的地带生长着不同的植物类群，从而形成了世界上多种多样的植被类型。

一、植被分布的规律性

（一）植被分布的水平地带性

1. 纬度地带性

太阳辐射是地球表面热量的主要来源，纬度引起太阳高度角、季节变化，导致太阳辐射量不同，产生热量差异。从赤道到两极，每增加一个纬度，温度降低 0.5～0.7℃。由于热量沿纬度的变化，出现植被类型有规律地更替，故称为植被的纬度地带性。世界植被从赤道向两极依次出现：热带雨林→亚热带常绿阔叶林→温带落叶阔叶林→寒温带北方针叶林→苔原。

2. 经度地带性

由于海陆分布、大气环流和地形等综合作用的结果，在同一热量带，从沿海到内陆降水量逐步减少，相应的，植被类型也发生明显的变化。植被从沿海向内陆方向成带状有规律更替的分布格局称为植被的经度地带性。在北美大陆和欧亚大陆，由于海陆分布格局与大气环流特点，水分梯度常沿经度变化，植被因水分状况而按经度依次更替为：沿海湿润区的森林→半干旱区的草原→干旱区的荒漠。

纬度地带性和经度地带性合称为水平地带性。值得注意的是，经度地带性和纬度地带性并无从属关系，它们处于相互联系的统一体中。某一地区植被分布的水平地带性规律，决定于当地热量和水分的综合作用，而不是其中一种因子（即热量或水分）。

（二）植被分布的垂直地带性

随着海拔高度的增加，气候、土壤和植物群落也发生有规律的更替，即垂直地带性，它是山地植被的显著特征。一般来说，从山麓到山顶，随着海拔的升高，气温逐渐下降，通常海拔高度每升高 100m，气温下降 0.5～0.6℃；而湿度、风力、光照等其他气候因子逐渐增强，土壤条件也发生变化，在这些因子的综合作用下，导致植被随海拔升高依次成带状分布。例如，我国温带的长白山，从山麓至山顶所看到的是落叶阔叶林、针阔叶混交林、云冷杉暗针叶林、岳桦矮曲林、小灌木苔原的植被垂直带。一般来说，从低纬度的山地到高纬度的山地，构成垂直带谱的带的数量逐渐减少。

植被类型在山体垂直方向上的成带分布和地球表面纬度水平分布顺序有相应性（图 7-5）；垂直带与水平带上相应的植被类型，在外貌上也基本相似；但纬度带的宽度较垂直带的宽度大得多，而且纬度带是相对连续的，而垂直带是相对间断的。虽然纬度带、垂直带的植被类型分布顺序相似，但植物种类成分和群落生态结构有很大差异。如亚热带山地垂直分布的寒温性针叶林与北方寒温带针叶林，在植物区系性质、区系组成、历史发生等方面都有很大差异。这主要因亚热带山地的历史和现代生态条件与寒温带极不相同而引起的。

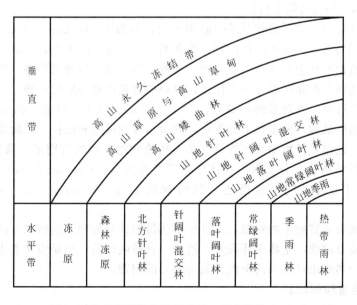

图 7-5　山地植被带结构示意图（引自李博，2000）

在同一纬度内，经度不同也影响山体植被的垂直带谱。如长白山（东经 128°）、西部的天山（东经 86°），两者均北纬 42°。但长白山距海较近，属温带针阔叶混交林；天山位于内陆，属荒漠范围。

二、世界陆地主要植被类型及其分布

（一）热带雨林

热带雨林指分布在赤道及两侧的湿润区域的茂密高耸而常绿的森林类型。热带雨林分布区域终年高温多雨；年平均气温在 25～30℃，最热月份和最冷月份的温差约 6℃，最冷月份的平均温度也在 18℃以上，极端最高温度多数在 36℃以下，无明显的季节变化；年降雨 2500～4500mm，全年均匀分布，无明显旱季，常年湿润，空气相对湿度 90％以上；热带雨林中土壤和岩石的风化作用强烈，其风化壳可达 100m；土壤养分极为贫瘠，而且为酸性；雨林所需要的营养成分，几乎全贮存在植物中，每年一部分植物死去，在高温高湿条件下，有机物分解很快，能迅速直接被树根和真菌所吸收，形成一个几乎封闭的循环系统。

1. 热带雨林的特点

① 种类组成特别丰富。
② 群落结构复杂，树冠不齐，分层不明显。
③ 藤本植物及附生植物极丰富。
④ 树干高大挺直，分枝小，树皮光滑，常具板状根和支柱根。
⑤ 茎花现象（即花生在无叶木质茎上）很常见。
⑥ 寄生植物很普遍。
⑦ 植物终年生长发育。

2. 世界热带雨林的分布

（1）印度马来雨林群系　此群系包括亚洲和大洋洲所有的热带雨林。由于大洋洲的雨林面积较小，而东南亚却有大面积的雨林，因此，印度马来雨林群系又可称为亚洲的雨林群系。亚洲雨林主要分布在菲律宾群岛、马来半岛、中南半岛的东西两岸，恒河和布拉马普特拉河下游，斯里兰卡南部以及我国的南部等地。其特点是以龙脑香科为优势，缺乏具有美丽大型花的植物和特别高大的棕榈科植物，但具有高大的木本真蕨八字沙椤属（*Alsophila*）以及著名的白藤属（*Calamus*）和兰科附生植物。

（2）非洲雨林群系　非洲雨林群系的面积不大，约为 $6 \times 10^5 km^2$，主要分布在刚果盆地。在赤道以南分布到马达加斯加岛的东岸及其他岛屿。非洲雨林的种类较贫乏，但有大量的特有种。其中棕榈科植物尤其引人注目，如棕榈、油椰子等，咖啡属种类很多（全世界具有 35 种，非洲占 20 种）。然而在西非却以楝科为优势，豆科植物也占有一定的优势。

（3）美洲雨林群系　该群系面积最大，在 $3 \times 10^6 km^2$ 以上，以亚马孙河河流为中心，向西扩展到安达斯山的低麓，向东止于圭亚那，向南达玻利维亚和巴拉圭，向北则到墨西哥南部及安的列斯群岛。这里豆科植物是优势科，藤本植物和附生植物特别多，凤梨科、仙人掌科、天南星科和棕榈科植物也十分丰富。经济作物三叶橡胶（*Heveabrasiliensis*）、可可树、椰子属植物等均原产于这里。同时这里还生长特有的王莲（*Victoria regia*），其叶子直径可达 1.5m。

热带雨林蕴藏着丰富的生物资源，但世界上热带雨林却遭到了前所未有的破坏，热带地区高温多雨，有机质分解快，生物循环强烈，植被一旦被破坏后，极易引起水土流失，导致环境退化。因此，保护热带雨林是当前全世界最为关心的问题。

（二）亚热带常绿阔叶林

亚热带常绿阔叶林指分布在湿润的亚热带气候地带下，以樟科、壳斗科、山茶科、金缕梅科等常绿阔叶树种为主组成的森林类型。其建群种和优势种的叶子相当大，呈椭圆形且革质，表面有厚蜡质层，具光泽，没有茸毛，叶面向着太阳光，能反射光线，所以这类森林又称为"照叶林"。

常绿阔叶林分布区夏季炎热多雨，冬季少雨而寒冷，春秋温和，四季分明；年平均气温 16～18℃，最热月平均 24～27℃，最冷月平均 3～8℃，冬季有霜冻，年降雨量 1000～1500mm，主要分布在 4～9 月，冬季降水少，但无明显旱季。

常绿阔叶林在地球上分布于亚热带地区的大陆东岸，南北美洲、非洲、大洋洲均有分布，但分布的面积都不大；在亚洲除朝鲜、日本有少量分布外，以我国分布的面积最大。我国的亚热带常绿阔叶林是世界上分布面积最大的。从秦岭、淮河以南一直分布到广东、广西中部，东至黄海和东海海岸，西达青藏高原东缘。

常绿阔叶林的结构较之热带雨林简单，高度明显降低，乔木层一般分为两个亚层，上层林冠整齐，一般 20m 左右，以壳斗科、樟科、山茶科常绿树种为主；第二亚层多不连续，高 10～15m，以樟科、杜英科等树种为主。灌木层还能区分，但较稀疏；草本层以蕨类为主。藤本植物与附生植物仍常见，但不如雨林繁茂。林内最上层的乔木树种，枝端形成的冬芽有芽鳞保护；而林下的植物，由于气候条件较湿润，所以形成的芽无芽鳞保护。

目前我国原始的常绿阔叶林保存很少，大多已被砍伐，而为人工或半天然的针叶林所替代。

（三）落叶阔叶林

落叶阔叶林又称为夏绿林，是指分布在中纬度湿润地区由夏季长叶冬季落叶的乔木树种组成的森林类型。它是在温带海洋性气候条件下形成的地带性植被。夏绿阔叶林主要分布在西欧，并向东延伸到前苏联欧洲部分的东部。在我国主要分布在东北和华北地区。此外，日本北部、朝鲜、北美洲的东部和南美洲的一些地区也有分布。

夏绿阔叶林分布区的气候是四季分明，夏季炎热多雨，冬季寒冷。年平均气温 8～14℃，最热月平均 24～28℃，最冷月平均 -22～-3℃，年降水量为 500～1000mm，而且降水多集中在夏季。由于这里冬季寒冷，树木仅在暖季生长，入冬前树木叶子枯死并脱落。

夏绿阔叶林具有以下特点。①主要由杨柳科、桦木科、壳斗科等科的乔木植物组成。其叶无革质硬叶现象，一般也无茸毛，呈鲜绿色。树干常有很厚的皮层保护，芽有坚实的芽鳞保护。②季相变化十分显著。树木冬季完全落叶，春季抽出新叶，夏季形成郁闭林冠，秋季叶片枯黄；草本层的季节变化也十分明显，这是因为不同的草本植物的生长期和开花期不同所致。③群落结构较为清晰。通常可以分为乔木层、灌木层和草本层 3 个层次。乔木层一般只有一层或两层，由一种或几种树木组成。④夏绿阔叶林的乔木大多是风媒花植物。花色不美观，只有少数植物进行虫媒传粉。⑤林中藤本植物不发达，几乎不存在有花的附生植物，其附生植物基本上都属于苔藓和地衣。⑥夏绿阔叶林的植物资源非常丰富。各种温带水果品质很好，如梨、苹果、桃、李、胡桃、柿、栗、枣等。

（四）北方针叶林

北方针叶林，又称为寒温带针叶林或泰加林，是指分布在北半球高纬度地区，以针叶树为建群种所组成的各种森林群落类型。它包括各种针叶纯林、针叶树种的混交林以及以针叶树为主的针阔叶混交林。它是寒温带的地带性植被。寒温带针叶林主要分布在欧洲大陆北部和北美洲，在地球上构成一条巍巍壮观的针叶林带。此带的北方界线就是整个森林带的最北界线。

寒温带针叶林区处于寒温带，比夏绿阔叶林区更具有大陆性，即夏季温凉、冬季严寒，年平均气温多在 0℃ 以下，夏季最长一个月，最热月平均气温为 15～22℃，冬季长达 9 个月，最冷月平均气温为 -38～-21℃，绝对最低气温达 -52℃，≥10℃ 持续期少于 120 天；年降雨量约 400～500mm，其中降水多集中在夏季。

北方针叶林最明显的特征之一就是外貌十分独特，易与其他森林相区别。通常由云杉属（*Picea*）和冷杉属（*Abies*）树种组成的针叶林，树冠圆锥形枝条下倾，像许多尖塔排列在一起；由松属（*Pinus*）组成的针叶林，树冠近圆形而上部平整；由落叶松属（*Larix*）形成的森林，它的树冠为塔形且稀疏。云杉林和冷杉林郁闭度高且林下阴暗，因此又称它们为"阴暗针叶林"。松林和落叶松林郁闭度低且林下明亮，故又称为"明亮针叶林"。

北方针叶林另一个特征就是其群落结构十分简单，可分为乔木层、灌木层、草本层和苔藓层四个层次。乔木层常由单一或两个树种构成，林下常有一个灌木层、一个草本层和一个苔藓层。

北方针叶林是我国优良的用材林，也是我国森林覆盖面积最大、资源蕴藏最丰富的森林，但是由于长期采伐，目前原始的针叶林区已所剩无几了。

（五）草原

草原（steppe）是以耐寒的旱生多年生草本植物为主（有时为旱生小半灌木）组成的植物群落。它是温带地区的一种地带性植被类型。

世界草原总面积约 $2.4 \times 10^7 km^2$，在地球上占据着一定的区域，占陆地总面积的 1/6，草原各大洲都有分布，大部分地段作为天然放牧场。草原不但是世界陆地生态系统的主要类型，而且是人类重要的放牧畜牧业基地。

根据种类组成和地理分布，草原可分为温带草原与热带草原（图 7-6）。温带草原分布在南北两半球的中纬度区域，夏季温和，冬季寒冷，春季或晚夏有明显的干旱期，如欧亚大陆草原（steppe）、北美大陆草原（prairie）、南美草原（pampas）等。由于此区域低温少雨，种类组成以耐寒的旱生禾草为主，且地上部分高度多不超过 1m。热带草原，又称为热带稀树草原或萨王纳（savanna），分布在热带、亚热带区域，其特点是在高大禾草（常达 2～3m）的背景上常散生一些不高的乔木。

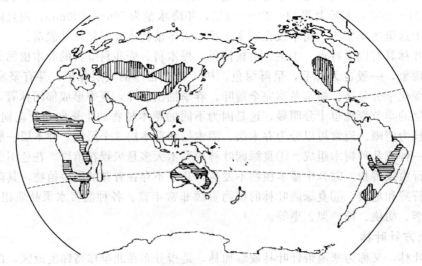

图 7-6　世界草原的分布（引自李博，1984）

▥温带草原；▤热带草原

水分与热量的组合状况是影响草原分布的决定因素，低温少雨与高温多雨的配合有着相似的生物学效果。草原处于湿润的森林区与干旱的荒漠区之间。靠近森林一侧，气候半湿润，群落繁茂、种类丰富，并常出现岛状森林和灌丛，如北美的高草草原（tallgrassprairie）、南美的潘帕斯（pampas）、欧亚大陆的草甸草原（meadowsteppe）以及非洲的高稀树草原（tallsavanna）。靠近荒漠一侧，雨量减少，气候变干，群落低矮稀疏，种类简单，常混生一些旱生小灌木或肉质植物，如北美的矮草草原、我国的荒漠草原以及俄罗斯的半荒漠等。在上述两者之间为辽阔的典型草原。总的来看，草原群落因受水分条件的限制，其动植物区系的丰富程度及生物量均低于森林群落，但显著高于荒漠植被群落。

草原群落最显著的特征是生活型多样。既有一年生的草本植物，又有多年生的草本植物。在多年生草本植物中，尤以禾本科植物占优势，莎草科、豆科、菊科、藜科等植物也占有相当大的比重，它们共同构造了草原景观，形成了草原群落环境。草原上除草本植物外，还生长着许多灌木植物，如木地肤、百里香、锦鸡儿、冷蒿、女蒿等。它们有的成丛生长，有的相连成片，其中许多种类都是马、牛、羊所喜欢吃的食物，而且营养价值很高。

草原植物的旱生结构明显。植物叶面积缩小、叶片内卷、气孔下陷、机械组织和保护组织发达，植物的地下部分发育强烈，地下根系的郁闭程度远超过地上部分的郁闭程度，这是对干旱环境条件的适应方式。多数草原植物的根系分布较浅，根系层集中在 $0\sim30cm$ 的土层中，细根主要部分位于地下 $5\sim10cm$ 的范围内，雨后可以迅速地吸收水分。

草原群落的季相变化非常明显。在草原上，植物的生长发育受雨水影响很大，主要的建群植物都是在 6～7 月份雨季来临时才进行旺盛的生长发育。在干旱的年份，直到 6 月份，草原由于没有降雨仍然是一片枯黄，植物要等第一次降雨后才迅速长出嫩绿的叶丛；而在春雨较多的年份，草原则较早地呈现出绿色的景观。

（六）荒漠

荒漠（desert）植被是指超旱生半乔木、半灌木、小半灌木和灌木占优势的稀疏植被。荒漠植被主要分布在亚热带和温带的干旱区域。世界上最为壮观而广阔的荒漠区是亚非荒漠区。此外，在南北美洲和澳大利亚也有较大面积的沙漠。该区域生态条件极为严酷。夏季炎热干燥，7 月平均气温可达 40℃。日温差大，有时可达 80℃。年降水量少于 200mm，有些地方年降水量仅有 19mm，甚至终年无雨。该区域多大风和尘暴，物理风化强烈，土壤贫瘠。

荒漠的显著特征如下。①植被十分稀疏，而且植物种类非常贫乏。有时 $100m^2$ 中仅有 1～2 种植物。②植物的生态——生物型或生活型却是多种多样的，如超旱生小半灌木、半灌木、灌木和半乔木等。正因为如此，它们才能适应严酷的生态环境。③荒漠植物具有明显的旱生结构，如少浆液植物叶片极度缩小或完全退化，植物体被白色茸毛等，其根系既深又广，极为发达；多浆液植物体内有贮水组织，其根系也极为发达。还有一些植物是在春雨或夏秋降雨期间迅速生长发育，在旱季或冬季到来之前完成自己的生活周期，以种子或根茎、块茎、鳞茎渡过不利的生长季节（称为类短命植物）。因此，水在荒漠中是极为珍贵的，荒漠植物的一切适应性都是为了保持植物体内的水分收支平衡。④荒漠生物群落的消费者主要是爬行类、啮齿类、鸟类以及蝗虫等。它们同植物一样，也是以各种不同的方法适应水分的缺乏。⑤荒漠植物群落的初级生产力非常低，低于 $0.5g/(m^2 \cdot 年)$。⑥荒漠生物群落中营养物质缺乏，因此物质循环的规模小。即使在最肥沃的地方，可利用的营养物质也只限于土壤表面 10cm。由于许多植物生长缓慢，动物也多半具较长的生活史，所以物质循环的速率很低。

（七）冻原

冻原（tundra）又译为苔原，是寒带植被的代表，主要分布在欧亚大陆北部和北美洲北部，形成一个大致连续的地带。该区域生态条件十分严峻，年平均温度在 0℃ 以下，最低温度可达 -70℃，冬季漫长而寒冷，有 6 个月见不到太阳，夏季短促而凉爽，最热月平均气温为 0～10℃，植物生长期仅有 2～3 个月。年降水量不多，降水次数多，水分蒸发差，空气湿度大，风大，云多。

该区域土层下面有深达几米至数百米的岩土层永久处于冻结状态，即所谓的永冻层。永冻层的存在是冻原植被区域最为独特的一个现象。永冻层的存在阻碍了地表水的渗透，易引起土壤的沼泽化。永冻层上部是活动层，冬冻夏融的活动层对生物的活动和土壤的形成具有重要的意义。植物的根系在此层得到伸展，吸取营养物质；动物在此挖掘洞穴，有机物得以积累和分解。

冻原植被的特点如下。①植被种类组成简单。植物种类的数目通常为 100～200 种，没有特殊的科。植物多是灌木和草本，无乔木。苔藓和地衣发达，甚至成为某些地区的优势种。②植物群落结构简单，一般为一至两层，最多为三层，即小灌木和矮灌木层、草本层、藓类和地衣层。藓类和地衣具有保护灌木和草本植物越冬芽的作用。③植物极其耐旱。有的植物可在雪下生长和开花，有些植物冬季被冻结的花和果实待春天气温上升解冻后可继续发育。④植物通常为多年生植物，没有一年生植物。多数植物为常绿植物，春季来临时，不必等待长出新叶可立即进行光合作用。为适应强风及保持土壤表层的温度，许多种植物矮生，紧贴地面匍匐生长，或形成垫状。⑤动物的种类也很少。

第四节　植物资源保护与利用

一、植物资源的保护

1. 保护植物资源的意义

植物资源是指目前的社会经济技术条件下人类可以利用与可能利用的植物，包括陆地、湖泊、海洋中的一般植物和一些珍稀濒危植物。由于植物具有多样性和可再生性的特点，源源不断地为人类生产生活提供了各种物质资源，从食品、医药、保健品、木材、花卉、能源到工农业原料等生产生活的各个领域，它能够替代其他资源，却不能为其他物质所替代。植物资源作为社会经济发展中一种极为重要的战略资源，不同于矿藏、化石能源等资源，具有生态性、多样性、遗传性和可再生性等特点。这些决定了植物资源在国民经济和社会发展中具有非常重要的地位。

不同种类的植物分别适应森林、湿地、草地、荒漠等不同类型的生态系统，在国土绿化、保持水土、涵养水源、调节气候、防治荒漠化、改良土壤、保护环境等诸多方面，发挥了不可替代的独特作用。作为自然生态系统的重要组成部分，植物在生态系统中占有主导地位，具有巨大的生态作用，从而确保了生态系统的平衡和稳定，为人与自然的和谐发展提供了最基本的生态保障。

植物种类繁多，因而蕴涵着丰富多样的基因资源，具有巨大的开发潜力。随着生物技术的不断进步，利用植物蕴涵的优良基因资源，开发新产品、新能源，对于促进一个国家经济发展和生态环境改善起到越来越巨大的作用。

植物资源是我国重要的战略资源，在传统资源越来越短缺、环境污染严重的今天，其战略意义尤为突出，应大力加强保护。

2. 如何保护植物资源

植物资源的开发利用与资源保护，是对立和矛盾的，如果处理很好，它们也是相辅和统一的。充分利用植物资源是社会生产的需要。而资源保护的目的是为了保护植物资源的存在、再生能力以及形成的生态环境，使其满足人类长期稳定的利用资源的需要，生产更多产品，因此，保护也是为了利用。但是长期以来，由于对合理开发利用植物资源的必要性认识不足，以致一些地区不同程度上对资源进行了掠夺式的利用，加之不适当的垦殖和其他一些原因，一些植物丧失了其合适的生态环境，减弱了资源的再生能力，许多种类趋于衰退或濒临灭绝。因此，如何进行植物资源尤其是野生珍稀濒危物种的保护，是 21 世纪植物资源开发和利用的第一命题。

　　保护资源，首先要保护珍贵的稀有野生植物资源及其生存环境。这类珍稀物种生存于特定的生态环境，是自然界长期演化的产物。它们不仅具有科学研究价值和潜在的经济价值，而且对生物多样性的维持也具有十分重要意义。要加强珍稀物种的保护意识，使其不至于在"物尽其用"之前湮没、绝种。

　　其次，保护已经开发利用或待开发利用的自然资源。即要在保护好植物资源的地域环境的基础上，搞好区域性植物资源的开发、利用和规划。因地制宜，有组织有计划地采收、保种，使植物资源在被人们利用的同时又得以保护和发展。

　　最后，保护资源也并不是消极地保护，应与培育、改造结合起来。搞好保护的同时，积极开展人工培育技术研究。

二、植物资源的利用

（一）植物资源开发利用的原则

1. 可持续开发利用

　　资源开发的目标应当使自然资源得到合理的永续利用，并使自然环境得到不断改善。植物资源是可更新资源，能借助自身的生长和繁殖而不断更新，但更新过程需要一定的周期，并且更新的能力是有限的。资源更新的周期性及增长速度决定其开发利用的资源允采量，在资源利用时必须保持开发量与增殖量相平衡，以维持最大的生态、经济效益，否则会导致资源枯竭。如五味子产量逐渐下降，必须加以保护。此外，还存在砍、挖、折断植株采摘野果现象，导致资源的破坏。

2. 一物多用，综合开发利用

　　植物向人类提供各种商品，植物资源的科学利用应当是全方位研究，多层次利用，发挥其综合功能。但是，人们在开发利用植物资源的过程中，往往只注意一个层次，表现在产业结构和产品结构上的单一，这是多年来造成植物资源浪费的一个重要原因。加强各类植物资源的综合利用，提高利用效率，以最小的资源消耗获取最大的经济效益，是植物资源开发利用中应该遵循的重要原则。例如松树，可以为人类提供木材、松子、松脂、松针等，分别具有不同的商品价值。如果人们只利用其中的 $1\sim2$ 种商品价值，就造成了资源的浪费，因此应加以研究提高其利用的深度和广度。

3. 因地制宜，充分发挥本地优势

　　我国地域辽阔，资源类型多样，各地自然资源千差万别。由于自然资源时空分布的不均匀性和严格的区域性，使自然资源在地区分布方面有明显的差异。此外，不同资源的特性不同，即使同种资源在不同地区、不同时间也有不同的区域、时间特性。因此，在自然资源合理利用中要注意因地制宜、因时制宜的原则，切忌"一刀齐"。尤其是可更新资源的农业利用，一方面要注意不同农作物、林木、畜禽、水生物等都对其资源环境有着特殊的要求；另一方面要注意分析和研究不同地区资源的特点和其可适性，充分利用资源的有利条件并发挥其生产潜力，以社会需求为前提，做出合理利用资源的选择。宜农则农，宜林则林，宜牧则牧，真正做到因地制宜和因时制宜，扬长避短，发挥优势，才能保证稳产高产。当然，合理利用自然资源，除了注意自然资源的适宜性，还要考虑社会经济的合理性，应在深入调查研究、摸清资源、了解市场需求的基础上，立足本地资源优势，确定发展方向。

4. 根据市场需求，不断开发新资源

　　随着社会发展，人们生活水平的不断提高，人们对产品的品种和质量要求也越来越高，市场需求不断变化。这就要求人们通过各种信息瞄准市场，加强科学研究工作，积极寻找新资源。当前应把植物资源研究重点放在野生植物资源的发掘与利用上，做到超前研究，即对每种

植物资源有计划地做室内分析及有用成分提取工作，为投入生产奠定理论基础，只有这样才能使资源优势转化为产品优势和经济优势，从而创造新产品来满足人民生活日益提高的需要。并且力争在国际市场上有竞争能力，不断拓宽市场。

（二）植物资源开发利用的步骤与方法

1. 开展植物资源的调查

我国地域辽阔，植物资源丰富，类型及种类复杂多样。然而不同地区、不同气候条件下，植物资源的种类、贮量和分布规律都有所不同，为了更合理地开发、利用与保护植物资源，在开发利用前首先必须对本地区的植物资源进行一次全面的调查。

（1）列出植物资源名录　　植物资源调查是一项科学性很强的工作，资源植物的名称一定要准确。这需要进行野外考察采集植物标本和样品，必须填写采集记录卡，记载生境、分布地点等。

（2）调查资源植物蓄积量　　蓄积量是衡量一种资源植物利用价值的重要数据。包括三个方面：第一是经济贮量，指某种资源植物可利用部位，符合有关质量标准的重量；第二是总贮量，指调查地区内某种资源植物现存经济贮量之总和，亦称为总蓄积量或总蕴藏量；第三是经营贮量，指总贮量中，可能采收利用的部分，那些因交通等条件不能采收利用的部分不计其内。

（3）调查植物资源消长变化　　资源消长变化必须与以前调查资料相比，看各种植物资源种类、贮量的变化，并建立起资源数据库及档案，同时进行资源评价。

2. 制订植物资源开发利用计划

要有计划、有组织地进行开发利用工作，制订切实可行的开发计划，有步骤地开发利用植物资源，杜绝一哄而上、杀鸡取卵的现象。结合植物资源的蕴藏量和经济效益，将植物资源分阶段、有步骤地进行开发利用。如对于蕴藏量大、分布集中、经济效益高的植物资源种类，应马上组织开发利用，尽快收到经济效益，但是要根据利用量与再生量相平衡的原则，限定开发强度与生产规模，提出合理开发利用与保护措施；对于蕴藏量小、经济效益大的植物资源种类，要先进行引种驯化，野生变家生，扩大资源量后再组织生产；对于贮量较大、分布集中，但尚未明确利用途径或加工工艺水平低下造成资源浪费的植物资源，应针对存在的问题进行科学研究，组织攻关，经论证后，再进行开发利用。

3. 优化生产过程

在植物资源的开发利用方面，应在挖掘整理传统加工方法的同时，加大高新技术在其加工工艺、加工方法上的应用。通过加工、提取、精制，使植物资源的初级产品形成高一级的系列产品，获得更大的经济效益。对植物资源尤其野生植物资源的开发利用，应以精细加工成适销对路的高附加值"绿色"食品为突破口，以高效益骨干加工企业为龙头，带动科研、加工、供销的全面繁荣，从而实现规模化和产业化。

4. 加强野生和国外引进植物资源的引种驯化与栽培研究

地球上的植物，分布极不均匀，因此在注重开发本地资源的同时，不断从外地或国外引入经济价值较大的植物，对发展社会生产、满足人民生活需要有着重要意义。引种驯化是植物资源开发利用中的一个重要环节，特别是对植物资源蕴藏量少的地区，或者分布零星不易集中采收的植物种类更为重要。在引种驯化工作中应注意气候相似的原则，注意北种南引比南种北引易成功、草本植物比木本植物易引种成功等原则。

人工栽培是植物资源开发利用中的一项重要措施。野生植物往往分布零星，产量低，有时由于过度开采导致资源枯竭，通过人工繁殖栽培，使其种群迅速增长扩大成为有效资源是非常重要的。野生变家生，有计划地开展人工栽培，加强科学研究，在提高人工栽培技术的基础上培育良种，建立栽培基地，实行集约化管理，使植物资源的开发、保护、引种有机结合，始终处于良性循环之中。

复习思考题

1. 为什么要大力保护生物多样性？如何保护？
2. 种的生态幅及其制约因子有哪些主要规律？
3. 怎样才能构成一个群落？生态修复中构建人工群落应该注意哪些问题？
4. 据地理因素（三向）-水热配置-生物分布这个思路，分析世界植被以及我国植被分布的大体特点和群落特征。
5. 植物资源保护和可持续利用有怎样的关系？

参 考 文 献

[1] 科学院中国植物志编辑委员会. 中国植物志（共 80 卷）. 北京：科学出版社，1959-2003.

[2] 高信曾. 植物学. 第二版. 北京：高等教育出版社，1987.

[3] 云南大学生物系编. 植物生态学. 北京：人民教育出版社，1980.

[4] 中山大学，南京大学. 植物学. 下册. 北京：人民教育出版社，1982.

[5] 侯宽昭等. 中国种子植物科属词典. 第二版. 北京：科学出版社，1982.

[6] 陆时万. 植物学：上册. 第二版. 北京：高等教育出版社，1991.

[7] 胡适宜. 被子植物胚胎学. 北京：人民教育出版社，1983.

[8] 李正理，张新英. 植物解剖学. 北京：高等教育出版社，1984.

[9] 李扬汉. 植物学. 上海：上海科学技术出版社，1986.

[10] 徐汉卿. 植物学. 北京：中国农业出版社，1997.

[11] 傅承新，丁炳扬. 植物学. 杭州：浙江大学出版社，2002.

[12] 汪劲武. 种子植物分类学. 北京：高等教育出版社，1985.

[13] 刘胜祥. 植物资源学. 武汉：武汉出版社，1992.

[14] 孙儒泳. 基础生态学. 北京：高等教育出版社，2002.

[15] 胡宝忠，胡国宣. 植物学. 北京：中国农业出版社，2002.

[16] 张宪省，贺学礼. 植物学. 北京：中国农业出版社，2003.

[17] 翟中和. 细胞生物学. 北京：高等教育出版社，2007.

[18] 吴国昌等. 植物学. 北京：高等教育出版社，2008.

[19] 贺学礼. 植物学. 北京：高等教育出版社，2010.

[20] Brooks R. Botany. United States：Barcharts Press，2001.

[21] Grugeon A. Botany：Structural and Physiological. United States：Bibliolife Press，2009.

[22] Hooker J D. Botany. United States：Burrard Press ，2007.

[23] Richards H M. Botany. United States：Budge Press ，2007.

[24] Kovacs C. Botany. United States：Floris Press，2005.

[25] Fahn A. Plant Anatomy. 3rd edition. Oxford：Pergaman Press，1984.